全国高等农林院校教材

植物营养学

黄建国　主编

中国林业出版社

内 容 提 要

本书由4篇17章组成,比较系统和全面地讲述了植物营养基本理论、物质基础和调控技术。第1篇是植物营养的基本理论,由植物营养原理、植物的土壤营养、肥料资源与利用3章组成。第2篇是化学肥料,主要讲述植物营养元素的营养生理,化学肥料的品种、性质,以及它们在土壤中的转化和施用技术。第3篇是有机肥料,包括厩肥、绿肥、粪尿肥、秸秆肥和微生物肥料等,主要论述有机肥的重要作用、积制方法、利用途径和施用技术。第4篇是施肥原理与技术,讲述植物营养与产量品质的关系,植物营养诊断,肥料效应曲线,以及主要粮食、经济作物和果树等的施肥技术。

图书在版编目(CIP)数据

植物营养学/黄建国主编. —北京:中国林业出版社,2003.9(2021.3重印)
全国高等农林院校教材
ISBN 978-7-5038-3445-5

Ⅰ.植…　Ⅱ.黄…　Ⅲ.植物营养—高等学校—教材　Ⅳ.Q945.1

中国版本图书馆 CIP 数据核字(2003)第 053867 号

中国林业出版社·教育出版分社
电话:(010)83143555　　传真:(010)83143516

出版发行	中国林业出版社(100009　北京市西城区德内大街刘海胡同7号) E-mail:jiaocaipublic@163.com　电话:(010)83223120 http://www.forestry.gov.cn/lycb.html
经　销	新华书店北京发行所
印　刷	三河市祥达印刷包装有限公司
版　次	2004年3月第1版
印　次	2021年3月第7次
开　本	850mm×1168mm　1/16
印　张	28.75
字　数	605千字
定　价	55.00元

未经许可,不得以任何方式复制或抄袭本书之部分或全部内容。

版权所有　侵权必究

全国高等农林院校"十五"规划教材

《植物营养学》编写人员

主　　编：黄建国
副 主 编：张乃明　黎晓峰　袁　玲
编　　者：（按姓氏笔画为序）
　　　　　申　鸿（西南农业大学）
　　　　　刘鸿雁（贵州大学）
　　　　　李廷轩（四川农业大学）
　　　　　李　勇（西南农业大学）
　　　　　张乃明（云南农业大学）
　　　　　张锡洲（四川农业大学）
　　　　　杨水平（西南农业大学）
　　　　　周永祥（西南农业大学）
　　　　　赵　平（云南农业大学）
　　　　　耿建梅（华南热带农业大学）
　　　　　顾明华（广西大学）
　　　　　袁　玲（西南农业大学）
　　　　　郭彦军（西南农业大学）
　　　　　黄建国（西南农业大学）
　　　　　黎晓峰（广西大学）
　　　　　魏成熙（贵州大学）
审 阅 人：毛炳衡　白厚义　陆申年

前 言

进入 21 世纪以来,我国高等教育的招生规模不断扩大,高等教育开始从精英教育逐渐转向大众化教育,并按照"厚基础,宽口径,重能力"的目标培养学生,专业课的学时数大幅度减少,迫切需要编写出适应新形势的专业教材。在这种情况下,我们编写了这本《植物营养学》,作为高等农林院校农业资源与环境专业的本科教材,也可作为农林院校农学类各专业的通用教材。

《植物营养学》包括了过去土壤农化专业植物营养与肥料和植物营养与施肥两门课程的教学内容。将两门课程的教学内容合并编写成《植物营养学》一书,既保证了学科的完整性和系统性,又起到了删繁就简,避免重复的作用。从应用的范围看,既覆盖了农业资源与环境专业本科教学的全部内容,又兼顾了农学类各专业的通用性。因此,本书可以通用于农林院校的有关专业。在编写本书时,我们按照植物是核心,土壤是基础,肥料是物质,施肥是手段,气候和耕作影响植物营养之需要,土壤养分之转化,肥料养分之供应的思路进行编写。取材承前启后,内容新颖翔实,文字深入浅出。

本书由 4 篇 17 章组成,比较系统地讲述了植物营养基本理论、物质基础和调控技术。第 1 篇是植物营养的基本理论,由植物营养原理、植物的土壤营养、肥料资源与利用 3 章组成。第 2 篇是化学肥料,主要讲述植物营养元素的生理及生物化学,化学肥料的品种、性质,以及它们在土壤中的转化和施用技术。第 3 篇是有机肥料,包括厩肥、绿肥、粪尿肥、秸秆肥和微生物肥料等,主要论述有机肥的重要作用、积制方法、利用途径和施用技术。第 4 篇是施肥原理与技术,讲述植物营养与产量品质的关系,植物营养诊断,肥料效应曲线,以及主要粮食、经济作物和果树等的施肥技术。

参加本书编写的单位有西南农业大学、云南农业大学、广西大学、贵州大学、四川农业大学和海南热带作物大学。参加编写的人员是黄建国（绪论和第1章）、黎晓峰（第2章）、李廷轩（第3章）、张锡洲（第4章）、张乃明（第5章）、顾明华（第6章）、赵平（第7章）、刘鸿雁（第8章）、耿建梅（第9章）、袁玲（第10章、第11章）、李勇（第12章）、申鸿（第13章）、郭彦军（第14章）、杨水平（第15章）、周永祥（第16章）和魏成熙（第17章）。此外，陆申年教授审阅了第3章和第6章，白厚义教授审阅了第15章和第16章。

中国林业出版社对于本书的出版给予了大力支持。本书在完稿之后，承蒙西南农业大学毛知耘教授审阅。在此，编者深表感谢！

限于编者的业务水平，书中存在偏颇和不妥之处在所难免，切望读者批评指正，以利今后修订。

黄建国
2003年10月

PREFACE

Since the beginning of the 21st century, student enrollment in institutions of higher education has been increasing and higher education has been experiencing a transformation from an "elite-oriented education" to a "popular education". Accordingly, the college students are trained with the principles of "stressing basic education and the cultivation of abilities, and enhancing their adaptability to social needs". As a result, the classroom hours allotted to specialty courses have been greatly reduced. Such a new environment requires the production of new textbooks for various specialty courses that will suit the new situations. This textbook *Plant Nutrition Science*, thus compiled, is intended to serve as the coursebook for the undergraduate students of the major of resources and environmental science in agriculture/forestry universities/colleges of China. It can also serve as a coursebook for other majors in agriculture/forestry universities/colleges.

Plant Nutrition Science covers the contents of two subjects, "Plant nutrition and fertilizer" and "Plant nutrition and fertilizer application" originally offered to the students majoring in soil science and agricultural chemistry. Integration of the contents of the two subjects into one helps to cut out repetition and ensure the integrity and systematicness of the discipline. While covering all the teaching contents for the major of agricultural resources and environment, this textbook gives enough consideration to its adaptability to other agriculture – related majors. Therefore, it can be adopted by various specialties in agriculture/forestry universities/colleges. In the compiling of the textbook, we took it as our guiding principles that for plant nutrition, plants serve as its core, soil as its foundation, fertilizer as its material carrier and fertilization as its means, and that climate and tillage affect the needs of plants for nutrition, the transformation of soil nutrients and the supply of fertilizer nutrients. In compiling the textbook, we tried to realize that it would form a connecting link between the preceding and the following, with novel contents described in full and with satisfactory accuracy, in a style that explains the profound in simple terms.

This textbook, consisting of 4 parts or 17 chapters, presents a comprehensive and systematic description of the basic theories, material foundation and regulation techniques of plant nutrition. Part one is devoted to the basic theories of plant nutrition and composed of 3 chapters: Principles of plant nutrition, Soil and Plant Nutrition and Fertilizer Resources and Their Exploitation. Part two is entitled Chemical Fertilizers, focusing on the nutritional physiology of various plant nutrient elements, the varieties of chemical fertilizers and their properties, transformation of chemical fertilizers in the soil and the techniques of their application. Part three is concerned with Organic Manures, including stable manure, green manure, dung manure straw – derived manure and microbial manures. It expounds the importance of organic manures, the methods for their preparation, the approaches for their exploitation and the techniques for their application. Part four, with "Principles of fertilizer application and its techniques" its title, discusses the relationship between plant nutrition and the yield and quality of farm crops, plant nutrition diagnosis, the curves of fertilizer response and fertilizer application technique for different crops.

The compilers of the book come from Southwest Agricultural University, Yunnan Agricultural University, Guangxi University, Guizhou University, Sichuan Agricultural University and Hainan Tropical Plant College. They are Huang Jianguo (Introduction and Chapter 1), Li Xiaofeng (Chapter 2), Li Tingxuan (Chapter 3), Zhang Xizhou (Chapter 4), Zhang Naiming (Chapter 5), Gu Minghua (Chapter 6), Zhao Ping (Chapter 7), Liu Hongyan (Chapter 8), Geng Jianmei (Chapter 9), Yuan Ling (Chapters 10 and 11), Li Yong (Chapter 12), Shen Hong (Chapter 13), Guo Yanjun (Chapter 14), Yang Shuiping (Chapter 15), Zhou Yongxiang (Chapter 16) and Wei Chengxi (Chapter 17). Professor Lu Shennian went over the manuscript of Chapter 3 and 6, and Professor Bai Houyi went over the manuscript of Chapter 15 and 16.

We owe much to China Forestry Publishing House for the publication of this textbook. We are deeply indebted to Professor Mao Zhiyun from Southwest Agricultural University, who reviewed the manuscripts of the whole book after its completion.

Of course, it will be unavoidable that this book has its shortcomings. Any comments or criticisms from the readers aiming at its improvement will be welcome so that necessary modifications can be made in its revised edition.

Huang Jianguo
2003. 11

目 录

前 言

绪 论 ··· (1)
  1 肥料在农业生产中的作用 ·· (1)
    1.1 肥料在我国农业生产中的作用 ·································· (1)
    1.2 肥料与"石油农业"和持续农业 ································ (3)
  2 植物营养学发展概述 ··· (4)
    2.1 现代植物营养学的建立 ·· (4)
    2.2 近20年来植物营养学的发展趋势 ······························· (6)
  3 植物营养学的内容及其研究方法 ··································· (7)
    3.1 植物营养学的内容 ·· (7)
    3.2 植物营养学试验研究方法 ·· (8)

第1篇 植物营养的基本理论

第1章 植物营养原理 ·· (12)
  1.1 植物的营养元素 ·· (12)
  1.2 植物对养分的吸收 ··· (23)
  1.3 植物的叶部营养 ·· (36)
  1.4 影响作物吸收养分的因素 ·· (39)
  1.5 植物体内的养分运输 ·· (47)

第2章 土壤与植物营养 ·· (57)
  2.1 植物的根际 ·· (57)
  2.2 土壤与植物营养 ·· (69)

第3章 肥料资源与利用 ·· (82)
  3.1 大量元素肥料资源与利用 ·· (82)

3.2 中量元素肥料资源与利用 (97)
3.3 微量元素肥料资源与利用 (98)
3.4 有机肥料资源与利用 (100)

第2篇 化学肥料

第4章 植物的氮素营养与氮肥 (106)
4.1 植物的氮素营养 (106)
4.2 土壤氮素含量与转化 (114)
4.3 氮肥的种类、性质与施用 (123)
4.4 氮肥的合理利用 (132)

第5章 植物的磷素营养与磷肥 (140)
5.1 植物的磷素营养 (140)
5.2 土壤磷素含量与转化 (145)
5.3 磷肥的种类、性质与施用 (151)
5.4 磷肥的合理施用 (157)

第6章 植物的钾素营养与钾肥 (165)
6.1 作物的钾素营养 (165)
6.2 土壤钾的含量和转化 (176)
6.3 钾肥的种类、性质与施用 (181)
6.4 钾肥的合理施用 (184)

第7章 植物的微量元素营养与微肥 (190)
7.1 植物的硼素营养与硼肥 (190)
7.2 植物的锌素营养与锌肥 (197)
7.3 植物的铁素营养与铁肥 (204)
7.4 植物的钼素营养与钼肥 (212)
7.5 锰素营养与锰肥 (217)
7.6 植物的铜素营养与铜肥 (222)
7.7 植物的氯素营养及含氯化肥 (226)

第8章 植物的中量元素营养与钙、镁、硫、硅肥料 (232)
8.1 植物的钙营养与钙肥 (232)
8.2 作物的镁营养与含镁肥料 (237)
8.3 植物的硫营养与硫肥 (241)
8.4 植物的硅营养与硅肥 (245)

第9章 复混肥料 (251)
9.1 复混肥料概述 (251)
9.2 复合肥料主要品种和性质 (253)
9.3 混合肥料的剂型、品种和性质 (258)
9.4 复混肥料的肥效与施用 (262)

第3篇 有机肥料

第10章 有机肥料概述 (270)
10.1 有机肥料的特点和作用 (270)
10.2 有机肥和化肥配合施用的效果 (276)

第11章 粪尿肥和厩肥 (283)
11.1 粪尿肥 (283)
11.2 厩肥 (289)

第12章 秸秆与堆肥 (295)
12.1 秸秆还田 (295)
12.2 堆肥 (303)
12.3 沼气发酵肥 (306)

第13章 微生物肥料 (310)
13.1 微生物肥料概述 (310)
13.2 根瘤菌与固氮菌肥 (317)
13.3 菌根真菌肥料 (323)

第14章 绿肥 (331)
14.1 绿肥在农业生产中的作用 (331)
14.2 绿肥的种类及其合理施用 (336)
14.3 绿肥的栽培利用 (342)

第4篇 施肥原理与技术

第15章 科学施肥的基本理论 (356)
15.1 植物营养特性与施肥原则 (356)
15.2 植物营养诊断 (360)

15.3 施肥量的确定方法 ………………………………………………………… (373)

第 16 章 肥料效应函数与推荐施肥 ………………………………………… (380)
16.1 肥料效应曲线的一般规律及数学模型 …………………………………… (380)
16.2 肥料效应函数的参数估计 ………………………………………………… (387)
16.3 边际分析 …………………………………………………………………… (389)
16.4 计算机技术在推荐施肥中的应用 ………………………………………… (396)

第 17 章 主要作物的施肥技术 ……………………………………………… (402)
17.1 粮食作物的施肥技术 ……………………………………………………… (402)
17.2 经济作物的施肥技术 ……………………………………………………… (418)
17.3 果树施肥 …………………………………………………………………… (428)

参考文献 ………………………………………………………………………… (441)

CONTENTS

Preface

Introduction .... (1)
   1   The role of fertilizers in agriculture .... (1)
   2   A general view on the development of plant nutrition science .... (4)
   3   The research contents and methods of plant nutrition science .... (7)

Part 1   Basic Theories about Plant Nutrition

Chapter 1   Principles of plant nutrition .... (12)
   1.1   Nutrient elements for plants .... (12)
   1.2   Absorption of nutrients by plants .... (23)
   1.3   Foliar nutrition .... (36)
   1.4   Factor influencing nutrient absorption by plants .... (39)
   1.5   Nutrient transport in plants .... (47)

Chapter 2   Soil and plant nutrition .... (57)
   2.1   Rhizosphere of plants .... (57)
   2.2   Soil and plant nutrition .... (69)

Chapter 3   Resources and exploitation of fertilizer .... (82)
   3.1   Resources and exploitation of macronutrient fertilizers .... (82)
   3.2   Resources and exploitation of silica, calcium, magnesium and sulfur
       .... (97)
   3.3   Resources and exploitation of Micro-nutrient fertilizers .... (98)
   3.4   Resources and expoitation of organic resources .... (100)

Part 2 Chemical Fertilizers

Chapter 4 Nitrogen nutrition for plants and nitrogen fertilizers .... (106)

4.1　Nitrogen nutrition for plants .... (106)
4.2　Contents and transformations of nitrogen in soils .... (114)
4.3　Properties and applications of N fertilizers .... (123)
4.4　Rational application of nitrogen fertilizers .... (132)

Chapter 5 Phosphorus nutrition for plants and phosphate fertilizers .... (140)

5.1　Phosphorus nutrition for plants .... (140)
5.2　Content and transformation of phosphorus in soils .... (145)
5.3　Properties and applications of phosphorus fertilizers .... (151)
5.4　Rational application of phosphorus fertilizers .... (157)

Chapter 6 Potassium nutrition for plants and potash fertilizers .... (165)

6.1　Potassium nutrition for plants .... (165)
6.2　Content and transformation of potassium in soils .... (176)
6.3　Properties and applications of potassium fertilizers .... (181)
6.4　Rational utilization of potassium fertilizers .... (184)

Chapter 7 Micro-elements for plant nutrition and microelement fertilizers .... (190)

7.1　Boron for plant nutrition and boron fertilizers .... (190)
7.2　Zinc for plant nutrition and zinc fertilizers .... (197)
7.3　Iron for plant nutrition and iron fertilizers .... (204)
7.4　Molybdenum for plant nutrition and Molybdenum fertilizers .... (212)
7.5　Manganese for plant nutrition and manganese fertilizers .... (217)
7.6　Copper for plant nutrition and copper fertilizers .... (222)
7.7　Chlorine for plant nutrition and Cl-containing fertilizers .... (226)

Chapter 8 Calcium, magnesium, sulfur and silicon elements for plant nutrition and fertilizers .... (232)

8.1　Calcium for plant nutrition and calcium fertilizers .... (232)

8.2　Magnesium for plant nutrition and Mg-containing fertilizers ……… (237)
8.3　Sulfur for plant nutrition and sulfur fertilizers …………………… (241)
8.4　Silicon for plant nutrition and silicon fertilizers …………………… (245)

Chapter 9　Compound/mixed fertilizers …………………………… (251)
9.1　A general view of compound/mixed fertilizers …………………… (251)
9.2　Main kinds and properties of compound fertilizers ……………… (253)
9.3　Forms and properties of mixed fertilizers ………………………… (258)
9.4　Application and efficiency of compound/mixed fertilizers ………… (262)

Part 3　Organic Fertilizers

Chapter 10　A general View of organic fertilizers ……………… (270)
10.1　Properties and roles of organic fertilizers ………………………… (270)
10.2　Efficiencies of application of organic fertilizers combined with
　　　chemical fertilizers …………………………………………………… (276)

Chapter 11　Dung fertilizers and stable manure ………………… (283)
11.1　Dung fertilizers ……………………………………………………… (283)
11.2　Stable manure ……………………………………………………… (289)

Chapter 12　Straw and compost …………………………………… (295)
12.1　Incorporation of the straw into the field ………………………… (295)
12.2　Composts …………………………………………………………… (303)
12.3　Manures produced by biogas fermentation ……………………… (306)

Chapter 13　Microbial fertilizers …………………………………… (310)
13.1　A general view of microbial fertilizers …………………………… (310)
13.2　Fertilizers involving rhizobium and nitrogen-fixing bacteria ……… (317)
13.3　Fertilizers involving mycorrhiza fungi …………………………… (323)

Chapter 14　Green manures ………………………………………… (331)
14.1　The role of green manures in agricultural production …………… (331)
14.2　Properties and rational application of green manure crops ……… (336)
14.3　Cultivation and utilization of green manure crops ……………… (342)

Part 4 Principles and Techniques of Fertilization

Chapter 15 Basic theories for scientific fertilization (356)
15.1 Characteristics of plant nutrition and principles of fertilization (356)
15.2 Nutritional diagnosis of plants (360)
15.3 Methods for determination of fertilization quantities (373)

Chapter 16 Fertilizer response function and fertilizer recommendation (380)
16.1 General response curves of crops to fertilization and their mathematical models (380)
16.2 Estimate of the parameters for fertilizer efficiency functions (387)
16.3 Marginal analysis (389)
16.4 Application of computer technology in recommended fertilization (396)

Chapter 17 Fertilization techniques for crops (402)
17.1 Fertilization techniques for grain crops (402)
17.2 Fertilization techniques for cash crops (418)
17.3 Fertilization techniques for fruit trees (428)

References (441)

绪　论

"植物营养学"是农业资源环境专业学生的重要专业课,过去的名称是"农业化学"(总论),由植物营养的基本理论和肥料科学两大部分组成。随着科学的发展,人们越来越清楚地认识到植物营养的有关知识是本门学科的核心,是指导科学施肥的理论基础。近年来,植物营养科学飞速发展,在许多重大领域取得进展,植物营养的知识日益丰富,植物营养理论的应用日益广泛,为了准确反映本门课程的性质、内容、任务,在我国,20世纪90年代,原"农业化学"开始更名为"植物营养学"。

植物由地上部和地下部组成。地上部的主要功能是在光能的作用下,利用根系吸收的养分和水分,以及空气中的 CO_2,形成有机化合物,谓之"地上部营养"。地下部的主要功能是吸收水分和养分满足地上部和自己的需要,谓之"地下部营养"。植物营养学就是研究植物地下部营养的科学。在这门科学中,植物是核心,土壤是基础,肥料是手段,气候是影响植物营养之需要、土壤养分之转化、肥料养分之供应的重要环境条件。在气候、品种、灌溉一定的条件下,营养管理对于促进作物的优质、高产、高效极其重要。

1　肥料在农业生产中的作用

1.1　肥料在我国农业生产中的作用

农业是国民经济的基础,农业生产包括植物生产和动物生产。植物生产是利用绿色植物的光合作用生产有机物质的基础生产,称为第一性产业;动物生产必须依靠植物提供的有机物质,谓之第二性产业。植物生产依赖于土壤、肥料和水三个基本因素。没有适宜的土壤、肥料、水分,就没有茂盛生长的绿色植物,就没有发达的农业,人类也就得不到量多、质优的粮食和天然有机物质。

新中国成立 50 多年来,农业生产有了很大的发展,主要经验是:一靠政策,二靠科学,三靠投入。肥料是植物的粮食,是种植业中的重要的物质投入,在农业生产中起着重要的作用。国内外的研究表明,肥料在种植业中的增产作用一般占 30%~50%。根据有关部门对我国 28 个省、自治区、直辖市多年来的统计数据,分别估计了化肥、农电、农机和水利在技术进步中的作用。结果表明,我国农业生产中,化肥因素占整个农业技术进步作用的 52.23%。这里的化肥因素包括化肥数量的增加,化肥质量的提高与科学施肥等方面的技术进步。

多年来，我国粮食的产量随着肥料用量的增加而提高。新中国成立后的前20年，粮食总产量翻了一番。与此同时，耕地养分施用量从 2.91kg/667m² 增加到 8.16kg/667m²。1970年以前，我国化肥工业尚不发达，在肥料总养分中，有机养分占 71.6%，化肥养分仅占 28.4%，能够获得这样的增产效果是难能可贵的。1970~1990年的20年，我国引进和自建了一批大、中型氮肥厂，1990年我国施用肥料的总养分达到 4 146.9×10⁴t，其中有机肥养分占 37.4%，化肥养分占 62.6%。耕地每 667m² 施养分达到 28.90kg，比 1970 年增加了 2.54 倍。1990 年粮食总产达到 4 250×10⁸kg，比 1970 年增加了 76.9%。1990 年人均粮食达到 386kg。目前，我国粮食总产超过 5 000×10⁸kg，人均粮食占有量基本达到 400kg 左右。棉花总产达到 200×10⁴kg 以上。随着人口增加，耕地减少，如果要保持上述产量，单位面积的产量必须提高，还需大力增加肥料数量，扩充肥料品种、提高肥料质量、调整肥料结构，才能满足粮食、经济作物种植的需要。

根据有关资料估算，我国目前和 2010 年的粮食供需的基本态势仍是基本平衡或需求量略大于生产量（表1）。因此，只有调整政策，加强科技，提高单产，从多方面采取一系列重要措施，才能促进粮食和农业生产的稳定增长。为了满足 2010 年粮食需要的最低方案，即生产 57 625×10⁴t 粮食，如果肥料总养分中以 2/3 由化肥提供，1/3 由有机肥提供，需要肥料总养分 5 763×10⁴t，以目前施用的肥料养分为基础，至少需要增加 20%。每年肥料总养分至少增加 100×10⁴~120×10⁴t 以上，其中化肥养分需增加 70×10⁴~90×10⁴t，有机肥养分需增加 30×10⁴~50×10⁴t。

表1 我国 2010 年粮食及肥料供需预测

方案	粮食（×10⁴t）		肥料养分（×10⁴t）		
	需求量	生产量	总养分	化肥养分	有机肥养分
高	67 150	62 725	6 273	4 182	2 091
中	64 590	60 075	6 008	4 005	2 003
低	61 550	57 625	5 763	3 842	1 921

综上所述，肥料在我国农业生产中起着十分重要的作用，为了保证我国粮食和农业能够持续、稳定、协调发展，我国肥料的产量需要提高，施用技术有待进一步改进。在今后应当长期坚持以有机肥为基础，有机肥与化肥相结合的综合肥料体系。有机肥料面广、量多、价廉、效好，是改土培肥的物质基础，是农业中物质循环的纽带，今后我国有机肥发展的方针是广辟肥源、综合利用、增加数量、提高质量。化学肥料浓度高、体积小、效果好，今后我国化肥生产应本着增加数量、提高质量、调整结构、合理布局的原则大力发展。在肥料施用方面，应本着改进技术、调整比例、优化配方、提高效益的原则，向着定量化、模式化、预报化、精准化方向发展。总之，搞好肥料的生产、供应、施用，对于我国优质、高产、高效农业的发展具有十分重要的作用；同时，这也是我国国民经济发展中一项长期的、系统的、艰巨的任务。

1.2 肥料与"石油农业"和持续农业

欧洲、美国及其他发达国家在 19 世纪植物营养研究和肥料试验的基础上，于 20 世纪 50 年代形成了"石油农业"（petrol-agriculture），即规模化种植、化肥、农药、机械为四大支柱的现代化农业。"石油农业"的形成和发展主要是科学技术进步的产物，也有经济学方面的因素。欧美的大小农场都以商品生产为主，农业商品生产的目的是获取高额利润，尽管其中使用的化肥、农药、机械都是高额消耗能源的，但由于技术进步使单位面积的产量增高，加之各国政府对高能耗的化肥、农药实行补贴政策，并保持相对稳定的粮、肥比价，鼓励农产品外销，使"石油农业"得以形成和迅速发展。相对于传统的"有机农业"无疑是一大进步，因为依靠品种的改进，化肥、农药的应用，"石油农业"增加了作物产量，改善了产品品质，降低了生产成本，提高了效益和劳动生产率。冬小麦连作数十年可保持 5 250kg/hm², 玉米可保持 7 500kg/hm² 以上。实际上，"石油农业"并不意味着只施用化肥，不施用有机肥料。在欧美发达国家，农村能源大多用电，不需要秸秆作燃料，除了部分饲用玉米的地上部全部收获之外，其余作物只收获经济产量，秸秆则自然还田。在美国中西部半干旱地区，有的将秸秆割下覆盖于土表，起保土、护水、增肥作用。所以，有机质施用量是很高的，这可能是近几十年来化肥用量逐渐下降的原因之一，这可以认为是对高能耗的"石油农业"的一种修正。

近十多年来，国外提出了"生态农业""有机农业"等概念，主要目的是找到一种节能高效的农业发展模式来代替"石油农业"，但由于种种原因未能在生产上大面积应用。1980 年世界自然资源保护联盟第一次提出"持续农业"。1988 年美国农业部决定将"低投入持续农业"列为重点项目。1991 年 4 月联合国粮农组织在荷兰召开了持续农业与环境会议，把持续农业与农村发展联系在一起。1993 年 5 月联合国粮农组织在中国召开了国际持续农业与农村发展研讨会，交流了国内外的新进展，提出了具体的行动建议。这些活动表明，发展持续农业已成为全球的共同行动。

可持续农业是 20 世纪 80 年代提出的农业发展新方向，它是一种经济、社会、技术与环境协调发展的农业，是一种"不造成环境退化，技术上适当，经济上可行，社会上能接受的农业"。可持续农业的目的主要是：①尽量减少投入土地之化肥、农药、灌水等，以节约能源，降低成本，增加收益。②更多地采用生物措施和综合措施，持久地保持土壤生产力，如广泛推广水土保持耕作法，少耕或免耕，推广滴灌、喷灌节水农业等。③更加注重农业环境保护，建立"无公害（或无污染）农产品生产系统"，特别是减少农药应用品种、数量，尽量采用综合措施，以减少环境污染，保护人畜健康。美国提出要控制化学氮、磷肥用量，以免水体富营养化和硝态氮含量过高或土壤重金属积累。人们长期饮用硝酸盐含量过高的水，可能会在人体内诱导形成致癌物质。土壤中的各种重金属——如铅、镉、铜、钼等可能通过有机、无机肥料的应用而进入植物—动物—人体循环中，危害人类健康。因此，在施用含重金属的微量元素时也要十分慎重。总之，国外的"有机农业"或"生态农业"绝不是彻底地、原始地回归自然，而是从投入产出的经济效益、土地生产潜力的提高、人类健康的保护等方面综合考虑的。虽然美国地大物博，资源丰富，但非常重视节能和高产高效。我国资源贫乏，应该很好借鉴上述可持续农业的构想和措施。我国目前一些高投入、高产出的做法值得商榷。根据我国实际情况，今后有待加强农田基本建设，节约能源、财源、适量增加投入，优质高产高效，实现农业的持续、稳定、协调发展。

2 植物营养学发展概述

施用肥料作为农业增产措施已有几千年的历史。但是，在植物营养原理的指导下，科学地生产与施用肥料，还是在 19 世纪后半期逐步发展起来的，目前有 150 多年的历史。下面简要介绍国内外植物营养与肥料科学发展的概况。

2.1 现代植物营养学的建立

随着生物学、化学、地学等学科的发展，19 世纪后半期至 20 世纪初，在欧洲已基本形成了现代植物营养与肥料科学的理论基础。其中，作出重要贡献的科学家有：

德苏尔（De Saussure，1804，法国）证明植物体中的有机物质来自于空气中的二氧化碳和土壤中的水。

布森高（Boussingault，1834，法国）通过多年的轮作试验，并结合定量分析，提出种植豆科植物能增加土壤氮素；但种植禾谷类作物则取走土壤中的氮素。

赫锐格尔（H. Hellriegel，1888，德国）发现根瘤菌的共生固氮作用是豆科植物能增加土壤氮素的原因。

李比希（Liebig，1840，德国）否定了当时流行的腐殖质营养学说，提出了植物矿质营养学说、归还学说和最小养分律。他认为，植物只吸收土壤中的矿质养分（矿质营养学说），由于连续种植作物取走土壤养分，会使土壤贫瘠，因此应该把取走的矿质养分全部归还土壤，才能保持土壤的生产力（归还学说）。最小养分律是指作物产量受土壤中相对于植物需要量最欠缺的养分的限制，作物产量随着这种养分的多少而变化。而为了解决植物对磷、钾、钙等的营养需要，李比希是把磷矿石、钾盐与石灰混在一起熔成固体化肥，结果使磷、钾难溶于水。虽然他的专利失败了，但李比希提出矿质营养学说，植物需要磷、钾肥的观点是正确的，由此推动了化肥工业的发展。

鲁茨和吉尔伯特（Lawes and Gilbert，1843，英国）在英国的洛桑（Rothamsted）建立了世界上第一个长期肥料实验站，用精确的长期田间试验和定量分析方法纠正了李比希关于厩肥、氮素营养和"完全归还"等方面的错误认识，并首次用骨粉加硫酸制成了过磷酸钙，取得了专利，使得以后磷肥工业迅速发展。洛桑试验站延续至今已有150多年，取得了许多短期试验难以获得的重要成果，为现代农业的发展作出了重大贡献。

在19世纪的西欧，由于腐殖质营养和矿质营养不同学派之间的争论，促进了英国建立洛桑长期肥料田间试验站。自1843年英国在洛桑建站以后，法国、美国、德国、丹麦、俄国、荷兰等国家相继在19世纪和20世纪初也建立了长期肥料试验站。在20世纪20年代，芬兰、挪威、比利时、奥地利、波兰、日本、捷克等又相继建立了一批长期肥料实验站，对植物营养，厩肥、磷肥、石灰等进行了广泛试验，获得了一大批具有重大理论和实际价值的科研成果。

萨克斯和克诺普（Saches and Knop，1860，美国）根据土壤和植物体内的化学成分，研究成功了水培和沙培营养液。经过后人近百年的努力，用缺失法证明了植物除了必需碳、氢、氧、氮之外，还需要磷、钾、钙、镁、硫、硼、铁、锰、铜、锌、钼、氯、镍共17种必需营养元素。在17种必需营养元素中，最晚确定的是镍，由P. H. Brown 1987年提出。

霍格兰德和爱泼斯坦（Hoagland and Epstein，1940~1970）在植物营养的许多领域，尤其是养分吸收方面进行了大量研究。在20世纪40年代，霍格兰德研究了藻类和部分高等植物对养分的吸收和影响因素，提出了主动吸收和被动吸收机制，以及有关机理，还配置出霍格兰德营养液，至今还在水培、沙培实验和无土栽培中广泛使用。在20世纪60年代，爱泼斯坦运用酶动力学原理研究养分吸收，有力地支持了载体假说。通过对多种植物根系和叶片吸收养分动力学参数的测定，发现对同一植物而言，根系和叶片吸收某种离子的动力学参数相同，说明在细胞水平上，植物吸收养分的机理相同，根系和叶片在起源上有同源性。此外，有些植物，或同一植物的有些品种吸收某种养分的动力学参数不同，说明它们吸收养分的效率不一样。霍格兰德和爱泼斯坦在养分吸收方面的研究成就至今还在广泛应用。

普良尼施尼柯夫（Прянищников，俄国）在20世纪前半世纪，深入研究了植物的NH_4—N和NO_3—N的营养机理，并在前苏联3 000多个化肥试验（网）的基础上，大力发展氮、磷、钾化肥工业，提出了植物—土壤—化肥相互作用的农业化学理论，这就是著名的生理路线的农业化学派，有别于西欧以矿质营养为基础的农业化学派。这两个流派对40多年来我国农业化学的发展有着深远的影响。当然，我国农业化学是在总结了几千年施肥经验，开展了大量的土壤—植物营养研究的基础上，吸取国外先进经验逐步形成的。但要成为有中国特色的农业化学派则还需要继续广泛试验，深入研究，认真总结，也许这需要相当长时期的工作之后才能达到。

综上所述，随着现代植物营养学的建立，极大地推动了国外农业的发展。①确立了农、林、牧结合的土地利用制度。在牧场中配种了豆科、禾本科、十字花科牧草，并进行施肥管理，生产营养价值高的牧草；山地和坡地实施保护森林，进行间伐间种；在耕地施行豆科、禾本科及其他作物轮作耕作制度，包括饲料绿肥的轮作间种。②发展了一系列与之相应的施肥制度。在施肥制度中，正确认识厩肥的作用，尽量利用厩肥和其他有机肥料作为施肥制度的基础。③大力生产化学肥料，满足种植业发展的营养需要。19世纪欧洲已经发展了磷、钾肥工业。1913年德国化学家发明由氮气和氢气合成氨，奠定了氮肥化学工业的基础。到20世纪40年代开始广泛而大量地施用化学氮肥。

2.2 近20年来植物营养学的发展趋势

近20多年来，由于生物技术、信息技术、电子计算机技术的陆续应用，以及学科之间的互相交叉，人们多学科、多层次、多领域地对植物营养科学进行了深入广泛地研究，大大推动了植物营养与肥料科学的发展，在宏观、微观、肥料与施肥等多方面取得了重要成绩。

在宏观方面，人们大大地拓宽了植物营养研究和应用的领域。主要表现在：①在重点研究植物营养的生理学和生物化学的同时，加强了植物营养生态学的研究，更加注意把植物、土壤、大气考虑成一个整体系统来加以研究。②在研究植物营养元素平衡与作物高产优质的同时，注意研究农产品品质与动物和人类健康的关系，加强了食物链中营养元素的研究。③1987年提出镍是植物的必需营养元素，使必需营养元素的种类从16种增加到17种，除了对它们继续进行深入研究之外，还扩展了有益元素和有害元素的研究，如有益元素钠、硅、钴、钒、硒、稀土等；有害元素铅、汞、铬、镉等。④在注意研究植物阶段营养和离体研究的同时，倍加重视植物整个生命周期、植物活体、整体营养功能的研究，无损伤测定、活体测定、田间原位原态测定大量应用于植物营养研究，使研究结果更加接近实际，反应植物营养的真实情况。⑤温室无土栽培已进入初期生产阶段，主要在蔬菜和花卉栽培上应用，取得了较好的成效。⑥建立了一大批长期肥料试验站，获得了大量的有关基础数据，阐明了土壤养分生物有效性中若干重要问题。

在微观方面，加深了植物营养机理的研究。主要研究内容包括：①在养分的吸收机理方面，取得重大进展，E. Neher and B. Sakmann 离子通道的研究成果获得1991年的诺贝尔生理学奖。②注意研究营养元素对植物细胞和器官形态结构，生物化学过程（包括酶活性、代谢产物）的影响，以及植物营养元素在细胞和亚细胞水平上的分布，为阐明植物营养的功能和营养元素丰缺的早期诊断提供理论依据和方法。③在主要研究栽培植物营养的同时，更加注意野生植物营养的研究，希望从中找到抗逆性强、植物营养性状优良、丰产性能好的优良品种资源。通过现代遗传学方法在获得高产优质的同时，培育出养分利用效率高，适应低肥力或盐渍化土壤的新品种。这可能比改良培肥土壤使之适应作物营养特性的需要更加省事，但有关研究难度很大。国内外在这方面的工作，始于20世纪70年代，并取得一些进展。④继续将土壤视为一个整体进行研究的同时，注意研究根际微区的养分数量、生物有效性和转化利用，以期阐明土壤营养的本质。我国对菌根在植物磷、钾、铁等营养中的作用做了较多的研究。⑤对营养元素的运输和功能有更加深刻的认识，在研究单个营养元素的运输机理和作用的同时，加强了元素之间相互作用的营养效应及其对作物产量品质影响的研究。⑥在深入研究矿质营养的基础上,加强了植物有机营养的研究。例如,利用 $^{14}C-^{15}N$ 双标记有机肥,测定其有机化合物中 N 空间位置,研究含 N 基团的结构和功能,以及在土壤中的变化。

在肥料及施肥方面,拓展了研究的广度和深度,改进了肥料制造工艺与施肥技术。①施肥已由早期的缺啥补啥发展到平衡施肥,目前正在将地理信息技术(GIS)、全球定位技术(GPS)、遥感技术(RS)和电子计算机技术用于科学施肥,即精准施肥技术。②大量利用微生物技术处理有机物质,有机肥料的生产和施用向综合性、无害化、有效化、简便化方向发展,将秸秆机械处理后直接还田、城市垃圾无害化处理用作肥料就是例证。③化学肥料生产和施用量提高,品种增加,向高浓度、复合化、液体化、缓效化方向发展。美国一些地方用管道输送含 N 82%的液氨,用机械直接深施入土。液氨可能是目前浓度最高、价格最低的氮肥品种,需要专门化的施肥技术。④在氮、磷、钾肥合理配置的基础上,重视中量和微量元素肥料的施用,尤其是在复种指数高,缺素较多的热带、亚热带酸性贫瘠土壤上更是如此。⑤加强了生物肥料的研究。目前,根瘤菌、外生菌根真菌是确切有效的微生物肥料,对于提高豆科植物生物固氮,利用土壤难溶性磷、钾,促进植物生长的效果明显。⑥叶面肥料作为根际营养的辅助手段加以应用。目前,我国叶面肥料品种甚多,主要成分是微量元素和激素,对于植物营养起到锦上添花的作用。但是,有机肥料和化学肥料养分含量丰富,供肥改土的效果明显,不能指望这类"肥料精"来作为植物营养的主要手段,更不可能利用它们来改良培肥低产土壤。⑦施肥与土壤环境保护日益受到重视。目前,大量施用氮、磷肥料可能造成水体富营养化、地下水硝酸盐积累、土壤重金属元素污染,从而造成对环境和人畜健康的影响等多方面的副作用。大型养殖场粪尿肥和厩肥的处理是当今国内外一大环保问题。⑧草地、森林、苗圃、园林等植物的施肥基本形成制度,利用飞机在草地、森林上喷洒化肥,农药也不少见。

总之,国外植物营养学的发展是在现代科技进步、充分利用自然资源、切实保护生态环境的基础上逐步发展起来的,现在正向持续农业方向稳步推进。

3 植物营养学的内容及其研究方法

3.1 植物营养学的内容

植物营养学主要包括植物营养的基本理论,化学和有机肥料,以及施肥技术等内容。在这些内容中,植物是主体,植物营养是核心,土壤是基础,气候是条件,肥料是物质基础,施肥是手段。换言之,改善植物营养要以植物营养的理论为依据,土壤为基础,气候为条件,肥料为物质,通过施肥来调控植物营养,实现培肥土壤和作物的高产优质。

第一部分,植物营养的基础理论。主要内容是:①植物营养原理;②植物的土壤营养；③肥料资源及其利用。植物营养原理主要讲述植物的必需营养元素、有益元素和有害元素；植物对养分的吸收和运输；植物营养与产量品质。植物的土壤营养主要讲述植物的根际营养；土壤养分的含量与类型；土壤营养元素的来源与转化；以及土壤养分生物有效性等。肥料资源与利用主要讲述我国有机肥料资源和化学肥料资源种类、特性、利用现状和发展前景。

第二部分，化学肥料。主要内容包括：①植物的氮素营养与氮肥；②植物的磷素营养与磷肥；③植物的钾素营养与钾肥；④植物的微量元素营养与微肥；⑤植物的钙、镁、硫、硅营养与钙、镁、硫、硅肥料；⑥复合（混）肥料的种类、特性、肥效、配制和施用技术。

第三部分，有机肥料。主要讲述：①植物的有机营养、有机肥料的种类、特性、肥效及其在农业生产中的重要作用；②粪尿肥与厩肥的种类、特性、转化与施用；③秸秆还田的作用、原理与技术，堆沤肥、沼气肥积制与利用等；④绿肥的种类、种植与利用；⑤微生物肥料。

第四部分，施肥原理与技术。主要讲述：①科学施肥的基本理论，如植物营养特性与施肥的一般原则，施肥与作物产量品质的关系，施肥技术及其发展；②肥料效应函数与推荐施肥，如肥料效应曲线的一般规律及数学模型，肥料效应函数的参数估计，边际分析，3S施肥技术；③主要作物施肥技术，如粮食作物的施肥技术，经济作物的施肥技术，果树的施肥技术，茶叶、桑施肥技术等。

3.2 植物营养学试验研究方法

植物营养学是在生物学、地学和农学发展起来的一门科学，是一门理论联系实际的科学。所以，生物学、地学和农学的研究方法都可以应用于植物营养学，但作为一门独立的学科，植物营养学有自己的、比较有特色的研究方法。

3.2.1 调查研究

重在了解生产中出现的各种实际问题，如植物营养缺素，土壤条件及其障碍因素分析、肥料施用种类与数量等。此外，通过调查研究还能总结历史、现代和典型经验，提出解决问题的方法和研究课题。

3.2.2 试验研究

植物营养的试验研究包括盆栽试验和田间试验。盆栽试验有水培、沙培、土培等。盆栽试验主要研究植物营养的理论问题；田间试验重在研究土壤肥力、肥料效益、施肥技术和指导生产，以及检验盆栽试验的研究结果。在植物营养研究中，将田间试验和盆栽试验有机结合，可以相得益彰。

3.2.3 室内分析

利用各种现代化分析测定技术，如化学分析、物理分析、生物化学分析、生物物理分析等技术，对试验对象及材料进行分析测定，揭示有关物质的性质、数量和变化规律。目前，在植物营养研究中，进行上述有关分析的主要仪器和手段有：各类光谱分析［如原子吸收分光光度计、等离子耦合发光分析仪（ICP）、可见光及非可见光光度计等］、电化学分析（如离子计、酸度计、极谱仪等）、热分析仪、核技术、酶标分析仪、色谱仪、质谱仪、卫星遥感技术等。分析测定的对象有：植物、肥料、土壤、气体和水等。此外，还利用电子计算机技术和各类数据分析工具，研究测试数据之间的关系，揭示产生这些结果的原因、发生规律、变化趋势等。由此可见，在植物营养研究中，几乎应用了全部的现代分析测试技术、计算机技术和信息技术。

有关植物营养学的研究方法将在其他有关课程中学习，如分析化学、仪器分析、核技术在植物营养中的应用、试验研究与统计分析、土壤—植物营养分析等。

第 1 篇
植物营养的基本理论

植物由地上部和地下部组成。地上部的主要功能是在光能的作用下，利用根系吸收的养分和水分，以及空气中的 CO_2，形成有机化合物，谓之"地上部营养"。地下部的主要功能是吸收水分和养分满足地上部和自己的需要，谓之"地下部营养"。植物营养学是研究植物从环境中吸取营养元素构建其有机体的科学。在这门科学中，植物是核心，土壤是基础，肥料是手段，气候是影响植物营养之需要、土壤养分之转化、肥料养分之供应的重要环境条件。

第1章 植物营养原理

【本章提要】 植物营养原理是施肥的理论基础。本章主要介绍植物必需营养元素的种类、特性和基本功能，有益元素的作用、有害元素对植物的危害；植物细胞、根系和叶片吸收养分的过程（主动吸收和被动吸收）、机理（离子通道学说和载体学说）、影响因素（内因和外因），以及矿质元素在植物体内的运输。

研究植物营养原理，首先必须弄清植物根系能吸收哪些物质，其中哪些是植物生长必需的，哪些是非必需的；哪些是有益的，哪些无助于植物的生长，甚至是有害的。也就是说，植物营养必须研究和了解植物营养元素的种类和比较合适的含量，只有这样才能有针对性地施用肥料，补充植物的营养，满足植物的营养需要。其次，了解植物营养元素是怎样进入植物体内的，研究养分吸收的途径、机理及影响因素，以便采取有效措施，促进养分吸收，提高肥料利用率。第三，研究养分在植物体内的运输途径、机理和分布规律，诊断植物营养丰缺状况，为合理施肥提供科学依据。第四，研究营养元素在植物体内的作用，即营养元素的生理功能。以便通过施肥调控植物新陈代谢和生长发育，达到高产优质。第五，研究植物营养特性的遗传变异规律，了解基因对养分吸收、利用、运输及营养逆境适应能力的调控作用，有效地改良植物营养特性，从根本上解决节肥、高产、优质的问题。

本章将围绕植物的营养元素、养分吸收和养分运输等问题依次论述，为以后的各章学习奠定基础。

1.1 植物的营养元素

植物的组成十分复杂。一般的新鲜植物含75%～95%的水分，5%～25%的干物质。干物质的元素组成有C（碳）、H（氢）、O（氧）、N（氮）、S（硫）、P（磷）、K（钾）、Ca（钙）、Mg（镁）、Fe（铁）、Cu（铜）、Mn（锰）、B（硼）、Zn（锌）、Mo（钼）、Cl（氯）、Br（溴）、I（碘）、Al（铝）、Si（硅）、Na（钠）、Co（钴）、Sr（锶）、Pb（铅）、Hg（汞）、Se（硒）……几乎包括所在土壤和水体中的各种元素。但在植物体内，这些化学元素的含量受到植物种类、生育时期、气候条件、土壤性质、栽培技术的影响。盐土中生长的植物富含钠，海滩上生长的植物富含碘，酸性土壤和黄壤中生长的植物富含铝，钙质土壤中生长的植物含有较多的钙、镁，茶叶中含较多的铝，水稻含较多的硅等。

1.1.1 植物必需的营养元素

运用溶液培养或砂培的方法，在培养液中系统地减去植物灰分中发现的某些元素，观察它们对植物生长发育的影响，就可以弄清哪些是植物生长发育所必需的营养元素，哪些是对植物生长发育有益或有害的元素。

根据严格的水培试验，Arnon 和 Stout（1939）认为植物的必需元素应该同时满足以下 3 个条件：

①植物的营养生长和生殖生长必须有这种元素，当它完全缺乏时，植物的生命周期不能完成；

②植物专一性地需要这些营养元素，其他元素不能完全替代这些元素的作用，当植物缺乏它们中间的某种元素之后，就会出现某些特殊症状，只有补充这种元素才能使植物恢复正常；

③这些元素在植物体内直接起作用，而不是间接作用。

然而，要严格分清必需元素和非必需元素是非常困难的。主要原因是：一是虽然必需元素在植物体内有独特的生理功能，但它们的某些功能可以被其他元素部分甚至完全取代（如铷代替钾，锶代替钙）。另一个困难是某些元素只有在一定的场合下才需要，如钼，一般只在硝态氮的营养下，植物才必需这种元素；供应氨态氮，植物对钼的需要性不甚迫切。再有一个问题是开花植物估计有 20 万种，而对它们的营养需要进行过仔细研究的种类有限，故必需营养元素在植物界的普遍性难于完全肯定。因此，目前对于植物必需营养元素的研究还很不够，随着科学技术的进步，植物必需营养元素的种数可能还会扩大。

现已确认，高等植物的必需营养元素有：C、H、O、N、P、K、Ca、Mg、S、Fe、Mn、Zn、Cu、Mo、B、Cl 和 Ni 共 17 种（表 1-1，表 1-2）。

表 1-1 植物的必需营养元素及有益元素

类别	元素	高等植物	低等植物
大量元素	C、H、O、N、P、K、Ca、Mg、S	+	+
微量元素	Fe、Mn、Zn、Cu、B、Mo、Cl、Ni	+	+
有益元素	Na、Si、Co	±	±
	I、V	−	±

注：+表示必需，−表示非必需，±表示必需或非必需。

表 1-2 微量元素的发现时间及发现者

微量元素	发现时间（年）	发现者
Fe	1860	J. Sacks
Mn	1922	J. S. McHargue
B	1923	K. Warington
Zn	1926	A. L. Sommer 和 C. B. Lipmam
Cu	1931	C. B. Lipmam 和 G. Mackinney
Mo	1939	D. I. Arnon 和 P. R. Stout
Cl	1954	T. C. Broyer 提出
Ni	1987	P. H. Brown 提出

在植物体内，必需营养元素比较合适的含量及吸收形态见表1-3。在目前所确认的17种必需营养元素中，根据它们在植物体内的含量，可以分为大量元素和微量元素。其中，大量元素有C、H、O、N、P、K、Ca、Mg、S，它们在植物中含量高，一般占植物干组织的0.1%以上。微量元素有Fe、Mn、Zn、Cu、Mo、B、Cl、Ni，它们在植物中含量较低，一般占植物干组织的0.01%以下，其中铜仅占干组织的百万分之几，而钼和镍只占干组织的千万分之一。

表1-3　高等植物必需营养元素的适合含量及利用形态

营养元素		利用形态	含　量（以干重计）	
			（mg/kg）	（%）
大量元素	N	NO_3^-、NH_4^+等	—	1.5
	K	K^+	—	1.0
	Ca	Ca^{2+}	—	0.5
	Mg	Mg^{2+}	—	0.2
	P	$H_2PO_4^-$、HPO_4^{2-}等	—	0.2
	S	SO_3^{2-}、SO_4^{2-}等	—	0.1
微量元素	Cl	Cl^-	100	—
	Fe	Fe^{2+}，Fe^{3+}	100	—
	Mn	Mn^{2+}	50	—
	B	BO_3^{3-}、$B_4O_7^{2-}$等	20	—
	Zn	Zn^{2+}	20	—
	Cu	Cu^{2+}，Cu^+	6	—
	Mo	MoO_4^{2-}	0.1	—
	Ni	Ni^{2+}	<0.1	—

资料来源：Epstain，1965；Brown，et al，1987。

在植物体内，必需营养元素不论数量多少都是同等重要的，任何一种营养元素的特殊功能通常不能完全被其他元素所代替，这就是植物营养元素的同等重要律和不可代替律。由于各种植物千差万别，所需营养元素的种类、数量和比例也不相同。在这方面，以后各章都有详细论述。

在植物体内，各种必需营养元素的功能将在以后有关章节进行论述，表1-4列举了植物必需营养元素的部分重要功能。在此，仅就植物必需营养元素的主要功能概述如下：

①构成植物的结构、贮藏和生活物质　植物体的结构物质包括纤维素、半纤维素、木质素、果胶物质等；贮藏物质包括淀粉、脂肪、植素等；生活物质包括氨基酸、蛋白质、核酸、叶绿素、酶及辅酶等。构成这些物质的营养元素主要有：C、H、O、N、P、Ca、Mg、S等。

表 1-4　植物必需营养元素的部分重要功能

营养元素	构成植物体内的物质（举例）	部分酶促反应（+表示促进，-表示抑制）
N	蛋白质、酶、核酸、叶绿素	硝酸还原酶（+），固氮酶（-），转氨酶（+）
S	蛋白质、酶、硫脂	硫酸盐还原酶（+），亚硫酸盐还原酶（+）
P	核酸、磷脂、辅酶	ADPG-焦磷酸酶（-），淀粉磷酸化酶（+）
K	游离态存在	合成酶、氧化还原酶、转移酶等70多种酶的激活剂
Ca	细胞壁、果胶质、钙调素	淀粉酶（+），调节参与信号传递、运动、刺激等反应中有关的酶活性
Mg	叶绿素	磷酸化酶（+），RuBP 羧化酶（+）
Fe	叶绿素、铁蛋白、细胞色素、酶类	氧化还原酶（+），光合电子传递体（+）
Mn	酶类	希尔反应（+），脱羧酶（+），过氧化物歧化酶（+）
Zn	酶类	己糖激酶（+），IAA 合成酶（+），IAA 氧化酶（-），碳酸酐酶（+），核糖核酸合成酶（-）
Cu	蓝质素、酶类	氧化还原酶（+），光合电子传递体（+）
B	单糖络合物	不详
Cl	游离态存在	盐腺中的 ATP 酶（+）
Mo	钼蛋白	硝酸还原酶（+），固氮酶（+）
Ni	与半胱氨酸和柠檬酸形成配位体	多胺氧化酶（+），脲酶（+）

②调节植物的新陈代谢　植物体内，酶是新陈代谢的催化剂。在酶的催化过程中，它们需要某些元素作为活化剂，使之活化，然后参与复杂的生物化学过程。也有不少必需营养元素本身就是酶的组分，它们作为氧化还原反应的电子供体或受体，起着传递电子作用。例如钼—铁氧还蛋白、碳酸酐酶（含锌）、脲酶（含镍）等。

③其他特殊作用　在植物体内，参与物质的转化与运输、信号传递、渗透调节、生殖、运动等。例如，钾对植物体内碳水化合物的转化与运输起重大作用，从而增加贮藏物质和经济产量；钙与钙调素相互作用参与信息传递、运动等。

土壤是植物生长的场所，向植物提供必需营养元素。在植物必需营养元素中，植物对 N、P、K 三种元素的需要量多，但土壤中的含量一般都很低，在多数情况下需要施肥才能满足植物营养的需要，因此 N、P、K 肥是作物需要量最多的常用肥料，称为"三要素"。Ca、Mg、Mn 在土壤中的含量较高，一般土壤均能提供足量的营养需要，施用肥料补充植物营养的情况不多。铁在土壤中的含量很高，但有效性往往过低（在石灰性土壤中）或过高（在土壤淹水还原条件下），故容易缺乏或造成植物毒害；植物对 S、B、Zn、Mo、Cu 等 5 种营养元素的需要量不高，但土壤中的含量和有效性高低不一，有时需要施肥补充植物营养；氯是一种微量元素，植物对它的需要量不多，雨水和土壤中的含量足以满足植物需要，一般也不需施肥补充；在土壤中，镍的含量和有效性一般能够满足植物需要，需要施肥补充的情况极为少见。

1.1.2 植物的有益元素

有些化学元素对植物生长发育并不必需,但表现出刺激或促进作用;有些元素只对某些植物种类是必需营养元素,但对整个植物界没有普遍性;在植物体内,必需营养元素的某些功能(如维持渗透压等)还能部分被其他元素简单代替,这些元素称之为植物的有益元素。在平衡营养和科学施肥实践中,如果能够把植物的必需元素与有益元素结合,对于提高肥效和植物生产是有益的。

目前研究得比较多的有益元素主要是:Na、Si、Co、Se、Sr、Rb 等,区分后 3 种痕量元素对植物是否必需、有益或有害非常困难。但是,随着化学分析与生物试验精度的提高,将来完全可能使植物必需营养元素的范畴扩大,有益元素的范畴相应缩小。

1.1.2.1 钠

根据植物对钠的喜好程度,可以分为"喜钠"和"嫌钠"两种类型。对大多植物来说,过多的钠非常有害,使植物生长迟缓,产量降低,甚至死亡(表1-5)。但对喜钠植物而言,如盐生植物、黑麦草、甜菜等,适量的钠能产生一些有益作用。喜钠植物之所以需要一定数量的钠,首先是由于钠可以刺激喜钠植物的生长,改善植物的水分状况,促进细胞伸长。其次,在一定条件下,钠可以部分代替钾的某些功能,如维持细胞渗透压、提高酶的活性等。需要说明的是,在提高酶的活性方面,植物钾离子的需要浓度低,对钠离子的需要浓度高。第三,在 C_4 植物的光合作用中,钠有利于叶绿体内的 C_4 代谢,促进 CO_2 同化,并保护叶绿体结构,防止光的损伤作用。

表 1-5 盐分对农作物生长的抑制

作物	处理 (mmol NaCl/L)	生长参数	抑制率 (%)	参考文献
大麦	125	籽粒产量	5~40	Greenway (1962)
小麦	50	籽粒产量	50~90	Bernal 等 (1974)
甜菜	150	生物量	49~93	Marschner 等 (1981)
大豆	50	生物量	44~75	Louchliand 和 Wieneke (1979)
烟草	500	存活率	15~100	Nabor 等 (1980)
菜豆	盐碱土	存活率	1~79	Ayoub 等 (1974)

Brownell(1965)提出钠是盐生植物和 C_4 植物的必需营养元素之后,人们对钠在盐生植物和 C_4 植物体内的作用进行了较多的研究。例如,在 C_4 植物的光合作用中,钠能促进暗反应中形成的有关产物在叶肉细胞和维管束鞘细胞之间穿梭运转,提高 CO_2 在维管束鞘细胞中的浓度,有利于卡尔文循环达到最佳状态(图1-1)。在缺钠时,C_4 植物富集 CO_2 的能力降低,甚至完全丧失。此外,在加入钠的处理中,C_4 途径形成的有关产物的含量高于对照处理(缺钠),但在 C_3

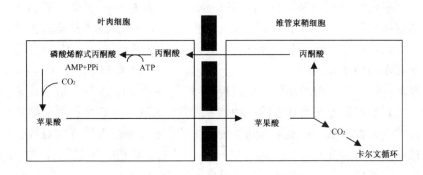

图 1-1 C_4 植物固定 CO_2 示意图

植物体内未见这种现象，说明在 C_4 途径中，钠能促进丙酮酸向苹果酸转化的各个生物化学反应，有益于 C_4 途径的进行（表1-6）。

表1-6 钠对三色苋（C_4）和番茄（C_3）地上部一些代谢产物的影响

	含量（$\mu mol/g$ 鲜重）							
	丙酮酸		磷酸烯醇式丙酮酸		苹果酸		天冬氨酸	
	－Na	＋Na	－Na	＋Na	－Na	＋Na	－Na	＋Na
三色苋（C_4）	1.7	0.9	0.9	2.3	2.7	4.8	1.6	3.7
番茄（C_3）	0.1	0.1	0.2	0.2	11.3	11.3	1.9	1.9

注：$-Na=0$，$+Na=0.1mmol(Na)/L$
资料来源：Johnston, et al, 1988。

目前，有一些施用含钠肥料提高植物产量的报道，但植物的钠营养及其机理仍有不少问题尚未弄清。所以，至今还不能确定钠是否是植物的必需元素，而只能看作是有益元素，施用含钠肥料应该慎重。

1.1.2.2 硅

硅对藻类和某些植物的生长是有益的。根据植物体内的 SiO_2 含量（用地上部干重%表示），可以将植物分为三组：①含量高的植物：包括莎草科的某些种（如木贼）和禾本科的湿生种（如水稻），它们的 SiO_2 含量为 10%~15%；②中等含量的植物：包括禾本科的旱生种，SiO_2 的含量为 1%~3%，如甘蔗、大部分的谷类作物和几种双子叶植物；③低含量的植物：包括大部分双子叶植物，SiO_2 的含量小于 0.5%。不同植物体内的含硅量差异极大，与它们对硅的吸收运输密切相关。在水稻根系的木质部导管周围，薄壁细胞能主动吸收硅，将它们泵入导管，运输到地上部。此外，在硅不同浓度的外界溶液中，水稻根系表面的皮层细胞都能够主动吸收硅。但是，小麦地上部的含硅量与水分吸收或蒸腾系数有很好的相关性，说明小麦对硅的吸收是被动的。

传统的观点认为，硅在细胞壁的沉淀是一个纯粹的物理过程，其作用是提高细胞壁的刚性，并成为抵抗病虫害的机械屏障。但越来越多的试验证据表明，硅的沉淀严格地受到代谢和时间的控制。例如，在从初生壁到次生壁的发育过程中，硅逐渐沉淀于禾本科植物的叶表皮细胞壁，沉淀物的基本结构也由片状变为球形。由此可见，这种变化是细胞的代谢产物沉淀于胞壁，然后与硅酸形成脂键发生交互作用的结果。

硅对植物生长发育的作用主要表现在以下几个方面：首先，硅可能是禾本科植物，尤其是水稻等作物必需的一种营养元素；其次，在许多植物的器官和细胞中，硅发生大量积累，从而影响到这些植物的细胞生物学和物理学特性，增加植物的抗逆力，包括抗倒伏、抗病（虫）等；第三，硅可以减轻低价铁（锰）对水稻的危害作用，有利于水稻的平衡营养。

近年来，国内外有不少关于水稻、甘蔗等作物施用硅肥的报道，认为硅可以促进生长，增加产量。就硅对植物的作用来看，多数还是间接作用，硅对某些植物的生长和产量形成产生的有益作用是不容怀疑的，但尚无有力证据能说明硅是植物的必需营养元素。就目前农业生产的状况来看，需要施用硅肥的土壤和作物是极少数，大多数土壤不需施用硅肥，只有在某些酸性砂质缺硅的土壤上，种植喜硅作物才可能有必要考虑硅肥的施用。此外，某些肥料，例如钙镁磷肥、过磷酸钙和作物秸秆等都含有大量的硅，即使土壤和作物缺硅，也可以采用综合措施进行防治，不必专门施用硅肥。

1.1.2.3 钴

1935 年，在澳大利亚家畜生产的调查研究中发现，用缺钴的牧草长期饲养牲畜，可能导致反刍动物出现缺钴症状，使之食欲不振，生长缓慢，生殖能力降低。由此认为，钴是反刍动物的必需营养元素。1960 年，Ahmed 和 Evans 证明，钴是豆科植物根瘤菌及其他固氮微生物所必需的矿质元素。后来人们从豆科和非豆科植物的根瘤中分离出了钴胺素辅酶（含钴维生素 B_{12}），并弄清了钴与根瘤中的 B_{12} 辅酶含量，豆血红蛋白的形成和固氮作用之间的关系。在严格缺钴的条件下，供应钴之后，豆科植物的根瘤鲜重、类菌体数量、钴胺素和豆血红蛋白的含量显著增加（表1-7）。

表1-7　在缺钴土壤上，施用钴对羽扇豆根瘤及其组分的影响

处理	钴含量 （ng/g 根瘤干重）	根瘤鲜重 （g/株）	类菌体数量 （×10^9/g 根瘤鲜重）	钴胺素 （ng/g 根瘤鲜重）	豆血红蛋白 （mg/g 根瘤鲜重）
-Co	45	0.1	15	5.9	0.7
+Co	105	0.6	27	28.3	1.91

资料来源：Dilworth 等，1979。

在钴胺素辅酶维生素 B_{12} 及其衍生物中，Co^{3+} 作为金属成分，类似于铁血红素中的 Fe^{3+}，位于卟啉中心被 4 个氮原子螯合。在根瘤中，目前已知有 3 种依赖于钴胺素的酶系统，钴供应的多寡能改变它们的活性，影响结瘤和固氮。这 3 种酶系统是：①甲硫氨酸合成酶，缺钴使用硫氨酸合成受阻，蛋白质形成速率下

降,类菌体变小。②核糖核苷酸还原酶,它的作用是将核糖核苷酸还原为脱氧核糖核苷酸,从而影响 DNA 合成。在缺钴时,细胞中的 DNA 含量降低,根瘤类菌体较少,细胞分裂受到抑制。③甲基丙二酸辅酶 A 变位酶,该酶参与类菌体中血红素的合成,并协助寄主合成根瘤细胞中的豆血红蛋白(表 1-8)。在缺钴时,豆血红蛋白的合成受到抑制,含量减少。

表 1-8 钴对羽扇豆根瘤某些特性的影响

处理	类菌体体积 (μm^3)	DNA 含量 ($\times 10^{-15}$/细胞)	甲硫氨酸含量 (占总氨基酸的%)
$-Co$	2.62	7.8	0.97
$+Co$	3.19	12.3	1.31

目前,在高等植物体内,人们还不清楚钴是否还有其他的营养作用。虽然钴能促进豆科植物的生长发育和根瘤固氮,但田间试验表明,豆科植物对施钴产生正效应的例子不多。Powrie(1964)和 Ozanne 等(1963)发现,在贫瘠的硅质土壤上,花生叶面喷施钴和用钴盐进行种子处理有一定的增产效果,其中以叶面喷施结合种子处理的效果最好。利用标记的 ^{60}Co 叶面施用之后,证明 ^{60}Co 可以经韧皮部大量转移到根系,在韧皮部中,钴似乎以某种负电荷复合体的形式迁移。

1.1.2.4 其他有益元素

据报道,在棉花钙不足时,锶可以减轻钙不足产生的危害;铷可以部分代替钾的功能;适量的铝可以促进茶树的生长;锶、铷、铝、钒和上面讨论到的钴、钠等化学元素,在低量时促进植物生长发育,稍一过量则对植物产生毒害作用。因此,这些微量和痕量元素作为肥料应用,要十分谨慎。

1.1.3 植物的有害元素

植物在生长发育的过程中,需要从外界环境中吸收各种矿质元素,以满足它们的营养需要。尽管植物吸收养分有一定的选择性,但这种选择性是有限的,致使一些不必需,甚至有害的元素也被吸收进入植物体内。从植物的灰分中,几乎能检出生态环境中存在的各种矿质元素,多达几十种,但植物必需和有益元素不过 20 来种。在植物体内,有害元素不仅影响它们的生长发育,而且可以通过食物链进入动物和人体,危害健康。因此,在肥料生产、配制和施用中,应充分了解土壤的元素组成和施肥带入土壤的有害元素,以及有害元素对植物营养、食物链和土壤生态环境的影响,并采取相应的防范措施。

在肥料和土壤中,目前比较常见的有害元素是 Al^{3+}、Na^+、H^+、Mn^{2+}、Fe^{2+} 和重金属(Cu、Co、Zn、Ni、Hg、Cd、Pb)等。在这些元素中,有些是植物的必需营养元素和有益营养元素,在低浓度时对植物生长起促进作用,高浓度时则产生毒害现象。因此,了解这些元素在植物体内的浓度和危害,对于适量施肥,防止它们对植物产生毒害作用是非常必要的。

1.1.3.1 铝

在 pH<5.5 的酸性土壤中，土壤胶体和溶液中存在活性铝。如果土壤溶液的 pH<4.0，铝的形态主要是 $Al(H_2O)_6^{3+}$（简称 Al^{3+}）。随着 pH 值升高，发生以下系列水解反应，最终形成 $Al(OH)_3^0$ 沉淀：

$$Al(H_2O)_6^{3+} \underset{OH^-}{\overset{H^+}{\rightleftharpoons}} Al(OH)^{2+} \text{和} Al(OH)_2^+ \underset{OH^-}{\overset{H^+}{\rightleftharpoons}} AlO_4Al_{12}(OH)_{24}(H_2O)_2 \underset{OH^-}{\overset{H^+}{\rightleftharpoons}} Al(OH)_3^0$$

（简称 Al^{3+}） （简称 Al_{13}） （沉淀）

除铝酸盐 $Al(OH)_4^-$ 和沉淀态铝之外，铝的各种水化物和氢氧化物均对植物有害，但不同形态的铝对植物的毒性大小不同，其中，在 pH4.5 时形成的 Al^{3+} 毒害作用最强。值得注意的是，Al^{3+} 与某些无机配位体结合之后，如 AlF^{2+}、AlF_2^+、$AlSO_4^+$ 等，毒性消失（Kinraide，1991）。故施肥实践中，促进形成非毒性的 $AlSO_4^+$ 尤其重要。例如，在酸性土壤上，施用石膏或含石膏的磷肥，既可以改良土壤酸性，又能有效地减轻铝毒（图1-2）。

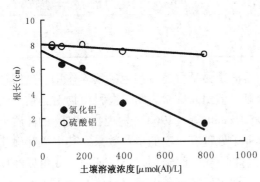

图1-2　小麦根长与土壤溶液中氯化铝和硫酸铝的关系

铝对植物的毒害作用是多方面的，主要表现如下：

(1) 抑制养分吸收，诱导缺素　植物根系能主动吸收大多数养分，但铝能抑制质膜 ATP 酶的活性，从而影响主动吸收的能量供应。在根系的细胞外表面，吸附是吸收多价阳离子，如 Ca^{2+}、Mg^{2+}、Zn^{2+}、Mn^{2+} 等，Al^{3+} 可以占据这些与阳离子的结合点，阻碍吸附。此外，Al^{3+} 还能阻塞 Ca^{2+} 通道，封闭转运蛋白上与 Mg^{2+} 结合的位点，减少对 Ca^{2+}、Mg^{2+} 的吸收。不过钾的吸收似乎不受 Al^{3+} 的影响。

(2) 抑制根系生长　施用石灰和含镁的化学物质，如钙镁磷肥、白云石等，提高土壤中的钙镁含量，可以减轻铝诱导的钙镁缺乏症状，说明植物缺钙和缺镁可能是铝毒产生的次生效应。大量的研究表明，铝可能与根冠细胞中的 DNA 结合，抑制根尖细胞分裂和伸长，阻止根系生长，造成根系畸形，对根系的生长发育产生直接的毒害作用。在酸性土壤中，植物根系伸长受到抑制，可能加剧缺磷。

(3) 抑制地上部生长　在铝过量的情况下，由于根系生长受阻，养分和水分吸收减少，地上部生长也会相应受到抑制。此外，在根系生长和代谢受到抑制之后，向地上部供应激素（如细胞分裂素、赤霉素等）的数量减少。研究表明，将大豆种植在酸性土壤上和铝溶液中，根系合成的细胞分裂素减少，抑制地上部的生长发育（Pan 等，1989）。

(4) 抑制生物固氮　高浓度的 Al^{3+} 改变根系形态，影响根瘤菌的侵染位点，根瘤数量下降，固氮量减少，抑制豆科植物生长（表1-9）。就铝毒而言，抑制生长的临界浓度大于结瘤浓度。例如，大豆生长的临界铝浓度（使生长率降低10%）为 5~9μmol/L，而结瘤的临界浓度是 0.4μmol/L，前者远远高于后者。

表1-9　土壤铝饱和度对大豆生长和结瘤的影响

土壤pH值	铝饱和度（%）	干物重（g/株）		结　瘤		含氮量
		地上部	地下部	每株个数	干重（mg/瘤）	（mg/株地上部）
4.55	81	2.4	1.07	21	79	65
5.20	28	3.2	1.08	65	95	86
5.90	4	3.6	1.08	77	99	93

资料来源：Sartain and Kamprath, 1975。

1.1.3.2　重金属

植物遭受重金属危害之后，主要症状是生长缓慢、发育异常、叶片失绿等，严重时则造成死亡。大气中的重金属可以通过叶片的吸收造成危害，所以光合作用、呼吸作用旺盛的叶片（即完全展开叶）首先发生中毒症状。如果土壤中有过量的重金属，则主要是通过根系的吸收来产生危害，由于根系吸收的物质主要通过木质部上行运输，输送到新叶的数量一般较多。所以，植物根系和新叶首先出现中毒现象。一般而言，重金属在植物体内的积累规律是：叶片≥根、茎＞籽粒、果实（表1-10）。

表1-10　蔬菜不同器官重金属含量的平均值　　μg/g

器官	Cu	Zn	Pb	Cr	Cd	Ni
叶片	11.3	118	13.3	3.9	1.0	5.9
根、茎	11.0	43	12.1	1.3	0.1	3.9
果实	9.1	40	9.7	0.1	0.1	2.7

资料来源：Lauchli and Bieleski, 1985。

重金属元素的毒害作用最终导致作物减产。研究表明，铜、镍、镉、汞对禾本科植物分蘖的影响较大，显著减少穗数；铜和镍能抑制灌浆和有机物质向籽粒转移，显著降低粒重。

重金属元素影响水稻经济性状，最显著的是结实率。重金属离子的种类不同，对水稻产生毒害作用的浓度也不一样。水稻产量减半时的各重金属元素浓度为铜 0.6μg/kg（=0.01μmol/L），锰 65μg/kg（=1.2μmol/L），镍 1.5μg/kg（=0.02μmol/L），钴 3.0μg/kg（=0.05μmol/L），锌 15μg/kg（=0.23μmol/L），镉 1.0μg/kg（0.01μmol/L），汞 1.0μg/kg（=0.005μmol/L）。上述重金属元素对水稻的毒性强弱依次为：Cu＞Hg＞Ni＞Co＞Zn＞Mn＞Cd，这个顺序与元素的配位稳定性和电负性是一致的。

重金属离子造成植物毒害的原因主要是钝化植物体内的酶，抑制质膜ATP

酶的活性，从而抑制根系细胞吸收其他离子。例如，Cu^{2+}和Cd^{2+}强烈抑制小麦吸收K^+，但只影响K^+的主动吸收，不影响K^+的被动吸收。加入螯合剂可以减轻Cu^{2+}和Cd^{2+}的这种抑制作用。

大多数植物容易遭受重金属元素的毒害，但有少数植物能忍耐较高浓度的重金属（表1-11）。例如禾本科作物耐受重金属Ni、Zn、Cd、Mn的浓度是双子叶植物的几倍，甚至几十倍（表1-12）。植物抗（耐）重金属元素的原因主要有：①根系阻止吸收重金属元素。例如，水稻根系有较强的氧化能力，能够阻止Fe^{2+}的吸收；而苜蓿根系的氧化能力弱，因而对有害Fe^{2+}敏感。一般而言，禾本科植物对重金属元素的抗耐性较强。②植物细胞壁能够吸附和固定较多的Zn^{2+}，防止锌进入细胞。③在植物体内，形成稳定而低毒的重金属络合物。④抑制重金属的上行输送，使地上部免于重金属的危害；或向地上部大量输送重金属，使根系免遭危害。⑤重金属元素聚积于液泡内，与有机酸，如柠檬酸、苹果酸等形成螯合物。⑥酶系统和细胞器能忍耐高浓度的重金属元素。

表1-11 农作物对重金属元素的耐性

重金属元素	耐性强	耐性中等	耐性弱
Ni	大麦、小麦、黑麦	甘蓝、芋、薯、三叶草	甜菜、燕麦
Zn	葱、胡萝卜、芹菜	黄瓜、茄子、菜豆、甘蓝、芜菁、番茄	菠菜
Zn、Cd	陆稻、黑麦、玉米、小麦、山茶、黑松芝草、菖蒲	甘薯、番茄、葱、胡萝卜、杜鹃、桑、黄杨	黄瓜、芜菁、大豆、菊、唐菖蒲
Cd	玉米	豌豆、菜豆	萝卜、向日葵
Mn	大麦、稞麦、小麦、燕麦、马铃薯		芜菁、甘蓝

表1-12 造成作物减产时，土壤和植物组织中的含镉量　　　　μg/g

作物名称	减产25%时的土壤含镉量	减产25%时的植株含镉量	
		食用部位	叶片
菠菜	4	75	—
大豆	5	7	7
莴苣	13	70	
玉米	18	2	35
胡萝卜	20	19	32
油菜	28	15	121
菜豆	40	2	15
小麦	50	11	33
萝卜	96	21	75
番茄	160	7	125
甘蔗	170	11	—
水稻	640	2	3

植物对重金属的抗（耐）性是由基因决定的。研究表明，这种抗耐性受多个基因的控制，通过杂交育种或基因重组，有希望选育出抗（耐）重金属元素植物。但是，对于粮食或饲料作物来说，应该选育对重金属元素排除能力强的种类或品种。

从植物营养与施肥的观点来看，防止过量的重金属对植物的毒害，首先要控制灌溉水质，不要利用重金属浓度过高的水源灌溉作物，不施重金属含量过高的磷肥、微量元素肥料和垃圾肥等。

1.2 植物对养分的吸收

施肥的主要目的是营养植物，养分需要进入植物体内才能起到营养作用。植物吸收养分的基本单位是细胞，主要器官是根系。此外，叶片也能吸收一定数量养分。在这里我们先讨论植物细胞和根系对养分的吸收，然后论及叶片吸收养分的过程和影响因素。

1.2.1 细胞对养分的吸收

细胞是构成组织的基本单元，组织是不同细胞有机而巧妙的结合。因此，细胞是吸收养分的基本单位，组织对养分的吸收是细胞吸收养分的量变与质变的综合结果。在讨论根系和叶片对养分的吸收时，需要详细了解细胞对养分的吸收。

1.2.1.1 概述

一般而言，土壤溶液或营养液中的养分离子浓度不同于细胞液。例如，丽藻在淡水中生长，细胞液中的 K^+、Na^+、Ca^{2+}、Cl^- 浓度明显不同，显著高于淡水；法囊藻生长在海水中，在细胞液中，除 K^+ 和 Cl^- 外，Na^+、Ca^{2+} 显著低于海水（表1-13）。将玉米和菜豆种植在一定体积的营养液中，4天之后，营养液中的 K^+、Ca^{2+}、NO_3^- 和 $H_2PO_4^-$ 的浓度显著降低，而 Na^+ 和 SO_4^{2-} 变化不大（玉米）或升高（菜豆）；在根系细胞液中，上述几种离子的浓度均高于营养液（表1-14）。将桦树和槐树置于 K^+ 溶液中，在低浓度时，吸收速率随外界溶液中的 K^+ 浓度的上升迅速增加，吸收速率与外界溶液中的离子浓度几乎成直线关系；

表1-13 外界环境中的离子浓度与丽藻和法囊藻细胞液中离子浓度的关系　　mmol/L

离子	丽藻			法囊藻		
	淡水（A）	细胞液（B）	B/A	海水（A）	细胞液（B）	B/A
K^+	0.05	54	1 080	12	500	42
Na^+	0.22	10	45	498	90	0.18
Ca^{2+}	0.78	13	10	10	2	0.2
Cl^-	0.93	91	98	580	597	1

资料来源：Marschner，1997。

表 1-14 营养液及玉米、蚕豆根汁液中离子浓度的变化　　　　　　　mmol/L

离子	外部浓度			根汁液中浓度	
	初始浓度	4 天后[①]		4 天后	
		玉米	菜豆	玉米	菜豆
K^+	2.00	0.14	0.67	160	84
Ca^{2+}	1.00	0.94	0.59	3	10
Na^+	0.32	0.51	0.58	0.6	6
$H_2PO_4^-$	0.25	0.06	0.09	6	12
NO_3^-	2.00	0.13	0.07	38	35
SO_4^{2-}	0.67	0.61	0.81	14	6

注：①未补充蒸腾损失的水分；
资料来源：Marschner，1997。

达到一定浓度后，吸收速率随浓度的增加缓慢上升；超过一定浓度之后，吸收速率不随浓度的增加而变化，达到恒定。此外，在同一浓度条件下，桉树吸收 K^+ 的速率显著高于槐树（图 1-3）。

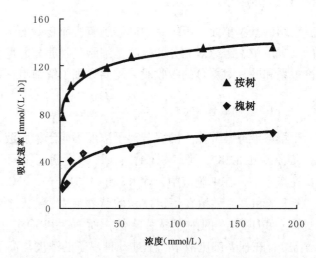

图 1-3　外界 K^+ 浓度对桉树和槐树吸收 K^+ 的速率的影响

上述实例说明植物细胞吸收养分具有：①选择性，对某些元素优先吸收，对另一些元素吸收较弱或不吸收；②细胞内外的离子浓度差异很大，有些离子的浓度胞内高于胞外，有的则相反；③饱和性，即外界溶液中的养分浓度超过一定阈值之后，吸收速率不随浓度的增加而提高，保持恒定；④不同植物吸收离子的特性存在显著差异，这些特性包括吸收速率和数量等。

1.2.1.2　细胞对养分的吸收方式

将绿藻置于含 Na^+、K^+、Cl^- 的溶液中，待吸收足够时间之后，可以发现在细胞内，Na^+ 浓度很低，膜内外的电位差高达 -138mV，远远低于细胞膜内外

Na^+ 达到平衡时的电位（-67mV）；对 K^+ 而言，细胞内的 K^+ 浓度高于胞外，膜内外的测定电位差为 -138mV，高于细胞内外达到平衡时的电位（-179mV）；Cl^- 的结果与 K^+ 类似（表1-15）。说明植物细胞吸收养分离子有2种方式：一是不需要代谢能的扩散作用，离子吸收运动的方向顺电化学势梯度，谓之被动吸收；二是需要代谢能、逆电化学势梯度进行的离子转运，称主动吸收。

表1-15 在离子吸收液中，绿藻细胞膜内外离子平衡时的理论电位、测定电位和吸收方式的关系

离子种类	测定电位（mV）	理论电位（mV）	吸收方式
Na^+	-138	-67	被动吸收
K^+	-138	-179	主动吸收
Cl^-	-138	+99	主动吸收

资料来源：Spanswick and Williams，1964。

（1）被动吸收　被动吸收是根系吸收养分的方式之一。当细胞中的养分浓度低于外界环境时，植物细胞被动吸收养分。被动吸收的特点如下：吸收作用是一种物理或化学的过程，与代谢无关，故不受代谢抑制剂（如KCN）的影响；不同溶质进入细胞无明显的竞争性和选择性，即一种养分对另一种养分吸收的影响不大；顺浓度梯度进行，即在外界溶液中的养分浓度高于细胞液时，发生被动吸收；温度对吸收速率的影响较小，温度系数 $Q_{10}=1$；吸收速率与细胞内外的养分浓度差呈线性关系，可表示为：

$$v = -K\frac{de}{dx}$$

式中：v——吸收速率；

K——扩散系数；

$\dfrac{de}{dx}$——浓度梯度。

被动吸收包括2种方式：一是扩散作用，二是协助扩散。实际上，这2种方式可能同时存在，也可能单独进行，取决于植物种类、养分类型和环境条件等多种因素。

①扩散作用　扩散作用是指分子或离子顺化学势或电化学势梯度转运的一种现象。带电离子的扩散取决于电化学势梯度；分子的扩散作用则取决于化学势梯度。

设细胞内的离子浓度为 α_i，膜电势为 E_i，电化学势为 μ_i；细胞外的离子浓度为 α_0，膜电势为 E_0，电化学势为 μ_0。细胞内外的电化学势差为：

$$\Delta\mu = \mu_0 - \mu_i = RT\ln\frac{\alpha_0}{\alpha_i} + ZF(E_0 - E_i)$$

其中，$RT\ln\dfrac{\alpha_0}{\alpha_i}$ 为化学势梯度项，$ZF(E_0-E_i)=ZF\Delta E$，为电势梯度项。

a. 当 $\Delta\mu > 0$ 时，$\Delta E > -\dfrac{RT}{ZF}\ln\dfrac{\alpha_0}{\alpha_i}$，细胞外的离子向细胞内扩散，表现为细胞吸收离子；

b. 当 $\Delta\mu < 0$ 时，$\Delta E < -\dfrac{RT}{ZF}\ln\dfrac{\alpha_0}{\alpha_i}$，细胞内的离子向细胞外扩散，表现为细胞排出离子；

c. 当 $\Delta\mu = 0$ 时，$\Delta E = -\dfrac{RT}{ZF}\ln\dfrac{\alpha_0}{\alpha_i}$，细胞内外的离子进出达到平衡。

d. 当物质的电荷为零时，即分子扩散，$ZF(E_0 - E_i) = 0$，则：$\Delta\mu = \mu_0 - \mu_i = RT\ln\dfrac{\alpha_0}{\alpha_i}$，若 $\Delta\mu > 0$，则 $RT\ln\dfrac{\alpha_0}{\alpha_i} > 0$，$\alpha_0 > \alpha_i$，分子从细胞膜外顺化学势或浓度梯度向胞内扩散。

②协助扩散 协助扩散是指分子和离子经细胞膜转运机构（如通道蛋白、载体蛋白）顺浓度梯度或电化学势梯度的转运现象。一般而言，膜转运蛋白有2种，即通道蛋白和载体蛋白。

离子通道 离子通道是细胞膜上由蛋白质构成的一种特殊通道，可以通过化学或电学等方式激活，从而控制离子顺电化学势梯度通过细胞膜。目前，已经发现了钾、钙、氯、有机小分子的通道蛋白。在保卫细胞中，存在2种 K^+ 通道：一种是 K^+ 外流通道，另一种是 K^+ 内流通道，这2种通道都受到膜电位的控制。

离子通道的构象会随环境条件的改变而变化。在处于某些构象时，在它们的中间形成孔道，专一性的允许溶质通过。其中，孔隙的大小和内表面的电荷性质决定了离子通道的选择性。离子通道开闭的机制有2种：一是对跨膜电势梯度发生反应；二是对外界刺激发生反应，如光照、激素等。图1-4是 K^+ 通道的一种假设模型。如图所示，离子转运是顺电化学势梯度进行的，离子通道由蛋白质构成，中央有一个孔隙通道，其内表面的结构只能允许 K^+ 通过，受体蛋白对于离子电化学势梯度、光照、激素和 Ca^{2+} 的化学刺激做出反应，使通道中央的孔隙发生一种未知的方式对受体蛋白的信号做出开闭反应，允许或停止 K^+ 通过。

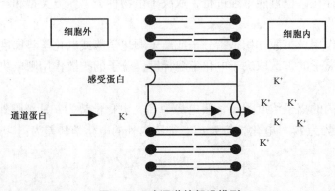

图1-4 K^+ 通道的假设模型

利用膜片钳（patch clamp）技术极大地推进了离子通道的研究。膜片钳技术是利用一种特制的微电极，从一小片细胞膜上获得电流信号，从而确定离子流量的技术。在测定时，将膜电位保持恒定（电压钳位），再测定通过膜的离子电流大小（图1-5）。具体方法是先利用热抛光技术，制备尖端直径约等于 $1\mu m$ 的特殊玻璃微电极，然后压向清洁的膜表面，对一小块膜进行探测，有时还需要施以适当的吸力，目的是使微电极与生物膜紧密结合。通过微电极的电流大小与生物膜上的离子通道数量、开闭情况和通过的离子种类有关。因此，微电极与高分辨率的电流放大器相连接，根据记录的电讯号，可以推测离子通道的有关信息。为了避免细胞间的联系和多种细胞器的干扰，膜片钳技术的实验材料往往是单个离体的原生质体和细胞器，以便在简单的环境中研究细胞膜上的离子通道的特性。膜片钳技术不仅用于分析生物膜上的离子通道，还可用于研究细胞之间的离子运输、气孔运动、光反应、激素受体及信号传递等有关机理，应用范围十分广泛。1991年该项技术的发明人E. Neher和B. Sakmann共同获得了诺贝尔医学生理奖。

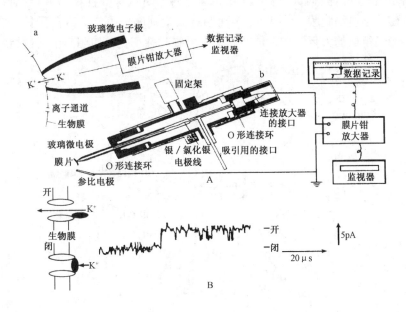

图1-5　膜片钳技术测定 K^+ 通道示意图
A. 膜片钳工作电路　B. 通道开闭时膜离子电流的变化

载体　载体也是细胞膜上的一种蛋白质。研究表明，在一定的浓度范围内，不同种类的植物细胞和组织对多种离子的吸收都表现出相似的规律：在外液浓度较低时，离子吸收速率随外液浓度的增加而迅速提高；在外液浓度较高时，离子吸收速度随外液浓度的增加而缓慢提高；在外液中的离子达到一定浓度后，离子吸收速度不随外液浓度的增加而提高，吸收趋于稳定。由此可以设想，在植物细胞膜上，应该存在一种机构（即载体）负担着养分的吸收与转运。外液中的养分浓度较低时，由于载体数量多于养分离子，因而随着养分浓度提高，参与吸收的载体数量增加，养分吸收速度加快；外液中的养分浓度很高时，由于载体全部饱和，因此养分吸收速度不随浓度增加而提高，而是稳定在某一数值。载体吸收养分时，养分物质首先与蛋白质的活性部位结合，然后产生构象变化，将被吸收的养分从一侧转运到另一侧。

大量的证据表明，在植物细胞膜上，确实存在着类似载体这类物质。近年来，人们发现的载离子体就是证据之一。载离子体是低等生物（如细菌、真菌）产生的一类抗菌素，将它们加到人工脂质体（人工制造的一种类生物膜）上，能促进离子选择性地透过它们。由此推测，载离子体和生物膜上的离子通道或载体可能是相似的。根据载离子体的作用机理可以把载离子体分为两类：一类与离子形成复合物，协助离子在膜脂双分子层中扩散，使离子扩散到细胞内部；第二类是诱导膜形成临时的小孔，使离子经过小孔进入细胞。缬氨酸霉素属于第一类载离子体，它能和 K^+ 形成脂溶性复合物，使 K^+ 快速地在膜脂双分子层内扩散运动，进入细胞。缬氨酸霉素是一种大环结构的抗菌素，环外侧由疏水基团组成，故能溶于脂；环内侧有 6 个氧原子造成亲水性，可以选择性地与 K^+ 结合，使之能很容易地通过细胞膜（图 1-6）。而制霉菌素则属于第二类载离子体，它是一种由多烯烃组成的大环结构，能在膜上形成临时性小孔，使阴离子通过细胞膜。

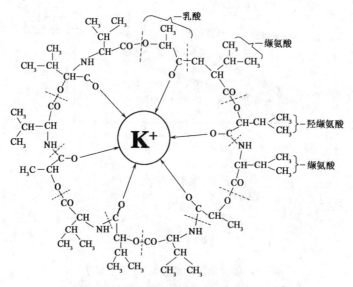

图 1-6 缬氨酸霉素与 K^+ 选择性的结合示意图

在水溶液中，所有的离子都会形成水合层，使之被水分子紧紧地包围。水合层中的水分子又与邻近的水分子形成氢键，产生和形成次级水合层。半径越小的离子（如 K^+、Na^+、NH_4^+）的水合层较厚，透过生物膜的能力就越差。但是，当在溶液中加入载离子体之后，这些离子能很快地透过生物膜。要解释这种现象，就只能假设它们在透过生物膜时依靠了载离子体的帮助。

目前，人们找到了许多关于载体是一种特殊的蛋白质，并参与养分吸收的直接证据，帕迪（Pardee，1968）和沃克森德（Oxender，1972）从细菌的质膜上，分离出来选择性束缚SO_4^{2-}、$H_2PO_4^-$、Ca^{2+}等的蛋白质。所采用的方法是渗透振动。经过渗透振动的细菌，吸收上述离子的速度大幅度降低。如果再将这些被渗透振动分离下来的蛋白质重新整合到细菌质膜上，细菌吸收上述离子的能力可以完全恢复。根据试验结果，可以推测只有这些蛋白质重新整合到细菌质膜上，作为上述离子的吸收机构，才可能使细菌吸收这些离子的能力重新恢复。后来的其他试验完全证明，这些蛋白质参与了质膜表面物质（包括分子态和离子态）的识别、束缚和吸收。玻林（Bowling, 1976）用向日葵根系作材料，渗透振动下来的蛋白质占根系总蛋白质的3%，经渗透振动后，根系吸收Rb^+的能力降低。用植物叶片进行类似试验也得到了同样结果（Amer, 1973）。把四月豆叶片切成小条，放入甘露醇中进行渗透振动，释放出来的蛋白质占叶片总量的3.5%，叶肉细胞吸收α-氨基丁酸的能力降低。

总之，渗透振动不致于严重损伤质膜，用于研究蛋白质与离子吸收的关系是可行的。我们可以运用渗透振动的方法研究离子吸收、载体活性和代谢活动之间的关系。但是渗透振动分离下来的蛋白质不一定都与离子吸收有关。此外，渗透振动引起的膜变化可能非常复杂。质膜上的磷脂分子排列紧密，如果不移去它们，质膜上的收缩能力是很小的；同理，质膜的扩张能力也是有限的，因为如果相邻的磷脂分子之间的间隙超过0.1μm，就开始使膜的疏水部分暴露于水中，导致膜解体，故膜的扩张需要有新的磷脂分子组装上去。在进行渗透振动时，需要考虑到这些因素对细胞膜的影响。

载体对养分的结合与释放类似酶促反应，可用酶动力学方程描述：

$$C + E \underset{K_2}{\overset{K_1}{\rightleftharpoons}} E-C \underset{K_4}{\overset{K_3}{\rightleftharpoons}} C_i$$

式中：C——细胞膜外的离子；

C_i——细胞膜内的离子；

E——载体；

$E-C$——离子载体复合物；

K_1、K_2、K_3、K_4——反应常数，K_4很小，可以忽略不计。

设I为载体吸收养分的速率，I_{max}为最大速率，C_{min}为载体养分净吸收要求的最低养分浓度，$K_m = \dfrac{K_2 + K_3}{K_1}$，根据质量作用定律，可以得到载体吸收养分离子的速度方程：

$$I = \frac{I_{max} \cdot (C - C_{min})}{K_m + (C - C_{min})}$$

当$I = \dfrac{1}{2}I_{max}$时，即$\dfrac{1}{2}I_{max} = \dfrac{I_{max} \cdot (C - C_{min})}{K_m + (C - C_{min})}$，$K_m = C - C_{min}$

说明当载体吸收养分的速率达到最大吸收率的半值时，此时的底物浓度是K_m值。由于$K_m = \dfrac{K_2 + K_3}{K_1}$，与$K_1$成反比。因此，$K_m$越小，载体与养分的亲和力越大；反之，$K_m$越大，载体与养分的亲和力越小。几种作物吸收养分离子的K_m

值见表1-20。

当 $C \longrightarrow -\infty$ 时，$I \approx \dfrac{I_{max}}{K_m} \cdot C$。即在养分浓度很低时，吸收速率与养分浓度呈线性关系。就是图1-7中，养分浓度增加，吸收速率迅速提高的区段。

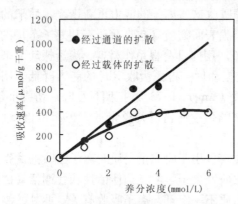

图1-7 养分离子经过通道和载体的动力学分析

当 $C \longrightarrow +\infty$ 时，$I = I_{max}$。即在养分浓度很高时，吸收速率趋于饱和，接近最大吸收速率。就是图1-7中，养分浓度增加，吸收速率趋于稳定的区段。

通过动力学分析，我们可以区分离子是经过载体还是经过通道进行转运的，因为离子经通道转运可视为一种简单扩散，没有饱和现象。但是，经载体的离子转运依赖于养分离子与活性部位的结合，因结合部位的数量有限，表现出饱和现象（图1-7）。

（2）**主动吸收** 在多数情况下，植物体内的养分浓度高于外界溶液，有时竟高达数十倍甚至数百倍。此时，植物细胞仍能逆浓度或电化学势梯度吸收养分，且具有选择性，这种现象很难用被动吸收的理论加以解释，只有用消耗代谢能的主动吸收学说才能加以解释。主动吸收的特点：①逆浓度梯度（离子逆电化学势梯度）积累；②吸收作用与代谢密切相关，需要代谢能，影响代谢活动的因素均能影响主动吸收；③不同溶质进入细胞或根系存在着竞争现象和选择性；④吸收养分的速率与细胞或组织内外的浓度（或电化学势）梯度不呈线性关系；⑤温度系数（Q_{10}）高。

关于主动吸收的机理有多种。目前，比较公认的是载体学说和ATP酶—离子泵学说。研究表明，在顺电化学势梯度时，载体被动吸收养分；在逆电化学势梯度时，载体主动吸收养分，需要的能量由ATP提供，在吸收养分时，养分物质仍然首先与蛋白质的活性部位结合，然后载体产生一系列构象变化，将被转运的养分从一侧转运到另一侧。

ATP酶是质膜和液泡膜上的一种插入蛋白，可以将水解ATP产生的能量用于离子吸收。图1-8是一种ATP酶吸收离子的初步假设。在ATP酶上，分别有一个与离子 M^+ 和ATP的Pi结合的部位，未与Pi结合时，M^+ 的结合部位与 M^+ 有高度的亲和性。ATP酶在细胞或质膜的外侧与 M^+ 结合，同时在内侧与ATP的Pi结合，释放ADP，发生磷酸化处于高能状态，构象接着出现一系列改变，最后将 M^+ 暴露于膜的内侧，同时亲和力降低，将结合的 M^+ 和Pi释放于膜内。此外，在叶绿体和线粒体的膜上也存在大量的ATP酶。

目前，研究最多的是质膜上的 H^+-ATP酶。质膜ATP酶的分子量约100 000Dal，底物是Mg-ATP，最适pH值是6.5，最适温度为30~40℃，能被

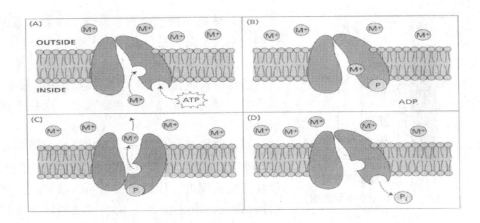

图 1-8 ATP 酶转运离子的示意图

K^+ 激活，比较专一的抑制剂是钒酸和己烯雌酚。液泡膜 ATP 酶的特性与质膜 ATP 酶的特性有所不同，区别在于在转运时，不与 ATP 的 Pi 结合，每水解 1 分子 ATP 运送 2 个质子进入液泡，不依赖于 K^+ 的激活，但被 Cl^- 刺激，对钒酸不敏感，被硝酸盐抑制。

质膜 ATP 酶还能利用水解 ATP 产生的能量，把质子从膜内"泵"出膜外。当质子在膜外增加时，不仅造成 H^+ 的浓度梯度，而且产生膜电位（细胞内呈负电，细胞外呈正电），这种 H^+ 梯度和膜电位合称电化学势差（$\Delta\mu_{H^+}$），可表示为：

$$\Delta\mu_{H^+} = RT\ln\frac{H_0^+}{H_i^+} + ZF(E_0 - E_i)$$

因为 H^+ 的 $Z = 1$，$(E_0 - E_i) = \Delta E$

所以，$\Delta\mu_{H^+} = RT\ln\dfrac{H_0^+}{H_i^+} + ZF\Delta E$

其中，$RT\ln\dfrac{H_0^+}{H_i^+}$ 为化学势项，受 H^+ 浓度梯度的影响；$ZF\Delta E$ 为电势项，受膜电位影响。$\Delta\mu_{H^+}$ 是养分离子或分子跨膜进入细胞的动力。

此外，Ca^{2+} – ATP 酶的研究也较多，该酶负责 Ca^{2+} 的转运。一般而言，质外体中通常含有较高的 Ca^{2+}，而细胞内的 Ca^{2+} 浓度较低，Ca^{2+} – ATP 酶逆电化学势梯度将 Ca^{2+} 从细胞内转运到细胞外或液泡中。Ca^{2+} – ATP 酶的最适 pH 值为 7.0~7.5，活性受到钙调素的调节，Ca^{2+} – ATP 酶可能只转运 Ca^{2+}。

1.2.2 根系对养分的吸收

1.2.2.1 土壤养分到达根系的途径

土壤养分必须到达根系表面之后，与根系接触才能被吸收。土壤中的养分向根系迁移的方式有 3 种：截获、质流和扩散。

图 1-9 土壤颗粒与根系之间的离子交换示意图

（1）截获　截获是指根系与土壤颗粒紧密接触，土粒表面和根系表面的水膜互相重叠时，它们之间发生离子交换，使土粒上吸附的阳离子到达根系表面（图 1-9）。根系上着生的根毛，增大了土壤与根系之间的接触面积，有益于接触交换。

如果把根系和周围土壤取出，先根据根系的有效吸收面积、一定土壤中根系所占的体积，以及土壤孔隙度，计算出根系与土壤颗粒之间的接触面积。然后，运用化学方法测定土壤颗粒的交换性养分，就可计算出根系截获的养分数量（表 1-16）。结果表明，通过截获达到根系表面，然后被吸收的养分主要是难于移动的养分，如钙、镁和石灰性土壤中的铁等。从总量上看，通过截获到达根系表面的养分不多。

表 1-16　质流、扩散和截获供应玉米养分的情况　　　　kg/hm²

养分种类	需要量	截获	质流	扩散
N	190	2	150	38
P	40	1	2	37
K	195	4	35	156
Ca	210	60	150	0
Mg	45	15	30	0
S	22	1	21	0

（2）质流　由于植物的蒸腾作用，消耗土壤周围的水分，使其含量减少，远根区的土壤水分就会向根系表面移动，溶解在水中的养分也会随之到达到根系表面，这种现象称之"质流"。当气温高，蒸腾作用强，土壤养分多（如施肥之后）的时候，通过质流到达根系表面的养分也越多。在土壤中，容易移动的养分，如 NO_3^-、Cl^-、SO_4^{2-}、Na^+ 等，主要通过质流到达根系表面。在根系周围的土壤中，这些养分的积累亏缺主要取决于质流到达和根系吸收的相对数量，温度高、光照强、湿度低，有利于蒸腾作用，质流强，养分容易在根系周围的土壤中积累，反之出现亏缺。在夏季，NO_3^- 白天在根系周围积累，晚间出现亏缺，使之呈现出昼夜动态变化。

（3）扩散　当根系吸收养分的速率大于质流迁移到根系表面的速率时，根系表面和周围土壤中的养分浓度就会降低，由于在近根区和远根区土壤溶液之间存在着养分浓度差异，远根区土壤溶液中的养分就会向根系表面迁移，这种现象称为扩散。植物养分在土壤中的扩散受到多种因素的影响，如土壤含水量、养分扩散系数、土壤质地和温度等。NO_3^-、Cl^-、K^+、Na^+ 等在土壤中的扩散系数大，$H_2PO_4^-$ 较小，故前 4 种离子在土壤中容易扩散，后者在土壤中的扩散缓慢。在含水量较高的土壤中，养分扩散速率比干燥的土壤快；在质地较轻的沙土中，养分扩散速率比质地黏重的土壤快；温度较高的土壤中，养分扩散速率比低温土壤快。

截获、质流和扩散是土壤养分移动到根系表面的3种途径。在不同情况下，三者对养分迁移到根系表面所起的作用不同。从距离上看，质流是长距离补充养分的主要形式；在短距离内，扩散补充养分的作用较大；截获补充根系养分的距离最短。从数量上看，在养分迁移到根系表面的过程中，3种方式同时存在：截获占根系吸收养分的少部分；扩散和质流所占的比例较大。此外，土壤质地条件、作物种类和离子特性等均影响到这3种养分迁移形式和到达根系表面的比例（见表1-16）。

土壤养分通过各种途径到达根系表面之后，经过各种复杂的生物化学过程，将养分吸入根系，然后运输到地上部，营养植物；在地上部，部分养分又重新运输到根系。

1.2.2.2 根系吸收养分的区域

根系是吸收养分的主要器官，吸收养分的主要部位在根尖未栓化的部分。分析整段根系的养分含量表明，根尖分生区积累量最多。过去认为根尖分生区是吸收养分最活跃的部位，但后来更仔细的研究发现，根尖分生区大量积累养分的原因是该区域没有输导组织，所吸收的养分不能迅速运出而发生了大量积累的结果。实际上，根毛区才是吸收养分最快的区域，根毛养分含量较少的原因是所吸收的养分被快速运输到其他部位（图1-10）。

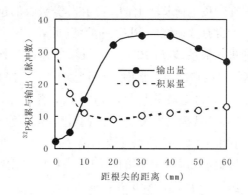

图1-10　大麦根尖不同区域^{32}P的积累与输出

1.2.2.3 根系结构与养分吸收

根系的基本结构与养分吸收密切相关。根系的结构如图1-11。由图可见，根系从外到内由表皮、皮层、内皮层和中柱组成。在中柱内，有中柱薄壁细胞、韧皮部和木质部导管等组织组成。

在内皮层以外，皮层细胞间隙很大，细胞壁中的纤维素分子是亲水的，组成细胞壁的纤维素之间也被水分占据，有相当一部分离子在进入根系细胞之前，先存在于这部分水相中。此外，在细胞壁中，还有许多果胶物质。果胶质是多聚糖醛酸，其中的羧基可以发生电离。所以，细胞壁带有很多负电荷，这些负电荷使细胞壁和阳离子之间有很大的亲和力。有一部分离子在进入根细胞之前，先被这

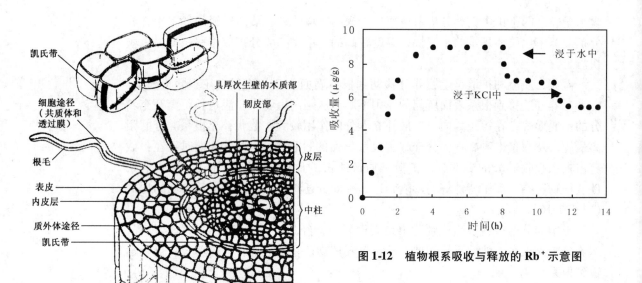

图 1-12 植物根系吸收与释放的 Rb^+ 示意图

图 1-11 根系的结构示意图

些带负电荷的基团吸引。在养分离子进入根系细胞之前，存在于质膜以外水相和吸引在带负电荷基团上的离子在养分吸收的过程中有重要意义。将离体的玉米根系浸于含有放射性的 RbCl 的溶液（此处 Rb^+ 代替 K^+）中，在起初 10～15min，Rb^+ 迅速进入根系，以后 Rb^+ 进入根系的速率减慢。如果将玉米根系浸于 RbCl 溶液 1h 后，再把它们转入水中，有相当大的一部分 Rb^+ 会从根系中浸泡出来，进入水溶液中；随后再将根系置入 KCl 溶液，又有一部分 Rb^+ 可从根系中浸泡出来，同时溶液中的 K^+ 减少（图 1-12）。因此，进入根系的 Rb^+ 可以分别被水和 KCl 提取。

在根系内，能被水提取的离子占据的空间称为水分自由空间（WFS），能被盐溶液提取的离子占据的空间称为杜南自由空间（DFS），二者合称表观自由空间（AFS）。所以，AFS 可表示如下：

$$AFS = WFS + DFS$$

相对于 WFS 而言，DFS 的所占的体积极小，可以忽略不计。所以，AFS 可用这样的方法进行粗略测定：先将植物根系（或组织）浸入浓度为 C 的离子溶液中，一段时间后，将根系置于无离子水中测定扩散出来的离子数量（Q），以百分率表示的 Q/C 就是 WFS 的数值。不同植物根系的 AFS 不同（表 1-17）。

表 1-17 几种作物根系的 AFS

作物种类	根系 AFS（%）
蚕豆	13
小麦	27.5
大麦	23
向日葵	16～12

实际上，细胞膜以外的水相就是水分自由空间（WFS）。根系细胞壁带负电荷的区域就是杜南空间（DFS）。杜南空间吸附离子的能力和数量与细胞壁中羧基的多少有关，羧基的多少可用阳离子交换量（CEC）来衡量。一般而言，作物根系的羧基含量越多，根系的 CEC 愈大；反之，根系的 CEC 值愈低（表 1-18）。

表1-18　作物根系的 CEC 与果胶的羧基含量的关系　　　mmol/100 g 干根

作物种类	果胶的总羧基含量	果胶的自由羧基含量	CEC	$\frac{自由羧基}{CEC}\times100$
小麦	25	18	23	78
玉米	34	24	29	83
大豆	60	38	54	70
烟草	49	49	60	82
番茄	72	56	62	90

表1-19　不同作物根系的阳离子交换量（CEC）

	作物种类	极性 pH 值*	阳离子交换量 [mmol/(100 g·DW)]
双子叶植物	大豆	3.26	65.1
	苜蓿	3.42	48.0
	荞麦	3.39	39.6
	花生	3.42	36.5
	棉花	3.47	36.1
	菠菜	3.61	36.1
	菜豆	3.67	34.8
	番茄	3.67	34.6
	油菜	3.37	33.2
单子叶植物	春燕麦	3.38	22.8
	玉米	3.80	17.0
	大麦	4.25	12.3
	冬小麦	4.70	9.0
	水稻	—	8.4

* 极性 pH 值是在 1mol KCl/L 溶液中测定根的 pH 值。

不同作物根系的 CEC 是不一样的（表1-19）。

1.2.2.4　根系吸收养分的途径

养分离子达到根系表面之后，通过 2 种途径进入根系：一是质外体；二是共质体。但根系吸收养分通常是两者结合进行的。

（1）质外体　在内皮层以外，皮层细胞间隙很大，细胞壁中的纤维素分子是亲水的，组成细胞壁的纤维素之间也被水分占据。因此，从表皮到内皮层可能是连通的，称为质外体。如表1-17 所示，几种作物表观自由空间的体积占根系体积的 12%~33.5%，通过扩散作用，各种离子可以从根系表面经质外体达到内皮层。由于内皮层是一列排列紧密的细胞，在细胞壁上还有一层四面均加厚的凯氏带，因此，质外体的扩散作用基本上到此为止。然后被主动吸收，再往中柱运转。不过对于幼嫩的根系而言，在内皮层细胞尚未形成凯氏带之前，离子和水分可能经过质外体到达导管。此外，在内皮层上，还存在个别细胞壁未加厚的通道细胞，允许离子和水分通过。

（2）共质体　离子达到根系表面之后，通过根毛或表皮细胞主动或被动吸收的方式进入细胞内部。然后经内质网和胞间连丝从表皮细胞转运至木质部薄壁细胞，最后释放到导管中，这种离子吸收与转运的方式叫共质体途径。木质部薄壁细胞释放离子的过程可以是主动的，也可以是被动的。研究表明，木质部薄壁细胞的质膜上存在 ATP 酶，对于离子分泌到导管中起积极作用。离子进入导管之后，主要依靠上升的水流运输到地上部，其动力是蒸腾拉力和根压。

细胞是构成根系的基本单位，如果以整个根系为对象，根据载体学说的原理，可以测定它们吸收养分的动力学参数（K_m、I_{max}、C_{min}），从整体上反映根毛、表皮和内皮层细胞吸收养分的特性。根系吸收养分的动力学参数一定程度上可以反映植物适应土壤环境的能力，在了解植物营养特性时可作为参考资料。植物根系的 K_m 和 I_{max} 小，适宜比较贫瘠的土壤；植物根系的 K_m 和 I_{max} 大，适宜比较肥沃的土壤；植物根系的 K_m 低，I_{max} 高，既适宜贫瘠的土壤，又适宜肥沃的土壤。不同作物根系的动力学参数见表 1-20。

表 1-20　主要作物吸收养分的米氏常数（K_m）　　　mmol/L

吸收离子	作物	器官	K_m	竞争离子	非竞争离子
K^+	大麦	根	0.021		Na^+
K^+	玉米	叶	0.038	Pb^+	Na^+
Na^+	大麦	根	0.320	K^+	
Mn^{2+}	甘蔗	叶	0.061	H^+	Zn^{2+}、Cu^{2+}
Zn^{2+}	甘蔗	叶	0.011	Cu^{2+}、H^+	Mn^{2+}
Zn^{2+}	小麦	根	0.007	Cu^{2+}	Ca^{2+}、Mg^{2+}、Mn^{2+}、Fe^{2+}、Ca^{2+}、H^+
Cu^{2+}	甘蔗	叶	0.015	H^+	Mn^{2+}
Cl^-	大麦	根	0.014	Br^-	F^-、I^-
NO_3^-	玉米	根	0.021		
$H_2PO_4^-$	玉米	根	0.006		
$H_2BO_3^-$	甘蔗	叶	0.086		

1.3　植物的叶部营养

1.3.1　叶片的结构与养分吸收

植物除了通过根系吸收养分之外，还能利用叶片吸收养分。叶片吸收养分的形式和根系相同，吸收养分的机理也与根系相似。

叶片由角质层、栅栏组织、海绵组织等组成（图 1-13）叶片表面均匀地覆盖着角质层。角质层由最外边的蜡质层，蜡质和角质混合的中间层，以及最内的角质层组成。蜡质主要的化学成分是高分子脂肪酸和高碳一元醇。这类化合物可让水分子大小的物质透过；中间层的化学成分是蜡质和角质的混合物；角质层由

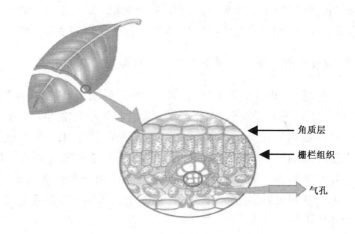

图1-13　叶片结构示意图

角质、纤维素、果胶质组成,这层物质紧靠叶肉细胞的细胞壁。角质层从外到内的亲水能力由小到大,亲脂能力由大到小。一般而言,脂溶性物质易透过角质层,离子态养分则难于通过。在叶片表面,分布着许多气孔和水孔,能使细胞原生质与外界直接联系。它们的主要功能是进行内外物质的交换。叶片背面的气孔和水孔的数量多于正面,加之海绵组织比较松软,栅栏组织排列紧密,所以,在进行叶面施肥时,施于叶背面的效果优于正面。

大量的研究表明:在一定的浓度范围内,养分进入叶片的速率与浓度成正比。所以,叶面施肥时,应在不危害叶片的情况下,尽量提高浓度。但值得注意的是,尿素进入叶片的速度很快,是其他离子的10~20倍,并与浓度的关系不大,如果尿素与其他盐溶液混合,还能提高盐溶液中其他离子的吸收速率,故在实际叶面施肥中,尿素常与其他肥料混合,可以促进养分吸收。叶片吸收养分之后,可通过筛管运往其他部位。

叶片吸收养分的机理与根系相似,吸收养分的速度与外界溶液中的养分浓度符合米氏方程,对同一作物而言,植物根、叶吸收某种养分的 K_m 和 I_{max} 相似。但主动吸收养分的能量来源不同,根系的主动吸收被 KCN 抑制,不被 DCPIP 抑制;但叶片主动吸收养分被 DCPIP 抑制,不能被 KCN 抑制,说明前者的能量来源于氧化磷酸化,后者的能量来源是光合磷酸化。由于能量来源不同,叶片吸收养分的机制也可能不同于根系。

1.3.2　叶部营养的特点

1.3.2.1　直接供给养分,防止养分在土壤中转化固定

通过叶面喷施能直接供给作物养分,减少土壤固定,提高肥料利用率。某些生理活性物质,如植物激素,施入土壤容易发生分解,效果欠佳,采用叶面喷施就可以克服这种现象。某些微量元素,如锌、铁、铜等易被土壤固定,土壤施用

的利用率不高，叶面施用的效果较好。在寒冷地区，如果土壤施肥难于取得良好效果，叶面施肥则能较好地提供给作物养分，满足作物的营养需要。

1.3.2.2 吸收速率快，能及时满足作物的营养需要

有人利用放射性 ^{32}P 在棉花上进行试验，将肥料涂于叶片，5min 后测定各个器官中的 ^{32}P，均发现含有放射性磷，而尤以根尖和幼叶含量最高；10 天以后，各器官中的含磷量达到最高值。相反，如果通过土壤施用，15 天植物吸收磷的数量才相当于叶面施肥 5min 时的吸收量。植物从土壤中吸收尿素，4~5 天后才能见效；但叶面喷施 2 天后就能观察到明显效果。由于叶面吸收养分的速度快，在施肥实践中，常用于营养诊断、微量元素施用、作物生育后期施肥、以及遭受自然灾害的补救措施。

1.3.2.3 叶面施肥能影响作物的代谢活动

适当的叶面营养能促进植物的新陈代谢，加强根部营养，提高产量，改善品质；但过多的叶部营养将降低新陈代谢，抑制根部营养，影响产量，降低品质。所以，在农业生产中，叶面施肥必须适量。以根部施用为主，叶面施用为辅。

1.3.2.4 叶面施肥是经济施用微量元素和补施大量元素的有效手段

叶片施用氮肥、磷肥、钾肥和微量元素肥料时，用量低，不到土壤施用量的 1/10。土壤大多缺乏 N、P、K，而作物对它们的需要量很大，仅靠叶面供给数量有限，若多次施用，不仅成本增加，费工费时，而且还会抑制根部营养。所以，对于 N、P、K 等大量元素来说，应以土壤施用为主，叶面施用只能作为解决特殊问题的临时措施。但对微量元素来说，由于需要量不多，叶片施用可满足作物营养的需要，故叶面喷施微量元素不仅经济有效，而且见效快，表现出良好的生理效果。

1.3.3 影响叶片吸收养分的因素

在很多方面，叶片吸收养分与根系相似，故影响叶片吸收养分的因素基本上也与根相同。但叶面吸收养分又不完全同于根系，所以具有特殊性。现将影响叶片吸收养分的因素总结如下，以供叶面施肥时考虑。

1.3.3.1 溶液组成

溶液组成取决于叶面施肥的目的，同时也要考虑各种成分的特点。磷、钾能促进碳水化合物的合成与运输，故后期施用磷、钾肥对于提高马铃薯、红薯、甜菜的产量有良好作用，并能提早成熟。在早春作物苗期，土温较低，根系吸收养分的能力较差，叶面喷施氮肥效果很好。在选择具体肥料时，要考虑肥料吸收速度。就钾肥而言，叶片吸收速率 $KCl > KNO_3 > KH_2PO_4$；对氮肥来说，叶吸收速率尿素 > 硝酸盐 > 铵盐。一般无机可溶性养分的吸收速率较快，均可作为根外

追肥。在喷施微量元素和生理活性物质时，加入尿素可以促进吸收，防止叶面出现的暂时黄化。总之，在叶片施肥时，溶液的配制要促进吸收，防止拮抗。

1.3.3.2　溶液浓度

叶片吸收养分和根系一样，在一定浓度范围内，营养物质进入叶片的速度和数量随浓度提高而增加。在叶片不受肥害的情况下，应适当提高喷施肥料的浓度，促进吸收。

1.3.3.3　溶液 pH 值

溶液 pH 值影响叶片吸收养分的速度。一般而言，溶液酸性，有利于阴离子吸收；溶液碱性，有利于阳离子吸收。如果要供给阳离子，溶液应调节到微碱性；如果要供给阴离子，溶液应调节到微酸性。

1.3.3.4　溶液湿润叶片的时间

溶液湿润叶片的时间与叶片施肥的效果密切相关。许多试验证明：如果能使营养液湿润叶片的时间超过 0.5~1h，叶片可以吸收大部分溶液中的养分，余下的养分也可以被叶片逐渐吸收。因此，叶面施肥应选在傍晚或阴天，这样可以防止营养液迅速干燥。此外，使用湿润剂可降低溶液表面张力，增加溶液与叶片的接触面积，对于提高根外追肥的效果有良好作用。

1.3.3.5　植物种类

双子叶植物（如棉花、油菜、豆类、甜菜等），叶面积较大，角质层较薄，溶液中的养分易被吸收；而单子叶植物（如水稻、小麦、玉米、大麦等），叶面积较小，角质层较厚，养分透过速度较慢。故在叶面施肥时，双子叶植物的效果较好，浓度宜低；单子叶植物的效果较差，浓度宜高。

1.3.3.6　喷施次数与部位

在叶片内，各种养料的移动速度不同。研究表明，移动性最强的元素是 N 和 K，其中 N>K；移动性较强的元素有 P、Cl、S，其中 P>Cl>S；部分移动的元素有 Zn、Cu、Mn、Mo 等，其中 Zn>Cu>Mn>Mo；不移动的元素是 B 和 Ca。在叶面施用不易移动的元素时，必须增加施用次数，注意施用部位，如铁肥只有喷施在新叶上的效果才比较理想。另外，从叶片的结构来看，叶片正面的表皮组织下是栅栏组织，比较致密；叶背面是海绵组织，比较疏松，细胞间隙大，孔道多。故叶片背面吸收养分的能力较强，速度较快，喷施肥料的效果较好。

1.4　影响作物吸收养分的因素

影响作物吸收养分的因素有内因和外因。首要是内因，即作物本身的因素，主要有遗传特性、生长发育状况、激素水平等。外因是影响作物吸收养分的外部条件，主要有光照、温度、水分、pH 值、陪伴离子和离子浓度等。

1.4.1 影响作物吸收养分的内在因素

1.4.1.1 遗传因素

很早以前，人们就发现在不同植物体内养分含量不同，即使是同一植物，在不同生育期的养分含量也不一样。植物体内的养分含量与养分吸收能力和利用效率密切相关，均受到基因的调控。图 1-14 是不同植物在同一营养液中吸收 K、Rb、Na 3 种元素的数量。由图可见，植物吸收 Na 的种间差异极为明显，吸收 K 和 Rb 的种间差异很小。说明遗传因素对不同养分吸收的调控能力各异。在本项研究中，遗传因素调控 Na 吸收的能力较强，调控 K 和 Rb 吸收能力较差。深入研究表明：在整个植物界，植物种属之间吸收 Na 的差异大于吸收 K 的差异。

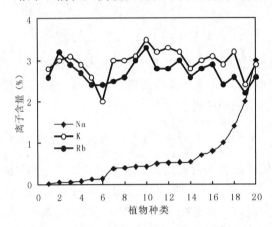

图 1-14 不同植物在同一营养液中对 K^+、Rb^+、Na^+ 的吸收状况

1. 荞麦 2. 玉米 3. 向日葵 4. 藜 5. 沙蓬 6. 豌豆 7. 烟草 8. 马铃薯 9. 菠菜 10. 燕麦 11. 翠菊 12. 罂粟 13. 莴苣 14. 长车前草 15. 草木犀 16. 蚕豆 17. 滨藜 18. 白芥 19. 海蓬草 20. 大车前草

作物吸收难溶养分的能力越强，表明不仅能充分吸收土壤中的难溶养分，而且还能提高肥效，减少施肥量。所以，吸收难溶养分能力强、体内适宜养分浓度低的作物品种是理想的栽培品种。在这方面国外已进行许多有益的工作，并培育出一些营养性状优良的品种和品系。在养分供应不足的条件下，Shea 等（1967，1968）首先研究了对缺钾反应不敏感的基因型的营养特性，他们收集了在养分不足时能够生长和繁殖的菜豆品系。在水培试验中，设置钾浓度为 0.13mmol/L 的人工选择压力，栽培 66 个菜豆品系，在钾素严重不足时，利用效率高的品系几乎没有缺钾症状，从中初步筛选出钾利用效率高的菜豆品系（58），它的植株干重比钾利用效率最低的品系（63）高出 41%，每株的干重分别为 8.83g 和 6.00g（表 1-21）。

根据亲本品系 63（钾利用效率低）和 58（钾利用效率高），以及杂交后代钾利用效率的评定数据进行了简单的遗传分析，结果见表 1-22。根据父本（P_1）、母本（P_2）、杂交一代（F_1）、BCP_1（$F_1 \times P_1$）、BCP_2（$F_1 \times P_2$）、F_2 代养分利用效率的期望值和观察值，证明钾高效的性状具有遗传性，受到一对隐性等位基因控制。

表 1-21 在 N、P、K、Ca 不足时，菜豆和番茄不同品系的产量和养分利用效率

作物	不足的元素	元素不足的水平含量（mg/株）	品系①	产量（g 干重/株）	养分效率（g 干重/g）	养分适量时的产量（g 干重/株）
菜豆	K	11.3	63 (I)	6.00	157	14.01
			58 (E)	8.83	294	17.76
番茄	K	5	94 (I)	0.95	173	7.93
			98 (E)	1.97	358	7.91
菜豆	P	2	2 (I)	0.87	562	2.74
			11 (E)	1.50	671	2.07
番茄	N	35	51 (I)	2.51	83	10.63
			63 (E)	3.62	118	12.70
番茄	Ca	10	139 (I)	1.35	381	6.38
			39 (E)	3.63	434	6.25

①低效品系 I 和高效品系 E 的鉴别，是根据植株吸收每单位重量的元素所生产的干物重作出的。

表 1-22 在菜豆（钾低效品系 63 和钾高效品系 58）的杂种后代中，钾高效基因型：钾低效基因型的比例的观察值和期望值

世代	谱系	高效率基因型：低效率基因型		χ^2	概率
		观察值	期望值		
P_1	63	1:13	0:1		
P_2	58	17:0	1:0		
F_1	63×58	1:20	0:1		
BCP_1	63×(63×58)	0:22	0:1		
BCP_2	58×(63×58)	11:8	1:1	0.474	0.50~0.25
F_2	(63×58)自交	30:77	1:3	0.525	0.50~0.25

* BCP_1 和 BCP_2 分别表示 $F_1 \times P_1$ 和 $F_1 \times P_2$。

在养分不足条件下，目前进行了很多有关植物养分利用效率的研究。除菜豆和钾素营养之外，已扩大到其他的多种作物和多种元素。以番茄的氮、钾、钙效率和菜豆的磷效率为例（表 1-21），在供钾量相同时，利用效率最高的番茄品系 98 所生产的干物质为低效品系 94 的 2 倍。供磷量为 2mg 时，菜豆的产量从每株 0.87g（品系 2）上升到 1.50g（品系 11），差异达 72%。当供氮量为 35mg/株时，氮利用效率最高的番茄所生产的平均干物重比效率最低的植株高出 40%。在不同番茄品系之间，它们对钙质不足的抗耐性差异很大。在钙的初始浓度为 0.125μmol/L 的营养液中，加入 10mg Ca/株时，高效品系 39 的营养生长量比低效品系 139 高出 169%（分别为 3.63g 和 1.35g）。这些研究为选育营养特性优良，高效利用营养元素的高产品种提供了科学依据。

目前发现，对大量元素而言，多数植物的养分利用效率受多基因控制；对微量元素而言，多数植物利用养分的效率受单基因控制。所以，培育对大量元素利

用效率高、产量品质性状好的品种或品系难度较大;培育对微量元素利用效率高的品种或品系相对容易。

1.4.1.2 激素

在植物激素被发现后不久,就有关于激素影响养分吸收和运输的报道。然而直到最近10多年来,有关研究才迅速发展。因为一方面需要对植物激素的作用机理加以了解;另一方面又需要对养分吸收和运输的机理加以认识。关于激素影响养分吸收的研究始于20世纪30年代,当时发现生长素(IAA)能刺激盐呼吸;60年代后期,发现IAA促进一价阳离子吸收;后来这方面的研究工作又扩展到脱落酸(ABA)和细胞分裂素(CTK);70年代以后,植物细胞吸收养分的研究在生物物理、电生理、生物化学等多个方面取得了重大进展。所以,人们实际上是在最近才初步弄清了植物激素(包括壳梭孢菌素、芸苔素内脂等天然物质)对养分吸收的影响。下面将阐述几种植物激素对养分吸收的影响。

(1) 生长素(IAA) IAA能促进某些植物组织对K^+、Rb^+等一价阳离子的吸收,同时在短时间内(几分钟)使介质酸化。介质酸化的原因是刺激了H^+分泌。IAA促进K^+、Rb^+等一价阳离子吸收和刺激H^+分泌是同时发生的,并迅速引起膜电子位过极化。James等用IAA处理燕麦胚芽鞘3~5 h,膜电位过极化+22 mV,K^+净吸收量增加,使细胞内的K^+含量提高。他们认为,膜电位过极化是因为细胞吸收了K^+,K^+内流增加不是因水分内流引起的,而是IAA促进了H^+/K^+交换。但是,对某些植物组织(如玉米、甜菜等作物的根系),IAA刺激K^+吸收和H^+分泌的作用不甚显著。改用乙烯生物合成的抑制剂Co和AUG处理这些组织之后,低浓度的IAA(10^{-10}~10^{-8} mol/L)能促进K^+吸收和H^+分泌,并能加速生长;相反,高浓度的IAA则抑制生长,在这时若加入IAA的拮抗剂,H^+分泌、K^+吸收、细胞生长、H^+分泌均能恢复。

(2) 脱落酸(ABA) ABA对离子吸收的影响因植物组织不同而异。ABA能强烈地抑制正在生长的蚕豆叶片吸收K^+;但对停止生长的蚕豆叶片吸收K^+无影响。ABA抑制离体的燕麦胚芽鞘吸收K^+和Cl^-,降低玉米根系积累养分离子;相反,ABA促进离体的菜豆根积累Na^+和Cl^-,并抑制它们向地上部分运输,从而改变离子在根茎叶中的分布。ABA促进胡萝卜组织吸收K^+、Na^+、Cl^-,并改变它们对Na^+、K^+吸收的选择性,有利于Na^+吸收、不利于K^+吸收。

ABA还影响根系的离子分泌和上行运输。有人发现,ABA促进玉米、向日葵、番茄、菜豆根系分泌Cl^-、K^+、Na^+、NO_3^-等离子,并加速它们在木质部中的上行运输;但抑制玉米和大豆根系的Na^+、Cl^-、Rb^+、K^+分泌和运输。

ABA能刺激离体的玉米根系分泌H^+和膜电位过极化。但如果先用芸苔素内脂和壳梭孢菌素处理玉米根系,ABA则失去这种作用。根据ABA能引起人工脂质体膜电异波动的试验结果,推测ABA能像短杆菌肽、制霉菌素等载离子体那样,在膜上形成临时性孔道,影响养分离子的吸收和运输。

(3) 细胞分裂素(CTK)和赤霉素(GA) CTK对离子吸收的影响也很复

杂。CTK 抑制马铃薯吸收 $H_2PO_4^-$，人工合成的 CTK 类似物能抑制大麦共质体中的 K^+ 向导管转移。此外，CTK 还能影响 H^+ 分泌，但重现性不如 IAA、ABA 和 BR（芸苔素内脂）好。在大豆下胚轴生长区，CTK 抑制 Ca^{2+} 吸收，但在成熟区促进 Ca^{2+} 吸收。

用 GA 提前几天处理向日葵叶片，能加速 K^+ 在根系中的流动，促进 Rb^+ 的上行运输，但不影响根系对 K^+ 的吸收。说明 GA 可能作用于离子输入木质部导管的过程。

表 1-23　叶面喷施 CTK 和 GA 对旱金莲 Tropaeolum majus L. 叶柄化学成分的影响　　　　　　　　　　　　　　　　　　%

处理	全氮量	蛋白质态氮	可溶性碳水化合物	磷
对照	100	100	100	100
+CTK	95	83	47	117
+GA	150	118	63	167

资料来源：Allinger，1969。

表 1-23 是叶面喷施 CTK 和 GA 对旱金莲 Tropaeolum majus L. 叶柄化学成分的影响。结果表明，喷施 CTK 之后，叶柄全氮变化不大，蛋白质态氮和可溶性碳水化合物减少，磷增加；喷施 GA 之后，全氮、蛋白质态氮和磷增加，碳水化合物减少，说明 CKT 和 GA 不是影响了氮、磷吸收，就是影响了它们在体内的重新分配。

迄今为止，关于植物激素调节离子吸收的大部分知识都来自于对离体组织和细胞的研究，关于植物激素对整体植物吸收养分的报道甚少。开展这方面的研究，首先要弄清植物组织和细胞吸收和运输养分的机理。然而，韧皮部的装卸、质外体的运输、胞间连丝的转运、主动吸收，以及不同组织和不同细胞的激素合成、代谢和使用过程却知之甚少，这些问题对于那些有兴趣研究激素调节离子吸收奥妙的人来说，无疑是不可回避的。从目前的研究看，植物激素对植物吸收养分的影响是复杂的，植物不同、组织不同、生育时期不同，会产生不同的效果。

总之，内因是影响养分吸收的主体，是十分重要的；外因是条件，通过内因起作用。目前，关于内因对植物吸收养分的影响还需深入研究，有关研究对于植物营养学的发展和生产实际有重要意义。

1.4.2　影响作物养分吸收的外在因素

植物吸收养分随着外在环境的不同而异。影响养分吸收的外界条件主要有温度、通气、pH 值、养料浓度和离子间相互作用等。在施肥实践中，可以通过改变外界条件来促控养分吸收。

1.4.2.1　温度

在一定温度范围内，温度上升，植物吸收养分的能力提高，温度过高、过低

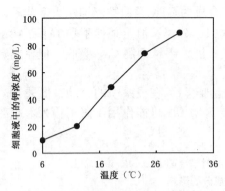

图1-15 温度对大麦吸收 K^+ 的影响

都不利于养分吸收。图 1-15 表明：温度在 6~12℃时和 24~30℃时，大麦吸收 K^+ 的数量比 12~24℃低很多。在低温条件下，呼吸作用和各种代谢活动十分缓慢；在高温时，植物体的蛋白质和酶失去活性。因此，在温度过高、过低时，养分吸收速率降低，只有在适当的温度范围内，植物才能正常地、较多地吸收养分。早稻育秧常用薄膜覆盖，晚稻后期遇到低温来临采取深水灌溉，目的之一是提高土温，促进养分吸收，保证正常生长。在夏季高温，水稻经常日灌夜排，目的之一是降温保苗，促进吸收。

1.4.2.2 通气

通气有益于有氧呼吸，故能促进养分吸收。在不同氧气条件下，利用溶液培养技术培养大麦，观察它们吸收磷素养分的状况可见，氧张力在 2%~3% 时，吸收达到最大值。其他养分如 NO_3^-、K^+、NH_4^+、Mg^{2+}、Cl^- 等吸收的情况与磷类似。有氧呼吸能形成较多的 ATP，供吸收养分之用。所以，土壤排水不畅、板结紧实，作物吸收养分减少；相反，土壤排水良好、疏松透气，作物吸收养分较多。在农业生产中，施肥结合中耕，目的之一就是促进作物吸收养分，提高肥料利用率。

1.4.2.3 pH 值

溶液中的 pH 值常常影响植物吸收养分。大量的试验表明：在酸性条件下，植物吸收阴离子的数量多于阳离子；在碱性条件下，植物吸收阳离子的数量多于阴离子。蛋白质是一种两性物质，故能同时吸收阴、阳离子。有人用甜菜作试验材料，在恒定浓度的 NH_4NO_3 溶液中研究 pH 值反应对阴、阳离子吸收的影响。在酸性条件下，由于 H^+ 浓度较高，因而抑制了蛋白质分子中羧基的解离，促进氨基的解离。在这种情况下，蛋白质分子以带正电荷为主，能较多地吸附外界溶液中的阴离子，故有利于阴离子吸收。反之，在碱性条件下，OH^- 浓度较高，抑制了蛋白质分子中的氨基解离，促进了羧基解离，使蛋白质分子以带负电荷为主，能较多地吸附外界溶液的阳离子，故有利于阳离子吸收。蛋白质在不同酸碱条件下的解离状况可概括如下：

$$\underset{NH_2}{R-CH-COO^-} \xrightleftharpoons[OH^-]{+H^+} \underset{NH_2}{R-CH-COOH} \xrightleftharpoons[OH^-]{+H^+} \underset{NH_3^+}{R-CH-COOH}$$

用完整的植物根系和离体的根系进行试验表明，植物吸收阳离子在 pH 值 5

时最多。如果 H^+ 浓度过高，质膜透性提高，养分外渗。将大麦幼苗培养在 pH4.5 的营养液中，根系中的 K^+ 发生外渗现象。若供给少量的 Ca^{2+}，这种现象会减弱或停止。在强酸性土壤中施用石灰，即使少量施用，对防止养分外渗也会起到良好效果。

此外，土壤 pH 值还会影响土壤养分的转化及其有效性。一般而言，在中性或微酸、微碱性条件下，有益于土壤微生物活动，多数养分的有效性也比较高（图 1-16）。

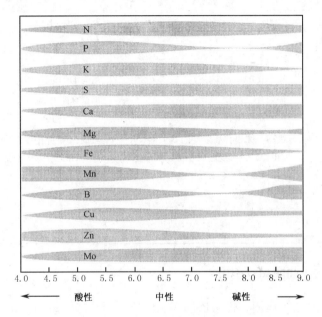

图 1-16　土壤 pH 值对土壤养分有效性的影响
（阴影宽窄表示有效性高低）

1.4.2.4　养分浓度

作物吸收养分的速度随浓度的改变而变化。如果溶液中的浓度逐渐提高，吸收速率在起初随浓度的提高而迅速增加，接着缓慢增加，然后稳定在一定数值；如果再继续提高养分浓度，养分吸收速率又会出现迅速增加——缓慢增加——趋于稳定的现象（图 1-17）。这就是植物吸收养分的二重图型。

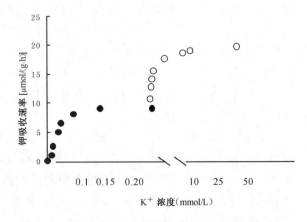

图 1-17　溶液中的 K^+ 浓度对大麦吸收速率的影响

植物吸收养分具有二重图型的现象十分普遍。二重图型说明，养分浓度不同，吸收机构也不同，在较低的浓度时，起作用的机构称为机构Ⅰ；在较高浓度时，起作用的机构称为机构Ⅱ。关于机构Ⅰ和机构Ⅱ的位置，目前有2种认识，一种认为它们都在质膜上；另一种认为机构Ⅰ在质膜上，机构Ⅱ在液泡膜上。此外，2种机构的特性也不同（表1-24）。

表1-24　2种机构吸收K^+（Rb^+）离子的特性

	机构Ⅰ	机构Ⅱ
最适浓度	0.005~0.2mmol/L	3~5mmol/L
符合米氏方程的程度	极高	较低
K_m	$K_m = 0.021$mmol/L 即亲合能力大	$K_m = 11.4$mmol/L 即亲合能力低
I_{max}	$I_{max} = 11.9 \mu m/(g \cdot FW \cdot h)$	$I_{max} = 13.2 \mu m/(g \cdot FW \cdot h)$
选择性	极高，例如有高浓度的Na^+时，K^+（Rb^+）也不受影响	较低，例如有等量的Na^+共存时，K^+（Rb^+）吸收受抑制
阴离子的影响	Cl^-和SO_4^{2-}对K^+（Rb^+）吸收的影响无差异	促进K^+（Rb^+）吸收率有差异，$Cl^- > SO_4^{2-}$
溶液中加入Ca^{2+}对吸收的影响	促进吸收	拮抗作用

1.4.2.5　离子之间的相互作用

离子之间有拮抗作用，也有协助作用。所谓离子之间的拮抗作用，是指某一离子的存在能抑制另一种离子吸收的现象；相反，某一离子能促进另一种离子吸收的现象称为离子之间的协助作用。

离子之间的拮抗作用主要表现在阳离子与阳离子之间或阴离子与阴离子之间。一价阳离子之间相互抑制吸收，如K^+、Cs^+、Rb^+、Na^+、NH_4^+等。二价阳离子之间也有类似的现象，如Ca^{2+}和Mg^{2+}互相抑制吸收。此外，阴离子之间，如Cl^-与Br^-、$H_2PO_4^-$、NO_3^-和Cl^-之间都有拮抗作用。

产生拮抗作用的原因很多。从离子水合半径看，$Li^+ = 1.003$nm、$Na^+ = 0.79$nm、$K^+ = 0.532$nm、$NH_4^+ = 0.537$nm、$Rb^+ = 0.509$nm、$Cs^+ = 0.505$nm，K^+、NH_4^+、Rb^+、Cs^+离子水合半径彼此接近，容易在载体吸收部位产生竞争作用，所以互相抑制吸收。

离子之间除拮抗作用之外，还有协助作用。阴、阳离子之间一般促进吸收，如NO_3^-、$H_2PO_4^-$和SO_4^{2-}均能促进阳离子吸收，促进效果$NO_3^- > H_2PO_4^- > SO_4^{2-}$。这些阴离子被吸收后，能增强植物的代谢活动，形成有机化合物，如有机酸，故有促进阳离子吸收的作用。还有些阴离子，如Cl^-、Br^-、I^-也能促进阳离子的吸收，原因是维持了细胞的电荷平衡。据维茨（Viets，1940）研究表明，溶液中的Ca^{2+}、Mg^{2+}、Al^{3+}等二、三价阳离子，在比较广泛的浓度范围内，

能促进 K^+、Rb^+、NH_4^+、Na^+ 等一价阳离子的吸收，这种现象称为维茨效应。有趣的是细胞或根系内的 Ca^{2+} 则无此作用。根据这一事实，认为 Ca^{2+} 的作用点位应该在细胞膜，而不是通过影响了代谢活动起作用。实验证明，Ca^{2+} 不但能促进 K^+、Na^+、NH_4^+ 等离子的吸收，还能防止它们的外渗。此外，保持质膜正常透性需要的 Ca^{2+} 浓度不高，一般 10^{-4} mol/L 已经足矣。除了在 pH 值很低的土壤中，一般土壤都超过了此浓度。关于 Ca^{2+} 对质膜的影响，有人用电子显微镜观察了大麦根系的生长点，发现在缺钙时，原生质膜、液泡膜和核膜均发生解体，形成碎片；如果在培养液中加入 Ca^{2+}，膜结构在短时间内恢复。说明 Ca^{2+} 是构成膜的成分之一，维茨效应与钙影响细胞膜的透性有关。

必须指出，离子之间相互作用的关系十分复杂，作物种类、组织器官，以及作用时间不同，都能影响离子之间的关系。用离体根系做实验材料，NH_4^+ 和 K^+ 之间存在着拮抗作用或互不影响吸收；但用整株植物做实验材料，在短时间内，NH_4^+ 和 K^+ 之间的关系与离体根相似，然而在较长时间内，NH_4^+ 和 K^+ 之间表现出协助作用。此外，在一种浓度时，离子之间是拮抗作用，在另一浓度时，离子之间可能是协助作用。

1.5 植物体内的养分运输

根系吸收的养分必须运输到植物需要的部位才能起到营养植物的作用。根系吸收养分之后，少部分留存于根系内，大部分运输的到其他部位；同样，叶片吸收养分之后，也发生类似现象。

1.5.1 矿质元素运输的形式

不同营养元素的运输形式不同。根系吸收氨态氮之后，大多数在根系内转化成有机氮，如天冬氨酸、天冬酰胺、谷氨酸、谷酰胺，以及少量的丙氨酸、蛋氨酸，然后上行运往地上部。根系吸收硝态氮之后，只有少量在根系中还原，大部分运输到叶片，在那里被还原成氨态氮。磷酸盐主要以无机离子的形式运输，少量以磷酰胆碱、ATP、ADP、AMP、6-磷酸葡萄糖和 6-磷酸果糖的形式运输。Ca^{2+}、Mg^{2+}、Fe^{2+}、Cl^-、SO_4^{2-} 等以离子的形式向地上部运输。

就运输的速率或难易程度而言，低价离子一般比高价离子容易运输，如 K^+、Na^+ 比 Ca^{2+}、Mg^{2+}、Fe^{2+} 容易运输；阴离子一般比阳离子容易运输。根据运输的难易程度，大致可以确定植物营养元素发生缺乏的部位。

1.5.2 矿质元素在根系和地上部之间的运输

1.5.2.1 运输途径

利用有 2 个分枝的柳树苗为试验材料，在 2 个枝条的对应部位把茎杆的韧皮部和木质部分开（图 1-18），选择其中一枝，在韧皮部和木质部之间插入蜡纸

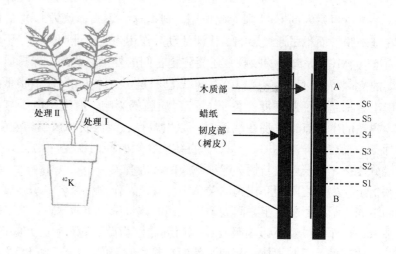

图1-18 放射性^{42}K的运输试验

（处理Ⅰ）；选择另一枝让韧皮部和木质部重新接触作为处理Ⅱ。然后，向根系供应^{42}K，5h之后，测定^{42}K在茎中各部位的分布情况。结果表明：①在处理Ⅰ中，^{42}K主要存在于木质部中，在韧皮部中几乎没有，由此表明根系吸收的^{42}K通过木质部导管向上运输；②如果时间超过12h，在处理Ⅰ中的韧皮部可以检测到大量的^{42}K存在，说明^{42}K通过木质部导管向上运输到特定部位（叶片或茎尖）之后，通过韧皮部下行运输；③在未分离的A、B处，以及处理Ⅱ中，韧皮部和木质部中均有较多的^{42}K，说明木质部中的^{42}K可以横向运输到韧皮部（表1-25）。

表1-25　^{42}K在柳条中的分布　　　　　　　　　　　　mL/μg

部位	处理Ⅰ		处理Ⅱ	
	韧皮部	木质部	韧皮部	木质部
A	43	47	64	56
S6	11.6	119		
S5	0.9	122		
S4	0.7	112	87	69
S3	0.3	98		
S2	0.3	108		
S1	20.0	113		
B	84	58	74	67

由此可见，根系吸收的矿质元素通过木质部导管上行运输，通过韧皮部下行运输，同时也存在木质部和韧皮部之间的横向运输。

1.5.2.2 木质部运输

木质部是矿质元素上行运输的通道，木质部运输的动力是蒸腾作用和根压，矿质元素在木质部运输的难易程度影响它们在地上部的分布和积累。

（1）木质部汁液的成分　木质部汁液的化学成分是比较复杂的，其含量和浓度因植物种类、生育时期、环境条件不同而异。化学分析表明，木质部汁液的化学成分有：

①矿质元素　矿质元素是木质部汁液的主要成分，因植物种类、养分供应、根系吸收、生育时期和季节不同而变化。一般而言，养分丰富，根系代谢旺盛，处于旺长期的植物，木质部汁液中的养分含量较高；相反，养分缺乏，根系代谢活动受到抑制。处于衰老期的植物，木质部汁液中的养分浓度较低。在大豆生殖生长期的不同阶段，木质部汁液中的养分含量见表1-26。随着籽粒的逐渐成熟，木质部汁液流速减小，磷、钾、钙、镁的浓度降低，硫变化不大，硼、锌、铜的含量升高。此外，在1天之内，由于蒸腾速率不同，木质部汁液的流动速率和养分浓度也表现出明显的变化。

②有机物质　在木质部汁液中，还有低分子有机物质，它们是单糖、氨基酸、酰胺和有机酸等。其中，有机酸的浓度取决于根系吸收阴阳离子的比例和供氮形式。此外，木质部中还有少量的蛋白质，如酶类，它们可能来源于木质部周围细胞的释放。

③激素　激素是木质部汁液中的重要成分，主要有GA和ABA，它们都是在根系中合成，然后运输到地上部起作用的。其中ABA可以视为反映土壤水分状况的化学信号。如果土壤水分减少或蒸腾强度过大，土壤水分不能满足植物的正常需要，根系就会大量合成ABA，通过木质部运输到叶片，使气孔关闭，减少水分损失，木质部汁液的流动速率也会降低。由此可见，木质部汁液中的ABA是

表1-26　在生殖生长期，大豆伤流的体积和矿质元素浓度的变化　　mmol/L

参　数	发育时期			
	荚果形成期	荚果成熟早期至中期	荚果成熟晚期	黄叶早期
伤流体积[mL/(50min·株)]	1.43	1.13	0.94	0.43
K	6.1	5.0	4.0	2.4
Mg	3.8	2.6	1.9	1.2
Ca	4.8	3.9	3.9	2.2
P	2.5	1.6	0.9	0.4
S	1.8	1.6	2.1	1.5
B	1.0	1.5	1.6	3.2
Zn	23.0×10^{-3}	29.0×10^{-3}	32.0×10^{-3}	42.0×10^{-3}
Cu	2.7×10^{-3}	3.6×10^{-3}	2.8×10^{-3}	6.9×10^{-3}

资料来源：Nooden and MauK，1987。

来自于根系的化学信号，调控木质部汁液的流动速率，从而影响矿质养分的上行运输，并进一步影响根系吸收养分。在施肥实践中，施肥结合灌溉有益于养分吸收，提高肥料的利用率。

（2）木质部运输的动力与养分的吸收运输　木质部汁液上升的动力是根压和

蒸腾作用。在晚间，气孔关闭，蒸腾作用降低，木质部汁液由根压推动上升；在白天，气孔开放，蒸腾作用强，木质部汁液由蒸腾拉力和根压共同推动上升。以大麦为实验材料证明，在白天，^{32}P上升的动力主要源于蒸腾作用，上升速率大于晚间根压产生的推动作用。由此可见，蒸腾作用和根压是木质部汁液上行运动，也是养分上行运输的主要动力。

作为木质部运输的动力，蒸腾作用显著影响木质部汁液的运输速率，进一步影响到养分吸收。蒸腾作用对木质部运输和养分吸收的影响大小取决于植物种类、生育时期、环境条件、介质中的养分浓度和种类等多种因素。

①植物种类　对于高大的植物而言（如乔木），它们吸收运输养分与蒸腾作用的关系密切，根压对它们的影响较小；相反，对于低矮的植物（如灌木），吸收运输养分与蒸腾作用的相关性小于高大植物，根压所起的作用比较明显。

②生育时期　在苗期，幼苗叶面积小，蒸腾速率低，蒸腾作用对养分的吸收运输影响不大，水分和养分的上行运输主要依靠根压。随着苗龄的增加，叶面积增大，蒸腾作用对矿质养分的迁移运输和吸收的影响日益明显。

③环境条件　一般而言，气温高，空气干燥，土壤水分充足，蒸腾强度大，有益于养分的上行运输和吸收；反之，气温低，空气湿度大，土壤干旱，蒸腾强度低，不利于养分的上行运输和积累。

④养分种类　在相同的其他条件下，蒸腾对养分吸收运输的影响因矿质元素的种类不同而异。蒸腾作用对钾、硝酸盐、磷酸盐的吸收运输几乎不起作用或作用很小，但对钠、钙的作用明显。由表 1-27 可见，蒸腾作用对甜菜吸收运输钾无显著影响，但对钠的吸收运输影响显著，在高蒸腾条件下，钠的吸收运输速率大于低蒸腾条件。此外，蒸腾作用显著影响分子态的养分，如硼酸、硅酸的吸收运输，其效果大于对离子态养分的吸收运输的影响。

⑤介质中的养分浓度　如果介质中的矿质元素浓度较低，增加矿质元素的浓度，蒸腾作用对它们的吸收运输的影响也会增大。一般而言，养分运输速率对蒸腾作用的反应比吸收速率敏感（表 1-27）。

表 1-27　在液培条件下，甜菜蒸腾速率①对钾、钠吸收运输的影响

| 溶液养分浓度 | 钾 | | 钠 | |
(mmol/L)	低蒸腾	高蒸腾	低蒸腾	高蒸腾
吸收速率 [μmol/（株·4h）]				
$1K^+ + 1Na^+$	4.6	4.9	8.4	11.2
$10K^+ + 10Na^+$	10.3	11.0	12.0	19.1
运输速率 [μmol/（株·4h）]				
$1K^+ + 1Na^+$	2.9	2.9	2.0	3.9
$10K^+ + 10Na^+$	6.5	7.0	3.4	8.1

注：①蒸腾速率为相对值，低蒸腾 = 100，高蒸腾 = 650；

资料来源：Marschner and Schafarczyk，1967。

（3）木质部运输与矿质元素的分布　木质部运输与矿质元素的分布有关，蒸腾作用是木质部运输的动力之一，显著影响某些矿质元素在植株内的积累分布。就器官各种矿质元素的总量而言，在通常情况下，老叶蒸腾失水的时间长，矿质元素含量高；相反，果实表面积小，新叶蒸腾时间短，强度低，矿质元素含量也比较低。

但是，矿质元素的种类不同，蒸腾作用对它们的影响也不一样。与蒸腾强度相关性较好的元素有SiO_3^{2-}、BO_3^{2-}、NO_3^-、Cl^-、Ca^{2+}和Mg^{2+}，与蒸腾强度相关性较差的元素是NH_4^+和K^+等。例如，叶片的蒸腾强度大于果实，钙、镁含量也是叶片高于果实，但含钾量则相反，果实一般高于叶片，说明蒸腾作用对钙、镁的积累分布影响大，对钾的积累分布影响小。在木质部汁液中，硼以H_2BO_3的形式运输，它在各器官中的积累分布状况与蒸腾量的关系极为密切，叶片＞果实＞新叶，甜菜叶片含硼量甚至出现叶缘＞叶片中部＞叶柄，这是因为蒸腾量叶缘＞叶片中部＞叶柄的缘故（图1-19）。

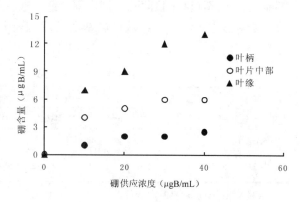

图1-19　甜菜叶片不同部位的含硼量

研究表明，硅向地上部的转运与蒸腾量之间存在着极显著的正相关，如果培养液和土壤溶液中的硅浓度稳定，就可以根据蒸腾失水的多寡，得知植物体内的含硅量（表1-28）。相反，由于土壤溶液中的含硅量比较稳定，也可以通过测定植物体内的含硅量，计算植物的蒸腾量。

表1-28　燕麦蒸腾速率与硅的实际吸收量和计算吸收量的关系

收获前的天数 （d）	蒸腾量 （ml/株）	硅实际吸收量 （mg/株）	硅计算吸收量 （mg/株）
44	67	3.4	3.6
58	175	9.4	9.4
82	910	50	49.1
109	2 785	156.0	150.0

注：①土壤溶液中的硅浓度为54mg/L；
资料来源：Jones and Handreck，1965。

1.5.2.3　韧皮部运输

地上部的矿质元素通过韧皮部运输到根系。在那里，部分被分泌到外界环境。例如，在烟叶成熟时，韧皮部汁液中的钾浓度是木质部的28倍，大量的钾运抵根系之后，有相当一部分被分泌到土壤中。杂交水稻在成熟时也有类似现象。在作物成熟期，根系分泌养分有利于矿质养分被下季作物再利用，但不利于提高当季作物的体内的养分含量，如果分泌过度，还容易出现早衰现象。韧皮部下运到根系的营养元素，除部分被分泌到外界环境中，另一部分则经过木质部再次运往地上部，形成地上部和地下部之间的养分循环。

(1) 韧皮部汁液的化学成分　韧皮部汁液由低分子有机物质和无机离子组成。韧皮部汁液的有机物质主要是蔗糖，还有氨基酸、苹果酸，以及少量的蛋白质；无机离子主要是钾，其他无机离子的含量较低。目前，几乎所有的矿质元素都能从韧皮部汁液中检测到。韧皮部汁液一般呈中性至微碱性，原因是韧皮部汁液中氨基酸主要由中性和碱性氨基酸组成。表1-29是蓖麻韧皮部汁液的化学成分。

表1-29　蓖麻韧皮部汁液的化学成分

化学成分										
蔗糖　氨基酸	K^+	Ca^{2+}	Mg^{2+}	Na^+	$H_2PO_4^-$	SO_4^{2-}	Cl^-	苹果酸　蛋白质		pH值
(mmol/L)	(mmol/L)							(mmol/L)		
230~310　35	60~120	1~4.6	9~10	1~12	7~12	0.5~1	10~19	30~47	1.4~2.2	8.0~8.2

资料来源：Hall and Baker, 1972。

(2) 矿质元素在韧皮部的移动　目前，研究营养元素在韧皮部中的运输还存在一定的技术问题。比较原始的方法是蚜虫取汁法，但这种方法获得的汁液究竟能否真实地代表韧皮部的成分或运输状况，尤其是长距离的运输的真实状况有待证实。此外，可用同位素示踪元素研究韧皮部营养元素的长距离运输，结合韧皮部汁液成分的化学分析，能在一定程度上了解它们在韧皮部中的移动性。结果表明，①移动性强的元素有：氮（氨基酸）、磷、钾、镁、硫、氯、钠；②移动性中等的是：铁、锌、铜、硼、钼；③移动性差的元素有：钙和锰。由此可见，大量元素在韧皮部的移动性很强（钙除外），微量元素的移动性中等（锰除外）。必须指出，植物种类、品种和营养状况不同，营养元素在韧皮部的移动性也会发生变化。例如，许多直接和间接的测定结果表明，在很多情况下，钼在韧皮部有较强的移动性，发生这种现象可能与植物种类、品质和营养条件有关。

(3) 韧皮部与木质部之间的养分转移　在植物维管束中，韧皮部和木质部之间仅仅相隔几个细胞。比较韧皮部和木质部汁液中的有机物质和无机离子的浓度可以发现，对大多数溶质而言，两者之间存在显著差异，前者远远高于后者（表1-30）。因此，韧皮部和木质部之间存在着物质交换，这种交换对于植物营养非常重要。木质部运输的主要方向是蒸腾作用最强的部位，但往往又不是营养元素需要最多的部位。通过木质部和韧皮部之间的物质交换作用，可以把营养元素运输到植物最需要的组织和器官，如生长点、种子等。

表1-30　烟草韧皮部和木质部溶质含量的比较　　μg/mL

溶质	韧皮部汁液	木质部汁液	韧皮部/木质部
干物质	170~186	1.1~1.2	155~163
蔗糖	155~168	未检测到	—
氨基酸	10 808	283.0	38.2
铵	45.0	9.7	4.7
K	3 673.0	204.0	18.0
P	434.6	68.1	6.4
Cl	486.4	63.8	7.6
S	138.9	43.3	3.2
Ca	83.3	189.2	0.44
Mg	104.3	33.8	3.1
Na	116.3	46.2	2.5
Fe	9.4	0.60	15.7
Zn	15.9	1.47	10.8
Mn	0.87	0.23	3.8
Cu	1.20	0.11	10.9

资料来源：Hocking，1980。

根据韧皮部和木质部汁液的浓度梯度可见，溶质从韧皮部转运到木质部是顺浓度梯度进行，但溶质从木质部转运到韧皮部则逆浓度梯度进行。从根系到地上部的上行运输过程中，溶质从木质部向韧皮部转移的现象随时发生，这种转移可能是由转移细胞负责的。在植物的茎中，木质部溶质向韧皮部转移最多的部位是节，尤其是禾本科植物最为明显。

在植物茎中，木质部汁液的流动速率和蒸腾强度影响木质部溶质向韧皮部的转移。例如，番茄木质部汁液的流动速率高，显著促进氨基酸向韧皮部转移，这有益于氨基酸运输至生长点，减少向老叶的运输。看来溶质在成熟叶片、茎尖和果实（籽粒）之间的分配有昼夜变化可能源于蒸腾作用的昼夜变化。

1.5.3　矿质元素进入种子和果实的运输

矿质元素可以通过木质部或韧皮部的运输作用进入叶片、种子、果实等器官，两种途径运输的比例取决于该器官的蒸腾作用，蒸腾量大，通过木质部运输的比例也愈大，反之韧皮部运输的比例则大。种子、果实、豆荚的蒸腾量小，韧皮部运输进入的养分量较多，木质部运输进入的量较少。以豆科植物豆荚为例，通过韧皮部输入的养分情况如下：碳、氮、硫占其总量的80%左右；磷、钾、钙、镁、锌占其总量的70%~80%；铁、锰、铜占其总量的62%~66%，钙约占70%。仔细研究可以发现，矿质元素由木质部或韧皮部输入的比例甚至存在昼夜变化。在白天，木质部与韧皮部的输入量比大于夜晚。此外，环境中的这些元素的有效性影响这种比例变化。表 1-31 是以羽扇豆为材料，以锰为研究对象的试验结果。

表 1-31　培养液中锰的浓度对羽扇豆生长、种子含锰量及输入种子液流中锰浓度的影响

培养液中锰 ($\mu g/mL$)	生长量 (g/株)	种子含锰量 ($\mu g/mL$)	液流中的锰 ($\mu g/mL$)		
			木质部	韧皮部	木质部/韧皮部
0.1	7.1	0.56	0.18	0.56	0.32
0.15	12.6	0.66	0.19	0.92	0.21
0.60	13.8	1.08	0.36	1.28	0.28
20.0	14.6	11.65	5.88	6.94	0.84

由表 1-31 可见，通过韧皮部输入豆荚的锰大于木质部，在培养液中的锰浓度很低时这种情况最为明显，当溶液中的锰浓度提高后，由木质部输入的锰就会逐渐增多。研究还表明，当韧皮部中的锰浓度低于 $0.5\mu g/mL$ 时，豆荚出现破裂、畸形，种子也会改变颜色。

硼在韧皮部中的移动性较强，因此储存器官中的硼主要由韧皮部供应，其含量也高于其他器官。研究表明，三叶草的籽粒和花生中的硼几乎全部来自于韧皮部。值得注意的是，硼在韧皮部的移动性很强，应该可以被再利用。但实际情况是，缺硼最早发生的是生长点和新叶，这是目前利用运输理论不能解释的。

一般而言，由于种子和果实蒸腾作用小，通过木质部运输进入的矿质元素少，主要依靠韧皮部的运输作用。如果某种元素主要通过木质部运输（如钙），这种元素在种子和果实中的含量就会很低。苹果的储存性能与钙的含量有关，含钙量不足，不易储存，容易腐烂。为了提高苹果的含钙量，可以利用氯化钙喷果。但果实含钙量过高，又会出现果实过于坚硬或成熟推迟的现象。

1.5.4　叶片矿质元素的再运输

学习叶片矿质元素再运输的知识对于了解植物抵抗逆境，提高养分利用效率，以及营养诊断有重要意义。Hill 等（1978，1979）的研究表明，在小麦籽粒形成期间，在含铜量高的叶片中，铜的损失量高达 70%；但如果叶片缺铜，这个数值小于 20%。

在以下 3 种情况下，叶片矿质元素的再运输对植物的生长发育、物种延续和产量品质十分重要：①多年生植物在秋季落叶之前，矿质元素从衰老的组织运输到储存组织，有益于来年的生长发育，也有益于矿质元素的高效利用；②在养分不足的条件下，矿质元素从老组织运输到新组织，有利于维持生长点生长，对于生命的延续有重要意义；③在生殖生长时期，矿质元素从营养器官运输到生殖器官，有益于产量形成，也有利于生命延续。

矿质元素的再运转强度取决于它们的特性。氮、磷、钾、镁容易再运输；

钙、铁、锌、锰、铜、钼、硼难于再运输。在营养缺乏的条件下，容易再运转的营养元素可以从老组织运输到新组织，满足新生组织的需要，故首先在老叶出现缺素症状，如氮、磷、钾、镁。相反，在营养缺乏的条件下，如果营养元素不能再运转，新组织从老组织那里获得营养元素就不多，故首先在幼嫩器官出现缺素症状，如钙、铁、锌、锰、铜、钼、硼等。营养元素从老叶再运转必须经过韧皮部，大致分为4个步骤：①营养元素从叶肉细胞的结构物质中分离；②经转运细胞装载，进入筛管；③营养元素在筛管中运输；④经转运细胞卸载。因此，上述4个环节是影响营养元素再运输的重要因素。

在种子萌发、叶片衰老和籽粒果实形成时期，根系吸收养分的能力一般不高，养分元素的再运输也特别重要，其再运输的数量取决于需要量（库）和供应量（源）的多少。表1-32是羽扇豆在萌发15天之内，籽粒中矿质元素的损失率。

表1-32　在羽扇豆在萌发15天之内，籽粒中矿质元素的损失率　　　　　　　　　%

元素	N	P	K	Mg	Ca	Fe	Zn	Mn	Cu	Na
损失率	73	73	75	57	18	25	45	50	43	4

由表1-32可见，在籽粒萌发过程中，除钙以外，大量元素氮、磷、钾、镁的需要量大，籽粒的含量高，转移率也较高；相反，微量元素铁、锌、锰、铜、钠等均较低。

人们对营养元素的再运输有浓厚兴趣，原因之一是它可以用于筛选养分利用效率不同的基因型。养分利用效率高的基因型可能表现在以下几个方面：一是吸收养分的能力强，可以有效吸收低浓度的养分；二是活化土壤难溶性养分的能力强，充分利用一般植物不能利用的难溶性养分；三是养分利用效率高，从衰老组织中（老叶、茎等）再运输和再利用的能力强。由此可见，研究养分元素的再运输是很重要的。

复习思考题

1. 哪些是植物的必需营养元素？判断标准是什么？
2. 什么是有益元素和有害元素？有益元素有哪些作用？
3. 主动吸收和被动吸收养分的特点是什么？
4. 载体学说和离子通道学说的要点有哪些？有何实验证据？
5. 离子吸收动力学参数有何意义？
6. 土壤养分向根表迁移的途径有哪些？受到哪些因素的影响？
7. 根系吸收养分至中柱有哪两种途径？
8. 叶片吸收养分的特点如何？
9. 影响根系和叶片吸收养分的因素有哪些？
10. 学习植物体内的养分运输有何意义？

11. 养分运输的主要途径是什么？特点如何？受到哪些因素的影响？
12. 养分的再运输有哪些生物学意义？
13. 试述矿质营养与产量品质的关系。

本章可供参考书目

高等植物的矿质营养. H. Marschner 著，李春俭等译. 中国农业大学出版社，2001
植物的无机营养. A. Lauchli, R. L. Bieleski 著，张礼忠，毛知耘译. 农业出版社，1990
植物生理学. 王忠主编. 中国农业出版社，2000

第 2 章

土壤与植物营养

【本章提要】 土壤是植物营养的主要来源，植物根系的代谢活动对土壤的理化、生物学性质，特别是土壤营养状况产生深刻的影响。本章分别介绍了根系的形成、分布；影响其生长的土壤条件；根际土壤的特点；根际在植物营养中的作用；土壤养分的形态及转化；我国土壤中大量、中量及微量元素的含量概况。

土壤是植物生长的基础，它不仅向植物提供水分、氧气和必需的营养元素，也是植物生长重要的化学、物理和生物环境。植物从土壤中吸收养分，可以改变土壤的养分状况。同时，植物又不断分泌有机、无机物到土壤中，对土壤的物理、化学、生物学性质产生深刻的影响，从而改变土壤水、热、气、肥的供应状况。土壤水、热、气、肥的变化反过来又影响植物的养分吸收和新陈代谢。所以，植物的土壤营养是植物与土壤之间相互作用、彼此影响的复杂过程，而决不是植物从土壤中取走多少养分的简单过程。

2.1 植物的根际

由于植物根系生长和生理代谢，使其周围土壤环境中的物理、化学、生物学特性都不同于原土体，从而形成一个特殊微域环境，称为根际土壤。根际的范围很小，大约离根—土界面1mm到几毫米范围，它是植物—土壤—微生物与其环境条件相互作用的场所。根际土壤环境也是各种养分、水分和微生物等进入根系的门户。根系的呼吸作用、分泌作用，以及根系对养分和水分的吸收特性等，显著影响根际土壤理化、生物学性质动态变化的方向和强度。例如，根际pH值的变化，不仅直接影响根际养分的有效性，而且也影响根系的生长和微生物的活性。根系分泌有机物可使根际微生物活性成倍增加，也可以直接活化或者固定各种养分。

根际土壤环境还与作物对贫瘠、酸害、盐害等不良土壤环境的抗逆性有着密切的关系。研究根际环境在农业生产上可为合理施肥、品种配置、间作和轮作以及防治土传病害等方面，提供科学依据。

2.1.1 植物根系的形成及其在土壤中的分布

2.1.1.1 植物根系的形成

植物的根系可分为直根系和须根系两种类型。大多数双子叶植物的根系属于直根系，单子叶植物的根系属于须根系。双子叶植物如棉花、大豆、胡萝卜、苜蓿的种子发芽后由胚根直接生长形成主根，而后从主根上生出侧根，侧根再分生出二级侧根。再经过反复分支形成直根系。单子叶植物如禾谷类植物在发芽过程中，首先生出几条种子根（初生根），到幼苗长出后再从胚芽鞘处长出几条次生根。初生根和次生根都能长出侧根，侧根再分枝形成须根系。

2.1.1.2 根系在土壤中的分布

根系在土壤中的分布情况因植物和土壤性质不同有很大的差异。在同一地块内，直根系与须根系的分布也不一样。一般而言，直根系入土较深，分布较窄；须根系入土较浅，分布较宽。作物的根系在土壤中广泛分布有利于根系在较大范围内吸收养分和水分，根系越长，表面积越大，与土壤接触越广泛，越有利于养分吸收。表2-1表明，相同施磷水平下，侧根细而长、根毛多而长的植物吸磷量多、生长效应好。

表2-1　植物根系形态与施磷效应间的关系　　mg 地上部干重/株

植物种类	根形态		施磷量（mg/kg）			
	直径（cm）	根毛	0	10	30	90
罗汉松	>1	无	9	9	11	29
龙葵	0.1~0.2	多而长	2	9	60	243

大多数农作物都长有根毛，只有水生植物（如水稻）和少量的陆生植物（如洋葱、胡萝卜）没有根毛或者根毛少而短。由于根毛数量很大，单株植物最多可达 $5 \times 10^7 \sim 5 \times 10^8$ 条，使根系表面积增加10倍到几十倍，根系与土壤的接触面积大大增加。因此，根毛在增强养分和水分吸收方面的作用是很突出的，特别是对那些在土壤中浓度低、移动性小、靠扩散作用向根系表面迁移的营养元素（如磷、钾）的吸收，根毛的作用更为重要。

2.1.1.3 影响根系生长的土壤条件

（1）土壤密度（又称土壤容重）　土壤密度是反映土壤孔隙度大小的指标。密度大的土壤，孔隙度小，根的生长较困难。当密度为 $1.3 \sim 1.4 mg/m^3$ 干土时，主根生长受到抑制从而激发侧根的生长。由于侧根较细，可能形成密集的表层根系，并有可能影响根系对养分和水分的吸收，特别是在干旱和养分不足时更为显著。坚实土壤对根扩展的抑制作用，不仅仅是增加了根的阻力，还与水分产生互作效应。例如，在湿土上由于通气不良，植物毒素积累而影响根的扩展。

（2）空气和水分　根系的生长需要适宜的水分和氧气条件，在空气充足而水分缺乏的土壤中，一般的作物根系难以深扎；相反，在水分饱和而空气很少的土壤中，只有沼泽植物和水生植物才能正常生长，一般的旱地作物则难以扎根。在植物正常生长的范围内，减少水分、增加空气有利于根的深扎；相反，水分增加，空气减少，根的生长随之减少。在农田土壤中的毛细管壁上总有一层水膜，毛细管中心总有空气,这样水气并存就是植物生长的合适条件。

(3) 土壤温度 土壤温度过低或过高均影响根系的生长。多数作物根在 5~40℃ 的范围内均能生长,但是根生长最适宜的温度一般在 20~25℃,最低温度介于 8~15℃。土壤温度过低过高均对根的生长不利。在一定的温度范围内,温度稍低,有利于植物长根;温度稍高,有利于植物长苗。不同植物所需要的最适温度条件不同,例如小麦根系生长最适宜的土壤温度一般为 16~20℃,最低为 2℃,高于 30℃ 时根系生长受抑制,玉米最适宜的土壤温度为 20~28℃,当土壤温度低于 5℃ 时根的生长受到抑制。一般而言,温带作物的根系比热带作物的根系适应低温的能力较强,相反其适应高温的能力较弱。

(4) 土壤养分状况 土壤养分状况影响根的生长。在一定的养分含量范围内,养分偏低有利于长根,地上部生长受抑制;相反,养分偏高,根系较短,地上部生长较好。"趋化性"是根系生长的主要特征,在不同的土层中,根系一般趋向于在养分浓度较高的部位生长。在局部供应养分如硝酸盐对根系的形态有明显的影响(图 2-1)。因此,将肥料施到较深的土层中,有利于根的深扎和根系对深层土壤养分和水分的吸收和利用。特别在干旱的条件下,表土的水分较少而底土层有较多的水分,将肥料深施到底土可以促进作物的生长并可能获得高产。

当土壤养分处于不同程度的过剩或者缺乏时,根系的生长也有不同程度的改变。例如土壤中氮和磷较缺或者缺乏时,通常加速作物主根的伸展而延缓侧根的生长。土壤氮和钾均处于较适宜的状况时,主根和侧根都可能加速伸展。

图 2-1 大麦根局部供应硝酸盐对侧根
生长的影响(M. C. Drew)

(5) 有机物 可溶性有机物以多种方式影响根系的生长。在土壤中,低浓度的富里酸可促进发根和根系的生长,较高浓度的酚类物质和短链脂肪酸类低分子化合物却抑制根系的生长。在淹水或者通气不良的土壤中,施用新鲜秸秆、绿肥等有机物质分解时,常常会产生上述有毒的有机化合物。其他短链脂肪酸的毒性随碳链的加长而增加。

(6) 其他有毒物质 在淹水土壤中,大量施用新鲜有机物质可能造成乙烯、H_2S、Fe^{2+}、Mn^{2+} 等还原物质积累。低浓度的乙烯可促进根系的生长和侧根的发育,但高浓度的乙烯则产生抑制作用。在稻田中施用绿肥、作物秸秆等新鲜有机物过多、过迟时,水稻常出现叶黄根黑、返青困难、生长停滞的现象,这主要是由于土壤中积累了过多的有机酸、H_2S、Fe^{2+} 引起的中毒。在酸性土壤中，过多的铝离子对根的生长有很大的危害作用，特别是对于铝敏感的植物（如大麦），铝离子的毒性更明显，微摩尔级的铝就可以使根的生长受到明显的抑制。许多重金属离子，如 Pb^{2+}、Cd^{2+}、Hg^{2+}、Ni^{2+} 等，也严重危害根系的生长。

2.1.2 根际土壤的特点

由于根系分泌物的作用，根际存在大量的有机物质，向微生物提供了大量的能源、碳源、维生素等，根际微生物的种类和数量不同于原土体。根系及根际微生物活动，使根际土壤与非根际土体的化学环境和生物化学过程有着显著的区别，其中最明显的是根际的 pH 值和氧化还原电位。

2.1.2.1 根际有机质及根际微生物

在植物生长发育过程中，根系会释放出大量的有机物，其数量可能达到植物光合同化产物总量的 40%。这些有机物的主要成分是碳水化合物、有机酸、氨基酸、酶、维生素等，它们的结构简单、很容易分解，使微生物大量繁殖，其数量超过原土体几倍至几百倍。这种差异可用 R∶S 来描述，即根际与土体微生物数量之比。根系分泌的有机物是造成根际微区的生物学特性不同于原土体的主要原因。

根系对根际微生物的促进作用具有明显的选择性，通常有以下三方面的表现：①不同种类的微生物受到的促进程度不同，细菌受到的促进作用一般大于真菌和放线菌，藻类及原生动物受到的促进作用很小。②不同植物的根系对微生物的促进作用不同，一般地说农作物的效应大于树木，豆科作物的效应大于非豆科作物。由表 2-2 可知，6 种不同作物的根系对细菌的促进作用以红三叶草的效应最显著，燕麦、亚麻、小麦次之，玉米、大麦最弱。③植物的不同生育期的效应也有明显的区别。一般而言，随着植物的生长发育进程的推进而增强，直到植物营养生长的高峰期达到最大，此后随着植物的衰老而减弱。例如，小麦的 R∶S（细菌）在发芽、分蘖期、拔节期、成熟期分别为 3、27.7、16.8 和 5.4。

表 2-2　不同作物根际与非根际细菌数的比较　　　　$\times 10^6$/g 风干土

作　物	根际土（R）	非根际土（S）	R∶S
红三叶草	3 255	134	24
燕　麦	1 090	184	6
亚　麻	1 015	184	6
小　麦	710	120	6
玉　米	614	184	3
大　麦	605	140	3

资料来源：Rovira 和 Davey，1974。

2.1.2.2 根际的养分和水分状况

根际是根系吸收养分和水分的门户,根系及微生物的活动对根际土壤中的养分含量、转化、生物有效性影响很大,进而影响根系对养分的吸收。根际微生物对土壤有机物质的分解和利用一方面可促进有机养分的释放;另一方面用于建造微生物躯体,暂时性的固定根际土壤中的养分,这是因为微生物的寿命较短,微生物死亡后可转化为植物可利用的形态。根系及根际微生物的活动,例如分泌螯合物、质子、氧化还原物质可改变根际的理化环境,导致根际土壤养分的生物有效性发生改变。在大多数情况下,根际土壤中的养分有效性较高。但是,由于根系对养分和水分吸收速率的不同,根际土壤中的某些养分浓度往往高于土体,如钙、镁、硫等,这些养分常常在根际发生积累;但其他养分浓度则低于土体,如NO_3^-、K、P、Zn、Mo等,这些养分常常在根际发生亏缺。

由于根系对水分、养分吸收速率的差异,也使根际土壤中的水分含量和土壤溶液的水势发生变化,导致根际水分有效性的改变。例如,在盐土中,氯化钠在植物根际土壤中积累,可使水分的有效性降低,植物容易遭受水分胁迫。

2.1.2.3 根际的氧化还原电位

在根际土壤中,如果存在大量的易分解的有机物,一方面可为氧化还原反应提供电子供体,另一方面根际微生物及根系的呼吸作用消耗根际的氧气,这可能使得旱地土壤根际的氧化还原电位(Eh)低于土体,特别是在通气良好的土壤中更是这样。但是,水稻和其他水生植物生长在淹水的条件下,土壤处于还原状况,这些植物体内存在着输氧组织,能够将叶片吸收的氧气运输到根系,并分泌到根际土壤中。此外,水稻、稗草等植物的根系还具有乙醇酸代谢途径,使根系具有氧化能力,所以,水稻和其他水生植物的根际氧化还原电位则高于土体,两者的电位差可达55mV。

2.1.2.4 根际的pH值

植物根系的活动对根际土壤的酸碱性产生显著的影响,根际土壤的pH值往往不同于非根际土壤,常常出现升高或者降低的现象。

(1) 引起根际pH值变化的原因 由于植物根系和根际微生物呼吸作用会释放出CO_2,根尖在生长过程中会释放质子和有机酸,这些都可能降低根际土壤的pH值。但是,在正常条件下,CO_2在土壤中扩散迅速,很少留在根际土壤中,根系释放的有机酸的数量也有限,所以两者引起根际pH值变化的作用不大。根系吸收阴阳离子的不平衡是导致根际pH值变化的主要原因。当植物对阳离子吸收多于阴离子时,根系向根外释放H^+以维持体内的生理酸碱平衡,使根际pH值下降;反之,根系释放OH^-或者HCO_3^-,使根际碱化,pH值升高。

(2) 影响根际pH值变化的因素

①氮素形态 植物对氮素的需要量较大,因此氮源是影响植物阴阳离子平衡

的决定性因素。当供应的氮源是铵态氮时，根系吸收铵态氮，植物为了维持体内细胞内正常的 pH 值和电荷平衡，根系分泌质子，使根际的 pH 值下降。相反，当供应的氮源是硝态氮时，根系吸收硝态氮，根系分泌 OH^- 或者 HCO_3^-，使根际的 pH 值上升。在石灰性土壤上进行的分根实验表明，铵态氮和硝态氮引起小麦根际 pH 值的变幅可相差 3 个单位。

在硝酸盐还原过程中，消耗 H^+，产生 OH^-。硝酸盐进入植物体之后，硝态氮还原的部位与根际 pH 值的变化密切相关。如果硝酸盐还原的过程主要在根系中进行，产生的 OH^- 只有小部分参与体内的代谢，大部分的 OH^- 被排出根外进入根际，这些植物吸收硝酸盐引起根际的 pH 值上升的幅度较大。当硝酸盐还原主要在地上部进行时，OH^- 大部分转化成有机酸阴离子，以有机酸的形式进行电荷补偿达到生理平衡。这些植物吸收硝酸盐后引起根际的 pH 值上升的幅度较小。

②共生固氮作用　豆科植物通过根瘤固定空气中的氮气，使根际的 pH 值降低，其原因主要在于根瘤菌将氮气还原成铵态氮而被植物吸收，导致根系释放质子的缘故。

③逆境胁迫　当植物缺乏某些营养时，它们会主动分泌质子降低根际 pH 值，提高该养分的有效性。例如，双子叶植物和一些耐低铁的非禾本科单子叶植物在缺铁时，根系主动分泌质子，酸化根际。某些植物在缺磷时也有相似的反应，例如，在缺磷的石灰性土壤上，白羽扇豆形成大量的簇生根，并分泌大量的柠檬酸，酸化根际，pH 值大幅度降低。

在有毒元素过多的胁迫条件下，有些植物也能改变根际的 pH 值，降低有毒元素的危害。例如，在铝胁迫环境中，耐铝的拟南芥能够主动碱化根际，降低铝的毒性，提高对铝毒害的忍耐能力。

④植物的遗传特性　植物种类不同，吸收不同形态氮素之后，引起根际 pH 值改变的方向和幅度有一定的差异。禾本科植物对不同的氮素形态反应较敏感，符合吸收铵态氮使根际 pH 值降低、吸收硝态氮使根际 pH 值升高的一般规律。但某些豆科植物如大豆、绿豆等无论是吸收铵态氮还是硝态氮，根际的 pH 值均下降。荞麦吸收硝态氮后根际 pH 值的上升，达到一定程度后反而迅速下降。此外，铵态氮肥和硝态氮肥引起小麦根际 pH 值的变化幅度较高，可达 3 个单位，而引起玉米根际 pH 值变化的幅度只有 1~2 个单位。植物种类不同，根际 pH 值也不一样，这种现象可能是由于植物遗传特性引起的。

⑤根际微生物　根际微生物的呼吸作用，释放 CO_2，根系分泌某些有机酸，也会对根际的 pH 值产生一定的影响。

2.1.2.5　根际土壤的结构

与非根际土壤相比，根际土壤的结构较好。原因是根系的穿插、挤压，以及根系释放的有机物和分解产物等，能够促进土壤结构的形成。例如，在包围于花生根群中心的土壤中，大于 0.25mm 的水稳性团聚体占 41.0%，但在距离根系

5cm 处的土壤中,只有 34.8% 水稳性团聚体,说明花生根际土壤的结构较好。

总之,根际土壤的理化、生物性质与非根际土壤有很大的差异。根际对作物生长的影响是有利的,但也有不利的一面。例如,某些根际微生物是作物的土传病害的病原菌,某些作物的根系分泌物可能对其他作物甚至本身的生长产生危害。通过科学的耕作及管理,可以充分利用根际有利的一面,最大限度地消除或者削弱根际中有害因素。

2.1.3 根际在植物营养中的作用

在土壤中,根际是矿质养分向根表迁移的必经门户,又是根系吸收养分的重要场所。根际土壤中的矿质养分随时都在发生变化,表现出亏缺或者富集的现象。根际与土体在很多方面表现不同,根际土壤的酸碱性、氧化还原状况、根系分泌物、根际微生物等显著影响作物营养和根系乃至整个植株的生长发育。

2.1.3.1 根际养分的亏缺与富集

植物吸收养分的速率和土壤中养分向根系迁移的速率常常是不相等的。当迁移的速率大于吸收的速率时,根际的养分浓度大于土体,养分在根际富集;相反,根际的养分浓度低于土体,养分在根际出现亏缺。

植物需要量较大、土壤溶液浓度较高的养分容易在根际发生富集。在石灰性土壤中,碳酸钙的浓度较高,由于较强的质流作用和较弱的吸收作用,碳酸钙常常在根际内累积。钙的富集必然影响根际土壤中 Ca^{2+}/K^+ 的吸附交换平衡,以及磷和某些微量元素的有效性。在盐渍土壤溶液中,存在大量的 Na^+、Cl^-,这些盐分离子常常在根际中累积,导致根际土壤水分有效性降低,在蒸腾作用强烈时植物容易遭受干旱危害。

植物需要量较大、土壤溶液浓度较低的养分容易在根际发生亏缺(如磷、钾等)。由于这些养分离子浓度较低,所以有利于它们在根际土壤中的解吸,以及从非根际土壤向根际的迁移,增加根际养分的含量,提高它们的有效性。

根际养分的分布与营养元素的种类有关。Ca^{2+}、NO_3^-、SO_4^{2-}、Mg^{2+} 等养分在土壤溶液中的浓度较高,它们在根际土壤中容易出现富集现象;相反,$H_2PO_4^-$、NH_4^+、K^+ 等养分在土壤溶液中的浓度较低,它们在根际中一般呈亏缺现象。养分在根际的分布与养分的扩散系数、迁移速率等特性紧密相关。一般而言,扩散系数小、迁移速率小的养分在根际的亏缺范围宽;相反,扩散系数大、迁移速率大的养分在根际的亏缺范围窄。假如 NO_3^-、K^+、$H_2PO_4^-$ 等养分在根际出现亏缺,亏缺范围常常是 $NO_3^- > K^+ > H_2PO_4^-$,这因为 NO_3^- 带负电荷,难于被土壤胶体吸附,扩散系数大,移动快;$H_2PO_4^-$ 容易被黏土矿物吸附固定,在土壤中的迁移速率小,移动慢;K^+ 的移动性则介于两者之间。

根际养分的积累亏缺状况与植物的蒸腾速率、吸收强度、根毛特性等植物特性有关。蒸腾速率小、养分吸收强度大、根毛长而密的植物,根际养分的亏缺范围常常较大;相反,亏缺的范围小甚至出现富集。钙在一般植物的根际是富集的，但是由于蓝羽扇豆对钙的吸收强度很大，根际容易出现钙亏缺的现象。棉花的蒸腾作用较强，通过质流迁移至根表的养分较多，所以钾的亏缺范围较小，而大麦、箭舌豌豆的蒸腾作用较弱，钾的亏缺范围较大。根毛的形状、密度和长度对移动性弱的养分（如磷、钾）在根际的积累亏缺有重要影响。一般而言，根毛长而密的植物吸收磷、钾的能力强。研究发现，以玉米、油菜等植物为实验材料，根际磷、钾的最大亏缺区与根毛的最大长度接近，说明这些植物的根毛长度和磷、钾在根际的亏缺与植物的吸收有关。油菜的根毛较长，洋葱基本上无根毛，油菜从全磷含量较低的土壤中每 5 天可以吸收 10.5×10^{-7} mol 的磷，洋葱每 12 天仅吸收 0.25×10^{-7} mol 的磷。

土壤的特性也影响根际养分的积累亏缺。在土壤理化性质中，土壤的缓冲能力尤为重要。一般情况是：质地轻、缓冲能力弱的土壤，对养分的吸附力弱，离子的迁移速率快，养分的亏缺范围大；反之，缓冲能力强的土壤对养分的吸附力强，离子的迁移速率慢，养分的亏缺范围小。土壤水分含量也会影响根际养分的亏缺与富集。一般而言，土壤水分含量低，离子迁移的速率慢，在根际中养分容易出现亏缺现象；土壤水分充足，离子迁移的速率快，在根际中养分容易出现富集现象。

2.1.3.2 根际 pH 值与植物营养

pH 值是根际环境中变化最大，对根际土壤养分的生物有效性和植物吸收养分影响最深刻的化学因素。

（1）改变土壤磷素的有效性　在石灰性土壤中，根际酸化、pH 值降低，可增加磷的有效性。以 NH_4^+ 为氮源时，根际 pH 值下降，有利于植物对磷的吸收；相反，以 NO_3^- 为氮源时，根际 pH 值增加，不利于植物吸收磷（表 2-3）。

表 2-3　供应不同形态的氮对菜豆根际及地上部养分吸收的影响

氮素形态	根际 pH 值	K	P	Fe	Mn	Zn
		(mg/g 干重)		(μg/g 干重)		
NO_3^-	7.3	13.6	1.5	130	60	34
NH_4^+	5.4	14.0	2.9	200	70	49

资料来源 Marschner, 1997。

（2）改变微量元素的有效性　根际 pH 值降低，使微量元素铁、锰、锌、铜等的有效性增加，但钼元素的有效性降低。例如，施用铵态氮肥后，菜豆根际的 pH 值较施用硝态氮的低，导致植物吸收的磷、铁、锰、锌量明显增加（表 2-3）。在铁高效的大豆基因型 Hawkeye 的根际内，pH 值较低，根际土壤中可溶性锰、铁量显著增加，植物一般不会出现缺铁现象（表 2-4）。

表 2-4　根际 pH 值及锰、铁的可溶性

距离（mm）	pH 值	可溶性^{54}Mn（nci/g 干土）	可溶性^{59}Fe（nci/g 干土）
0	4.15	20.6	7.36
1	4.78	8.9	3.77
2	5.40	6.9	4.84
>5	6.92	2.2	2.92

资料来源 Refata Youssef，1989。

2.1.3.3　根际的氧化还原状况与植物营养

根际氧化还原电位的变化影响根际养分的存在状况。一方面，根际 Eh 值降低，土壤中某些氧化态养分的有效性增加。例如，在淹水条件下，Eh 降低，Fe^{3+}、Mn^{4+} 等高价化合物被还原成 Fe^{2+}、Mn^{2+} 等低价化合物，对植物的有效性提高，可溶态的 Fe^{2+}、Mn^{2+} 浓度增加。但是，如果在这时氮素供应过多，钾素供应不足，根系可溶性分泌物增加，刺激根际微生物的活动，消耗大量的氧气，使根际 Eh 过度降低，可导致水稻亚铁中毒（表 2-5）。此外，在缺钾的条件下，陆生植物根际的还原状况加剧，使根际反硝化速率提高。另一方面，根际 Eh 值提高，可以降低还原性养分的有效性和还原性有害成分的毒性。例如，水稻根际的 Eh 比土体的高，土壤中的 Fe^{2+}、Mn^{2+} 被氧化为铁、锰的氧化物并沉积在根表附近，从而减弱或者消除还原物质对水稻根系的毒害。

表 2-5　水稻钾素营养与亚铁中毒

处理	细菌数（×10^6）	O_2 浓度（mg/L）	Fe^{2+} 浓度（mg/L）
供钾	1 244	17.0	1.0
缺钾	1 688	8.6	2.4
供钾 55 天后再停止供钾 20 天	2 036	0.5	1.6

资料来源：Trollier，1973。

2.1.3.4　根际分泌物与植物营养

在植物生长发育过程中，会向土壤分泌大量的有机化合物及无机盐类。根系分泌物是根系在它们的生长过程中，分泌到介质中的全部有机物质。按照其分泌的方式和部位，根系分泌物可以分为 4 种类型：①渗出物。从细胞中被动地渗漏至细胞间隙或者土壤中的低分子有机化合物。②分泌物。在根系代谢过程中，细胞主动释放的低分子或者高分子有机化合物。③黏胶质。根冠细胞、根尖的表皮细胞或者根毛分泌的胶状物。④分解物和脱落物。成熟根系的表皮细胞产生的自分解产物、脱落的根冠细胞、根毛和细胞碎片等。

（1）根系分泌物的化学组成和数量　根系分泌物按分子量可分为以下 2 个部分：①大分子化合物，包括多糖、多聚半乳糖醛酸及少量的蛋白质。②小分子、

可扩散的可溶性化合物,主要有寡糖、有机酸和氨基酸等。据报道,根系分泌物中糖类化合物占可溶性组分的65%,各种有机酸占可溶性组分的33%,其他2%的可溶性组分有氨基酸、脂肪酸、维生素、植物激素、酶、微生物的激活剂或抑制剂等。

根系分泌物的数量很大,主要来自地上部叶绿体光合产物。一般情况下根系分泌物占植物光合同化碳总量的5%~25%,最高可达40%,对根际土壤的理化和生物学性质产生深刻影响。

(2) 根系分泌物的影响因素　根系分泌物是植物代谢的一部分,它的分泌受植物自身和各种环境条件的影响。

①植物种类　不同植物产生的根系分泌物不同。豆科植物的根系能分泌较多的含氮化合物,如氨基酸、酰胺等。非豆科植物则分泌较多的碳水化合物,如单糖、多糖等。大麦、小麦、水稻等作物的根系分泌物中有7~8种有机酸,花生分泌草酸,而莴苣的根系分泌物中却分离不出任何有机酸。

②逆境胁迫　植物的营养状况影响根系分泌物的组成和数量。一方面,在某些养分(如磷、钾、铁、锌、铜、锰)缺乏时,植物体内某些代谢过程受阻,低分子量有机化合物积累,导致根系分泌更多的有机物;另一方面,植物的营养状况也影响根细胞膜的透性,改变根系分泌物的数量。例如,在植物缺锌时,根细胞内的铜、锌超氧化物歧化酶的活性下降,NADPH氧化酶活性增加,细胞内氧自由基大量累积产生毒害作用,使细胞膜脂质过氧化,根细胞膜的结构被破坏、透性增加,根系分泌的低分子化合物(如氨基酸、碳水化合物和酚类)的数量大大增加。

在某些营养胁迫下,植物根系产生相应的代谢反应,分泌出某些专一性的化合物,即根系特定分泌物,它的合成与分泌受某种营养胁迫的专一性诱导和控制。例如,在低磷的条件下,木豆根系分泌番石榴酸,白羽扇豆的簇生根分泌的柠檬酸,它们是缺磷诱导的专一性分泌物;禾本科作物分泌的麦根酸类物质也是缺铁诱导的专一性分泌物。我们可以利用根系分泌的专一性化合物来进行植物营养诊断,了解植物对缺素产生的专一性反应,筛选抗缺素能力较强的种质资源。

在某些有害元素的胁迫条件下,抗性的植物根系也能够分泌某些专一性的分泌物以适应该胁迫环境。例如,在酸性土壤中,过多的铝离子是抑制植物生长的主要因素之一,但是耐铝的植物在铝胁迫的条件下,根尖能分泌某些有机酸,使铝形成毒性较低的有机酸-铝络合物,降低铝的毒性。例如,过多的铝可诱导耐铝的小麦品种分泌苹果酸;耐铝的玉米、决明子能分泌柠檬酸;荞麦、芋能分泌草酸,黑麦能分泌苹果酸和柠檬酸。我们可以通过这些专一性的分泌物来了解植物抗有害元素的机理,筛选抗性较强的种质资源。

③根际微生物　根际微生物常常促进根系的分泌作用。例如,在不灭菌的土壤上,小麦根系分泌物的总量是灭菌土壤的2倍。但是,根际微生物也参与根系分泌物的同化与分解,使根际分泌物的含量减少。

④机械阻抗　土壤的机械阻抗刺激根系的分泌作用。据报道,在相同的铝浓

度下，砂培大豆受铝毒危害的程度较水培的轻，其原因是在砂培条件下，大豆分泌的黏胶质远远多于水培。

(3) 根际分泌物的作用　根际土壤中的有效养分是植物能够直接吸收利用的养分。根际分泌物通过直接或者间接的方式影响土壤养分的有效性。

①保护根尖　黏胶质是一种非常普遍的根系分泌物，大多数植物的根尖均被黏胶层包裹。在玉米根尖，黏胶层的体积可达根尖体积的2~3倍（图2-2）。黏胶质与植物营养直接或者间接有关，包括减少土壤颗粒与根尖间的摩擦阻力；避免根系在伸长过程中，土壤颗粒对根尖的摩擦伤害；加强根尖与土壤颗粒的联结，促进根系表面与土壤胶体间的水分和离子交换；通过填充土壤空隙，降低养分迁移过程中的曲折度，有利于养分向根表的迁移；由于黏胶质有很强的持水能力，在干旱条件下可以使根尖环境维持相对湿润的状态，避免根—土间的接触不因脱水而割断；在土壤中，如果有毒离子（如 Al^{3+}、Pb^{2+}、Cu^{2+}）较多，包裹着根尖的黏胶层可能具有保护作用，使根尖免遭伤害。

②活化土壤养分，降低有害元素的毒性

螯合作用　植物根系能分泌大量的有机酸、氨基酸、酚类等化合物，与根际土壤中的营养元素（如铁、锌、铜、锰）和有害元素（如铝）形成螯合物。增加这些营养元素的有效性；活化被这些金属氧化物或者金属盐所固定的其他营养元素（如磷、钼）；降低有害元素（如铝、锌、铜）的毒性。

根系分泌的有机酸与铁、铝等金属元素络合，促进与这些金属元素结合的磷酸盐的溶解，提高根际中磷的有效性。在缺磷的条件下，很多

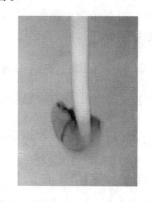

图2-2　玉米根尖上的黏胶层

的植物能够主动分泌有机酸，例如木豆的根系在缺磷时，主动分泌番石榴酸，对难溶性磷酸盐有很强的螯合能力，明显促进木豆对磷的吸收。缺磷的白羽扇豆形成簇生根，并通过簇生根分泌大量的柠檬酸，与土壤中的 Fe^{3+}、Al^{3+}、PO_4^{3-} 等离子结合形成[Fe(Al)/O/OH/PO_4]多聚体，移动到根表，被植物吸收。

禾本科植物根系分泌的麦根酸类物质是另一种专一性根系分泌物，对铁具有很强的螯合能力，使根际中无定型的氢氧化铁、磷酸铁等化合物转化为植物可吸收的形态，增加土壤中铁的有效性，这对于禾谷类植物利用土壤难溶性铁至关重要。麦根酸类物质属于非蛋白的氨基酸，其功能与微生物分泌的铁载体相似，所以又将它们合称植物铁载体。它的合成与分泌受缺铁条件的诱导。禾本科植物在缺锌时，根系也能分泌植物铁载体，但是分泌量远远低于缺铁条件下。麦根酸类物质能与 Fe^{3+}、Fe^{2+}、Zn^{2+}、Cu^{2+} 等多种离子形成络合物，但与 Fe^{3+} 形成络合物的稳定常数比其他离子形成的络合物要大得多。

在有害金属元素胁迫的条件下，耐性植物的根系能主动分泌有机酸。这些有机酸与有害金属离子（如 Al^{3+}、Zn^{2+}、Cu^{2+}、Pb^{2+}）形成毒性较低的络合物，

大大降低了这些元素的毒性,从而提高植物的抗性。例如,铝离子能专一性地诱导耐铝的植物分泌柠檬酸、苹果酸或草酸。有机酸与铝络合形成有机酸铝络合物,铝的毒性降低,植物对铝的抵御能力随之提高。柠檬酸、草酸、苹果酸与铝的摩尔比分别为 1:1、3:1 和 8:1 时,有机酸铝络合物对植物基本上是无毒的。此外,植物根系分泌的黏胶质与 Al^{3+}、Pb^{2+}、Cu^{2+} 等金属离子也能形成复合物,降低了这些重金属的毒性。

还原作用　根系分泌物中还含有还原性物质,能活化土壤中氧化态的金属元素如铁、锰等,可以提高它们的有效性。例如,根系分泌的柠檬酸、苹果酸能使高价态的锰还原成为二价锰,有利于植物的吸收;缺铁诱导双子叶植物及非禾本科单子叶植物分泌的酚类化合物、有机酸等还原性物质,使根际、根表及根系自由空间的氧化铁还原,从而增加植物对铁的吸收和利用。

③改良土壤结构　根系和根际微生物分泌的有机物质,不仅数量多,而且还含有许多高分子有机物质,如多糖、木质素等,是形成土壤团聚体的黏结物质。所以,根系和微生物的分泌物对于改善土壤物理性质,如结构、孔隙度、密度有重要作用。

2.1.3.5　根际微生物的作用

根际土壤中存在大量的微生物,在植物营养方面的作用有:①加快有机物质的分解。②影响土壤养分的转化和有效性。③促进或者抑制植物吸收养分。④改变根系的生长和形态。⑤影响植物的生长发育。

在根际土壤中,微生物的数量显著多于非根际。由于植物根际的有机物质丰富,根际微生物活动活跃,对有机物质的分解转化强烈。大家知道,土壤呼吸作用是微生物分解有机物质的标志之一。据测定,玉米和大豆根际土壤呼吸作用比对照快 4 倍,大麦、小麦根际土壤呼吸作用比对照快 3 倍。

在土壤中,氮的转化包括矿化作用、硝化作用、反硝化作用和生物固氮。一般说来,根际微生物的活动能提高有机氮的有效性,旱地作物根际中的硝化作用较弱,水稻根际硝化作用较强。根际土壤中,存在大量的与氮素转化有关的微生物,其中氨化细菌将有机氮矿化为铵态氮,其他微生物则利用无机氮建造其躯体,将无机氮固定成为自身的组分。如果根际土壤中的无机氮较丰富,氮素的矿化作用受到促进;相反,氮的微生物固定明显加强。但是,土壤微生物的寿命很短,微生物固定的氮素会因微生物的死亡重新释放。因此,从总体上看,根际微生物可以提高有机氮的有效性。在旱地作物的根际中,硝化细菌一般较少,某些根系分泌物对硝化细菌的生长繁殖有一定的抑制作用。所以,根际的硝化作用常常受到抑制,硝酸盐含量较低。相反,水稻根际有利于硝化作用,这是因为水稻根际中游离氧的浓度较高的缘故。此外,水稻根际中的反硝化作用也比较强烈。据测定,在水稻根际中,60% 左右的细菌具有反硝化能力,反硝化细菌的 R:S 比一般变化在 1~514 之间,使根际氮的反硝化损失显著增加。

微生物可以加速根际土壤磷的转化,提高磷的有效性。其原因:①根际微生物及根系分泌的磷酸酶有利于有机磷的矿化；②微生物分泌的有机酸等化合物可促进难溶性无机磷的溶解释放；③根际中的解磷细菌在一定程度上能分解土壤中难溶性无机磷。

在土壤中，钾绝大部分以含钾矿物的形式存在，难于溶解。某些土壤微生物能将土壤难溶性钾转化为可溶性钾，供植物吸收。现已发现，有些外生菌根真菌和"硅细菌"或"钾细菌"（属于一种芽孢杆菌），能将难溶性钾转化为被植物吸收利用的有效钾。

根际微生物影响根系对养分的吸收。但是，试验结果因试验条件不同而异，短期的水培试验表明，根际微生物促进番茄和三叶草幼苗根系对磷的吸收和上行运输；而以老龄植株为材料，微生物减少根系对磷的吸收和运输。

许多根际微生物产生的分泌物能改变根的形态和结构，增加养分吸收面积，进而影响植物对养分的吸收。例如，固氮螺菌能使作物总根长增加1倍，侧根分枝数和根毛密度也有所增加，有益于养分的吸收。但是，在狗尾草的根际，某些根际微生物如假单胞杆菌会引起根系不良改变，减少养分，尤其是磷的吸收。

有些根际微生物能够分泌植物生长激素如吲哚乙酸、赤霉素，直接影响植物生长发育。据测定，接种厌氧产碱菌使水稻内根际的生长素和玉米素含量增加，分别达到14.4mg/kg和1.5mg/kg，而对照植物的根际仅测到痕量生长素。

2.2 土壤与植物营养

2.2.1 养分的类型与转化

土壤含有作物生长的各种养分，按照它们的物理形态，可以分为固态养分、液态养分和气态养分。按化学组成，可以分为有机养分和无机养分；也可分为离子态养分和分子态养分。但是，人们通常根据养分的来源、溶解性和对植物的有效性，将土壤养分大致分为以下5种类型：

2.2.1.1 水溶性养分

水溶性养分是指土壤溶液中的养分，这种养分对植物的有效性高，容易被作物吸收利用。水溶性养分大部分是矿质盐类，实际上是离子态的养分，如阳离子中的K^+、NH_4^+、Mg^{2+}、Ca^{2+}，阴离子中NO_3^-、$H_2PO_4^-$、SO_4^{2-}所组成的盐类。这些水溶性矿质养分来源于土壤矿物质或有机物的分解产物。也有一些水溶性的有机物质，可溶性有机养分呈分子态，如低分子有机酸、单糖等都属于水溶性有机养分。

2.2.1.2 代换性养分

代换性养分也称交换态养分，是土壤胶体上吸附的养分，主要是阳离子，如K^+、NH_4^+、Mg^{2+}、Ca^{2+}等。在带正电的胶体上也吸附阴离子态养分，如

$H_2PO_4^-$等。代换性养分是补充水溶性养分的直接来源。土壤中的代换性养分和水溶性养分之间不断地相互转化，处于动态平衡中。换言之，土壤胶体上吸附的交换性养分经常与溶液中的养分发生离子交换反应。吸附态养分被植物吸收利用的难易程度取决于吸附量、离子饱和度，以及溶液中的离子种类和浓度等因素。在习惯上，将交换态养分和水溶性养分合称为速效性养分。

2.2.1.3 缓效性养分

在土壤某些矿物中，比较容易分解释放出来的养分称为缓效性养分。例如，缓效性钾，它们是水云母和黑云母晶层中固定的钾。缓效钾通常占全钾量的2%以下，最高可达6%。土壤中的缓效钾是速效钾的重要贮备。

2.2.1.4 难溶性养分

主要指土壤原生矿物（如磷灰石、白云石和正长石）组成中所含的养分，一般很难溶解，不易被植物吸收利用。但是，难溶性养分在养分总量中所占的比重很大，是作物养分的主要贮备和基本来源。此外，在土壤中新形成的沉淀如磷酸铝等也属于难溶性养分，这部分养分一般比原生矿物易于分解。

2.2.1.5 土壤有机质和微生物体中的养分

在土壤中，有机养分大多需要被微生物分解后才能转化为有效养分。微生物在它们生活过程中，需要从土壤中吸收一些有效养分，但微生物的生活周期很短，随着微生物的死亡，很快分解释放出来。所以，微生物体内的养分可视为有效养分。在有机质中，所含的养分只有少部分对植物有效，必须经过分解释放才能被植物吸收利用。但总的说来，有机质中的养分比难溶性矿物态养分容易释放。

在土壤有机质分解过程中，除了产生作物生长需要的养分外，还产生腐殖质等有机物。腐殖质进一步分解后不仅可向作物提供养分，还是重要的土壤胶体，对改良土壤的理化和生物学性状起重要作用。所以，土壤腐殖质既是土壤养分的供应者，又是土壤养分的保蓄剂。

必须指出，土壤养分的类型不是固定不变的，土壤养分处于动态平衡之中。土壤养分存在时刻变化、日变化、季节变化。

2.2.2 影响土壤养分转化的因素

除微生物之外，土壤水分、通气状况、温度以及酸碱度影响土壤养分的转化。

2.2.2.1 土温与养分转化

土壤热量状况是土壤中生物化学作用的动力，它不仅影响微生物的活动，也影响土壤养分的吸收与释放、土壤胶体对离子的吸附与解吸。

土壤温度高低显著影响磷的有效性。据研究，铁铝胶体结合的磷要在30℃左右才活化。所以，夏季土温高，磷的活性强；冬季土温低，土壤磷的有效性低。在同一种土壤中，冬季测得的有效磷含量往往低于夏季。有些试验表明，在冷性土上施用磷肥能够部分补偿低温产生的不利影响，促进植物的生长发育。

温度影响土壤胶体的活性，进而影响土壤溶液中的养分浓度。在一定的温度范围内，低温增强土壤胶体吸附和保蓄养分的能力。这就是说，在高温时，土壤胶体释放的养分多，从而增加土壤溶液中养分的浓度；在低温时，土壤胶体吸附的养分多，从而减少土壤溶液中养分的浓度。

2.2.2.2 土壤水分与养分转化

水分影响土壤养分的转化。首先，水分是溶解土壤养分的溶剂，土壤中的养分只有溶解在土壤溶液中才能被植物吸收。在适宜的水分含量范围内，增加水分有利于土壤和肥料中的养分的溶解，有利于提高养分有效性。但是，水分也会稀释土壤养分，并加速养分的流失。另外，水分影响土壤的氧化还原状态，间接地影响养分的转化和植物对养分的吸收。一般而言，土壤水分在田间持水量的80%~90%范围内，土壤养分的有效性较高。

2.2.2.3 土壤氧化还原状态与养分的转化

土壤的氧化还原状况是土壤通气状况的标志之一，直接影响作物根系和微生物的呼吸作用，影响土壤各种物质的存在状态。一般而言，土壤通气良好，氧化还原电位（Eh 值）高，加速土壤有机养分的分解，可能增加土壤中的养分。通气不良，氧化还原电位降低，有些土壤养分处于还原状态，有机物分解产生一些有毒物质，对作物生长不利。

有些营养元素或它们的化合物可以出现化合价改变的情况，以氧化态或还原态的形式存在。各种营养元素究竟是呈氧化态好，还是呈还原态好，这要根据实际情况具体分析。表2-6列出了几种营养元素的氧化—还原态的物质形式。

在氧化条件下，氮素以硝态氮存在，在一般旱地和水田1~2cm表层土中，氮素都可以呈NO_3^-态。硝酸盐易被植物吸收，但也容易随水流失。在稻田中施用

表2-6 土壤中几种元素的氧化态和还原态物质

氧化态	元素	还原态
CO_2	C	CH_4
NO_3^-	N	NH_4
SO_4^{2-}	S	H_2S
PO_4^{3-}	P	PH_3
Fe^{3+}	Fe	Fe^{2+}
Mn^{4+}	Mn	Mn^{2+}
Cu^{2+}	Cu	Cu^+

硝态氮肥或铵态氮肥转化形成的硝酸盐后,可随水淋溶至还原层,再经反硝化作用导致氮素的损失。

土壤中的磷素一般以氧化态(PO_4^{3-}、HPO_4^{2-}、$H_2PO_4^-$)的形式被植物吸收,作物不能吸收还原态的磷。在稻田土壤处于还原条件下,磷酸根与低价铁螯合形成的磷酸盐溶解度大,有效性较高。水田中的低价铁、锰可以与有毒的硫化氢结合形成硫化铁、锰而沉淀,从而消除硫化氢的毒害。同时也可以避免活性铁、锰的毒害作用。

2.2.2.4 土壤反应与养分转化

土壤反应影响作物的生长和养分的转化与吸收。一般而言,在酸性条件下,作物吸收阴离子多于阳离子;在碱性条件下,作物吸收阳离子多于阴离子。土壤反应对养分转化的影响很大,因为土壤反应既能直接影响土壤养分的溶解或者沉淀,也能够影响土壤微生物的活动。

土壤中的氮大多是有机态氮,需经微生物分解转化形成硝态氮或者铵态氮后被作物吸收利用。氨化作用将有机态氮转化为铵态氮,硝化作用将铵态氮转化为硝态氮,它们需要适宜的土壤反应,最适pH值分别是6.6~7.5和6.5~7.9。所以,在pH6~8范围内,土壤有效氮的含量较高。

土壤中的磷一般在pH6.6~7.5有效性较高。在这个pH值范围内,根分泌的碳酸和微生物分解有机质产生的碳酸,能使难溶性磷转化为可溶性的磷。当pH>7.5时,如果土壤中又存在大量的碳酸钙,可使水溶性磷生成更难溶解的磷酸盐,有效性降低。但是,当土壤pH<6.5时,土壤中铁、铝的溶解度高,使磷酸盐形成难溶性的铁、铝磷酸盐,有效性也会降低。

当pH<6时,土壤中有效钾、钙、镁的含量减少。因为土壤pH值越低,溶液中的氢离子浓度越高,土壤胶体上的代换性钾、钙、镁离子被氢离子代换出来,随雨水或土壤水分移动而流失。相反,当pH>6时,土壤中的代换性钾、钙、镁含量较高。

在土壤中,铁和铝的溶解度与pH值有密切的关系。土壤一般含铁较多,能满足一般作物的需要。但是,在pH值在7以上的钙质土中,铁常形成难溶性的氧化铁,作物出现缺铁的症状。在酸性条件下,可溶性铁(Fe^{2+})含量提高,活性铁、锰、铝大量出现,这时作物常常又会受到危害。

酸性土壤占世界耕地面积的40%,在这些土壤中过多的铝离子是限制作物生长的主要因子之一。特别是在强酸性(pH<5)土壤上,铝毒严重影响根系生长。一般说来,土壤pH>5.5时,不会产生铝毒。但是,在土壤pH<5.5时,铝的溶解度随pH值的降低急剧增加,这时铝可能占阳离子代换量的一半,危害作物的生长。在我国南方,酸性土壤的酸性主要是铝离子引起,一般矿质土壤的代换性氢离子占总酸度1%~3%,其余都是铝引起的。

铝离子有以下几种形态:Al^{3+}、$Al(OH)^{2+}$、$Al(OH)_2^+$、$Al(OH)_4^-$。在不同的pH值下,铝的形态如图2-3所示。当pH<5时,铝离子主要呈Al^{3+}和

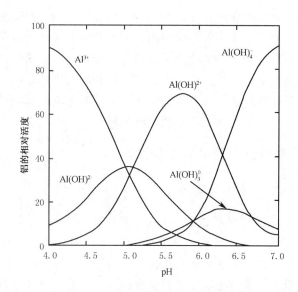

图 2-3　pH 值与铝的形态和相对活度的关系

Al$(OH)^{2+}$。

在强酸性土壤中，铝的反应如下：

$$Al \boxed{土} Al^{3+} \longrightarrow Al \boxed{土} + Al^{3+}$$
$$Al^{3+} + H_2O \longrightarrow Al(OH)^{2+} + H^+$$

在一般酸性土壤中，Al^{3+} 的反应如下：

$$Al^{3+} + OH^- \longrightarrow Al(OH)^{2+}$$
$$Al(OH)^{2+} + OH^- \longrightarrow Al(OH)_2^+$$

土壤酸碱度对微量元素有效性的影响也非常明显。锰、锌、铜在酸性条件下有效性显著增加，而在中性和有钙的情况下，可溶性降低，甚至完全沉淀，致使作物感到这些微量元素不足。另一方面，在热带、亚热带的酸性土壤中，常因可溶性锌的淋失，作物也会出现缺锌的症状。硼的有效性受土壤反应的影响也很突出，在 pH4.7~6.7 的土壤中，硼的有效性最高；如果 pH 值升至 7.1~8.1，硼的溶解性显著降低。因此，缺硼现象大多发生在 pH>7 的土壤上。但是，在酸性的砂性土壤中，可溶性硼易于淋失，有时作物也会出现缺硼的现象。在酸性土中施用石灰常常会诱发作物缺锌，这是因为石灰引起根际土壤中的可溶性锌发生沉淀所致。土壤中的相当大部分的钼呈吸附态，在碱性条件下，这部分的钼被释放出来，因此钼的有效性增加；在酸性条件下，钼的吸附很牢固，有效性降低，所以，缺钼症状多发生在酸性土壤上，如果在酸性土壤上施用石灰能显著提高钼的有效性。总而言之，土壤的酸碱性与微量元素的有效性关系密切，大体上可分为 3 种情况：

在 pH<6 时，有效性较高的元素有 Cu^{2+}、Zn^{2+}、Mn^{2+}、Ni^{2+}、Fe^{3+}（Fe^{2+}）；在 pH≥7 时，有效性较高的元素有 Mo^{5+}、Mo^{6+}、Cr^{2+} 等；在广泛的 pH 值范围内，有效性较高的元素有 B、F、Cl 等。

必须指出，影响土壤养分转化的水、热、气、微生物、酸碱度等因素间相互影响、相互制约。例如，土壤铵态氮与硝态氮的含量多少是受氨化作用和硝化作用的强度支配的，氨化作用和硝化作用的强弱又受氨化菌及硝化菌活性大小的制约，而氨化菌及硝化菌的活性又受到水、热、气和酸碱度的影响。从土壤本身来看，影响土壤养分转化的水、气、热等因素，又受到土壤胶体制约，而这些因素也在一定程度上影响土壤胶体对养分的吸收与释放。

2.2.3 我国土壤养分含量的基本状况

2.2.3.1 土壤中大量元素含量概况

（1）土壤中氮素和有机质含量　土壤氮素主要呈有机态，除少量铵态氮和硝态氮以外，有机态氮占土壤氮素总量的95%以上。因此，土壤氮素含量的区域性分布与土壤有机质的区域性分布有很大的一致性。全国各地的大量资料分析结果表明，土壤有机质含量与土壤全氮含量之间呈正相关。例如吉林通化对115个旱地土壤样品统计分析，其相关系数 $r = 0.939$，回归方程为：$y = 0.0062 + 0.0573x$。土壤有机质中含有5%~6%的氮素，我国几个省（自治区）的统计资料见表2-7。

表2-7　耕地土壤全氮与土壤有机质含量的比值

省（自治区）	有机质（g/kg）	全氮（g/kg）	全氮/有机质（%）
河北	12.2	0.74	6.07
山西	10.7	0.68	6.34
河南	12.2	0.70	5.74
安徽	14.0	0.86	6.14
福建	15.9	0.79	4.97
新疆	13.9	0.79	5.68
广东	14.9	0.80	5.27

第二次全国土壤普查结果表明，我国耕地的有机质含量一般较低。水田有机质含量>30g/kg的约占水田面积的27.9%，10~30g/kg的约占67.4%，<10g/kg的约占4.7%。旱地耕层有机质含量>30g/kg的占调查面积的17.1%，10~30g/kg的约占51.6%，<10g/kg的约占31.2%。水田耕层全氮量≥1g/kg的占调查面积的78.4%，<1g/kg的占21.6%。旱地≥1g/kg的占调查面积的36.8%，<1g/kg的占63.2%。

我国土壤全氮含量的基本分布特点是，东北黑土较高，黄淮海平原、西北平原、蒙新地区较低，华东、华南、中南、西南地区中等。大体呈南北较高，中部略低的分布。但南方略高的主要指水稻土，旱地含氮量很低。表2-8列出了我国一些地区土壤的有机质和全氮含量。根据全国除上海、宁夏外的28个省（自治区、直辖市）的统计表明：土壤全氮含量>2.0g/kg的占耕地面积的12.2%，1.5~

表 2-8 不同地区土壤的有机质和全氮平均含量 g/kg

地区	利用情况	标本数	有机质	全氮	碳/氮
东北黑土	旱地	251	57.0	2.6	12.4
	水田	21	50.0	2.6	11.2
内蒙古、新疆	旱地	125	18.0	1.1	9.7
青藏高原	旱地	57	28.0	1.4	11.0
黄土高原	旱地	216	10.0	0.7	8.8
黄淮海	旱地	320	9.7	0.6	9.0
	水田	14	15.1	0.93	9.4
长江中下游	旱地	49	15.8	0.93	10.0
	茶园	20	14.5	0.81	10.4
	水田	524	22.7	1.34	9.8
江南	旱地	118	15.7	0.9	10.2
	茶、橘园	15	18.3	0.97	11.3
	水田	321	24.6	1.43	10.0
云、贵、川	旱地	71	19.3	1.09	9.7
	水田	124	27.3	1.49	10.5
华南、滇西	旱地	31	26.8	1.39	11.9
	胶园	7	24.3	1.13	12.7
	水田	181	28.5	1.5	11.1

资料来源：鲁如坤，1998。

2.0g/kg 的占 22.0%，0.5~0.75g/kg 的占 20.1%，<0.5g/kg 的占 11.7%。如果说土壤全氮含量<2g/kg 即为缺氮的话，那么，在上述地区缺氮土壤达到耕地面积的 87.8%。实际上，土壤全氮含量>2.0g/kg 的土壤主要分布在黑龙江、内蒙古两省（自治区），对不少的省（自治区）来说，缺氮土壤面积高于 90%。如四川省土壤全氮含量<2g/kg 的土壤面积占 96.2%，广东、广西、海南、云南分别占 95.6%、82.6%、97.7% 和 78.7%。

(2) 土壤中磷素含量 土壤中的磷绝大部分是以难溶性状态存在的，所以土壤全磷含量与土壤有效磷供应量之间没有严格的相关性，土壤全磷含量高时，并不意味着磷素供应充分，而土壤全磷含量低时，却常常表现出磷供应不足，在这种土壤上施用磷肥，往往能获得增产效果。据上海市土壤普查资料，当土壤全磷达 1g/kg 时，土壤速效磷含量丰富，在 0.6g/kg 以下时，则比较贫乏。浙江省的资料表明，全磷在 0.6g/kg 以下的土壤，施用磷肥对绿肥、油菜、小麦都有显著的增产效果。由相关资料可见，土壤全磷含量在 0.35~0.44g/kg 时，大多数情况下土壤速效磷不足，施磷肥都可能表现增产效果；而在此界限以上时，则因其他条件的影响，施磷肥的效果表现不一。

我国土壤全磷量大部分在 0.2~0.5g/kg 内变化，其中全磷含量最低的是广东浅海沉积物发育的红壤，为 0.04g/kg 以下，最高的达 1.7g/kg。表 2-9 列出了我国富铝土区主要土壤类型的土壤含磷量。南方土壤以酸性土壤为主，全磷含量在 0.6g/kg 以下，属于中量级偏低；北方以石灰性土壤为主，含量在 0.6g/kg 以

表 2-9 我国富铝土区主要土壤类型的土壤含磷量   g/kg

土壤类型	省（自治区）	全磷	土壤类型	省（自治区）	全磷	土壤类型	省（自治区）	全磷
砖红壤	广东	0.82	红壤	福建	0.59	紫色土	浙江	0.27
	广西	0.22		浙江	0.34		湖北	0.38
	云南	0.70		湖北	0.43		安徽	0.39
赤红壤	广东	0.48		安徽	0.40	石灰土	广东	0.92
	广西	0.43	黄壤	广东	0.54		广西	0.79
	云南	0.60	紫色土	广东	0.65		云南	1.20
	福建	0.55		广西	0.41		贵州	0.74
红壤	广东	0.74		云南	0.40	潮土	云南	0.90
	广西	0.50		贵州	0.51		贵州	0.60
	云南	0.80		四川	0.70		福建	0.64
	贵州	0.31		福建	0.61			

资料来源：沈善敏和陈欣，1998。

上，属于丰富与较丰富水平。在全国范围内，除小面积土壤全磷含量达极丰富及极缺乏外，约有 50% 以上的面积属丰富与较丰富水平。

土壤全磷含量状况因土壤类型、成土母质、风化程度、植被和利用状况的不同而有较大差异。我国土壤含磷量随风化程度增加而有所减少。这表现在从南到北土壤全磷含量有减少的趋势（表 2-10）。但是，由于耕作施肥等的巨大影响，土壤全磷含量可以在较小的范围内有较大的变化。

表 2-10 我国土壤全磷含量和土壤风化程度

土壤	风化程度	地区	母质	全磷含量（g/kg）
砖红壤	↑	广东、海南	花岗岩等	0.13~0.26
红壤及红壤性水稻土		江西、湖南	第四纪黏土等	0.17~0.36
黄棕壤		江苏	下蜀黄土	0.22~0.52
黄潮土		华北平原	黄土性沉积物	0.43~0.96
黑土、白浆土		黑龙江、吉林	黄土性沉积物	0.61~1.50
风蚀漠境土		新疆	古冲积物	1.00~1.10

资料来源：谢建昌，1998。

我国土壤磷素含量的变化具有明显的生物气候地带性特征。由于我国受季风气候影响显著，夏季高温多雨，降水量从东南到西北逐渐减少；冬季寒冷干燥，南北气温相差较大，土壤淋溶作用由南到北减弱，土壤全磷含量随着不同生物气候带有规律的变化。从表 2-11 中看到，湿润地区土壤全磷含量顺序是：赤红壤、红壤和黄壤＜黄棕壤＜暗棕壤＜棕色针叶林土，南北部土壤全磷含量差值可达 3 倍以上。在暖温带内，由于干燥度增大，土壤淋溶作用相对减弱，土壤全磷含量呈现逐步增加的趋势，其含量顺序为棕壤＜褐土＜黄绵土＜灰钙土。在中温带内，由东向西随着土壤干燥度的增大植被发生变化，出现森林草原、草原化草甸、草甸草原、半干旱草原、荒漠草原和荒漠的景观更替，土壤类型则由灰色森

表 2-11 不同地带中主要土壤的全磷含量　　　　　　　　g/kg

土壤	热量带	全磷 样品数	全磷 含量	分布地区
砖红壤	热带	59	0.61	云南、广西、海南
赤红壤	南亚热带	194	0.48	海南、福建、云南、广西、四川
红壤	中亚热带	1 518	0.50	福建、贵州、云南、广西、四川、西藏、浙江、江西、江苏、安徽、湖南、湖北
黄壤	中亚热带	1 778	0.56	海南、贵州、云南、广西、四川、西藏、浙江、福建、江西、安徽
黄棕壤	北亚热带	1 416	0.61	贵州、云南、四川、西藏、江苏、河南、陕西、甘肃、江西、安徽、湖北
黄褐土	北亚热带	840	0.41	江苏、安徽、河南、湖北、四川、陕西
棕壤	暖温带	2 371	0.53	贵州、西藏、四川、江苏、安徽、湖北、河北、山东、河南、陕西、甘肃、山西、内蒙古、辽宁
暗棕壤	寒温带	696	0.92	西藏、湖北、陕西、甘肃、内蒙古、吉林、黑龙江
棕色针叶林土		34	1.82	内蒙古、黑龙江

林土逐渐过渡到草原化黑土、黑钙土、栗钙土和棕钙土。由于生物积累作用的减弱，土壤全磷含量也依次降低。

(3) 土壤中钾素含量　我国土壤耕层中全钾含量远比氮、磷高，主要土类钾素含量变化在 1.43~27.5g/kg 之间。我国农业地区主要土类的钾素状况见表 2-12。在全国第二次土壤普查中，将土壤全钾含量水平分为 6 级：全钾含量<5g/kg 为很低（6 级），5~10g/kg 为低（5 级），10~15g/kg 为中下（4 级），15~20g/kg 为中上（3 级），20~25g/kg 为高（2 级），>25g/kg 为很高（1 级）。按此标准，全国范围的土壤全钾含量水平基本呈中间高、两头低的分布趋势，2 级、3 级含钾量的面积之和大于 75%，1 级、6 级的面积仅占 6.46%。分布于华南地区的砖红壤、赤红壤区是我国钾素最贫乏的土区，钾的储量很低，例如广东浅海沉积物发育的砖红壤全钾含量仅为 0.98g/kg。红壤和黄壤区是我国第二个缺钾突出的土区，四川由冲积物发育的黄壤全钾含量 9.6g/kg，江西第四纪红色黏土发育的水稻土，土壤全钾含量为 8.66g/kg。石灰土以及长江中下游地区的黄棕壤、黄褐土、潮土，土壤全钾含量中等，一般在 10~20g/kg 之间。东北地区、华北、西北黑土、暗棕壤、栗钙土、棕钙土、灰钙土、灰漠土以及四川、湖南、江西、广东、浙江、湖北等地发育于石灰性或中性紫色砂、页岩母质的紫色土，土壤全钾量高，一般在 20g/kg 以上，如黑龙江由黄土状冲积物发育的栗钙土，土壤含钾量达 24g/kg。

(4) 土壤中钙素含量　地壳中平均含钙量为 36.4g/kg。土壤全钙含量变化很大，这取决于成土母质、风化条件、淋溶强度和耕作利用。我国土壤碳酸钙含

表2-12　我国农业地区主要土类的全钾含量　　　　kg/kg

土　区	主要成土母质	全钾	土　区	主要成土母质	全钾
砖红壤区	玄武岩、凝灰岩	2.2	水稻土	沉积物质	16.8
	浅海沉积物	3.1		长江中下游老冲积物	14.3
	花岗岩、变质岩	14.3		黏土	20.0
赤红壤区	花岗—片麻岩	3.8	黄潮土区	黄河冲积物　壤土	18.1
红壤区	红色黏土	9.5		砂土	15.4
	红砂岩	7.1	褐土区	黄土	17.0
	花岗岩、千枚岩	27.2	塿土区	黄土	18.5
黄壤区	砂页岩、花岗岩	10.6	黑土区	黄土状物质	17.6
紫色土区	石灰性及中性紫色砂页岩	20.3	黑钙土—栗钙土区	各种沉积物及冲积物	21.5
黄棕壤区	砂页岩、下蜀黄土	12.8	漠土区		18.8

量有明显的地域差异，大体上东部低，西部高，南部低，北部高。在高温多雨地区，在漫长的风化、成土过程中，钙经淋失后含钙量都很低，如红壤、黄壤的含钙量在4g/kg以下，甚至仅为痕迹。酸性—微酸性土壤常常缺钙。在淋溶作用弱的干旱、半干旱地区，土壤含钙量通常在10g/kg，有的达100g/kg以上。碱性—微碱性土（石灰性土壤）的游离碳酸钙含量高，土壤一般不缺钙。如果从汉中盆地北缘划一条通过河南省南端与淮河相接的线，此线以北的土壤含碳酸钙（称为石灰性土），全钙含量高；此线以南的土壤不含碳酸钙（称为非石灰性土）。

(5) 土壤中镁素含量　地壳平均含镁量为19.3g/kg，土壤全镁量平均为5g/kg。土壤全镁含量主要受成土母质和风化条件等的影响。我国土壤含镁量具有明显的地域性差异。我国南方热带和亚热带地区，成土母质风化程度高，土壤含镁的原生矿物（如橄榄石、辉石、角闪石、黑云母）的化学稳定性差，容易风化，而且黏土矿物主要是不含镁的高岭石、三水铝石及针铁矿，因此土壤全镁量低，平均只有3.3g/kg。其中以粤西地区花岗—片麻岩和浅海沉积物发育的土壤，全镁含量最低，一般在1g/kg以下。而以紫色土全镁含量高，达22.1g/kg。这是由于紫色砂页岩含镁量较高，它发育的紫色土，化学风化程度弱，镁的淋失相对较少，黏土矿物又以水云母和绿泥石为主，故紫色土全镁含量很高。华中地区由第三纪红砂岩和第四纪红色黏土发育的红壤，全镁含量要高于华南地区的砖红壤和赤红壤。

水稻土的全镁含量较其前身的旱地土壤的含镁量低，这是由于水稻土经常受灌水、排水及水分渗漏而导致镁的损失；强烈的还原作用使矿物表面的氧化铁胶膜减少，促进了镁的释放和淋失，这也是水稻土含镁量较低的原因。

(6) 土壤中硫素含量　中国土壤含硫量在0~600mg/kg的范围内。在南部和东部湿润地区，有机硫占全硫的比例较高，约为85%~94%，且随土壤有机质含量而异。黑土和林地黄壤有机质较高，分别为57mg/kg和85mg/kg，而且土壤的全硫含量也较高，分别为336mg/kg和337mg/kg。红壤耕地有机质含量较低，仅为17mg/kg，土壤全硫含量也仅为105mg/kg。在干旱的石灰性土壤区，无机硫占全硫的比例较高，一般达39%~62%。我国南方10省（自治区、直辖市），地处热带、亚热带地区，因高温多雨，土壤硫易流失，因此缺硫的可能性较大。南方10省（自治区、直辖市）土壤有效硫含量平均为34.3mg/kg，其中以江西省土壤的含硫量最低，为22.5mg/kg，贵州的含硫量最高，为66.7mg/kg。

2.2.3.2 微量元素概况

（1）锌 我国土壤全锌含量为3~790mg/kg，平均含量为100mg/kg，高于世界土壤的平均含量50mg/kg。海南、广西、云南、贵州、山东、黑龙江等17省（自治区、直辖市）的统计结果表明，云南和上海的土壤含锌量最高，分别为115mg/kg和101.2mg/kg，山东和广西最低，分别为55.5mg/kg和30.0mg/kg，其他省（自治区、直辖市）均在60~90mg/kg范围内。土壤全锌含量与土壤类型和成土母质有关。表2-13列出了我国一些土壤的含锌量，从表中可以看出，不同类型的土壤含锌量有一定的差异。在同一类型土壤中，土壤含锌量常常受成土母质的影响。例如，华中丘陵区的红壤中，以石灰岩、玄武岩和花岗岩发育的红壤含锌量最高，而以砂岩发育的红壤含锌量最低。

表2-13 我国土壤含锌量　　　　　　　　　　　　　　　　　　mg/kg

土壤类型	含锌量	平均含量	土壤类型	含锌量	平均含量
白浆土	79~100	89	黄棕壤	64~122	97
棕壤	44~770	98	红壤	11~492	177
黑土	58~66	61	黄壤	14~182	81
黑钙土	56~153	88	砖红壤	痕迹~323	103
草甸土	18~163	68	赤红壤	痕迹~750	84
褐土	68~128	71	紫色土	48~131	109
栗钙土	30~83	52	红色石灰土	93~374	213
垆土、黑垆土、黄绵土	55~127	96	黑色石灰土黄	71~192	121
			潮土	49~150	80

资料来源：刘铮，1987。

（2）硼 我国土壤含硼量在痕迹至500mg/kg之间，主要土类平均全硼含量则介于8.4~205.0mg/kg之间，平均含量为64mg/kg。土壤全硼含量主要受土壤类型和成土母质的影响。一般说来，由沉积岩特别是海相沉积物发育的土壤含硼量比火成岩发育的土壤高，干旱地区土壤比湿润地区高，滨海地区土壤比内陆地区土壤高。盐土则可能有硼酸盐盐渍现象，含硼量一般较高。

土壤含硼量受成土母质的影响非常显著，由不同母质发育而成的同一土壤类型，其含硼量可能差异很大。如由花岗岩、流纹岩及玄武岩发育的红壤，含硼量远高于由沉积岩发育的红壤。我国土壤含硼量（表2-14）有由北到南、从西到东

表2-14 我国土壤含硼量　　　　　　　　　　　　　　　　　　　　　　mg/kg

土壤类型	含硼量	平均含量	土壤类型	含硼量	平均含量
草甸土	17~72	38	黄棕壤	56~106	81
黑钙土	49~64	50	红壤	1~125	40
黑土	36~69	54	赤红壤	0.5~72	24
暗棕壤	31~92	41	砖红壤	9~58	20
棕壤	57~117	73	黄壤	5~452	52
褐土	45~69	63	紫色土	20~43	31
栗钙土	35~57	42	红色石灰土	20~351	113
垆土、黑垆土、黄绵土	32~128	88	黑色石灰土黄	56~153	108
			潮土	14~141	49

资料来源：刘铮，1987。

逐渐降低的趋势。西部内陆的土壤含硼量较高，东部地区尤其是东部的砖红壤、赤红壤和红壤地区含硼量较低或者很低。

(3) 钼 我国土壤的全钼含量在0.1~6mg/kg，平均含量为1.7mg/kg。主要土类平均全钼含量在0.1~2.62mg/kg范围，红壤、赤红壤含钼量较高，多集中在0.5~1.1mg/kg，甘肃的灰漠土和砂姜黑土全钼含量也较丰富，而辽宁的风沙土，广西的紫色土、石质土、滨海盐土等土类则较低。

土壤钼的供应状况主要受成土母质和土壤条件的影响。一般来说，花岗岩发育的土壤含钼量较高，而黄土母质发育的土壤含钼量较低。我国北方黄土母质发育的垆土、黑垆土、黄绵土和黄河冲积物发育的黄潮土等土壤，不但含钼量低，而且有效钼的含量也较低。南方的酸性土壤含钼量虽然较高，但是钼被铁、钼氧化物吸附，有效钼常低于缺钼的临界值。

我国缺钼的土壤分布较广。南方缺钼的土壤包括红壤、赤红壤、砖红壤、黄壤、紫色土、黄棕壤。这些土壤的全钼含量较高，但有效钼水平较低。北方缺钼的土壤有黄潮土、黄绵土、垆土、褐土、棕壤等，这些土壤的全钼量和有效钼含量都较低。可见，我国南方和北方土壤均有可能缺钼。

(4) 锰 我国土壤含锰量为10~9 478mg/kg。各土类的含锰量在62~1 595mg/kg范围内，全国全锰的平均值为710mg/kg，多数土类的平均全锰含量在500~710mg/kg的范围内。云南红壤和黄壤，湖北黄棕壤，辽宁棕壤、火山灰土、滨海盐土，湖南红色石灰土等土类的含锰量较高。全锰含量最低的土类有辽宁、吉林、甘肃和河北的风沙土。

我国土壤的含锰量变幅很大，总的趋势是南方各地的酸性土壤含锰量较北方的石灰性土壤高。在南方的酸性土壤中有锰的富集现象，并且因成土母质的不同有很大的差异。例如，由玄武岩发育的红壤含锰量可高达1 311mg/kg，而流纹岩发育的红壤含锰量仅为126mg/kg。

(5) 铜 我国土壤的含铜量为2~300mg/kg，平均含量为22mg/kg。主要土类的土壤全铜平均含量在2.0~112.0mg/kg范围内，大部分土类全铜含量集中分布在 20~30mg/kg 范围内。全铜平均值高的土类有云南山地红壤、黄壤、燥红土，辽宁山地草甸，浙江潮土和黑龙江风沙土，而全铜平均值低的土类有河北、甘肃、辽宁石质土和碱土等。17 省（自治区、直辖市）的全铜含量平均值最高的出现在云南（60.5mg/kg）和黑龙江（34.9mg/kg），其他省（自治区、直辖市）平均含量分布在 17~31mg/kg。石灰岩发育的各种土壤，含铜量较高。在富含有机质的土壤表层有铜富集的现象。成土母质对铜的含量也有较明显的影响。例如，红壤的含铜量以玄武岩和石灰岩发育的最高，分别为 304mg/kg 和 105mg/kg，而砂页岩和花岗岩发育的最低，分别为 17mg/kg 和 20mg/kg。

综上所述，我国土壤普遍缺氮，大部分缺磷，半数缺钾，局部缺少中、微量元素。

复习思考题

1. 哪些土壤条件影响根系的生长发育？根际土壤有什么特点？
2. 请举例说明氮素和营养胁迫对根际酸碱度的影响。
3. 什么是根系特定分泌物？试论述其在植物营养上的作用。
4. 请论述根际微生物对土壤养分有效化的影响。
5. 土壤养分有哪些类型？它们是如何相互转化的？
6. 通气条件和土壤反应为什么会影响土壤养分的转化？
7. 简述我国土壤氮、磷、钾元素的分布特点。
8. 请举例说明成土母质和土壤类型对土壤微量元素含量的影响。

本章可供参考书目

肥料学．毛知耘．中国农业出版社，1997

植物营养与肥料．浙江农业大学．农业出版社，1991

植物营养学原理．孙羲．中国农业出版社，1997

第3章 肥料资源与利用

【本章提要】 在农业生产中，肥料是主要的投入物质，是一种重要的农业生产资料。本章分别介绍肥料资源的种类与利用。从总体上看，肥料资源可分为化学肥料资源和有机肥料资源两类。化学肥料资源包括大量元素肥料资源和中微量元素肥料资源，主要是为肥料工业生产提供原料；有机肥料资源包括可作为肥料的各种动、植物残体，生活废弃物和绿肥等。我国应加强技术创新，扩大肥料资源，改进肥料资源的开发、利用和管理，克服肥料资源不足的有关问题。

3.1 大量元素肥料资源与利用

3.1.1 大量元素肥料的生产、应用与资源概况

由物理或化学方法制成，养分形态为无机化合物的肥料称为化学肥料（简称"化肥"）。此外，有些有机化合物，如硫氰氨化钙、尿素等，习惯上也称为化肥。根据作物生长所需的营养元素，化肥可分为氮肥、磷肥、钾肥、钙肥、镁肥、硫肥、微量元素肥料、复合肥料、农用盐等。N、P、K三要素占化肥施用量绝大部分，我国2001年化肥的施用总量为 $4\,253.8 \times 10^4$ t（折纯，下同），其中，氮肥 $2\,164.1 \times 10^4$ t，磷肥 705.7×10^4 t，钾肥 399.6×10^4 t，合计占总施肥量的80%左右。

我国施用的化肥由国产和进口两部分构成。我国的化肥生产起始于20世纪40年代，1949年我国化肥产量仅 0.6×10^4 t，只有 $(NH_4)_2SO_4$ 一个品种；20世纪60年代中期，我国开始发展以碳酸氢铵为主的小化肥厂，产量逾 100×10^4 t，至1979年，已超过 $1\,000 \times 10^4$ t，以氮肥为主；同时，磷肥工业开始发展，但钾肥占化肥总量比例始终很小。从国产化肥的品种构成看，总体上以低浓度、单元化肥为主；从生产量和施用量看，2000年我国化肥总产量居世界第二，氮肥总产量位居世界第一，所生产的肥料供不应求，需要从国外进口大量的肥料。由图3-1可见，自1951年起，我国开始进口少量的化肥，其数量逐年增加；20世纪70~80年代，每年进口化肥约 100×10^4 t，主要品种是氮肥，只有少量的磷、钾肥；20世纪80年代以后，进口磷、钾肥及复合肥的比例有了明显的提高；进入90年代，磷、钾肥进口量猛增，对弥补国产磷、钾肥不足，调整养分投入中磷钾比例起到重要作用。1990~1995年，我国进口化肥 $4\,092.4 \times 10^4$ t，占我国同

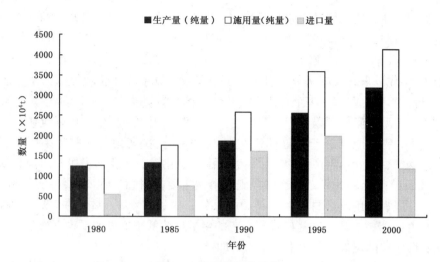

图 3-1 我国化肥供需情况

期化肥用量（国产加进口）$10\,812.7 \times 10^4 t$ 的 27.8%。

人们可以根据作物营养的需要，确定化肥施用的数量，不断地向农业生产投入农作物必需的养分，供给植物营养。我国人口众多，人均耕地极少，必须大幅度提高单位面积的作物产量才能满足人们对农产品日益增长的需要。可以预见，今后我国的化肥施用量还将会不断增加。

肥料资源是指生产肥料所需的原料和矿产品。制造氮肥的基本原料是空气中的 N_2，空气中的含氮量高达 79%，储十分丰富。合成氨是氮肥工业之母，合成氨的能量来源主要是煤和天然气。在我国，以煤和焦炭为主，约占合成氨总产量的 60% 以上；其次是天然气，占 18% 左右；此外，还有少量的轻油，占合成氨的 9%。我国煤炭资源十分丰富，仅无烟煤产量就达 $750 \times 10^8 t$。天然气产量一般，集中在川东南和西北少数地区，但却是最理想的氮肥能源。但我国磷矿资源非常丰富，磷矿石储量 $158 \times 10^8 t$，远景储量 $340 \times 10^8 t$，居世界第四位，分布于全国 26 个省（市、自治区），主要分布在湖北、云南、贵州、湖南、四川五省，储量占全国总储量 85% 以上，但总体品位较低，93.2% 的储量为中、低品位磷矿石，而且难选矿石超过总量的 60%，很难生产出高浓度磷肥。含钾矿物是制造钾肥的主要原料，我国钾矿资源相当贫乏，初步探明的可溶性钾盐矿（包括含钾盐湖卤水）储量 $2.21 \times 10^8 t$（折 K_2O $1.3 \times 10^8 t$），主要是 KCl，且中、低品位的钾矿占绝大多数，难于开发利用。

生产氮肥能耗高，受制于能源供应；生产磷、钾肥的需要矿源，它们是不可再生的资源，而我国钾矿资源十分紧缺。因此，必须珍惜我国的肥料资源。

3.1.2 氮肥资源与利用

氮是蛋白质的组成成分，对农作物生长发育和产量形成有举足轻重的作用，施用氮肥是农业生产中提高产量、改善品质的一项重要措施。根据联合国粮农组织分析，世界粮食增产量有 50% 是增施化肥的结果，氮肥占施肥总量的 50% 以上。我国每年施用氮肥逾 $2\,000 \times 10^4 t$,居世界第一位。在施用合理的情况下,每千克标准氮肥(含氮20%的硫铵)可增产粮谷 3~5kg,经济效益十分显著。

氮肥生产是我国化肥工业的重点,氮肥产量占化肥总产量的绝大部分。20世纪70年代以来,我国从国外引进了17套年产 30×10^4 t 合成氨的大型氮肥装置,自行设计建成了50多个日产2 000t合成氨的中型氮肥厂和1 300多个小氮肥厂,大、中型氮肥厂则以生产尿素为主,地方小氮肥厂主要生产碳酸氢铵,少量生产氨水,占合成氨总产量的50%左右。此外,全国各地有一些化工厂副产硝酸铵,钢铁、煤气厂副产硫酸铵,制碱厂副产氯化铵。在我国,尿素的国产率达到57%,硝铵为84%,氮磷钾复合肥和磷铵主要靠进口。在不同氮肥品种的消耗量中,尿素占用氮量的45%,碳铵占46%,硝铵占4%,磷铵占3%,氮磷钾复合肥占0.09%。磷铵和氮磷钾复合肥的用量显著低于世界的平均百分率,大量施用碳酸氢铵的现象在世界上也是少有的。

在国外的氮肥生产中,含氮量高的品种(如尿素、液氨等)正逐渐代替过去那些含氮量较低、带有副成分的品种,并研制出养分释放缓慢、持续供肥的长效氮肥。在我国,也正在研制和生产各种新型氮肥。

氮肥的品种很多,一般是在合成氨(NH_3)的基础上,再进一步合成其他含氮化合物。主要化学反应如下:

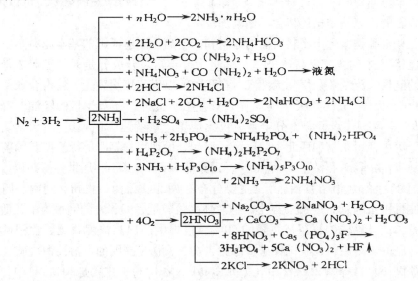

3.1.2.1 氨(NH_3)

大多数氮肥生产的基础是合成氨,除了现已不常用的石灰氮外,几乎所有的氮肥都以氨为原料。氨还是染料、合成橡胶、树脂、合成纤维和医药工业的重要原料。德国化学家 Fritz Haber 和 Carl Bosch (1908) 首先将 NH_3 的合成应用于工业生产。世界上第一个小型 NH_3 合成厂于1911年建成,在第一次世界大战后,合成氨工业得到迅速发展,为世界农业生产提供了大量的氮肥。

合成氨的生产包括制气、净化、压缩和氨的合成等过程。生产合成氨的原料为氮气和氢气，或是两者的混合气体。氮气来源于空气，氢气来源于含有碳或碳氢化合物的各种燃料，如焦碳、煤、天然气、轻油和重油等，在高温下它们与水蒸气反应获得，也可以直接裂解焦炉气或天然气获得。由于原料气中的 CO、CO_2 和硫化物等对氨合成的催化剂有毒害作用，并腐蚀设备，所以必须除去。净化后的原料气经压缩，在高温、高压和催化剂的存在下进行氨的合成。

氨合成所用的催化剂一般为熔铁催化剂，最主要的原料为磁铁矿，并以氧化铝和氧化钾等为促进剂。为了提高催化剂的活性，往往还添加稀土（如氧化铈、氧化镧或氧化钇等）或氧化钴。

在美国、澳大利亚及西欧一些国家，氨直接施用于土壤，如美国大约有 40% 以上的合成氨直接用作肥料。但在世界其他大多数国家或地区，合成氨多数被用作氮肥工业的原料，仅有极少部分的合成氨直接作为肥料使用。

3.1.2.2 硝酸铵（NH_4NO_3）

硝酸铵是第一种固态氮肥，生产规模曾经也是最大的。第二次世界大战后，硝酸铵由用于军工生产转化为农业肥料的生产。

首先，将气态氨与稀硝酸进行中和反应，制得硝酸铵溶液；然后，将溶液蒸发，浓缩结晶，得到硝酸铵成品。工业上一般采用常压法生产硝酸铵，气氨与浓度为 40%~50% 的稀硝酸在 0.11~0.12kPa 压力下进行中和反应。反应分两步进行，先是气氨与水反应生成 NH_4OH，然后 NH_4OH 再与 HNO_3 作用生成 NH_4NO_3。即

$$NH_3 + H_2O \rightarrow NH_4OH$$

$$NH_4OH + HNO_3 \rightarrow NH_4NO_3 + H_2O$$

上述两个反应都是放热反应，生成的热量用于硝酸铵溶液的蒸发浓缩。在生产上，硝酸铵溶液的浓缩一般采用真空蒸发工艺，浓缩后的硝酸铵溶液采用真空结晶器制成粉末状产品，在造粒塔中制成颗粒状结晶成品。农用硝酸铵的质量标准见表 3-1。

表 3-1　硝酸铵的国家标准（GB2467-1981）　　　　%

结晶状硝酸铵指标	工业级		农业级		
	优等品	一等品	优等品	一级品	合格品
硝酸铵含量（以干基计）	≥99.5	≥99.5	—	—	—
总氮含量（以干基计）	—	—	≥34.6	≥34.6	≥34.6
游离水含量	≥0.3	≥0.5	≥0.3	≥0.5	≥0.7
酸度	甲基橙指示剂不显红色				
灼烧残渣	≤0.05	≤0.05	—	—	—

3.1.2.3 尿素 [$CO(NH_2)_2$]

尿素是目前及今后我国主要的氮肥品种，它的含氮量高，物理性质好，对作

物和土壤无不良影响。尿素的商业化生产始于20世纪初期，化学名称为碳酰二胺，肥料中尿素含氮46.0%，其质量标准参见表3-2。

表3-2 尿素产品质量标准（GB2440-2448-1981） %

指标名称	工业用		农业用	
	一级品	二级品	一级品	二级品
颜色	白	白	白或浅红	白或浅红
含氮（干重计）	>46.3	>46.3	>46.0	>46.0
缩二脲含量	≤0.5	≤1.0	≤1.0	≤1.8
水分含量	≤0.5	≤1.0	≤0.5	≤1.0
铁（Fe）含量	≤0.0005	≤0.001	—	—
碱度（以 NH_3 表示）	≤0.015	≤0.03	—	—
水不溶物含量	≤0.01	≤0.04	—	—
粒度（0.08~2.5mm）	≥90.0	≥90.0	≥90.0	≥90.0

尿素合成所需要的原料为氨和二氧化碳，两者都是合成氨的主要副产品。在制造尿素的原料中，要求氨的纯度 >99.5%（质量），油 <10mg/kg，水及惰性物质 <0.5%（质量）；二氧化碳 >99.5%，硫化物含量 <15mg/cm^3。

以氨与二氧化碳为原料制取尿素的总反应为：

$$NH_3（液）+ CO_2（气）= CO(NH_2)_2 + H_2O + Q$$

目前认为，上述反应在液相中分两步进行。第一步，NH_3 与 CO_2 反应生成氨基甲酸铵：

$$2NH_3 + CO_2 = NH_2COONH_4 + Q$$

这是一个放热的可逆反应，反应速度极快，几乎是瞬时反应，很快达到化学平衡，氨基甲酸铵的获得率较高。然后，氨基甲酸铵脱水，生成尿素：

$$NH_2COONH_4 = CO(NH_2)_2 + H_2O - Q$$

这是一个吸热的可逆反应，但吸热量不多，反应速度较慢，需要较长的时间才能达到平衡，它是尿素合成过程中的控制反应，而且必须在液相中进行。

3.1.2.4 碳酸氢铵（NH_4HCO_3）

碳酸氢铵简称碳铵，目前在我国化肥生产中仍占有重要地位。与其他固体氮肥相比，生产过程简单、基建投资少、建厂快、成本低，适合县级小化肥厂生产。但是，碳酸氢铵的含氮量低，容易分解、挥发、结块，肥效较低，今后必将被高效、化学性质稳定的氮肥品种所取代。

生产碳酸氢铵的原料为气氨（NH_3≥99.8%）和二氧化碳气（30%~70%）。反应过程分为三步，首先，水吸收气氨形成浓氨水：

$$NH_3 + H_2O \rightarrow NH_4OH + Q$$

接着，浓氨水与 CO_2 反应生成 $(NH_4)_2CO_3$：

$$2NH_4OH + CO_2 \rightarrow (NH_4)_2CO_3 + H_2O + Q$$

最后,碳酸铵进一步吸收 CO_2 形成 NH_4HCO_3:

$$2(NH_4)_2CO_3 + CO_2 + H_2O \rightarrow 2NH_4HCO_3 + Q$$

为了提高碳酸氢铵的肥效,有些厂家在制造过程(如氨水或母液)中加入硝化抑制剂双氰胺(DCD),加入量为碳酸氢铵量的 0.4%,达到抑制硝化作用,提高氮素利用率的目的。工业上制得的碳酸氢铵一般有干、湿 2 种产品。具体的技术指标见表 3-3。

表 3-3 碳酸氢铵产品的质量标准(部颁标准,1966)

指标标准	干碳酸氢铵	湿碳酸氢铵	
		一级品	二级品
含氮量(以湿基计)	≥17.50	≥16.80	≥16.5
水分含量	≤0.50	≤5.00	≤6.50

3.1.2.5 硫酸铵 $[(NH_4)_2SO_4]$

硫酸铵简称硫铵,是国内外生产和施用最早的化肥之一,通常以它作为标准氮肥。由于工业生产需要消耗大量的硫酸,以及硫酸铵本身含氮量较低,现在生产的硫酸铵大多是炼焦、钢铁、石油炼制工业的副产品。

硫酸铵的生产方法有焦炉气氨回收法、中和法和石膏法,以及各种副产硫酸铵的方法。焦炉气氨回收制硫酸铵目前广泛采用半直接法。其过程是将焦炉气冷却,分离焦油与水。因水中含有一部分氨,所以为粗氨水。用蒸汽将粗氨水加热至100℃,水中的氨成为气体逸出。由于在蒸馏过程中加入了一部分石灰,使粗氨水中的铵盐也分解而放出 NH_3,将逸出的氨气合并冷却,然后用硫酸吸收成为硫酸铵并形成晶体,再通过离心分离和干燥过程即制得成品硫酸铵。直接中和法是在100℃的条件下,将气氨与浓度为75%左右的稀硫酸进行中和反应而得到硫酸铵溶液,利用反应热可将 $(NH_4)_2SO_4$ 溶液浓缩,然后通过结晶分离、干燥,得到成品硫酸铵。石膏法是先将气氨引入水中吸收,然后在碳化塔中与二氧化碳制成高浓度碳酸铵 $[(NH_4)_2CO_3]$,接着在 50~60℃ 的条件下,将石膏粉加入到 $(NH_4)_2CO_3$ 水溶液中,搅拌反应 6~8h,生产出硫酸铵和碳酸钙,过滤溶液除去碳酸钙,滤液为硫酸铵溶液,最后用高温蒸汽加热浓缩、结晶、干燥,即制得成品硫酸铵。此外,在很多化学产品生产过程中,副产硫酸铵的方法很多,这里不逐一叙述。农用硫酸铵的质量标准见表 3-4。

3.1.2.6 氯化铵 (NH_4Cl)

氯化铵简称氯铵,是联合制碱工业的副产品,含氮24%~25%。生产氯化铵所用的原料易得,价格低廉,生产工艺简单。反应如下:

$$NH_3 + CO_2 + NaCl + H_2O \rightarrow NaHCO_3 + NH_4Cl$$

表 3-4 硫酸铵的质量标准（GB535-1983） %

指标名称	一级品	二级品
氮含量（以干基计）	≥21.0	≥20.8
水分（H_2O）含量	≤0.5	≤1.0
游离硫酸含量	≤0.08	≤0.20

目前，农用氯化铵作为氮肥施用，原因是作为联合制碱工业的副产品，价格低廉，一般不专门制造。其生产质量标准见表 3-5。

表 3-5 氯化铵质量标准（GB2946-1982） %

指标名称	农用品	工业品	
		一级品	二级品
NH_4Cl 含量		>99.5	>99.0
NaCl 含量	≤2.5	≤0.2	≤0.5
碳酸盐及重碳酸盐（NH_4HCO_3 计）含量		≤0.005	≤0.05
铁含量		<0.002	<0.005
重金属（以 Pb 计）		≤0.0005	≤0.0015
水不溶物含量		≤0.01	≤0.02
硫酸盐（以SO_4^{2-}计）含量		≤0.002	
pH 值		4.5~6.0	5.0~6.0
含氮量	≥25.3		
水分含量	≤1.0	≤1.0	≤1.5

3.1.2.7 缓释性氮肥

目前，普遍施用的化学氮肥几乎都是速效性的。由于作物不能在短时间内全部吸收利用，以致常有大量的氮素损失。如果用量较大，往往造成作物徒长，甚至烧苗；用量不足又难以满足作物整个生长期的需要，出现后期脱肥或需要多次施肥，花费劳力较多。为此，国内外都在研制长效肥料，我国自 1970 年开始进行研究，目前已取得进展。

长效氮肥具有难溶于水或难于被微生物分解的性质，在土壤中可缓慢释放，因此也称缓效性氮肥、控释氮肥或控效氮肥。长效氮肥具有很多优点：①减少氮素的淋失、挥发、固定及反硝化作用所引起的损失；②满足作物整个生育期所要求的氮素供应；③在大量施肥时，不引起烧苗现象，故可以减少施肥次数，节省劳力。但是，长效氮肥的养分比例和释放速率是固定的，难于满足不同作物、不同生育阶段的营养需要，这就大大地限制了长效氮肥的应用。目前，常用的长效氮肥主要有尿素甲醛（代号 UF）、脲异丁醛（代号 IBDU）、硫衣尿素（代号 SCU）、钙镁磷肥包被碳酸氢铵等。

3.1.3 磷肥资源与利用

磷是植物营养的三要素之一,磷矿是重要的肥料资源和化工原料矿物。目前,约90%的磷矿用于制造磷肥,4%作为饲料添加剂,其余6%用于制造洗涤剂和金属表面的处理剂。在世界上,生产磷矿石的国家约34个,主要生产国为美国、俄罗斯、摩洛哥等。据报道,在未来肥料生产方面,磷(以P_2O_5计)的增长率将继续保持在3%左右。我国拥有世界磷矿资源的8.3%,占有率位居世界第三,磷矿和磷肥产量居世界第二,与美国、摩洛哥、俄罗斯同属磷供应大国。我国磷矿资源的主要问题是在地域上分布不均匀,主要集中在南方,尤其是西南,磷矿品位差,含磷量低,副成分多(表3-6)。同时,我国又是世界上最大的磷肥进口国之一,磷肥消费量位居世界第一,占世界总消费量的29.7%。

表3-6 我国部分磷矿石含磷量   %

磷矿产地	全磷(P_2O_5)	2%柠檬酸溶性磷
江苏锦屏	35.78	1.21
湖南石门	32.48	1.68
内蒙古单资	39.65	2.97
贵州遵义	38.66	4.68
湖北荆州	39.94	4.88
四川什邡	36.51	5.42
河南信阳	25.52	4.41
广西玉林	29.09	5.61
云南昆明	38.10	7.96
湖南沅陵	19.89	4.43
贵州开阳	35.98	8.41
四川峨嵋	29.10	7.12
安徽凤台	22.40	5.62

我国磷肥工业虽然有了很大发展,但磷肥的产量与质量还远不能满足农业生产的需要。在我国,约70%的耕地缺磷或严重缺磷,需要补施含磷肥料。所以,磷肥供求矛盾十分突出。从磷肥品种结构看,在世界磷肥产品中,以高浓度磷肥为主,约占80%。但是,在我国低浓度的磷肥品种占90%以上,高浓度的磷肥不足5%。我国这种低浓度磷肥为主的现状不利于磷肥的运输和施用。目前,我国磷肥生产的主要问题:品种较少,数量不足,浓度很低,质量较差。今后我国磷肥生产和施用的发展主要思路:增加数量,保证质量,提高浓度,粗细搭配,合理施用。考虑到我国磷矿资源大多分布在云南、贵州、四川、湖北等西部地区,为了减少南磷北运、西磷东输的状况,在磷矿产区兴建一批高浓度磷肥生产厂,生产磷铵、重钙、硝酸磷肥等高浓度的磷肥很有必要,同时这也可为高浓度

复合肥的生产提供基本原料。对于原有的普钙、钙镁磷肥厂仍然可以继续存在。这是因为：①小磷肥厂可以利用当地中、低品位磷矿，就地生产、就地施用；②普钙、钙镁磷中含有相当数量的钙、镁、硫、硅等作物所需的中量营养元素，例如，在钙镁磷肥中，除了含 P_2O_5 12%~20%之外，还含有 CaO 25%~40%，MgO 3%~20%，SiO_2 20%~35%。经过烧制后，钙、镁、硅有效性提高。不少试验表明，在酸性红黄壤区，钙镁磷肥的肥效超过了等磷量的普钙或其他含磷肥料（如磷铵、重过磷酸钙等）。过磷酸钙中的钙和硫对于酸性缺钙、缺硫土壤增产效果显著。由此可见，今后我国磷肥生产仍应实行大中小并举，小型厂在着重生产过磷酸钙和钙镁磷肥时，要减少能耗、提高质量，可以考虑生产一些氨化过磷酸钙，以增加养分，改善其理化性质。大型生产厂应生产高浓度的磷肥，并重点供应边远山区和北方缺磷的地区。

此外，作物残茬及动物粪便是有机磷肥资源，有效性高，但含磷量低（<0.25%）。近年来，一些有机肥料工厂相继建立，加工利用有机物质、有机磷肥的生产逐渐趋向于工业化。

3.1.3.1 过磷酸钙

过磷酸钙是世界上最早实现工业化生产的化肥品种，过磷酸钙的生产曾居于磷肥生产的主导地位，其产量（按 P_2O_5 计）曾占世界磷肥总产量的60%以上。20世纪70年代，世界过磷酸钙的年产量近百万吨，达到历史最高水平，后来因为生产高养分含量的磷肥，过磷酸钙在磷肥总产量中的比重渐趋下降。但是，过磷酸钙仍占我国目前磷肥总产量的70%以上。

过磷酸钙生产工艺简单，投资少，产品适用于各种作物和土壤。其缺点是有效成分含量不高，但对于土壤既缺磷又缺硫的地区，过磷酸钙仍不失为适宜的化肥品种。

在过磷酸钙生产中，用硫酸将磷矿中的 $Ca_5(PO_4)_3F$ 大部分转化为可溶性的 $Ca(H_2PO_4)_2$，少量转化为游离 H_3PO_4 和 $CaHPO_4$。硫酸分解磷矿粉的主要化学反应分2个阶段：一是硫酸分解磷矿粉生成磷酸和半水硫酸钙：

$$Ca_5(PO_4)_3F + 5H_2SO_4 + 2.5H_2O \rightarrow 3H_3PO_4 + 5CaSO_4 + 0.5H_2O + HF\uparrow$$

这一阶段的反应速度很快，只需0.5 h或更短的时间，在混合器和化成反应的前期完成。

磷矿被硫酸分解之后，进入第二个反应阶段，部分未完全分解的磷矿同磷酸作用，生成磷酸一钙：

$$Ca_5(PO_4)_3F + 7H_3PO_4 + 5H_2O \longrightarrow 5Ca(H_2PO_4)_2 \cdot H_2O + HF\uparrow$$

所以，硫酸分解氟磷灰石的总反应为

$$2Ca_5(PO_4)_3F + 7H_2SO_4 + 6.5H_2O \rightarrow 3Ca(H_2PO_4)_2 \cdot H_2O + 7CaSO_4 \cdot 0.5H_2O + 2HF\uparrow$$

第二阶段的反应在料浆固化后开始，在颗粒间包藏的液相与固体矿粉颗粒之间进行。由于磷酸的酸性较硫酸弱，分解能力比硫酸小，故第二阶段反应较慢，需要几天到十几天的时间。

过磷酸钙属水溶性磷肥。商品过磷酸钙含有 3.5%～5.5% 游离酸（按 P_2O_5 计），故呈微酸性，pH 值在 3 左右。如用氨中和游离酸，产品称氨化过磷酸钙。将过磷酸钙加热至 120℃ 以上，其中的一水磷酸二氢钙便失去结晶水而成为无水磷酸二氢钙，使水溶性磷的含量逐渐减少；若继续加热到 150℃，无水磷酸二氢钙转变为焦磷酸氢钙（$CaH_2P_2O_7$）随即失去肥效；温度升至 270℃ 以上，焦磷酸氢钙转变为枸溶性（弱酸溶性）的偏磷酸钙 [$Ca_5(PO_4)_3F$]。因此，在生产粒状过磷酸钙时，必须控制干燥过程的物料温度。过磷酸钙的质量标准见表 3-7。

表 3-7　过磷酸钙的质量标准（HG2740-1995）　　　　　　　　%

指标名称	特级品	一级品	二级品		三级品		四级品	
			A	B	A	B	A	B
有效 P_2O_5 含量	≥20.0	≥18.0	≥17.0	≥16.0	≥15.0	≥14.0	≥13.0	≥12.0
游离酸（P_2O_5 计）含量	≤3.5	≤5.0	≤5.5	≤5.5	≤5.5	≤5.5	≤5.5	≤5.5
水分含量	≤8.0	≤12.0	≤14.0	≤14.0	≤14.0	≤14.0	≤14.0	≤14.0
外观			深灰色、灰白色、淡黄色等疏松粉状物					

3.1.3.2　重过磷酸钙和富过磷酸钙

重过磷酸钙是用磷酸分解磷矿制得的磷肥，是一种重要的、含磷量较高的磷肥品种，占世界磷肥总产量的 11%～15%，生产重过磷酸钙和富过磷酸钙非常适用于硫资源缺乏的国家。富过磷酸钙则是用磷酸与硫酸的混合酸分解磷矿制得的磷肥。2 种磷肥的主要成分都是一水磷酸二氢钙 [$Ca(H_2PO_4)_2·H_2O$]，富过磷酸钙还含有 $CaSO_4$。重过磷酸钙 P_2O_5 含量通常为 40%～52%，富过磷酸钙有效磷（P_2O_5）一般在 30% 左右。在国外，还生产一种高浓度过磷酸钙（无水过磷酸钙或高浓度重过磷酸钙），用含磷（P_2O_5）75%～76% 的过磷酸制成，产品主要为无水磷酸一钙，含有效磷（P_2O_5）54%，主要用于混合肥料的生产。

我国从 20 世纪 50 年代末开始研究重过磷酸钙的生产方法，开发出稀酸返料固化法制造重过磷酸钙的工艺流程。有的厂家利用过磷酸钙或重过磷酸钙装置稍加调整后，改产富过磷酸钙。

根据所用磷酸原料的来源，重过磷酸钙的生产方法可分为湿法与热法 2 种。前者以湿法磷酸分解磷矿，后者用热法磷酸分解磷矿。两者的主要化学反应相同，可用下列反应式表示：

$$Ca_5F(PO_4)_3 + 7H_3PO_4 + 5H_2O \rightarrow 5Ca(H_2PO_4)_2·H_2O + HF\uparrow$$

反应生成的 HF 与磷矿中的 SiO_2 或磷酸盐作用生成 SiF_4 气体：

$$4HF + SiO_2 \rightarrow SiF_4\uparrow + 2H_2O$$

SiF_4 一部分随水蒸气排出，另一部分生成氟硅酸盐留在反应后的料浆中：

$$3SiF_4 + 2H_2O \rightarrow 2H_2SiF_6 + SiO_2$$

磷矿中的碳酸盐等杂质也与磷酸反应，生成磷酸一钙和 CO_2：

$$CaCO_3 + 2H_3PO_4 \rightarrow Ca(H_2PO_4)_2 \cdot H_2O + CO_2 \uparrow$$

因此，磷矿中适量的碳酸盐有利于料浆疏松多孔，使物理性质得到改善。

制造富过磷酸钙的化学原理与制造过磷酸钙相同，但在制造富过磷酸钙时加入了一定量的磷酸。其主要化学反应分两步，一是硫酸与磷矿反应生成磷酸和半水硫酸钙：

$$Ca_5(PO_4)_3F + 5H_2SO_4 + 2.5H_2O \rightarrow 3H_3PO_4 + 5CaSO_4 \cdot 0.5H_2O + HF \uparrow$$

该反应是放热反应，随着反应的进行，料浆温度迅速上升，半水硫酸钙结晶转变为无水硫酸钙。

然后，加入的磷酸和第一个反应的产物继续作用，生成磷酸一钙：

$$Ca_5(PO_4)_3F + 7H_3PO_4 + 5H_2O \rightarrow 5Ca(H_2PO_4)_2 \cdot H_2O + HF$$

所以，制取富过磷酸钙的总反应式为：

$$3Ca_5(PO_4)_3F + 7H_2SO_4 + 7H_3PO_4 + 8H_2O \rightarrow 8Ca(H_2PO_4)_2 \cdot H_2O + 7CaSO_4 + 3HF$$

第一阶段反应较快，在反应器和化成室中完成。第二阶段反应速度缓慢，在熟化过程中完成。生成的 $Ca(H_2PO_4)_2 \cdot H_2O$ 开始溶解在溶液中，当溶液中 $Ca(H_2PO_4)_2 \cdot H_2O$ 饱和时，便结晶析出。

3.1.3.3 钙镁磷肥

钙镁磷肥是采用高温煅烧含磷矿物制成的磷肥，与脱氟磷肥和钢渣磷肥一样属于热法磷肥。磷矿石与含镁硅矿石经高温熔融后水淬、干燥、磨细便制成钙镁磷肥，主要成分为钙镁磷酸盐和硅酸盐（表3-8）。

表3-8　钙镁磷肥专业标准（HG2557-1994）　　　　　%

指标名称	指标				
	特级品	一级品	二级品	三级品	四级品
有效 P_2O_5 含量	≥20.0	≥18.0	≥16.0	≥14.0	≥12.0
水分含量	≤0.5	≤0.5	≤0.5	≤0.5	≤0.5
碱含量（以 CaO 计）	≥40				
可溶性硅含量（SiO_2）	≥20				
有效镁含量（MgO）	≥12				
细度（通过250μm 标准筛）	≥80	≥80	≥80	≥80	≥80

由于钙镁磷肥可利用品位不高的磷矿，原料的适应性广，生产技术简单，在我国发展较快。目前，我国钙镁磷肥的产量占磷肥总产量的1/4，仅次于过磷酸钙而居第二位。在世界钙镁磷肥产量中，我国名列第一。

3.1.3.4 其他磷肥

其他磷肥还有钢渣磷肥、脱氟磷肥和磷矿粉等。钢渣磷肥是炼钢工业的副产品；在高温条件下，磷矿石通入水蒸气，除去矿石中的氟，制得脱氟磷肥；磷矿经直接磨细后制成磷矿粉。目前，这3种磷肥的生产不多，施用很少。

3.1.4 钾肥资源与利用

钾是作物营养的三要素之一,作物需钾量与氮相当或者更多。与土壤有效氮、磷相比,我国农业土壤中有效钾含量相对丰富,原来缺钾问题不很突出,但随着农业生产的发展,作物产量提高,养分带走量增加,归还到土壤中的养分锐减,传统农家肥和草木灰施用量减少,氮、磷化肥施用增加,造成养分失调,出现不同程度的缺钾。因此,在我国的农业生产中施用钾肥愈来愈重要。

1838年Sprengel确定钾是植物的必需元素后,1839年施塔斯富特发现了钾盐沉积矿床,1861年德国首先建立了世界上第一座氯化钾生产厂。在世界上,俄罗斯、加拿大、德国、法国、美国和以色列是6个主要钾肥生产国,其产量占世界总产量的93%。其中,以加拿大的萨斯喀彻温为最大,约占总资源的2/3。我国已探明的可溶性钾矿工业储量约1×10^8t。由于受到资源条件的限制,我国钾肥生产发展较慢。1957年在青海柴达木盆地发现了卤水中钾含量较高,储量较丰富的察尔汗盐湖,它是我国目前已发现的最大的钾矿资源。在世界各国生产的含钾化合物中,约95%用作钾肥。

人们最早利用的钾肥是草木灰,其主要成分是碳酸钾。后来氯化钾成为钾肥的主要品种,因为许多钾矿资源都是含氯化钾的复盐。目前,生产的无机钾盐类有氯化钾、硫酸钾、硝酸钾和碳酸钾等,统称为钾碱(potash)。世界钾碱资源比较丰富。

目前,我国钾肥工业尚处于继续寻找资源和利用现有资源进行工业开发的初始阶段。与世界其他国家相比,我国钾肥资源相当贫乏。我国钾资源98%以上分布于西北地区,青海占有我国氯化钾储量的93%。青海察尔汗盐湖是仅次于美国大盐湖的世界第二大盐湖,钾矿储量有2×10^8t多,主要是氯化钾。青海盐湖工业集团公司现年产钾肥能力50×10^4t以上,并有望近期内可提高到$100 \times 10^4 \sim 150 \times 10^4$t。近年来,在罗布泊发现了更大的钾矿资源,而且多为硫酸钾,储量达约3×10^8t。目前,在建的罗布泊钾肥基地将成为中国第一钾肥基地。预计2004年年产能力将达到20×10^4t以上,2007年和2010年将分别达到120×10^4t和220×10^4t。此外,在山东,我国已经初步能利用海水提取制造钾肥。

我国可溶性固体钾盐矿极少,仅于1963年在云南思茅发现了第一个小型可溶性钾盐矿,氯化钾储量折合氧化钾约$1\,000 \times 10^4$t。

我国井盐卤水资源以四川自贡最多,利用制盐剩下的含钾苦卤生产一部分氯化钾副产品。用以制取氯化钾的黄卤含氯化钾$0.720 \sim 1.277$g/L,黑卤含氯化钾4.977g/L。在生产过程中,首先使卤水蒸发制取食盐,然后将制盐剩余的母液冷却,得到混合盐的沉淀物(旦巴)和氯化钾、氯化钠、硼酸的饱和溶液(旦水)。进一步加工旦水,除去其中含量较高的钙、镁,即得氯化钾和粗硼酸。如果进行综合利用还可以制得碘、溴、氢氧化镁、碳酸锂、氯化钡等化工产品。井盐卤水中的氯化钾含量较低,在加工制作氯化钾时耗能较高,也许这就是井盐卤水未能实现规模生产氯化钾的主要原因。

海盐卤水（苦卤）是海滨晒盐后的母液，每生产1t食盐，约得副产0.6~1.0m³的母液，由于其中含有味苦的$MgSO_4$，故称苦卤，在苦卤中，大约含有2%的氯化钾。从1×10^4t食盐的副产品——苦卤中，可以制得100t氯化钾。但是，由于海盐生产地区分散，苦卤不易集中，加之加工能耗大等原因，每年实际利用苦卤生产氯化钾的数量是很少的。

我国明矾矿石资源非常丰富，有18个省、108个县发现明矾石矿点，主要分布在浙江、安徽、福建三省，已探明的明矾石矿储量约3.2×10^8t，但中低品位矿石占绝大部分，难于作为钾矿生产钾肥。

综上所述，我国钾肥资源匮乏，钾肥生产量很低，大量依靠进口。今后除了加强我国钾肥资源的勘探利用、多生产一些钾肥外，还应当把钾肥优先用在最缺钾的地区、最喜钾的作物上，使有限的钾肥发挥更大的增产作用和取得更好的经济效益。同时，必须着重指出，解决我国钾素供应的基本途径应当放在活化土壤钾素和开发利用生物有机钾源上，在这方面是大有潜力的。

3.1.4.1 氯化钾（KCl）

钾矿的主要成分是氯化钾，加工简便，价格低廉，且氧化钾含量高于其他钾盐，是钾肥的主要品种，其产量约占钾肥总产量的95%。目前，90%以上的氯化钾可直接用作肥料，包括单独使用和与氮磷肥制成复（混）肥施用，另有一部分氯化钾被转化制成硫酸钾、硝酸钾或磷酸氢钾等无氯钾盐，用做工业原料或钾肥。氯化钾的消费量约4%用于工业原料。由于生产氯化钾的原料不同，其生产原理和方法也各异。

（1）以钾石盐为原料生产氯化钾

①溶解结晶法 溶解结晶法从钾石盐中制取氯化钾的生产原理是利用氯化钾和氯化钠在不同温度下，根据它们的溶解度大小不同而加以分离。氯化钾的溶解度随着温度上升迅速增加，氯化钠的溶解度随着温度上升变化不大。在氯化钾和氯化钠共存时，氯化钠的溶解度实际上随着温度的升高而略有降低（图3-2）。

溶解结晶法就是利用氯化钾、氯化钠的溶解度在不同温度下的差别，从钾矿中分离出氯化钾。在高温条件下，溶浸钾矿，冷却溶浸液，结晶分离出氯化钾。其工艺流程可分为四步：首先，破碎矿石，用已经加热的结晶氯化钾母液浸提，使矿石中的氯化钾进入溶液，氯化钠几乎全部残留在不溶性残渣中。然后，将高温浸提液中的食盐、黏土等残渣分离，并使之澄清。第三，冷却澄清

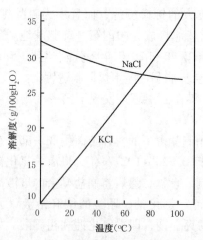

图3-2 在氯化钾和氯化钠共存时，二者的溶解度与温度的关系

的浸提液，结晶析出氯化钾。最后，将分离出氯化钾结晶，纯化，干燥，制成产品。母液加热后返回，用于浸提新的矿石。

②浮选法　在钾矿中，氯化钾和氯化钠的晶体表面能不同程度地被水润湿。在一般情况下，这种性能的差异不甚显著，但加入某种表面活性剂后，就能大大地改变其表面性质，扩大其表面润湿性的差异。在需要浮选出氯化钾时，可加入一种捕收剂（如脂肪胺），它能选择性地吸附在氯化钾晶体表面，增加其疏水性。当这种晶粒与矿浆中的空小气泡（加入起泡剂而形成的）相遇时，即能附着于小气泡上，形成泡沫而上升到矿浆表面。然后在浮选槽中将它刮出，再经过滤、洗涤、干燥即得氯化钾产品，但氯化钠不能附着于气泡上，留在矿浆中作为尾矿排出。

(2) 利用含钾盐湖卤水为原料生产氯化钾　这种工艺首先是生产盐田光卤石，以含钾盐湖卤水为原料通过盐田日晒，蒸发结晶出光卤石。目前，生产盐田光卤石的国家主要有以色列、约旦和中国。盐田光卤石是我国生产氯化钾的主要原料。盐田光卤石的化学组成见表 3-9。

表3-9　盐田光卤石矿化学组成　　　　　　　　　　　　　　　　%

项目	KCl	NaCl	$MgCl_2$	$CaSO_4$	水不溶物	游离水	$\dfrac{MgCl_2}{KCl}$
含量	>16	<26.25	<25.95	<0.5	<0.2	<2	<1.7

资料来源：何念祖，肥料制造与加工．上海科学技术出版社，1998。

用盐田光卤石生产氯化钾可概括为 2 个基本步骤。第一步是冷分解去除氯化镁，用清水或具有一定组成的循环母液溶解光卤石，使光卤石中的氯化镁全部溶解而得到含氯化钾和氯化钠的固体混合物，即人造钾石盐。第二步除去人造钾石盐中的氯化钠，得到氯化钾。氯化钠的去除方法有浮选法、结晶法、热溶结晶法、结晶浮选法几种，基本原理与一般钾矿为原料生产氯化钾所用的结晶法和浮选法相同。

(3) 以制盐卤水为原料生产氯化钾　我国在 20 世纪 30 年代末，开始利用四川井盐的卤水——黄卤和黑卤生产氯化钾。首先，蒸发卤水制取食盐，然后将制盐后的母液冷却，得到混合盐的沉淀物（旦巴）和氯化钾、氯化钠、H_3BO_3 的饱和溶液（旦水）。最后分别对旦巴、旦水进行加工，可以得到氯化钾和粗硼酸。

我国制定的氯化钾质量标准见表 3-10。

3.1.4.2　硫酸钾（K_2SO_4）

工业制取硫酸钾方法有多种，我国主要采用还原热解法，即综合利用明矾石制取钾肥。其主要原理是以明矾石为原料，与氯化物（食盐、苦卤）等混合，在高温炉中燃烧，通入水蒸气分解制取。其反应式为：

$$K_2SO_4 \cdot Al_2(SO_4)_3 \cdot 4Al(OH)_3 + 6NaCl \xrightarrow{600\sim700℃}$$
$$K_2SO_4 + 3Na_2SO_4 + 3Al_2O_3 + 6HCl + 3H_2O$$

表 3-10　中华人民共和国氯化钾国家标准（GB6549-1986）　　%

指标名称	指　　　标					
	工业用			农业用		
	优级品	一级品	二级品	一级品	二级品	三级品
外　观	白色细结晶			白色或微红色细结晶		
氯化钾含量≤	98.0	96.0	93.0	96.0	93.0	90.0
水分含量≤	2.0	2.0	2.0	2.0	2.0	2.0
水不溶物≤	0.1	0.2	0.4	—	—	—
氯化钠含量≤	1.2	2.0	3.0	—	—	—
钙含量≤	0.1	0.3	0.5	—	—	—
镁含量≤	0.05	0.2	0.3	—	—	—
SO_4^{2-} 含量≤	0.25	0.75	1.25	—	—	—

注：表中各项成分，除水分外，均以干基计。

我国浙江的温州化工厂采用此法进行明矾石综合利用生产钾肥。此外，硫酸钾的生产方法还有：①用氯化钾和硫酸铵复分解制硫酸钾；②用氯化钾与硫酸转化制硫酸钾；③用氯化钾与芒硝转化制取硫酸钾；④由无水钾镁矾制取硫酸钾；⑤用石膏制取硫酸钾等。其反应式如下：

$$2KCl + (NH_4)_2SO_4 \longrightarrow K_2SO_4 + 2NH_4Cl$$

$$2KCl + H_2SO_4 \longrightarrow K_2SO_4 + 2HCl$$

$$6HCl + 4Na_2SO_4 \longrightarrow 3K_2SO_4 \cdot Na_2SO_4 + 6NaCl$$

$$3K_2SO_4 \cdot Na_2SO_4 + 2KCl \longrightarrow 4K_2SO_4 + 2NaCl$$

$$K_2SO_4 \cdot 2MgSO_4 + 4KCl \xrightarrow[NH_3]{H_2O} 3K_2SO_4 + 2MgCl_2$$

$$CaSO_4 \cdot 2H_2O + 2KCl \longrightarrow K_2SO_4 \downarrow + CaCl_2 + 2H_2O$$

用杂卤石和盐湖卤水制硫酸钾的方法很多，请参见有关文献。硫酸钾的质量指标见表 3-11。

表 3-11　农用硫酸钾国家专业标准（ZB2734-1984）
（外观白色或带颜色的结晶或颗粒农用硫酸钾技术指标）　　%

指标名称	指　　标		
	优等品	一等品	合格品
氧化钾（K_2O）含量≥	50.0	45.0	33.0
氯（Cl）含量≤	1.5	2.5	
水分含量≤	1.0	3.0	5.0
游离酸（以 H_2SO_4 计）含量≤	0.5	3.0	
碱度（以 Na_2O 计）含量≤			1.0

3.1.4.3 其他钾肥

其他钾肥包括窑灰钾肥、草木灰等。在水泥生产过程中，用高温煅烧硅酸三钙、硅酸二钙和铁铝酸钙为主的水泥原料，以及辅料钾长石、云母类含钾矿物，使之结构破坏，所含的钾在1 100℃下挥发进入气相，同窑气中的二氧化碳、二氧化硫、氧气、水蒸气等反应生成碳酸钾、硫酸钾和氢氧化钾，这些含钾盐类随着气流进入非高温区冷凝于尾气中粉尘的表面，收集这些粉尘就成为窑灰钾肥。

植物残体燃烧后所剩下的灰分统称为草木灰，含钾（K_2O）5%~10%。长期以来，我国广大农村生活能源大多来自各种秸秆、树枝、落叶等，所产生的草木灰是一种重要的钾肥肥源。

3.2 中量元素肥料资源与利用

农业上，作为钙、镁、硫、硅肥施用的资源种类很多，数量丰富，有的包含在大量或微量元素肥料中（如过磷酸钙中的钙、镁、硫、硅），有的是工业副产品。

3.2.1 硅、钙肥资源

水溶性硅肥：主要有硅酸钠、硅酸、硅胶等，它们是通过煅烧而制成的灰白色粉状肥料，由于它也是其他工业原料，价格昂贵，故一般不是主要的硅肥品种，而用工厂废渣作硅肥。

废渣硅、钙肥资源：高炉炉渣、黄磷炉渣、钢渣、粉煤灰均可作为硅钙肥应用，是广辟肥源、降低成本、保护环境的重要途径。

石灰石（$CaCO_3$）、生石灰（CaO）、消石灰[$Ca(OH)_2$]都是含钙肥料。石灰石粉价格低廉，效果平稳持久，不易流失，已逐渐代替生石灰或消石灰作为肥料施用。石灰石经破碎、磨细、烘干，即制得石灰石粉。肥料用石灰石粉要求含CaO≥53%，全部通过1.4mm筛（表3-12），日本还规定含水量在1.0%以下。

表3-12 石灰肥料的质量指标

项 目	石灰石粉	生石灰	熟石灰
氧化钙(CaO)含量(%)	≥53	≥80~90	≥60
细度(通过1.4mm标准筛)	全部	—	—

含钙原料如石灰石、白云石、贝壳或螺壳加煤或焦碳，在窑中煅烧，可制得生石灰：

$$CaCO_3 \xrightarrow[1\,000 \sim 1\,200℃]{\Delta} CaO + CO_2 \uparrow$$

通常，石灰石烧制的生石灰含CaO 90%~96%，白云石烧制的镁石灰含CaO 55%~85%、MgO 10%~40%，螺壳灰含CaO 85%~95%，蚌壳灰含CaO 41%

左右。

石膏为含钙与硫的肥料,包括生石膏($CaSO_4 \cdot 2H_2O$)与熟石膏($CaSO_4$ 或 $CaSO_4 \cdot 0.5H_2O$)。生石膏为天然矿物,土粒密度(比重)2.320,熔点 1 360℃。生石膏通过加热,失去一部分结晶水,成为熟石膏,而熟石膏吸水后又可重新成为生石膏。农用石膏为生石膏,通过开采、破碎和粉碎等工艺过程制成。农用石膏要求 $CaSO_4$ 含量 >80%,细度全部通过 $250\mu m$ 标准筛。

3.2.2 镁肥资源

硫酸镁($MgSO_4 \cdot nH_2O$)因分子中的结晶水数量不同而含镁量有显著差异,农用硫酸镁可来自盐化工的副产品,或用硫酸处理含镁矿石制得,也有的来自天然的硫镁矾矿。

氢氧化镁[$Mg(OH)_2$]作为农用镁肥具有含镁量(MgO 69.1%)高、肥效稳长、不易淋失的优点,适宜于在缺镁的酸性土壤或微酸性土壤上施用。氢氧化镁可由含镁的卤水制取或由白云石制取。

许多工业废弃物(炼钢耐火砖废料、炉渣镁肥)中含有一定量的镁,可以作为廉价农业镁肥的来源。钙镁磷肥也含有大量的镁,施用钙镁磷肥也可以起到提供镁的效果。

3.2.3 硫肥资源

缺硫土壤除了施用含硫的大量或微量元素肥料,有时也可以直接施用硫磺粉。元素硫可在土壤微生物的作用下,氧化为 SO_4^{2-} 供作物吸收。硫磺可由天然硫矿直接开采或从 FeS_2 焙烧制成。对于天然硫矿而言,只要含硫量高,即使含有一定量的杂质,并不妨碍作硫肥施用,开采后经过粉碎、过筛即可施用。如果杂质含量过多,将天然硫矿石破碎、熔融、冷凝而形成纯度较高的硫磺块,然后粉碎、过筛后即可成为农用硫磺粉。

天然硫铁矿(FeS_2)通过破碎、磨细后可直接作硫肥施用。在好气条件下,土壤微生物可将 FeS_2 氧化成硫酸盐,成为作物可给态硫。硫铁矿也可以作为提取硫磺的原料。

3.3 微量元素肥料资源与利用

微量元素肥料的种类很多,一般可按肥料中所含元素的种类或所含化合物的类型划分。如按元素的种类划分,微肥可以分为铁肥、硼肥、锰肥、锌肥和钼肥等。硼和钼以酸根阴离子的形态存在,其他的微量元素多数以阳离子的硫酸盐形态存在,如硫酸亚铁、硫酸锰、硫酸铜、硫酸锌等。此外,还有以少量氧化物、氯化物等形式存在(表3-13)。

表 3-13 微量元素肥料的种类和性质

肥料名称	主要成分	有效成分 (以元素计)(%)	性　质
硼肥		B	
硼酸	H_3BO_3	17.5	白色结晶或粉末,溶于水
硼砂	$Na_2B_4O_7 \cdot 10H_2O$	11.3	白色结晶或粉末,溶于水
硼镁肥	$H_3BO_3 \cdot MgSO_4$	1.5	灰色粉末,主要成分溶于水
硼泥	—	约 0.6	是生产硼砂的工业废渣,呈碱性,部分溶于水
锌肥		Zn	
硫酸锌	$ZnSO_4 \cdot 7H_2O$	23	白色或淡橘红色结晶,易溶于水
氧化锌	ZnO	78	白色粉末,不溶于水,溶于酸或碱
氯化锌	$ZnCl_2$	48	白色结晶,溶于水
碳酸锌	$ZnCO_3$	52	难溶于水
钼肥		Mo	
钼酸铵	$(NH_4)_2MoO_4 \cdot H_2O$	49	青白色结晶或粉末,溶于水
钼酸钠	$Na_2MoO_4 \cdot 2H_2O$	39	青白色结晶或粉末,溶于水
氧化钼	MoO_3	66	难溶于水
含钼矿渣	—	10	是生产钼酸盐的工业废渣,难溶于水,其中含有效态钼1%~3%
锰肥		Mn	
硫酸锰	$MnSO_4 \cdot 3H_2O$	26~28	粉红色结晶,易溶于水
氯化锰	$MnCl_2 \cdot 4H_2O$	27	粉红色结晶,易溶于水
氧化锰	MnO	41~68	难溶于水
碳酸锰	$MnCO_3$	31	白色粉末,较难溶于水
铁肥		Fe	
硫酸亚铁	$FeSO_4 \cdot 7H_2O$	19	淡绿色结晶,易溶于水
硫酸亚铁铵	$(NH_4)_2SO_4 FeSO_4 \cdot 6H_2O$	14	淡蓝绿色结晶,易溶于水
铜肥		Cu	
五水硫酸铜	$CuSO_4 \cdot 5H_2O$	25	蓝色结晶,溶于水
一水硫酸铜	$CuSO_4 \cdot H_2O$	35	蓝色结晶,溶于水
氧化铜	CuO	75	黑色粉末,难溶于水
氧化亚铜	Cu_2O	89	暗红色晶状粉末,难溶于水
硫化亚铜	Cu_2S	80	难溶于水

3.3.1　硼矿资源

目前,世界上广泛开采利用的含硼矿物有 10 多种,主要是硼镁石、硼镁铁矿、硼钙石、白硼解石、钠硼解石、水方硼石、硼钾镁石、天然硼酸、硼砂及斜方硼砂等。在我国,辽宁储有较大的纤维硼镁矿、硼镁铁矿,青海有钠硼解石、柱硼镁石，西藏有天然结晶硼砂、含硼湖泥，四川还有含硼卤水等。

以硼矿为原料制取的硼砂、硼酸是硼系列产品中产量最大、应用面最广的产品，其本身又是生产其他硼系列产品的基本原料。

世界上生产的硼砂，多数来自矿物原料，有的矿物一经开采出来就是粗硼砂，如斜方硼砂，经过重结晶，即可得到硼砂，其他硼矿则需经过化学加工处理。我国主要利用硼镁矿（含 $B_2O_3 > 10\%$）为原料生产硼砂，多采用碳碱法工艺生产，亦有采用加压碱解的方法生产硼砂的工厂；生产硼酸的方法有碳铵法、硫酸法和硫酸中和法。

3.3.2 锌矿资源

制造锌肥的锌矿以铅锌矿为主，在我国的甘肃、内蒙古、广东、云南、四川、陕西、湖南、安徽、江西及柴达木盆地等均有蕴藏。矿床类型有接触交代型铅锌矿床和热液层状铅锌矿床，主要成分是闪锌矿、方铅矿，伴生矿物有黄铁矿、黄铜矿等。此外，利用工业废物制造的锌肥也在逐年增加。例如，美国每年从大量的旧汽车、转炉炼钢中回收成千吨的锌尘用于制造锌肥，不仅减少了环境污染，而且降低了锌肥成本。

3.3.3 钼矿资源

我国的吉林、陕西、河南等地分布有斑岩型钼矿，辽宁省分布有与铜、钨伴生的钼矿，这些钼矿经过精选后成为钼精矿，然后用于制造含钼化合物。

3.3.4 锰矿资源

生产锰肥的原料种类很多，我国的锰矿主要集中在湖北、湖南、广西、四川和贵州等省区，大多为沉积型与堆积型锰矿，近海海底也蕴藏有丰富的锰结核。

3.3.5 铜矿资源

我国的铜矿资源主要集中在长江中下游省区，安徽和湖北有矽卡岩型铁铜矿床，云南有矽卡岩型锡铜矿床，湖南等地还有层状铜矿床分布，常见的含铜矿物有黄铜矿、辉铜矿、斑铜矿、黄铁矿、方铅矿、闪锌矿及辉银矿等。此外，江西、西藏有特大型斑岩铜矿，其矿石组合为典型的铜–钼组合，矿物为黄铜矿、斑铜矿、黝铜矿、辉钼矿，伴生有黄铁矿，山西、甘肃、内蒙古、黑龙江及青海等省区亦是较大的铜矿产地，可以用于生产铜肥。

3.4 有机肥料资源与利用

3.4.1 有机肥料资源的种类和数量

根据有机肥的来源，可以将它们分为三类：一是来自动物的有机肥，二是来自植物的有机肥，三是来自地下埋藏的有机肥。前者主要包括人粪尿、家畜粪尿和禽粪；来自植物的有机肥主要有秸秆、绿肥、饼肥等；地下埋藏的有机肥料资源有泥炭、塘泥、湖泥、河泥等。在农业生产中，来自动物和植物的有机物质往往要经过加工，形成堆肥、厩肥、沤肥、沼气肥，然后作为肥料施用。

3.4.2 发展有机肥料的途径

3.4.2.1 建立有机无机配合的施肥制度

有机肥料和无机肥料配合使用，对作物稳产、高产，培肥地力，提高化肥肥效，增强农业生产后劲，改善农田生态环境，缓解养分比例失调，防治环境污染具有重要意义。有机无机肥结合，能收到缓急相济，互补长短之功效。

3.4.2.2 利用城市有机肥源

据1991年对全国473个城市统计，环卫部门清运的生活垃圾、粪便就分别达 $7\,636 \times 10^4$ t 和 $2\,764 \times 10^4$ t，并且总量以每年 8%～10% 的速度增长；此外，还有大、中型畜禽粪便几千万吨。由此可见，城镇有机肥的开发利用具有很大的潜力。近年来，城市和养殖场有机肥的开发利用取得了一定的成就，各地采用的主要技术措施有：

（1）采用无害化处理技术　常用的方法是高温堆肥发酵技术，这项技术投资少、见效快。垃圾堆肥应以有机垃圾为好，在微生物发酵过程中，堆肥物料的碳氮比例调整到 25:1～30:1 为宜，最后生成的堆肥物质的碳氮比约 15:1。实施沼气厌氧发酵技术，可获得肥效很好的沼渣和能源物质——沼气。此外，人们还利用槽式好气发酵技术处理禽畜粪便，其原理是利用光能和生物能，通过定期供氧蒸发发酵，可把含这些废弃物中的水分从 60% 降到 20% 左右。该方法用于鸡粪的无害化处理效果良好。通过高效烘干炉处理鸡粪，将湿鸡粪输入滚筒破碎干燥器内，集快速烘干、灭菌和除臭于一体。远红外微波处理是一种直接处理技术，有快速、卫生的特点，但成本较高。

（2）灌溉结合施肥　利用吸粪泵将一定量的人畜粪便泵入灌渠，水粪稀释混匀后进行灌溉。在通常情况下，每公顷可消纳 75t 以上城市粪尿。

（3）采用工厂化生产有机肥料　目前，北京、天津、武汉、江苏、河北、山东、黑龙江、湖南、浙江等地的大中城市都在这方面进行了有益的探索，将有机废物经高温发酵进行无害化处理，再经过筛、堆沤等系列工艺，制成优质的有机肥或有机—无机混合肥。工厂化生产有机肥可以一次性的完成收贮、分类、处理和生产的各个环节，减少其他中间环节对环境的影响。当前，牛、猪、鸡粪处理设备和技术比较成熟，垃圾处理也有一定经验，但人粪尿加工处理还缺乏理想的办法。

3.4.2.3 积极发展绿肥

种植绿肥作物是缓解我国化肥数量不足和培肥地力的重要措施。从20世纪

50 年代开始，绿肥在全国各地迅速发展；到 70 年代中期，全国绿肥面积达 $1\,200 \times 10^4 hm^2$，其中南方冬季绿肥的面积高达 $867 \times 10^4 hm^2$，是发展绿肥的鼎盛时期。在化肥使用量逐年增加、耕地复种指数日益提高的集约化农业生产条件下，绿肥的种植面积逐年下降，有必要采取相应措施保持稳定或扩大种植面积。充分利用休闲田和空地，并提倡间、套、混的种植方式，引进和推广与当地耕作制度相适应的经济绿肥作物。在城市郊区和经济发达、复种指数较高的地区，以发展兼用绿肥为主。在边远山区和经济相对落后地区，以扩大绿肥种植面积，提高绿肥鲜草量为重点。要注意加强绿肥种子基地建设和繁育良种的工作，以确保绿肥的种源优良，为绿肥稳定发展打下坚实基础。

3.4.2.4 推行秸秆还田

秸秆是一种数量多、来源广、可就地利用的优质有机肥资源。它有补充和平衡土壤养分、增加土壤新鲜有机质、疏松土壤、改善土壤理化性状和提高土壤肥力的作用。秸秆还田是缓解当前有机肥资源和钾肥资源不足的一项有效措施。作物秸秆和残茬本身除含有比较丰富的有机质之外，还含有相当数量的养分，并具有养分齐全，比例合理的特性。如稻草含 $0.5\% \sim 0.7\%$ 的氮、$0.1\% \sim 0.2\%$ 的磷、1.5% 的钾，以及硫和硅等。

大力提倡以草养畜，畜粪肥田，农牧结合的办法，草、畜和肥田三者相互促进。1987 年全国生产青贮饲料 $2\,358 \times 10^4 t$、氨化秸秆 $14.8 \times 10^4 t$，到 1996 年已分别达到 $8\,521 \times 10^4 t$ 和 $3\,047 \times 10^4 t$。全国用作饲料的秸秆约占秸秆总量的 27%。这样不仅节省了大量的饲料粮，还促进了农业生产中物质的良性循环，实现资源的合理利用。

据农业部统计，全国秸秆还田面积已由 1987 年的 $133 \times 10^4 hm^2$，上升到 1996 年的 $333 \times 10^4 hm^2$，年平均增长 10% 以上。东北三省 60% 以上的农田有机肥来自作物秸秆。随着机械化水平的提高和规模经营的发展，秸秆还田前景会更加良好。

复习思考题

1. 常见的氮肥种类有哪些？
2. 试述尿素的合成原理及技术。
3. 试述常见的磷肥资源种类。
4. 我国的钾肥资源状况如何？钾肥的生产原理是什么？
5. 按其来源分，有机肥料资源的种类有哪些？
6. 发展有机肥料的利用途径主要有哪些？

本章可供参考书目

中国土壤肥力. 沈善敏. 中国农业出版社, 1998
土壤肥料学. 陆欣. 中国农业出版社, 2002
土壤肥料学通论. 沈其荣. 高等教育出版社, 2001

第 2 篇 化学肥料

化学肥料是农业生产中重要的生产资料，是现代农业的物资基础，在农业生产实践中，化学肥料消费量与粮食产量的变化有很好的相关趋势。化肥对提高作物产量，改善农产品品质有非常重要的作用。但是，如果施用方法欠妥或施用过量，不仅造成肥料资源的巨大浪费，而且污染土壤和水环境。科学施肥要求掌握化学肥料的种类、性质、在土壤中的转化，以及合理施用的原则，这将对整个化学肥料工业、农业技术水平的提高奠定坚实的基础。

第4章

植物的氮素营养与氮肥

【本章提要】 本章主要讲述植物的氮素营养、土壤氮素供应，化学氮肥（铵态氮肥、硝态氮肥、酰胺态氮肥和缓效氮肥）的种类、性质、施用技术，以及氮肥施用与环境污染的关系。

氮肥是生产量最大、施用量最多的化学肥料，在农业生产中，氮肥的增产效果是最为显著突出的一类化学肥料。它对提高作物产量，改善农产品质量有十分重要的作用。了解植物氮素营养的特点、掌握各种化学氮肥的成分、性质，以及它们在土壤中的转化和科学施用的方法，对于增加作物产量、改善农产品品质、提高氮肥利用率具有非常重要的意义。

4.1 植物的氮素营养

4.1.1 氮在植物体内的含量与分布

氮是植物需要量最多的必需营养元素之一。在农业生产中，氮是植物生长和产量形成的首要限制因素，并对农产品质量有重要影响。

一般而言，植物的全氮含量约为植物体干重的 0.3%~5.0%，其含量的高低与植物种类、器官、生育时期和环境条件等多种因素密切相关。禾本科作物植株含氮量一般较少，仅为 0.5%~1.0%；豆科作物含有丰富的蛋白质，含氮量较高。按干重计，大豆植株含氮量可达 2.49%，紫云英植株含氮 2.25%。在相同种类的作物中，不同品种的含氮量也有明显差异。

由于植物体内氮素主要存在于蛋白质和叶绿素中，因此，幼嫩器官和种子的含氮量较高，而茎秆的含氮量较低，成熟器官的含氮量更低（表4-1）。如水稻、小麦、玉米等谷类作物籽粒含氮 1.5%~2.5%，茎秆含氮仅 0.4%~0.5%；豆科作物籽粒含氮量达 4.5%~5.0%，茎秆含氮量只有 1.0%~1.4%。

表4-1 大田作物成熟期的平均含氮量（干重）

作物	植株含氮（%）	
	籽粒	茎秆
水稻	1.31	0.51
小麦	2.08	0.33
玉米	1.60	0.31
高粱	1.78	0.28

(续)

作物	植株含氮（%）	
	籽粒	茎秆
棉花	3.68	2.25
番茄	0.30（果实）	1.88（茎叶）
大豆	5.36	1.75
花生	4.16（果仁）	2.30（茎蔓）
马铃薯	0.28（块茎）	2.57（茎叶）

在不同生育时期，同一作物的含氮量也不相同。水稻分蘖期含氮量明显高于苗期，通常分蘖盛期的含氮量达到最高峰，其后随生育期推移而逐渐下降。在不同生育期，氮素在作物体内的分布不断发生变化。在作物的营养生长期，氮素大部分存在于幼嫩器官中；转入生殖生长期后，茎叶中的氮素则向贮藏器官转移；到成熟时，全氮的 70% 左右转入并贮藏在生殖器官中。因此，在收获时种子含氮量比茎叶高得多。一般而言，作物不同生育时期的全株含氮量呈抛物线变化。作物从苗期开始吸收氮素，随着植株的生长，植株茎叶含氮量急剧上升，吸收的高峰一般出现在营养生长旺盛期和开花期，以后吸收速率迅速下降，直到收获。例如，杂交晚稻威优 6 号茎叶含氮量移栽期为 1.97%，分蘖初期为 3.19%，分蘖盛期为 3.35%，孕穗初期为 2.26%，齐穗期为 1.67%，成熟期为 1.30%。

在作物体内，氮素含量和分布明显受施氮水平和施氮时期的影响。一般而言，随着施氮量的增加，作物各器官的含氮量都有明显提高。通常营养器官的含氮量增幅较大，而生殖器官含氮量增幅较小。若在生长后期施用氮肥，一定程度上可以提高生殖器官中的含氮量。

4.1.2 植物对氮的吸收与同化

植物主要吸收硝态氮和铵态氮，也可以吸收某些可溶性的有机氮化合物（如尿素、氨基酸和酰胺等），但数量有限，其营养意义远不如硝态氮和铵态氮重要。此外，植物还可以吸收低浓度的亚硝酸盐，但浓度较高时对植物有害，由于土壤中的亚硝酸盐数量很少，因而无实际营养意义。硝态氮是陆生植物的主要氮源。在土壤中，由于铵态氮经硝化作用可转变为硝态氮，因而作物吸收的硝态氮的数量通常多于铵态氮。

4.1.2.1 植物对硝态氮的吸收与同化

（1）硝态氮的吸收 陆生植物以吸收 NO_3^-—N 为主，即使施用 NH_4^+—N，也会在土壤中被微生物硝化成 NO_3^-—N。所以，陆生作物吸收 NO_3^-—N 的数量一般大于 NH_4^+—N。NO_3^-—N 的吸收速率很快，植物吸收 NO_3^-—N 多表现为逆电化学势梯度的主动吸收过程，受代谢作用控制。NO_3^-—N 的主动吸收需要有 ATP 酶参加，在 ATP 酶作用下，把 H^+ 泵出细胞膜外，而细胞膜上吸附的 HCO_3^- 与 NO_3^- 发生交换而被吸收。

影响 NO_3^-—N 吸收的因素很多，光照、温度、介质 pH 值、呼吸抑制等都会影响 NO_3^-—N 的吸收。低温降低植物对 NO_3^-—N 的吸收。当温度低于 13℃ 时，NO_3^-—N 吸收很少；温度在 23℃ 左右时，NO_3^-—N 的吸收速率往往大于 NH_4^+—N，35℃ 时达最大值。在低温条件下，如果 NH_4^+ 和 NO_3^- 的浓度相同，黑麦草吸收 NH_4^+ 远比 NO_3^- 快，这可能是由于低温抑制了根系呼吸作用，减少了能量供给，降低了细胞膜的透性，不利于 NO_3^- 的吸收。介质的 pH 值也显著影响植物对 NO_3^-—N 的吸收，根部介质 pH 值低时，NO_3^-—N 吸收较快，pH 值升高时，NO_3^-—N 的吸收减少。试验证明，在 pH4.0 时，NO_3^- 的吸收显著高于 NH_4^+（表4-2）。高 pH 值使 NO_3^-—N 吸收减少的原因可能是受 OH^- 离子的竞争作用，阻碍了 NO_3^- 的吸收运输系统。此外，由于高 pH 值可使根细胞表面的负电荷增加，对 NO_3^- 产生静电排斥。Ca^{2+} 有益于 NO_3^-—N 的吸收，原因可能是 Ca^{2+} 能加速 NO_3^- 迁移到质膜上，促进 NO_3^- 的长距离运输，稳定细胞膜的结构。Cl^-、SO_4^{2-} 和 Br^- 等阴离子与 NO_3^-—N 发生离子竞争，抑制 NO_3^-—N 的吸收。

表 4-2　大麦幼苗对标记 NO_3^- 和 NH_4^+ 的吸收与根际 pH 值的关系

pH 值	NH_4^+（N mg/盆）	NO_3^-（N mg/盆）
6.8	34.9	33.6
4.0	26.9	43.0

NO_3^-—N 进入植物体后，其中的一部分储存于根细胞的液泡中，少量在根系中同化为氨基酸、蛋白质，大部分通过木质部运往地上部，贮存于叶片的液泡中，或同化成各种有机态氮。此外，叶片中合成的氨基酸也可以通过韧皮部运输至根系。硝酸盐在植物液泡中的积累对电生理平衡和渗透调节具有重要意义。但是，在蔬菜、饲料等作物中，硝酸盐过多可能对人畜有害。

（2）硝态氮的同化　由于硝态氮具有氧化性，而植物体内的含氮有机化合物（如氨基酸、蛋白质）中的氮素又属具有高度的还原性（如 $-NH_2$），故硝态氮不能与酮酸直接结合形成氨基酸。在氨基酸和其他含氮有机化合物的合成过程中，硝态氮首先要还原成铵，再进一步与植物体内的有机酸结合而形成氨基酸。

硝态氮的还原少量在根部，大量在叶部进行。硝态氮还原成氨由两种独立的酶分步进行催化，第一步是在硝酸还原酶的作用下，NO_3^- 还原为 NO_2^-，该反应在细胞质中进行，形成的 HNO_2 以分子态的形式透过质膜。硝酸还原酶是一种诱导酶，存在于高等植物细胞质内，含有 3 种辅基：黄素腺嘌呤二核苷酸（FAD）、细胞色素 b（Cyt. b）和钼。在还原过程中，以还原态辅酶 I（NADH）或还原态辅酶 II（NADPH）为电子供体，FAD 为辅酶，钼为活化剂，电子通过 NADH 或 NADPH 转移到 FAD 变为 $FADH_2$，再由 $FADH_2$ 把电子转移到氧化态钼（Mo^{6+}），使 Mo^{6+} 转化为还原态 Mo^{5+}，最后由 Mo 将电子转移到 NO_3^-，使其还原为 NO_2^-（图 4-1）。硝酸盐诱导硝酸还原酶的合成和活性，氮素供应与硝酸还原酶的合成和活性密切相关。在多数情况下，硝酸还原的产物，如 NH_4^+ 及某些氨

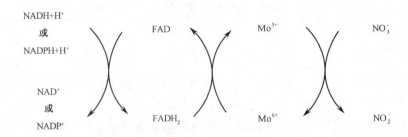

图 4-1　在硝酸还原过程中，硝酸还原酶所催化的电子转移

基酸或酰胺，能抑制硝酸还原酶的活性。

NO_3^- 还原的第二步反应是在亚硝酸还原酶的催化作用下，NO_2^- 还原为羟胺。该反应需要还原态铁氧还蛋白或 NADPH 作为电子供体，并有铁、铜参加。在绿色组织中，亚硝酸还原酶位于叶绿体内；在根系中，亚硝酸还原酶存在于前质体内。在光照条件下，叶绿体产生的还原态铁氧还蛋白（Fdred）是 NO_2^- 还原的电子供体。羟胺在羟胺还原酶催化下还原为铵，需要锰和镁参与。生化反应如下：

$$NO_2^+ + NADPH \xrightarrow[\text{Fe、Cu}]{\text{亚硝酸还原酶}} NH_2OH + NADP$$

$$NO_2OH + NADPH \xrightarrow[\text{Mn、Mg}]{\text{羟胺还原酶}} NH_4^+ + NADP$$

在正常条件下，完整植株中很少有 NO_2^- 积累，原因可能是在植株体内，亚硝酸还原酶的含量比硝酸还原酶高，亚硝酸还原过程速率比硝酸还原过程快。

从上述反应看出，硝酸还原过程需要能量和 Mo、Mg、Fe 等元素参与。当植物体代谢受到抑制或体内缺乏这些元素时，植物体内硝酸盐不易还原，容易积累；其他环境因素如光照强度、水分胁迫、温度等也影响硝酸盐的还原。

硝态氮还原为铵之后，与植物体内的不饱和有机酸结合形成氨基酸，再进一步形成蛋白质。

4.1.2.2　植物对铵态氮的吸收与同化

（1）铵态氮的吸收　植物吸收铵态氮机理还不完全清楚。Epstein（1972）认为，NH_4^+—N 吸收与 K^+ 相似，两种离子有相同的吸收载体，故出现竞争效应。而 Mengel（1982）等学者则认为，铵态氮不是以 NH_4^+ 形态，而是以 NH_3 的形态被吸收。其吸收机制可能是当 NH_4^+ 与原生质膜接触时进行脱质子化，使 H^+ 留在膜外的溶液中，而 NH_3 则扩散到膜内的细胞质中（图4-2）。在细胞质通常的 pH 值条件下，NH_3 可以再次质子化形成 NH_4^+。他们的试验依据是，水稻幼苗吸收铵态氮与 H^+ 的释放存在着相当严格的摩尔等量关系（表4-3），故 NH_4^+ 是在细胞膜外脱去质子后成为 NH_3

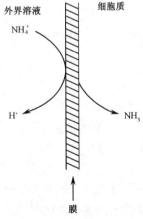

图 4-2　在质膜上 NH_4^+ 脱质子化和 NH_3 的渗透

表 4-3 水稻幼苗对 NH_4^+ 的吸收与 H^+ 释放的关系

NH_4^+ 吸收（μmol/L）	158	184	174	143
H^+ 释放（μmol/L）	149	183	166	145

后而被植物吸收的。由于 NH_4^+—N 的吸收与 H^+ 的释放是同时进行的，因此，植物利用 NH_4^+—N 营养时，外部介质 pH 值明显下降。

植物体对 NH_4^+ 的吸收受温度、pH 等环境因素影响。温度升高有利于 NH_4^+ 的吸收，在 25℃ 时 NH_4^+ 吸收速率最大；在中性介质中对 NH_4^+ 的吸收最有利，随着 pH 值降低，NH_4^+ 的吸收减少；植物体内碳水化合物含量高时，能促进 NH_4^+ 的吸收，其原因在于碳水化合物能提供碳源和能量，有利于氨的同化；而外界介质中阴离子（如 SO_4^{2-}、Cl^-）和阳离子（K^+、Ca^{2+}、Mg^{2+}）的存在，对 NH_4^+ 的吸收影响较小。

（2）铵态氮的同化 铵态氮被植物吸收后，在根细胞中很快同化为氨基酸，然后再向地上部运输，在木质部导管中很少检测到 NH_4^+。无论是植物根系吸收的氨，还是亚硝酸还原和生物固氮形成的氨，都可与呼吸作用产生的各种酮酸（α-酮戊二酸、草酰乙酸、反丁烯二酸、丙酮酸等）结合形成氨基酸（如谷氨酸和天门冬氨酸），氨基酸可进一步合成蛋白质。早期的研究认为，α-酮戊二酸与氨化合，再经谷氨酸脱氢酶催化作用形成谷氨酸的反应是高等植物同化氨的主要途径。这种途径包括两个连续反应，首先，氨与 α-酮戊二酸直接结合为 α-亚氨基谷氨酸；然后，在有还原态 $NADH_2$ 存在时，经谷氨酸脱氢酶催化形成谷氨酸（图 4-3）。

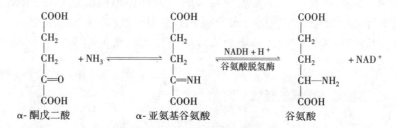

图 4-3 谷氨酸的合成途径

但现已证明，上述反应主要存在于动物体内，而非植物同化 NH_4^+ 的主要途径。在高等植物体内，由谷酰胺合成酶和谷氨酸合成酶系统催化的反应才是氨同化为氨基酸的主要方式。这个酶系统对氨有很高的亲和力，可以催化低浓度的氨与谷氨酸结合，形成 α-氨基酸，并确保硝酸还原产生的氨被及时同化，避免积累高浓度的氨，使光合磷酸化解偶联。该途径同化氨的过程包括 3 个连续反应：一是谷氨酸作为氨的受体，在谷酰胺合成酶的催化下生成谷酰胺；然后，在谷氨酸合成酶的催化作用下，谷酰胺的酰胺基转移到 α-酮戊二酸上生成谷氨酸；最后进行转氨基反应，谷氨酸中的氨基转移到 α-酮戊二酸上，合成其他氨基酸（图 4-4）。

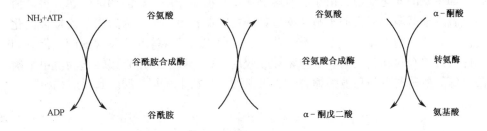

图4-4 由氨同化为氨基酸的过程

净反应：
$$NH_3 + \alpha\text{-酮戊二酸} + 2e^- + ATP \rightleftharpoons 谷氨酸 + ADP + Pi$$

上述反应是需能过程，需要 ATP 和 Mg^{2+}，并由铁氧还蛋白（来自光系统Ⅰ）或 NAD(P)H（来自呼吸作用）提供所需要的还原力。整个过程在叶绿体和质体中进行。

氨基酸的另一合成途径是转氨基作用，即一种氨基酸上的氨基转移到另一个酮酸上，生成另一种氨基酸。这个反应是在转氨酶的作用下进行的，转氨酶以磷酸吡哆醛为辅酶，氨基的主要供体是谷氨酸。谷氨酸通过转氨基作用，可形成17种不同的氨基酸。例如：

$$谷氨酸 + 丙酮酸 \rightleftharpoons \alpha\text{-酮戊二酸} + 丙氨酸$$
$$谷氨酸 + 草酰乙酸 \rightleftharpoons \alpha\text{-酮戊二酸} + 天门冬氨酸$$
$$谷氨酸 + 乙醛酸 \rightleftharpoons \alpha\text{-酮戊二酸} + 甘氨酸$$

在氮源充足和氨的受体较多时，作物体内的氨不仅能形成各种氨基酸，还能在酰胺合成酶的催化下，氨与氨基酸结合形成酰胺。

$$谷氨酸 + NH_3 + ATP \xrightleftharpoons[Mg^{2+}]{谷氨酰胺合成酶} 谷氨酰胺 + ADP + Pi + H_2O$$

$$天门冬氨酸 + NH_3 + ATP \xrightleftharpoons[Mg^{2+}]{天门冬酰胺合成酶} 天门冬酰胺 + ADP + Pi + H_2O$$

作物体内酰胺的形成具有重要的生理意义。首先，酰胺是作物体内氨的贮存形态；其次，它能消除体内氨过多时造成的毒害。因为 NH_3 过多时，导致叶绿体内囊体膜上的光合磷酸化解偶联，从而影响 ATP 的合成，使细胞内的许多生理过程受到抑制；第三，酰胺能参与蛋白质代谢，也是作物体内含氮化合物的转移形态之一。作物体内只有谷氨酸和天门冬氨酸才能形成酰胺。也只有当氮素供应充足时，作物体内才会有天门冬酰胺出现。因此，我们可以根据作物体内酰胺的含量诊断氮素营养的丰缺状况。

4.1.2.3 植物对有机态氮的吸收和同化

（1）尿素态氮的吸收和同化　尿素分子能被植物的根系和叶片吸收，但植物同化尿素的机理尚不清楚。目前，关于尿素同化的途径有两种观点：一是尿素进入植物细胞后，在脲酶的作用下分解为氨和二氧化碳，氨经图4-3的途径被同化，如果氨的同化受阻，由于氨对脲酶活性有抑制作用，脲酶的活性达到最高值后，就逐渐减弱，尿素的水解速率也就随之降低；另一种认为尿素是直接被同化的。在有些作物的体内，如麦类、黄瓜、莴苣、马铃薯等几乎不含脲酶，但它们仍能很好地吸收和利用尿素。尿素被吸收后，可与磷酸作用直接转化为氨甲酰磷酸，氨甲酰磷酸再与鸟氨酸缩合形成瓜氨酸，最后生成精氨酸。其反应式如下：

$$CO(NH_2)_2 + H_3PO_4 \longrightarrow H_2N-\overset{\overset{O}{\|}}{C}-O \sim ⓟ + NH_3$$
氨甲酰磷酸

$$H_2NCO-P + NH_2-(CH_2)_3 \cdot CHNH_2COOH \longrightarrow NH_2CONH(CH_2)_3CHNH_2COOH + H_3PO_4$$
鸟氨酸　　　　　　　　　　　　瓜氨酸

$$瓜氨酸 + 天门冬氨酸 + ATP \longrightarrow 精氨琥珀酸 + ADP + H_3PO_4$$

$$精氨琥珀酸 \longrightarrow 精氨酸 + 延胡索酸$$

植物对尿素的吸收与 NH_4^+—N 和 NO_3^-—N 不同，它对呼吸和光合作用的依赖程度不大，主要受环境中尿素浓度的影响。在一定浓度范围内，尿素的浓度愈高，吸收愈多。当吸收过量时，尿素不能被全部同化而积累在植物体内，当积累到一定程度后，就会产生生理障碍。因为尿素能透入蛋白质分子内，破坏蛋白质结构中的氢键，使蛋白质变性。例如，在小麦幼苗体内，尿素的浓度超过 500mg/kg 时，叶片尖端开始黄化，最后全株枯死。

(2) 氨基态氮的吸收和同化　无菌培养和同位素示踪试验证明，水稻能直接吸收利用各种氨基酸和酰胺。试验在用无菌溶液中培养水稻幼苗 21 天，以稻苗干重计，氮的浓度为 4mg/kg 时，根据各种氨基酸和酰胺对水稻幼苗生长的效果，可分为下列四类：

第一类，效果超过硫铵的：有甘氨酸、天门冬酰胺、丙氨酸、丝氨酸和组氨酸。

第二类，效果虽不及硫铵，但超过尿素的：有天门冬氨酸、谷氨酸、赖氨酸和精氨酸。

第三类，效果较硫铵和尿素差，但有一定效果的：有脯氨酸、缬氨酸、亮氨酸和苯丙氨酸。

第四类，有抑制作用的：如蛋氨酸。这种氨基酸抑制天门冬氨酸激酶的活性，使天门冬氨酸不能转化为其他的必需氨基酸，进而难于合成蛋白质。一般在土壤和有机肥中，蛋氨酸的含量很低，对作物生长的抑制作用很小，不会影响植物的生长。

4.1.3　氮的营养作用

氮是植物许多重要的有机化合物的成分，如蛋白质、核酸、叶绿素、酶、维生素、生物碱和激素等。在所有生物体内，氮素是遗传物质的基础，也是构成蛋白质的重要元素，通常处于代谢活动的中心地位。

4.1.3.1　氮是蛋白质的基本成分

在植物中，蛋白质态氮约占总氮量的 80%，蛋白质平均含氮 16% ~ 18%。

在作物生长发育过程中，细胞增长和分裂都必须要有蛋白质。缺氮时，作物体内新细胞的形成将受到阻碍，外观表现出生长发育缓慢甚至停止生长的现象。蛋白质的重要性还在于它是生命的存在形式，蛋白质的不断合成与分解使一切动、植物表现出生命活动。换言之，蛋白质的新陈代谢体现了生命的存在。如果没有氮，就没有蛋白质，也就没有生命。所以，氮素是一切有机体不可缺少的生命元素。

4.1.3.2 氮是核酸和核蛋白的成分

核酸也是植物遗传、生长、发育的基础物质，植物体内所有的活细胞均含有核酸。氮是构成核酸的必需成分，核酸含氮15%~16%。核酸与蛋白质的合成与植物的遗传、生长、发育有密切关系。信使核糖核酸（mRNA）是合成蛋白质的模板，脱氧核糖核酸（DNA）是决定作物生物学性状的遗传物质。核糖核酸（RNA）和脱氧核糖核酸又是遗传信息的传递者。可见，核酸和蛋白质是一切作物生命活动和遗传变异的信使。核酸态氮约占植株全氮的10%。

4.1.3.3 氮是叶绿素的成分

绿色植物的生命活动依赖于叶绿体的光合作用，叶绿体中的叶绿素 a（$C_{55}H_{72}O_5N_4Mg$）和叶绿素 b（$C_{55}H_{70}O_6N_4Mg$）都含有氮。叶绿体是植物进行光合作用的场所，叶绿体由叶绿素、蛋白质和脂类组成，高等植物叶片约含20%~30%的叶绿体，而叶绿体的含氮量为45%~60%。因此，观察叶色和测定叶绿素的含量可以用于诊断植物的氮素营养。氮素充足时，叶绿素含量高，光合作用强，碳水化合物形成多，增加植物产量。植物缺氮时，体内叶绿素含量减少，叶色呈淡绿色或黄色，叶片光合作用减弱，碳水化合物含量降低，植物生长发育缓慢，产量明显降低。

4.1.3.4 氮是植物体内许多酶的成分

酶是具有催化功能的蛋白质，植物体内各种代谢过程都必需有相应的酶参加，酶的活性直接影响生物化学反应的方向和速度，从而影响植物体内的各种代谢反应。所以，植物的氮素供应状况关系到体内各种物质及其能量的转化过程。

4.1.3.5 氮是植物体内许多维生素的成分

氮是某些维生素类物质的成分，如维生素 B_1（$C_{12}H_{17}N_3S$）、B_2（$C_{17}H_{18}O_6N_4$）、B_6（$C_8H_{11}O_3N$）、PP 等都含有氮素。很多维生素是辅酶的成分，参与植物的新陈代谢。维生素 B_1 又称硫胺素，多以硫胺素焦磷酸酯（简称 TPP）的形式存在，TPP 是丙酮酸脱羧酶的辅酶，在丙酮酸的氧化脱羧生成乙酰辅酶 A 的过程中是不可缺少的。维生素 B_2 又叫核黄素，多与蛋白质相结合，成为黄素蛋白，在植物组织中广泛存在，是许多氧化还原酶的辅酶或辅基。维生素 B_6 是吡啶的衍生物，可构成氨基转移酶的辅酶。维生素 PP 包括尼克酸与尼克酰胺，是构成脱氢酶的辅酶 NAD（辅酶Ⅰ）和 NADP（辅酶Ⅱ）的成分。

4.1.3.6 氮是一些植物激素的成分

激素对种子的萌发和休眠、营养生长和生殖生长、物质转运及诸多生理、生化过程都起着重要的控制作用，是植物生长发育和新陈代谢过程的调节剂。很多激素如生长素、细胞分裂素等都是含氮的有机化合物。

此外，植物体内的生物碱，如烟碱（$C_{10}H_{14}N_2$）、茶碱（$C_7H_8O_2N_4$）、咖啡碱（$C_8H_{10}O_2N_4$）、胆碱[$(CH_3)_3NH_2OH \cdot OH$]、苦杏仁苷（$C_2OH_{27}ON \cdot 3H_2O$）等都含有氮。生物碱具有一定的生理作用，如胆碱是卵磷脂的重要成分，参与生物膜的形成。

总之，氮对植物的生命活动及产量品质都有极为重要的作用，合理施用氮肥是作物优质高产的有效措施之一。

4.2 土壤氮素含量与转化

4.2.1 土壤氮素的含量与平衡

据估计，地球上约有 $1\,972 \times 10^{20}$ t 氮，其中 99.78% 的氮存在于大气中和有机体内，成土母质中不含氮素。我国耕地土壤含氮量大多在 0.05%~0.1% 之间，其含量主要取决于气候、地形、植被、母质、质地及利用方式、耕作管理、施肥制度等。在土壤中，氮素主要呈有机态，其含量与土壤有机质的含量呈正相关。土壤有机质和土壤氮素处于不断积累与分解的动态变化中，故土壤含氮量的高低取决于积累速率和分解速率的相对强度。

在耕作土壤中，氮的来源有生物固氮、施肥（包括化肥和含氮有机肥）、降水、降尘、土壤吸附空气中的 NH_3、灌溉水和地下水等。其中施肥和生物固氮是主要来源。在植物—土壤系统中，氮素的收入与支出途径如下：

收　入	支　出
①自生和共生微生物固氮作用	①收获物带走
②施用化学氮肥	②NH_3 挥发损失
③动植物残体归还	③生物和化学反硝化作用
④降水和降尘	④矿化作用中气态损失
⑤植物吸收 NH_3、NO_3^- 等	⑤淋失和流失
⑥土壤吸附 NH_3 等	

由此看出，农田土壤的含氮量不仅决定于生物积累与分解的相对强度，还取决于人们对氮素收支平衡的调节。研究表明，我国农田养分的平衡状况是 20 世纪 60 年代以前，氮素处于赤字阶段；70 年代中期土壤氮素由赤字转向基本平衡；

70年代中期以后,土壤氮素开始大量盈余。

4.2.2 土壤中氮的形态和转化

4.2.2.1 土壤中氮的形态

土壤的氮素形态分为无机态和有机态两大类,二者合称为土壤全氮。在表土中,全氮有90%以上呈有机态。

(1) 无机态氮　土壤无机态氮也称矿质氮,主要包括铵态氮、硝态氮和亚硝态氮。

①铵态氮　土壤铵态氮(NH_4^+—N)又可分为固定态铵、交换性铵和土壤溶液中的铵三种形态。交换性铵被带负电荷的土壤胶体吸附。有一部分铵被2:1型的黏土矿物如伊利石、蛭石、蒙脱石固定于晶格内,它不能被KCl溶液交换出来,必需用HF酸破坏黏土矿物的晶格后才能释放出来,谓之固定态铵。在土壤溶液中的NH_4^+能被植物直接吸收利用,处于有效状态。在水田土壤中,无机态氮几乎全部以铵态氮存在,有效性高。

②硝态氮　土壤硝态氮(NO_3^-—N)主要来源于施入土壤的硝态氮肥和微生物的硝化产物。硝态氮不易被土壤胶体吸附,也不太稳定,易于流失。在旱地土壤溶液中,大多数是硝态氮。硝态氮属于有效氮,含量一般在几个至几十个毫克/每千克(mg/kg),易受施肥、微生物活动,以及土壤环境条件(包括土壤空气、水分、温度、pH值等)等因素的影响。

③亚硝态氮　土壤亚硝态氮(NO_2^-—N)是硝化作用的中间产物,虽然在某些土壤中短期内有少量NO_2^-—N存在,但在通气良好的条件下,亚硝态氮迅速转化为硝态氮。但是,如果大量施用氮肥(如碳酸氢铵和液氨等),使土壤溶液呈强碱性时,形成高浓度的氨,能强烈地抑制亚硝态氮转化为硝态氮,从而导致亚硝酸盐在土壤中大量积累,容易危害植物。

(2) 有机态氮　有机态氮是土壤氮素的主要形态,一般占土壤全氮量的98%以上。有机态氮按其溶解和水解的难易程度可分为水溶性有机氮、水解性有机氮和非水解性有机氮三类。

①水溶性有机氮　水溶性有机氮的含量一般不超过土壤全氮量的5%,主要包括一些结构简单的游离氨基酸、胺盐和酰胺类化合物,其中分子量小的水溶性有机氮可以被作物直接吸收,分子量略大的虽然不能被直接吸收,但容易水解,并迅速释放出铵离子,成为植物的速效氮源。

②水解性有机氮　水解性有机氮的含量约占土壤全氮量的50%～70%,在植物氮素营养上有着重要意义。水解性有机氮主要是指用酸、碱或酶处理后,能水解为较简单的易溶性化合物或能直接生成铵盐的有机氮,包括蛋白质类(占土壤全氮量的40%～50%)、核蛋白类(占全氮量的20%左右)、氨基酸类(占全氮量的5%～10%),以及尚未鉴定的其他氮素形态,它们经微生物分解之后,均可成为作物的氮源。

③非水解性有机氮　非水解性有机氮的含量约占土壤全氮量的30%~50%，主要有胡敏酸氮、富里酸氮和杂环氮等。由于它们很难水解，故对植物氮素营养的意义不及水溶性有机氮和水解性有机氮。

4.2.2.2　土壤中氮的转化

土壤氮素形态较多，各种形态的氮素处于动态变化之中，不同形态的氮素互相转化，对于有效氮的供应强度和容量有重要意义。在土壤中，氮素互相转化的概况见图4-5。土壤氮素转化主要包括生物固氮、有机氮的矿化、无机氮的固定、氮的损失等过程，这些转化过程相互联系和相互制约，环境因素影响土壤氮素转化的方向和进程。

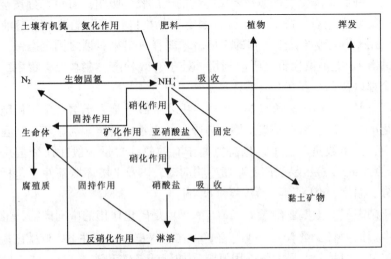

图4-5　土壤中氮素的转化

(1) 生物固氮　生物固氮是提高土壤氮素肥力的重要因素之一。据估计，全球各生态系统中的氮素有2/3以上来源于生物固氮。具有固氮作用的微生物包括细菌、放线菌和蓝绿藻，现已发现70多属，300多种，都属于原核生物。这些微生物又可分为自生、共生和联合固氮三大体系（参见第13章微生物肥料）。

(2) 有机氮的矿化　在土壤中，95%的氮以有机态存在，必须经微生物分解，转变为无机态氮之后，才能被植物吸收利用。有机氮分解为氨的作用称为矿化作用或氨化作用。矿化作用大致分为两个阶段：第一阶段是在微生物所分泌的水解酶的作用下，复杂的含氮化合物如蛋白质、核酸、氨基酸及其多聚体等逐级水解形成简单的氨基化合物，这一阶段称为氨基化阶段（氨基化作用）。其过程可表示为：

$$\text{蛋白质} \xrightarrow[\text{蛋白酶}]{+nH_2O} \text{多肽} \xrightarrow[\text{肽酶}]{+nH_2O} \text{二肽} \xrightarrow[\text{肽酶}]{+H_2O} \text{氨基酸} + \text{其他物质} + \text{能量}$$

第二阶段仍然是在微生物的作用下，氨基酸脱氨基，释放出氨，称为氨化阶段（氨化作用）。在多种细菌、真菌、放线菌作用下，氨基酸便可通过氧化脱氨、还原脱氨、水解脱氨和形成其他化合物脱氨等途径，产生氨和有机酸、醇、醛、甲烷或硫化氢等产物，如：

①水解脱氨基作用

$$RCHNH_2COOH + H_2O \longrightarrow \begin{cases} RCHOHCOOH + NH_3 + 能量 \\ RCH_2OH + CO_2 + NH_3 + 能量 \\ RCHO + HCOOH + NH_3 + 能量 \end{cases}$$

②氧化脱氨基作用

$$RCHNH_2COOH + O_2 \longrightarrow RCOOH + CO_2 + NH_3 + 能量$$

③还原脱氨基作用

$$RCHNH_2COOH + 2H \longrightarrow RCH_2COOH + NH_3 + 能量$$

或 $$CH_2NH_2COOH + 2H \longrightarrow CH_4 + CO_2 + NH_3 + 能量$$

或 $$COOHCH_2CHNH_2COOH + 2H \longrightarrow CH_3CH_2COOH + CO_2 + NH_3 + 能量$$

④形成其他化合物的脱氨基作用

$$\begin{array}{c} S-CH_2CHNH_2COOH \\ | \\ S-CH_2CHNH_2COOH \end{array} + 4H_2O + 2H \longrightarrow 2CH_3COOH + 2HCOOH + 2H_2S + 2NH_3 + 能量$$

矿化作用的强度和速率取决于土壤温度、湿度、酸碱性、有机质 C:N、分子结构等环境条件和有机质性质。矿化作用的最适温度为 20~35℃，在此温度范围内，有机质的矿化率随温度升高而加快；土壤含水量为田间最大持水量的 60% 左右时，矿化作用最强，过干过湿都会影响矿化速率；矿化作用的最适土壤 pH 值为中性—微碱性；有机质 C:N≤25:1，有机质分子结构简单，矿化作用最为迅速。

（3）土壤中氮的固定　土壤中氮的固定主要包括黏土矿物固定、生物固定和化学沉淀。

①黏土矿物对 NH_4^+ 的固定　在一些 2:1 型黏土矿物的层间，存在着 K^+ 和 NH_4^+ 的专性吸附点，产生这种专性吸附的黏土矿物主要有伊利石、蛭石和蒙脱石。2:1 型黏土矿物由二个硅氧四面体夹一个铝氧八面体片组成。在它们的层间，由于同晶置换作用产生负电荷，故可吸引晶层外的阳离子，如 NH_4^+、K^+ 和 Ca^{2+} 等，使电性中和。被吸附的 NH_4^+ 和 K^+ 容易脱去水化膜，进入黏土矿物层间表面的六角形孔穴中。由于孔穴的直径约为 2.8nm，恰好与 NH_4^+ 和 K^+ 的直径相当。当 NH_4^+ 和 K^+ 离子进入层间的孔穴后，如果黏土矿物晶层发生收缩，就会导致 NH_4^+ 和 K^+ 的固定，二者的固定机理基本相似。

大量的分析数据表明，在表层土壤中，NH_4^+ 的固定量可占土壤全氮的 5%~6%；在下层土壤中，因黏粒含量较高，固定的 NH_4^+ 可高达全氮的 20%。影响土壤 NH_4^+ 被固定的因素有：a. 黏土矿物类型　蛭石对 NH_4^+ 的固定能力最强，其次是伊利石，蒙脱石较小。b. 土壤质地　土壤对 NH_4^+ 的固定能力一般随黏粒含量的增加而增强。c. 土壤中钾的状态　当黏粒矿物的层间被 K^+ 所饱和后，就

会影响 NH_4^+ 的进入，因而使 NH_4^+ 的固定量大大减少。d. NH_4^+ 的浓度　在土壤中，NH_4^+ 的固定量随铵态氮肥料的施用量增加而提高，但 NH_4^+ 的固定率随施用量的增加而减少。e. 水分条件　施 NH_4^+ 后，如果土壤遭遇干湿交替，会增加铵的固定率和固定量。f. 土壤 pH 值　土壤酸碱度和 NH_4^+ 的固定能力之间的关系尚未肯定。但是，随着 pH 值的增加，NH_4^+ 的固定量趋向于略微增加。g. 其他条件　土壤有机质含量高，能减少 NH_4^+ 的晶格固定；土壤中 K^+、Ca^{2+}、Mg^{2+} 等阳离子可能减少 NH_4^+ 的固定。

最近，用 ^{15}N 研究表明，被黏土矿物固定的 NH_4^+ 对植物还是有效的。由于土壤中存在 NH_4^+ 的吸附和固定，所以 NH_4^+ 的移动性比 NO_3^- 小得多，NO_3^- 容易遭到淋溶，NH_4^+ 相反，在土壤渗出水中，NO_3^- 的浓度常为 NH_4^+ 的 100 倍以上。

② NH_4^+ 的化学沉淀　在某些酸性土壤中，无定形的物质较多，NH_4^+ 可与无定形铝、PO_4^{3-} 及水进行化学反应，形成微溶性的磷铵铝石 $[H_6(NH_4)_3Al_5(PO_4)_8 \cdot 18H_2O]$，从而降低 NH_4^+ 对植物的有效性。

③生物固定　通过微生物和植物的吸收同化，将无机氮转化成生物有机体的成分而暂时性地保留在土壤中。生物固定的速率和固定量均受基质 C:N 的影响，C:N 越大，被微生物固定的无机氮越多。此外，作物秸秆也能固定相当数量的无机氮（表 4-4）。因此，在使用 C:N 较大的秸秆还田时，在作物的生长前期应注意补充速效氮肥，以防止微生物与作物竞争氮素营养。一般而言，按化学氮:秸秆 =1:100 的比例配施较为适宜。

表 4-4　作物秸秆固氮量

作物秸秆	固氮量（g/100g 秸秆）
小麦	1.7
燕麦	0.8~1.5
水稻	0.5~0.9
玉米	0.0~0.2

在土壤中，有机氮的矿化和无机氮的固定是同时进行的，微生物是重要的参与者。因此，影响土壤微生物活性的碳源、氮源、温度、湿度、pH 值等显著地影响着上述二者的相对强度。一般情况下，C:N 小有利于矿化，C:N 大有利于生物固定。稻田排水落干有利于矿化，淹水有利于生物固定。当土壤中有充足的能源物质存在时，无机氮的生物固定大于有机氮的矿化作用。土壤中无机氮含量逐渐减少，氮的生物固定大于矿化，随着能量物质的不断消耗，生物固定作用逐渐降低而接近矿化速率，当这两个相反过程的速率相等时，称为转折点，此时矿质氮的生物固定量称为最大生物固定量。另一方面，当土壤中的能量物质缺乏时，有机氮的矿化作用大于无机氮的生物固定，土壤中无机氮发生积累，出现矿化作用大于生物固定，土壤中的无机氮发生积累。在短期内，生物固定的氮素有 25%~50% 可以发生矿化。在水稻—土壤系统中，有机氮与无机氮配合施用，无机氮可提高有机氮的矿化率，有机氮可提高无机氮的生物固定率。

（4）硝化作用　在微生物作用下，有机氮矿化作用产生的 NH_4^+ 或施入土壤中的铵态氮肥被氧化为硝态氮的过程称为硝化作用。这一作用包括两步：第一步由亚硝化细菌（Nitrosomonas）把 NH_4^+ 氧化为 NO_2^-，称为亚硝化作用；第二步由硝化细菌（Nitrobacter）把 NO_2^- 氧化为 NO_3^-，称为硝化作用。其反应式如下：

$$NH_4^+ + \frac{3}{2}O_2 \longrightarrow NO_2^- + H_2O + 2H^+ \qquad \Delta f = -351.1kJ$$

$$NO_2^- + \frac{1}{2}O_2 \longrightarrow NO_3^- \qquad \Delta f = -74.40kJ$$

从上式可看出，在反应 1 中，NH_4^+ 被氧化为 NO_2^-，有 $6e^-$ 在含氮化合物上转移；在反应 2 中，NO_2^- 被氧化为 NO_3^-，有 $2e^-$ 转移，反应所需要的能量源于 NH_4^+ 和 NO_2^- 的氧化作用。硝化作用使 NH_4^+ 氧化为 NO_3^-，同时释放出 H^+，这是引起土壤酸化的重要原因。

亚硝酸盐转化为硝酸盐的速度一般大于氨转化为亚硝酸盐。所以，土壤中亚硝酸盐的含量通常很低。

土壤中硝化作用主要受温度、水分、pH 值、NH_4^+、O_2 及 CO_2 等因素的影响。硝化作用最适宜的温度为 30~35℃，超过 40℃ 和低于 5℃ 时，硝化作用受到严重抑制，很少形成 NO_3^-。硝化作用最适的土壤含水量为 15%~20%，其临界水分是土壤田间持水量的 60% 左右。水分增多，通气不良，抑制硝化作用；通气良好，促进硝化作用。当土壤空气含氧量在 4.5% 以下时，硝化作用锐减。因此，在稻田土壤中，将铵态氮肥施入还原层，可降低硝化速率，防止淋失。硝化作用一般在 pH5~9 的范围内进行，但最适 pH 值为 8.5 左右。pH<6 时，硝化速率显著下降；pH<5 时，硝化作用几乎停止；pH>10 时，硝化作用也显著受到抑制。硝化细菌对 pH 值、NH_3 和其他盐类比亚硝化细菌敏感，故在不良环境下可造成 NO_2^- 的积累，危害作物。硝化抑制剂可以抑制土壤中的硝化作用，避免氮的淋失和反硝化作用，提高氮肥利用率。但是，硝化抑制剂的效果与它们的化学性质、肥料品种、土壤特性和作物种类等密切相关，在减少氮素损失的作用中，硝化抑制剂作用机理十分复杂，有待深入研究。旱地中耕松土、稻田排水烤田，以及酸性土壤施用石灰等，都能促进硝化作用。硝化作用所形成的 NO_3^- 是作物的重要氮源，但它不能被土壤胶体所吸附，容易随降水和灌溉而流失。

（5）硝酸还原作用 NO_3^- 还原为 NH_4^+ 的作用称为硝酸还原作用。在嫌气条件下，随着 NO_3^- 的消失，伴随着 NH_4^+ 的产生。NO_3^- 还原成 NH_4^+ 的速率稍慢于反硝化作用，但比微生物同化 NH_4^+ 的过程快。NO_3^- 还原成 NH_4^+ 的机理还不十分清楚，Knowles（1981）认为，某些微生物和芽孢杆菌可以将 NO_3^- 还原为 NH_4^+，在中等厌氧的条件下，有近 50% 的 NH_4^+ 来自 NO_3^- 的还原，但好气环境会阻止 NH_4^+ 的形成。印度 Sahrawat（1982）认为，水田中存在 NO_3^- 还原为 NH_4^+ 的化学过程，NO_3^- 与 Fe^{2+} 作用生成 NH_4^+：

$$NO_3^- + 8Fe^{2+} + 21H_2O \longrightarrow NH_4^+ + 8Fe(OH)_3 + 14H^+$$

随着反应的进行，NO_3^- 逐渐减少，NH_4^+ 逐渐增加（表 4-5）。NO_3^- 还原作用的大小主要受土壤氧化还原电位的影响，土壤氧化还原电位越低，生成的 NH_4^+

表 4-5 渍水酸性硫酸盐土壤中硝态氮转化量　　　　　　　　　　mg/kg

处理		时间 (d)						
		0	1	2	3	4	5	7
土壤	NH_4^+	22	28	33	45	52	60	63
	NO_3^-	0	0	0	0	0	0	0
土壤 + 100mg/kg NO_3^-	NH_4^+	22	35	44	58	65	75	79
	NO_3^-	101	90	84	80	78	74	70
由 NO_3^- 产生的	NH_4^+	0	7	11	13	13	15	16

资料来源：K. L. Sahrawat, 1981。

表 4-6 氧化还原电位对 $^{15}NO_3^-$ 还原的影响

培养时间 (h)	^{15}N 的回收率（占加入的 $^{15}NO_3^-$—N 的%）					
	300mV		0mV		−200mV	
	NH_4^+—N	有机 N	NH_4^+—N	有机 N	NH_4^+—N	有机 N
21	0.4	1.0	3.7	1.9	18	3.7
43	0.6	1.9	8.2	2.6	29	6.2
71	1.1	2.2	13	2.9	35	7.4
114	1.8	3.7	15	3.5	32	7.5
210	—	4.3	13	5.1	26	8.7

资料来源：R. J. Buresh, 1981。

多（表 4-6）。

(6) 氮素的气态损失　在土壤中，无机氮在一定条件下可形成 NH_3、N_2、N_2O、NO、NO_2 等气态氮，而从土壤中挥发损失。其机制主要为 NH_3 的挥发，NO_3^- 和 NO_2^- 的生物反硝化作用和化学反硝化作用。

① NH_3 的挥发　在土壤 pH 值较高时，矿化作用产生的 NH_4^+ 或施入土壤的铵态氮肥或尿素，容易出现挥发损失。其过程为：

NH_4^+（代换性）$\rightleftharpoons NH_4^+$（液相）$\rightleftharpoons NH_3$（液相）$\rightleftharpoons NH_3$（气相）$\rightleftharpoons NH_3$（大气）

在旱地与水田表面，氨的挥发损失现象是相当严重的，可占施氮量的 3% ~ 50%，且变异幅度很大。影响 NH_3 挥发的主要因素有土壤 pH 值、质地、温度、风速、$CaCO_3$ 含量、化肥种类、施肥量、施肥方法、土壤水分、NH_4^+ 和 NH_3 浓度等。

土壤 pH 值是影响 NH_3 挥发的重要因素。当 pH < 7.0 时，氨的挥发损失较少，随着 pH 值的增加，NH_3 的损失量增多，pH 值每增加一个单位，NH_3 挥发损失约增加 10 倍。Jewitt 发现，将 $(NH_4)_2SO_4$ 施于土壤中，当 pH = 7.0 时，几乎没有发现 NH_3 的挥发损失；pH = 8.6 时，氨挥发损失达到 13%；pH = 10.5 时，NH_3 挥发损失量高达 80%。因此，在石灰性土壤中，氮的损失比非石灰性土壤严重。值得注意的是，稻田的水层中，白天由于藻类进行光合作用，消耗 CO_2，可使水层的 pH 值高于 8.0，也会造成 NH_3 的挥发损失。据国际水稻研究所（IR-

RI) 研究表明，如果在每公顷稻田中施入 60kg 的 $(NH_4)_2SO_4$，第二天至第三天的氨挥发量为 $10\sim24kg/hm^2$。

NH_3 的挥发损失与土壤 $CaCO_3$ 含量呈正相关。铵盐施入土壤后，与 $CaCO_3$ 反应生成 $(NH_4)_2CO_3$，$(NH_4)_2CO_3$ 不稳定，很容易分解造成 NH_3 的挥发。

$$2NH_4^+ + CO_3^{2-} \rightleftharpoons NH_3\uparrow + CO_2\uparrow + H_2O$$

NH_3 挥发损失除与土壤 pH 值和碳酸钙有关之外，还与铵盐伴随的阴离子与 Ca^{2+} 形成的钙盐溶解度有关，所形成的钙盐溶解度越低，如 $CaSO_4$，NH_3 的挥发损失就越大；所形成的钙盐溶解度越大，NH_3 损失就越小。

温度影响 NH_3 在水中的溶解性和在土壤中的扩散速率，温度升高，NH_3 在水中的溶解性减小，在土壤中的扩散速率增大，因而 NH_3 的挥发损失增加。

施肥深度也能影响氨的挥发。大量的试验表明，铵态氮肥深施至 10cm 左右，NH_3 的挥发损失很少，尤其是在酸性或中性土壤上。大田微区试验表明，如果小麦表施追肥，碳铵、硫铵和尿素的损失率分别为 45.3%、42.6% 和 27.5%，但深施到 6cm 以下的土壤中，氮肥损失率分别为 10.0%、20.3% 和 23.2%，碳铵的肥效随施用深度的增加最为明显。对于砂质土壤和在干旱的条件下，氮肥深施可显著提高肥效。

②生物反硝化作用　在反硝化微生物的作用下，NO_3^- 还原成 N_2 或 N_2O 的脱氮的现象称之生物反硝化作用（简称反硝化作用），其过程如下：

$$2HNO_3 \xrightarrow[-2H_2O]{+4H} 2HNO_2 \xrightarrow[-2H_2O]{+4H} H_2N_2O_2 \begin{cases} \xrightarrow[-2H_2O]{+2H} N_2 \\ \xrightarrow[]{+2H} N_2O \xrightarrow[-4H]{+2H_2O} 2NO \end{cases}$$

进行反硝化作用的微生物主要是一些嫌气性和兼性微生物。这些微生物大部分属于异养型，主要有产碱菌属 *Alcaligenes*、土壤杆菌属 *Agrobacterium*、假单孢菌属 *Pseudomonas*、芽孢杆菌属 *Bacillus* 等。少数化能自养型细菌，如硫杆菌属 *Thiobacillus*、蓝藻 *Cyanobacterium*，也能将 NO_3^- 还原成氮气。生物反硝化作用共分四步，每一步所释放的氧都能被用于微生物呼吸作用。在反硝化过程中，氮主要以 N_2 损失，少部分以 N_2O 形式损失。反硝化作用消耗 H^+，因而提高土壤 pH 值。稻田灌水二三周后，土壤 pH 值升高的部分原因在此。

反硝化作用造成氮素损失的数量变幅很大，主要取决于 NO_3^- 含量、低 C∶N 和易分解的有机物质的多寡、土壤通气、水分状况和温度等因素。反硝化作用可在表层土壤中发生。土壤排水不良，温度在 25℃ 及以上，土壤反应近于中性，有充足的易分解的有机物质，反硝化作用易于进行。如果土壤中存在 NO_3^-，土壤 Eh 达到 200mV，土壤气体的含氧量为 20%、水分张力为 20cm（砂土）或 40cm（壤土），即开始反硝化脱氮。土壤气体的含氧量在 5%~10%、pH5~8、温度 30~50℃，并含有大量的新鲜有机物时，反硝化作用旺盛进行。淹水稻田施用 $(NH_4)_2SO_4$ 后，反硝化脱氮损失可达 155mg/kg 土。在日本，用 ^{15}N 进行的示踪试验表明，稻田脱氮量为 24%~45%；在我国，用 ^{15}N 标记硫酸铵发现，稻田脱氮量约为 35%。由此可见，反硝化脱氮是稻田氮素损失的主要途径。防止反硝化作用的关键措施在于抑制硝化作用，减少硝态氮的形成，加强排水，不断松土，深施氮肥，施用硝化抑制剂可抑制反硝化作用。

③化学反硝化作用　在土壤中，由于纯粹的化学作用，使铵氧化而成的亚硝态氮，或硝态氮还原成亚硝态氮，然后进一步还原为 N_2、N_2O、NO 等的现象，称化学反硝化脱氮作用。当大量施用 NH_3 或 NH_4^+ 态氮肥（如液态氨、碳铵和尿素等）之后，导致土壤呈强碱性，发生 NO_2^- 积累。NO_2^- 的大量积累是由于硝化过程的第二步受到抑制引起的，主要因为硝化细菌（Nitrobacter）对 NH_3 比较敏感，易于发生 NH_3 中毒。NO_2^- 的积累能造成多种危害，一是危害植物，二是发生化学反硝化作用，导致氮素损失。由于亚硝酸盐的化学降解，使土壤脱氮的损失包括：

a. 亚硝酸的自分解作用（Cleemput, 1976）

$$3HNO_2 \xrightarrow{pH<5} HNO_3 + 2NO\uparrow + H_2O$$

b. 亚硝酸和 α-氨基酸之间进行氧化还原反应，产生所谓 Van Slyke 作用（Porter, 1969）

$$RCHNH_2COOH + HNO_2 \xrightarrow{pH<5} RCH_2OH + H_2O + CO_2\uparrow + N_2\uparrow$$

c. 亚硝酸与土壤有机质中的酚发生氧化还原反应（Bremner, 1968）

$$4\,C_6H_4(OH)_2 + 4HNO_2 \longrightarrow 4\,C_6H_4O_2 + 6H_2O + N_2\uparrow + 2NO\uparrow$$

d. 亚硝酸与尿素反应生成 N_2

$$CO(NH_2)_2 + 2HNO_2 \longrightarrow CO_2\uparrow + 3H_2O + 2N_2\uparrow$$

e. 亚硝酸与 NH_4^+ 反应生成亚硝酸铵，然后再进行双分解反应

$$NH_4NO_2 \xrightarrow{pH5\sim6.5} 2H_2O + N_2\uparrow$$

化学反硝化脱氮作用与生物反硝化脱氮作用不同，它可以在好气条件下进行，要求的土壤 pH 值比较低。因此，早期的一些研究者（Bremner, 1968；Cody, 1960；Cooper, 1963）认为，这一作用在一般农业土壤上不很重要。但近来 Smith 和 Chalk 用 ^{15}N 标记的亚硝酸钠（$NaNO_2$）试验表明，加入 $Na^{15}NO_2$ 96h 之后，就可检测到气态氮（N_2、NO、N_2O）逸失。在冲积土中，氮的挥发损失量达到加入量的 43.2%，在黑土中达到 53.0%，在红壤中达到 37.7%。不过，这种现象对农业生产的影响有待进一步研究。

(7) 氮的淋洗损失　氮的流失包括淋失、地表径流或排水流失等多种途径。

氮的流失与土壤、气候、肥料和栽培管理措施等有密切关系。在湿润和半湿润地区土壤中,氮的淋失较多;在干旱和半干旱地区,氮的淋失极少。在多雨地区,水田和轻质土壤的氮素流失比较严重。流失的氮素主要是硝态氮,其次是铵态氮和部分可溶性有机氮化合物。这是因为 NO_3^- 带负电荷,难于被土壤胶体吸附,扩散快。在我国南方,降雨多,硝态氮的淋失严重;在北方,降雨少,硝态氮淋失也少。硝酸盐淋失与地表覆盖有关。草地土壤根系密集,土壤中硝酸盐积累很少,即使在湿润地区的土壤中,氮的淋失也不多;如果土壤处于休闲状况,硝化作用产生的硝酸盐积累于土壤中,遇水淋溶;密植作物有利于减少土壤硝酸盐淋溶,中耕和灌溉促进硝酸盐淋溶。铵态氮的流失主要是因为溶液中的 Fe^{2+}、Mn^{2+} 使吸附态的 NH_4^+ 解吸,使之进入溶液。在阳离子交换量小,质地粗的土壤中,NH_4^+ 的流失较多。土壤对尿素的吸附能力较 NH_4^+ 弱,故也容易流失。

硝酸盐淋出土壤之后,容易随地表径流进入河流、湖泊、海洋和地下水中,造成水体富营养化,污染水资源,这已引起有关部门的极大关注。

4.3 氮肥的种类、性质与施用

4.3.1 氮肥的种类及性质概述

氮肥根据其所含氮素的形态,可划分为铵态氮肥、硝态氮肥、酰胺态氮肥和缓效氮肥等几种类型。各种类型氮肥的性质、在土壤中的转化和施肥既有共同之处,也各有其特点。

4.3.1.1 铵态氮、硝态氮和酰胺态氮肥性质及营养特点

(1) 铵态氮肥 包括液氨、氨水、氯化铵、硫酸铵、碳酸氢铵等,它们具有以下一些共同特性:

①铵态氮肥易被土壤胶体吸附,部分进入黏土矿物晶层固定。铵态氮肥易溶于水,施入土壤后,大量 NH_4^+ 离子通过阳离子交换反应被土壤胶体吸附,部分铵离子留在土壤溶液中,或固定到2:1型黏土矿物,如伊利石、蛭石和蒙脱石晶格的层间。溶液中铵和交换性铵随时发生吸附和解吸转化,速率极快;固定态铵和交换性铵也会互相转化,但平衡速率较慢。部分固定态铵在作物生产期间能从晶层中释放出来,转变为作物能吸收的有效氮。铵态氮肥在土壤中移动性小,不易淋失,其肥效不如硝态氮肥快,但肥效比硝态氮肥持久。既可作追肥,也可作基肥。

②铵态氮容易氧化变为硝态氮。在通气良好时,氨和铵离子在土壤中能发生硝化作用,转变为硝酸盐并释放出 H^+,使施肥点附近的土壤暂时酸化,但一旦硝态氮被作物吸收之后,这种现象就会逐渐消失。在石灰性土壤中,大量施用铵态氮肥,容易积累游离氨,抑制硝化作用,容易导致土壤中的亚硝酸盐含量升高,危害作物。

③在碱性环境中，氨容易挥发损失。表施铵态氮肥，尤其是在石灰性土壤上，会引起氨的挥发损失。土壤碱性愈强，气温越高、风速越大、蒸发越快，施于土表的铵态氮肥挥发越多。施于质地粗、盐基交换量低的土壤上，氨的损失也高。氮肥深施，尤其是造粒后深施覆土，可大大减少氨的挥发损失。

④高浓度铵态氮对作物产生毒害，尤其是在作物生长的幼苗阶段，碳水化合物含量低，过量施用的铵态氮肥会产生不良作用。

⑤铵态氮为阳离子，在 pH 值中性情况下容易被作物吸收。供给 NH_4^+ 有利于植株吸收阴离子，作物吸收过量的铵态氮对钙、镁、钾的吸收有一定抑制作用。Kirkby 和 Mengel（1967）的研究表明，供给 NH_4^+，植株体内的 SO_4^{2-} 和 $H_2PO_4^-$ 高于供给 NO_3^- 的植株，但体内的阳离子含量则较低。

（2）**硝态氮肥** 硝态氮肥主要包括硝酸钠、硝酸钙、硝酸铵等。它们的共同特性有：

①硝态氮肥易溶于水，在土壤中移动较快。在土壤水分充足时，主要靠质流迁移到根系表面；在水分较少时，则依靠扩散作用移动到根部。土壤硝酸盐的扩散系数比铵态氮大 5~10 倍。在低 pH 值条件下，作物吸收较快。供给 NO_3^- 能促进植株吸收阳离子。

②植物一般主动吸收 NO_3^-，过量吸收对作物基本无害。

③硝酸盐肥料不抑制作物吸收钙、镁、钾等养分。

④硝酸盐是带负电荷的阴离子，不能被土壤胶体所吸附。在降雨或灌水过多时，容易随水从土壤中流失，污染环境。

⑤通过反硝化作用，硝酸盐还原成气体状态（NO、N_2O、N_2），从土壤中挥发逸失。在嫌气和碱性条件下，土壤反硝化作用强烈。

⑥硝态氮肥容易吸湿，易燃易爆，贮存时要采取防潮和安全措施。

⑦硝态氮是氮的氧化形式。在供给硝酸盐的条件下，细胞汁液的氧化还原电位较高，有利于形成氧化形态的有机物——有机酸。Kirkby 和 Mengel（1967）的试验表明，施用硝态氮时，有大量苹果酸在番茄叶片中积累，柠檬酸的含量也高于施铵态氮，总的有机酸含量显著提高，说明硝酸盐营养引起作物体内大量积累有机酸。此外，供应 NO_3^- 时，白芥菜叶片有机酸的含量是供应 NH_4^+ 的 3 倍，随着有机酸阴离子浓度的增加，无机阳离子的含量同时提高。在植物体内，有机阴离子主要是苹果酸。但对于某些植物，如藜科、蓼科、马齿苋科等，有机酸主要是草酸。在植物组织中，草酸含量过高，容易形成草酸钙结晶，食用后会引起人畜血钙过低。

在大多数旱地土壤中，NO_3^- 是矿质氮的主要形式，也是陆生高等植物吸收利用氮素的主要形态。NO_3^- 积累在不同器官和细胞液泡中，它的同化是与碳代谢相互协调的。在植物缺乏碳水化合物或需氮较少时，NO_3^- 不会还原成 NH_4^+，从而有效地避免 NH_4^+ 积累，防止 NH_4^+ 中毒。

在氧化还原电位较低的稻田土壤和酸性土壤中，硝化作用常常受到抑制，土壤有效氮多以 NH_4^+ 的形式存在。一般而言，水稻和一些喜酸嫌钙植物（Calcifuge）一般偏爱 NH_4^+—N。此外，某些原来生长在酸性土壤中的森林树种也比较喜欢 NH_4^+—N。但铵态氮施用过多，容易产生氨中毒现象，尤其是当日照不足或气温较低时，作物体内碳水化合物含量不足，氨的受体不多，体内的氨不能迅速转化而积累，造成氨中毒。

（3）尿素　尿素是一种有机物质，属于酰胺态氮，中性，分子量小，容易透过细胞膜而进入细胞，适宜用作根外追肥。

在植株体内，尿素可在脲酶的催化作用下被同化。凯亭（Kating，1961）以产朊园酵母（Torulosisutilis）作为实验材料，证明尿素可直接被分解为氨甲酰基和氨基，前者和鸟氨酸结合，后者和 α-酮戊二酸结合生成瓜氨酸和谷氨酸。沃克尔（Walker，1952）用绿藻为实验材料，推导出鸟氨酸逆循环，即尿素与鸟氨酸结合，生成精氨酸，精氨酸在延胡索酸和精氨酰琥珀酸存在的条件下，生成瓜氨酸和天门冬氨酸。现已证实在高等植物中，也存在鸟氨酸循环。例如，在豆科和松柏科植物种子发芽时，供给尿素，则积累精氨酸；精氨酸减少，瓜氨酸和天门冬氨酸增加。

4.3.1.2　氨的毒害及其防治

如果大量施用氨水、碳铵、尿素等，氮肥施用不当，可能导致植物体内氨浓度过高，造成氨中毒，铵态氮肥用量越大，氨中毒的现象愈严重。在植物体内，所积累的氨可能直接来自于土壤中的铵态氮，也可能来自于植物体内含氮化合物（如氨基酸、蛋白质等）的降解。在通常情况下，植物体内蛋白质降解产生的铵的浓度大于外部介质。植物种类和品种不同，耐铵能力也有差异。植物氨中毒后的外观症状主要有：①叶片失绿黄化，萎蔫下垂，严重时坏死；②茎和叶部出现斑点，茎的生长受到抑制；③根部停止生长，老根发黑、坏死，根量减少，根呈褐黄色，无根毛。

NH_3 对作物产生毒害的浓度很大程度上受介质 pH 值和 NH_4^+ 活度的控制。在溶液中，NH_3 引起的毒害作用大多发生在 pH 值较高的条件下。当土壤 pH 值较高时，即使溶液中的 NH_4^+ 浓度较低，也可能产生 NH_3 的毒害现象；当土壤 pH 值较低时，溶液中的 NH_4^+ 占优势，多数植物能忍受高浓度的铵态氮，主要原因是在低 pH 值条件下，土壤溶液中 H^+ 浓度较高，降低了溶液中 NH_3 的浓度。土壤溶液中 NH_4^+ 和 NH_3 有如下平衡关系式：

$$NH_3（溶液）+ H^+ \rightleftharpoons NH_4^+$$
$$NH_4^+ + OH^- \rightleftharpoons NH_3（溶液）+ H_2O$$

NH_3 毒害植物的机理目前尚不完全清楚。氨对植物产生毒害的主要原因可能是：①抑制光合磷酸化。NH_3 能通过细胞膜，进入叶绿体，在叶绿体的类囊体膜上使光合磷酸化发生解偶联作用，从而影响 ADP + Pi 形成 ATP，使植物的光合作用受到抑制。②抑制氧化磷酸化。在呼吸过程中，NH_3 抑制还原态吡啶核苷酸脱氢氧化反应：$NADH \longrightarrow NAD^+ + 2H^+ + 2e^-$，使氧化磷酸化不能进行。③ NH_3

破坏蛋白质的三级结构,使蛋白质丧失生理功能。④ NH_3 不仅抑制 K^+ 的吸收,而且还可能造成 K^+ 的外渗。

为了避免氨水、碳铵、尿素施用不当造成 NH_3 的毒害作用,除了改进施肥方法,如采用深施、侧施,与泥炭或风化煤混施等之外;还需要控制肥料用量,在作物吸收能力较弱的苗期切忌大量施用氮肥;在低温、光照不足等不良气候条件下,要特别注意氮肥施用方法和用量。

4.3.2 铵态氮肥

铵态氮肥的共同特点是氮以铵离子(NH_4^+)的形式存在,施入土壤之后,被土壤胶体吸附,不易流失,遇碱性物质极易引起氨(NH_3)的挥发损失,在微酸—微碱性的土壤中和通气良好的条件下,NH_4^+ 易被微生物转化为硝态氮。

4.3.2.1 液体氨(NH_3,含氮82%)

(1) 成分和性质　液体氨简称液氨,分子式为 NH_3,含氮量高达82%,是目前含氮量最高的速效氮肥,它是由合成氨直接加压制成的。其比重为0.617,沸点(蒸发点) -33.33℃,冰点(结冰点) -77.8℃。由于它具有很高的蒸汽压(20℃为 $7.8 \times 10^5 Pa$)和很低的沸点,在常温常压下呈气体状态,需要在耐高压的容器中运输和贮存,施用时要有相应的防护设备和施肥机具。

(2) 在土壤中的转化　液氨施入土壤后,很快在土壤孔隙中扩散,大部分溶于土壤溶液,形成铵离子,一部分铵被土壤胶体吸附,一部分则经硝化作用转化为硝酸盐。施用液氨,可以导致局部土壤碱性在短时间内明显增强,加上氨的抑制作用,硝化细菌活动受阻,亚硝态氮在土壤中大量积累,继而产生脱氮(N_2 和 NO_2)损失。

(3) 施用技术　液氨最好在秋、冬季作基肥深施,施在质地黏重和含水量较高的土壤中,一般用量为 $75kg/hm^2$ 左右。液氨深施是防止氨挥发损失和反硝化脱氮的有效途径。在施用时,必须用装配有耐高压的氨罐、减压阀、氨压表、分配器、管道和施肥刀等专用液氨施肥机具,并与大功率拖拉机配套,在高压状态下将液氨直接注入到15cm以下的土壤。同时要注意安全,切忌与皮肤接触,防止冻伤。大量研究表明,液氨施入15cm以下的土壤中,24h内氨的挥发损失仅占施入量的0.59%,且对种子萌发无不良影响。

4.3.2.2 碳酸氢铵(NH_4HCO_3,含氮17%)

碳酸氢铵简称碳铵,是我国主要的氮肥品种,占我国农用氮肥的50%(以纯氮计)以上。

(1) 成分和性质　碳铵(NH_4HCO_3)是将 CO_2 通入浓氨水后,经碳化并离心干燥后获得的产物,含氮16.5%~17.5%,呈白色粒状、板状或柱状结晶,比重1.57,易吸湿结块,易溶解于水,是一种速效性氮肥。在0℃时,碳铵的溶解度为11.3%,20℃时为21%,40℃时为35%。水溶液呈碱性,pH8.2~8.4。如果碳铵处于干燥状态，在常温常压条件下比较稳定，但当碳铵含水量高、空气湿度大或气温高时，易分解成氨气，导致氮素大量损失，反应式为：

$$NH_4HCO_3 \longrightarrow NH_3\uparrow + CO_2\uparrow + H_2O$$

据测定，在32℃时，暴露15天，氨全部分解挥发。因此，在贮运和施用过程中，要保持低湿干燥、严密包装，施用时用一袋开一袋，深施盖土，防止氮素损失。碳铵的分解是损失氮素和加速潮解的过程，是造成贮藏期间碳铵结块和施用后可能灼烧作物的根本原因。影响碳铵分解的因素有：温度、含水量和结晶粒度。

①环境温度 随着温度升高，碳铵分解挥发加快。

②含水量 碳铵含水量越高，潮解越快，以致引起碳铵结块。研究表明，碳铵的含水量<0.5%，常温下不易分解；含水量<2.5%，分解缓慢；若含水量>3.5%，分解明显加快。目前，工厂把农用碳铵的含水量控制在3.5%以下，有利于减少分解。

③结晶程度 结晶程度影响碳铵表面积和吸湿水含量，从而影响碳铵分解。一般而言，粒度越大，比表面积越小，挥发损失越少。目前，小氮肥厂都采用添加表面活性剂的方法，增大碳铵的粒度，减少含水量，以便减少氮素损失。

④贮藏时间 贮藏时间越长，挥发损失量越大。

（2）在土壤中的转化 碳铵施入土壤后，一部分分解生成氨，呈分子态被土壤吸附，大部分解离成铵（NH_4^+）和碳酸氢根（HCO_3^-）。反应式为：

$$NH_4HCO_3 \longrightarrow NH_4^+ + HCO_3^-$$

铵离子与土壤胶体表面的阳离子交换而被吸附，残存的HCO_3^-不仅对土壤无害，还能提供作物生产所需的碳源。

由于碳铵易被土粒吸附，施入土壤后不易随水下渗流失，淋失量仅为其他氮肥的1/3。因此，碳铵只要施用得当，氮素损失不大。

（3）施用技术 碳铵施入土壤后，具有无副作用和易于被土粒吸附的特点，在一定程度上可以弥补入土前易于分解和含氮量低的缺点。碳铵宜作基肥和追肥，不能作种肥。基肥的一般用量为25~40 kg/667m^2，追肥用量为15~20kg/667m^2。

提高碳铵肥效的关键在于减少碳铵的挥发损失，不论是用作基肥还是追肥，均须深施。碳铵深施，肥效的高峰期在25~30天，挥发和反硝化脱氮也不多。在作基肥时，施用的深度约为黏土10~15cm，壤土14~15cm，砂土12~18cm。深施可采用机械深施和人工深施。基肥深施可在犁具前加装撒肥装置，先撒肥后耕翻，要做到随撒肥随耕翻，将碳铵深埋入土。人工深施碳酸氢铵，要尽量缩短化肥暴露在地表的时间，撒施后迅速翻埋。在作追肥时，施用深度约为黏土7~10cm，壤土10~12cm，砂土10~15cm。追肥深施也可利用追肥深施器，追肥部位应距株行两侧10~20cm，施肥带宽大于3cm。

将碳铵制成粒肥、球肥或与磷、钾肥混合制成颗粒状复合肥，增产效果好于粉状碳铵，原因在于造粒之后，比表面积变小，减少了肥料与空气、土壤的接触，降低了氮素的挥发损失，从而提高了肥效。据试验，玉米施用碳铵粒肥比等量的粉状碳铵增产12.9%，施用球肥比粉状撒施增产10.7%~20%，粒肥深施（10cm）比浅施增产11.7%。

4.3.2.3 硫酸铵[$(NH_4)_2SO_4$，含氮20%~21%]

硫酸铵简称硫铵[$(NH_4)_2SO_4$]，是我国使用和生产最早的一种氮肥。在氮肥发展初期，其生产和使用量较多，但现在硫铵在我国氮肥生产中已不足1%。

(1) 成分和性质　硫铵是一种含有氮、硫两种营养元素的肥料，理论含氮值为21.2%，但由于含有杂质，实际含氮量为20%~21%，含硫24%，含游离酸0.2%~0.5%。产品为白色结晶，易溶于水，水溶液呈酸性。在0℃时，100ml水可溶解70.6g；在20℃时，可溶解75g；在100℃时，可溶解103.8g。硫铵吸湿性小，不易结块，化学性质稳定，物理性状良好，便于贮存、施用。但是，长期贮存在湿度大的环境中，由于产品含游离酸，也会吸湿结块。所以，在高温多雨季节应妥善保管，防止吸湿结块。硫铵比较稳定，在常温常压下不发生氮素损失，只有在高温（235℃）时才分解释放出氨气。不过，硫铵与碱性物质混合，即使在常温下也会引起氨的挥发损失。

$$(NH_4)_2SO_4 + CaCO_3 \longrightarrow 2NH_3\uparrow + CO_2\uparrow + CaSO_4\downarrow + H_2O$$

(2) 在土壤中的转化　硫铵施入土壤后，很快溶于土壤溶液，分解成铵离子和硫酸根离子。作物吸收NH_4^+后，硫酸根离子残留于土壤，使酸性土壤的酸度进一步提高。施入碱性土壤，硫铵与土壤中的碳酸钙发生反应，引起氨的挥发。

在好气条件下，硫铵在土壤中还可以被硝化细菌还原成硝酸和硫酸。

$$(NH_4)_2SO_4 + 4O_2 \longrightarrow 2HNO_3 + H_2SO_4 + 2H_2O$$

在嫌气条件下，$(NH_4)_2SO_4$还可被反硝化细菌进一步还原成游离氮（N_2、N_2O）而损失。因此，硫铵也必需深施。

(3) 施用技术　硫铵可作种肥、基肥和追肥施用。硫铵用作种肥，可与腐熟的有机肥以1:5的比例混匀后拌种，以免影响种子发芽。用肥量一般为37.5~75 kg/667m²，具体根据播种量而定；硫铵作基肥的用量为20~30 kg/667m²。如果作追肥，可在小麦返青—拔节期，水稻盛蘗、幼穗分化期，玉米拔节、大喇叭口期，棉花花铃期，油菜抽薹期，大蒜抽薹期施用。用量为10~20 kg/667m²。无论是作基肥还是追肥，均应深施盖土，以防止氨的挥发损失。硫铵主要用于旱地，稻田一般不宜施用硫铵。根据全国化肥网试验，在适量施用有机肥料的基础上，每667m²施用20kg硫铵，一般每千克硫铵可增产小麦2~4kg，玉米3~6kg，籽棉1~2kg，菜籽1kg，水稻3~5kg，薯类8~12kg。

硫铵适用于各种作物，尤其是喜硫忌氯作物，如葱、蒜、油菜、薯类、烟草，以及缺硫的土壤。

4.3.2.4 氯化铵（NH_4Cl，含氮25%~26%）

氯化铵简称氯铵，是联合制碱工业的副产品。1942年我国化工专家侯德榜改进了苏尔维氏制碱法，提出了比较完整的联合制碱法，可同时生产纯碱和氯化铵。其主要化学反应为：

$$NH_3 + CO_2 + NaCl + H_2O \longrightarrow NaHCO_3 + NH_4Cl$$

$$NaHCO_3 \xrightarrow{\triangle} Na_2CO_3 + CO_2\uparrow + H_2O$$

（1）成分和性质　氯化铵是一种白色结晶体，含氮25%~26%，农用氯化铵还含有<3%的NaCl和<1.0%的H_2O，物理性状较好，吸湿性约大于硫铵。易溶于水，20℃时，每100mL水可溶解氯化铵37g，水溶液呈弱酸性，与硫铵一样，同为生理酸性肥料。对热反应比硫铵更稳定，常温下不易挥发，只有温度达到340℃时才会自行分解释放出氨。

（2）在土壤中的转化　氯化铵施入土壤后，离解为铵离子（NH_4^+）和氯离子（Cl^-）。NH_4^+被土壤胶体吸附。在酸性土壤中，施用氯化铵后，NH_4^+与土壤胶体上H^+进行交换反应，Cl^-与H^+结合，形成HCl，使土壤酸化。其反应式为：

$$\boxed{土壤胶体}{}^{H^+}_{H^+} + 2NH_4Cl \rightleftharpoons \boxed{土壤胶体}{}^{NH_4^+}_{NH_4^+} + 2HCl$$

在碱性土壤上，施用氯化铵之后，NH_4^+与土壤胶体表面的Ca^{2+}进行交换，生成易溶性的氯化钙。在排水良好的土壤中，氯化钙可被雨水或随灌溉水淋溶。但在干旱地区、排水不畅的低洼地和盐碱土地区，长期大量施用氯化铵，氯化钙会在土壤中不断积累，增加土壤的盐浓度，对种子发芽和幼苗生长不利。因此，酸性土壤施用氯化铵应配合施用石灰和有机肥料；低洼地、干旱地区及盐碱地最好限量施用或不施用氯化铵。

氯化铵中含有65%~66%的Cl^-，氯对硝化细菌有抑制作用，使土壤中硝化作用进行缓慢，因而可以使NH_4^+较多地保存于土壤中。

（3）施用技术　氯化铵可用作基肥和追肥，不宜作种肥和秧田肥，尤其应注意不能与种子接触，以防影响种子发芽或造成烧苗。基肥和追肥的用量因作物和产量水平而定。施用时要深施覆土，防止氮的损失。

氯化铵的肥效与作物种类和土壤酸碱度有关。据试验，小麦、玉米、棉花、麻类等旱地作物施用氯化铵与硫酸铵的肥效接近，对水稻的肥效优于硫铵和尿素。酸性土壤上，氯化铵的肥效略低于尿素；在中性和石灰性土壤上，氯化铵的肥效与尿素相当或略高。原因在于氯离子对硝化细菌有一定抑制作用，减少了氮素损失，提高了肥效。稻田施用氯化铵，还能避免硫铵对水稻根系产生的不良影响，提高根系吸收养分的能力，从而提高肥效。

对氯敏感的耐氯力弱的作物（以往称"忌氯作物"）如烟草、马铃薯、葡萄、莴苣、甘薯等不宜施用氯化铵，作物吸氯过多，导致品质降低。

4.3.3 硝态氮肥

硝态氮肥含有硝酸根（NO_3^-），主要有硝酸钠、硝酸钙、硝酸铵、硝酸铵钙等。最古老的硝酸盐肥料是智利的天然硝石。目前施用的硝态氮肥主要是硝酸铵。

硝酸铵（NH_4NO_3）简称硝铵，含 N 34%，由硝酸与铵盐合成。是当前世界上的一种主要氮肥品种。

4.3.3.1 成分和性质

硝酸铵含有硝态氮和铵态氮，各占一半，总含氮量34%。硝酸铵的产品有两种：一种是白色粉状结晶，吸湿性很强，易结块，在高温多雨季节会吸湿成糊状；另一种是白色或淡黄色颗粒，在硝酸铵颗粒表面有一些疏水填料作防潮剂，使用方便，易存放，吸湿性弱，不易结块。硝酸铵的溶解度很大，水溶液呈中性，是一种生理中性肥料。硝酸铵具有助燃性、结块性和爆炸性，不能与纸张、柴禾、硫磺、棉花等各种易燃物存放在一起。当硝酸铵遭受锌、铜、镁、铝等易氧化的金属撞击时，生成亚硝铵引起爆炸。因此，在贮存、运输硝酸铵过程中，要注意防水、防潮、防火、防撞击，严禁与金属物质接触。结块的硝铵也不能用木棍、铁棒击打。

硝酸铵钙 [$NH_4NO_3 \cdot CaCO_3 \cdot MgCO_3$] 又名石灰硝铵，将硝酸铵与一定比例的碳酸钙（白云石）混合、熔融制成，呈灰白色或浅褐色颗粒，含氮量一般为20%~25%。物理性状好，吸湿性小，不易结块。

4.3.3.2 在土壤中的转化

硝酸铵施入土壤之后，很块解离成铵离子（NH_4^+）和硝酸根（NO_3^-）离子，两种离子均能被作物吸收，故无任何副成分。NH_4^+ 易被土壤胶体吸附，NO_3^- 则不能。在酸性土壤上，NO_3^- 生成 HNO_3；在中性和石灰性土壤上，NO_3^- 生成硝酸盐（钙、镁），这些物质在土壤中的移动性大，易随水流失。硝酸铵施入稻田后，当 NO_3^- 达到还原层时，还会发生反硝化反应，引起脱氮损失。

4.3.3.3 施用技术

硝酸铵适宜的土壤和作物范围广，但最适宜于陆生植物。一般可作追肥和旱地基肥，但不宜作种肥或施于稻田和多雨地区。旱地作追肥要采用少量多次施用方法，可穴施或沟施，并结合中耕，施肥后覆土。在雨季或多雨地区，要适当浅施，避免 NO_3^- 向下淋失，不利于作物吸收利用。水浇地施硝铵后，不宜大水漫灌，以免硝态氮淋溶损失。硝铵不宜在水田中施用，如果作为稻田追肥，要将其施入土壤氧化层，且注意蓄水管理，采取浅水追肥，施后不再注水的方法。在水稻幼穗形成期浇水追施，施后停灌3~4天，再恢复正常水层，肥效较好。

硝酸铵钙不但含有氮素营养，而且含有28%的碳酸钙（$CaCO_3$），适用于多种作物，在酸性土壤和喜钙作物上效果较好。硝酸铵钙宜作追肥和旱地基肥施用，用量为15~20kg/667m^2，应开沟施入，并及时覆土。

4.3.4 酰胺态氮肥 [尿素，$CO(NH_2)_2$，含氮46%]

尿素与其他氮肥不同，是一种化学合成的有机酰胺态氮肥，也广泛存在于自然界中。目前，我国已成为世界上主要的尿素生产国，年产尿素均在 900×10^4 t 以上。

4.3.4.1 成分和性质

尿素是含氮量最高的固体氮肥，含氮量高达 46%，呈白色或颗粒状结晶。尿素易溶于水，20℃时 100mL 水可溶解 110g，溶解时发生强烈的吸热反应，水溶液呈中性。尿素吸湿性弱，不易结块。但在高温高湿季节，也会吸湿结块，贮存时应放在阴凉干燥处。尿素在常温下比较稳定，基本不分解，在 25℃ 时存放 10 天失重仅 0.02%，在尿素的造粒过程中，随温度的升高（达到 50℃）产生一定数量的缩二脲，当温度超过 135℃ 时尿素完全分解，生成缩二脲，并释放出氨气，引起氮素损失。反应式如下：

$$2CO(NH_2)_2 \xrightarrow{>135℃} (CONH_2)_2 - NH + NH_3 \uparrow$$

当尿素中的缩二脲含量超过 2% 时，对小麦、玉米、马铃薯等作物的种子发芽和植株生长都有毒害作用，并能明显降低糖用甜菜含糖量。尿素作根外追肥时，其缩二脲含量不应超过 0.2%~0.3%。

4.3.4.2 在土壤中的转化

尿素施入土壤后，以分子态存在于土壤溶液中，可暂时被土壤或黏土矿物所吸附；尿素是一种有机态氮肥，在土壤微生物的作用下，分解转化成碳酸铵 [$(NH_4)_2CO_3$]，转化过程如下：

$$CO(NH_2)_2 + 2H_2O \xrightarrow{脲酶} (NH_4)_2CO_3 \longrightarrow 2NH_3 \uparrow + CO_2 + H_2O$$

影响尿素在土壤中转化的因素有温度、酸碱度、水分、土壤质地及脲酶抑制剂等。一般而言，在 pH>5.6 的土壤中，温度为 25℃ 时，尿素 3 天可以全部分解；在 pH 4.5~5.0 的土壤中，温度为 10℃ 时，尿素需 7~10 天才能全部分解；在夏季，气温达到 33~35℃ 时，尿素 3 天即达分解的高峰期；土壤水分过多或过少时，尿素分解速度缓慢，当土壤含水量为田间持水量的 50% 时，尿素分解最快；土壤质地黏重，尿素转化快；在腐殖质含量高的土壤中，尿素分解转化速度大于贫瘠的土壤；脲酶抑制剂 2,5-二甲基对苯醌能抑制尿素水解。

4.3.4.3 施用技术

尿素对各种作物都有较好的增产作用，适宜用于各种土壤和作物。可用作基肥、追肥和叶面肥。一般不作种肥，以免引起烧种，影响发芽。作基肥的一般用量为 225~300kg/667m²。作追肥要注意深施，一般应施到距土面 10~15cm 深的土层。施用量一般为小麦 105~150kg/hm²，玉米 150~225 kg/hm²，棉花 180~225 kg/hm²，大豆 90~150 kg/hm²。尿素作追肥时，可采取以水带肥的方法，即先撒施后浇水，分子态的尿素极易随水渗透到耕层土壤中，省工省时且效果良好。施于水田时应结合水分管理，保持浅水层，施后中耕。尿素用作根外追肥效果尤佳。因为：①尿素为中性有机物，电离度小，可视为非电解质，不易引起质壁分离，对作物茎叶损伤小；②尿素分子体积小，仅为水分子的3.4倍，其渗透系数与水分子接近，故易透过细胞膜；③尿素具有吸湿性，使叶面保持湿润时间较长，吸收量提高；④尿素进入叶细胞后，迅速参与物质代谢，肥效快。根外追肥的浓度以0.5%~2.0%为宜，于清晨或傍晚均匀喷洒植株叶面。一般要连续喷2~3次，每隔7~10天喷1次。作根外追肥的尿素，其缩二脲含量最好不高于0.5%，以免伤害植物。据试验，尿素叶面喷洒后30min可产生肥效，5h后即吸收40%~50%，24h可达60%~70%。尿素可与磷酸二氢钾、磷铵、磷肥及杀虫剂、杀菌剂配合施用，溶解后一并喷洒，可达到施肥、防虫、防病之功效。

4.3.5 缓释氮肥

氮肥的养分释放速度难于与农作物的吸收速度同步。施用氮肥之后，作物一时不能完全吸收利用，氮肥在土壤中发生挥发、淋失和反硝化作用等，造成损失。近年来，随着氮肥用量的持续增加，与磷、钾比例失调，氮肥利用效率进一步降低，甚至造成环境污染。为了防止损失，提高氮肥利用率，减轻环境污染，我国自20世纪60年代末开始研究长效氮肥。目前，多采用控释技术，降低氮肥释放养分的速度，减少氮肥各种途径的损失。根据生产工艺和农化性质可将缓释氮肥划分为：缓溶性肥料、缓释性肥料、添加硝化抑制剂的肥料。

4.3.5.1 缓溶性肥料

缓溶性肥料是通过化学的方法，降低肥料的溶解度，使其缓慢溶解，以达到延长肥效的目的。目前，缓溶性肥料主要有：脲甲醛（UF）、脲乙醛（CDU）、异丁叉二脲（IBDU）、草酰胺（OA）等，目前缓溶性氮肥施用较少，有关性质与施用方法，请参考有关书籍。

4.3.5.2 缓释性肥料

在水溶性颗粒肥料外面包上一层半透性或难溶性膜，减缓养分释放，达到长效的目的。常采用的包膜材料有硫磺、树脂、聚乙烯、石蜡、沥青、油脂、磷矿粉、钙镁磷肥等。比较成熟的产品主要有硫磺包膜尿素（SCU）、钙镁磷肥包膜碳酸氢铵、钙镁磷肥包膜尿素。目前，缓释性氮肥施用较少，有关性质和施用方法参见有关书籍。

4.4 氮肥的合理利用

4.4.1 氮肥的利用与损失

化学氮肥利用率不高是国内外普遍存在而又难以解决的实际问题。氮肥利用率可用当季作物来源于肥料中的氮素占施氮总量的百分率表示，其实质是当季作物对所施氮肥的表观回收率。氮肥利用率的高低是衡量氮肥施用是否合理的一项重要指标。据报道，化学氮肥利用率在美国为30%~50%，日本为50%左右，前苏联为24%~61%，我国20%~50%。氮肥品种不同，利用率也不一样。碳铵的利用率一般为24%~31%，尿素为30%~35%，硫铵为30%~40%。氮肥利用率的高低主要受土壤性质、气候条件、氮肥品种、施肥技术、作物种类和品种、栽培技术等因素影响。其中，施肥技术是影响氮肥利用率的一个重要因素。例如，对于水稻而言，在相同条件下，随氮肥用量增加，利用率下降。施肥方法不同，特别是氮肥的深施和表施，可明显影响利用率。碳铵用于双季稻，深施（10~17cm）的平均利用率为42.9%；表施（0~5cm）则为29.0%。水稻氮肥利用率一般为40%~50%，小麦为27%~41%。

由此可见，施入土壤的化学氮肥一半以上未被作物吸收利用，既造成很大的浪费，又污染生态环境，但另一方面也说明，提高化学氮肥利用率的潜力还很大。因此，世界各国都十分重视提高化学氮肥利用率的研究。

施入土壤中的氮肥主要通过铵态氮的挥发、硝态氮的淋失及其反硝化作用脱氮，以及地表径流等途径损失。砂质土壤上，氮肥随水流失可达50%~70%；石灰性土壤上，氨的挥发损失的氮素可达7.5%~22%；水稻土中，反硝化作用损失的氮素约为35%。由此可见，不同土壤条件下，氮素的损失途径不同，有主次之分。

此外，植物地上部分也发生氮的损失，其途径很有地上部易流动的含氮化合物被雨水淋失；氮以气体状态从气孔挥发；氮从花粉和根系分泌出去。作物地上部分损失的氮量最高时可达干物质重的17%~45%。

4.4.2 氮肥施用与环境污染

氮是作物需要量最大的营养元素，施用氮肥是提高作物产量最有效的手段之一。据联合国FAO统计，1991年全世界氮肥施用量为$8\,000 \times 10^4$ t 氮，我国施用量为$1\,726 \times 10^4$ t 氮，占全世界氮肥用量的21.6%，为世界之首。新中国成立以来，我国化学氮肥使用量一直在逐年增加。农田氮素从亏损逐渐转为盈余，且1985年后盈余量很大，盈余的氮素大量流失。根据近30年的研究，水田化学氮肥损失为50%，旱地为40%。化学氮肥在低用量和合理施用情况下，不会对生态环境造成危害，但用量过高就会有害。从20世纪60年代后期开始，人们越来越重视化学氮肥施用对生态环境的影响，焦点主要是化学氮肥对水源和大气的污染。例如，硝态氮进入饮用水源，使水中硝态氮含量超标，对人体健康造成危害。硝态氮本身并没有危害，但在还原条件下，硝酸根被还原成亚硝酸根后引起高铁血红蛋白症，特别对婴儿有害。同时，硝酸根和亚硝酸根都能形成致癌物质——亚硝基化合物。氮素进入地表水后，会引起水体富营养化。过量施用化学氮肥还会在土壤中产生温室气体（NO、N_2O、NO_2等），温室气体进入大气后导致气候变暖、臭氧层破坏，以及形成酸雨等。

4.4.2.1 氮肥施用与全球变暖

近年来，温室效应使全球气候变暖日益受到关注。造成温室效应的气体主要有 CO_2、CO、CH_4、N_2O、NO 等。由于人类的工农业生产，大气中的痕量温室气体不断增加，温室效应日趋严重。温室效应的影响主要表现在：①全球平均气温升高，特别是温带夜间温度升高；②蒸发量与雨量的比例变化，从而可能导致农业生态带的改变；③海平面上升。

农田施用化学氮肥是大气中 N_2O 增加的主要原因。化学氮肥施用不当，可导致大气中的温室气体 N_2O、NO 增加，使全球气候变暖。氮在土壤中发生的硝化和反硝化作用是产生 N_2O 的主要来源。据估算，化学氮肥的施用导致土壤每年向大气排放的 N_2O 有 $150 \times 10^4 t$，加上自然土壤排放的 N_2O，二者合计占全球 N_2O 排放的53%（蔡祖聪，1993）。在氮肥用量较低时，N_2O 的排放量占氮肥用量的 $0.1\% \sim 0.8\%$；而在氮肥用量较高时，N_2O 的排放量占氮肥用量的 $0.5\% \sim 2\%$（Boumwman，1990）。徐华的研究表明，施肥使 N_2O 的排放量增加了 $48.3\% \sim 99.4\%$。在太湖地区，N_2O 的排放量在水稻生长期间，相当于施氮量的 $0.19\% \sim 0.48\%$（表4-7）。据此计算，整个太湖地区稻田 N_2O 的年排放量应为 $1\,780 \sim 6\,240 t$，平均为 $3\,330 t$。

表4-7 太湖水稻土的 N_2O 通量

处理	平均通量[$\mu g N_2O-N/(m^2 \cdot h)$]	占当季施氮量(%)
不施氮肥	34.6	—
尿素($450 kg/hm^2$)	51.3	0.22
尿素($675 kg/hm^2$)	56.8	0.19
尿素($675 kg/hm^2$) + 猪粪($15 t/hm^2$)	69.0	—
硫酸铵($1\,050 kg/hm^2$)	65.6	0.48

影响土壤硝化、反硝化作用的因素，如土壤中氧的分压、水分状况、土壤 pH 值、温度等都会影响土壤 N_2O 排放量。氮肥的 N_2O 排放量随氮肥品种而异。据国外报道，各种氮肥的 N_2O 转化率为：液氮 1.63%、铵态氮 0.12%、尿素 0.11%、硝态氮 0.03%。

4.4.2.2 氮肥对水体的污染

NH_4^+—N 在土壤中容易被土壤胶体吸附，移动性不大，不容易进入水体。相反，NO_3^-—N 则难于被土壤吸附，流动性大，容易进入水体。所以，污染水源的氮肥主要是硝态氮。但当 NH_4^+—N 在土壤中转化为 NO_3^-—N 后，同样污染水体，是水体污染的潜在威胁。根据近几十年的监测结果，我国地下水中硝态氮浓度正在逐年增高。在四川成都市，地下水的亚硝态氮超标率为62.5%，最高浓度超标55倍，硝态氮最高浓度超标2.7倍。在甘肃兰州市，1974年农田地下水的硝态氮浓度约为 20 mg/L，1987年则达到 147.7 mg/L。在英国，1970年地下水中的硝态氮只是间歇性超过 13 mg/L；1980 年约为 90 mg/L；1987 年则达到 142 mg/L。

污染水体的氮肥一方面来自氮肥的地表径流，另一方面来自氮肥的渗漏损失。地表径流的含氮量受土壤类型、氮肥品种、施肥时间、施肥方式和降雨量等多种因素的影响。江苏吴县农田施氮量一般为 350kg/hm² 左右，径流损失的氮素一般占施氮量的 13.6% ~ 16.6%。对于稻田而言，径流量大，氮肥用量高（表4-8、表4-9），地表径流中的含氮量比旱地高 40%。朱兆良（1992）等的研究表明，碳酸氢铵施后 1~2 天内，水田表层水的含氮量可高达 120~150 mg/L。

表4-8 太湖地区旱地地表径流氮排出量

地 点	利用方式	径流量[t/(hm²·a)]	氮浓度(mg/L)	排出量[mg/(hm²·a)]
武进市	桑	750.0	35.0	26.25
张家港市	棉	907.5	40.8	36.00
溧阳市	豆	832.5	37.3	31.05
平 均		830.0	37.7	31.10

表4-9 太湖地区水田地表径流氮排出量

地 点	径流量[t/(hm²·a)]	氮浓度(mg/L)	排出量[mg/(hm²·a)]
溧阳市	4 419	6.41	28.35
武进市	5 709	8.32	47.55
张家港市	7 386	8.22	60.75
宜兴市	7 032	7.29	51.30
吴江市	5 934	6.62	39.30
平 均	6 096	7.37	45.45

渗漏淋失的氮素是地下水的主要污染源。高拯民应用 ^{15}N 研究了华北平原的水稻土，在水稻种植期间，施氮后氮的淋失量一般为不施氮的 2 倍。由于不同氮肥品种中氮的形态不同，被土壤吸持量有较大差异，故氮肥品种不同氮素淋失量也不一样。地表径流和渗漏淋失的大量氮素进入水体后，造成水体富营养化。

总之，随着氮肥工业的发展和氮肥施用量的不断增加，不适当的施用氮肥不但使氮肥利用率降低，肥料经济效益下降，而且会污染生态环境。我国 20 个主要的湖泊水库，处于富营养化和向富营养化方向发展的已占 85%。在长江中下游密集型农业区，湖泊水库的富营养化最为严重。相关分析表明，田间渗漏水中硝态氮含量与前季稻的化学氮肥用量呈极显著正相关。

4.4.2.3 氮肥对土壤及农产品的污染

氮肥施用不当会污染土壤，还会促进产生植物毒素的真菌的发育，使土壤中病原菌数目增多和生存能力增强。长期施用单一氮肥会使土壤板结，抑制植株初生根和次生根的生长。此外，长期大量施用氮肥会导致土壤中亚硝酸盐积累，特别是在雨水缺乏和设施栽培条件下，高量氮肥造成土壤大量氮素残留，使之发生次生盐渍化。沈阳农业大学梁成华的研究表明,在夏季不揭膜的条件下,在3年以上的日光温室中,土壤含盐量>2.00g/kg,是露天菜地的4~10倍,土壤中积累盐分以 NO_3^-—N 和 Ca^{2+} 为主,NO_3^-—N 占全盐量的30%~68%。长期施用酸性氮肥或生理酸性氮肥还会使土壤酸化。

在被氮肥污染的土壤上,种植农作物,或利用被硝态氮和亚硝态氮污染的水源进行灌溉,造成农产品 NO_3^- 污染。在农产品中,NO_3^- 含量增加,危害人类健康。NO_3^- 本身对人体没有毒害,但其在人体中被还原为亚硝酸盐后,可与食品中二级胺作用合成强致癌物质亚硝酸胺,对人体具有潜在危害性。所以,世界各国对食品及饮用水中 NO_3^- 含量都确定了最高限量标准,世界卫生组织规定,食品中的硝酸盐含量不得超过 700mg/kg 鲜物重。粮食作物由于生长周期长,籽粒中硝态氮及亚硝态氮含量极少,不足以危害人体健康。蔬菜则易于富集硝酸盐,人体摄入的硝酸盐80%以上来自蔬菜。世界卫生组织和粮农组织规定,蔬菜的硝酸盐日允许摄入量为 3.6mg/kg(体重)。按体重 60kg 计,则硝酸盐日允许摄入量为 2.6mg,若以日食蔬菜量 0.5kg 计,则蔬菜的硝酸盐的允许含量为 432 mg/kg。不同种类和品种蔬菜对硝酸盐的富积程度不同,一般叶菜类>白菜类>根菜类>豆类>甘蓝类>茄果类>瓜类。

化学氮肥种类和用量是影响蔬菜硝酸盐积累的重要外在因素。蔬菜对硝酸盐积累随着氮肥用量增加而增加:当 NO_3^- 施用量为 126kg/hm²、252kg/hm²、504kg/hm² 时,莴苣干物质中 NO_3^- 含量分别为 0.12%、0.40%、0.61%。吉林省农业科学院王庆的研究表明,叶蔬类对氮肥施用很敏感,随着施氮量增加,硝酸盐含量也增加。菠菜追施氮肥后10天左右出现硝酸盐含量的高峰期。但是,茄果类蔬菜不论施用多少氮肥,可食部分(果实)中硝酸盐的含量一般不超过国家规定标准(表4-10)。

表4-10 不同品种氮肥不同施用量不同蔬菜 NO_3^- 含量   mg/kg

处理(纯N kg/hm²)	菠菜		秋白菜		青椒		茄子	
	尿素	硝酸铵	尿素	硝酸铵	尿素	硝酸铵	尿素	硝酸铵
CK	2 732.62	2 730.32	1 540.20	1 515.77	238.07	180.52	364.18	289.50
135	3 593.72	3 754.06	1 760.40	1 636.20	330.78	262.26	409.95	303.03
270	3 900.70	4 271.04	1 514.20	2 516.10	292.41	205.42	356.03	290.21
540	3 756.25	4 956.46	1 956.00	1 567.17	313.16	238.32	363.57	266.51
1 080	4 092.30	5 415.50	1 761.30	2 216.27	282.09	211.68	398.05	324.21
国内参考标准(mg/kg)	<3 100		<1 440		<432		<432	

4.4.3 提高氮肥利用率的途径

为了提高氮肥利用率,达到高产、优质、高效的目的,必须根据气候条件、土壤特性、作物种类和品种以及肥料特性而合理地施用氮肥。

4.4.3.1 根据气候条件合理分配和施用氮肥

氮肥利用率受降雨量、温度、光照强度等气候条件影响非常大。我国北方地区干旱少雨，土壤墒情较差，氮素淋溶损失不大，因此，在氮肥分配上北方以分配硝态氮肥适宜。南方气候湿润，降雨量大，水田占重要地位，氮素淋溶和反硝化损失问题严重，因此，南方则应分配铵态氮肥。施用时，硝态氮肥尽可能施在旱作，铵态氮肥施于水田。

4.4.3.2 根据土壤条件合理分配和施用氮肥

土壤条件是确定氮肥品种和施用技术的依据。为了提高氮肥利用率，应将氮肥重点分配在中、低产土壤上，以便更好地发挥单位肥料的最大增产效果和最高经济效益。碱性或生理碱性氮肥如氨水、碳铵和硝酸钙宜施在酸性土壤上；硫铵和氯化铵等生理酸性氮肥宜分配在中性或碱性土壤上。

4.4.3.3 根据氮肥特点合理分配和施用氮肥

尿素适合于一切土壤和作物。各种铵态氮肥，由于NH_4^+能被土壤胶体吸附，不易淋失，可作基肥深施，也可用于水田追肥。硝态氮肥在土壤中移动性大，宜作旱地追肥，一般不用于水田。碳铵、氨水以及含缩二脲较低的尿素可作种肥，但用量不宜过多，缓效氮肥抗淋失能力强，在土壤中的保留时间及后效长，肥效发挥缓慢，宜作基肥早施。

4.4.3.4 根据作物种类、品种特性合理分配和施用氮肥

各种作物对氮肥的需要量和对氮肥形态的选择不同，必须根据不同作物的营养特性合理分配和施用氮肥。如棉花、油菜、蔬菜等需氮量较多；禾谷类作物需氮量次之；而豆科作物能进行共生固氮，对氮肥要求不迫切，可少施氮肥；马铃薯、甜菜、甘蔗等淀粉和糖料作物一般在发育初期需要充足的氮素供应，形成适当的营养体，加强光合作用；但在生育后期，氮素过多会影响淀粉和糖分的合成，反而降低产量和品质。马铃薯最好施用硫酸铵；麻类作物喜硝态氮；甜菜以硝酸钠最好；番茄在苗期以铵态氮较好，到结果期则以硝态氮效果较好。一般禾谷类作物对所有氮肥同样有效。

同一作物的不同品种，其耐肥能力不同。一般耐肥性强的品种比耐肥性弱的品种需要更多的养分，应当多分配些氮肥。杂交稻以及矮秆水稻品种的施氮量应高于常规稻、灿稻和高秆水稻品种。因此，必须根据作物品种特性，合理分配和施用氮肥，以提高氮肥经济效益。

4.4.3.5 氮肥深施是提高氮肥肥效的重要措施

氮肥深施能增强土壤对NH_4^+的吸附作用，可以减少氨的直接挥发、随水流失以及反硝化脱氮损失，提高氮肥利用率和增产效率。深施肥效持久，可克服表

施造成前期禾苗徒长而后期脱肥早衰的缺点，并可减少氮肥损失。深施有利于促进根系发育，增强植物对养分的吸收能力。氮肥深施的深度以作物根系集中分布的范围为宜，就水稻而言，以 10cm 深为宜，因铵态氮肥深施至 10cm 左右后，只有极少量的 NH_4^+ 向上或向下移动，保证了 NH_4^+ 在中层土壤中最多、下层次之、上层最少的分布规律与前缓、中稳、后长的供肥特点，从而保证了水稻早发、稳长和后健。同时还必须掌握早稻稍浅、晚稻略深，早熟品种宜浅、晚熟品种宜深，砂质土宜浅、黏质土宜深等原则，使氮肥深施发挥最佳效果。

4.4.3.6 氮肥与有机肥、磷、钾肥配合施用

由于我国土壤普遍缺氮，长期大量的氮肥投入，而磷、钾肥的施用相应不足，作物养分供应不均匀，明显影响氮肥肥效的发挥。氮肥与磷、钾肥配合施用，既可满足作物对养分的全面要求，又能培肥土壤，使之供肥平稳，提高氮肥利用率。氮肥与有机肥配合施用可增加和更新土壤有机质，调节土壤碳氮比，有利于土壤微生物活性提高和氮素保存与有效化，也是提高氮肥肥效的有效途径。

4.4.3.7 氮肥与脲酶抑制剂、硝化抑制剂（氮肥增效剂）配合施用

氮肥在土壤中主要经由硝态氮流失和反硝化作用脱氮损失，目前施用的氮肥主要是铵态氮。因此，在一定时间内抑制铵态氮的硝化作用，减少硝态氮的生成，可以减少氮素的淋失和反硝化损失。

脲酶抑制剂的作用是延缓脲酶对尿素的水解，使较多的尿素能扩散到土表以下土层中，从而减少旱地表土和稻田水中铵态氮或硝态氮的浓度，以减少氮的挥发损失。目前研究较多的脲酶抑制剂主要有 PPD（O-苯基磷酰二胺）、NBPT（N-甲基硫代磷酰三胺）、硫脲和氢醌等。

硝化抑制剂的作用主要是抑制硝化速率，从而减少氮素损失。研究表明，硝化抑制剂能使氮肥利用率提高 5%~10%，氮素损失率减少 10% 以上。同时，硝化抑制剂还能减少硝化过程中 N_2O 的逸出和 N_2O^-—N 的积累并改善农产品品质。硝化抑制剂的种类很多，不管采用何种硝化抑制剂，目前认为至少应同时具备：抑制硝化作用的持久性好；对人、畜、水产安全；对农作物无毒害；残留量少，不影响农产品品质；对土壤中的微生物无副作用；与肥料混合时，不起化学反应等几个基本性质，才有付诸实用的可能。

国内试验较多的是 2-氯-6（三氯甲基）吡啶，它难溶于水，能溶于多种有机溶剂，商品一般作成液体（50%）和固体（80% 左右）两种。用量为纯氮量的 0.5%~3.0%。它主要是抑制硝化作用的第一步，对作物和土壤中微生物无害，对人畜无害，可以加入化学氮肥中成批生产。但对根瘤菌有抑制作用。因此，一般不用于豆科作物，若前茬应用过，也要注意对后茬豆科作物的残毒。李良漠（1992）研究表明添加 CPN 的石灰性水稻土和潴育性水稻土的硝化率为不添加的 30%~33%。氯化铵的氯离子能够明显抑制氮素硝化作用，减少氮素损失。如能将氯化铵与尿素或硫铵等铵态氮肥配合施用，是抑制氮素硝化作用，减少氮素损

失的价廉而效高的好办法。

复习思考题

1. 作物体内氮素的一般分布规律有什么特点？
2. 植物对铵态氮、硝态氮和酰胺态氮的吸收同化各有何不同？
3. 氮素的营养功能包括哪些方面？
4. 土壤中氮素有哪几种形态？各有何特点？
5. 土壤中有机态氮的矿化主要受哪些因素的影响？
6. 铵态氮肥、硝态氮肥和酰胺态氮肥各有何特点？
7. 碳酸氢铵为什么要深施？
8. 硝态氮肥为什么不宜在水田中施用？
9. 氮肥施用不当会给生态环境带来哪些危害？
10. 氮素损失途径有哪些？如何提高氮肥利用率？

本章可供参考书目

植物营养原理．孙羲主编．中国农业出版社，1997
植物生理学（第三章）．王忠主编．中国农业出版社，2000
植物营养学（上册）．陆景陵主编．中国农业出版社，1994
植物营养学（下册）．胡霭堂主编．中国农业出版社，1994

第 5 章

植物的磷素营养与磷肥

【本章提要】 磷是植物的必需营养元素之一,磷肥的施用量仅次于氮肥。本章主要讲述植物的磷素营养,土壤中磷素的含量与转化,化学磷肥的种类、性质、施用技术,以及磷肥施用与环境污染的防治等。

磷是作物营养的三要素之一,同时也是人和动物的必需营养元素。在缺磷的土壤上,磷素常常成为作物生长的限制因子,施用磷肥便成为提高产量和改善品质的普遍措施。我国磷肥工业起步较氮肥工业晚,但发展迅速。自 1955 年开始建厂生产磷肥,1960 年的年产量已接近 20×10^4 t(P_2O_5),1984 年的磷肥产量已达 235.96×10^4 t(P_2O_5)。但是,由于我国的磷矿多为中、低品位,生产高浓度磷肥的难度较大,无论是从磷肥的数量还是品种而言,都远不能满足农业生产的需要。此外,磷矿石属不可再生的资源,为了将有限的磷矿资源更好地合理利用,必须了解植物磷素的营养功能,磷肥的种类和性质,磷肥在土壤中的转化,以及合理施用磷肥等方面的知识。

5.1 植物的磷素营养

磷是植物营养的三要素之一,既是植物体内许多重要化合物的成分,同时又以多种方式参与植物体内的各种代谢过程。因此,磷素营养对于作物高产优质有显著的作用。

5.1.1 磷在植物体内的含量和分布

在植物体内,磷的含量(P_2O_5)一般为植株干重的 0.2%~1.1%。植物体内的磷主要以有机磷的形式存在,约占植株全磷量的 85%;少量以无机磷的形式存在,仅占全磷量的 15% 左右。有机态磷主要是核酸、磷脂和植素等;无机磷则主要是钙、镁、钾的磷酸盐。无机磷的含量虽少,但波动很大,能较好地反映植株的磷素营养状况。在缺磷时,植物组织(尤其是营养器官)中的无机磷含量显著下降,但有机态磷含量的变化不大。

在植物细胞及组织内,复杂的膜系统将细胞和组织分隔成不同的区域。磷在细胞及植物组织内的分布有明显的区域化现象,即在不同区域,磷的存在形式不同,而且各具特色。一般而言,无机磷的大部分存在于液泡中,只有一小部分存在于细胞质和细胞器内。RaVen(1974)以巨藻为实验材料,研究了它们吸磷的数量与细胞质及液泡中无机磷变化的关系。发现磷脂只存在于细胞质中,而无机态磷有90%左右存在于液泡内，只有约10%才存在于细胞质中。此外，液泡中的无机磷随巨藻吸收磷的时间延长而不断增加（图5-1）。

现已证明，在具有液泡的高等植物细胞中，存在两种主要的磷酸盐代谢库。在以液泡为代表的代谢库中，无机磷酸盐（Pi）是主要形式；在以细胞质为代表的代谢库中，主要是磷酸脂。从（图5-1）可以看出，在细胞内，液泡中的无机磷变幅较大，细胞质中的磷比较稳定。Rebeill等的报道说明，在供磷适宜的植株中，85%～95%的Pi存在于液泡中；如果中断供磷，液泡中的

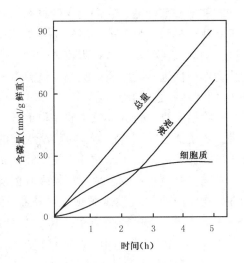

图 5-1　巨藻（Hydrodictyon）细胞和液泡中无机磷浓度的变化

Pi浓度迅速下降，细胞质中磷变化不大，仅仅从6mmol/L降到3 mmol/L左右。当细胞对磷的需要量大于吸收量时，液泡中贮存的磷就会向细胞质中转移。因此，当植物缺磷时，营养器官中的无机态磷含量明显下降，而代谢和生长所必需的核酸、磷脂的含量则保持相对稳定。

在作物体内，磷的含量因作物种类、生育时期与组织器官等不同而异。不同作物种类含磷量差异很大，油料作物含磷量高于豆科作物，豆科作物又高于谷类作物。例如，油菜籽中的含磷量为1.1%，大豆、花生的含磷量也接近1%，但稻麦、玉米籽粒的含磷量仅0.6%～0.7%。

作物生长发育期过程中，磷比较集中分布于幼嫩组织，如幼叶、顶芽、根尖。此外，繁殖器官的含磷量也较高。同一作物在不同生育期，含磷量也有较大的变化，幼苗的磷含量高于成熟的植株。用^{32}P进行的试验表明，作物体内磷的分配与积累规律总是随着作物生长中心的转移而变化的。例如，水稻在分蘖盛期以前，生长中心是叶与芽，此时有67.5%的磷分布在叶片中，而叶鞘中仅占32.5%；当水稻从营养生长进入生殖生长以后，水稻的生长中心转移到穗部，在抽穗前便开始从叶片经叶鞘、茎向穗部运转；到成熟期，叶片、叶鞘和茎秆中的含磷量分别降至植株总磷量的4.8%、4.5%和6.6%，而此时穗部含磷量占总磷量的84.0%。由此可见，在作物体内，磷的再分配和再利用的能力很强。因此，在磷素营养供应不足时，植株缺磷的症状首先从最老的器官和组织表现出来。

5.1.2　植物对磷的吸收与同化

5.1.2.1　吸收

植物根系能从磷浓度极低的溶液中吸收磷素。在比较典型的植物组织中，如

根细胞和木质部汁液，它们的含磷量约为 $0.4\mu mol/L$，而根际土壤溶液中的磷浓度仅 $0.0002\sim 0.0005\ \mu mol/L$，前者高出土壤溶液 400 倍，说明植物根系逆浓度梯度主动吸收磷酸盐。植物吸收磷酸盐的速度与植物的代谢状况密切相关，旺盛的代谢作用促进植物对磷的吸收。试验表明，呼吸作用导致的能量代谢是推进植物主动吸收磷酸盐的动力。

植物根系摄取磷的部位主要是根毛区。在根毛区，根毛的数量众多，吸收面积大，木质部已经发育成熟，可将所吸收的磷运往地上部。在根尖分生区及邻近分生区的伸长区，由于木质部未发育完全，不具备大量吸收和运输磷的功能。

植物主要吸收正磷酸盐，也能吸收偏磷酸盐和焦磷酸盐。后两种形态的磷酸盐在植物体内能很快被水解成正磷酸盐而被植物利用。磷酸可电离成 $H_2PO_4^-$，HPO_4^{2-} 和 PO_4^{3-} 等 3 种阴离子，其中 $H_2PO_4^-$ 最易被植物吸收，HPO_4^{2-} 次之，而 PO_4^{3-} 存在于强碱性介质中，过强的碱性不适宜植物生长。

一般认为，磷的主动吸收过程发生在液泡膜上，液泡膜 H^+—ATP 酶产生的 H^+ 梯度是磷酸盐吸收的驱动力，磷酸盐的跨膜运转需要借助于质子化的磷酸根载体，H^+ 与 $H_2PO_4^-$ 共轭转运。现已证明，植物吸收磷酸盐的主要场所是根系的表皮细胞，并通过共质体途径进入木质部导管，然后运往植物地上部分。

植物不仅能吸收无机态磷酸盐，还能吸收某些低分子的有机磷，如己糖磷酸酯、蔗糖磷酸酯、甘油磷酸酯和核糖核酸等。用标记 ^{32}P-核糖核酸发现，水稻幼根不仅能吸收核糖核酸，其吸收速率高于无机态磷酸盐。因此，在生产中，增施有机肥料改善作物磷素营养有良好的效果。

5.1.2.2 影响植物吸收磷的主要因素

影响植物吸收磷的因素很多，主要有植物的生物学特性和环境因素两个方面。前者是内因，是主体，后者是外因，是条件。目前，筛选和培育吸磷能力强的作物优良品种日益受到重视，植物吸收磷又和作物根系特性密切相关。

（1）作物特性　不同植物种类，甚至不同的栽培品种，对磷的吸收都有明显的差异。不同植物由于其根系密度、形状、结构等特性不同，致使吸收磷的能力也不一样，尤其在土壤溶液中磷浓度很低的情况下，更是如此。根毛是植物吸收磷的主要组织，洋葱因为没有根毛，吸磷能力比较弱。但也有个别植物在根系不发达、也不能感染菌根的情况下，仍具有较强的吸磷能力。油菜根系吸收磷的能力很强，原因是在缺磷情况下，油菜根系能自动调节其阴阳离子吸收的比例，使根际土壤酸化，从而提高土壤磷的有效性。

许多植物的根系都具有分泌 H^+ 和有机酸的能力，从而对铁、铝产生螯合作用，提高了根际土壤磷的有效性。最典型的例子是白羽扇豆，除了分泌 H^+ 之外，还能大量分泌柠檬酸。此外，白羽扇豆在缺磷时，还能形成排根，增加对磷的吸收。

（2）土壤供磷状况　植物主要利用土壤中的无机磷。因此，土壤中磷的形态直接影响土壤供磷状况和植物对磷的吸收。土壤溶液中，磷酸根离子的浓度较低，并以扩散作用向根系表面迁移。然而，影响磷酸根离子扩散速率的因素很多，诸如土壤的温度、水分、质地等。一般而言，温度升高，水分增多，土壤松散均有利于磷的扩散。土壤对磷酸盐的化学固定和物理吸附固定显著影响植物对磷吸收。

（3）菌根　菌根能提高植物吸磷的能力。由于菌根的菌丝能够扩大根系的吸收面积，缩短根系吸收养分的距离，从而提高土壤磷的空间有效性。菌根的分泌物还能促进难溶性磷的溶解。

（4）环境因素　温度和水分影响土壤磷的有效性和植物对磷的吸收。在一定范围内（10~40℃），提高土温可增加植物对磷的吸收。土温升高，加速土壤溶液中磷的扩散，提高根系和根毛生长速度，增强呼吸作用，从而有利于植物对磷的吸收。增加水分，促进土壤溶液中磷的扩散，提高磷的有效性。

（5）养分的相互关系　在植物吸收和利用方面，磷与氮有相互影响。由于磷参与氮代谢、硝酸盐还原、氮素同化，以及蛋白质合成，所以施用氮肥常能促进植物对磷的吸收利用。

（6）土壤pH值　植物对磷的吸收与土壤有效磷的含量直接相关，而土壤有效磷的含量又受土壤pH值的影响。一般而言，在酸性土壤中磷被铁、铝氧化物所固定；在碱性土壤中则被钙、镁所固定。土壤磷的有效性一般在pH值为6~7时最高。

此外，还有学者认为植物利用磷的能力与根系阳离子交换量有关，根系的阳离子交换量越大，吸收磷的能力越强，植物利用土壤难溶性磷的能力也越强。

5.1.3　磷的营养作用

在植物体内，磷以有机和无机形式存在，它们不仅构成多种器官，而且还参与植物许多重要的生命代谢活动。

5.1.3.1　磷是构成植物体的重要元素

（1）核酸和核蛋白　核酸和核蛋白是进行正常分裂、能量代谢和遗传所必需的物质。核酸作为DNA和RNA分子的组分，既是基因信息的载体，又是生命活动的指挥者，在植物个体生长、发育、繁殖、遗传和变异等生命过程中起着极为重要的作用。磷是核酸的重要组成元素，所以磷和每一个生物体都有密切关系。

（2）磷脂　生物膜由磷脂和糖脂、蛋白质以及糖类构成。生物膜是外界的物质、能量和信息进出细胞的通道。此外，大部分磷酸酯都是生物合成或降解作用的媒介物，它与细胞的能量代谢和物质代谢直接相关。

（3）植素　植素是环己六醇磷酸酯的钙镁盐。在植物种子中含量较高，是植物体内磷的一种贮存形式。在种子中，植素的合成控制着磷的含量，并参与调节籽粒灌浆和块茎生长过程中淀粉的合成。当作物接近成熟时，大量磷酸化的葡萄糖开始逐步转化为淀粉，并把无机磷酸盐释放出来。然而，大量的无机磷酸盐抑制淀粉的进一步合成，这时植素的形成则有利于降低Pi的浓度，保证淀粉能顺利继续合成。因此，在作物开花后，根外喷施磷肥能促进磷酸葡萄糖的形成、转化与淀粉的积累，使作物籽实饱满。

(4) 含磷的生物活性物质　在作物体内，有多种高能磷酸化合物，如腺苷三磷酸（ATP）、鸟苷三磷酸（GTP）、尿苷三磷酸（UTP）和胞苷三磷酸（CTP）等，它们在物质和能量代谢过程中起着重要作用，尤其是 ATP，在能量代谢中起"中转站"的作用。例如，光合作用中吸收的能量、呼吸作用释放的能量、碳水化合物厌氧发酵产生的能量都能贮存于腺苷三磷酸的两个焦磷酸键中。当腺苷三磷酸水解时，储备在高能磷酸键中的能量，伴随着末端的磷酸根的脱出，腺苷二磷酸（ADP）的形成，又重新释放能量，反应式如下：

$$ATP \longrightarrow ADP + Pi + 32kJ$$

5.1.3.2　磷能促进光合作用和碳水化合物的合成与运转

在光合作用中，光合磷酸化作用必须有磷参加；光合产物的运输也离不开磷。所以 Pi 在光合作用和碳水化合物代谢中有重要作用。在 Pi 浓度高时，植物固碳总量受到抑制。己糖和蔗糖合成的初始反应需要高能磷酸盐（ATP 和 UTP）。韧皮部装卸和蔗糖－质子协同运输对 ATP 的需要量也很高。

在叶片中，碳水化合物的代谢及蔗糖运输受磷的调控。叶绿体内，存在淀粉合成的关键——ADP 葡萄糖焦磷酸化酶（途径1），Pi 通过变构作用抑制该酶的活性，磷酸丙糖提高该酶的活性。所以，Pi 与磷酸丙糖的比率影响叶绿体中淀粉的合成速率。如果叶绿体内的 Pi/磷酸丙糖比值较高，该酶的活性低，淀粉合成受到抑制；反之该酶活性提高，促进淀粉合成。在叶绿体的内膜上，还存在一种专一性的载体——磷酸转运器，其功能是负责 Pi－磷酸丙糖的穿梭运输，将固定 CO_2 形成的 Pi－磷酸丙糖运出叶绿体，同时将 Pi 运进叶绿体。如果细胞质中的 Pi 较高，促进磷酸丙糖运出叶绿体；反之则抑制磷酸丙糖的运出，由此它调节叶绿体光合产物的释放和淀粉的合成（见图5-2）。在菠菜叶片中，这种运载蛋白的含量可达叶绿体膜总蛋白含量的 15%。

在磷缺乏时，植株的淀粉合成减少，体内单糖相对积累，促进形成较多的花青素，在外观上植株出现紫红色。

5.1.3.3　磷能促进氮素的代谢

在作物体内的氮素代谢过程中，磷是酶的组成成分之一，提高含磷量促进氨基化作用、脱氨基作用和氨基转移作用等。同时，磷能促进有氧呼吸作用中糖类的转化，有利于各种有机酸（α-酮酸）和 ATP 的形成，它们是参与氮素转化的底物和能源。磷能加速植物体内硝态氮的转化与利用。另外，磷还能提高豆科作物根瘤菌的固氮活性，增加固氮量。

5.1.3.4　磷能促进脂肪的代谢

在植物体内，油脂从碳水化合物转化而来，在糖转化为甘油和脂肪酸的过程

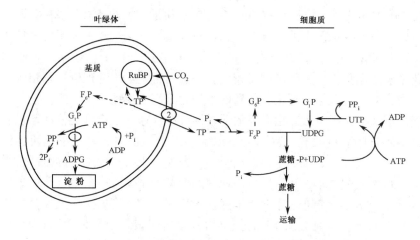

图 5-2　磷参与调节叶细胞中淀粉合成和碳水化合物运输

①ADP 葡萄糖焦磷酸酶。调节淀粉合成速率，受 Pi 的抑制，由 PGA 促进。
②磷酸盐转运器。调节从叶绿体向细胞质中释放光合产物的过程，受 Pi、TP
　（磷酸丙糖）控制，由 3-磷酸甘油醛、磷酸二羟丙酮促进

(资料来源：Walker, 1980)

中，以及两者在合成脂肪时都需要磷的参加。因此，许多油料作物对磷的供应特别敏感，缺磷显著影响它们的生长发育。

5.1.3.5　磷能提高作物对外界环境的适应性

磷能提高作物的抗旱、抗寒、抗病等能力，这是因为磷能提高细胞结构的水化度和增加胶体束缚水的含量，减少细胞水分的损失，并增加原生质的黏性和弹性，从而增强了原生质对局部脱水的抵抗能力。磷能改善和调节植物新陈代谢，使之适应各种不良的环境条件。在低温下，足够的磷能增加植物体内可溶性糖类、磷脂等浓度，提高作物的抗寒性。另外，无机磷的存在能增加细胞液的缓冲性能，使细胞原生质的 pH 值保持稳定状态，有利于细胞的正常生命活动。

5.2　土壤磷素含量与转化

植物体内的磷来自于土壤，若土壤磷素不足，又得不到补充，则限制植物生长。所以，土壤供磷能力是土壤肥力的指标之一，土壤中磷的转化涉及到磷的有效利用。了解土壤中磷的含量、形态及其转化，对合理施用磷肥，提高磷肥利用率具有很重要的意义。

5.2.1　土壤磷素的含量与平衡

在地壳中，磷的平均含量约为 1.2g/kg（Cathcart，1980），土壤中 P_2O_5 的平均含量约为 0.28%。土壤中磷的主要来源是成土母质，其次是含磷肥料。

我国耕地土壤的全磷（P_2O_5）量一般在 0.01%~0.43%，多数土壤在

0.04%～0.25%之间。全国约有50%～70%的耕地土壤缺乏有效磷。我国土壤的平均全磷含量受人为因素的影响很大，在农业发达、化学磷肥施用历史悠久的广东、浙江和云南等省，农田土壤的有效磷含量较高；在干旱地区，农业相对落后，化学磷肥用量少，有效磷含量较低。一般而言，水田管理较旱田精细，施肥较多，故在同一地区，水稻土有效磷的平均含量高于旱地。

我国土壤的含磷量表现出明显的地带性分布规律，从南到北依次增加：砖红壤→红壤→黄棕壤→褐土→黄潮土→棕壤→黑土→白浆土。从东到西也依次增加：黄棕壤→黄锦土、黑垆土→淤潮土→风蚀漠境土。耕地土壤的全磷含量的变化趋势与自然土壤基本一致，即华南地区的砖黄壤全磷含量最低，华中地区的红壤和水稻土，华北、西北、东北等地区黄土性沉积物发育的土壤全磷含量最高。

在长期的成土和利用过程中，土壤含磷量不仅表现出地带性和地域性差异，而且在某一局部范围内，如自然村落或田块等，土壤含磷量也会形成局部或同心圆状的分布。例如，离村庄近的土壤含磷量高，而远离村庄的含磷量低。同一土壤类型，由于土壤母质，开垦利用历史和土壤管理制度不同，土壤含磷量彼此之间也会有明显的差异。

5.2.2 土壤磷素的形态与转化

在土壤中，磷的形态可分为有机磷和无机磷两大类，二者之和为土壤全磷量。腐殖质和有机物含有有机磷。土壤有机磷含量的差异很大，少到几乎没有，多至0.2%以上。土壤无机磷一般比有机磷含量高，以有机质为主的土壤则另当别论。另外，由于土壤有机质表层高于底层，故在一般矿质土壤中，表层的有机磷含量高于底层。

一般认为，土壤磷的转化有四个过程：无机磷酸盐的溶解作用，无机磷酸盐的氧化—还原作用，有机磷酸盐的矿化作用和固定作用。通常土壤磷的价态较为固定，氧化—还原作用并不十分重要。土壤生物在磷的转化过程中起着十分重要的作用。许多常见的微生物能溶解土壤中的难溶性无机磷，微生物的溶磷作用是通过酸化土壤环境，产生螯合或交换过程来实现的。也有认为，微生物可以吸收钙离子，使土壤中的钙减少，改变了微溶性磷酸钙的质量作用平衡，使磷酸盐离子进入溶液。

在某些土壤中，溶磷微生物占整个微生物群的比例高达85%，其中以细菌所占比例最大，溶磷细菌数量因土壤类型而异。在土壤中，能够矿化有机磷酸盐的微生物所占比例也很高，极端情况下高达70%～80%，一般稍低于50%。这些微生物能够降解相应的有机磷，有机磷经微生物矿化后转化为作物可利用的磷。例如，根瘤菌 *Leguminosarum biovarviceae* 在以有机磷作为磷源时，能产生活性很强的磷酸酶，使之转化成无机磷。

此外，有关研究认为，植物根系分泌物在土壤磷的转化中也有重要作用。根系所分泌的低分子有机酸、氢离子可以酸化根际土壤，从而溶解部分难溶性无机磷。植物根系分泌的磷酸酶可以使根际中的有机磷转化为无机磷。另据研究，蚯蚓也能分泌大量的磷酸酶，促进土壤有机磷矿化。

5.2.2.1 土壤中的有机磷

土壤有机磷的含量一般占土壤全磷量的10%~15%。在土壤中，有机磷来源于动、植物和微生物残体，其含量与土壤有机质的含量关系密切。土壤酸性越强，有机磷含量越高，在森林或草原植被下发育的土壤中，有机磷占土壤全磷量的20%~50%，土壤微生物的含磷量一般占土壤有机磷的3%，在草地土壤中能达到5%~24%，林地中达到19.2%。

(1) 土壤中有机磷的形态　目前，我们尚不知道一半左右的土壤有机磷的化学性质。常见的天然有机磷是磷酸酯，可将它们分为5类：肌醇磷酸酯、磷脂、核酸、核苷酸和磷酸糖类。

①肌醇磷酸酯　肌醇是碳环结构类糖化合物（$C_6H_{12}O_6$），可形成从一磷酸酯到六磷酸酯一系列的各种磷酸酯。植酸（肌醇六磷酸）是土壤中最常见的这类磷酸酯。肌醇磷酸酯从有机质释放出的速度比其他酯类慢得多，在土壤中的含量比较稳定，其含量可达有机磷的1/2以上或全磷的1/4左右。

肌醇六磷酸酯与铁、铝（酸性条件），或与钙（碱性条件）形成难溶性盐类，还与蛋白质及其他一些金属离子形成稳定的复合物。在这些不同的沉淀和复合物中，肌醇六磷酸酯比易溶性的酯盐更难被酶类分解。

在不同土壤中，肌醇磷酸酯的浓度差别很大。根据测定，茶园土壤肌醇磷酸酯的含量为2×10^{-6}~54×10^{-6}mol/L，苏格兰农业土壤的肌醇磷酸酯含量为100×10^{-6}~400×10^{-6}mol/L，相差4~50倍。

②核酸　核糖核酸和脱氧核糖核酸是生物细胞的重要成分。每种结构的核酸都包含核糖、磷酸和碱基。一分子糖和一分子含氮碱基组成的结构单元叫核苷。核苷的磷酸衍生物谓之核苷酸。

核酸的含量也许比肌醇磷酸酯多，分解速率也较快。由于目前还无法从土壤中分离和纯化核酸，通常只能根据土壤有机质组分水解产生的核苷酸或嘌呤和嘧啶衍生物的数量来确定核酸的含量。过去认为，土壤中至少有一半的有机磷是核酸类化合物，但最近应用特殊的方法鉴别和测出的含量远远低于这个数值。

③磷脂　土壤中的磷脂是含磷脂肪酸，常见的磷脂是甘油衍生物。磷脂酰胆碱（卵磷酯）和磷脂酰乙醇胺是土壤中主要的磷脂。磷脂从土壤有机质中释放的速率很快。

④其他脂类　许多其他形式的土壤有机磷来自微生物，特别是来自于细菌的细胞壁。已知它们含有许多非常稳定的脂类。并非所有土壤有机磷都与有机质中腐殖质部分紧密结合。澳大利亚的研究人员研究了有机磷这一复杂问题后指出，有机磷不同于碳和氮，它们容易被碱性浸提剂从土壤中提出来。

(2) 土壤中有机磷的转化　有机磷分为活性态和非活性态两种形式。活性有机磷主要是尚未转化进入微生物残留的部分。非活性有机磷与腐殖酸中难于分解的氮相似。迄今为止，有关在土壤有机磷矿化作用的研究并不多，这是因为有机磷和无机磷同时存在于土壤中，难以确定其来源。有机磷矿化释放出的磷很快同土壤中的其他组分发生反应，生成难溶性化合物和复合体，研究起来非常困难。

研究表明，长期连续耕作降低土壤有机磷含量，休耕后又可回升。磷酸酶对土壤中有机磷酸盐的矿化起主要作用。它们是一组酶系统，包括酸性、中性和碱性磷酸酶，催化酯类和酐类水解。在土壤中，生存各种微生物，能通过产生磷酸酶矿化来自于植物的有机磷酸盐。土壤磷酸酶的活性是微生物内含酶与游离酶共同作用的结果。土壤有机磷的矿化受多种因素的影响。据美国衣阿华州的试验表明，有机磷的矿化作用随土壤 pH 值升高而增强；如果碳与无机磷的比值等于或低于200:1，将产生磷的矿化，超过300:1时，将发生磷的固定作用。一些澳大利亚的研究人员认为，N:P 比与磷的矿化及固定关系密切，如果减少其中某种元素的供应，会使另一种元素增强矿化。因此，如果土壤氮不足，无机磷就可能在土壤中积累，土壤有机质的形成也会受阻。

一般认为，土壤含磷量约为0.2%是有机磷矿化的临界浓度，如果土壤含磷量低于0.2%，则发生净固定，因为此时矿化释放的磷酸盐被微生物利用；高于0.2%时，则发生净矿化，有机磷的矿化速率超过植物和微生物利用速率。

5.2.2.2 土壤中的无机磷

在土壤中，无机磷可分为原生矿物和次生的无机磷酸盐两组。按照正磷酸盐中的阳离子种类不同，通常可分为磷酸钙、镁类化合物；磷酸铁、铝类化合物。化合态磷酸盐是指与铁、铝、钙、镁结合的磷酸盐，吸附态磷酸盐是指以物理能级、化学能级或介于这两种能级之间，吸附于黏土矿物、有机物表面的磷。土壤无机磷一般占土壤全磷的50%~80%。我国几种主要土壤的无机磷酸盐组成见表5-1。

表5-1 我国几种土壤的无机磷酸盐组成　　　　　　　　　　%

土壤种类	pH	Al-P	Fe-P	Ca-P	闭蓄态 P
砖红壤	4.5~5.5	0~1.5	2.5~14	0.9~5.3	84~94
红壤	4.5~5.5	0.3~5.7	15~26	1.5~16	52~83
水稻土	6~7	0.7~6.8	7.2~28.3	2.2~10.8	62.0~86.8
黄棕壤	6~7	3.7~10	25~27	13~20	45~57
冲积性土壤	7.5~8.5	1.6~4.1	0~0.7	63~65	31~35
黄土性土壤	8~8.5	3.4~6.9	0~0.5	61~71	12~20

（1）土壤中无机磷的形态

①石灰性土壤　研究表明，在我国北方石灰性土壤中，Ca-P 平均占土壤无机磷的80%以上，Al-P、Fe-P 各占4%~5%，O-P 占10%左右。所以，我国北方石灰性土壤中的无机磷以 Ca-P 为主。在 Ca-P 中，大多数是 Ca_{10}-P，占 Ca-P 的70%左右，Ca_8-P 占10%左右，Ca_2-P 占1%左右。不同形态无机磷的有效性差异很大，Ca_2-P 生物有效性较高；Ca_8-P、Al-P 的有效性低于 Ca_2-P，但大于 Ca_{10}-P、O-P 和 Fe-P 三种形态的无机磷，可作为作物的第二有效磷源；O-P、Ca_{10}-P 的生

物有效性最低，是植物的潜在磷源。

② 酸性土壤　在酸性土壤中，Fe-P 所占的比重最大，Al-P 次之，Ca-P 最低。土壤风化程度愈高，Fe-P 的量愈高。酸性土壤的 Fe-P 又分为非晶质的磷酸铁化合物（$FePO_4 \cdot xH_2O$）、晶质的磷酸铁化合物（如针铁矿等）和闭蓄态磷酸铁化合物 3 种形态。磷酸铁化合物的活性随结晶程度的增加而降低。在酸性土壤中，各形态磷酸盐的生物有效性依次为磷酸一钙 > 水铝石 > Ca-P > Al-P > Fe-P。

（2）土壤中无机磷的转化　在土壤中，无机磷的转化主要包括无机磷的化学、生物固定与释放过程。磷的吸附是指磷离开土壤溶液之后，被固持在土壤颗粒表面的过程。如果吸附的磷或多或少均匀地渗入固相，就被视为化学吸附（或吸收）。磷的吸附和吸收一般难于区分，吸附量与解吸量取决于土壤中磷的含量：磷含量较高时，土壤以吸附为主；磷素浓度较低时，土壤吸附的磷发生解吸。土壤磷的固定包括两个过程：一是水溶性磷转化为溶解性很小的磷酸盐；二是土壤黏土矿物、方解石、水铝英石，Fe 和 Al 的腐殖酸类化合物以及铁氧化物对磷的吸附固定。

在石灰性土壤中，水溶性磷首先被方解石吸附，被吸附的磷可进一步生成二水磷酸二钙和无水磷酸二钙，进而形成磷酸八钙，最后形成羟基磷灰石和氟磷灰石。在不同 pH 值下，这些磷酸钙盐的溶解度不同，随 pH 值的降低迅速增大。施入石灰性土壤的磷肥短时期不易形成 O-P、Ca_{10}-P。在不同种植制度下，磷肥施入土壤后，形成的转化产物各异。在石灰性的旱作土壤中，施入土壤的磷酸一钙转化为磷酸二钙和磷酸三钙，接着形成磷酸八钙，最后形成羟基磷灰石和氟磷灰石，只有很少部分转化为磷酸铁和磷酸铝。而在石灰性的稻田土壤中，施入土壤的磷肥主要转化为 Fe-P 和 Al-P。

在酸性土壤中，磷肥（磷酸一钙）施入土壤后，由于强酸性的饱和溶液可以溶解大量的土壤 Fe、Al，从而沉淀生成非晶质的磷酸铁铝化合物（如 $FePO_4 \cdot xH_2O$），后进一步水解转化为晶质磷酸盐如粉红磷铁矿（$FePO_4 \cdot xH_2O$）和磷铝石（$AlPO_4 \cdot 2H_2O$），再进一步转化为闭蓄态磷酸盐。

部分植物根系能分泌有机酸类物质，使根际土壤的 pH 值降低。所以，在根际土壤中，磷的转化明显不同于非根际土壤。不同植物根系分泌的有机酸的种类和数量不同，因而对根际土壤磷素转化的影响也不一样。在石灰性土壤上，油菜和萝卜的根系分泌大量的苹果酸和柠檬酸等有机酸，降低根际土壤的 pH 值，增加根际土壤 Ca_8-P 和 Al-P 的有效性。水稻根系能释放 O_2，氧化 Fe^{2+}，同时释放 H^+，使根际土壤的 pH 值比土体低 1~2 个单位，增加了土壤中磷的溶解度。此外，根系分泌的有机酸类物质可以螯合根际土壤中的 Al、Fe，竞争根际土壤吸附 $H_2PO_4^-$ 的位点，置换出 Al/Fe，从而释放出 Al/Fe 磷酸盐中的 $H_2PO_4^-$。

5.2.3　土壤磷素的供应

土壤的供磷能力是合理施用磷肥的重要依据。过去一直沿用土壤全磷量和有效磷量作为土壤供磷的指标。但是，在土壤全磷中，迟效磷占大部分，有效磷本身并不代表任何特定形态的磷，是当季作物能利用的各种形态磷的总和。有人认为，磷对作物的有效性并不决定于土壤中磷的贮量，而是决定于作物从贮备磷中摄取的数量。因此，目前看来有效磷主要包括土壤液相磷、活性磷和非活性磷。

活性磷是吸附在固相表面而能被同位素 ^{32}P 所能交换出来的磷酸盐；非活性磷是不易被同位素 ^{32}P 交换出来的闭蓄态磷、无机磷和有机磷。在活性磷和非活性磷之间，保持着动态平衡，并相互转化。非活性磷向活性磷转化，提高土壤磷的有效性；活性磷向非活性磷转化，降低土壤磷的有效性。目前，常采用同位素稀释法、同位素平衡法、等温吸附法和磷位法的供磷能力。

5.2.3.1 同位素稀释法（"A"值法）

此法由 M. Fried 提出，基本原理是溶液中的标记磷肥（^{32}P）施入土壤之后，与土壤固相中的磷（^{31}P）发生代换反应。

$$[^{31}P]^3—固 + [^{32}P]^3—液 \rightleftharpoons [^{32}P]^3—固 + [^{31}P]^3—液$$

液相中同时存在 ^{31}P 和 ^{32}P，是按比例被作物吸收的，根据施入土壤中的 ^{32}P 和作物吸收的 ^{32}P 的总量可计算出土壤有效磷的含量，用"A"表示。

$$\frac{A_{土壤}}{B_{土壤}} = \frac{A_{植株}}{B_{植株}}$$

式中：$A_{土壤}$——土壤中的有效磷；

$B_{土壤}$——施入土壤的 ^{32}P；

$B_{植株}$——作物所吸收的 ^{31}P；

$A_{植株}$——作物吸收的 ^{32}P。

所以，
$$Y = \frac{B_{植株}}{A_{植株} + B_{植株}}$$

简化：$YA + YB = B$

即　　　$YA = B - YB$

$$A = \frac{B(1-Y)}{Y}$$

式中：B——标记磷施用量；

Y——植株吸收标记磷的数量；

A——土壤有效磷含量；

$1-Y$——植株从土壤中吸收磷的数量。

5.2.3.2 同位素平衡法

此法由 Mcauliffe 提出，根据土壤表面吸附原理，用同位素交换法测定其含磷量。即

$$^{32}P（固相活性磷） = {}^{32}P（总量） - {}^{32}P（液相磷）$$

5.2.3.3 等温吸附法

等温吸附曲线用来表示土壤固相表面吸附的磷与液相中的磷在平衡时，固相

和液相磷浓度之间的关系曲线。由于吸附量受温度变化的影响，故制作曲线时在恒温下进行，谓之等温吸附曲线。当施入土壤中的磷被土壤吸附时，存在以下平衡：

$$P（固相） \rightleftharpoons P（液相）$$

上述反应平衡支配着土壤磷的有效性，故可以把液相中磷的浓度作为供磷强度的因素（I），把随时可以进入液相而尚留在固相表面的活性磷作为磷供应的容量因素（Q），固相磷转为液相磷的速率则称为缓冲能力（Q/I）。根据上述平衡反应：液相中磷浓度的增加与减少，都将引起固相磷的相应变化。在质量相同的土壤中，分别加入不同浓度的磷溶液，在恒温下达到平衡后测定液相中的磷，并用差值法计算出被土壤吸附的磷，最后以土壤对磷的吸附量做纵坐标，以平衡溶液中磷的浓度为横坐标，即可绘制出土壤吸附磷的等温曲线，用Langmuir方程表示如下：

$$X = X_{\max}\frac{C}{K' + C} \quad 或 \quad C/X = \frac{C}{X_{\max}} + \frac{1}{K \cdot X_{\max}}$$

式中：X——100g土壤吸附磷的数量（mg/100g）；

C——平衡溶液中磷的浓度（mg/L）；

$X_{\max}$——最大吸附量（mg/100g）；

K'——吸附常数；

K——吸附常数（K'）的倒数。

根据C/X与C成直线关系，$1/(K \cdot X_{\max})$则是这条直线的斜率（Q/I），可求出$X_{\max}$值和Q值，如将直线延长，使之与纵坐标相交，则可计算出K值。

5.2.3.4 磷位法

磷位法由Schofield提出，此法用能量的概念来表述土壤中磷的有效性。

$$磷位值 = \frac{1}{2}P^{Ca} + P^{H_2PO_4}$$

磷位值的大体临界值为7或8，当磷位值>7或8时，即表示土壤缺磷。

5.3 磷肥的种类、性质与施用

用各种方法生产的磷肥，按磷酸盐的溶解度不同可分为水溶性磷肥、弱酸溶性（或枸溶性）磷肥和难溶性磷肥。

5.3.1 水溶性磷肥

这类磷肥主要有过磷酸钙、重过磷酸钙、氨化过磷酸钙等。

（1）过磷酸钙

①成分和性质　过磷酸钙简称普钙。是我国目前生产最多的一种化学磷肥，主要成分为水溶性的磷酸一钙和难溶于水的硫酸钙，还含有少量磷酸、硫酸、非

水溶性磷酸盐，以及硫酸铁、铝盐等杂质。过磷酸钙一般为灰白色粉末或颗粒。由于含有游离酸使肥料呈酸性，并具有一定的吸湿性和腐蚀性。当过磷酸钙吸湿后，除易结块之外，其中的磷酸钙还会与硫酸铁、铝等杂质起化学反应，形成难溶性的铁铝磷酸盐，导致磷的有效性降低，称为过磷酸钙的退化作用。以形成磷酸铁为例，反应式如下：

$$Ca(H_2PO_4)_2 \cdot H_2O + Fe_2(SO_4)_3 + 5H_2O \longrightarrow$$
$$2FePO_4 \cdot 4H_2O + CaSO_4 \cdot 2H_2O + 2H_2SO_4$$

因此，过磷酸钙在贮运过程中应防潮，贮运时间不宜过长。

②在土壤中的转化　研究表明，过磷酸钙的利用率较低，一般只有10%~25%。主要原因是过磷酸钙施入土壤之后，其中的水溶性磷，除一部分通过生物作用转化为有机态之外，大部分则被土壤吸附或产生化学沉淀作用。

过磷酸钙的溶解过程与化学沉淀（固定）作用：如图5-3所示，过磷酸钙施入土壤后，周围土壤中的水分迅速向施肥点和肥粒内汇集，并使肥料中的水溶性磷酸一钙溶解和水解，形成由磷酸一钙、磷酸和磷酸二钙组成的饱和溶液，其反应式为：

$$Ca(H_2PO_4)_2 \cdot H_2O + H_2O \longrightarrow CaHPO_4 \cdot 2H_2O + H_3PO_4$$

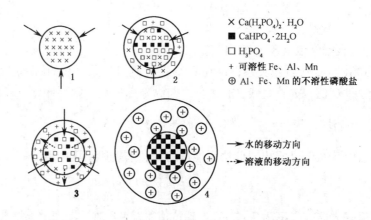

图5-3　过磷酸钙在土壤中的溶解与沉淀

在饱和溶液中，磷酸根离子的浓度可高达10~20mg/kg土，比土壤溶液中磷酸根浓度高数百倍，形成以施肥点为中心的浓度梯度，随着磷酸根离子向周围土壤扩散，使土壤溶液pH值急剧下降，最低为1.5左右，导致土壤中的铁、铝或钙、镁等离子迅速溶解，并与磷酸起化学反应，发生磷的固定作用。

磷的吸持作用：施用水溶性磷肥后，存在于液相中的磷酸或磷酸根离子会被土壤固相吸附（adsorption）和吸收（absorption），这两个不同而又难以截然区分。土壤对磷的吸附的结果是土壤固相表面的磷酸根离子浓度高于土壤溶液，而吸收则是吸附于土壤固相的磷酸根离子部分地、均匀地渗入土壤固相内部的现象（图5-4）。

土壤对磷的吸附，按其作用力大小可分为专性吸附（specific adsorption）（或称为配位体交换）与非专性吸附（non-specific adsorption）两大类。专性吸附是在一定条件下，铁铝氧化物配位壳中的部分配位体被磷酸根置换而产生的吸附现象，不仅有库仑力引力，也包括化学引力。因此，专性吸附也称为化学吸附。在

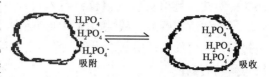

图5-4　土壤对磷的吸收与吸附示意图

土壤中，多种组分具有化学吸附磷的能力，其中以水合氧化铁吸附能力最强，往往对土壤化学吸附磷起控制作用。非专性吸附是由带正电荷的土壤胶粒通过静电引力产生的吸附现象，通常发生在胶粒的扩散层，与氧化物配位壳之间有1~2个水分子的间隔，故结合较弱，易被解吸（desorption），这种吸附过程与羟基表面的质子化有关，故与体系的pH有很大关系，这种吸附作用随土壤pH值降低而增加。

吸附作用的逆过程称为解吸。对磷来说，解吸是指非专性吸附和专性吸附态磷释放重新进入土壤溶液的过程。但是，非专性吸附和专性吸附态磷并不是完全可以解吸的。一般而言，专性吸附态磷难于解吸，非专性吸附态磷容易解吸。另外，在淹水还原条件下，三氧化物包蔽的闭蓄态磷可释放出来。

综上所述，当水溶性磷肥施入土壤之后，土壤对磷的吸附和化学沉淀作用都会发生，但何种过程为主则由当时的综合条件决定，最终结果都会使水溶性磷肥有效性降低，影响肥效。

③过磷酸钙的施用　过磷酸钙无论施于何种土壤，都容易发生磷的固定。因此，合理施用过磷酸钙的原则是：减少与土壤的接触面积，增加与作物根群的接触机会，以降低土壤对磷的吸附固定，提高肥料的利用率。

过磷酸钙可作基肥、种肥和追肥，均应适当集中施用和深施。在追肥时，用于旱地可穴施和条施，用于稻田可用撒施和塞秧根的方法；作种肥时，可将过磷酸钙集中施于播种沟或栽植点内，覆盖一薄层土后，再播种，防止肥料与种子接触，一般用量为5~10kg/667m^2。

过磷酸钙与有机肥料混合施用是提高肥效的重要措施，因为可借助有机质对土壤三氧化物的包蔽作用，减少对水溶性磷的化学固定。同时，在有机肥料的分解过程中，所产生的有机酸（如草酸、柠檬酸等）能与土壤中的钙、铁、铝等形成稳定的配合物，减少这些离子对磷的化学沉淀，提高磷肥的有效性。

在强酸性土壤中，过磷酸钙配合石灰施用能提高磷肥的有效性，但严禁石灰与过磷酸钙混合同时施用，以防降低肥效。正确的方法是施用石灰数天后，再施过磷酸钙。

过磷酸钙可以作根外追肥。在喷施前，先将肥料浸泡于10倍的水溶液中，充分搅拌、澄清，取上清液稀释30~100倍后，喷施于叶片，喷施量为750~1500kg/hm^2。

(2) 重过磷酸钙　重过磷酸钙简称重钙，是一种高浓度磷肥，含P_2O_5

36%~54%，呈深灰色，颗粒或粉末状，主要成分为磷酸一钙，不含石膏，含4%~8%的游离磷酸，酸性、腐蚀性与吸湿性强。由于铁、铝、锰等杂质少，存放过程中不致发生磷酸盐的退化现象。在储存时，不宜与碱性物质混合，否则会降低磷的有效性。

重钙的施用方法同普钙。但重钙的有效磷含量高，肥料用量应较普钙相应减少。由于不含石膏，对喜硫作物的肥效不如等磷量的普钙。

5.3.2 弱酸溶性磷肥

如果磷肥中的磷只溶于弱酸（2%柠檬酸、中性柠檬酸铵或微碱性柠檬酸铵），这类肥料统称弱酸溶性磷肥，又称枸溶性磷肥，主要有钙镁磷肥、钢渣磷肥、沉淀磷肥和脱氟磷肥等。

（1）钙镁磷肥

①成分与性质 在高温条件下，磷矿石与适量的含镁硅矿物如蛇纹石、橄榄石、白云石和硅石混合熔融，经淬水冷却后生成玻璃状碎粒，磨细后制成钙镁磷肥。

钙镁磷肥含磷量14%~18%，主要为α-磷酸三钙，不溶于水，但能溶于2%柠檬酸溶液。钙镁磷肥大多呈灰绿色或棕褐色，成品中还含有氧化钙25%~30%，氧化镁10%~25%，二氧化硅40%，水溶液呈碱性，pH值为8.2~8.5，不吸湿，不结块，无腐蚀性。

②在土壤中的转化 钙镁磷肥所含的磷酸盐必须溶解进入土壤溶液后，才能被作物吸收。钙镁磷肥的溶解度受环境酸碱度影响很大，随pH值升高而降低。所以，钙镁磷肥施入酸性土壤之后，由于酸的作用，钙镁磷肥逐步溶解，释放出磷。

在石灰性土壤中，根系分泌的碳酸和有机酸可以逐步溶解钙镁磷肥，缓慢地释放出磷酸盐。其反应式如下：

$$Ca_3(PO_4)_2 + 2CO_2 + 2H_2O \longrightarrow 2CaHPO_4 + Ca(H_2PO_4)_2$$

$$CaHPO_4 + 2CO_2 + 2H_2O \longrightarrow Ca(H_2PO_4)_2 + Ca(HCO_3)_2$$

因此，在酸性土壤上，钙镁磷肥的肥效可能相当于或超过过磷酸钙，而在石灰性土壤上，其肥效低于过磷酸钙。在严重缺磷的石灰性土壤上，对吸收能力强的作物，适当施用钙镁磷肥，仍可能有一定的增产效果。

③施用方法 钙镁磷肥的施用效果往往与土壤性质、作物种类、肥料粗细及施用技术有关。根据上述转化过程，可看出钙镁磷肥最宜施于红壤、黄壤等酸性土壤。在有效磷含量低的非酸性土壤上，如白浆土、垆土，以及低温、高湿、黏重的冷浸田也有良好的效果，原因是它既能供应磷素营养，又能提供钙、镁、硅等营养元素。

钙镁磷肥的枸溶性磷含量与粒径有关。一般认为，粒径在40~100目之间，随着粒径变小，枸溶性磷的含量增加，对水稻的增产效果提高。但是，在酸性土壤中，粒径大小对肥料中的磷酸盐的溶解没有明显影响；在石灰性土壤中，细度显著影响肥料中磷的溶解度。目前认为，钙镁磷肥的细度要求有90%能通过80目筛孔，粒径应小于0.177mm。

钙镁磷肥可以作基肥、种肥和追肥，但以基肥施用的效果最好，追肥要早施。基肥每公顷施用量225～450kg，若作种肥或蘸秧根时，每公顷为75～150kg。

钙镁磷肥也可先与新鲜的堆肥、沤肥或与生理酸性肥料配合施用，以促进肥料中磷的溶解，提高肥效，但不宜与铵态氮肥或腐熟的有机肥料混合，以免引起氨的挥发损失。

（2）其他弱酸溶性磷肥　除钙镁磷肥外，还有许多磷肥也属于弱酸溶性磷肥。主要成分、性质和施用技术详见表5-2。

表5-2　几种弱酸溶性磷肥成分、性质及施用技术要点

肥料名称	主要成分	性　质	施用技术
钢渣磷肥	$Ca_4P_2O_9$ $Ca_4P_2O_9 \cdot CaSiO_3$	含P_2O_5 7%～17%，以及S、Fe、Mn、Ca、Mg等，深棕色粉末，强碱性，粉末细度为80%通过100目筛孔	适用于酸性土壤，宜作基肥，对水稻、豆科等需硅喜钙作物的肥效较好，对嫌钙的马铃薯施用后影响品质，其他施用法参见钙镁磷肥
脱氟磷肥	$\alpha\text{-}Ca(PO_4)_2$	含P_2O_5 14%～18%，最高达30%以上，碱性，深灰色粉末，物理性状良好，贮运、施用方便	施用方法与钙镁磷肥相同，可作家畜饲料的添加剂
沉淀磷酸钙	$CaHPO_4 \cdot 2H_2O$	含P_2O_5 30%～40%，白色粉末，物理性状良好	施用方法参见钙镁磷肥，因不含游离酸，作种肥时比过磷酸钙安全有效，还可作家畜饲料的添加剂
偏磷酸钙	$Ca(PO_3)_2$	含P_2O_5 60%～70%，玻璃状的微黄色晶体，施入土后经水化作用可转变成正磷酸盐	施用方法参见钙镁磷肥，但因含磷量高，施肥量低于钙镁磷肥

5.3.3　难溶性磷肥

难溶性磷肥有磷矿粉、鸟类磷矿粉和骨粉等。

5.3.3.1　磷矿粉

（1）磷矿粉的成分和性质　磷矿粉由天然磷矿磨成粉末制成，大多呈灰白或棕灰色粉状，主要成分为磷灰石，全磷含量一般为10%～25%，可溶性磷1%～5%。供磷特点是容量大，强度小，后效长。在磷矿石中，如果可溶性磷占全磷量的15%以上，可作磷矿粉直接施用。

（2）磷矿粉直接施用的条件　磷矿粉作为磷肥直接施用是有一定条件的，它的有效性与磷矿的结晶性质、土壤类型和作物种类三个因素密切相关。

①磷矿的结晶性质　磷矿粉的有效性首先取决于磷矿本身的结晶性状和同晶置换程度。磷灰石系六角形柱状晶体矿石的单晶构造。由于同晶置换作用，磷灰石晶格中的 Ca^{2+}，PO_4^{3-}，F^- 可以和半径相似的多种离子，如 Na^+，Mg^{2+}，CO_3^{2-}，Cl^-，OH^- 等，进行同晶置换。因此，磷灰石可分为原生矿物——氟磷灰石，如江苏锦屏的磷矿石；次生矿物——羟基磷灰石，如昆阳的磷灰石；磷灰石的同晶置换产物——高碳磷灰石。在磷矿石中，PO_4^{3-} 被 CO_3^{2-} 置换得越多，磷的有效性越高，如广西溶洞型磷灰石。磷灰石的结晶状况与肥效的关系见表5-3。

表5-3　不同类型磷灰石的结晶状况与肥效的关系

矿石类型	X-衍射线主峰（宽/高比）	晶形	有效磷/全磷（%）	相对肥效（%）
锦屏磷矿石	0.061	晶质	3.4	<10
昆阳磷灰石	0.28	隐晶质	20.9	40~60
溶洞型磷灰石	1.03	胶状	>50	70~100

氟磷灰石结晶状况好，晶粒大，结构致密，X-衍射的主峰窄而高，有效磷含量低，一般不足全磷量的5%，生物试验的相对肥效低于10%，属"低效"磷矿粉，如锦屏磷肥厂生产的磷矿粉，这种磷矿石一般不宜制造磷矿粉直接用于农作物，但对于经济林木仍有一定肥效。

高碳磷灰石（或溶洞型磷灰石）结晶不良，呈胶状，结构疏松，X-衍射的主峰宽而矮，有效磷含量高，超过全磷量的50%，生物试验的相对肥效为70%~100%，属"高效"磷矿粉，如广西玉林、贵州开阳磷肥厂生产的磷矿粉，昆阳磷肥厂生产的磷矿粉介于二者之间。

②土壤类型　影响磷矿粉施用效果的主要是土壤的pH值，酸性介质有利于磷矿粉的溶解。当磷矿粉施入土壤之后，酸性越强，溶解度越高，施用效果越好。但是，超过一定限度，往往导致交换性铝的含量过高，交换性钙含量过低，不利于作物生长。此时应适量施用石灰，中和酸性，以保证作物正常生长发育。

此外，土壤盐基交换量，黏土矿物类型，土壤速效磷含量，以及土壤熟化程度等，也不同程度地影响磷矿粉的肥效。对于那些盐基交换量大，钙饱和度高，2:1型黏土矿物居多，速效磷含量大与熟化程度高的土壤，施用磷矿粉的肥效较差。

根据我国的土壤条件，在南方的红壤、黄壤等酸性土壤上，适宜施用磷矿粉；在华北、西北和苏皖北部等地区的石灰性土壤上，土壤呈碱性，不宜施用磷矿粉，除非土壤严重缺乏有效磷（<2.5mg/kg，Olsen法），肥效较差。

③作物种类　作物种类不同，吸收利用磷矿粉的能力差异很大。油菜、萝卜、荞麦等利用磷矿粉的能力最强；绿肥及豆科作物次之；玉米、马铃薯、芝麻等再次之；谷子、小麦等小粒禾谷类作物最弱。研究表明，作物根系的CEC，地上部的 P_2O_5/CaO，以及 N/P_2O_5 都可能与作物吸收难溶性磷有关。

此外，多年生木本植物，如果树、橡胶、油茶、茶树、柑橘、苹果等，利用磷矿粉的能力较强。在这些作物上，施用磷矿粉的技术值得推广。

(3) **磷矿粉的施用方法** 磷矿粉的后效较长，宜作基肥，不宜作追肥和种肥，连续数季施用后，可停施几年。在作基肥时，以撒施、深施为好。当用于果树或经济林木，可采用环形施用的方法，施后覆土。

磷矿粉和酸性肥料或生理酸性肥料混合施用，是提高磷矿粉当季肥效的有效措施。这是因为借助肥料的酸性可促进难溶性磷酸盐的溶解。磷矿粉与过磷酸钙混合施用，除了有利于提高磷矿粉的有效性之外，还可弥补磷矿粉供磷容量大，但强度不足的缺陷，促进作物苗期吸收磷素营养。

5.3.3.2 鸟粪磷矿粉和骨粉

(1) **鸟粪磷矿粉** 在我国南海的诸岛屿上，贮存有丰富的鸟粪磷矿。在高温、多雨的条件下，岛屿上的海鸟粪分解释放出磷酸盐，淋溶至土壤，然后与土壤中的钙形成鸟粪磷矿，经开采磨细后，制成鸟粪磷矿粉。一般而言，鸟粪磷矿粉的全磷含量（西沙群岛产）为15%～19%，用中性柠檬酸铵提取的磷超过全磷的50%，磷肥的有效性较高。此外，磷肥中还含有一定数量的有机质，施用方法与磷矿粉相似。

(2) **骨粉** 骨粉系动物骨骼加工制成。主要成分为磷酸三钙，约占骨粉的58%～62%。此外，还含有磷酸三镁（1%～2%）、碳酸钙（6%～7%）、氟化钙（2%）、氮（4%～5%）和有机物（26%～30%），是一种多成分的肥料。

骨粉肥效缓慢，宜作基肥。如果与有机肥料堆沤，可以促进磷酸盐的溶解；施于酸性土壤，效果较好；夏季施用的肥效优于冬季。

5.4 磷肥的合理施用

现代农业离不开化肥，施用磷肥增加土壤速效磷的含量，对于提高土壤肥力，增加作物产量，缓解人口增长所带来的粮食危机有重要的作用。但是，如果施用方法欠妥或施用过量，不仅造成磷素资源的巨大浪费，而且污染土壤和水环境。磷肥的合理施用涉及到植物营养学、土壤肥料学和环境科学等多门学科。

5.4.1 磷的利用与损失

在土壤中，磷的移动速率慢，容易被土壤固定，当季作物对磷肥的利用率较低。调查研究表明，当季作物对磷肥的平均利用率是10%～25%，水稻约8%～20%，小麦约6%～26%，玉米约10%～23%，棉花约4%～32%，紫云英约9%～34%。所以，磷肥施入土壤之后，并未被当季作物完全吸收利用，约有75%～90%的磷以不同的磷酸盐形态被固定在土壤中。

近年来，由于大量施用磷肥，农田生态系统中的磷素发生盈余，使土壤中的全磷和有效磷含量不断上升。在欧洲农田土壤中，过去40年积累的磷素高达800～1 500kg/hm^2；在美国、中国和爱尔兰的土壤中，磷的平均含量也逐年上升。土壤含磷量提高，大大地增加了土壤磷流失的可能性。

许多研究证明，通过施肥进入土壤的各种磷肥和作物残茬等，一方面被土壤和微生物固定，有效性降低；另一方面，由于化学和土壤生物的作用，固定态磷又转化为有效磷。所以，在土壤中，磷的有效化和无效化是土壤磷素循环中的主要过程。

土壤固相与液相之间，磷由液相迁移至固相，成为生物不易利用的形态，谓之磷的固定作用。在土壤中，磷固定的机制主要有吸附和沉淀。有些学者将磷的固定机制按反应的性质和类型进行了比较细致的划分，包括物理吸附、化学吸附、阴离子交换、表面沉淀和独立的固相沉淀等。除非生物固定之外，微生物也能固定大量的磷素。在一般耕地中，细菌吸收固定的磷估计有 4~10 kg/hm^2。当微生物细胞死亡后，固定在微生物细胞中的磷酸盐就会释放出来，重新进入土壤。

5.4.2 磷肥施用与环境污染

大量施用磷肥可能造成河流、湖泊、水库等地表水或海湾水体的富营养化，地下水 PO_4^{3-} 和 F^- 积累，以及土壤重金属污染等。据报道，施用磷肥可能造成 Cd 在土壤中大量积累，进入植物之后，经食物进入人体，危害人类健康。土壤磷素的化学行为不仅影响磷素的生物地球化学循环和生物有效性，而且还直接关系到环境健康。

5.4.2.1 水体富营养化

在湖泊、水库和海湾等封闭性和半封闭性水体中，由于接纳了过多的氮、磷营养元素，使水体初级生产力提高，某些特征性藻类（主要是蓝藻、绿藻）异常增殖，使水质恶化的现象称为水体富营养化。

水体富营养化是当今世界水污染治理的难题。在大多数淡水水体中，磷是藻类生长的主要限制因子。农田土壤中的磷既可以随径流流失，又可发生淋溶。但是，在多数情况下，除了过量施用磷肥的土壤或地下水位较高的砂质土之外，淋溶水中的磷浓度很低，随径流流失是农田土壤磷素进入水体的主要途径。在农田排水中，总磷含量一般为 0.01~1.0mg/L，溶解态磷不超过 0.5 mg/L；在农田径流中，流失量一般仅占化肥施用量的 2% 左右，低于 1kg/（hm^2·年）。从农学和经济学的意义上讲，这一流失量可以忽略。但是，由此而产生的水环境质量问题却值得重视。根据形态，径流中的磷又可分为溶解态磷和颗粒态磷，溶解态磷主要以正磷酸盐形式存在，可被藻类直接吸收利用，对地表水的质量影响最大。根据 Archer 等的分析，引起水体富营养化的磷浓度阈值按 0.05 mg/L 计算，那么对于径流量为 200mm 的流域来说，磷的年流失量只要达到 0.1kg/hm^2，就足以导致接纳水体发生富营养化。

在许多地区，以农田磷流失为主的面源污染往往是水体中磷的主要来源，它们的数量越来越大，对富营养化的贡献率也日益突出。在西方发达国家，已经实现了工业和城镇生活污水等点源污染的有效治理，营养物质已成为水体最大的面源污染。来自农田的氮、磷在面源污染中占有的份额最大，水体中的总磷与流域内农业用地的比例呈正相关。在 20 世纪 80 年代，丹麦内陆湖泊的总磷含量有所降低，但并没有明显改善水质，这是因为其他来源的磷（主要是农田排磷）仍足以使许多湖泊中磷浓度超过 100μg/L 这一危险浓度，其中来自于农田的磷超过湖泊磷来源的一半。在农业用地为主的流域内，面源磷的年产生量（0.29kg/hm²）相当于自然流域（0.07kg/hm²）的 4 倍。据估计，在欧洲一些国家的地表水体中，来自于农业土壤的磷占水体污染负荷的比例为 24%～71%。目前，我国工业和生活污水的治理虽然处于起步阶段，但面源污染的贡献率仍然占有较大的比重。例如，在滇池入湖的总磷中，农业面源磷占 28%。农业面源磷产生的多寡主要决定于流域内的气候、水文、土地利用和人口密度等因素。

磷肥中的 PO_4^{3-} 和 F^- 是地下水的污染源之一。磷矿石含有氟，在加工过程中大部分被除去，少部分残留于产品中；磷酸二铵及普钙的氟含量分别为 0.044kg/kg 和 0.085kg/kg 左右。磷肥大量施于砂质土壤，时逢雨季或灌溉，可溶性氟可以发生淋溶，进入地下水，导致水源污染。

5.4.2.2 土壤重金属污染

施用磷肥是危害土壤环境的重要途径之一。目前，磷肥生产趋向于复合化、高效浓缩化、专业化，但由于原料矿石本身的杂质，以及生产工艺流程的污染，磷肥中常含有一定的副成分，如重金属、有毒有机化合物和放射性元素等。长期大量施用磷肥，容易造成这些元素在土壤中累积，污染土壤环境；此外，在磷肥生产过程中，一些有毒有害物质也会进入磷肥产品。例如，有些小磷肥厂利用废酸生产的磷肥含三氯乙醛等有害物质，通过施肥进入土壤。

在磷矿石中，一般都含有氟（F）、砷（As）、镉（Cd）、铬（Cr）、汞（Hg）、铀（U）等有害元素，其含量与矿石种类有关。按其成因，磷矿石分为火成岩磷矿石和沉积岩磷矿石二类，沉积岩磷矿石的 Cd、Cr、Hg、V 和 U 含量显著高于火成岩磷矿石，与最普通的一般沉积岩——页岩相比，沉积岩磷矿石富含 As、Cd、Se 和 U；此外，不同成矿地点的磷矿石的有害元素含量差别很大。例如，澳大利亚磷矿石的 Cd 含量为 4～109mg/kg，美国佛罗里达州的为 3～15 mg/kg。在我国，主要磷矿石 Cd 含量为 0.1～571 mg/kg，大部分为 0.2～2.5 mg/kg，平均是 15.3 mg/kg。

在磷肥中，重金属的含量与制取磷肥所用的矿石含量有关，采用的制造工艺也影响矿物中的金属进入磷肥。在过磷酸钙制备过程中，磷矿石中的全部重金属都进入磷肥，但在湿法生产磷酸时，约 60%～70% 的镉，5%～30% 的铅进入磷酸，70%～95% 的铀、铜、锌及其他金属存在于过滤级磷酸中，其余的重金属则存在于磷石膏中。由此可见，湿法生产磷酸可以除去相当数量的重金属。

经过对山东、北京、云南、浙江、湖南等地的抽样调查，在普钙、磷矿粉、钙镁磷肥、铬渣磷肥等磷肥中，重金属 As、Cd、Cr、Pb、Sr、Cu、Zn 含量较高

（表5-4）。磷肥的重金属含量与磷矿石的种类、产矿地点、制造工艺等有关。在调查的五省市中，湖南铬渣磷肥中的砷、铬、锌含量最高，云南磷矿粉中的镉、铅、锶含量最高，北京普钙中的铜含量最高。除重金属之外，磷肥常常含氟和氟化合物，无论是氟还是氟化物，它们都是污染环境的元素之一，因氟具有很高的化学活性，对人畜危害极大，氟斑牙和氟骨病是典型的氟过量引起的疾病。磷肥氟污染不仅发生在施用磷肥的土壤中，而且还发生在磷肥厂的附近地区。

表5-4　我国部分磷肥中重金属含量　　　　　　　　　　mg/kg

抽样地点	肥料	As	Cd	Cr	Pb	Sr	Cu	Zn
山东	普钙	51.33	1.4	464.0	170.4	330.0	60.6	215.3
北京	普钙	36.4	1.9	39.9	124.1	267.0	61.4	253.2
云南	磷矿粉	25.0	3.8	47.3	242.1	464.5	54.2	225.3
浙江	钙镁磷肥	6.2	—	1 057.2	—	414.9	63.2	169.4
湖南	铬渣磷肥	67.7	—	5 144.0	—	189.5	48.0	768.8

5.4.2.3　磷肥中放射性物质的危害

磷矿石含有微量的放射性元素（如铀、镭、氡等），施用磷肥可能引起土壤放射性污染。在我国中南、西南、华东、东北、西北五大地区，34家大中型磷肥厂的44个磷肥样品和5个进口磷肥样品均具有放射活性；磷肥 α 和 β 放射性比强为普钙＞重钙＞钙镁磷肥＞氮磷复合肥、磷酸二铵；进口磷肥比国产磷肥放射性强而稳定；普钙和钙镁磷肥对土壤放射性比强的影响随用量增加而提高。我国实施的《磷肥放射性^{226}Ra限量卫生标准（GB8921—1988）》的规定中，磷肥及磷矿石中的^{226}Ra含量不准超过500Bq/kg。目前，国产的磷肥^{226}Ra含量一般低于国家规定标准。按目前的磷肥施用水平，长期施用不会对农田土壤带来明显的放射性污染危害。但是，进口磷矿石生产的磷肥中，^{226}Ra的含量较高。例如浙江省的一些磷肥厂，利用从摩洛哥进口的磷矿石生产磷肥，^{226}Ra的含量均超过国家规定的限量标准，最高达到1 681.5 Bq/kg。所以，进口磷矿石最好与国产磷矿石混合，降低^{226}Ra的含量，使之低于国家标准，保证生产和施用安全。

5.4.3　提高磷肥利用率的途径

磷与氮不同，在土壤中不挥发，也很少淋失，但容易被土壤固定。因此，减少磷的土壤固定，增加磷肥与根系的接触面积，是提高磷肥利用率，合理利用磷肥，发挥磷肥增产效益的关键。为了提高磷肥的肥效，应根据作物种类、土壤类型、气候条件，以及磷肥性质等合理施用。

5.4.3.1　根据作物的需磷特性和轮作制度合理施用磷肥

各种作物的根系分泌物、CEC、N/P_2O_5、CaO/P_2O_5 不同，它们对施用磷肥敏感性和对磷的吸收利用能力也不一样。绿肥、豆科作物、油菜、荞麦等对施用磷肥的反应非常敏感；玉米、番茄、马铃薯、芝麻等对施用磷肥的反应中等；小麦、谷子、水稻对施用磷肥的反应较差。"喜磷作物"施用磷肥之后，一般都有增产效果。因此，"喜磷作物"应优先施用磷肥。

磷肥具有后效，前茬作物施用磷肥之后，后续作物仍可继续利用。此外，磷在土壤中的形态转化受水分条件的影响，淹水使土壤 pH 值升高，Eh 降低，闭蓄态磷的铁氧化物包膜发生水解，磷的有效性增加 2~3 倍。但是，淹水转为干旱，有效态的磷又会发生逆转，使土壤有效磷含量降低。因此，在水旱轮作中，不需要每季作物都施用磷肥，应当重点施于旱地。

不同作物吸收利用磷的能力也不同，羽扇豆利用土壤难溶性磷的能力很强，大豆、小麦、向日葵等双子叶植物次之，单子叶植物最差。此外，不同作物利用土壤磷的形态也不一样，水稻可以消耗土壤中的 Fe-P，小麦可以消耗土壤中 Al-P，各种作物都可以消耗土壤中的 Ca-P。水稻连作消耗的土壤磷素比其他作物连作的消耗量高。

不同作物对缺磷的反应机制不同。磷素不足时，磷高效型植物发生一系列生理反应，如根系能分泌较多的有机酸、根系形态改变、根际磷酸酶活性增加，从而提高根际土壤磷的有效性。大豆根系可以分泌番石榴酸和甲氧苄基酒石酸等有机酸，螯合根际土壤中的铁铝，提高磷酸铁和磷酸铝的有效性。在北方石灰性土壤上，油菜、肥田萝卜等磷高效作物的根系能分泌大量的苹果酸、柠檬酸等有机酸，降低根际土壤的 pH 值，提高了 Ca-P、Al-P 的有效性。花生根系能分泌甲酸，增强根系的还原力和溶解能力。有些植物在缺磷时，通过根系形态的改变，适应低磷条件。例如，羽扇豆在缺磷时形成大量的排根。

不同基因型的作物对缺磷的反应明显不同，在缺磷条件下，磷高效的小麦品种分蘖数增加，对低磷的适应能力较强。

另外，作物的种植和轮作方式影响土壤中磷的积累与消耗。长期单种粮食作物，土壤中磷的消耗量明显高于草粮混种。小麦连作，土壤中 $NaHCO_3$—Pi、$NaOH$—Pi 的消耗量高于小麦—小麦—休闲和小麦—休闲的种植方式。连续多年采用小麦—小麦—休闲的轮作方式，土壤全磷量比永久草地土壤的全磷低 29%，土壤全磷量的降低主要源于土壤有机磷含量减少。轮作方式显著影响土壤中的各种无机磷和不稳定态有机磷的含量，对土壤稳定态有机磷的含量影响不大。

5.4.3.2 根据土壤条件合理施用磷肥

不同土壤的供磷能力差异很大。在供磷水平低和 N/P_2O_5 比大的土壤上，施用磷肥增产显著；在供磷水平高和 N/P_2O_5 比小的土壤上，施用磷肥的效果不明显。在氮、磷含量较高的土壤上，施用磷肥的增产效果不稳定；在氮、磷含量较低的土壤上，只有提高氮肥用量之后，才能发挥磷肥的增产作用。

土壤有机质含量与磷肥施用效果关系密切。在有机质含量 <2.5% 的土壤上施用磷肥，一般可增产 10% 以上；有机质含量 >2.5% 的土壤，施用磷肥则增产效果不明显；但在强酸性土壤以及冷浸烂泥田中，即使有机磷含量 >2.5%，作物仍然缺磷，这是因为土壤有机磷需在中性或微碱性条件下才易矿化，而在强酸性土壤中有机磷分解慢，在某些冷浸烂泥田中有机质因缺氧难分解，所以作物缺磷。

土壤 pH 值显著影响磷肥的肥效。如果土壤 pH < 5.5，土壤有效磷的含量很低；在土壤 pH6.0 ~ 7.5 时，有效磷的含量相对较高；超过 pH7.5，有效磷含量又降低。在石灰性土壤上，根际 pH 值降低，显著增加土壤磷素的有效性。

土壤黏土矿物类型、风化程度，以及土壤的熟化度也是影响磷肥肥效的重要因素。土壤黏土矿物的固磷能力依次为：黏土矿物 > 原生矿物，黏粒 > 砂粒，高岭石 > 蒙脱石；风化程度越高，存在于黏粒部分的全磷、有机磷和有效磷的相对比例就越高；熟化程度越高，土壤含磷量也越高。因此，磷肥应优先施用于黏重的旱地、烂泥水田、新垦荒地、酸性红黄壤，以及有机肥不足的低产土壤。在风化较差的土壤中，NaOH—Pi、HCl—Pi 属于缓效态磷；但在高度风化的土壤中，它们的有效性很低。磷肥施入风化差的土壤中，有效性明显高于风化高的土壤。

5.4.3.3　气候环境条件对磷肥肥效的影响

土壤湿度、温度影响土壤中磷的有效性。土壤水分充足，施入土壤中的磷肥以 Olsen-P 大量存在，有效性高。土壤温度低，土壤微生物活性弱，降低土壤磷的有效性，减少植物对磷的吸收。因此，在早春低温时，玉米、小麦等作物可能会表现出缺磷症状，但随着天气变暖，缺磷症状逐渐消失。在不同季节，土壤中各形态的磷变化较大。在施肥 100 年的长期肥料定位试验中，土壤磷的季节性变化规律为：春天土壤 Olsen-P 的含量增加，夏季和秋天含量降低，冬天施用城市垃圾的处理又回升。由于土壤 Olsen-P 和树脂-P 的季节性变化较大，故它们只能在短期内反应土壤磷的有效性。在土壤中，稳定态的无机磷和有机磷含量的季节性变化较小，能较好地反应磷肥的转化情况。在小麦—小麦—休闲轮作 24 年后，检测冬季土壤中的 Olsen-P 含量发现，冬天土壤 Olsen-P 的变化无规律，而且与土壤温度及降水量之间无明显的相关性。所以，冬季土壤 Olsen-P 难于作为推荐施用磷肥的惟一依据。

5.4.3.4　根据肥料性质施用磷肥

磷肥的品种繁多，含磷量和成分性质也不一样，它们对作物的增产作用，除与本身性质有关之外，还与它们在土壤中的转化，形成的磷酸盐形态有关。

普钙、重钙和半钙为水溶性速效磷肥，施入土壤后的反应产物受 pH、活性铁、铝、锰、钙，以及活性三氧化物含量等的影响，最终失去活性，或者溶解度降低。此外普钙、重钙和半钙的水溶性呈酸性，故这类磷肥最好施用在石灰性土壤上。如果施于酸性土壤，最好与石灰、有机肥料，以及钙镁磷肥配合施用。

钙镁磷肥、脱氟磷肥、钢渣磷肥呈碱性，沉淀磷肥呈中性，溶于弱酸，最好作为基肥施用于酸性土壤。在 pH4.5 ~ 6.0 的土壤中，这些肥料的溶解性加强，特别是钙镁磷肥、脱氟磷肥、钢渣磷肥还含有大量的硅酸盐和氧化钙，而且可溶性硅酸与磷酸均是阴离子，二者可竞争活性铁、铝等三氧化物，从而减少磷的吸附。此外，氧化钙能提高土壤 pH 值，沉淀活性铁、铝，降低它们对磷肥的吸附，从而也能减少土壤对磷的吸附量。

磷矿粉和骨粉属于难溶性磷肥。施于酸性土壤，有利于难溶性磷的溶解，提高磷肥的有效性。此外，肥料与土壤的接触面积越大，转化速率越快。因此，难溶性磷肥最好撒施于酸性土壤，做基肥，不作追肥。

磷在土壤中扩散速率小、迁移慢，磷肥宜施用在根层中。在作物苗期，根系分布较浅，应浅施少量的水溶性磷肥；在作物生育中、后期，根系深入土壤，后期利用的磷肥要深施。所以，磷肥应根据作物在不同时期的根系特性，分层施用。

5.4.3.5　种植方式对磷肥肥效的影响

生态条件、种植方式显著影响磷肥在土壤中的转化。磷肥施于水稻土，主要转化为 Fe-P、Al-P、O-P，随施肥时间的延长，Al-P 逐渐转化为 Fe-P，水稻吸收的磷主要是 Al-P、Fe-P。长期种植农作物，土壤磷素的消耗量明显高于草粮混播。在长期种草的土壤中，不稳定态的有机磷和腐殖酸结合的有机磷所占的比重较大。

有人认为，在长期耕种与非耕种土壤中，各形态的磷素含量相似，故耕作对土壤无机磷的组成无显著影响。但是，耕作中施入土壤的化学磷肥、有机肥逐渐转化为土壤中比较稳定的磷形态，形态不稳定的无机磷和有机磷所占的比例会发生变化。因此，利用稳定形态的磷含量来评价土壤磷素状况似乎比较合理。在免耕土壤中，有机碳和有机磷的含量较高，土壤磷酸酶活性较强，土壤有机磷的矿化势较大。

5.4.3.6　氮磷钾肥配合施用是提高磷肥肥效的有效措施

在作物体内，核酸、核蛋白、磷脂，以及某些酶类都是既含磷又含氮的化合物，同时又需要钾才能形成。因此，氮、磷、钾配合施用，有利于协调磷与其他营养元素的平衡，形成含有氮磷的有机化合物，促进作物对各种养分的吸收，改善作物的营养状况，提高磷肥的利用率，增加作物的产量。

复习思考题

1. 磷在植物体内有哪些生理作用？
2. 植物缺磷的典型症状有哪些？影响植物吸收磷的因素有哪些？
3. 土壤中磷有哪些形态，它们分别是如何转化的？
4. 常用的磷肥分几类，它们各有何特点？
5. 磷肥对环境的影响有哪些？
6. 怎样提高磷肥的有效利用途径？

本章可供参考书目

土壤肥料学通论. 沈其荣主编. 高等教育出版社, 2001
植物营养学. 陆景陵主编. 中国农业大学出版社, 1994
中国肥料. 林葆主编. 上海科学技术出版社, 1994
植物营养元素的土壤化学. 袁可能主编. 科学出版社, 1983

第 6 章

植物的钾素营养与钾肥

【本章提要】 钾是植物营养三要素之一。随着复种指数和产量的提高，氮磷肥用量的增加，钾肥的肥效越来越显著。本章主要讲述植物的钾营养，钾在土壤中的形态与转化，以及钾肥的种类、性质和科学施用。

钾是植物营养三要素之一。以往农业生产水平较低，作物所需的钾素从土壤和有机肥中可基本得到满足。20 世纪 60 年代后期以来，随着作物产量和复种指数的提高，有机肥施用量的减少，氮磷化肥施用量的增加，钾素营养逐渐不足，钾肥肥效愈来愈明显（表 6-1）。在 20 世纪 80 年代，我国约有耕地 $2.27 \times 10^7 hm^2$ 缺钾，占耕地总面积的 23%；在南方，土壤的缺钾现象比北方严重，约占耕地面积 43%～73%。在 20 世纪 90 年代，南方大部分土壤施用钾肥有效，局部地区钾肥的增产效果超过磷肥，甚至可超过氮肥。在北方，部分土壤也表现出缺钾现象。因此，合理施用钾肥正成为作物高产、优质、高效不可缺少的重要技术措施之一。

表 6-1　钾肥在湖南省水稻上的增产效果

试验年份	试验次数	增产次数	增产次数所占比例（%）	增产量（kg/666.7m²）	增产率（%）	增产量[①]（kg）
1952～1963	31	9	29	13.8	6.0	3.9
1964～1969	20	16	80	33.0	12.3	6.6
1970	734	688	94	39.6	13.3	7.9
1981～1984	434	412	95	39.8	11.5	6.9

注：①每千克 K_2O 的增产量。

6.1　作物的钾素营养

6.1.1　钾在作物体内的含量和分布

作物需钾量较大，一般植物体内的含钾量（K_2O）约占干物重的 0.3%～5.0%，比含磷量高，基本与含氮量相似，喜钾植物的含钾量甚至高于含氮量。在植物体内，含钾量因植物种类和器官的不同而有很大差异。通常，淀粉植物和糖料植物含钾量较高，马铃薯、甘薯、大豆、烟草等属于喜钾作物，含钾量很高（表 6-2）。近年来，胡笃敬等人进行了"高钾植物"的筛选工作，发现空心莲子

表 6-2　主要农作物不同部位中钾的含量　　　　　　　　　%

作物	部位	含K_2O	作物	部位	含K_2O
水稻	籽粒	0.30	紫云英	茎	2.06
	茎秆	0.90		茎（鲜）	0.35
小麦	籽粒	0.61	甘薯	块根	2.32
	茎秆	0.73		茎	4.07
棉花	籽粒	0.90	马铃薯	块茎	2.28
	茎秆	1.10		叶片	1.81
玉米	籽粒	0.40	大豆	籽实	2.77
	茎秆	1.60		茎秆	1.87
油菜	籽粒	0.65	花生	荚果	0.63
	茎秆	2.30		茎叶	2.06
苎麻	叶	0.13	烟草	叶	4.10
	茎秆	2.19		茎	2.80

草（俗称水花生）含钾量高达10%，是一种很好的生物钾肥。就不同器官来看，谷类作物种子中钾含量较低，茎秆中钾的含量较高。

在作物体内，钾不形成稳定的化合物，以离子状态存在于细胞液中，或吸附于原生质胶体表面。钾在作物体内容易流动，再分配的速度很快，再利用的能力也很强，随着植物的生长，钾不断地向代谢作用最旺盛的部位转移。因此，在代谢和细胞分裂旺盛的幼芽、幼叶、根尖中，钾的含量最丰富。以水稻为例，节间生长带的形成层、侧根发生点、新叶及生殖器官的含钾量较高。在叶片中，绿叶中叶绿素含量较多的栅栏组织的含钾量高于海绵组织。

在细胞中，细胞核、细胞质中钾较少，液泡中钾较多。细胞质中钾浓度的水平较低，且十分稳定，约 100～200mmol/L。当植物组织含钾量较低时，钾首先分布在细胞质内，直到钾的数量达到最适水平。之后吸收的钾几乎全部转移到液泡中（图6-1）。此外，碳水化合物合成与分解部位钾含量较高。可见钾与作物体内代谢活动密切相关。

细胞质内钾保持在最适水平是出于生理上的需要。目前已知作物体内多种酶的活性取决于细胞质中钾离子浓度，稳定的钾含量是细胞进行正常代谢的保证。

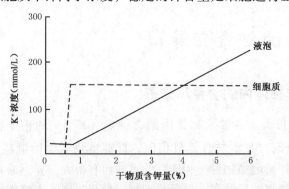

图 6-1　植物组织含钾量与细胞质和液泡中钾浓度的关系

液泡是钾贮藏的地方,是细胞质中钾的补给源,这就是说,液泡内贮藏着植物体内大部分钾。

6.1.2 作物对钾的吸收和利用

钾是作物体内含量最高的金属元素。作物从幼苗起便开始从环境中吸收钾。作物对钾的吸收具有高度的选择性,使得作物能从低浓度钾离子的外界溶液中吸收钾。例如,虽然根际周围钾离子浓度一般比钙、镁离子浓度要低,但作物吸收钾的量以及钾在作物体内的浓度要比钙、镁高得多。土壤钾离子主要是通过扩散途径迁移到达植物根表,然后又主要通过主动吸收进入根内。根系依靠截获所吸取的钾只占植物总需钾量的6%~10%。土壤溶液中钾的浓度要在60mg/kg以上时,质流输送才能满足植物的需要,但大多数土壤钾浓度远低于这个数值。因此,质流输送对于钾的吸收不很重要。只有因施肥等原因使土壤溶液中钾浓度升高时,质流输送才有一定意义。当土壤溶液K^+浓度很高时,也可出现被动吸收。K^+在土壤中的扩散距离很短,一般为1~4mm,距根系较远的钾,虽有形态上的有效性,但缺乏位置上的有效性。

作物对钾的吸收取决于植物种类、土壤供钾能力和介质中离子组成等。不同作物的需钾量和吸钾能力是不同的,在常见栽培作物中,需钾量大致的顺序是:向日葵>荞麦>甜菜>马铃薯>玉米>油菜和豆科作物>禾谷类作物。禾本科植物与豆科植物从黏土矿物晶层间"摄取"固定态钾的能力亦不同,前者往往比后者强。例如,当土壤交换性钾在60mg/kg以下时,红三叶草已显示严重缺钾症状,而黑麦草不显示缺钾症状。由于基因型和根系特点的差异,同一类作物不同品种间需钾量和吸收钾能力也有不同。如一般认为,杂交稻吸钾量和吸收钾能力高于常规稻。

土壤中速效钾、缓效钾和矿物态钾的含量,及其相互间的动态平衡,反映了土壤供钾状况,它直接影响着植物对钾的吸收利用。

介质中离子的组成亦影响着植物对钾的吸收。当土壤中K^+浓度处于正常水平时,钙能促进钾的吸收;而水合半径相似的一价阳离子则对钾的吸收有强烈的竞争作用。如与Rb^+共存时,钾离子的吸收可降低到20%。钾的陪伴离子对钾离子的吸收的影响也不一样,在高K^+浓度下,SO_4^{2-}能降低钾离子的吸收,而Cl^-则没有影响。

钾的吸收还受植物生长的制约。Glass和Perly(1980)研究表明,钾的吸收速率与大麦的生长速率呈正相关。禾谷类作物从分蘖到幼穗分化这一阶段对K^+的吸收速率特别高。

此外,温度、光照和介质中含氧量均影响钾的吸收。温度较高有利于钾的吸收。黑暗时植物吸钾量减少。同时介质含氧不足,根系对钾的吸收大大减弱。

植物根吸收钾后,能通过木质部和韧皮部向上运输,供地上部分物质代谢需要。也可以再运转,由韧皮部向下运输到根尖,供根吸收活动和物质代谢需要。钾离子在韧皮部汁液中浓度高,在长距离运输过程中起重要作用。

6.1.3 钾的营养作用

6.1.3.1 钾能激活多种酶的活性

目前已知有 60 多种酶需要一价阳离子活化,其中钾离子是植物体内最有效的活化剂(表6-3)。这 60 多种酶可归纳为合成酶、氧化还原酶和转移酶三大类。它们参与糖代谢、蛋白质代谢、核酸代谢等主要的生物化学过程,对作物生长发育起着独特的生理作用。关于 K^+ 提高酶促作用的机理有如下两种解释。

表6-3 由钾离子活化的几种主要植物酶

酶的类别	催化反应	植物来源
丙酮酸激酶	烯醇式磷酸丙酮酸盐(或酯)+ ADP = 丙酮酸盐(或酯)+ ATP	甜瓜、玉米、番茄
6-磷酸果糖激酶	6-磷酸果糖 + ATP = 1,6-二磷酸果糖 + ADP	酵母 豌豆
谷胱甘肽合成酶	谷氨酰半胱氨酸 + 甘氨酸 + ATP = 谷胱甘肽 + ADP + Pi	酵母
琥珀酰-CoA 合成酶	琥珀酸盐(或酯)+ CoA + ATP = 琥珀酰 – CoA + ADP + Pi	烟草
谷氨酰半胱氨酸合成酶	谷氨酸盐 + 半胱氨酸 + ATP = 谷酰基 – 半胱氨酸 + ADP + Pi	菜豆 小麦
NAD^+ + 合成酶	二胺基 – NAD^+ + 谷酰胺 + H_2O + ATP = NAD^+ + PP + 谷氨酸盐 + NMP	酵母
甲酸四氢叶酸合成酶	甲醛盐(或酯)+ 四氢叶酸 + ATP = 10 – 甲酰四氢叶酸 + ADP + Pi	菠菜
ADP 葡萄糖 – 淀粉合成酶	ADP 葡萄糖 + (1,4-α-D-葡萄糖基)$_n$ = (1,4-α-D-葡萄糖基)$_{n+1}$ + Pi	马铃薯
ADP 葡萄糖焦磷酰酶	ATP + α-D-葡萄糖-1-磷酸盐(或酯)= PPi + ADP – 葡萄糖	马铃薯
UDP 葡萄糖焦磷酰酶	UDP + α-D-葡萄糖-1-磷酸盐(或酯)= PPi + UDP – 葡萄糖	马铃薯
磷酸化酶	(α-1,4-葡萄糖基)$_n$ + Pi = α-D-葡萄糖-1-磷酯脂	马铃薯
ATP 磷酸水解酶	ATP + H_2O = ADP + Pi	多种来源
苏氨酸脱氢酶	苏氨酸 + H_2O = 2-氧丁酸酯 + NH_3	酵母
二磷酸果糖醛缩酶	1,6-二磷酸果糖 = 二羟基丙酮磷酸盐(或酯)+ 3-磷酸甘油醛	酵母
醛脱氢酶	醛 + NAD (P^+) + H_2O = 酸 + NAD (P) H	酵母
非专性酶各个转化时期	例如,氨基、酰基、tRNA 被结合到核糖体上	小麦

(1)各种离子的水合程度不同,因而对酶外水层结构有不同的影响,从而导致酶活性大小上的差别。例如 Li^+、Na^+ 的水合度强,对酶外的水层结构影响较大,常使酶本身脱水而降低其活性。K^+、Rb^+、NH_4^+ 等的水合度弱,对酶外的

水层结构影响较小，所以能保持酶的活性。但 Rb^+ 在植物体内含量甚少，NH_4^+ 浓度高时易产生氨毒，所以钾是酶最有效的酶活化剂。当 K^+ 浓度在 100～150μmol/L 时，可使酶蛋白处于最佳的稳定状态，而该浓度与供钾植物细胞内 K^+ 浓度相吻合。

也有人认为，钾离子的水合直径（约为 0.4nm）小，能够进入酶的活化部位，改变酶的构象，使显露的活化部位增多，加速酶促反应速率，提高 V_{max} 值，有时也可增加 K_m 值。

（2）由于钾的存在，有利于酶蛋白与辅酶结合形成全酶，使酶处于正常的活化状态。缺钾时，酶蛋白与辅酶分离，酶就失去活性。可用下式表示：

$$全酶 \underset{+K^+}{\overset{-K^+}{\rightleftharpoons}} 酶蛋白 + 辅酶$$

6.1.3.2 钾能促进光合作用，提高 CO_2 的同化率

Stocking 等（1962）发现，烟草和蚕豆细胞中的 K^+ 分别有 55% 和 39% 存在于叶绿体中，可见钾对光合作用有着重要的作用。

（1）钾能促进叶绿素的合成，并能改善叶绿体的结构　试验证明，供钾充足时，莴苣、甜菜、菠菜叶片中叶绿素含量都有所提高。缺钾时，叶绿体的结构易出现片层松弛而影响电子的传递和 CO_2 的同化。因为 CO_2 的同化受电子传递速率的影响，钾既能促进叶绿体中内囊体膜上电子的传递，又能促进线粒体内膜上电子的传递。电子传递速率提高后，ATP 的合成数量也明显增加。试验证明，植物体内钾含量高时，在单位时间内合成的 ATP 比钾含量低的大约要多 50% 左右（表 6-4），这有利于叶绿体对 CO_2 的固定（表 6-5）。

表 6-4　钾对叶绿体中 ATP 合成的影响

作物	干物质中 K_2O (%)	ATP 的数量 [μmol/(g·h)][1]
蚕豆	3.70	216
	1.00	143
菠菜	5.53	295
	1.14	185
向日葵	4.70	102
	1.60	68

表 6-5　钾对菠菜离体叶绿体 CO_2 固定速率的影响

处理	CO_2 固定速率 [μmol/(mg·h)]	相对值 (%)
对照	23.3	100
100 mmol/L	79.2	340
1μmol/L	11.0	47
1μmol/L + 100mmol/L	78.4	337

注：[1] 每克叶绿素每小时产生的 ATP 数量。

（2）钾能促进叶片对 CO_2 的同化　一方面由于钾提高了 ATP 的数量，为 CO_2 的同化提供能量；另一方面钾还能通过影响气孔的开闭，调节 CO_2 透入叶片和水分蒸腾的速率。在日光下，保卫细胞内 K^+ 增多，使其水势降低，引起保卫细胞吸水，膨压增高，促进气孔张开，气孔阻力减低，从而有利于 CO_2 进入叶绿体中，提高 RuBP 羧化酶活性，提高光合作用效率（表 6-6）。因此，作物缺钾，

会影响气孔开启,增加气孔阻力,不利于 CO_2 的吸收和利用。钾素供应适量,可以增加叶片中碳水化合物含量,甚至在弱的光照强度和低的气温下,叶片都能表现出较高的同化效率,使植株正常生长。

表 6-6 苜蓿 RuBP 羧化酶活性、CO_2 交换与叶片钾含量关系

叶片钾含量[①] (mg/g)	气孔阻力 (S/cm)	光合速率[②] $(mg/dm^2 \cdot h)$	RuBP 羧化酶活性[③] $[\mu mol/(mg \cdot h)]$	光呼吸 (dpm/dm^2)	暗呼吸速率 $[mg/(dm^2 \cdot h)]$
12.8	9.3	11.9	1.8	4.0	7.6
19.8	6.8	21.7	4.5	5.9	5.3
38.4	5.9	34.0	6.1	9.0	3.1

注:①每克叶片中钾的质量;②每平方分米叶面呼吸 CO_2 的质量;③每毫克蛋白质每小时同化 CO_2 的数量。

6.1.3.3 钾可促进作物体内物质的合成与运转

(1) 促进碳水化合物的合成和运转　许多试验证明,钾和碳水化合物在植物体内的分布是一致的。钾对碳水化合物的合成和运转有良好的促进作用。当钾不足时,植株内的蔗糖、淀粉水解成单糖,从而影响产量。反之,钾充足时,活化了淀粉合成酶等酶类,单糖向合成蔗糖、淀粉方向进行,可增加贮藏器官中蔗糖、淀粉的含量。由于钾能使体内的糖类向聚合方向转变,对纤维素的合成也有利。所以钾对麻、棉纤维类作物有其特殊意义。

表 6-7 钾对甘蔗中 ^{14}C 光合产物运输的影响

^{14}C 涂抹部位	占总标记物的百分数(%)	
	有钾	无钾
标记叶的叶片	54.3	95.4
标记叶的叶梢	14.3	3.9
标记叶的节	9.7	0.6
标记叶上部的叶和节	1.9	0.1
标记叶节以下的茎	20.1	0.04

钾能促进光合作用产物向贮藏器官运输,增加"库"的贮藏。Harrt 曾用 ^{14}C 饲喂甘蔗的叶片,在不同钾营养条件下,经 90min 测定叶片中光合产物的分布情况。结果表明,在供钾情况下,光合产物能迅速地从叶片中转移出来(表 6-7)。光合产物从地上部分向根部的运输也不能缺少钾。对于没有光合功能的器官如块根、块茎等,它们的生长及养分的贮藏,主要靠同化产物从地上部向根或果实中转运。这一过程包括蔗糖由叶肉细胞扩散到组织细胞内,然后被泵入韧皮部,并在韧皮部筛管中运输。钾在此过程中有重要作用。可见,钾既能增加同化器官——"源"的生产能力,又能增加贮藏器官——"库"的贮存,协调"源"与"库"的相互关系。

关于钾促进光合产物输送的机制还不清楚。不少人认为糖在韧皮部筛管中的运输与 K^+ 有关。筛管膜上有 ATP 酶,K^+ 能活化 ATP 酶,促进 ATP 的分解,产生能量,将筛管内 H^+ 泵出膜外,进入质外体,质外体中的 K^+ 与 H^+ 进行交换而进入筛管。质外体上 K^+ 浓度低,促进叶肉细胞的蔗糖释放,进入自由空间。质

外体高浓度蔗糖利于进入筛管。

（2）促进蛋白质的合成　钾通过对酶的活化作用，从多方面对氮素代谢产生影响。首先，钾能提高作物对氮的吸收和利用。供钾充足，促进硝酸还原酶的诱导合成，并增强其活性，有利于硝酸盐的还原利用。钾还能显著地加快 NO_3^- 由木质部向叶片运输，减少了 NO_3^- 在根系中还原的比例。从能量角度看，NO_3^- 在叶片中还原要比在根中还原经济得多（Rufty，1981）。

钾能促进蛋白质和谷胱甘肽的合成。因为钾促进碳水化合物代谢，增加氨的受体——有机酸的产生，从而促进氨基酸的合成。同时钾是氨基酸-tRNA 合成酶和多肽合成酶的活化剂。在绿色叶片中，叶绿体中的 RNA 和蛋白质占叶片总量的一半。C_3 植物中，叶绿体的大部分蛋白是 RuBP 羧化酶。Peoples 和 Koch（1979）研究结果表明，缺钾时苜蓿叶片中 RuBP 羧化酶合成量明显减少，供钾后迅速回升（表6-8）。利用 ^{15}N 示踪法也证实了钾可促进蛋白质合成。Koch 和 Mengel（1974）发现，在钾充足和钾缺乏的烟草上，5h 内分别有32%和11%所供应的无机态 ^{15}N 被结合到蛋白质中。当供钾不足时，植物体内蛋白质的合成减少，可溶性氨基酸、多肽含量明显增加，尤其是一种45Kda 的膜结合多肽数量明显增加。不仅如此，有时植物体内原有的蛋白质也会分解，在局部组织中出现大量异常的含氮化合物，如腐胺、鲱精氨等，导致胺中毒。一般在老叶中胺类物质积累量较多。当腐胺和鲱精氨在细胞内浓度达到0.15%～0.20%时，细胞即中毒而死亡，并出现斑块状坏死组织。由于植物体内氨类化合物含量与钾素营养有密切关系，所以有人建议用作物体内含氨量作为判断土壤供钾能力和确定钾肥用量的参考指标。

表6-8　供钾对苜蓿叶中 ^{14}C-白氨酸与 RuBP 羧化酶结合的影响

预培养基（mmol/L KNO₃）	^{14}C-白氨酸结合量（dpm·mgRuBP 羧化酶/24h）
0.0	99
0.01	167
0.10	220
1.00	274
10.00	526
对照（钾丰富植物）	656

表6-9　供钾对大豆生长、根瘤和固氮活性的影响

处理	地上部重量（g/株）	单株根瘤数（个）	单株根瘤重（g）	固氮酶活性[①]
−K	9.05	54.7	3.0	86.9
+K	12.50	60.8	3.9	109.8

注：①单位为 $\mu mol C_2H_4/(g 根瘤·h)$。

钾还能促进豆科植物根瘤菌的固氮作用。研究表明，提高钾素营养可大大增加豆作物根瘤数、根瘤重，并显著地增加固氮量（表6-9）。

6.1.3.4　钾能维持细胞膨压，促进植物生长

植物各种正常代谢过程都需要细胞维持正常的结构和形态。而细胞正常结构和形态的维持又需要一定的渗透压，K^+ 和 Cl^- 正是维持植物细胞渗透的主要离子。例如，为了形成膨压推动溶质转移到木质部以维持植物水的平衡，在根的中

柱中产生高的渗透压是先决条件。同样，在单个细胞或某一特定组织器官中，上述的机理对细胞伸长和各种细胞运动也是极为重要的。钾作为最典型的无机溶质，在这些过程中扮演关键的角色。

细胞的伸长包括占据细胞空间 80%～90% 的巨大中央液泡的形成。细胞伸长需要以下两个主要的必要条件：细胞壁可延展性的增加，溶质的累积以产生细胞内的渗透压。许多实例证明，细胞伸长是细胞内 K^+ 累积，以稳定细胞质 pH 和增加液泡渗透压的结果。Mengel（1982）研究表明，缺钾时，由于渗透压低，水分减少，蚕豆还在伸展的叶片，其细胞伸展受到明显影响，豆叶细胞横截面仅为 $76\times10^{-4}mm^2$，而钾供应正常植株的叶细胞横截面为 $200\times10^{-4}mm^2$。Mengel 等认为，对于细胞的正常伸展来说，渗透压 40Pa 是不够的。由于膨压小，细胞不能充分伸长，因而叶子面积也减少，节间缩短，茎横截面积缩小，抗性降低。许多结果表明，液泡内同时能与无机离子和有机酸离子结合的 K^+，作为一种主要的溶质在细胞伸长中是必需的。而且无论在不同植物种类或是特定器官上，糖以及其他低分子量有机态溶质对细胞伸展所需的渗透压和膨压的形成所起的作用，依存于植物钾营养状况。缺钾膨压减少，水分不足，生物膜、细胞器等受到损害，不能进行正常的代谢活动。

6.1.3.5 钾能增强植物的抗逆性

钾能增强作物抗寒、抗旱、抗高温、抗病、抗盐、抗倒伏等能力，从而提高其抵御外界恶劣环境的忍耐能力。这对作物稳产、高产有明显作用。

（1）钾增强植物抗寒性　钾对作物抗寒性的改善与根的形态和植物体内的代谢产物有关。钾不仅能促进植物形成强健的根系和粗壮的木质部导管，而且能提高细胞和组织中淀粉、糖分、可溶性蛋白以及 K^+ 离子含量，这些物质的增加，能提高细胞渗透势，使冰点下降，减少霜冻危害，提高抗寒性。钾充足，细胞对水的束缚力加强，从而增加了细胞束缚水含量和束缚水与自由水的比例，降低水分损失，保护细胞膜的水化层，从而增强植物对低温的抗性。此外，钾充足有利于降低呼吸作用，有利于维持细胞原生质膜的稳定性和质膜的抗氧化能力，减轻低温对细胞膜的破坏，从而增强植物抗寒性。钾对抗寒性的改善也受其他养分供应状况的影响（表 6-10）。一般来讲，施用氮肥会加重冻害，而氮、磷与钾肥配合施用，则能进一步提高作物的抗寒能力。

表 6-10　供钾与马铃薯抗寒性

供钾 (kg/hm^2)	块茎产量 (t/hm^2)	霜害叶片 百分数(%)
0	2.39	30
42	2.72	16
84	2.87	7

（2）钾增强植物抗旱性　增加细胞中钾离子浓度可提高细胞的渗透势，防止细胞和植物组织脱水。同时，钾还能提高胶体对水的束缚能力，使原生质胶体充水膨胀而保持一定的充水度、分散度和黏滞性。因此，钾能增强细胞膜的持水能力，使细胞膜保持稳定的透性。渗透势和透性的增加，有利于细胞从外界吸收水分。钾可有效地调节叶片气孔的启闭，

增强气孔启闭的敏感度，供钾充足时，气孔的开闭可随植物生理的需要而调节自如，使作物减少水分蒸腾，经济用水。此外，钾还能促进根系生长、提高根/冠比，从而增强作物吸收水的能力（表6-11）。

表6-11 水分供应和钾营养对玉米产量的交互作用

12周供水量（mm）	不施钾	施钾肥	增产
202（不足）	5.56	8.10	2.56
448（适量）	9.30	9.80	0.50

（3）钾增强植物抗高温性　含钾水平高的植物，在高温条件下能保持较高的水势和膨压，以保证植物正常代谢。施用钾肥可促进植物的光合作用，加速蛋白质和淀粉的合成，补偿高温下有机物的过度消耗。钾还通过气孔运动及渗透调节来提高作物对高温的忍耐能力。

（4）钾可增加植物抗盐能力　供钾不足时，质膜中蛋白质分子上的巯基（—HS）易氧化成双硫基，从而使蛋白质变性，还有一些类脂中的不饱和脂肪酸也因脱水而易被氧化。因此，质膜可能失去原有的选择透性而受盐害。在盐胁迫环境下，K^+对渗透势的调节起重要作用。良好的钾营养可减轻水分及离子的不平衡状态，加速代谢进程，使膜蛋白产生适应性的变化。因此，增施钾肥有利于提高作物的抗盐能力。

（5）钾素促进植株生长健壮，增强抗病虫害能力　高钾营养水平可减轻20多种细菌性病害、100多种真菌病害以及10多种病毒和线虫所引起的病害。例如，充足的钾能有效地减少水稻胡麻叶斑病、条纹叶枯病、稻瘟病、纹枯病，麦类赤霉病、白粉病、锈病，玉米黑粉病、小斑病和大斑病，甘薯疮痂病，棉花枯萎病、黄萎病，黄麻枯腐病，柑橘黄龙病，苹果腐烂病，茶树炭疽病等真菌和细菌病害的危害。钾增强植物抗病性的原因可从植物组织特征和生物化学特征来解释。钾有助于植物厚壁细胞木质化、厚角组织细胞加厚、角质发育、表层细胞硅化以及纤维素含量增加。因此，充足的钾营养，会使植物茎秆粗壮，强度增大，机械性能改善，有效地阻碍病菌入侵和害虫侵蚀，同时又提高了抗倒伏的性能。相反，当缺钾，或氮、钾比例失调（氮多钾少）时，植物组织结构变差，抗性降低。钾的供应状况，还会影响植物体内物质代谢的方向。如果缺钾，植物体内如氨基酸等可溶性氮化合物及单糖含量较高，为病原菌的繁育提供了营养条件；缺钾或有效氮多时，体内酚类化合物合成减弱，抗病性降低。当施用钾肥后，由于钾能促进蛋白质、多糖的合成，降低了体内氨基酸、单糖等可溶性物质的浓度，从而减少病原菌的营养来源。钾又能促进淀粉等高分子化合物的形成，为合成酚类化合物创造有利条件。同时，钾能提高植物光合磷酸化效率，为植物生命活动的正常进行提供能量和促进物质代谢。

（6）钾还能减轻水稻受还原性物质的危害　在淹水条件下增施钾肥，可改善水稻根部"乙醇酸代谢"途径，提高根系氧化力，使水稻根际土壤氧化还原电位升高，还原性物质总量和活性还原性物质明显降低，防止了土壤中H_2S、有机酸和过量Fe^{2+}的危害，从而促进根系发育，防止叶片衰老（表6-12）。

表 6-12　钾对水稻含 Fe 量、根系氧化能力与 Eh 的影响

处理	K^+ (%)	Fe^{2+} (mg/kg)	稻根 Eh (mV)			氧化力 [μg/(g·h)]		鲜根质量 (g/盆)	
			白根	黄根	细根	分蘖期	抽穗期	分蘖期	抽穗期
对照	0.56	405	407	400	246	20	42	1.17	52.6
施钾	2.35	267	487	427	348	48	84	1.30	91.5

注：供试土样为黑泥土；
资料来源：中国科学院南京土壤研究所。

6.1.4　作物钾素营养与品质

由于钾可促进光合作用，光合产物运转及糖、脂肪、蛋白质代谢，因而合理施钾可改善植物尤其是淀粉、糖料、纤维、油料作物及瓜果菜的品质（表 6-13）。同时可改善瓜果、蔬菜的耐贮性、耐运输性以及外观、味道。因此，钾被公认为"品质元素"。

表 6-13　钾肥对几种作物品质的影响

作　物	品质指标	比对照增加量（绝对值）
玉米	蛋白质	0.91%
棉花	衣分率	0.38%
黄麻	纤维拉力	0.63~4.16kg/g
甘蔗	糖分	0.37%~0.72%
花生	粗脂肪	0.26%~0.65%
西瓜	糖分	0.4%~0.45%
荔枝	全糖	0.73%~1.0%
荔枝	维生素 C	1.4~1.93mg/100g
荔枝	可溶性固形物	0.48%

由于钾与脂肪代谢有关，因此，油料作物施用钾肥，对种子脂肪含量常呈现正效应。前苏联沃罗涅日地区的向日葵试验证明，施用钾肥 45kg/hm² 的处理，向日葵果仁中油脂含量比无肥区增加 2% 以上。据中国农业科学院油料作物研究所报道，油菜单施钾肥，可增加菜籽中油分 0.03%~3%，若在氮、磷基础上增施钾肥效果更好。

纤维素作物需要较多的钾，适量的钾有利于纤维素的合成。因此，增施钾肥对其纤维长度和强度等经济性状有明显改善。苎麻施用钾肥后不仅纤维拉力增加，又因施钾后细胞排列紧凑，纤维细胞直径小，胞壁薄，使麻纺支数提高。

马铃薯属于需钾多的淀粉类作物，钾能促进其块茎的碳水化合物尤其是淀粉的合成。当钾不足时，碳水化合物输入块茎后转化成淀粉极其缓慢。此外，钾能

通过降低马铃薯中糖、氨基酸和络氨酸含量，使薯块颜色变浅，提高外观品质。

在缺钾土壤上，禾谷类作物施用钾肥，能提高千粒重，可防止过量氮造成的作物徒长，也可防止倒伏和病虫害。在年气候变异大的地区，施钾可减轻恶劣气候条件对作物的危害程度，保证作物稳产。

施钾还能改善大麦籽粒的品质。据湖南省土壤肥料研究所测定，施钾较不施钾的籽粒中氨基酸、淀粉和可溶性糖都有所增加（表6-14）。

施钾能提高烟草产量并能改善其品质。烟草是惟一不必担心奢侈吸收钾的作物，如果需钾量超过最高产量的需求时，叶片含钾量高，烟叶的颜色，光洁度、弹性、味道和燃烧性肯定较好。据中国农业科学院烟草研究所的试验结果（表6-15），施钾使烟叶含糖量增加，含氮量降低，改善烟叶品味，刺激性小，吸味醇和。

表6-14 施钾对大麦品质的影响 %

处 理	胱氨酸	蛋氨酸	酪氨酸	色氨酸	淀 粉	可溶性糖
NP	0.18	0.14	0.36	0.121	44.9	9.36
NPK	0.20	0.20	0.42	0.135	46.5	10.40

表6-15 钾肥对烟叶成分的影响 %

项目处理	还原糖	总糖	总氮	蛋白质	尼古丁	施木克值
对 照	12.26	15.20	2.63	14.34	2.20	1.06
K_2O（60kg/hm^2）	13.82	16.81	2.34	12.36	2.20	1.36
K_2O（120kg/hm^2）	14.62	18.81	2.06	10.74	1.95	1.75

在蔬菜作物上施钾肥，不仅能提高蔬菜产量，更为重要的是能改善蔬菜品质。钾能抵消过量氮肥对莴苣、结球甘蓝、大白菜等叶用蔬菜的消极影响，使其可食部分不易萎蔫，耐贮藏、运输，这样的蔬菜上市美观。此外叶片中钾浓度高时，硝态氮含量低，可减少硝态氮对人体的危害。

对于果树来说，适量钾，能提高果实的全糖量、还原型维生素C量和改善糖酸比，增加果实风味。在其他营养元素（如N）过剩，对果实品质产生不良影响时，钾还起特殊的修补作用。例如，桃树内氮素过剩时，由于花青素的形成受阻而导致果实着色不良，当体内钾增多时，不仅果实着色得以加强，而且能改善桃内的糖酸比，促进适时成熟，提高风味品质。

但是，作物对钾的吸收具有奢侈吸收的特性。所谓奢侈吸收是指过量施肥使作物吸收的养分数量超过作物实际需要量，作物虽未直接表现出中毒症状，但无助于作物产量的提高。由于绝大多数作物都具有奢侈吸收钾的特性，若施钾过量，不仅造成钾肥浪费，降低钾肥的经济效益。而且往往会抑制作物对Ca^{2+}、Mg^{2+}的吸收，促使出现钙、镁缺乏症，影响产量和品质。因此，应当根据作物和土壤情况合理施用钾肥。

6.2 土壤钾的含量和转化

6.2.1 土壤钾的来源和含量

土壤全钾含量一般为 0.4~30.0g/kg，变幅很大。它们主要来自土壤中的含钾矿物；其次为施肥带入土壤中的钾，如施用草木灰、秸秆还田、有机肥、化学钾肥等；灌溉也可使少量钾带入土壤。

土壤中钾的含量与许多因素有关，首先与母质中矿物的组成有关。成土母质中含钾矿物多的土壤，其含钾量一般都较高。已经发现的含钾矿物有正长石、斜长石、白云母、黑云母、伊利石、蛭石、绿泥石等，其中前四者为原生矿物，后三者为次生矿物。在风化过程中，这些含钾矿物可将钾释放出来，不过，矿物释放钾的速度很慢，释放率依矿物种类而定（表6-16）。

表6-16 各种矿物化学提取钾及生物吸收钾

矿物	全钾 K_2O(%)	水溶钾 K_2O(mg/kg)	1mol/L HAc 提取钾 (mg/kg)	1mol/L HNO_3 5次提取钾占全钾 (%)	盆栽麦苗从矿物中吸收钾占全钾 (%)
钾长石	8.58	602	804	11.49	0.4
白云母	10.34	1 650	6 251	25.82	3.5
黑云母	8.54	3 450	4 850	93.22	10.2
伊利石	4.25	268	517	7.17	0.4

资料来源：蒋梅茵，1979。

土壤含钾量也受土壤质地的影响。土壤黏粒具有吸附和固定钾的能力，因此，质地黏重的土壤含钾量往往比较高，砂粒含钾量低，粉砂含钾量介于两者之间。即使是黏粒，其含钾量也会因黏粒种类而有所差异。土壤黏粒部分提供的有效钾比较多；而砂粒部分提供的有效钾较少。

土壤含钾量还受土壤淋溶作用的影响。在成土过程中，母质风化所释放出的钾常随水淋溶而损失。我国广东、云南、海南一带的红壤和砖红壤，由于母质受强烈的淋洗，钾的损失较多。

6.2.2 土壤钾的形态及其含量

就全量而言，土壤钾含量较高，远高于全氮、全磷含量，但是，土壤中全钾含量的高低，只能说明土壤的潜在供钾能力，不能完全反应该土壤供钾的实际能力。因为土壤中不同形态的钾对作物的有效性也不同，土壤中钾大部分是以植物难以吸收利用的矿物态存在，对植物有效的仅占全钾量的1%~2%左右。根据钾在土壤中存在形态及其对植物的有效性，可将土壤钾分为以下四类：

6.2.2.1 水溶性钾

也就是土壤溶液中的钾，呈离子状态，最容易被作物吸收。水溶性钾数量不多，一般含量在 1～40mg/kg 范围内，只占土壤含钾量的0.05%～0.15%。土壤溶液中钾的浓度依土壤风化、前茬作物以及钾肥施用情况而变化。水溶性钾也会随降水和排水而流失。

6.2.2.2 交换性钾

交换性钾又称代换性钾，它吸附在带有负电荷的土壤黏粒和有机质的交换点上，交换性钾不像水溶性钾可自由活动，但可被其他阳离子置换出来而进入土壤溶液中。土壤中可交换性钾浓度一般在 40～200mg/kg 土范围之间，占土壤全钾的 0.05%～0.15%。交换性钾含量的多少，与黏土矿物种类、胶体含量、耕作和施肥等因素有关。

交换性钾和水溶性钾都是作物能直接吸收利用的，通常统称为速效钾。交换性钾是水溶性钾的重要提供者，是当季作物可吸收利用的土壤钾素的主要来源，占速效钾的90%左右。交换性钾和水溶性钾之间无明显界限，在大多数土壤中，两者之间1h就可达到平衡，在某些土壤中甚至能在瞬间达到平衡。对于当季作物而言，钾营养是否充足，主要取决于土壤速效钾水平。

6.2.2.3 缓效钾

主要是指被 2∶1 型胀缩性层状黏土矿物（如蒙脱石、伊利石、蛭石等次生矿物）层间所固定的钾离子，以及黏土矿物中的水云母和一部分黑云母中的钾，这部分钾是非代换性的。缓效钾通常只占全钾量中很小一部分，一般不足2%，最多不超过6%。它是土壤速效钾的贮备，可作为土壤供钾能力的一个重要指标。

虽然缓效钾较难以被植物利用，但对植物仍有一定的有效性，植物根系可部分吸收利用，尤其在速效钾很低的土壤上或当土壤速效钾被植物耗竭时，缓效钾可逐步向溶液中释放钾离子。植物根系吸收的钾可大部分来自缓效钾（表6-17）。因此，土壤缓效钾量与作物生长、产量间存在较高的相关性，施钾有无效果或效果大小与土壤速效钾和缓效钾含量有关。

表6-17 不同作物吸收钾能力的比较（盆栽试验）

作物	总吸钾量（mg/盆）	其中来自缓效钾数量（mg/盆）	占总吸收钾量比例（%）	根系 CEC 值（mmol/100g）
大豆	49.62	39.09	78.8	30.7
花生	51.58	40.63	78.8	49.9
绿豆	43.50	31.33	71.6	22.9
光叶苕子	36.44	22.97	63.0	41.6
红三叶	46.11	30.70	66.6	27.0
草木犀	38.86	28.42	73.2	24.0
水花生	136.82	135.56	99.1	36.9
水稻	62.72	46.30	73.8	16.4
肥田萝卜	34.94	23.77	68.0	27.2
糖用甜菜	15.55	10.65	68.5	24.4
苋菜	37.59	21.59	57.4	40.3

6.2.2.4 矿物钾

矿物钾是指构成矿物或深受矿物结构束缚的钾，主要存在于微斜长石、正长石等原生矿物和白云母的晶格中，以原生矿物形态存在于土壤粗粒部分的钾。矿物钾约占全钾量的90%以上，是土壤全钾量的主体，植物对这部分钾难以利用。只有当矿物经长期风化后才可被释出供植物吸收利用。因此，矿物态钾只能被看作是土壤钾的后备部分。

6.2.3 土壤中钾的转化与固定

尽管各种形态的钾对植物的有效性各不相同，但相互间始终保持着动态平衡的关系，在一定条件下可相互转化。土壤中钾的转化可归结为两方面，即速效钾的固定、缓效钾和矿物钾的释放。

6.2.3.1 速效钾的固定

水溶性钾或交换性钾进入黏土矿物晶层间转化为非交换性钾即称为钾的固定。土壤对钾的固定大致可分为两步进行，首先溶液钾被吸附于矿物表面，然后再由表面进入晶格内部对钾离子有亲合力的"专性"位置上，整个过程进行很快。土壤中钾的固定机理可能有好几种解说，但是一般认为比较重要的固定机理是钾由黏粒矿物的层间晶格电荷吸附，并闭蓄在晶层之间。

钾的晶格固定通常发生在 2:1 型黏土矿物的晶层之间，如蛭石、蒙脱石等 2:1 型黏土矿物，由于同晶置换（如 Al 置换 Si）常产生负电荷，钾就被这种负电荷吸附而存在于晶层表面。另外，2:1 型黏土矿物两个基面均有直径为 0.28nm 的网眼、直径为 0.266nm 的 K^+ 正与网眼匹配。当晶层收缩时，钾离子陷入网眼并通过静电引力的增强而使层间闭合，钾被固定在晶格之中。

钾的固定受黏土矿物种类、土壤水分状况、土壤 pH 和铵离子等因素的影响。①1:1 型黏土矿物，如高岭石，几乎不固定钾。钾的固定主要发生在 2:1 型黏土矿物，不同矿物的固钾能力不同，大体有以下顺序：蛭石＞伊利石＞蒙脱石。钾的固定还随黏粒含量的增多而加强，砂土固钾能力很弱。②钾的固定常因土壤干燥而加强，特别是土壤频繁的干湿交替能促进钾的固定。土壤干燥时，土壤溶液中钾浓度提高，晶层易脱水、收缩，从而加强了钾的固定。水化云母、蛭石、伊利石无论是在湿润还是干燥条件，均能固钾。蒙脱石具有明显的膨胀性，经过干湿交替，就会脱水收缩，促进钾的固定。许多报道表明，钾的固定量在干燥的土壤中要比在湿润的土壤高。③土壤酸度增加可减少钾的固定。因为在酸性条件下，钾离子的选择吸附位置可能被铝离子、氢氧化铝及其聚合物所占据，高度膨胀的黏土也可能形成羟基聚合铝夹层，明显减少了钾离子进入层间的机会。一般来说，在酸性条件下，土壤胶体所带的电荷减少，陪伴离子以氢、铝为主，能减少钾的固定。在中性条件下，陪伴离子以钙、镁为主，钾的固定较强。在碱性条件下，陪伴离子中钠的比例增加，可使钾的固定显著增强。不同的陪伴离子会明显地影响胶体的结合能，氢、铝使钾的结合能降低最多，所以在酸性条件下，钾的固定相对减弱。④由于 NH_4^+ 半径为 0.143nm，与 2:1 型黏土矿物晶层网眼的大小（半径为 0.14nm）相近，容易落入网眼中，形成固定铵，从而减少钾的固定位。同时 NH_4^+ 也能与吸附态的 K^+ 进行交换，与 K^+ 竞争结合位置，因此在先施用大量铵态氮肥后再施用钾肥，钾的固定量明显减少。

总的来说，钾的固定与胶体的电性吸附和矿物的晶格构造有关。由于各种土壤对钾都有固定作用，因此，要充分发挥钾肥肥效，必须施足钾肥。

另外，土壤中的钾可被微生物吸收利用而产生生物固定。但是由于微生物生命期短，这种固定是暂时的，当微生物死亡，腐解后这部分钾又可被释放出。

6.2.3.2 矿物钾和缓效钾的释放

土壤中的含钾矿物，在物理、化学、生物化学以及生物的作用下，通过风化和分解可逐步释放出钾，尤其是缓效钾在一定条件下能为作物提供一部分钾素，它是速效钾的重要贮备。

影响含钾矿物风化的因素很多，其中最重要的是矿物的晶格构造和化学成分。长石类的含钾矿物为架状结构，钾原子处于晶格内部，难以被取代，所以只有经过物理风化使键断裂后，或受作物与微生物所产生的各种有机酸和无机酸的作用，才能逐步水解而释放出钾。这类矿物风化和水解的程度受水热条件及氢离子浓度所控制。在风化的过程中，H^+ 和 K^+ 之间的交换作用是比较快的，交换作用的结果会在矿物表面产生铝硅酸，而铝硅酸又会进一步水解产生含水的氧化硅、氧化铝等胶体和高岭石一类的黏粒矿物。

新形成的胶体物质，常在矿物表面形成一层保护层，阻碍长石类矿物进一步风化。一般来讲，长石类矿物的风化取决于其颗粒的大小、破碎的程度以及保护风化膜的稳定性。颗粒越小，破碎程度愈大，则风化得愈快。在湿热和酸性条件下，表面膜的胶体物质易进一步水解和流失，因而有利于长石风化的持续进行。若是处于寒冷、干燥及碱性条件下，表面膜比较稳定，长石的风化就比较困难。

云母类含钾矿物为层状结构，比长石类矿物易于风化。云母类矿物中最常见的白云母和黑云母相比，由于它们的化学组成和晶胞体积不同，所以稳定性上就有明显的区别。黑云母晶格结构的负电性较弱，与 K^+ 的结合力比白云母小，晶层之间的联系因此而松弛，所以黑云母晶格易于瓦解风化，释放出钾。云母在风化过程中可逐渐转化为水化云母、伊利石、蒙脱石或蛭石等次生矿物，在这一过程中，矿物的粒径及含钾量不断减少，交换量和水化程度不断增加，晶格组成更为复杂。其中所含的钾也更易释放。

风化过程中释放的钾，既可供作物吸收利用，又可存在于土壤溶液中，吸附在土壤胶粒上，或重新进入次生黏粒矿物晶格里被固定。

6.2.4 土壤钾的生物有效性

土壤钾的生物有效性主要指土壤中的钾能被植物吸收利用的程度，通常是由生长在土壤中的植物所吸收的土壤钾的数量来表示。显然如果仅凭植物吸钾来评价土壤钾的生物有效性必然是费时的,其应用也是困难的,所以多年来农业化学工作者力图用化学方法测定,通过测定结果与植物吸钾量的相关程度来确定评估的方法和指标,并广泛应用于生产实际。按钾对植物供给性,通常将土壤钾区分为:速效钾、缓效钾和全钾。

6.2.4.1 速效钾

利用盐溶液如醋酸铵等提取的钾,包括土壤溶液钾和大部分交换钾。它代表了植物根系可直接吸收利用的钾,决定着钾肥施用后当季肥效的大小,在生产上常用来指导钾肥的有效施用。

速效钾常规的测定方法采用 1mol/L 中性醋酸铵浸提,其含量可以较好地反映土壤对当季作物的供钾能力。

由于化学方法提取的钾被土粒吸持的牢固程度不一样,同时它与植物根系吸钾能力也有差别,因此用它评价土壤钾的生物有效性尚不理想。

6.2.4.2 缓效钾

缓效钾一般用硝酸、盐酸消煮或四苯硼钠溶液来提取。缓效钾对植物是有效的,它是植物有效钾的贮备部分。用土壤缓效钾和速效钾结合,共同评价土壤钾素的有效状况(表6-18),不仅能立即反映有效的土壤钾数量,而且能反映钾的补给能力,这就比单用速效钾来评价更为合理全面。

表 6-18 土壤钾素状况与作物钾素营养水平

土壤钾素含量状况			作物钾素营养状况
速效性钾 (mg/kg)	缓效性钾 (mg/kg)	土壤供钾能力	
<25	<100	极低	生长严重受阻,大多数作物都出现典型的缺钾症
25~50	100~200	低	各类作物施钾肥都有显著效果,有些作物出现缺钾症
50~100	200~500	中	施钾一般有效,肥效大小因作物种类和生产水平不同而异
>100	>500	高	施钾一般无效

6.2.4.3 全钾

全钾是表示土壤钾素总量的指标,土壤全钾的 90% 以上以矿物态结构存在,大部分对作物是无效的。但结构钾与缓效钾之间存在着缓慢的平衡,这暗示在一个相当长的过程中全钾可能逐步转化成有效钾。所以也有人将全钾与缓效钾、速效钾并列作为土壤钾素状况的分级指标。

6.3 钾肥的种类、性质与施用

钾肥品种不多，在化学钾肥中，氯化钾占95%左右；硫酸盐型钾肥，包括硫酸钾、钾镁肥等约占5%；硝酸钾和碳酸钾等多用作工业原料，极少用作肥料。此外，作钾肥施用的还有草木灰、窑灰钾肥等矿质钾肥。

6.3.1 氯化钾

6.3.1.1 氯化钾的成分和性质

商品氯化钾基本上都是高品位的，含 KCl 95% 以上，含 K_2O 不低于60%。杂质含量视原矿而定，主要有氯化钠和硫酸镁。氯化钾大多呈乳白色或微红色结晶，不透明，稍有吸湿性，易溶于水，水溶液呈现中性，属化学中性、生理酸性速效钾肥，是使用最多的化学钾肥品种。

我国由青海盐湖卤水中提炼的氯化钾，其组成为：含 K_2O 52%~55%，NaCl 3%~4%，$MgCl_2$ 2%左右，$CaSO_4$ 1%~2%，含水量6%~7%。其吸湿性较强，杂质和水分含量较高，其他性质与普通氯化钾一样。大量的肥效试验表明，其增产效果与等养分进口氯化钾相当。

6.3.1.2 氯化钾在土壤中的转化与施用

与氯化铵相似，氯化钾施入土壤后，能立即溶于土壤溶液中，以离子状态存在，除一部分钾被作物吸收利用外，另一部分则打破土壤中原有各种形态钾之间的平衡，产生离子交换、固定等过程，直至建立新的平衡体系。施入土壤中的钾，首先同土壤胶体上的阳离子起代换作用，而被土壤吸附，很少移动。残留的氯离子不能被土壤吸持，而与钾所代换出来的阳离子结合成氯化物。在中性和石灰性土壤中生成氯化钙。

$$（土壤胶体）Ca^{2+} + 2KCl \rightleftharpoons （土壤胶体）{K^+ \atop K^+} + 2CaCl_2$$

所生成的氯化钙易溶于水，有利于作物吸收钙。但是在多雨地区、多雨季节或灌溉条件下，就随水淋洗，造成钙的流失。若长期施用，不配施钙质肥料。土壤中的钙会逐渐减少，而使土壤板结。此外，氯化钾为生理酸性肥料，会使缓冲性小的中性土逐渐变酸。石灰性土壤上，由于含有大量的碳酸钙存在，因而施用氯化钾肥料所产生的酸化作用，一般不至于引起土壤酸化。

在酸性土壤上，氯化钾和土壤胶体起代换反应生成盐酸：

$$（土壤胶体）{H^+ \atop H^+} + 2KCl \rightleftharpoons （土壤胶体）{K^+ \atop K^+} + 2HCl$$

生成的盐酸会使土壤酸性加强，也增加了土壤中铁和铝的溶解度，加重了活性铝的毒害作用，会妨碍种子发芽和幼苗生长。所以在酸性土壤上施用氯化钾应与有机肥料和石灰相配合施用。因为施有机肥有利于提高土壤缓冲性能，减缓土壤酸化强度，而石灰可中和土壤酸性，同时补充钙养分。

被吸附在土壤胶体表面的交换性钾一部分可能进入 2:1 型黏土矿物晶片层间转化为非交换性钾而被固定，从而降低钾的有效性。

存在于土壤溶液中的钾，除被作物吸收外，常会发生淋失，其淋失量与土壤性质和气候条件有关。在温带湿润气候条件下，矿质土每公顷淋失量可达 30kg，而黏质土则低于 5kg。因此，在多雨地区和代换量低的矿质土上，钾肥一次用量不宜过多，否则会造成钾的淋失。

氯化钾可作基肥和追肥。大田作物每 667m^2 施 4~8kg K_2O 较为经济有效。作基肥时在中性和酸性土壤上宜与有机肥、磷矿粉等配合或混合施用，这不仅能防止土壤酸化，而且能促进磷矿粉中磷的有效化。在酸性较强的土壤上，施用氯化钾还应注意石灰的配合施用，以利作物生长。作基肥施用时应深施，以减少钾的晶格固定，因为深层土壤干湿交替变化较小，钾的晶格固定相对较弱。

氯化钾有氯离子，对忌氯作物如甘薯、马铃薯和葡萄等的产量和品质均有不良影响，且用量越多，对其产量的负作用越大。例如，茶树施用氯化钾应控制用量，茹国敏试验表明，茶树叶片中 Cl^- 含量超过 0.4% 以上时，就出现危害。当幼龄茶园氯化钾一次用量达 300kg/hm^2 时，新梢内 Cl^- 含量迅速超过临界值而受害凋萎。因此幼龄茶园氯化钾用量每公顷应控制在 75~112.5kg K_2O 范围内，成龄茶园每公顷施量也不宜超过 150kg K_2O。同时，由于含有大量 Cl^-，在盐碱土和干旱地区施用氯化钾应谨慎。氯化钾宜用于麻类等纤维作物上，因 Cl^- 有利于茎内同化物的积累，促进纤维合成，故 Cl^- 对提高纤维产量与质量有良好作用。关于氯对作物产量、品质影响以及氯化钾施用技术，可参阅第七章第五节中的详细论述。

6.3.2 硫酸钾

6.3.2.1 硫酸钾的性质

硫酸钾含 K_2O 50%~52%。较纯净的硫酸钾是白色或淡黄色结晶体，结晶较细，物理性状好，易溶于水，稍有吸湿性，贮存时不易结块。硫酸钾是速效性肥料，为化学中性、生理酸性肥料。

6.3.2.2 硫酸钾在土壤中的转化与施用

硫酸钾施入土壤中，其变化与氯化钾大体相同，只是交换吸附后生成物不同。在中性及石灰性土壤中生成硫酸钙，在酸性土壤中生成硫酸，反应如下：

$$（土壤胶体）Ca^{2+} + K_2SO_4 \rightleftharpoons （土壤胶体）{K^+ \atop K^+} + CaSO_4$$

$$（土壤胶体）{H^+ \atop H^+} + K_2SO_4 \rightleftharpoons （土壤胶体）{K^+ \atop K^+} + H_2SO_4$$

生成的硫酸钙溶解度较小，易积存在土壤中填塞土壤孔隙。长期连续施用有可能造成土壤板结。因此，应增施有机肥料，以改善土壤结构。酸性土壤施用硫酸钾时，则需适当施用石灰，以中和酸性。

硫酸钾作基肥或追肥均可，由于钾在土壤中移动性较差，通常多作基肥用。且应注意施用深度和位置。硫酸钾还能作种肥和根外追肥，作种肥时每公顷用量一般为22.5~37.5kg，作根外追肥时浓度以2%~3%为宜。作追肥时，则应早施或结合中耕，耘地（水田中），使肥料施到作物根系密集的土层中，以利根系吸收。在缺铁而且长期渍水土壤（如水稻田）上施用时，应注意防止硫化氢毒害的产生。

硫酸钾是一种无氯钾肥，适用作物比氯化钾广泛。但硫酸钾的数量少，价格贵，故应优先用于对氯敏感又喜硫、钾的作物上，如烟草、茶叶、柑橘、葡萄、西瓜和马铃薯等作物。

6.3.3 草木灰

植物残体燃烧后，所剩余的灰分统称为草木灰。长期以来，我国广大农村普遍以稻草、麦秸、玉米秆、棉花秆、树枝、落叶等作燃料，所以草木灰是农村中一项重要肥源。

植物残体在燃烧过程中大多被烧失，因此，草木灰中仅含有灰分元素，如磷、钾、钙、镁及微量元素等。其中含钾、钙较多，磷次之。因此，草木灰的作用不仅是钾素，而且还有像钙、镁、磷、微量元素等营养元素作用。

草木灰的成分差异很大，不同植物灰分中磷、钾、钙等含量各不相同。一般木灰含钙、钾、磷较多，而草灰含硅较多，磷、钾、钙较少，稻壳灰和煤灰中养分含量最少。同种植物，因部位、组织不同，灰分的养分含量也有差别。幼嫩组织的灰分含钾、磷较多，衰老组织的灰分含钙、硅较多。此外，土壤类型、土壤肥力、施肥情况、气候条件都会影响植物灰分中的成分和含量，如盐土地区的草木灰，含氯化钠较多，含钾较少。关于草木灰的成分如表6-19所示。

表6-19 草木灰与煤灰的成分

灰 类	K_2O	P_2O_5	CaO
一般针叶树灰	5.00	2.90	35.00
一般阔叶树灰	10.00	3.50	30.00
小灌木灰	5.92	3.14	25.09
稻草灰	8.09	0.59	5.90
小麦秆灰	13.80	0.40	5.90
棉籽壳灰	5.8	1.20	5.90
糠壳灰	0.57	0.52	0.89
花生壳灰	6.45	1.23	—
向日葵秆灰	35.40	2.55	18.05
烟煤灰	0.70	0.60	26.00

草木灰中含有多种钾盐，其中以碳酸钾为主，占总钾量的90%；硫酸钾次之，氯化钾最少。草木灰中的钾约有90%溶于水，有效性高，是速效性钾肥。由于草木灰中含碳酸钾和氯化钙，因此，它的水溶液呈碱性，是一种碱性肥料。

草木灰中除多钾盐外，还含有弱酸溶性的钙、镁磷酸盐，它们对作物是有效的。此外还含有微量元素养分，所以施用草木灰有多种营养作用。

草木灰因燃烧温度不同，其颜色和钾的有效性也有差异。燃烧温度过高（>700℃），钾与硅酸溶在一起形成溶解度较低的硅酸钾复盐，灰白色，肥效较差。低温燃烧的草木灰呈黑灰色，钾主要以水溶性的碳酸钾形态存在，肥效较高。

草木灰可作基肥或追肥，也可用于拌种、盖种或根外追肥。尤以用于水稻秧田，既可提供养分，还可增加地温，促苗早发，减少青苔，防止烂秧，疏松表土，便于起秧，有时还能减轻病虫害的发生和危害。

草木灰是碱性肥料，施用时应避免与铵态氮肥或含铵态氮较多的人粪尿混合，也不应撒在粪池或畜圈内，以免造成氮素的挥发损失。

草木灰质地疏松，易飞扬，应贮藏在能遮风避雨的棚内，以免钾素遭受损失。草木灰适宜集中沟施或穴施。施前与2~3倍湿土拌合，或喷撒少量水分，使之润湿，施后即时覆土。草木灰应优先施于喜钾作物上，如烟草、马铃薯、甘薯、棉花、麻类和蔬菜等。草木灰在各种土壤上对各种作物均有良好反应，特别在酸性土壤上施于豆科作物，增产效果显著。

6.4　钾肥的合理施用

6.4.1　我国农田的钾素平衡与调节

6.4.1.1　农田钾素养分平衡概况

农田土壤钾素养分平衡通常是以作物从耕地上带走的钾素量与以施肥形式归入耕地的钾素量之间的差值表示。

近年来，许多研究者从宏观上分析了我国农田物质循环和养分状况，尽管各地施肥情况和农作物生物量不同，但所得的结果较为一致，即氮素略有盈余，磷素基本平衡，钾素都亏缺。特别在南方缺钾地区，每公顷年亏缺钾量为30~153kg（表6-20）。这是由于随着高产耐肥品种的选用，氮、磷肥用量的增加，复种指数的提高和产量的大幅度上升，而钾肥施用量长期偏低所造成的。

一些肥料定位试验也证明，单施氮、磷肥而不施钾时，都使钾素亏缺。在钾用量不大的情况下单施钾肥、单施稻草和厩肥均不能达到钾素收支平衡。只有当适量化学钾肥与稻草或厩肥配合施用，才能使钾素保持平衡。

在高产条件下，较之在低产条件下，对钾的供应容量和强度有较高的要求，所以有机肥用作钾源的相对重要性降低了，而对化学钾肥的需求性增大了。当不施或少施钾肥时，作物就利用土壤中的钾以致土壤钾素日益耗竭，特别是土壤速效钾显著下降。

表 6-20 南方耕地土壤中氮磷钾的带出量和投入量（1949～1985）

×10⁴ t

年度	化肥			投入有机肥			合计			作物带出			土壤盈亏		
	N	P_2O_5	K_2O	N	P_2O_5	K_2O	N	P_2O_5	K_2O	N	P_2O_5	K_2O	N	P_2O_5	K_2O
1949	0.33	—	—	97.3	44.5	104.2	97.6	44.5	104.2	156.0	74.5	174.1	−58.4	−30.0	−69.9
1955	13.4	1.5	—	140.1	66.0	160.5	153.5	67.5	160.5	248.7	116.7	280.0	−95.2	−49.2	−119.5
1960	42.6	28.5	0.1	167.1	76.7	184.4	209.7	105.2	185.4	284.5	132.7	317.2	−74.8	−27.5	−131.8
1965	84.4	38.6	0.2	188.3	82.6	193.0	272.7	121.2	193.2	292.6	136.0	320.3	−19.9	−14.8	−127.1
1970	137.0	66.2	2.4	222.8	97.0	232.3	359.8	163.2	234.7	341.2	158.7	378.1	18.6	4.5	−143.4
1975	189.6	93.8	6.7	257.3	111.4	271.6	446.9	195.2	278.4	389.9	181.4	435.9	57.0	13.8	−157.5
1980	490.0	160.4	22.6	262.8	122.1	302.7	753.2	282.6	325.4	459.7	209.1	505.7	293.5	73.5	−180.3
1985	717.8	203.9	83.5	292.7	139.7	362.0	1 010.5	343.6	445.5	605.0	278.1	669.5	405.5	65.5	−224.0

注：参考《全国化肥区划》及《中国农业年鉴》等资料计算。南方包括：上海、江苏、浙江、安徽、福建、江西、湖北、湖南、广东、海南、广西、四川、贵州、云南。

6.4.1.2 农田钾素平衡的调节

减少耕地钾素的亏损,必须调节土壤中钾素循环。调节钾素平衡的方法有两个方面:一方面是土壤—作物体系内钾素的再利用;另一方面是体系外钾素资源的投入。体系内钾素的再利用就是将作物从土壤中带走的钾以残落物、秸秆还田和有机肥等形式返还到农田中。体外投入钾素资源的主要形式是钾素化肥的施用。

秸秆和牲畜粪肥不仅在增加土壤腐殖质、改善土壤理化性质上有重要作用,而且在养分平衡、特别是钾素平衡中起着非常重要的作用。根据1990年粮食经济作物产量粗略估算,我国年秸秆产量约 $3.40 \times 10^8 t$,直接或间接(如垫圈等)还田的秸秆以30%计,有 $1.02 \times 10^8 t$。以根茬形式留在土壤里的秸秆也在 $1 \times 10^8 t$ 以上。两项合计每年还田秸秆量当在 $2 \times 10^8 t$ 以上。秸秆还田在养分平衡中起着重要作用。秸秆中的钾约占作物取走钾的72%~84%,即约有80%左右钾保存在秸秆中。如以1/3秸秆还田,每年可得 200×10^4 ~ $300 \times 10^4 t\ K_2O$;如能以2/3秸秆还田,则可得 400×10^4 ~ $600 \times 10^4 t\ K_2O$。这都远远超过进口钾肥数量。即使用秸秆作燃料,氮和有机物损失了,其中的磷、钾等营养元素,仍然存在于灰分中。所以草木灰中的钾仍然大部分可以返回农田参加再循环。总之,粪肥、秸秆、灰肥等有机肥和农家矿质肥料是我国钾肥的主体,应当大力收集、充分利用,这是保持土壤钾素平衡的重要基础。

此外,一些绿肥具有富集和再利用钾的作用,尤其是一些野生富钾植物聚钾能力强。如能开发利用一些富钾植物,对于调节农田钾素平衡和缓解化学钾肥之不足,也有相当重要意义。

6.4.2 钾肥的合理施用

钾肥的肥效受到许多因素和条件的影响。如土壤条件、作物种类、气候条件、肥料性质及施用技术、耕作制度等,因此,了解和掌握钾肥合理有效的施用条件和方法,对充分发挥我国有限的钾肥资源,有效地利用钾肥,提高钾肥肥效,促进我国农业生产水平的提高有着重要的意义。

总的说来,要有针对性地合理施用钾肥才能提高钾肥肥效。即针对确实缺钾土壤,针对确实喜钾作物,合理配置钾肥用量及其与氮、磷配比,讲究钾肥施用技术等。这些方面综合运用,就能提高钾肥利用率和肥效。

6.4.2.1 防止钾肥流失与固定,提高利用率

我国大多数作物对钾肥利用率在35%~55%,利用率高的可达70%~80%,利用率低的仅有10%~20%。为了提高钾肥利用率和肥效,首要是防止流失、减少固定。为此,钾肥应与有机肥配施,基肥深施、分期施用、后期喷施等都是行之有效的提高钾肥肥效的好方法。

6.4.2.2 根据土壤性质和供钾水平合理施用钾肥

作物对钾肥的反应首先是取决于土壤钾的有效水平,即土壤速效钾和缓效钾含量。大量试验结果表明,土壤速效钾含量与当季作物钾肥的增产效果存在明显的负相关。当土壤速效钾含量较低时,则土壤缓效钾含量与钾的肥效相关性明显。总的来说,土壤钾的有效水平高,则钾肥肥效低。

根据我国土壤供钾状况的实际考虑,钾肥应优先供应长江以南的严重缺钾土壤地区,特别是酸性砂质土地区要重点供钾,分期施钾,以提高钾肥肥效。在轻度缺钾地区,尽量施用有机肥;化学钾肥能少施则少施,能不施则不施,以保证钾肥用于最需钾的地区。同时在酸性土地区可以选用窑灰钾肥,在盐碱土地区少用氯化钾肥等。

另外,土壤质地是影响土壤供钾能力的另一个因素,由于土壤中的钾离子主要依靠扩散向根表迁移,在黏重的土壤中,钾的扩散受阻力较大,而且黏土的电荷密度大,对钾离子的吸附(束缚)力较大,因而黏土的土壤平衡溶液中钾离子的浓度低于砂土。因此,在等量土壤速效钾含量下,黏土供钾强度要比砂土弱,但较砂土持久;施用等量的钾肥,钾在黏土中的有效性低于砂土,也就是说,要达到同等的供钾强度,黏土上应施用较多量的钾肥。

由于质地对土壤中钾的行为的影响,施用钾肥时应根据土壤质地合理施用。黏重土壤上施用量应多些,可将较多的钾肥作基肥早期施用。而在砂质土壤上应注意分次施用,控制每次施用的量,防止钾的流失,而且应优先分配在缺钾的砂性土壤上。

6.4.2.3 根据作物特性合理施用钾肥

不同作物其需钾量和吸收钾能力有不同。一般而言,每形成单位产量(如100kg产量)所需 K_2O 的量,马铃薯、甘薯、甘蔗等淀粉糖类作物较低,仅需 0.34~0.85kg,而棉花、麻等纤维作物、烟草较高,需 8.0~12.0kg。但由于作物生物产量特性差异极大。如甘蔗、马铃薯、甘薯的产量明显高于棉花、麻和烟草,因此,从单位种植面积需钾量上,甘蔗、淀粉作物和香蕉等需钾量高。尤其香蕉、油料作物,棉麻作物、豆科作物次之,而禾谷类作物需钾量较少。因此,钾肥应优先用于需钾量大的喜钾作物上,例如,油料作物、薯类与糖料作物、棉麻作物、豆科作物以及烟草、果、茶、桑等。禾谷类作物及禾本科牧草一般需钾量较少,在相同土壤地区,施用钾肥的效应一般不如上述作物明显。

同种作物,不同品种对钾的需要也有差异,例如,水稻矮秆高产良种比高秆品种对钾肥反应更为敏感,粳稻比籼稻较为敏感。试验证明,杂交水稻对钾的吸收总量多于常规稻。杂交稻耐土壤低钾能力弱,因而要有较高的土壤速效钾。所以,在水稻生产中,钾肥应优先用于杂交稻。

作物不同生育期对钾的需要差异显著。一般而言,1年生植物在营养生长期至开花期需钾最多,如禾谷类作物在分蘖至拔节期需钾较多,其吸收量为总需钾量的60%~70%，开花以后明显下降。棉花需钾量最大在现蕾至成熟阶段，梨树在梨果发育期，葡萄在浆果着色初期。对一般作物来说，苗期对缺钾最为敏感。但与磷、氮相比，其临界期出现得要晚些。

作物吸收钾的能力也因作物种类、品种而异，水花生、糖用甜菜、水稻吸收钾能力较弱，豆科绿肥、十字花科的油菜和萝卜菜吸收矿物态钾能力较强。因此，在其他条件相同的情况下，钾肥应优先分配在吸收钾能力较弱的作物上施用。

对耐氯力弱、对氯敏感的作物，如烟草、马铃薯等，尽量选用硫酸钾；多数耐氯力强或中等的作物，如谷类作物，纤维作物等，尽量选用氯化钾，以提高钾肥增产效益。

总之，在钾肥有限的情况下，应优先用于需钾量多、增产效益显著的作物或品种上，并在作物需钾最迫切时期施用，才能取得较好增产效果和经济效益。

6.4.2.4　钾肥与其他肥料配合施用

钾与氮、磷肥和有机肥配合施用是提高钾肥肥效的有效途径。在一定氮肥用量范围内，钾肥的肥效有随氮肥施用水平的提高而提高的趋势，高氮水平下，钾肥的效果尤为明显。磷肥供应不足，钾的肥效也受影响。因此应因土因作物确定适宜的氮、磷、钾比例。

同时，要充分考虑有机肥种类与数量，在不施或少施有机肥的情况下，钾肥一般都有一定的增产效果；而在大量施用含钾丰富的有机肥料（如厩肥等腐熟优质有机肥）时，钾肥一般没有显著增产效果，尤其是在轻度缺钾土壤地区更是如此。

6.4.2.5　钾肥的施用技术与施用量

由于钾离子在土壤中的扩散较慢，移动性较小，作物生长后期需钾量少，钾在植物体内的移动性和再利用率很高，因此，钾肥在施用时应提倡早施，深施和相对集中施用。即应重施基肥，早施追肥，同时宜相对集中深施到作物根系分布较密集的土层中，以利于根系的吸收，减少晶格固定。在忌作物上一般不宜施用氯化钾，若需施用，则应提早作基肥施用，并注意控制用量，切忌在生长后期施用，以免影响作物产品品质。

此外，据报道，水稻、玉米、花生、甘蔗、香蕉、菠萝、木薯等作物钾肥分次施用可提高作物的产量，改善产品品质。分次施用主要是将一定比例的钾肥分配到作物吸收钾最多的时期或最大效率期施用，如水稻分蘖后期至抽穗期、开花前，以保证在这些养分时期作物能获得充裕的钾素养分。

钾肥施用量因作物种类甚至品种、土壤类型和供钾水平、作物生产水平、氮磷养分水平以及耕作制度等的不同而有差异。一般而言，粮食作物上施用量较少，甘蔗、香蕉、烟草、柑橘等植物上施用量较多。

复习思考题

1. 为什么人们将钾称为品质元素?
2. 土壤中钾的形态有哪几种?为什么土壤的全钾含量常常不能反映土壤的供钾能力?
3. 为什么钾肥宜深施、早施和集中施用?
4. 如何根据作物需钾特性和肥料性质合理分配和施用钾肥?
5. 如何根据土壤质地情况合理施用钾肥?
6. 如何根据肥料的性质,合理施用氯化钾、硫酸钾和草木灰?
7. 为什么施用钾肥能提高作物的抗逆能力?
8. 为什么要提倡氯化钾、硫酸钾肥料与石灰、有机肥、氮磷肥等肥料配合施用?

本章可供参考书目

农业中的钾. R. D. Minson 主编,谢建昌等译. 科学出版社,1994
植物营养学. 陆景陵. 中国农业大学出版社,1994
植物营养与肥料. 浙江农业大学. 农业出版社,1991

第7章 植物的微量元素营养与微肥

【本章提要】 植物正常生长发育除了需要氮、磷、钾"三要素"之外，还需要硼、锌、铁、钼、锰、铜、氯等微量元素。本章主要讲述植物的微量元素营养，以及缺乏与中毒的症状；土壤微量元素的含量、形态和有效性；微量元素肥料的种类、施用方法及其对作物产量和品质的影响。

植物必需的微量元素包括硼、锌、铁、钼、锰、铜、氯等7种。植物对微量元素的需要量很少，作物体内的一般含量仅百万分之几到十万分之几，但它们的作用非常重要。在土壤中，任何一种微量元素缺乏或过多，都会显著影响作物的生长发育和产量品质。同时，在一定程度上也影响到人类和动物（家畜）的营养和健康。随着作物产量的不断提高和大量施用氮、磷、钾等化学肥料，作物对微量元素的需要逐渐迫切，合理施用微量元素肥料已成为农业生产中的一项行之有效的增产措施。

7.1 植物的硼素营养与硼肥

7.1.1 硼的营养生理功能

7.1.1.1 植物体内硼的含量与分布

在植物体内，硼的含量一般在 $2\sim100$ mg/kg。如果小于 10 mg/kg，大多数植物出现缺硼症状，但大于 100 mg/kg 则易引起植物中毒。

双子叶植物的含硼量一般高于单子叶植物，蝶形花科和十字花科植物的含硼量较高，具有乳液系统的双子叶植物，如蒲公英和罂粟的含硼量更高。谷类作物含硼量较低，一般不易缺硼；而双子叶植物因有大量的形成层和分生组织，需硼量比谷类作物多得多，所以容易缺硼。此外，根用植物的需硼量也较多。

同位素示踪试验表明：在果树体内，硼在花芽中的含量最高，叶芽次之，接着为韧皮部和木质部。硼在植物体内的一般分布规律是：繁殖器官高于营养器官，叶片高于枝条，枝条高于根系。在营养器官中，叶片含量最高，主要集中在叶尖和叶缘。

在水溶液中，硼主要以硼酸的形态 [H_3BO_3 或 $B(OH)_3$] 存在。硼酸是一种弱酸，在 pH<8 时，水溶液中的硼主要以未解离的分子态存在。因此，H_3BO_3 是

植物吸收硼的主要形态。

一般认为，植物在吸收硼时，以分子态硼酸的形式通过质流被动吸收。根系吸收的硼和硼的上行运输主要受蒸腾作用的控制，土壤中有效硼含量也是影响植物吸收硼的主要因素。但叶片喷施硼肥时，硼主要依靠韧皮部筛管运输。

在植物体内，硼的移动性与植物的种类有关。梨、苹果、樱桃、杏、桃、李等果树可形成山梨醇、甘露醇等同化产物，这些同化产物可与硼形成稳定的复合物，然后运输到植物的其他部位。因此，在这些植物体内，硼的移动性大；在不含这些物质的植物体内，硼的移动性小，缺硼的主要症状表现在这些植物的幼嫩部位。

7.1.1.2 硼的营养生理功能

（1）促进花粉萌发和花粉管生长　硼的重要功能之一是促进生殖器官的建成。分析表明，在植物的生殖器官，尤其是花的柱头和子房中含硼量最高。硼能促进花粉萌发和花粉管伸长，减少花粉中糖的外渗（图7-1），有利于受精作用的完成和籽粒的形成。在缺硼条件下，花粉活力降低，花药和花丝萎缩，花粉管形成困难，受精作用受阻。高等植物缺硼，影响生殖器官的形成，出现花而不孕的现象。其原因是缺硼抑制了植物细胞壁的形成，花粉母细胞不能进行四分体分化，从而导致花粉粒发育不正常。

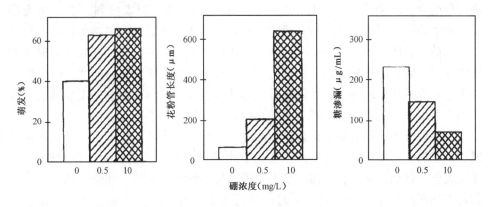

图 7-1　硼浓度的变化对百合花粉萌发、花粉管生长以及糖向介质中渗漏的影响

缺硼还会影响种子的形成和成熟，甘蓝型油菜的"花而不实"，花生的"有壳无仁"，棉花出现的"蕾而不花"等都是缺硼引起的。在营养生长阶段，小麦等对缺硼不敏感的作物，在它们生殖生长时期，尤其是花粉发育期，对缺硼也很敏感。因此，春小麦在缺硼时，出现"穗而不实"。缺硼明显抑制玉米花粉发育，大多数的缺硼植株雄蕊缺少造孢组织，使之不能产生花粉。缺硼会明显影响果树的花芽分化，结果率降低，果肉组织坏死，果实畸形。

（2）参与细胞壁的合成并保持其稳定　硼具有调节细胞壁的合成和保持其稳定性的作用。硼酸能与顺式二元醇络合形成稳定的酯类。许多糖及其衍生物如糖醇、糖醛酸、甘露醇、甘露聚糖和多聚甘露糖醛酸等均属于这类化合物，它们可作为细胞壁半纤维素的成分；而葡萄糖、果糖和半乳糖及其衍生物（如蔗糖）不具有这种顺式二元醇的构型，因而不能形成稳定的硼酸络合物。

$$\begin{matrix} =C-OH \\ =C-OH \end{matrix} + \begin{matrix} HO \\ HO \end{matrix} B-OH \rightleftharpoons \left[\begin{matrix} =C-O \\ =C-O \end{matrix} B \begin{matrix} OH \\ OH \end{matrix} \right]^- + H_3O^+$$

硼酸　　　　　单酯

$$\left[\begin{matrix} =C-O \\ =C-O \end{matrix} B \begin{matrix} OH \\ OH \end{matrix} \right]^- + \begin{matrix} OH-C= \\ OH-C= \end{matrix} \rightleftharpoons \left[\begin{matrix} =C-O \\ =C-O \end{matrix} B \begin{matrix} O-C= \\ O-C= \end{matrix} \right]^- + 2H_2O$$

单酯　　　　　　　　双酯

研究表明，在高等植物体内，硼大部分在细胞壁中被络合为顺式硼酸酯，而且只有顺式二元醇构型的多羟基化合物才能与硼形成稳定的硼酸复合物。在双子叶植物的细胞壁中，半纤维素和木质素的前体物可能含有较多的具有顺式二元醇构型的化合物，这可能是它们需硼较多的原因。在单子叶植物根细胞中，牢固结合态硼的一般含量为 3～5mg/kg，但在某些双子叶植物的根细胞中，可以高达 30 mg/kg。

(3) 促进体内碳水化合物的运输和代谢　在植物体内，硼能促进糖的运输和代谢，改善植物各器官有机物质的供应，促进果实膨大，干物质积累。硼还能促进葡萄萌芽，新梢伸长，叶片干物质积累和运输，提早果实成熟，提高果实品质；油菜施硼可明显提高产量，改善油菜籽的品质，缺硼则造成油菜植株生长异常，幼苗干物质重量显著下降。硼促进糖运输的可能原因是：①合成含氮碱基的尿嘧啶需要硼，而尿嘧啶二磷酸葡萄糖（UDPG）是蔗糖合成的前体，所以硼有利于蔗糖合成和糖的外运。②硼直接作用于细胞膜，影响蔗糖的韧皮部装载。③缺硼容易生成胼胝质，堵塞筛板上的筛孔，使糖的运输不畅。

缺硼会导致大量的糖类化合物在叶片中积累，造成叶片变厚、变脆，甚至畸形。由于糖的运输受阻，会造成分生组织中糖分不足，致使新生组织难以形成，往往表现为植株顶端生长停滞，甚至出现生长点死亡的现象。此外，硼具有调控葡萄糖代谢的作用。当供硼充足时，葡萄糖主要通过糖酵解途径进行代谢；相反，葡萄糖容易进入磷酸戊糖途径进行代谢，形成酚类物质。

(4) 参与分生生长和核酸代谢　硼影响细胞分裂和伸长。缺硼发生的早期反应之一是分生组织，如根尖、茎尖及形成层组织的发育受到抑制。在植株缺硼时，主根和侧根的伸长缓慢，甚至停止，根系呈短粗丛枝状。用南瓜进行的试验表明，停止供硼 3h 后，根的伸长受到轻微抑制，6h 后严重抑制，24h 后根系停止伸长。在恢复供硼 12h 后，根系伸长迅速恢复。

硼参与核酸代谢，缺硼一方面可以阻碍 RNA 的前体物质——嘧啶碱和嘌呤碱的合成，另一方面可以提高核糖核酸酶的活性，使 RNA 含量降低。缺硼导致向日葵和豆科植物核酸含量减少，而当植株开始出现缺硼症状时，如果供给硼，就会使核酸含量增加。由此可见，硼在核酸合成中起重要作用。缺硼抑制核酸的生物合成，也影响到蛋白质的含量。在缺硼的叶片中，常有过多的游离态氮、氨基酸和酰胺积累。在分生组织中，细胞的分化和伸长必须有核糖核酸、核糖体和蛋白质的合成，缺硼容易引起它们的合成受到抑制，妨碍分生生长。

（5）调节酚类化合物、木质素和生长素的代谢　硼显著影响酚类化合物和木质素的生物合成。由于硼与顺式二元醇形成稳定的硼酸复合体（单酯或双酯），从而改变许多代谢过程。例如，6-磷酸葡萄糖与硼酸结合后，能抑制底物进入磷酸戊糖途径和酚的合成，并通过形成稳定的酚酸-硼复合体（特别是咖啡酸—硼复合体）来调节木质素的生物合成。缺硼导致酚类化合物的积累，多酚氧化酶（PPO）的活性提高，导致细胞壁中醌（如咖啡醌）浓度的提高，这些物质损害原生质膜透性，抑制膜结合酶的活性。此外，硼还能促进糖酵解过程。

硼能调节由多酚氧化酶组成的氧化还原系统。在缺硼时，氧化还原系统失调，多酚氧化酶活性提高。当酚氧化成醌之后，产生黑色的醌类聚合物，使作物出现棕褐色病斑。例如，甜菜的"腐心病"和萝卜的"褐腐病"等都是醌类聚合物积累所引起的。

硼还能影响生长素的代谢。在缺硼植株中，IAA 的含量往往高于正常植株，使之在缺硼的组织中有所积累，这是由于酚类化合物的积累抑制了吲哚乙酸（IAA）氧化酶活性的结果。在正常组织中，硼能与酚类化合物络合，从而保护 IAA 氧化酶系统，使 IAA 正常地分解，防止积累过多。有学者认为，生长素和酚类化合物的积累是缺硼引起植株坏死的主要原因。

（6）维持膜的稳定性与功能　生物膜的主要成分是磷脂和镶嵌在脂双层中的蛋白，硼有助于维持生物膜的稳定性与功能。原因可能是硼与生物膜的某些成分形成二醇—硼酸复合体，抑制了氧自由基对生物膜的破坏作用，维护了生物膜的稳定性与透性，提高了细胞保护酶的活性，降低了脂质的过氧化作用。在缺硼时，膜结合 ATP 酶活性降低，酚类化合物积累，损害细胞膜。这是因为酚类化合物中的活性羟基可自由地和膜成分起反应，引起膜透性改变．进一步引起植株叶片水势、气孔开放度、水分运输、蒸腾速率等生理过程发生变化，导致细胞间 CO_2 浓度下降、叶绿素和叶绿体蛋白质减少，光合速率降低。质膜是活细胞与环境之间的界面和屏障，质膜的结构和功能与植物抗逆性，如高温、干旱、低温、冻害等，有重要意义。缺硼使植物的抗逆能力降低。如果硼充足，促进碳水化合物的运输，为根瘤固氮提供更多的能源物质，有利于提高豆科作物的生物固氮能力。

7.1.1.3　植物缺硼与硼中毒

（1）缺硼　由于硼具有多方面的生理功能，故植物缺硼的症状也是多种多样的。缺硼植物的共同特征可归纳为：
①茎尖生长点的生长受抑制，严重时枯萎，直至死亡。
②老叶叶片变厚，变脆，卷曲、皱缩、畸形，枝条节间短，出现木栓化现象。

③根的生长发育明显受到抑制，根短粗兼有褐色。

④生殖器官发育受阻，结实率低，果实小，畸形；种子和果实减产，严重时有可能绝收。

(2) **硼中毒**　硼过量造成植物硼中毒。在植物体内，硼的运输主要受蒸腾作用的控制，故植物硼中毒表现在成熟叶片的尖端和边缘。具体表现是叶尖和叶缘退绿，继而出现坏死斑点，由叶脉向侧脉发展，严重时全叶枯萎并脱落。当植物幼苗含硼过多时，可通过吐水方式向体外排出部分硼。

7.1.1.4　植物对硼的敏感性

按植物对缺硼的敏感程度可分为三类。

(1) **高度敏感的植物**　紫花苜蓿、三叶草、油菜、莴苣、花椰菜、白菜、包心菜、甘蓝、芹菜、萝卜、芜菁、食用甜菜、糖甜菜、向日葵、葡萄、苹果、柠檬、油橄榄等。

(2) **中度敏感的植物**　苕子、花生、胡萝卜、番茄、菠菜、马铃薯、辣椒、芥菜、甘薯、烟草、棉花、桃、梨等。

(3) **不敏感的植物**　大麦、小麦、燕麦、黑麦、玉米、甜玉米、高粱、谷子、水稻、大豆、豌豆、蚕豆、黄瓜、洋葱、亚麻、苏丹草、牧草、薄荷、柑橘、葡萄柚、樱桃、西瓜、核桃等。

7.1.2　土壤中的硼

7.1.2.1　土壤中硼的含量与形态

全世界土壤的平均含硼量为 8 mg/kg，我国土壤硼含量较高，平均为 64 mg/kg，但变化幅度较大，从痕迹到 500 mg/kg。在土壤中，硼主要以矿物态硼、吸附态硼和土壤溶液中的硼等形态存在。此外，硼还存在于有机物中。

土壤的含硼矿物主要是电气石。电气石是含硼的硅铝酸盐，一般含 3% 左右的硼。它是高度抗风化的矿物，风化缓慢，所含的硼难于溶解和释放。此外，硼还存在于其他硅酸盐矿物中，如页岩、砂岩、石灰岩和第四纪红色黏土等。含硼矿物风化后，硼以 $B(OH)_3$ 分子或硼酸根离子 $B(OH)_4^-$ 的形态进入土壤溶液。

在土壤溶液中，硼主要是水溶性硼。水溶性硼可以被铁、铝氧化物和黏土矿物（主要是伊利石和蛭石）吸附。土壤固相和液相中的硼保持着动态平衡，植物从土壤溶液中吸收硼之后，吸附态硼发生解吸，成为土壤溶液中硼的给源。

7.1.2.2　影响土壤硼有效性的因素

在土壤中，硼的有效性主要受成土母质、黏土矿物类型、土壤 pH 值、有机质含量、气候条件等的影响。由花岗岩、花岗片麻岩和其他火成岩发育的土壤容易缺硼，而由海相沉积物发育的土壤很少出现缺硼现象。此外，在火山灰发育的土壤中，有效态硼含量较低。

一般而言，土壤 pH 值在 4.7~6.7 之间，硼的有效性最高，在此范围内有效硼随 pH 值增加而提高；但是，pH 值超过 7，硼的有效性随 pH 值增高而降低，因为随着 pH 值上升，铁铝氧化物和黏土矿物对硼的吸附量增加。有人发现，在 pH=9 时，硼的吸附量最大。在酸性土壤上，大量施用石灰之后，容易导致硼有效性降低，发生诱发性缺硼。

有机质在吸附和保存有效硼方面具有良好的作用，土壤有机质与水溶态硼之间存在正相关。在有机质含量高的土壤中，水溶态硼往往较多，表土中的水溶态硼也高于底土。原因是在腐殖质胶体上，羧酸可与硼酸缩合成 $\begin{matrix}-C-O\\-C-O\end{matrix}\!\!\!>\!\!B-OH$。所以，在大多数农业土壤中，腐殖质胶体可能是硼的主要储藏库。有机质吸附的硼易被土壤微生物作用而逐渐释放。在干旱期间，微生物活性低，有机质分解少，作物缺硼的可能性大于湿润季节，灌溉也能增加硼的可给性。由于硼能被土壤有机质固定，在泥炭土等有机质含量较高的土壤中，尽管硼肥的用量较高，作物也不出现硼中毒的症状；但在有机质含量低的矿质土壤上，施用同样数量的硼肥时，作物通常会出现硼中毒的现象。

土壤质地影响硼在土壤中的移动。砂质土吸附硼的能力弱，容易造成硼的淋失；黏质土硼吸附的能力强，不易淋失。所以，黏质土的有效硼含量一般高于砂质土，植物缺硼多发生在砂质土上。但是，在土壤水溶性硼含量相同的情况下，砂质土的硼更容易被植物吸收。

气候条件显著影响土壤硼的有效性。干旱时，土壤硼的有效性降低，一方面是由于微生物活动受到抑制，有机物分解释放的硼减少；另一方面是在干旱时，硼在土壤中的扩散速度慢，影响根系对硼的吸收。在湿润多雨地区，强烈的淋溶作用也会降低土壤有效硼的含量，尤其是在砂质土壤上更为显著。此外，温度增加，蒸腾增强，植物地上部硼的含量也会明显增加。

7.1.2.3 土壤有效硼的分级评价指标

迄今为止，人们仍沿用热水溶性硼的含量来评价土壤硼的有效性（表 7-1）。表 7-1 的分级标准会因土壤质地、作物敏感程度而变化。故有人建议，轻质

表 7-1　土壤水溶性硼含量分级与评价

分级	评价	含量（mg/kg）	对缺硼敏感的农作物的反应
Ⅰ	很低	<0.25	缺硼，作物可见缺硼症状
Ⅱ	低	0.25~0.50	潜在性缺硼，作物无可见缺硼症状
Ⅲ	中	0.51~1.00	不缺硼，作物生长正常
Ⅳ	高	1.0~2.00	—
Ⅴ	很高	>2.00	硼过剩，作物生长受抑
临界值		0.5	—

土壤的含硼量<0.25 mg/kg，黏重土壤<0.40 mg/kg，可视为硼供应不足；相反，轻质土壤的含硼量>0.50 mg/kg，黏重土壤>0.80 mg/kg，可视为硼供应充足。

7.1.3 硼肥的施用

7.1.3.1 硼肥的种类

（1）硼酸　H_3BO_3，白色细结晶或粉末，能溶于水，含硼（B_2O_3）17.5%，速效，可做基肥、追肥和根外喷肥。

（2）硼砂　$Na_2B_4O_7 \cdot 10H_2O$，白色粉末状细结晶，能溶于水，含硼（B_2O_3）11.3%，速效，可做基肥、追肥和根外喷肥。

（3）制硼酸后的残渣　灰白色粉末，含硼1%左右，含镁（MgO）20%～30%。另外，还有一些如硼矿粉，含硼石膏，含硼碳酸钙，含硼磷酸钙，含硼玻璃肥料，含硼工业废渣，以及含硼的氮、磷、钾复合肥料。

我国应用最广的是硼砂，主要用于土壤施肥。也有用硼酸，进口硼肥品种名为"Solubor"（$Na_2B_4O_7 \cdot 5H_2O + Na_2B_{10}O_{16} \cdot 10H_2O$），能在冷水中充分溶解，适宜土壤施用与叶面喷用。

灌溉水是硼的给源之一，当灌溉水中的含硼量达到0.5～1.0 mg/L，作物很少出现缺硼现象。此外，厩肥、堆肥、污泥，以及其他的有机肥也可提供作物的硼素营养。

7.1.3.2 硼肥的施用技术

作物适宜的含硼量处于一个非常狭窄的范围，低于和超过这个范围，都会引起作物生长不良，导致作物减产和低质。因此，在施用硼肥时，一定要根据作物的需肥特性和土壤的供肥能力，以及有机肥、氮、磷、钾肥的用量具体决定。

硼肥施用的方法主要有土壤施肥、叶面喷施和种子处理三种。

（1）土壤施用　土壤施肥一般作为基肥，可撒施和条施，大多是将硼肥添加到氮、磷、钾肥料中，制成复合肥料，再施入土壤。在用量上（以纯硼含量计），对于硼敏感的作物如玉米、油菜、马铃薯，一般施用0.7～1.5 kg/hm²；对于需硼较多的作物如苜蓿、甜菜，一般施用1.5～2.5 kg/hm²，在砂土上应酌情减少。

（2）叶面喷施　硼砂和硼酸可作叶面喷施，一般浓度为0.1%～0.2%，在作物苗期可酌情降低，后期酌情提高。对于不同作物和不同地区，施用硼肥的时期和次数也不一样，每次喷施用量约7.5 kg/hm²。喷施时间一般选择在油菜的苗期、抽薹期、盛花期，棉花的苗期、初蕾期、初花期、花铃期，玉米的苗期、八叶期、吐丝期，小麦的苗期、分蘖盛期、始花期，谷子的孕穗期、齐穗后，马铃薯的块茎形成期，向日葵的苗期、花期，白菜的苗期，果树的盛花期、幼果期，块根作物的块根膨大期等。叶面喷施用量少，施用均匀，能及时矫正缺素症，而且残留少。叶面喷施可以用于营养诊断，但浓度不宜过高，否则造成叶面灼伤，多次喷施费工多。当作物出现缺硼症状时，应尽快喷施2或3次，每次间隔5～7

天。

（3）种子处理 用0.1%的硼砂溶液浸种6h或硼砂4g/kg拌种。拌种的具体方法是将硼砂用少量水溶解后，用喷雾器喷均匀的喷洒在种子上，晾干后播种。

土施硼肥有一定后效。据报道，硼肥当季利用率为2%~20%。土壤施用硼肥后，后效往往能维持3~5年。因此，在轮作中，硼肥尽量用于需硼多的作物，而需硼少的作物可以利用后效。在土壤施用量>3kg/hm²时，尤其是在酸性土壤上可能发生毒害。条施或撒施不均，喷施浓度过大都有可能产生毒害。

7.2 植物的锌素营养与锌肥

7.2.1 锌的营养生理功能

7.2.1.1 锌在植物体内的含量与分布

在植物体内，锌的含量因植物种类和品种不同而不同，一般在25~150 mg/kg之间（干物重）。据报道，锌在叶绿体、液泡及细胞壁中的含量较高。当锌进入细胞之后，如果离子浓度过高，植物会将细胞质中的锌泵入液泡；但是，如果代谢需要锌或锌亏缺时，液泡内的锌也会释放到细胞质中，直至液泡内的锌完全释放。一些资料表明，锌在液泡中主要以有机酸（苹果酸、柠檬酸、草酸等）、植物蛋白或多肽复合态形式存在。此外，器官不同含锌量也不一样。锌大多数分布在茎尖、幼嫩的叶片和根系中。中国科学院植物研究所的试验结果表明，正常番茄植株的顶芽含锌量最高，叶片次之，茎最少；在整个植株地上部，锌的分布呈由下而上逐渐递增的趋势，但植物根系的含锌量常高于地上部分。在供锌充足时，锌可在根中累积，其中的一部分属于奢侈吸收。锌主要以Zn^{2+}形式通过质流和扩散的方式被吸收，扩散提供的锌最多，质流提供的锌较少，来源于质流提供的锌只占玉米需锌总量的3.5%。在一般情况下，作物含锌量低于20 mg/kg就可能出现缺锌症状。在植物缺锌时，老叶片中的锌可向幼叶转移，但转移率较低。

7.2.1.2 锌的营养功能

在生物体内，锌对200多种酶起调节、稳定和催化的作用。在高等植物体内，锌既是酶的成分，也可以作为酶结构和功能的调节因子，影响植物体内的蛋白质、核酸和激素代谢，以及光合作用和呼吸作用。

（1）酶的成分或激活剂 锌是乙醇脱氢酶、铜锌超氧化物歧化酶、碳酸酐酶、铜锌超氧化物歧化酶、羧肽酶、碱性磷酸酶、磷脂酶和RNA聚合酶等许多酶的成分。在高等植物体内，乙醇脱氢酶是一种十分重要的酶类。在有氧条件下，高等植物体内的乙醇主要产生于分生组织（如根尖），缺锌时，降低乙醇脱氢酶活性。此外，铜锌超氧化物歧化酶在维持生物膜的完整性方面有重要作用。

锌也是许多酶的活化剂,在生长素合成过程中,锌与色氨酸酶的活性密切关系。在糖酵解过程中,锌是磷酸甘油醛脱氢酶、乙醇脱氢酶和乳酸脱氢酶的活化剂,说明锌参与呼吸作用及多种物质代谢过程。缺锌还会降低硝酸还原酶和蛋白酶的活性。总之,锌通过酶的作用对植物碳氮代谢产生广泛的影响。

(2) 参与生长素的合成 在植物体内,锌参与生长素(吲哚乙酸,IAA)的合成。试验证明,锌能促进吲哚和丝氨酸合成色氨酸,色氨酸是 IAA 的前身,因此锌间接影响 IAA 的形成。反应如下:

$$\text{吲哚} + \text{丝氨酸} \xrightarrow[\text{Zn}^{2+}, -H_2O]{\text{磷酸吡哆醛}} \text{色氨酸}$$

$$\text{色氨酸} \xrightarrow{-CO_2} \xrightarrow[-NH_3]{+O_2} \text{吲哚乙酸}$$

缺锌时,植物体内的 IAA 合成量锐减,在芽和茎中的含量明显下降,生长发育停滞,其典型表现是叶片变小,节间缩短,通常称为"小叶病"或"簇叶病"。缺锌导致 IAA 含量下降的原因很可能是由于缺锌抑制了色氨酸的合成,提高了过氧化物酶的活性,促进生长素的氧化分解。还有人认为,缺锌可能导致氧自由基增加和 IAA 分解加速。

许多研究者还发现,锌影响赤霉素合成。例如,在菜豆供锌处理中,植株叶片的赤霉素类物质含量增加;在营养生长期,茎的赤霉素含量也因供锌而增加,但随着生殖生长的来临,赤霉素类物质的含量减少。在缺锌时,内源生长素和赤霉素缺少可能是抑制茎生长和引起节间缩短的原因之一。此外,缺锌可能导致脱落酸含量增加。

(3) 参与光合作用 锌显著影响植物光合作用和呼吸作用。当植株缺锌时,光合速率、叶绿素含量及硝酸还原酶活性下降,蛋白质合成受阻。在缺锌时,光合作用下降的原因可能是叶片碳酸酐酶的活性下降。在光合作用中,碳酸酐酶(CA)催化 CO_2 的水合反应。其反应如下:

$$CO_2 + H_2O \xrightleftharpoons{\text{碳酸酐酶}} HCO_3^- + H^+$$

锌是碳酸酐酶专一性的活化离子。在碳酸酐酶中,锌与酶蛋白牢固结合。试验表明,作物体内的含锌量与碳酸酐酶活性呈正相关。这种酶存在于叶绿体的外膜上,催化 CO_2 和 H_2O 合成 H_2CO_3,或使 H_2CO_3 脱水形成 CO_2。光呼吸过程中,作物可释放出 H_2CO_3,而碳酸酐酶可捕捉 H_2CO_3,释放 CO_2,为光合作用提供底物。缺锌时,CO_2 的水合反应受阻,光合作用速率降低。

锌是醛缩酶的激活剂。在光合作用中，醛缩酶是碳代谢的关键酶之一，催化二羟丙酮和甘油醛-3-磷酸转化为1,6-二磷酸果糖的反应。在叶绿体中，1,6-二磷酸果糖进入淀粉合成的途径；在细胞质中，1,6-二磷酸果糖进入糖酵解支路——蔗糖合成途径。

(4) **促进蛋白质合成** 在几种微量元素中，锌是影响蛋白质合成最为突出的微量元素。缺锌几乎总是与蛋白质合成减少联系在一起。近年来，人们又发现另外一些对氮素代谢有影响的含锌酶，如蛋白酶和肽酶等。

缺锌导致蛋白质合成受阻，原因之一是在蛋白质合成过程中，锌是多种酶的成分。例如，蛋白质合成所必需的 RNA 聚合酶含有锌。缺锌影响 RNA 的代谢，从而影响蛋白质合成。因此，在缺锌的植株体内，游离氨基酸和酰胺含量累积。缺锌和高锌都会造成硝酸还原酶活性降低，NO_3^- 含量提高而 NH_4^+ 含量降低。缺锌降低大豆蛋白质的含量，粒重轻，籽粒不饱满。植物缺锌的明显特征之一是植物体内 RNA 聚合酶的活性降低。由此可见，在植物缺锌时，蛋白质含量降低是由于 RNA 合成减少的缘故。

锌不仅是核糖和蛋白体的组成成分，也是核糖核蛋白保持结构完整所必需的元素。对裸藻属细胞的研究表明，在缺锌条件下，核糖核蛋白解体；恢复供锌后，核糖核蛋白又可重新组合。含锌的 SOD 同工酶对膜脂和蛋白质的稳定性起着重要的保护作用，施锌提高 SOD 活性。

锌还是合成谷氨酸不可缺少的元素，因为锌是谷氨酸脱氢酶的成分。在植物体内，谷氨酸是形成其他氨基酸的基础。由此可见，锌与蛋白质代谢的关系十分密切。

(5) **促进生殖器官发育** 锌影响植物生殖器官发育和受精作用。锌和铜一样，是种子中含量比较高的微量元素，而且主要集中在胚中。利用缺锌的介质培养的豌豆，一般不能结实。澳大利亚科学家的试验表明，三叶草增施锌肥，对种子和花产量的增加幅度远远高于营养体产量的增加幅度。由此证明，锌对繁殖器官形成和发育起着重要作用。

(6) **提高植物抗逆性** 锌可以增强植物对不良环境的抵抗能力，包括抗旱性和抗热性等。缺锌时，植物的蒸腾效率降低。锌能增强高温下叶片蛋白质构象的柔性。在供水不足和高温条件下，锌能增强光合作用强度，提高光合作用效率。此外，锌还能提高植物抗低温或霜冻的能力，有助于冬小麦抵御霜冻侵害，安全越冬。此外，施用锌肥可明显减轻淹水对玉米的涝害，表现为减缓叶绿素降解，减少叶片膜上过氧化物和丙二醛积累量，抑制可溶性蛋白质含量下降和过氧化物酶活性升高，提高超氧化物歧化酶（SOD）和过氧化氢酶活性。在淹水条件下，玉米施锌后不定根的数量和株高均高于淹水不施锌的处理，排水之后施用锌的植株恢复也比较迅速。如果作物吸收大量元素与中、微量元素的比例失调，可使作物抗病能力减弱，易发生病虫害。施用锌肥后，作物抗病能力增强。

7.2.1.3 植物缺锌与锌中毒

(1) **缺锌** 多数作物常见的缺锌症状具有以下特征。

①叶片　脉间失绿发黄或白化，叶片小而且畸形，丛生呈簇状。叶片叶脉间失绿的原因是缺锌使叶绿体的膜系统易遭破坏，叶绿素形成受阻。

②枝条　节间生长严重受阻，茎间缩短，树体生长速度减慢，形成矮化苗。这与植物体内生长素合成因缺锌受阻有关。

③果实　开花期和成熟期推迟，开花不正常，落花落果严重，果实发育受阻，产量大幅度降低，甚至绝收。

在植物缺锌时，根系分泌的无机离子和低分子有机化合物的数量增加，原因在于缺锌导致细胞内的超氧化物歧化酶（SOD）活性下降，NADPH-氧化物活性增加，自由基大量累积，对细胞产生毒害作用，质膜受损，透性增加。植物可以从两个方面适应缺锌：一是通过根系分泌酸性物质（如质子或有机酸），活化土壤难溶性锌。缺锌促进根系分泌质子的原因之一是抑制了NO_3^-的吸收，造成阴阳离子吸收不平衡，阳离子的吸收总量相对增加，根系向外分泌质子，以保持细胞内的电荷平衡。二是改变植物根系的形态特征，如增加根系长度、根毛密度等，增大了吸收面积，或降低了吸收锌的动力学参数，保证根系能从浓度的环境中有效地吸收锌。

(2) 锌中毒　在作物体内，锌的浓度达到约 100 mg/kg 可能发生过量，浓度为 400 mg/kg 时对大多数作物就可能造成锌中毒。解剖学研究表明，在锌营养过剩时，细胞结构破坏，叶肉细胞严重收缩，叶绿体明显减少。从形态上看，锌过量的植株比较矮小，叶片黄化。近年来，还有人发现过量施锌对植物光合作用的电子传递与光合磷酸化有抑制作用。与其他重金属元素相比，锌的毒性较小，作物的耐锌能力较强。水稻、小麦、玉米等禾谷类作物比甜菜、豌豆及许多蔬菜作物的耐锌能力强。玉米既能拒绝吸收过量的锌，又比较能忍耐锌产生的毒害作用。

在长期施用锌肥时，也应对土壤中锌的状况做必要的监测，以免施用过量造成毒害。锌的毒害作用可以通过施用石灰或磷肥消除。此外，很多研究证明，在锌污染的土壤中，VA 菌根的侵染可明显减少植物对锌的吸收，其机理不详。

7.2.1.4　植物对锌的敏感性

植物对缺锌的敏感程度因植物种类不同而有很大差异，按照植物对缺锌的敏感程度，可将它们分为三类。

(1) 高度敏感的植物　玉米、甜玉米、水稻、荞麦、大豆、棉花、亚麻、蓖麻、烟草、向日葵、啤酒花、油桐、包心菜、莴苣、芹菜、菠菜、桃、樱桃、油桃、苹果、鳄梨、梨、李、杏、柑橘、葡萄、核桃、美洲山核桃、杧果、番石榴、番木瓜、咖啡等。

(2) 中度敏感的植物　高粱、紫花苜蓿、三叶草、马铃薯、番茄、糖甜菜、食用甜菜、苏丹草、可可、洋葱等。

(3) 不敏感的植物　大麦、小麦、燕麦、黑麦、豌豆、胡萝卜、芥菜、薄荷、红花、文竹、牧草等。

属于禾本科植物的玉米和水稻,以及多年生果树中的柑橘和桃对锌特别敏感,通常可作为判断土壤有效锌丰缺的指示作物。

7.2.2 土壤中的锌

7.2.2.1 土壤中锌的含量与形态

在世界范围内,土壤的含锌量一般为 10~300 mg/kg;我国土壤的锌含量为 3~709 mg/kg,平均含量为 100 mg/kg。

在土壤中,锌以不同的形态存在,根据其性质大致可分为:难溶性锌(矿物态锌)、代换性锌(吸附态锌)、水溶性锌和有机螯合性锌。土壤中的含锌矿物主要有闪锌矿(ZnS)、红锌矿(ZnO)、菱锌矿($ZnCO_3$)和硅锌矿(Zn_2SiO_4)等。经风化作用,这些矿物的分解产物可逐步转入土壤溶液。土壤中能被作物吸收和利用的锌为有效锌,它只占全锌含量的极少部分,土壤有效锌包括水溶性锌、部分有机螯合态锌和部分吸附态锌。

在土壤溶液中,锌以 Zn^{2+}、$Zn(OH)^+$、$ZnCl^+$ 和 $ZnNO_3^+$ 等络离子形态存在。这些离子形态的锌能被黏土矿物、碳酸盐和有机质所吸附。由于 Zn^{2+} 的离子半径与 Fe^{2+} 和 Mg^{2+} 很相似,故在某些情况下,Zn^{2+} 可以通过同晶置换而进入矿物的晶格中,成为不能被植物利用的锌。

土壤的全锌含量与成土母质密切相关。盐基性火成岩发育的土壤含锌量比酸性岩发育的土壤高。在各种火成岩风化物中,以安山岩及火山灰等风化物的含锌量最高(平均 200~240 mg/kg),玄武岩次之(平均 155 mg/kg),花岗岩的风化物含量最低(平均 73 mg/kg)。在沉积物中,以页岩及黏板岩风化物的含锌量最高(平均 110 mg/kg),其次是湖积及冲积黏土(平均 96 mg/kg),砂土的含锌量最低(平均 27 mg/kg)。

7.2.2.2 影响土壤锌有效性的因素

土壤全锌含量与有效锌含量有一定相关性,但也有全锌含量较高,而有效锌含量偏低的缺锌土壤。在我国北方,石灰性土壤(包括石灰性水稻土)就是全锌量高,有效锌含量低的典型例子。土壤锌的有效性受多种因素的影响。

(1)土壤矿物 在碳酸盐土壤中,锌可被碳酸钙和碳酸镁盐吸附,在它们的微粒表面上生成 $ZnCO_3$ 和 $2ZnCO_3 \cdot 3Zn(OH)_2$ 等沉淀,不易被作物所吸收。有些研究表明,菱镁矿($MgCO_3$)对锌的吸附最强烈,白云石[$Ca、Mg(CO_3)_2$]中等,方解石($CaCO_3$)不吸附。菱镁矿和白云石吸附的锌能进入到晶体表面的晶格位置上,置换原来的镁原子。所以,在石灰性土壤上,常常可以看到缺锌的现象。

(2)土壤 pH 值 土壤 pH 值与土壤有效锌的关系极为密切。普遍认为,土壤锌的有效性随土壤酸度的增加而提高。试验证明,在土壤中,锌的溶解度与 pH 值有密切关系。一般 pH 值每增加一个单位,Zn^{2+} 活度降低 100 倍。缺锌往往发生在 pH >6.5 的土壤上。降低土壤 pH 减弱土壤对锌的吸附能力，增加吸附态锌的解吸量，从而增加土壤的有效锌含量。在生产上，作物缺锌多发生在 pH > 6.5 的中性和石灰性土壤上，随着 pH 值的升高，Zn^{2+} 氧化物表面的专性吸附增强，难以解吸，形成锌酸钙的沉淀而不能被作物所利用。但是如果土壤含钠较高，则锌的有效性增加，因为锌易形成锌酸钠，溶解度较大。pH 值较高的石灰性土壤缺锌现象尤为严重，这类土壤因含有较多的碳酸钙，强烈的吸附和固定溶液中的锌，并生成不溶解的化合物，大大地降低了锌的有效性。此外，在酸性土壤上施用过量的石灰也会诱发缺锌。

(3) 土壤有机质　土壤有机质对锌的有效性有着双重作用。一方面，锌的有效性随土壤有机质含量的增加而提高，原因是锌与氨基酸、有机酸和富里酸结合，形成可溶性锌的有机络合物；另一方面，锌可能同腐殖酸结合，被固定成不溶性锌的有机络合物。所以，在有机质含量低的砂质土壤上，往往容易缺锌，移去表土也会出现缺锌。

据报道，稻草还田能提高土壤，特别是石灰性土壤中锌的有效性。在砂姜黑土上，长期施用不同的有机肥，如牛粪和麦秆等，显著增加土壤有机质的含量，同时提高土壤锌的有效性，牛粪的作用大于麦秆。在紫色水稻土上，9 年连续施用有机肥与单施化肥的处理相比，全锌量提高了 5.5% ~ 30.0%，交换态、碳酸盐结合态、有机态、无定形结合态锌均有不同程度的增加。

在淹水条件下，施入大量的有机质可能会加重缺锌，原因是降低了土壤 Eh，增加了 CO_2 分压。土壤还原势增强，容易产生大量的 Fe^{2+} 和 Mn^{2+}，这些离子会干扰作物对 Zn^{2+} 的吸收与运输。此外，还有大量的硫化物生成，生成 ZnS 沉淀，降低锌的有效性。在水田中，有机质分解释放出大量的 CO_2，如果浓度高达 $2.0 \times 10^4 \sim 8.1 \times 10^4 Pa$，会使碱性土壤溶液中的 CO_3^{2-} 和 HCO_3^- 浓度显著增加，导致作物缺锌。所以，在稻田中大量使用有机肥后，随着有机物质分解高峰期的出现，秧苗容易出现缺锌症。

(4) 气候　在一定范围内，土壤锌的有效性随着温度的升高而增加。对植物而言，低温抑制锌的吸收和上行运输。在农业生产中，冷湿季节常见缺锌，随着天气的转暖，缺锌症状则消失。光照强度也影响植物对锌的吸收。光照强度低，抑制锌的吸收，容易出现缺锌症状。在溶液培养的条件下（昼夜温差为 31℃/16℃），当光照强度从 30 000 lx 降至 19 800 lx 时，玉米的锌积累量下降了 59%。另一方面，在大量元素营养的基础上，配施 Zn、Mn、Cu、B 等微量元素营养，可明显降低银杏的光合作用的"午休"现象，提高光合产物的日积累量、叶绿素含量、气孔导度、蒸腾速率、水分利用效率等，大大减轻了温度过高和过低产生的生长"停滞"现象，促进生长。

(5) 土壤含磷量　在含有效磷高或施用大量磷肥的土壤中，常常观察到缺锌现象。目前，尚不完全清楚磷酸盐诱发缺锌的原因。施用磷肥促进植物生长而引起的稀释效应、土壤磷锌沉淀、高磷抑制锌的上行运输、磷锌结合导致锌在植物体内失去活性等都可能是磷锌拮抗的原因。不过，人们目前比较偏向从生理的角度去解释磷锌拮抗的现象。

7.2.2.3 土壤有效锌的分级评价指标

土壤 pH 值不同,有效锌的提取剂也不一样。一般而言,酸性土壤用 0.1 mol/L HCl;中性、石灰性和碱性土壤用 DTPA(pH 7.3)溶液提取。目前,石灰性和中性土壤缺锌的临界值为 0.5mg/kg,酸性土壤为 1.5mg/kg。土壤有效锌的分级指标参见表 7-2。

表 7-2 土壤有效锌含量分级与评价   mg/kg

分级	评价	锌含量		分级	评价	锌含量	
		0.1mol/L HCl 提取	DTPA(pH7.3)提取			0.1mol/L HCl 提取	DTPA(pH7.3)提取
Ⅰ	很低	<1.0	<0.5	Ⅳ	高	3.1~5.0	2.1~5.0
Ⅱ	低	1.0~1.5	0.5~1.0	Ⅴ	很高	>5.0	>5.0
Ⅲ	中	1.6~3.0	1.1~2.0	缺锌临界值		1.5	0.5

7.2.3 锌肥的施用

7.2.3.1 锌肥的种类

我国目前最常用的锌肥主要是硫酸锌与氯化锌,也有少量的氧化锌和有机络合锌(表 7-3)。硫酸锌、氯化锌和有机络合锌属于水溶性肥料,氧化锌溶解度低,可磨成细粒施用,粒径越细,肥效越好。

表 7-3 常见的锌肥品种

种类	主要成分	Zn 含量(%)	性状
硫酸锌	$ZnSO_4 \cdot 7H_2O$	23	白色或淡橘红色结晶,易溶于水
碳酸锌	$ZnCO_3$	52	难溶于水
氧化锌	ZnO	78	白色粉末,不溶于水,溶于酸和碱
氯化锌	$ZnCl_2$	48	白色结晶,溶于水
硝酸锌	$ZnNO_3$	21.5	无色结晶,易溶于水,与有机物接触能燃烧、爆炸
有机络合锌	ZnNaEDTA	14.2(粉剂)	易溶于水
	$ZnNa_2EDTA$	6~14	易溶于水

7.2.3.2 锌肥的施用技术

锌肥用量较少,在土壤中移动性较差。为了提高肥效,水溶性锌肥可用于拌种、蘸秧根和根外追肥。

(1) 种肥 以硫酸锌作种肥,每公顷用量约为 15kg,可与生理酸性肥料混匀后施用,但不能与磷肥混施。锌肥应施在种子下面或旁边,避免表施。土壤施用锌肥后,肥效可持续数年,不必每年施用。

(2) 浸种 硫酸锌溶液的浓度一般为 0.02%~0.05%,水稻可采用 0.1%硫酸锌溶液，浸种 12～14h，捞出晾干，即可播种。浸种可保证农作物前期生长对锌的需要。在严重缺锌的土壤上，还应在生长中期追施锌肥。

（3）拌种 每千克种子用硫酸锌 4g 左右，先以少量水溶解，然后均匀地喷洒在种子上，晾干备用。

（4）蘸秧根 在秧苗移栽时，可采用 1% 氧化锌悬浊液蘸根，每千株秧苗约需要 1L 悬浊液，蘸根时间约 0.5min。

（5）叶面喷施 硫酸锌的常用浓度为 0.05%～0.2%，随作物种类而异，果树施用的浓度可达到 0.5%。在作物生长前期和果树春季喷施的效果好，一般需要喷施 2～3 次，每次间隔 5～7 天。试验表明，玉米喷锌的浓度以 0.2% 较好，喷施的效果苗期最好，拔节期次之，抽雄期较差。苹果树缺锌可在早春萌芽前一个月喷施 3%～4% 硫酸锌溶液，萌芽后喷施的浓度应降低到 1%～1.5%，蕾期至盛花期喷施的浓度应进一步降低至 0.2%。现已证明，在缺锌的土壤上，水稻、玉米、小麦、甜菜、棉花以及果树、蔬菜等对锌肥反应良好。

基施锌肥的后效一般可维持 3～5 年，施用量越大，后效越明显。但是，施用过量可能污染土壤，导致植物中毒。土壤遭受锌污染之后，一般难于消除，即使施用石灰提高土壤 pH 值也只能暂时缓解锌的危害。据报道，用锌量超过 45 kg/hm^2，当季作物可能会出现锌中毒的现象。所以，施用锌肥必须适量。

7.3 植物的铁素营养与铁肥

7.3.1 铁的营养生理功能

7.3.1.1 铁在植物体内的含量与分布

植物的含铁量随植物种类不同而异。以干重计，大多数植物的含量为 100～300 mg/kg；某些蔬菜的含铁量较高，如菠菜、莴苣、绿叶甘蓝等，一般均在 100 mg/kg 以上，最高可达 180 mg/kg；而水稻、玉米的含铁量相对较低，约为 60～180 mg/kg。一般情况下，豆科植物的含铁量高于禾本科植物。同一植株、不同部位的含铁量也不相同。例如，禾本科作物秸秆的含铁量高于籽粒；在玉米茎节中，常有大量铁的沉淀，但叶片含铁量却很低，甚至会出现缺铁症状。

铁的吸收受代谢控制，植物一般逆浓度梯度积累大量的铁。研究表明，Fe^{2+} 是植物吸收的主要形式，螯合态铁也能被植物吸收。在碱性条件下，Fe^{3+} 的溶解度很低，多数植物都难以利用。除禾本科植物可以吸收 Fe^{3+} 外，Fe^{3+} 只有在根系表面还原成 Fe^{2+} 之后才能被吸收利用。植物根尖吸收铁的速率比根系的其他部位都高。在土壤中，多种离子都能影响植物根系对铁的吸收，这些离子包括 Mn^{2+}、Cu^{2+}、Mg^{2+}、K^+、Zn^{2+} 等。例如，Cu^{2+} 和 Zn^{2+} 可从螯合物中置换出 Fe^{2+} 而形成相应的 Cu^{2+} 和 Zn^{2+} 的螯合物，置换出的 Fe^{2+} 在土壤中很容易被固定，使其有效性降低，从而抑制植物对这部分铁的吸收和利用。

Fe^{2+} 被根系吸收之后，大部分在根细胞中氧化成 Fe^{3+}，并被柠檬酸螯合，通过木质部运输到地上部。现经证明，铁以柠檬酸螯合物的形式运输，柠檬酸和铁离子有很强的亲和力。在向日葵和大豆的伤流液中，可以检测到柠檬酸铁存在。也有资料报道，铁能够和柠檬酸或苹果酸等有机酸形成络合物，并在导管中运输，达到地上部后优先进入芽和幼叶。但是，铁进入细胞和组织之后，就难于再转移到其他部位，幼嫩组织中的铁依靠木质部不间断的供应。因此，植物的新生组织容易出现缺铁症状。为了经常保证新生组织对铁的需要，对缺铁土壤上的植物应经常适量补充铁营养。

7.3.1.2 铁的营养功能

（1）叶绿素合成所必需　在植物体内，70%以上的铁存在于叶绿体中。铁虽然不是叶绿素的成分，但叶绿素的合成需要铁的存在。在叶绿素合成过程中，铁可能是一种或多种酶的活化剂（图7-2），缺铁会抑制甘氨酸和琥珀酰辅酶A形成δ-氨基乙酰丙酸（ALA）的速率，而ALA是叶绿素合成的前体。此外，缺铁还会严重阻碍叶绿体中蛋白质的合成。

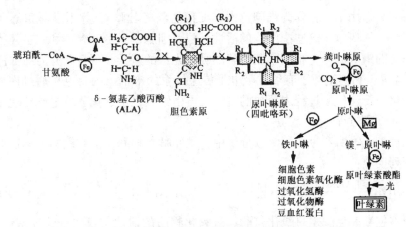

图7-2　铁在血红素辅酶和叶绿素生物合成中的作用

缺铁导致叶绿体结构被破坏，叶绿素不能形成。电镜观察表明，缺铁植物的叶绿体变小，叶绿体基粒数目下降，基粒类囊体的片层数目减少，基粒类囊体与基质类囊体的结构发育不良，严重时甚至解体或液泡化。由于缺铁影响叶绿素的合成，加之铁难于再利用，老叶中的铁很难转移到新生幼叶，故缺铁首先引起新叶失绿。铁在影响叶绿素合成的同时，还影响所有能捕获光能的器官，包括叶绿体、叶绿素蛋白复合物、类胡萝卜素等的形成。

（2）作为酶的成分参与氧化还原反应和电子传递　铁是一种变价元素，在植物体内可作为许多酶的成分，通过三价铁离子（Fe^{3+}）和二价亚铁离子（Fe^{2+}）之间的化合价变化，参与氧化还原反应和电子传递。无机铁盐的氧化还原能力较弱，但如果与某些特定的有机物结合，其氧化还原能力便大大提高。如铁与卟啉结合后，形成血红素或进一步合成血红素蛋白，其氧化还原能力可分别提高1 000倍和10×10^8倍。

细胞色素、细胞色素氧化酶、过氧化物酶、过氧化氢酶和豆血红蛋白等都是铁卟啉与蛋白质结合的产物，属于血红素蛋白；铁硫蛋白则是铁和半胱氨酸的硫醇基或无机硫相结合的含铁蛋白，其中铁氧还蛋白是最重要的一种铁硫蛋白（图7-3）。在植物体内，这些不同的含铁蛋白构成了电子传递体系，参与光合作用、呼吸作用、硝酸还原作用、生物固氮作用和三羧酸循环等许多重要的生理代谢过程。

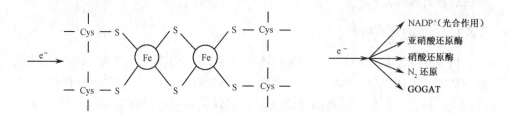

图7-3　铁氧还蛋白在电子传递中的作用

在呼吸作用中，铁作为细胞色素、细胞色素氧化酶、过氧化氢酶和过氧化物酶的成分，一般位于这些酶结构的活性部位。细胞色素是叶绿体和线粒体内氧化还原系统的组成成分，根据细胞色素的吸收光谱的差异，可将其分为细胞色素a、b、c、d等，它们组成了有氧呼吸电子传递体系的末端。细胞色素通过铁的氧化还原变化，传递代谢过程中释放的电子，再由细胞色素氧化酶将电子传递给氧分子，完成呼吸过程。

在过氧化物酶和过氧化氢酶分子中，铁卟啉是辅酶，依靠铁的氧化还原变化催化下列反应：

$$H_2O_2 \xrightarrow{\text{过氧化氢酶}} H_2O + \frac{1}{2}O_2 \qquad AH_2 + H_2O_2 \xrightarrow{\text{过氧化物酶}} +2H_2O$$

细胞色素氧化酶、过氧化氢酶、过氧化物酶的活性与植物铁营养密切相关。在植物缺铁时，这些酶的活性受到抑制，氧化还原作用减弱，电子不能正常传递，呼吸作用受阻，ATP合成减少，进而影响植物的生长发育。在叶片中，过氧化氢酶和过氧化物酶的活性对铁营养状况非常敏感，因此有人建议用这两类酶的活性作为植物铁营养诊断指标。

固氮酶由两种对氧敏感的非血红蛋白构成。一个是含铁和钼的蛋白，称为铁钼蛋白；另一个是铁氧还蛋白，铁钼蛋白是固氮酶的活性中心。当这两种蛋白单独存在时，固氮酶没有活性，豆科作物也不能固氮，只有当它们复合在一起之后才有活性，进行生物固氮。在固氮过程中，电子传递到铁氧还蛋白，然后铁氧还蛋白与Mg-ATP结合，形成还原型Mg-ATP铁氧还蛋白，并向活性中心的铁钼蛋白提供能量和电子。在活性中心上，铁钼蛋白直接与游离氮分子结合，使氮分子获得能量和电子被还原成NH_3。

（3）作为酶的成分参与呼吸、光合、固氮等多种代谢作用　铁作为与呼吸作用有关的酶的成分参与植物细胞的呼吸作用。如细胞色素氧化酶、过氧化氢酶、过氧化物酶等都含有铁。当植物缺铁时，这些酶的活性都会受到抑制，减弱植物体内的一系列氧化还原反应，电子不能正常传递，呼吸作用受阻，ATP 合成减少。因此，显著影响植物生长发育及产量。在细胞壁上，过氧化物酶能催化由酚聚合成木质素的反应。过氧化氢酶和过氧化物酶广泛存在于植物体内，如根系表皮和内皮层细胞壁等。铁还是磷酸蔗糖合成酶最好的活化剂，植物缺铁会导致体内蔗糖合成减少。

在豆科植物的根瘤中，还有一种粉红色的豆血红蛋白，它是铁卟啉（血红素）和蛋白质的复合物。豆血红蛋白能把进入根瘤的 O_2 输送到呼吸链中，防止 O_2 与固氮酶接触，因为固氮酶遇 O_2 即失去活性。

在光合作用中，铁硫蛋白是光合电子传递链的组成成分，接受光系统 I 的作用中心传递来的电子，并将电子传递给辅酶 II，使辅酶 $NADP^+$ 还原为 NADPH（图 7-3）。

$$Fe^{3+} + e \rightleftharpoons Fe^{2+} - e$$

植物吸收硝态氮之后，必须还原成 NH_3 后才能合成氨基酸和蛋白质。在硝酸还原和亚硝酸还原过程中，硝酸还原酶和亚硝酸还原酶所需要的电子和能量均由铁硫蛋白传递和提供。

铁还具有稳定或活化许多酶的作用，如 α-氨基酮二戊酸合成酶、磷酸蔗糖合成酶、乌头酸酶等。植物缺铁会导致体内蔗糖合成减少，根系中有机酸（主要是苹果酸和柠檬酸）积累。

7.3.1.3 植物缺铁与铁中毒

（1）缺铁　植物缺铁首先始于幼叶，典型的症状是叶片的脉间失绿，往往明显可见叶脉深绿而脉间黄化，黄绿相间的现象相当明显，但顶芽不死。严重缺铁时，全株褪绿黄化，甚至导致整株死亡。

在缺铁环境中，植物会产生某些适应性机制，增加铁的吸收。根据植物对缺铁表现出的适应性反应，人们将植物分为两大类，第一类为双子叶和非禾本科单子叶植物，也称为机理 I 植物。缺铁时，这类植物的根系伸长受阻，根尖部分直径增加，并产生大量根毛，有些植物的根表皮细胞和皮层细胞会形成转移细胞，表现出的生理反应包括受 ATP 酶控制的质子分泌量增加，根际 pH 值降低，以提高铁的有效性；这类植物的根系还外分泌酚类物质等螯合剂，与铁形成螯合物，促进溶解。此外，在根系的皮层细胞原生质膜上，还会诱导产生 Fe^{3+} 还原酶，在膜外将 Fe^{3+} 还原为 Fe^{2+}，然后在转移运载体的协同作用下，把 Fe^{2+} 运到膜内，供植物利用。

另一类植物为禾本科单子叶植物，也称为机理 II 植物。缺铁时，机理 II 植物不产生机理 I 植物的形态学和生理学变化，取而代之的是在根系中，合成非结构蛋白氨基酸（即铁载体，phytosiderophore，简称 PS）的量增加，这种释放遵循严格的昼夜变化。在重新供铁后，其释放速率迅速受到抑制。分泌到根外的植物铁载体（如麦根酸、阿凡酸、啤麦根酸等）能够与 Fe^{3+} 形成稳定性很高的复合物；

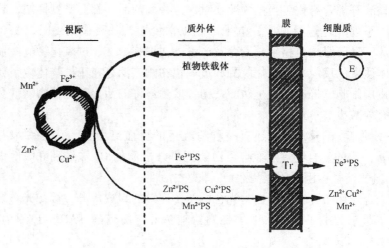

图 7-4　禾本科植物对缺铁的反应示意图

在单子叶植物根细胞质膜上，还有一种专一性极强的运输系统（图 7-4），负责将 Fe^{3+}-植物铁载体复合物运入细胞质中。但是，在机理 I 植物中，缺少这种运输系统。虽然植物铁载体也能与其他金属离子如锌、铜和锰形成复合物，但质膜上的运输系统与这些复合物的亲和力很低。

（2）铁中毒　在排水不良的土壤和长期渍水的水稻土中，经常会发生亚铁中毒现象。水稻低产的重要原因之一是铁的毒害作用。在水稻叶片中，如果亚铁含量 >300 mg/kg，便可能发生铁中毒。造成亚铁毒害原因可能是：植物吸收亚铁过多，容易导致氧自由基的产生；铁中毒常伴随缺锌，缺锌致使含锌、铜的超氧化物歧化酶（ZnCu-SOD）活性降低，生物膜受到损伤。铁中毒的症状表现为老叶上有褐色斑点，根部呈灰黑色、易腐烂。防治的方法是：适量施用石灰，合理灌溉或适时排水晒田等，也可通过选用抗性品种的措施加以解决。

7.3.1.4　植物对铁的敏感性

在根际土壤中，如果植物根系具有铁还原能力，并能分泌出氢离子、铁载体和络合物（如麦类植物能分泌麦根酸）等，它们一般能有效地利用土壤中的铁，因而较少发生缺铁现象；在有些植物（如旱稻）的根际中，土壤呈氧化状态，这些植物容易缺铁。按植物对缺铁的敏感程度可将它们分为三类：

（1）高度敏感的植物　花生、大豆、蚕豆、饲用高粱、花椰菜、甘蓝、番茄、薄荷、苏丹草、葡萄、草莓、越橘、柑橘、葡萄柚、苹果、桃、梨、樱桃、鳄梨等。

（2）中度敏感植物　燕麦、大麦、紫花苜蓿、棉花、亚麻、牧草、蔬菜等。

（3）不敏感植物　小麦、水稻、马铃薯、糖用甜菜等。

7.3.2 土壤中的铁

7.3.2.1 土壤中铁的含量与形态

在岩石和土壤中，铁是含量最多的三大元素（Si、Al、Fe）之一，一般土壤全铁含量为 10 000~100 000 mg/kg。但是，有些土壤中的有效铁含量很低，这与铁在土壤中的化学行为有关。在土壤中，铁有多种形态，主要包括有机结合态铁、矿物结合态铁、交换态铁、水溶性铁。

（1）有机结合态铁 数量有限，在有些土壤中甚至不足1%，但有机质分解之后有效性较高，对植物铁素营养有着重要作用。

（2）矿物结合态铁 在土壤中，大部分铁以矿物的形式存在，包括原生矿物、次生黏土矿物和数种次生铁盐。含铁的原生矿物有铁镁硅酸盐，如角闪石、橄榄石、辉石、黑云母等，一般原生矿物中的铁较易释放，尤其在湿润的亚热带和热带地区，含铁的原生矿物大多已经风化，转入次生矿物中。在高度风化的土壤中，土壤呈红色是针铁矿所致，土壤呈黄色是赤铁矿所致。铁也可存在于次生矿物的晶格中，是许多黏土矿物的主要成分。

（3）交换态铁 土壤中的 Fe^{2+}、Fe^{3+}、$Fe(OH)^{2+}$、$Fe(OH)_2^+$ 等阳离子可以被土壤胶体上的负电荷吸附而成为交换态铁。但在中性和碱性土壤中，交换态铁数量很少，不超过 1 mg/kg。这是因为形成了氢氧化铁沉淀的缘故，即，$Fe^{3+} + 3OH^- \rightleftharpoons Fe(OH)_3$。交换态铁随 pH 值下降而增加。在还原条件下，高价铁被还原，交换态铁显著增加。在高度还原的酸性土壤中，交换态铁甚至超过 100 mg/kg。

（4）水溶性铁 一般不足 1 mg/kg。水溶性铁的形态很复杂，在通气良好的土壤中，除以 Fe^{3+} 的形式存在之外，还有水解形态，如 $Fe(OH)^{2+}$、$Fe(OH)_2^+$、$Fe(OH)_4^-$ 等。在 pH4~8 的土壤中，以 $Fe(OH)_2^+$ 为主；在淹水土壤中，则以 Fe^{2+} 和 $Fe(OH)_2^+$ 为主。此外，在溶液中，还存在络合态铁，包括无机和有机络合铁。无机络合铁稳定性小，易于转化，有机络合铁比较稳定，数量也远远超过无机络合铁。

7.3.2.2 影响土壤铁有效性的因素

土壤全铁含量较高，远超过作物需求，植物缺铁往往是由于土壤中铁的有效性低所致。影响土壤铁有效性的因素主要有以下几个方面。

（1）土壤 pH 值 在土壤中，铁的溶解性主要受 pH 值的影响。在较高的 pH 值条件下，平衡向 $Fe(OH)_3$ 沉淀方向进行，每增加 1 个 pH 值单位，溶液中铁的活性减少 1 000 倍。可溶性铁在 pH 值 6.5~8.0 达到最低值。因此，在酸性土壤中，可溶性无机铁的含量较高；相反，在石灰性土壤中，可溶性无机铁的含量极低，这就是石灰性土壤上作物容易缺铁的原因。

在低 pH 值时，土壤溶液中 Fe^{2+}、Fe^{3+} 的浓度较高，随着 pH 值上升，浓度很快下降，但 pH>8 时，铁绝大部分以有机络合态铁存在，无机铁仅占极小的部分，可溶性铁总量的变化则不十分明显。现已证实，土壤有机物质能与铁形成稳定结合物，从而防止这些金属离子转变为不溶性的化合物，如氢氧化铁。因此，土壤有机物质如有机酸、多酚、氨基酸、富里酸等能显著提高铁的有效性。有人认为，根系或微生物所分泌的有机物能形成溶解性很大的含铁螯合物，容易扩散到根系表面被植物吸收。在土壤溶液中，铁大多以螯合态存在，这些螯合物容易迁移，对植物的铁素营养十分重要。一般而言，近根区土壤溶液中的螯合铁的浓度高于非根区的土壤溶液。

(2) 重碳酸盐　重碳酸盐除影响 pH 值外，还妨碍铁在植物体内运输。过量的重碳酸盐会导致植物生理失调，使植物体内的铁失活，原因可能是重碳酸盐使细胞质 pH 值升高，引起铁的失活。供应 NO_3^-—N 的植物比 NH_4^+—N 的植物更容易发生缺铁失绿，就是因为 NO_3^-—N 还原时释放 OH^- 使细胞质 pH 值升高。

(3) 土壤有机质　在有机质分解时，可产生大量的可溶性低分子有机物，它们对铁有很强的络合力，容易与水溶性铁发生络合作用，而提高有效性。有机物的存在和分解还会降低土壤的氧化还原电位，提高铁的有效性。但土壤水分含量过高，有机质分解产生大量 CO_2，会造成重碳酸盐积累，加剧缺铁症状。

(4) 土壤水分、通气性及氧化还原电位　土壤含水量高或通气不良，土壤还原性增强，土壤铁的有效性提高；但在石灰性土壤上，土壤湿度过大或通气不良反而诱导缺铁，这是因为：

$$CaCO_3 + CO_2 + H_2O \Longleftrightarrow Ca^{2+} + 2HCO_3^-$$

当土壤渍水时，Fe^{3+} 还原为 Fe^{2+}，增加铁的溶解度。土壤铁还原作用大多是由细菌嫌气代谢引起的，这种作用在水稻土中特别重要。在水稻土中，这种还原作用可以产生高浓度的 Fe^{2+}，以致毒害水稻，叶片上出现棕色斑点，最后整个叶片变为棕色，即出现所谓的"青铜病"。此时叶片中含 Fe^{2+} 可以超过 300mg/kg。在嫌气条件下，土壤 Fe^{3+} 活度比值可作为作物生长的重要参数。通过测定氧化还原电位，根据下列公式可以估算土壤 Fe^{3+} 的活度比值：

$$E = 0.77 + 0.0591 \lg \frac{aFe^{3+}}{aFe^{2+}}$$

在嫌气条件下，水化氧化铁按下式使 Fe^{2+} 含量升高。

$$Fe(OH)_3 + e^- + 3H^+ \longrightarrow Fe^{2+} + 3H_2O$$

上述方程表明：在嫌气条件下，Fe^{3+} 还原为 Fe^{2+}，消耗 H^+，使 pH 值增加；在好气条件下，则情况相反，随着 Fe^{2+} 氧化为 Fe^{3+}，pH 值下降。

(5) 气候因素　在低温和干旱条件下，土壤中的有效铁含量大大降低。但在连续阴雨，土壤水分含量过高，CO_2 不易向大气扩散，在石灰性土壤中就可能积累大量的 HCO_3^-，形成铁的碳酸盐，也会引起缺铁失绿。

此外，在土壤中，过量施用磷酸盐，存在高浓度的 Cu^{2+}、Zn^{2+}、Mn^{2+} 金属离子也可能引起缺铁。其原因是磷酸盐使土壤中的铁发生沉淀，金属离子抑制了铁的吸收或运输。

7.3.2.3 土壤有效铁的分级评价指标

土壤有效铁的提取、分级与评价的研究不多，至今还没有比较公认的通用型提取方法和临界含量。据报道，DTPA 提取的铁量 < 2.5 mg/kg 为缺铁；2.5～4.5 mg/kg 为边缘值，缺铁与否依具体情况而定；> 4.5 mg/kg 为适量。在石灰性土壤或碱性土壤中，土壤溶液中的 Fe^{2+} 低于 2 mg/kg 时，水稻便出现严重的缺铁症状。

7.3.3 铁肥的施用

7.3.3.1 铁肥的种类

铁肥分无机铁肥和有机铁肥，常见的铁肥见表7-4。

表7-4 常见的铁肥品种

种类	主要成分	铁含量（%）	性状
硫酸亚铁	$FeSO_4 \cdot 7H_2O$	18.5～19.3	蓝绿色结晶，易溶于水
硫酸亚铁铵	$(NH_4)_2SO_4 \cdot FeSO_4 \cdot 6H_2O$	14	淡蓝绿色结晶，易溶于水
尿素铁	$Fe[(NH_2)_2CO_2]_6 \cdot (NO_3)_2$	9.3	天蓝色结晶，易溶于水
有机配合铁	FeEDTA	5	易溶于水
	FeDTPA	10	易溶于水
	FeEDDHA	6	易溶于水

（1）无机铁肥　无机铁肥包括磷酸亚铁铵（$FeNH_4PO_4 \cdot H_2O$）、硫酸亚铁（$FeSO_4$），硫酸亚铁铵（$(NH_4)_2SO_4 \cdot FeSO_4 \cdot 6H_2O$），尿素铁。其中，硫酸亚铁是我国最为常用的铁肥。

（2）有机铁肥　有机铁肥包括①二胺盐络合物：乙二胺四乙酸（EDTA）、二乙酰三胺五醋酸铁（DTPAFe）、羟乙基乙二胺三乙酸铁（HEEDTAFe）、乙二胺二（O-羟苯乙酸）铁（EDDHAFe）、乙酰二胺-二（2-羟基-4-甲酰-酚基）乙酸铁（EDDHMAFe），这类铁肥可适用的土壤类型广，肥效高，可混性强。但其成本昂贵、售价极高，多用作叶面喷施或叶肥制剂。②羟基羧酸盐铁肥：柠檬酸铁、葡萄糖酸铁十分有效。柠檬酸铁土施可提高土壤铁的溶解吸收，可促进土壤钙、磷、铁、锰、锌的释放，提高铁的有效性。柠檬酸铁成本低于 EDTA 铁类，可与许多农药混用，对作物安全。③有机复合铁肥：由造纸工业副产品制得的木质素磺酸铁、多酚酸铁、铁代聚黄酮类化合物和铁代甲氧苯基丙烷，作为微量元素载体成本最低，但其效果较差，与多种金属盐不易混配。

7.3.3.2 铁肥的施用技术

有机铁肥用量小，效果好，但价格极为昂贵，施用成本高，主要用于根外施肥。目前，施用的铁肥主要是硫酸亚铁。在土壤中，亚铁很快转化成不溶性高价铁而失效，所以采用叶面喷施的方法比土壤施用更为有效。此外，还有局部富铁法、输液法、植干埋铁法、强力注射法、浸根法等。

①叶面喷施　喷施浓度一般为 0.2%~1.0% $FeSO_4$，需多次喷施。果树比1年生作物容易发生缺铁失绿，可在果树叶芽萌发后，用 0.3%~0.4% $FeSO_4$，每隔 5~7 天喷 1 次，直至变绿为止。禾本科植物缺铁可用 3%~4% $FeSO_4$ 溶液喷施，一般在苗期喷 1 次即可，严重失绿可连续喷 2~3 次，间隔 10~15 天。硫酸亚铁溶液应随用随配，避免发生氧化沉淀而失效。此外，尿素铁用于喷施也有较好的效果。

②树干涂抹法　1~3 年生的幼树或苗木用 0.3%~1.0% 的有机铁肥环状涂抹于主干上，涂抹宽度约 20cm。大树干粗皮厚，表皮吸收能力较差，可将老皮剥去露出韧皮部后涂抹，环剥宽度约 1 cm。

③输液法　通过注射针头将 0.3%~1.0% $FeSO_4$ 注入树干，先将输液瓶、橡胶管和注射针头互相连接，然后将输液瓶倒挂在枝干上，使 $FeSO_4$ 溶液缓缓注射入树内。

④树干埋藏法　在树干上钻小孔将固体 $FeSO_4$ 直接埋藏于枝干中。根据大小，每棵树塞入 1~2 g $FeSO_4$。

⑤强力注射法　用专门机械将 4% $FeSO_4$ 溶液强力注入树干内，这种方法速度快，在树干上又不留较大的疤痕。

⑥浸根法　沿树冠外围挖穴，深度以见到树根为准，每棵树挖 8~10 个穴，每穴施入 4% $FeSO_4$ 溶液 7~8 ml，待溶液自然渗入后覆土。

⑦浸种法　浓度控制在 0.01%~0.1%，浸种时间在 12h 左右。

⑧基施法　将硫酸亚铁与有机肥按 1:10~1:20 混均，以基肥方式施入土壤，有一定的防治缺铁症效果。工矿业的废渣，建议用酸处理之后施用，城市垃圾与污水污泥也能提供铁，这些物料做铁肥施于土壤的用量较大，可达 30 t/hm^2，甚至更高，效果可维持 3~5 年，但必须警惕发生潜在性的重金属污染问题。

7.4　植物的钼素营养与钼肥

7.4.1　钼的营养生理功能

7.4.1.1　钼在植物体内的含量与分布

在必需营养元素中，植物对钼的需要量最少，其含量是 0.1~300 mg/kg（干重），一般为 0.1~2 mg/kg。豆科和十字花科植物需钼量较多，禾本科需钼较少。豆科作物含钼量 0.5~2.5 mg/kg，禾本科作物为 0.3~1.4 mg/kg。

同一植株，不同部位的含钼量有所不同，以豆科植物为例，含钼量根瘤 > 种子 > 叶 > 茎 > 根。豆科作物的根瘤有优先累积钼的特点，故根瘤中的含钼量很高。豌豆根瘤中含钼量比叶片高 10 倍。

植物根系从土壤中吸收钼的主要形态是 MoO_4^{2-}，但吸收的方式一直存在争论。有人认为，钼是被动吸收的；但大多数人认为，植物主动吸收钼，植物根系对钼酸盐的吸收与代谢活动相关。此外，SO_4^{2-} 是植物吸收 MoO_4^{2-} 的竞争离子。

在植物体内，钼主要存在于韧皮部和维管束薄壁组织中，钼的运输和分布与作物种类有关。例如，菜豆中的钼优先积累在根和茎的木质部薄壁细胞中，从根到茎到叶钼的浓度逐渐降低；但番茄体内，钼可以迅速从根系转移到叶片，叶片的含钼量高于根茎。环境中的钼浓度过高时，番茄比菜豆更容易发生钼中毒。

7.4.1.2 钼的营养功能

（1）**硝酸还原酶的组分** 在植物的氮素代谢中，钼是硝酸还原酶的成分，主要起电子传递作用。植物吸收硝态氮以后，必须经过一系列的还原过程，转变成 NH_3 以后，才能用于合成氨基酸和蛋白质。在这一系列的还原过程中，第一步就是硝酸还原成亚硝酸，这一步骤需要硝酸还原酶催化。硝酸还原酶属于黄素蛋白，黄素腺嘌呤二核苷酸是硝酸还原酶的辅基，而钼是硝酸还原酶辅基中的金属元素，还原型辅酶（NADPH）是还原反应所需的电子来源。钼能提高硝酸还原酶的活性；如果缺钼，硝酸还原酶就会失活，只有重新供钼后活性才能恢复。在缺钼时，植株内硝酸盐积累，氨基酸和蛋白质的形成减慢。柑橘黄斑病就是因硝酸盐积累过多而引起的。

（2）**参与根瘤菌的固氮作用** 钼对豆科作物非常重要。钼是固氮酶的成分，直接参与根瘤菌的固氮作用。豆科作物借助固氮酶把大气中的 N_2 固定为 NH_3，再由 NH_3 合成有机含氮化合物。固氮酶是由铁钼氧还蛋白和铁氧还蛋白组成。这两种蛋白单独存在时都不能固氮，只有两者结合才具有固氮能力。在固氮过程中，铁钼氧还蛋白是固氮的活性中心，直接与游离氮结合，将 N_2 还原成 NH_3；铁氧还蛋白则与 Mg-ATP 结合，向活性中心提供能量和传递电子。在固氮酶中，钼通过化合价的改变，起着电子传递的作用。在豆科作物根瘤中，钼还能提高脱氢酶的活性，增加氢的流入量，提高固氮能力。还有人推测，在固氮过程中，钼很可能直接参与 N_2 的还原反应。钼不仅直接影响根瘤菌固氮的活性，而且也影响根瘤的形成和发育。在缺钼时，豆科作物的根瘤发育不良，固氮能力下降。

除了参与硝酸盐还原和固氮作用之外，钼还可能参与氨基酸的代谢。有人发现，在供给钼时，植物体内的谷氨酸的浓度增加；相反，在缺钼时，不仅硝酸还原酶活性降低，而且谷氨酸脱氢酶活性也有所下降。在发芽的豌豆核糖体中，钼能抑制核糖核酸酶的活性，使其钝化，对核糖体起保护作用。钼阻止核酸降解，也有利于蛋白质的合成。

（3）**促进植物体内有机含磷化合物的合成** 钼与植物的磷代谢密切相关。据报道，钼酸盐会影响正磷酸盐和焦磷酸酯等含磷化合物的水解，还会影响植物体内有机磷和无机磷的比例。在缺钼时，植物体内磷酸酶的活性提高，磷酸酯水解，不利于无机态磷向有机态磷的转化，此时磷脂态-P、RNA-P 和 DNA-P 都减少。给缺钼的植物施用钼肥，促进体内的无机态磷转化成有机态磷，致使有机态磷与无机态磷的比例显著增大。此外，钼可以促进大豆植株对^{32}P的吸收和有机态磷的合成，从而提高产量。植物缺钼使核糖核酸酶活性升高，降低转氨酶的活性，膜的稳定性也下降。还应该指出，在植物缺磷时，植物体内可能会积累大量的钼酸盐，造成钼中毒。

（4）参与体内的光合作用和呼吸作用　虽然钼在光合作用中的直接作用还不清楚，但钼对维持叶绿素的正常结构是不可缺少的。缺钼将使叶绿素含量减少，光合强度降低。据试验，向缺钼的植物供给钼肥，可使植物光合作用强度提高10%~40%。

钼对植物的呼吸作用和物质代谢也有一定的影响。植物体内抗坏血酸的含量常因缺钼而明显减少。原因可能是缺钼导致氧化还原反应不能正常进行。钼还能提高过氧化氢酶、过氧化物酶和多酚氧化酶的活性。此外，钼也是酸式磷酸酶的专性抑制剂。

（5）促进繁殖器官的建成　在受精和胚胎发育过程中，钼起着一定的特殊作用。当植物缺钼时，花蕾数目减少，不能形成正常花粉。番茄缺钼造成花小，花器官发育不良。玉米缺钼时，花粉的形成受阻，活力降低（表7-5）。

表7-5　供钼水平对玉米花粉产量和生活力的影响

供钼水平 （kg/667m^2）	花粉粒中钼含量 （mg/kg干重）	花粉产量 （花粉粒数/花药）	花粉直径 （μm）	花粉生活力 萌发（%）
2.0	92	2 437	94	86
1.0	61	1 937	85	51
0.1	17	1 300	68	27

7.4.1.3　植物缺钼与钼中毒

（1）缺钼　缺钼的共同特征是植株矮小，生长缓慢，叶片失绿，且出现大小不一的黄色或橙黄色斑点，严重缺钼时叶缘萎蔫，叶片扭曲呈杯状，老叶变厚，焦枯死亡。缺钼一般始于中位和较老的叶片，以后逐渐向幼叶发展。

（2）钼中毒　植物耐过量钼的能力很强。在植物体内，钼的浓度大于100 mg/kg时，大多数植物并无不良反应。有些植物在过量吸收钼的情况下，仍然生长良好。在番茄植株中，钼的浓度达1 000~2 000 mg/kg时，叶片上才会出现明显的中毒症状。在大田条件下，植物发生钼中毒的情况极少。但是，如果牧草中含钼量超过10~15 mg/kg，动物尤其是反刍类动物就可能会中毒，出现腹泻。饲料的含钼量一般不超过5 mg/kg，在牧草施肥时，钼的用量必须适当。

7.4.1.4　植物对钼的敏感性

最容易缺钼的植物是豆科、十字花科植物和柑橘。钼的生理作用与根瘤菌的固氮有密切关系，豆科植物对钼需要量较大。此外，对钼需要量较大的植物还有一些十字花科植物，如花椰菜和甘蓝等，禾本科作物对钼的需要量较少。按植物对缺钼的敏感程度可分为三类。

（1）高度敏感的植物　花生、三叶草、甘蓝、花椰菜、菠菜、莴苣、洋葱等。

（2）中度敏感植物　紫花苜蓿、黄花苜蓿、苕子、箭舌豌豆、大豆、蚕豆、绿豆、油菜、甘蓝、萝卜、芜菁、番茄、胡萝卜、柑橘等。

（3）不敏感植物　大麦、小麦、黑麦、玉米、甜玉米、高粱、水稻、苏丹草、禾本科牧草、文竹、薄荷、葡萄、苹果、桃等。

7.4.2　土壤中的钼

7.4.2.1　土壤中钼的含量与形态

在土壤中，钼的含量很少，一般为 0.5~5 mg/kg，平均含量约 2.3 mg/kg。我国土壤全钼含量为 0.1~6 mg/kg，平均含量为 1.7 mg/kg。钼在土壤中的形态可分为水溶态钼（可溶解于水中）、有机态钼（存在于有机物质中）、难溶态钼（存在于原生矿物和铁铝氧化物中）、代换态钼（以 MoO_4^{2-} 和 $HMoO_4^-$ 形式被土壤胶体吸附）。

7.4.2.2　影响土壤钼有效性的因素

在土壤中，钼的有效性受多种因素的影响，其中土壤全钼含量和 pH 值是主要的因素。

土壤的全钼含量是有效钼的基础，在多数情况下，全钼与有效钼之间存在着良好的相关性。土壤的全钼量主要与成土母质和土壤类型有关，不同的成土母质和土壤类型含钼量的差异很大。在我国东北地区，玄武岩风化的土壤含钼量最多，其次是安山岩和页岩，而以砂土及黄土性母质的含钼最少。此外，土壤钼的含量还与土壤的形成过程、风化程度、有机质的含量和地理因素有关。

在土壤中，pH 值是影响钼有效性的重要因子。当土壤 pH>4 时，土壤溶液中的钼以 MoO_4^{2-} 为主，植物根系能吸收利用。土壤水溶态钼（土壤溶液中 MoO_4^{2-}）和交换态钼（土壤黏土矿物与氧化物所吸附的 MoO_4^{2-}）之间存在着动态平衡。在一般情况下，土壤溶液中钼的浓度很低，被吸附的钼可被 OH^- 代换，在土壤 pH 值提高到 6 时，土壤无机组分对钼的吸附作用减弱，pH 值为 7.5~8 时，吸附作用几乎停止。故在土壤中，钼的化学行为与其他阳离子形式存在的微量元素不相同，随 pH 值的增大，有效性提高。每提高一个 pH 值单位，土壤溶液中的 MoO_4^{2-} 浓度增大 100 倍。因此，在酸性土壤中，全钼量可能较高，但有效钼的含量却很低，容易发生缺钼的现象。

土壤中的 MoO_4^{2-} 浓度还受其他因素的影响，如 Mo 的变价产生不同价态的钼氧化物，反应如下：

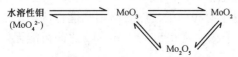

7.4.2.3 土壤有效钼的分级评价指标

土壤中的有效钼包括水溶态钼、代换态钼及其他能被螯合剂提取的钼。一般采用化学浸提法评价土壤钼的有效性，所采用的浸提试剂较多，目前应用比较普遍的是 pH 值为 3.3 的草酸铵 $[H_2C_2O_4(NH_4)_2C_2O_4]$ 溶液（表 7-6）。

表 7-6 土壤有效钼含量分级与评价

分级	评价	钼含量（mg/kg）	对缺钼敏感的作物的反应	分级	评价	钼含量（mg/kg）	对缺钼敏感的作物的反应
I	很低	<0.1	缺钼，可能有缺钼症状	IV	高	0.21~0.30	—
II	低	0.1~0.15	缺钼，无症状，潜在性缺乏	V	很高	>0.30	—
III	中	0.16~0.20	不缺钼，作物生长正常	缺钼临界值		0.15	—

Davis 提出以"钼值"来评价土壤有效钼的供应情况，钼值 = pH + 有效钼含量（mg/kg）×10，当钼值 <6.2 时，土壤钼供应不足，钼值为 6.3~8.2 时，供应中等，钼值 >8.2 时，钼供应充足。如果单纯以有效钼的供应量来判断土壤钼的供应情况，一般以 0.15~0.20 mg/kg 可作为钼缺乏的临界值。

7.4.3 钼肥的施用

7.4.3.1 钼肥的种类

钼肥的品种较少，主要有钼酸铵（含钼 54%）和钼酸钠（含钼 36%），市场上尚无有机钼肥出售。这两种钼肥极易溶于水，适用于土壤施肥、叶面喷施和种子处理。三氧化钼（含钼 66.6%）的溶解度较小，如果与酸性肥料（如过磷酸钙）混施，也有一定的效果。在我国，以钼酸铵最为常用。含钼的工业废渣也可作为钼肥，如生产钼酸盐的下脚料含钼达到 10% 左右，可以作为较好的廉价肥源。含钼的工业废渣也可加入到过磷酸钙中制成含钼过磷酸钙。

7.4.3.2 钼肥的施用技术

钼肥可以土壤施用，也可用于根外施用。在土壤施用时，建议与大量元素混合或制成含钼的化学肥料（如钼化过磷酸钙）。钼肥施用量一般为 70~200 g/667m²，即每公顷施用 130~370 g 钼酸铵。但对花椰菜等一些蔬菜来说，用量要高些，每公顷可用 750 g 钼酸铵。但是，钼酸铵价格昂贵，一般较少采用土施的方法。

喷施钼酸铵或钼酸钠溶液浓度为 0.05%~0.1%，用肥量约为 405 g/667m²，喷液量为 750~1 125 L/667m²。喷施钼肥时，施用时期极为重要，对豆科植物来说，应在苗期和花前期喷施 2~3 次。喷施与种子处理相结合，常能互相补充，取得更好的效果。

浸种的浓度与喷施相同，种：液 ≈ 1:1，浸种 12 h 左右；拌种用肥量每千克种子 2~3 g，先用少量水湿润种子，然后与钼肥搅拌均匀。当种子含钼量小于 0.2 mg/kg 时，钼肥拌种有效；在 0.5~0.7 mg/kg 之间可能无效。钼肥拌种后，人畜均不能食用种子。

土壤施用钼肥有一定后效，不必连年用。在全钼量较高的酸性土壤上，施用石灰或对留种植物喷施钼提高种子含钼量，然后播种这些"高钼"种子，都能起到缓解甚至克服缺钼的现象。钼与含磷肥料混合施用能促进植物吸钼，但含硫肥料抑制钼的吸收。

作物一般能忍耐高浓度的钼。在饲料作物施钼时，尤其是叶面喷施，应特别注意严格控制与监测植株体内的含钼量，避免对家畜产生中毒。当饲料中 Cu: Mo <2 时，可能诱导家畜缺铜。

7.5 锰素营养与锰肥

7.5.1 锰的营养生理功能

7.5.1.1 锰在植物体内的含量与分布

在植物体内，正常的含锰量一般为 20~100 mg/kg，但作物、器官、条件不同，植物含锰量的差异很大。麦类作物籽粒的含锰量为 16~40 mg/kg，茎秆为 30~350 mg/kg；豆类作物籽粒的含锰量为 14~80 mg/kg，茎秆为 110~130 mg/kg；水稻籽粒的含锰量为 20~250 mg/kg，稻草为 280~900 mg/kg；根类作物的块茎、块根的含锰量为 10~240 mg/kg，茎叶为 120~320 mg/kg；苹果树叶及梨树叶的含锰量为 20~200 mg/kg。如果从不同国家比较，澳大利亚的小麦籽粒的含锰量为 17~84 mg/kg，芬兰的为 28~103 mg/kg，美国的为 32~38 mg/kg。

在植物体内，锰的含量随生育期的变化而有较大波动。例如，小麦含锰量随生育期的推进而降低，分蘖期为 55~57 mg/kg，返青至拔节期为 41~44 mg/kg，抽穗期为 23~27 mg/kg，收获期为 20~25 mg/kg。在大豆叶片中，锰的浓度则在各生育期比较稳定，如苗期、结荚期和成熟期分别为 130 mg/kg、120 mg/kg 和 150 mg/kg；在成熟期，茎和荚的含锰量均只有 30 mg/kg。

同一株植物不同器官中锰的含量也有较大差异。小麦叶片含锰量最高，茎秆其次，穗部最低；高粱不同器官中，锰的含量叶鞘和叶片最高，颖壳、籽粒、穗轴和茎秆的含量依次降低。

植物主要吸收 Mn^{2+}，也可以吸收含锰的络合物。锰主要通过根系表面进入表皮细胞和皮层细胞的自由空间。须根细胞的原生质膜有较高的电位差，有利于 Mn^{2+} 的进入。在植物体内，锰的移动性不大。据报道，当植物缺锰时，最易出现症状的是幼龄和中龄叶，而非最幼嫩的叶片。单子叶植物体内锰的移动性高于双子叶植物。所以，谷类作物缺锰的症状常出现在老叶上。

7.5.1.2 锰的营养功能

锰的生理功能是多方面的，如参与光合作用，促进氮素代谢，调节植物体内氧化还原状况等，而这些作用往往是通过锰对酶活性的影响来实现的。例如，在三羧酸循环中，Mn^{2+} 可以活化许多脱氢酶（如柠檬酸脱氢酶、草酰琥珀酸脱氢酶、α-酮戊二酸脱氢酶、苹果酸脱氢酶、草酰乙酸脱氢酶等），对呼吸作用有重要意义。锰既能提高植株的呼吸强度，促进碳水化合物的水解，又能增加光合作用中 CO_2 的同化量。此外，还有不少羧化酶也需要 Mn^{2+} 作为激活剂。不过必须指出，被 Mn^{2+} 激活的酶没有专一性，往往可以被其他离子（Mg^{2+}）所激活。缺锰和缺镁症状很类似，但部位不同。缺锰的症状首先出现在幼叶上，而缺镁的症状则首先表现在老叶上。

在光合作用中，锰参与光系统 II 中的水光解反应，从水中获得两个活化的电子，释放出氧（图 7-5）。生物化学反应式为：$H_2O \longrightarrow 2H^+ + 2e^- + \frac{1}{2}O_2$

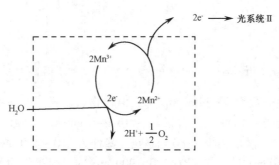

图 7-5　锰在水的光解中的作用

锰不是叶绿体的成分，但与叶绿体合成有关，也是维持叶绿体结构所必需的元素。在叶绿体中，锰与蛋白质结合，是光合作用中不可缺少的参与者。在缺锰时，膜结构遭破坏而导致叶绿体解体，叶绿素含量下降。甜菜缺锰时，在栅栏组织和海绵组织细胞中，叶绿体的数量、体积和叶绿素含量明显减少。菠菜缺锰时，叶绿体片层数减少，互相融合，片层物质逐渐空泡化。植物缺锰时，在其他器官尚未出现症状时，叶绿体的结构已经明显受损伤，在所有细胞器中，叶绿体对缺锰最敏感。此外，植物体内存在含锰的超氧化物歧化酶（Mn-SOD），具有保护光合系统免遭活性氧毒害和稳定叶绿素的功能。

锰影响植物的氮代谢。作为羟胺还原酶的成分，参与硝酸还原过程，催化羟胺还原成氨（图 7-6）。当植物缺锰时，植物体内积累硝酸盐、亚硝酸盐。试验证明，在缺锰植株的根部，亚硝酸盐含量显著增加（表 7-7）。

锰还能影响植物组织中的生长素代谢。锰能活化 IAA 氧化酶，引起 IAA 氧化分解。在锰过多而引起毒害的植物体内，吲哚乙酸的含量降低。

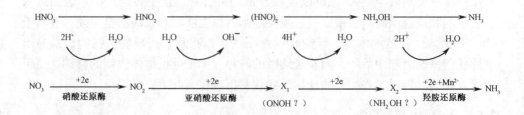

图 7-6　硝酸的还原过程

表 7-7 燕麦和玉米的亚硝酸含量

营养液锰浓度 (Mn, mg/L)	燕麦（培养 4 天后）		玉米（培养 5 天后）	
	叶片	根	叶片	根
0	1.8	20.6	2.7	14.5
5	1.8	17.5	2.0	10.5
10	1.5	8.7	1.9	7.8

$$\text{IAA} \xrightarrow[\text{Mn}^{3+}/\text{Mn}^{2+}]{\text{IAA 氧化酶}} \text{产物}$$

在植物体内，锰参与氧化还原反应。锰以二价和三价的形式存在，这种价态的变化（$Mn^{2+} \rightleftharpoons Mn^{3+}$）直接影响植物体内的氧化还原反应。当锰呈 Mn^{2+} 时，它可以将 Fe^{2+} 氧化为 Fe^{3+}，或抑制 Fe^{3+} 还原为 Fe^{2+}，减少有效铁的含量。因此，当植物吸收过量的锰之后，容易引起缺铁失绿，在酸性红壤和黄壤上，常常发生锰中毒现象。

7.5.1.3 植物缺锰与锰中毒

在作物缺锰时，幼嫩叶片首先失绿发黄，但叶脉保持绿色。严重缺锰时，叶面出现黑褐色的小斑点。缺锰特有的生理病害有燕麦的"灰斑病"和甜菜的"黄斑病"。通常表现为叶片失绿或呈淡绿色，而叶脉仍保持绿色。叶片失绿的部分逐渐变为灰色或局部坏死，其过程是先在叶尖出现一些褐色斑点，然后扩散到叶片的其他部分，最后卷曲、凋萎、死亡。整个植株生长瘦弱，花器官发育不良。典型的缺锰症状有燕麦的"灰斑病"、豆类的"沼泽斑点病"、甜菜的"黄斑病"、薄壳山核桃的"鼠耳病"和菠菜的"黄病"等。

在锰中毒时，植物叶片的脉间出现大量的褐色斑点，这些斑褐色点实际上是锰的氧化物的沉淀。此外，根系也呈褐色，严重时发生死亡。在显微镜下，通过专一性的化学染色，如果发现大量的锰沉淀，即可确定植物锰中毒。

7.5.1.4 植物对锰的敏感性

按植物对缺锰的敏感程度可将它们分为三类。

（1）**高度敏感的植物** 花生、大豆、豌豆、绿豆、燕麦、小麦、烟草、食用甜菜、马铃薯、甘薯、黄瓜、莴苣、洋葱、萝卜、菠菜、苏丹草、葡萄、草莓、覆盆子、葡萄柚、樱桃、柠檬、苹果、桃、美洲山核桃、柑橘等。

（2）**中度敏感的植物** 紫花苜蓿、田菁、苕子、箭舌豌豆、三叶草、牧草、大麦、玉米、高粱、亚麻、薄荷、糖甜菜、甘蓝、花椰菜、芹菜、番茄、芜菁、胡萝卜、棉花等。

(3) 不敏感的植物　黑麦、水稻、越橘、文竹等。

7.5.2　土壤中的锰

7.5.2.1　土壤锰的含量与形态

土壤锰的含量很高，我国土壤的全锰含量为 42～5 000 mg/kg，平均 710 mg/kg。在土壤中，锰有矿物态、交换态、易还原态和水溶态等多种形态。锰存在于各种原生矿物中，特别是铁镁共生矿物，经风化后锰从原生矿物中释放出来，形成软锰矿 MnO_2、黑锰矿 Mn_3O_4、水锰矿 [$MnO(OH)$]、菱锰矿 $MnCO_3$、褐锰矿等许多次生矿物。锰和铁的氧化物通常共同存于土壤结核和铁盘中，许多土壤都有含锰丰富的结核。

尽管土壤中的锰以多种形态存在，但植物只能吸收 Mn^{2+}。土壤中的有效锰可分为三类，即水溶性锰、交换态锰和易还原态锰。前两种形态的锰都以 Mn^{2+} 的状态存在，而后者是氧化锰中易还原成 Mn^{2+} 的部分，三者的总和称为土壤活性锰。活性锰可以作为土壤可给态锰的指标。在石灰性土壤中，交换态锰少于 3 mg/kg，易还原态锰少于 100 mg/kg，许多植物往往缺锰。在我国南方砖红壤和红壤中，有效锰的含量很高，有时造成植物中毒。

7.5.2.2　影响土壤锰有效性的因素

在土壤中，锰的有效性与 pH 值存在着反相关。pH 值增加，锰的有效性降低；pH 值降低，土壤交换态锰增加，易还原态锰减少，有效性提高。在强酸性土壤中，土壤溶液中存在大量的 Mn^{2+}，甚至发生锰的毒害。在 pH4～9 的范围内，每增加一个单位，可溶性锰降低 100 倍。Mn^{2+} 的浓度和 pH 之间的关系可以用下式表示：

$$pMn^{2+} = apH + b$$

因此，在土壤 pH 值高时，锰的有效性低，当 pH>6.5 时，容易造成植物的缺锰现象。在北方石灰性土壤中，锰的有效性很低，表层土壤几乎没有代换态锰，易还原态锰也很少，大部分转化为氧化锰。

土壤水分和质地影响土壤氧化还原状况。在嫌气条件下，高价锰的氧化物被微生物或有机物还原为 Mn^{2+}。因此，在淹水土壤中，锰的有效性较高，有时甚至产生锰的毒害。在通透性良好的轻质土壤上，土壤处于氧化状态，锰由低价向高价转化，有效性降低。

向土壤加入有机质，特别是易分解的有机物质，由于微生物活动加强，消耗土壤中的氧，促进了锰的生物和化学还原作用，有利于提高锰的有效性。锰还可以与某些有机酸形成螯合物后，有利于其在土壤中的移动。

7.5.2.3　土壤有效锰的分级评价指标

土壤有效锰的形态可分为三种，即水溶态锰、代换态锰和易还原态锰。水溶态锰含量低，并与代换态锰处于动态平衡，不易严格区分。关于土壤供锰能力的评价方法，有的使用代换态锰（用中性 1 mol/L 醋酸铵提取，临界含量为 2~3 mg/kg）；也有人使用易还原态锰（用中性 1 mol/L 醋酸铵 + 0.2% 对苯二酚溶液提取，临界含量为 65~100 mg/kg）。还有人建议用 DTPA（pH 7.3）溶液提取的锰，临界含量为 5~7 mg/kg。随着土壤 pH 值的增高，水溶态及交换态锰的含量与易还原态锰之间呈相互消长的关系。在石灰性土壤中，活性锰实际上几乎就是易还原态锰，可用活性锰（0.2% 对苯二酚的中性醋酸铵溶液提取）的含量评价土壤锰的有效性（表7-8）。

表7-8　土壤活性锰含量分级与评价

分级	评价	锰含量（mg/kg）	分级	评价	锰含量（mg/kg）
Ⅰ	很低	<50	Ⅳ	高	201~300
Ⅱ	低	50~100	Ⅴ	很高	>300
Ⅲ	中	101~200	缺锰临界值		>100

7.5.3　锰肥的施用

7.5.3.1　锰肥的种类

锰肥有无机锰肥和有机锰肥两类，有机锰肥比较少见。在无机锰肥中，硫酸锰（含锰 26%~28%）是应用最广泛的品种，也是我国最常用的锰肥。在碱性或酸性条件下，硫酸锰易溶于水，它既可施入土壤，也可叶面喷施或用作种子处理。氧化锰（含锰 41%~68%）的水溶性较差，但在酸性土壤中的肥效很高。此外，无机锰肥还有碳酸锰（含锰 31%）、氯化锰（含锰 17%）和二氧化锰，但用量较少。

为了均匀地施用锰肥，常将锰肥加到大量元素肥料中制成混合肥料或颗粒肥料。例如，将锰加到过磷酸钙中制成锰化过磷酸钙，或将锰肥加到磷酸铵中，形成一种缓效性的磷酸铵锰。人们通常利用生理酸性肥料，作为锰肥的载体来制造含锰的大量元素肥料。

7.5.3.2　锰肥的施用技术

锰肥在我国施用的面积较小，但我国缺锰土壤的面积很大。同其他微量元素一样，锰肥也可土施、叶面喷施或作种子处理。

（1）土壤施锰　土施锰肥是最常用的方法。可溶性锰肥施入土壤之后，很快转化成无效状态。因此，欲一次性大量施用，并维持几年肥效的方法不适于锰肥施用。建议以条施取代撒施，与生理酸性肥料混合施用，用量为每公顷 10~30 kg 硫酸锰。有机锰肥施入土壤的效果很差，不宜采用。

（2）叶面喷施　叶面喷施锰肥通常是矫正植物缺锰的有效方法。可将硫酸锰兑成 0.05%~0.1% 的溶液，用液量 450~750 L/hm^2，在敏感的生育时期连续喷 2~3 次，每次间隔 7~10 天。有时可将锰肥掺入农药中喷施。棉花在盛蕾期到棉铃形成期，大豆在花前期和初花期，小麦在分蘖期、拔节孕穗期，马铃薯等块根植物在块茎和块根形成期喷施的效果最好。严重缺锰的情况下，最好土施与叶面喷施结合。

(3) 种子处理　浸种溶液的浓度为0.1%，种：液≈1:1，浸种8~12 h；用于拌种，浓度可增大2~4倍。

螯合态锰肥施到土壤中效果不佳，有时甚至加重缺锰。因为螯合物中的锰常被土壤中的铁所代换，结果使铁的有效性提高，抑制作物对锰的吸收。另外，螯合态锰肥由于其价格昂贵，应用不多。螯合态锰通常用于叶面喷施，尤其是用于经济价值较高的作物。

7.6　植物的铜素营养与铜肥

7.6.1　铜的营养生理功能

7.6.1.1　植物体内铜的含量与分布

植物对铜的需要量很低，大多数植物的含铜量仅2~20 mg/kg（干重），即使施用铜肥，其含量一般也不超过30 mg/kg。在植物叶片中，铜与锰不同，分布比较均匀。叶绿体含铜量较高，叶片中约有70%的铜存在于叶绿体中。此外，线粒体也含有一定数量的铜。

在作物体内，铜的含量因作物种类、品种、器官和生育阶段而异。豆科作物的含量一般高于谷类作物。例如，在同一土壤上，红三叶草地上部分的含铜量为21.2 mg/kg，而梯牧草（timothy）只有6.4 mg/kg。在作物体内，铜主要积累在根部，特别是根尖和伸长区，而衰老区的含量较低，且不易上行运输。在同一组织中，铜的含量也因发育阶段不同而异，在成熟的叶片中含量较高，随叶片衰老而逐渐下降。在整个生育期，玉米的含铜量比较稳定，但不同部位仍有明显差异，叶片中的含量大于茎秆，茎秆的上部高于基部。

目前，人们对植物吸收铜的机理了解不多。有人认为，植物被动吸收铜；但也有认为，植物主动吸收铜。

7.6.1.2　铜的营养功能

在植物体内，铜是许多氧化酶的成分及某些酶的活化剂。例如，细胞色素氧化酶、多酚氧化酶、抗坏血酸氧化酶、吲哚乙酸氧化酶等都是含铜的氧化酶。含铜氧化酶参与分子态氧的还原作用，以O_2为电子受体，形成H_2O或H_2O_2，铜在这些酶分子中起电子传递的作用。在植物缺铜时，多酚氧化酶、细胞色素氧化酶、抗坏血酸氧化酶等含铜氧化酶活性明显降低。

近年来，还发现铜与锌共存于铜锌超氧化物歧化酶（CuZn-SOD）中。在所有的需氧生物体内，都有这种酶的存在，这种酶的分子量约为32 000dal，含有2

个 Cu 原子和 2 个 Zn 原子，催化超氧自由基（O_2^-）的歧化作用，其反应如下：

$$O_2 + e^- \longrightarrow O_2^- \text{（超氧自由基）}$$

$$O_2^- + O_2^- + 2H^+ \xrightarrow{\text{超氧化物歧化酶}} H_2O_2 + O_2$$

$$2H_2O_2 \longrightarrow 2H_2O + O_2$$

超氧自由基产生于叶绿素光反应还原氧的过程，对细胞极端有害，能使整个有机体的代谢作用紊乱，导致生物死亡。超氧化物歧化酶催化超氧自由基的歧化作用，使生物体免受损伤。在缺铜时，植株体内的超氧化物歧化酶活性降低。专性嫌气微生物之所以不能忍受好气条件，就是因为缺乏超氧化物歧化酶。

在叶绿体内，铜浓度较高，参与植物的光合作用。铜是叶绿体质体蓝素的成分。光合链中，质体蓝素位于光系统 I 的前端，电子从细胞色素传递给质体蓝素，再由质体蓝素传递给光系统 I（图 7-7）。

图 7-7　铜在质体蓝素中传递电子

在植物体缺铜时，质体蓝素的形成就会受到抑制，光合电子传递过程也就受到抑制。在电子传递过程中，铜通过本身化合价的改变实现电子传递：

$$Cu^{2+} + e \longrightarrow Cu^+$$

另有迹象表明，铜对叶绿素和其他色素的合成或稳定性起重要作用。在缺铜时，引起叶片失绿和光合效率降低。

铜还参与植物体内的氮素代谢作用，促进氨基酸的活化和蛋白质合成。在缺铜时，蛋白质合成受阻，可溶性氨态氮和天门冬酰胺积累，有机酸含量增加，DNA 含量降低。铜还抑制核糖核酸酶活性的作用，铜能和该酶结合形成复合物而使之钝化，从而使核糖体免遭分解，由此促进蛋白质的合成。此外，根瘤缺铜时，末端氧化酶的活性降低，根瘤细胞中氧的分压提高，抑制固氮作用。

铜还参与受精过程，影响胚珠的发育。缺铜明显抑制禾本科作物的生殖生长。此外，在麦类作物缺铜时，主茎丧失顶端优势，分蘖增加，秸秆产量较高，但结实少。

7.6.1.3　植物缺铜与铜中毒

禾本科植物和果树对缺铜最敏感，最容易出现缺铜症状。禾本科植物缺铜的表现是植株丛生，顶端逐渐变白，症状通常从叶尖开始，严重时不抽穗，或穗萎缩变形，结实率降低，籽粒不饱满，甚至不结实，如小麦的"白叶尖病"或"尖端黄化病"均为缺铜引起的生理疾病。果树缺铜，顶梢叶片簇生，叶和果实褪色，严重时顶梢枯死，并逐渐向下扩展。果树在开花结果的生殖生长阶段对缺铜比较敏感。此外，缺铜的一个明显特征是某些作物的花发生褪色现象。例如，在蚕豆缺铜时，花的颜色由原来的深红色变为白色。

植物对铜的忍耐能力不强，铜过量容易引起毒害。例如，玉米对缺铜虽和铜过量都很敏感，容易发生中毒现象。菜豆、苜蓿、柑橘等忍耐过量铜的能力较弱。对于一般作物而言，含铜量 > 20 mg/kg（干重）时，作物可能中毒。铜对植物的毒害首先表现在根部，这是因为在植物体内，根系积累铜的数量最多。植物铜中毒的主要症状是主根伸长受阻，侧根变短；地上部新叶失绿，老叶坏死，叶柄和叶的背面出现紫红斑点。

长期喷施波尔多液的多年生植物（如葡萄）容易发生铜中毒。大量施用含铜量高的工业污泥和厩肥等，可能引起植物中毒，铜抑制铁的吸收，叶片失绿，植株与根系生长受阻。此外，豆科植物对铜中毒尤为敏感，含铜多的饲用植物对动物，尤其是反刍类动物有较大的危害作用。

7.6.1.4 植物对铜的敏感性

根据植物对缺铜的敏感程度可将它们分为三类：

（1）**高度敏感的植物** 大麦、小麦、燕麦、紫花苜蓿、莴苣、洋葱、菠菜、胡萝卜、食用甜菜、苏丹草、柑橘、向日葵、葡萄柚等。燕麦和小麦是判断土壤是否缺铜的最理想的指示作物。

（2）**中度敏感的植物** 玉米、甜玉米、高粱、三叶草、硬花甘蓝、甘蓝、花椰菜、芹菜、黄瓜、萝卜、芜菁、番茄、糖甜菜、棉花、油桐、草莓、越橘、苹果、梨、桃等。

（3）**不敏感的植物** 黑麦、水稻、大豆、豌豆、马铃薯、薄荷、留兰香、文竹、油菜、大头菜等。

7.6.2 土壤中的铜

7.6.2.1 铜在土壤中的含量与形态

我国土壤的全铜含量比较丰富，范围在 3~300 mg/kg 之间，平均 22 mg/kg，但大多数土壤的含量为 20~40 mg/kg。在土壤中，大部分铜存在于原生和次生矿物的晶格内，如橄榄石、角闪石、辉石、黑云母、正长石、斜长石等。此外，局部地区还有富集的含铜矿物如辉铜矿（Cu_2S）、黄铜矿（$CaFeS_2$）、赤铜矿（Cu_2O）、孔雀石 [$Cu_2(OH)_2CO_3$]、蓝铜矿 [$Cu_3(OH)_2(CO_3)_2$] 等，它们的含铜量很高。

在土壤中，铜的含量主要决定于成土母质。一般而言，玄武岩风化物的含铜量最高，安山岩风化物次之，花岗岩、石英岩、凝灰岩和火山灰风化物含铜量最低。在沉积母质中，以湖积及冲积黏土的含铜量最高，其次是页岩风化物和黄土性母质，砂土的含铜量最低。有机质土含铜量较低，是主要的缺铜土壤。

在土壤中，铜可分为矿物态、交换态和水溶态等。铜可能是土壤中最不容易移动的微量元素，植物所需要的铜绝大多数依靠植物根系截留获得。因此，影响植物根系发育的因子也会影响植物对铜的吸收。

7.6.2.2 影响土壤铜有效性的因素

在土壤中，铜的有效性与 pH 值有关。在酸性土壤中，铜的有效性较高；在石灰性土壤中，铜的有效性较低。土壤 pH 值影响铜的有效性包括影响含铜化合物的溶解度、吸附和络合作用。土壤含铜化合物的溶解度大多受土壤 pH 值的影响，pH 值每增大一个单位，$Cu(OH)_2$ 的溶解度下降 100 倍。随着 pH 值上升，土壤对铜的吸附和固定增强。

在矿物风化过程中，铜以 Cu^{2+} 的形式释放，供植物吸收，或以黏粒和有机物吸附。值得注意的是，与其他阳离子相比，铜与土壤胶体牢固结合，有效性较低。被吸附到胶体上的铜离子，一般难于被代换出来。

有机物质结合铜的能力大于黏粒。因此，在有机质丰富的土壤中，植物常常发生缺铜。有机质中的胡敏酸、富里酸等能结合铜，使之成为无效铜。在沼泽土和泥炭土中，存在大量有机质，致使土壤有效铜的含量降低，植物容易发生缺铜。在土壤溶液中，游离 Cu^{2+} 的浓度通常很低，98% 的 Cu 被有机物络合，以有机络合物形态存在。如果络合物的分子量低（小于 1 000），络合铜对作物的有效性最高。

在淹水土壤中，铜不发生价态变化，铜对植物的有效性可能降低。原因可能是在渍水土壤中，存在大量的锰和铁还原物，对铜产生表面吸附。

7.6.2.3 土壤有效铜的分级与评价

土壤有效铜的提取方法同有效锌，其分级与评价指标列于表 7-9。

表 7-9 土壤有效态铜含量分级评价指标　　　　mg/kg

分级	评价	铜含量	
		0.1mol/L HCl 提取	DTPA（pH7.3）提取
Ⅰ	很低	<1.0	<0.1
Ⅱ	低	1.0~2.0	0.1~0.2
Ⅲ	中	2.1~4.0	0.2~1.0
Ⅳ	高	4.1~6.0	1.1~1.8
Ⅴ	很高	>6.0	>1.8
缺铜临界值		2.0	0.2

7.6.3 铜肥的施用

7.6.3.1 铜肥的种类

铜肥包括无机铜肥和有机铜肥两大类。无机铜肥有硫酸铜（$CuSO_4 \cdot 5H_2O$）含铜 24%~25%、氧化铜（CuO，含铜 78.3%）等，CuEDTA（含铜 8%~

13%）属于有机铜肥。

五水硫酸铜是最常用的铜肥，水溶性好，价格便宜，采购容易。因含吸湿水，不宜与大量营养元素肥料混配。在园艺生产中，硫酸铜广泛用于配制波尔多液，防治果树等植物的病虫害。国外有时也用氧化铜和氧化亚铜作肥料，但溶解度较低，适宜施于酸性土壤。有机铜的肥效高于无机铜，但其价格昂贵，应用不广。

7.6.3.2 铜肥的施用技术

硫酸铜可以土施，也可喷施、浸种和拌种。铜在土壤中的移动性小，施于根系附近的效果较好。推荐施铜量一般为 $3\sim6$ kg Cu/hm^2，相当于 $12\sim24$ kg/hm^2 CuSO$_4$·5H$_2$O。在砂性土壤上，用量应适当减少，防止铜过量；在有效铜含量低的土壤上，对缺铜反应敏感的植物用量可适当加大。如果施用氧化铜，应研磨成粒径 $0.2\sim3.0$ mm 的粉末，以提高肥料的溶解性与当季作物的有效性。若施用含铜量高的污泥与猪粪等时，土壤适宜的 pH 值应大于 6.5，以避免铜害。

叶面喷施硫酸铜或螯合铜的用量少，见效快，尤其在干旱条件下效果更佳。推荐用量为每公顷 100g 铜（相当于 400g CuSO$_4$·5H$_2$O）。如果还附带控制真菌病害，则铜肥的用量可适当加大。为了避免烧苗，可加入少量石灰中和酸性，石灰的用量为硫酸铜的一半。叶面喷施需要 $2\sim3$ 次，每次间隔两周。对于果树而言，喷施的最佳时期是早春；小麦可在分蘖期与拔节期各喷 1 次。

土壤施用铜肥有明显的后效，一般可持续 $6\sim12$ 年。所以，应根据铜肥的施用量和土壤性质确定施用铜肥的间隔时间，一般为 $4\sim5$ 年施用 1 次。长期施用铜肥应注意避免铜的积累，防止发生中毒。

7.7　植物的氯素营养及含氯化肥

7.7.1　氯的营养生理功能

7.7.1.1　氯在植物体内的含量与分布

在 7 种必需的微量元素中，植物对氯的需要量最多。在植物体内，氯的含量一般为 $1\sim20$ g/kg，有些植物的含氯量甚至可以超过 100 g/kg（如烟草）。相当于大量元素的含量范围。但是，植物正常生长发育所需要的含氯量一般为 $150\sim300$ mg/kg，相当于或稍高于铁的含量，数千倍于钼的含量。在大多数作物的生长过程中，一般无明显的缺氯症状，然而氯能刺激许多作物的生长。实践证明，某些作物施用氯化钾的产量优于硫酸钾。

植物可以通过根系吸收土壤中的氯，也可以通过叶片吸收空气中的氯。在水溶液中，氯主要以 Cl$^-$ 的形态存在，易被植物吸收。氯的吸收受代谢作用控制，逆电化学势梯度进行。当外界基质中的 Cl$^-$ 浓度较高时，限制 Cl$^-$ 进入细胞的障碍因子不是质膜而是液泡膜，此时植物吸收的氯大量积累在细胞质中。光照能增加氯的吸收，这是因为光合磷酸化产生大量的 ATP，为吸收氯离子提供能量。Cl^-、NO_3^- 和 SO_4^{2-} 共存时，互相竞争，抑制吸收。氯由皮层向中柱的运输的途径可能是共质体（Symplast pathway）。

在植物体内，氯一般是以 Cl^- 形态存在，主要分布在植物的茎秆和叶片等营养器官中，其含量占植株含氯量的 80% 以上，老叶中的含量高于上部叶和嫩叶。在籽粒和根部，氯的含量较低。同位素示踪试验表明，棉株的含氯量为：叶 > 铃壳 > 茎 > 根 > 棉籽 > 纤维；水稻为：茎叶 > 谷壳 > 糙米 > 根；油菜为：叶 > 茎 > 荚壳 > 根 > 籽粒。在大豆、烟草、茶树、草莓、苋菜等植株体内，氯的分布规律基本上同上述植物。

耐盐作物能够抑制氯从根部向地上部转移。例如，在耐盐的大豆品种中，根系的含 Cl^- 量高于叶片；而敏感品种则相反，Cl^- 可以迅速地转运到叶片中而发生积累，使作物受害。

7.7.1.2 氯的营养功能

在植物体内，氯仅有少部分参与生理生化反应，大部分是以活性很强的 Cl^- 形态存在，参与电荷补偿和渗透调节。目前，人们对氯的生理功能研究不多，有待深入。

（1）参与光合作用　氯促进光合磷酸化和 ATP 的合成，直接参与光系统 Ⅱ 氧化位上的希尔反应，氯参与希尔反应的作用位点与 Mn 相同，见图 7-5。水光解反应所产生的氢离子和电子是绿色植物进行光合作用必需的。在缺氯时，植物光合作用受到抑制，叶面积减少，叶片失绿坏死。

氯离子过量影响光合效率和光合产物的运输，降低植物体内叶绿素的含量和叶片光合强度。试验表明，当营养液中氯离子浓度高于 300 mg/kg 时，马铃薯的 CO_2 同化量减少，光合产物的形成量减少，光合产物向块茎运输的速率也降低了 20%～40%，结果导致马铃薯块茎小而少，产量低下。

（2）激活酶和激素的活性　在植物体内，某些酶类必需要有 Cl^- 的存在和参与才可能具有活性。例如，α-淀粉酶只有在 Cl^- 的存在时，才能使淀粉转化为蔗糖。β-淀粉酶也需要有 Cl^- 的存在才具有活性。因此，适量的氯有利于碳水化合物的合成和转化。

在原生质膜上，H^+—ATP 酶受 K^+ 激活，但在液泡膜上，H^+—ATP 酶被氯化物活化。液泡膜 H^+—ATP 酶起着质子泵的作用，将 H^+ 从原生质转运到液泡中。在天门冬酰胺的形成过程中，氯能提高天门冬酰胺合成酶的活性，促进天门冬酰胺的合成。

$$谷氨酰胺 \xrightarrow[\text{天门冬酰胺合成酶}]{(NH_3)} 天门冬酰胺 + 谷氨酸$$

在植物体内，Cl 积累达到一定浓度会抑制硝酸还原酶的活性，干扰氮代谢，降低植物吸收 NO_3^-。当氯离子的浓度提高到一定程度时，蔗糖酶和超氧化物歧化酶（SOD）的活性降低。

（3）参与激素的组成　在植物体内，氯可能是某些激素的成分。在豌豆植株体内，存在含氯的生长素，即 4-氯吲哚-3-乙酸。Cl^- 能调控乙烯含量的变化，用 $CaCl_2$ 处理甜瓜果实，与其他钙盐的处理相比，果实能产生更多的乙烯，提早果实的呼吸高峰期，加速果实成熟。

（4）渗透调节　在维持细胞膨压和调节气孔运动方面，氯有明显的作用，从而能增强植物的抗旱能力。在植物体内，氯离子能够维持细胞渗透压，增强细胞的吸水能力，提高束缚水分的含量，有利于吸收更多的水分。在植物生长发育过程中，需要不断从土壤中吸收大量的阳离子，为了维持植物体内的电荷平衡，需要有一定数量的阴离子，才能保持电中性，氯离子在维持电荷平衡方面起着重要的作用。一般而言，随着植物体内阳离子数量的增加，氯离子也不断积累。

氯能调节气孔的开闭。在一些植物的保卫细胞中，叶绿体发育良好，K^+ 流入保卫细胞使叶片气孔张开，伴随 K^+ 流入的是有机酸阴离子（主要是苹果酸根）；另一些植物的保卫细胞中，叶绿体发育差，缺乏苹果酸合成的底物，伴随 K^+ 的流入的是无机阴离子（主要是 Cl^-）。因此，对于这些植物而言，缺氯影响气孔开闭。

（5）抑制病害发生　施用含氯肥料能减轻多种真菌性病害的发生。目前，施用含氯肥料至少减轻 10 种作物的根叶病害。例如，冬小麦的白粉病、全蚀病和条锈病，大麦的根腐病，玉米的茎腐病，水稻的稻瘟病和病毒病，芦笋的茎枯病，马铃薯的空心病、褐心病等。一些研究认为，Cl^- 能抑制硝化作用。当施用铵态氮肥时，Cl^- 抑制铵态氮向硝态氮的转化，作物可能吸收更多的铵态氮，促进根系释放 H^+，酸化根际，抑制真菌等病原微生物在根际土壤中大量生长繁殖，减轻病原菌的滋生；另有认为，Cl^- 可降低植物体内的硝酸还原酶活性，抑制 NO_3^-—N 的吸收，使植物体内的硝酸盐浓度处于较低水平。如果 NO_3^- 含量低，作物很少发生严重的根腐病。

水稻施氯促进输导组织的发育，有利于水分和养分的吸收，还能提高植株纤维素含量，有利于增强水稻抗倒伏的能力。

（6）氯对植物体内其他养分离子吸收利用的影响　氯影响植物吸收氮、磷、钾、钙、镁、硅、硫、锌、锰、铁和铜等营养元素。对草莓、花生、春小麦等作物而言，Cl^- 抑制 NO_3^- 的吸收，对于改善蔬菜品质有着良好的作用。在低氯条件下，植物对 K^+ 和 Cl^- 的吸收呈正相关；在高 Cl^- 的条件下，氯干扰细胞的正常代谢，减少钾的吸收。施用含氯化肥一般有利于镁、硫、锰、铁、铜、钙、硅等元素的吸收。

7.7.1.3　植物缺氯与氯毒害

由于作物可从土壤、雨水、灌溉水、大气中吸收氯，故大田作物很少出现缺氯症状。植物在轻度缺氯时，生长不良；严重缺氯时，叶片失绿、凋萎。缺氯时，番茄叶片尖端首先凋萎，尔后叶片失绿，进而呈青铜色，逐渐由局部遍及全叶而坏死；根系短小，侧根少；结果少或不能结果。甜菜的缺氯症状是叶片生长明显缓慢,叶片小,叶脉间失绿。

与植物缺氯相比,氯过量危害植物的现象更为常见。氯对细胞的超微结构有破坏作用,进而危害植株生长发育。植物在氯中毒后,叶尖、叶缘呈灼烧状,发生早熟性发黄和叶片脱落。烟草氯中毒,叶片边缘卷曲;水稻氯中毒,叶片呈"∧"字形,并出现暗紫褐色斑点,分蘖减少,稻株弱小,成熟延迟,穗小粒少,空壳率高,产量降低。

7.7.1.4 植物对氯的敏感性和耐氯力

对氯越敏感的植物,其耐氯力越弱。近20年来我国大量试验研究表明,用植物耐氯力概念更新"忌氯作物"概念来表征植物对氯的敏感程度更为确切。耐氯力强的作物是指其耐氯临界值>600mg/kg 的作物,如甜菜、菠菜、谷子、红薯、萝卜、水稻、高粱、棉花、油菜、黄瓜、大麦等。耐氯力中等的作物(耐氯临界值 300~600mg/kg)如小麦、玉米、番茄、茄子、大豆、蚕豆、豌豆、甘蔗、花生、亚麻、甘蓝、辣椒、大白菜、草莓等。耐氯临界值<300mg/kg 的作物为耐氯力弱的作物,如烤烟、马铃薯、甘薯、莴苣、苋菜等。一般而言,作物仅在某一特定的生育时期对氯比较敏感,敏感期过后,即使氯的浓度偏高,植株生长也会基本恢复正常。对禾本科作物而言,氯的敏感期主要在苗期,如小麦、大麦、黑麦等在2~5叶龄期;大白菜、小白菜和油菜在4~6叶龄期;水稻在3~5叶龄期,柑橘和茶树在1~4年的幼龄期。

7.7.2 土壤中的氯

在地壳中氯的含量为 0.05%,土壤含氯量一般为 37~370mg/kg,平均 100mg/kg。根据我国 21 个省(直辖市)1 934 个土样分析结果,土壤耕层平均含氯量为 59.4mg/kg,变幅从痕迹~2 808mg/kg,土壤耕层含氯量<25mg/kg 的样本数占 40.3%;<50mg/kg 的样本数占 72.8%;<100mg/kg 的样本数占 90.7%。

在土壤中,氯的移动性很强,容易循环利用。土壤的含氯量与降水、地势及是否盐渍化有密切关系。对于降水多、地势高、土壤淋溶性能好的非盐渍化土壤而言,含氯量低;反之则高。干旱使盐渍土壤的含氯量很高,甚至可累积到毒害水平。大量施用人粪尿和含氯化肥提高土壤中的含氯量。海水的含氯量高达 1.9%,在近海地区,土壤中的含氯量可能过高,造成中毒;而远离海岸的内陆,可能会出现缺氯的现象。在土壤溶液中,氯的含量一般为 2.5~56.8mg/L。

土壤对氯的吸附能力较弱,平均吸附量为 1.38 cmol/kg,变幅在 0.11~3.33 cmol/kg 之间。土壤对氯的吸附与土壤 pH 值、CEC、有机质含量和氯的本底值等无关,主要决定于黏土矿物的组成,以高岭石为主要矿物的土壤吸附量较大。由于土壤对氯的吸附量小,大量施用含绿肥料后,氯离子存在于土壤溶液中,如果排水不良,容易造成毒害作用。在水田或多雨的地区或季节,Cl^- 容易随水流失,稻田施用氯化铵 1 个月后,水中的氯离子浓度接近于初始含量;小麦施用氯化铵后，约5%~10%被小麦吸收，5%残留在根层土壤中，其余的氯离子被淋溶至土壤下层。

7.7.3 含氯化肥的施用

7.7.3.1 含氯化肥的种类

含氯肥料有氯化铵、氯化钾、氯化镁、氯化钙、氯化钠及含氯复混肥等。由于缺乏钙、镁、钠的土壤较少，施用钙、镁、钠肥也较少。常用含氯化肥主要是氯化铵、氯化钾及其配制而成的单氯或双氯复混肥。

7.7.3.2 含氯化肥施用原理与技术

（1）含氯化肥应优先用于耐氯力强的作物　含氯化肥应优先用于甜菜、菠菜、红麻、水稻、棉花、油菜、大麦等耐氯力强的作物，这些作物可按其氮钾需要量施用氯化铵、氯化钾，可以获得与不含氯化肥等产、等质、等养分的效果，在水稻上还略有增产，在红麻、棉花上还可改善纤维品质，如增加纤维拉力和韧性等。耐氯力中等的作物如小麦、玉米、豆类、亚麻、白菜等，只要用量适宜、用法得当，亦可获得与不含氯化肥等产、等质的效果。耐氯力弱的烤烟、薯类、莴苣、苋菜等作物，宜少用、慎用含氯化肥，但在含氯量低的土壤上，也可以适量施用氯化钾。例如贵州植烟黄壤含氯量为10mg/kg左右，而烤烟耐氯临界值在140mg/kg，烤烟-土壤氯容量为130mg/kg。因此用30%~50% KCl与50%~70% K_2SO_4 配施不仅可以提高钾吸收率，也不致影响烤烟的品质，即烤烟含氯<1%，$K_2O:Cl > 4$。

含氯化肥作种肥和基施应深施，并与种子有6~8cm间土层，以免"烧苗"。在对氯敏感的苗期含氯化肥用量宜少、浓度宜低；中后期浓度可高一些。

（2）含氯化肥应优先用于含氯量低的土壤　植物耐氯临界值越高，土壤含氯量越低，则植物-土壤氯容量越大，含氯化肥用量越高，安全性越好；反之亦然。

我国含氯量特低的土壤（<25mg/kg）主要是四川、重庆、贵州黄壤、红壤及部分酸性紫色土；含氯量低（<50mg/kg）的土壤主要是南方潮土、红壤、黄壤、紫色土、黑土、草甸土、黄褐土等；含氯量中等的土壤（50~150mg/kg）主要是北方潮土、褐土、甘肃灌溉土等；含氯量高（>150mg/kg）的土壤主要是碱土、浅海滩涂泥、盐渍土等。

植物-土壤氯容量低的地区、特别是旱地要少用、慎用含氯化肥。同时含氯化肥要优先用于高肥力的中性、石灰性土壤上，低肥力强酸性土壤慎用。

复习思考题

1. 说明植物缺铁的症状、原因以及植物对缺铁的可能适应机制。
2. 简述植物缺硼症状、部位与硼的生理功能之间的关系。

3. 缺锰对植物的生长有何影响？为什么？
4. 除缺铜以外，还有哪些微量元素缺乏时会影响植物的生殖生长？为什么？
5. 缺锌和缺铁的症状有何异同？为什么？
6. 请描述典型的缺钼症状，缺钼对高等植物体内的哪些生理过程有直接影响？
7. 哪几种微量元素与植物体内氧自由基的产生和清除有关，举例说明其作用原理。
8. 试比较大量元素和微量元素在植物体内的作用和功能有何差异。
9. 叶面营养有什么特点？生产上如何应用？

本章可供参考书目

植物营养元素的土壤化学．袁可能主编．科学出版社，1983

Principles of plant nutrition. K. Mengel and E. A. Kirkby (eds.) Inter. Potash. Inst. Worblaunfen bern, Switzerland.

土壤肥力与肥料．S. L. 蒂斯代尔，W. L. 纳尔逊［加］，J. D. 毕滕 著．金继运，刘荣乐 译．中国农业科技出版社，1998

中国含氯化肥．毛知耘等主编．中国农业出版社，2001

第8章 植物的中量元素营养与钙、镁、硫、硅肥料

【本章提要】 植物除了需要大量元素和微量元素之外，还需要钙、镁、硫等中量元素。本章主要介绍中量元素营养，以及钙、镁、硫、硅肥料的种类、性质、作用和施用技术等。

钙、镁、硫是植物必需的中量元素。随着氮、磷、钾和微量元素肥料用量的增加，作物产量不断提高，作物对钙、镁、硫肥的需要量也随之增大。在有些地方，中量营养元素甚至成为产量的限制因子。尽管硅已被认为是人体的必需营养元素之一，但对植物而言，还只能看作是一种有益元素。硅对水稻生长和作物抗病虫害十分重要，故近年来，也常把硅视为中量营养元素中的一种。

8.1 植物的钙营养与钙肥

8.1.1 钙的营养生理功能

8.1.1.1 植物体内钙的含量、形态与分布

植物的钙含量一般为干物重的0.5%~3.0%。不同植物和同一植物的不同器官含钙量有很大差异。单子叶植物的含钙量低于双子叶植物，大多数禾谷类作物和禾本科牧草的地上部含钙量为0.25%~0.5%，而棉花、大豆、苜蓿和甜菜地上部的含钙量为1%~3%。造成这种差异的主要原因可能是由于两者根系的CEC不同：双子叶植物根系的CEC一般高于单子叶植物，在细胞壁中存在着较多的果胶物质，含有较多的游离羧基，对钙的吸附能力较强。在植株体内，钙大多分布于茎叶，老叶的含量高于嫩叶，根部、种子和果实的含钙量较低。与氮、磷、钾、镁不同，钙在植物体内不易移动。因此，缺钙症状往往从新生叶片和生长点开始。

在植物体内，游离的Ca^{2+}也可与有机阴离子（羧基、磷酰基和酚羟基等）结合。在液泡中，钙以草酸钙、碳酸钙和磷酸钙形态沉积。在细胞壁的胞间层，钙以果胶酸钙的形式存在。在种子中，存在肌醇六酸钙。

8.1.1.2 钙的营养功能

钙是构成细胞壁的重要成分，能稳定细胞膜的结构、影响细胞的伸长和分裂、调控酶的活性。因此，钙在植物新陈代谢过程中起着重要的作用。

(1) **构成细胞壁** 在植物组织中，钙大部分存在于细胞壁中，与果胶质形成果胶酸钙，是稳定细胞壁结构不可缺少的成分。另外，Ca^{2+}跨膜进入细胞的速率不高，也使大量的钙在细胞壁上积累。在苹果果实的贮藏组织中，与细胞壁结合的Ca^{2+}能高达总钙量的90%。它们主要分布在中胶层和原生质膜的外侧，一方面可增强细胞壁结构与细胞间的黏结作用，把细胞黏结起来；另一方面，对膜的透性和有关的生理生化过程产生调节作用。在细胞壁中，果胶酸钙的含量影响病原真菌对组织的侵染和果实成熟的时间，如果新鲜果实的果胶酸钙含量低，则容易引起真菌感染，并使果实过早成熟。

(2) **稳定膜结构和调节膜的渗透性** 在膜表面上，Ca^{2+}能把磷酸盐、磷酸脂和蛋白质的羟基连接起来。膜表面上的Ca^{2+}能与其他离子如K^+、Na^+、H^+等进行交换，但Ca^{2+}稳定质膜的作用是不可代替的。如图8-1所示，钙与细胞膜表面的磷脂和蛋白质的负电荷相结合，提高了细胞膜的稳定性和疏水性，并增加了细胞膜对K^+、Na^+、Mg^{2+}等离子吸收的选择性。在轻度缺钙时，膜的选择吸收能力下降，生物膜结构遭到破坏，膜渗透性增加，细胞内有机和无机物质大量外渗；在严重缺钙时，质膜结构全面解体，在植物的分生组织及贮藏组织中，质膜及其他膜系统呈片断状。

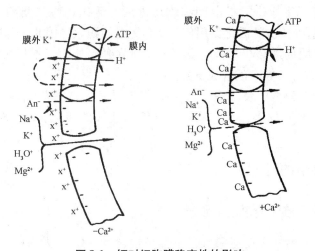

图 8-1 钙对细胞膜稳定性的影响

(3) **钙与代谢作用的关系** 在植物体内，钙是许多酶的活化剂，而钙对酶的活化作用主要是通过钙调素（CaM）实现的。CaM是一种分子量较低（16 700dal），由148个氨基酸组成的环状多肽链，为动植物所必需。通过Ca与CaM结合形成复合物（图8-2），可调节许多酶的活性，协调许多植物细胞代谢活动。

在植物体内，需Ca及CaM的酶有NAD^+激酶。NAD和NADH是能量代谢，如糖酵解和三羧酸循环等的产物；$NADP^+$及NADPH则参与许多物质合成，如磷酸戊糖和脂肪酸的生物合成等，$NADP^+$也是光合电子传递链的末端电子受体，NAD^+磷酸化后形成$NADP^+$，其含量的多寡与NAD^+激酶活性有关。

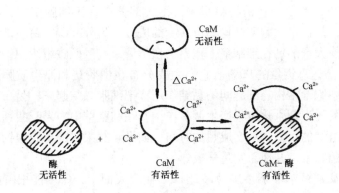

图 8-2 Ca – CaM 复合物的形成与酶的激活

CaM 还能活化质膜上的 Ca^{2+} – ATP 酶，CaM 通过对 Ca^{2+} – ATP 酶活性的控制来调节细胞内 Ca^{2+} 浓度，使之浓度处于低量水平，有利于植物的正常代谢。

CaM 对细胞的第一信使激素和第二信使激素（Ca^{2+}、cAMP）都有直接或间接的调控作用。作为第二信使激素的 cAMP（环单磷酸腺苷），其合成和分解反应受 CaM 调控。Ca^{2+} 穿过细胞膜进入细胞质内。在质膜上首先活化腺苷酸酶，催化 cAMP 合成；而当 Ca^{2+} 扩散到细胞质内后，活化磷酸二酯酶（PDE），导致 cAMP 分解，这种依次的活化作用使 cAMP 短时间积累。因此，CaM 作为细胞质内 Ca^{2+} 受体，既促进 Ca^{2+} 功能的发挥，又调节细胞内 Ca^{2+} 本身的浓度，同时还调节第二信使激素 cAMP 的合成分解。

（4）消除某些离子的毒害作用 钙与氢、铝、钠、铵等离子有拮抗作用，能减轻这些离子的危害作用。此外，钙能加速铵的转化，减少铵在作物体内积累。

8.1.2 土壤中的钙

8.1.2.1 钙在土壤中的含量与形态

在地壳中，钙的丰度居第五位，其平均含量（Ca）为 3.64%。在土壤中，钙的含量变化很大，可以从痕迹至 4% 以上，主要受成土母质和成土条件的制约。基性岩和沉积岩含钙量高，发育而成的土壤通常含钙量也高；酸性岩含钙量少，发育而成的土壤含钙量低。在成土过程中，钙的富积和淋失对钙含量有很大影响。在湿润地区，淋溶强烈，土壤含钙量多在 1% 以下；在干旱和半干旱地区，淋溶作用较弱，土壤含钙量多在 1% 以上，高的可达 10%~20% 以上。

在土壤中，钙可以分为矿物态、交换态和土壤溶液中的钙三种形态。矿物态钙是指存在于矿物晶格中的钙，占土壤全钙量的 40%~90%，主要有白云石、方解石、磷矿石、钙长石和闪石等。土壤中的含钙矿物分解后，钙的去向有：①在排水中流失；②被生物所吸收；③吸附在黏土颗粒表面；④再次沉淀为次生的钙化合物（在干旱地区更是如此）。交换态钙是指被土壤胶体所吸附的 Ca^{2+}，能被一般交换剂交换出来。交换态 Ca^{2+} 占全钙量的比例变化于 5%～60% 之间。但在大多数土壤中，交换性钙占全钙量的 20%～30%，交换态钙 Ca^{2+} 是大多数土壤的主要交换性离子，占交换性盐基总量的 40%～90%。在土壤溶液中，Ca^{2+} 的数量较多，含量每千克可以达几十至几百毫克，与溶液中的其他阳离子相比，Ca^{2+} 的浓度是 Mg^{2+} 的 2～8 倍，是 K^+ 的 10 倍左右。此外，在土壤溶液中，除了 Ca^{2+} 之外，还有无机络合态及有机络合态形式的钙存在。

8.1.2.2 土壤钙的有效性及其影响因素

土壤溶液中的钙和交换态的钙是作物可以利用的形态，两者合称有效钙。在实验室中，常用 1mol/L 的中性盐（如 NH_4Ac 或 KCl 等）提取测定有效钙。像其他任何阳离子一样，交换态和溶液中的钙随时处于动态平衡。因淋失或作物吸收，液相中钙的活度降低，吸附的钙将被置换下来。反之，土壤溶液中的钙的活度增加，平衡则向吸附方向移动。影响钙的有效性的主要因素如下：

(1) 土壤全钙量　土壤全钙含量是补给有效钙的基础。钙在土壤中以矿物态为主，通过风化作用而成为有效钙。因此，全钙含量高的土壤，有效钙含量一般也高。在中性和钙质土壤中，含钙量高，能满足植物需要；但一些酸性矿质土中，含钙量较低，植物可能出现缺钙现象。

(2) 土壤质地和交换量　交换态钙是土壤有效钙的主体。交换量高的土壤能保持更多的交换态钙，有效钙的供应容量大。在砂质土壤中，阳离子交换量低，有效钙的含量也较低，植物容易缺钙。此外，一些风化程度很高的土壤，如我国南方的一些红壤或砖红壤中，CEC 低，植物容易缺钙。

(3) 土壤酸度和盐基饱和度　一般而言，盐基饱和度高的土壤，有效钙含量也高。土壤 pH 值对有效钙的影响是多方面的，既与盐基饱和度有关，又影响含钙化合物的溶解度和交换性钙的解离。一般在酸性环境下，交换性钙的解离度随 pH 值升高和盐基饱和度的增加而提高，含钙化合物的溶解度则随 pH 值降低而增加。但是，在中性至碱性土壤中，全钙含量较高，pH 值对钙溶解度的影响并不重要。

(4) 土壤胶体种类　交换性钙的释放与胶体种类有密切关系。高岭石吸附的钙容易被植物利用，而蒙脱石类黏粒吸附的钙则较难释放。

(5) 其他离子的影响　在土壤中，H^+ 和 Al^{3+} 可促进交换性钙释放，但这两种离子对植物的生长有毒害作用。当 pH 值低、交换性 Al^{3+} 高时，植物对钙的需要量增加。当土壤中大量存在着一价代换性盐基离子（如 K^+、Na^+ 等）时，显著抑制交换性钙的有效性。大量施用含一价盐基离子的肥料时应注意补给 Ca^{2+}。

8.1.3　含钙肥料的性质和施用

8.1.3.1　石灰肥料的种类和性质

石灰是最常用的含钙肥料，一般有三种：一是碳酸石灰，由石灰石、白云石或海洋贝壳类磨细而成，主要成分是 $CaCO_3$。石灰石的加工规格是 94%~95% 的颗粒通过 1.5mm 的筛孔。从肥效来说，越细越好。二是生石灰，农业上主要利用的是生石灰，生石灰是由石灰岩、泥灰岩和白云岩等含 $CaCO_3$ 的岩石经高温烧制而成的，又称烧石灰，主要成分是 CaO，是一种白色的粉末，具有较强的腐蚀性。生石灰呈强碱性，中和酸性的能力很强。生石灰施入土壤之后，几乎立即与土壤发生酸碱中和反应。三是熟石灰，又称消石灰，生石灰与水作用后生成氢氧化钙，便成为熟石灰，熟石灰长期暴露在空气中，吸收 CO_2 后又重新转化为 $CaCO_3$。因此，长期贮存的石灰肥料，通常是熟石灰和碳酸钙的混合物。

8.1.3.2 石灰肥料的施用技术

（1）石灰施用量的确定　石灰需要量由作物适宜的土壤 pH 值确定。实际应用中，常根据土壤交换性酸度进行估算。在施用熟石灰时，石灰用量的计算公式为：

$$石灰需要量（t/hm^2）= \frac{M}{100} \times \frac{74}{1\,000} \times 2\,250 \times \frac{1}{2}$$

式中：$M/100$——中和 100g 土壤所需 $Ca(OH)_2$ 的摩尔数；

$74/1\,000$——$Ca(OH)_2$ 的摩尔质量（kg）；

$2\,250$——每公顷耕地耕层土重（t）。

实际施用中，由于石灰与土壤不可能完全混合均匀，为避免局部施用过量，需要减半施用。农用石灰常有杂质，计算石灰的实际用量时，应按其中有效成分计算。

由于石灰需用量的确定是一个复杂的问题，必须综合考虑。中国科学院南京土壤研究所根据土壤 pH 值、土壤质地、以及施用年限，提出了酸性红壤第一年施用石灰的用量指标（表 8-1）。

表 8-1　酸性红壤每一年的石灰施用量　　　　　　　　　　　　kg/hm^2

土壤反应	黏　土	壤　土	砂　土
强酸性（pH4.5~5.0）	2 250	1 500	750~1 125
酸　性（pH5.0~6.0）	1 125~1 875	750~1 125	375~750
微酸性（pH6.0）	750	375~750	375

（2）石灰施用方法　为了充分发挥石灰的效果，应尽量使石灰与土壤充分接触。在施用石灰时，一般以作基肥撒施为好，如果用量较少，可采用条施或穴施。在作追肥时，以撒施较为常见。水稻在分蘖期和幼穗分化期，花生在盛花期施用石灰，可结合中耕撒施。另外，叶面喷施的含钙肥料，如硝酸钙、氯化钙、氢氧化钙等也是补充钙的有效方法。在生产上，常用的波尔多液就是氢氧化钙与硫酸铜的混合液。在番茄初果期喷施波尔多液，不仅提供钙营养，而且还能防治病虫害。施用石灰有一定的后效性，持续时间与石灰种类、用量和土壤性质等因素有关，一般不必每年施用。

8.2 作物的镁营养与含镁肥料

8.2.1 镁的营养生理功能

8.2.1.1 镁在植物体内的含量、形态与分布

在作物体内,含镁量约占干物重的 0.05%~0.7%。豆科作物、叶用作物的烟、茶、桑等需镁较多,而禾本科作物的水稻、麦等需镁较少。比较植物的不同器官,种子含镁量最高,茎叶次之,根系最少。例如,水稻穗部的含镁量为 0.13%,茎叶 0.12%,根部仅为 0.07%;小麦籽粒为 0.15%,茎秆只有 0.08%。镁能从老叶转移到幼叶或顶部,再利用的程度仅次于氮、钾,但高于磷。所以,缺镁症状往往从老叶开始。

在植物体内,镁以两种形态存在:70% 以上的镁与无机离子如 NO_3^-、Cl^-、SO_4^{2-} 等和有机阴离子如苹果酸、柠檬酸等结合,容易迁移;另一部分镁则与草酸、果胶酸和植素磷酸盐等结合,形成难于迁移的物质,植素磷酸镁主要存在于种子中。

8.2.1.2 镁的营养功能

(1) 影响光合作用 叶绿素 a($C_{55}H_{72}O_5N_4Mg$) 和叶绿素 b($C_{55}H_{70}O_6N_4Mg$) 均含有镁,并位于叶绿素分子的中心(如图 8-3),叶绿素中的镁约占植物体内总镁量的 10%~20%。缺镁导致叶绿体结构破坏,叶绿素浓度降低,严重时幼叶失绿,影响植物生长发育。此外,叶绿素分子只有和镁原子结合后,才具备吸收光量子的必要结构。

在叶绿体基质中,镁能提高 1,5-二磷酸核酮糖羧化酶(RUBP)的活性。有镁存在的 RUBP 对 CO_2 的亲和力增加,Km 值降低。在光照条件下,Mg^{2+} 从叶绿体的类囊体进入基质,而 H^+ 从基质进入类囊体,互相交换,使基质的 pH 值提高,从而为羧化反应提供适宜的 pH 值环境;在晚间,Mg^{2+} 和 H^+ 的动向则相反(图 8-4)。由此可见,Mg^{2+} 通过活化 RUBP 羧化酶,促进 CO_2 同化,也有利于糖和淀粉的合成。

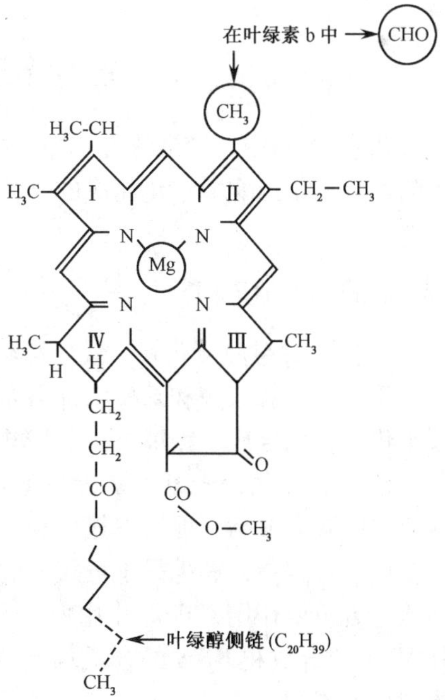

图 8-3 叶绿素的结构

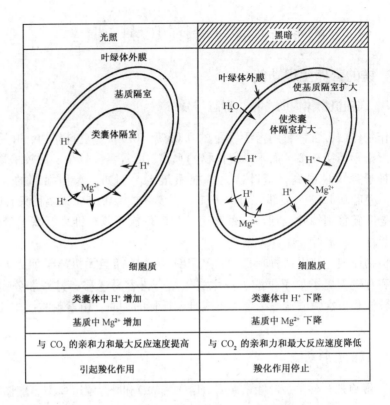

图 8-4 Mg^{2+} 在光照条件下活化二磷酸核酮糖羧化酶

$$二磷酸核酮糖 + CO_2 \xrightarrow[Mg^{2+}]{二磷酸核酮糖羧化酶} 磷酸丙糖$$

在 C_4 植物中，磷酸烯醇式丙酮酸是 CO_2 的最初受体。它是在丙酮酸磷酸双激酶作用下由丙酮酸转化而成的。这种酶也需要 Mg^{2+} 作活化剂。

$$丙酮酸 + ATP + Pi \xrightarrow[Mg^{2+}]{丙酮酸磷酸双激酶} 磷酸烯醇式丙酮酸 + AMP + PPi$$

(2) 多种酶的活化剂　镁所活化的酶有 30 多种。几乎所有的磷酸化酶、磷酸激酶、某些脱氢酶和烯醇酶都需要 Mg^{2+} 活化。这些酶参与植物体的光合作用、碳水化合物的合成、糖酵解、三羧酸循环、呼吸作用、硫酸盐还原等过程。

(3) 促进氮素代谢　镁参与蛋白质和核酸的合成过程，促进氮素代谢。镁活化谷酰胺合成酶，促进谷氨酸和谷氨酰胺的合成。在氨基酸的活化、转移、多肽合成的过程中，镁也是不可缺少的。镁还是核糖体的成分，对于稳定核蛋白的结构起着重要作用。正常叶片中，大约 75% 的镁是用于稳定核糖体的结构。此外 DNA 的合成和 RNA 的合成均需要 Mg^{2+}，在植物缺镁时，蛋白质氮减少，非蛋白质氮增加。

(4) 促进脂肪的形成　镁还参与脂肪的代谢。乙酰辅酶 A 是形成脂肪所必需的，乙酰辅酶 A 的合成则需要镁。在缺镁时，豆科作物种子的含油量降低，品质下降。镁还能促进作物合成维生素 A 和 C，从而有利于提高果品和蔬菜的品质。

8.2.1.3 植物对镁的需要

Mg^{2+} 的离子体积小，水化半径为 0.428nm，正电荷的密度大，有很高的水合能。K^+，NH_4^+，Ca^{2+}、Mn^{2+} 和 H^+ 能抑制镁的吸收。因此，这些竞争性离子诱导的缺镁是一个相当普遍的现象。叶片含镁量降低未必引起果实或贮藏块茎中的含镁量下降，甚至有可能提高。植物根吸收 Mg^{2+} 的速率很低，能力较弱。植物主要被动吸收 Mg^{2+}，它可能通过离子载体作媒介，顺电化学势梯度而进入细胞。所以，镁的吸收与呼吸作用的关系不大，但受到其他阳离子，特别是 K^+ 和 NH_4^+ 的抑制，引起植物体缺 Mg^{2+}。在植物体内，Mg^{2+} 随木质部蒸腾流上行运输。但与钙不同的是，镁在韧皮部汁液中浓度较高，容易移动，再利用能力很强。由于果实和贮藏组织主要依靠韧皮部供给矿质养料，故这些组织中镁的含量比钙高。

8.2.2 土壤中的镁

8.2.2.1 土壤镁的含量与形态

镁在地壳中的平均含量为 2.1%，其丰度居第 8 位。在土壤中，镁的含量变化很大，约为 0.1%～4%，但大多数土壤的含镁量介于 0.3%～2.5%。土壤中的含镁量主要受母质、气候、风化程度和淋溶作用等因素的制约。在多雨湿润地区的土壤，镁遭受强烈淋失，其含量多在 1% 以下；在干旱或半干旱地区，石灰性土壤的含镁量可达 2% 以上。质地偏砂的土壤含镁量低，随黏粒含量的提高，土壤含镁量增加。在不同母质中，以岩浆岩含镁量最高，平均含 MgO 3.49%，但其中的花岗岩等酸性岩的含镁量可低于 1%。沉积岩平均含 MgO 2.52%，其中镁含量的高低顺序为：石灰岩＞页岩＞砂岩。

在土壤中，镁来源于含镁矿物，例如黑云母、白云母、绿泥石、蛇纹石和橄榄石等岩石。在这些矿物分解时，镁释放进入土壤溶液，然后它的去向是：①随排水淋失；②作物吸收；③土壤胶体吸附；④再次沉淀为次生矿物。因此，土壤中的镁主要以矿物态、交换态、水溶态和有机态等形态存在。

8.2.2.2 土壤镁的有效性

在土壤中，有效镁的形态主要为水溶态和交换态。矿物态镁一般需经风化释放后才能被作物利用，通常看作是潜在供应源。在一定酸度条件下，上述矿物释放出酸溶态镁，可作为近期供应的有效镁，故称潜在性有效镁。土壤有效镁含量一般较高，但由于复种指数和作物单产的提高，加上高纯度单质肥料的施用和氮、钾肥用量的提高，缺镁的土壤有所增加。影响土壤镁有效性的因素主要有：

（1）土壤全镁量　土壤全镁量是供应镁营养的物质基础。在大多数土壤中，全镁量与酸溶态镁、交换性镁之间均有较好的相关性。在有些土壤中，交换性镁含量较低，而全镁量较高，作物对施用镁肥的效果往往不明显，说明在这种土壤条件下，作物仍然可以吸收较多的镁。

(2) 土壤质地和交换量　交换态镁是有效镁的主要形态。交换量大的土壤可以容纳较多的交换性镁，同时还可减少土壤中镁的淋失，因而含有较高的有效镁。反之，土壤交换量小，有效镁的含量往往较低。土壤交换性镁的含量与作物吸镁量之间通常有明显的相关性。缺镁现象大多发生在砂质土和其他代换量较低的土壤上，这些土壤的代换性镁含量大多在 50mg/kg 以下。

(3) 土壤酸度和盐基饱和度　土壤酸度与盐基饱和度之间有一定联系，酸度高的土壤，代换性 H^+、Al^{3+} 离子所占的比例高，盐基饱和度低，交换性镁的数量相应降低。当交换性镁的饱和度低于 10% 时，就有缺镁的可能。对一般作物而言，土壤的交换性镁的饱和度应不低于 4%；对于需镁较多的豆科作物，镁饱和度应不低于 6%；一些牧草要求镁的饱和度在 12%～15% 以上，才能充足地供应镁营养。大量的研究表明，pH 值与有效镁之间呈正相关，在 pH<6.5 的土壤上，可能发生缺镁的现象。

(4) 土壤胶体种类　不同土壤胶体对 Mg^{2+} 的吸附力不同，因而黏粒矿物组成不同的土壤，交换镁的利用也有显著差异。几种黏粒矿物对镁的吸附能力为：蒙脱石>高岭石>伊利石。因此，在以高岭石和铁铝氧化物为主的土壤中，代换镁的利用率较高，镁也容易淋失，易发生缺镁的现象。相反，以蒙脱石或硅石类型为主的土壤中，对镁有较强的保持能力，交换性镁的饱和度一般较大，不易出现缺镁。土壤胶体吸附的 H^+、Al^{3+}、K^+ 较多，会抑制作物对 Mg^{2+} 的利用。此外，交换性 Ca/Mg 比过高，也会对 Mg 的利用产生不良影响。

8.2.3　含镁肥料的施用

8.2.3.1　含镁肥料的种类与性质

常见的含镁肥料有镁的硫酸盐、氯化物、硝酸盐、碳酸盐、磷酸盐、氧化物、钾镁肥等（表8-2）。

表8-2　常见含镁肥料的主要成分及含量

名　称	镁的主要成分	MgO (%)
氯化镁	$MgCl_2 \cdot 6H_2O$	20 (19.7～20)
泻盐	$MgSO_4 \cdot 7H_2O$	16 (15.1～16.9)
水镁矾	$MgSO_4 \cdot H_2O$	29 (27.0～30.3)
钾泻盐	$MgSO_4$	14 (10～18)
石灰石粉	$CaCO_3 \cdot MgCO_3$	78
生石灰	CaO，MgO	14 (7.5～33)
菱镁矿	$MgCO_3$	45
光卤石	$KCl, MgCl_2 \cdot H_2O$	14.6
钙镁磷肥	$Mg_3(PO_4)_2$	14.5 (10～15)
磷酸镁铵	$MgNH_4PO_4$	21
钢渣磷肥	$MgSiO_3$	3.8 (2.1～10)
粉煤灰	MgO	1.9 (1.7～2.0)

镁的硫酸盐、氯化物、硝酸盐、氧化物的溶解度较大,易被作物吸收,但也易被淋失,除土壤施用外,还可用于根外追肥。在这些肥料中,因伴随离子的不同,施用效果存在差异,在缺镁土壤上,施用硫酸镁效果较好。

菱镁矿、白云石、钙镁磷肥中,镁的溶解度较差,肥效较慢,但持续时间较长,一次足量施用可供几茬作物需要。它们在土壤中的溶解度主要决定于土壤中CO_2的含量和pH值等。含镁的硫酸盐和氧化物还可中和土壤酸度,消除H^+、Al^{3+}、Fe^{2+}毒害,适合施用于酸性土壤。

磷酸镁铵是一种长效复合肥,除含镁之外,还含N 8%,P_2O_5 40%,微溶于水,在各类缺磷或缺镁的土壤上均可施用。

8.2.3.2 含镁肥料的施用

镁肥大多用作基肥、追肥和种肥。硫酸镁、水镁矾等还可作根外追肥,水镁矾喷施浓度约为2%。镁在土壤中容易移动,要适当深施。

镁肥的效果与土壤镁供应能力,特别与有效镁含量密切相关。一般认为,交换性镁含量超过30~40mg/kg,施用镁肥无增产效果;当土壤交换性镁低于15mg/kg时,施用镁肥增产效果明显。我国大多数土壤不缺镁,只有在南方酸性红、黄壤中局部缺镁。

镁肥施用还要视作物种类而定。一般认为,需镁较多的作物有玉米、棉花、马铃薯、甜菜、烟草、柑橘、油棕、牧草等。在缺镁土壤上,这些作物可以适量施用镁肥。

不同镁肥适用于不同的土壤,其施用方法也有所不同。水溶性镁肥可用于各类土壤,但以pH值6.5以上的缺镁土壤最佳。白云石等含镁矿物和其他碱性含镁化学肥料最宜用于pH值小于6的酸性土壤,既能增加溶解度,提高镁的有效性,又能中和土壤酸性,调节土壤反应,后效也长,施用效果常比水溶性镁肥高。在酸性土壤中,施用白云石,用量可根据肥料的中和能力、土壤酸度和作物耐酸能力等因素而定。一般撒施作基肥,用量少时,也可采用穴施或条施。

8.3 植物的硫营养与硫肥

8.3.1 硫的营养生理功能

8.3.1.1 硫在植物体内的含量、形态与分布

植物干物质的含硫量一般为0.1%~0.5%,平均为0.25%左右。但不同的作物和器官之间的含硫量差别很大,十字花科作物>豆科作物>禾本科作物。油菜籽含硫0.89%,花生果实0.26%,大豆籽实0.37%,稻谷0.12%~0.16%,小麦籽粒0.16%。就植物器官而言,种子>茎秆。在作物体内,硫有两种形态:一是无机SO_4^{2-},贮存于液泡中;二是含硫氨基酸,如胱氨酸、半胱氨酸、蛋氨

酸和谷胱甘肽等，它们是构成蛋白质必不可少的成分。

8.3.1.2 硫的生理功能

硫是构成含硫氨基酸和蛋白质的基本元素，它又能合成其他重要的生物活性物质、参与酶的活化等。因此，硫能调节植物代谢，提高产量和改进品质。

(1) 氨基酸和蛋白质的成分　硫是含硫氨基酸（半胱氨酸、胱氨酸和蛋氨酸）和蛋白质的成分。在供应硫的情况下，作物体内含硫氨基酸中的硫可占作物全硫量的90%。在蛋白质结构中，二硫键使蛋白质分子互相连结，以稳定蛋白质的结构。同时，含硫氨基酸是限制蛋白质营养价值的主要因子，其中蛋氨酸是人类及其他反刍动物的必需氨基酸。饲草 N/S 比是衡量其营养价值的指标之一。一般认为，N/S 比为 10:1~15:1 为最适宜，如果大于 20:1，动物不能有效的利用饲草中的氮。作物缺硫时，N:S 比增大，氮代谢不能正常进行，蛋白质合成速率缓慢，蛋白质水解，可溶性氮化合物积累，影响作物的正常生长发育。

(2) 硫是酶辅基的组分　硫能提高多种酶的活性。例如，硫是辅酶 A (CoA) 的成分，CoA 中的硫氢基属于高能键，有储存能量的作用。这种储存的能量可用于许多合成反应。已知氨基酸、脂肪、碳水化合物等的合成都与 CoA 有密切关系。硫胺素、生物素等维生素也含有硫。二硫辛酰焦磷酸硫胺素是丙酮酸氧化酶系统的辅酶。所以，硫还影响作物体内的氧化还原反应。此外，磷酸甘油醛脱氢酶、苹果酸脱氢酶、α-酮戊二酸脱氢酶、脂肪酶、羧化酶、氨基转移酶、脲酶和磷酸化酶等都是含硫氢基的酶类，它们不仅与呼吸作用、脂肪代谢和氮代谢作用有关，而且对淀粉合成也有一定影响。

(3) 硫参与固氮过程　固氮酶的钼铁蛋白和铁蛋白均含有硫，施用硫肥能促进豆科作物形成根瘤，提高固氮效率。此外，在作物体内，某些特殊物质含有硫，如十字花科的油菜、萝卜、甘蓝等种子含芥子油，百合科葱、蒜含蒜油，这些硫化物具有特殊的辛香气味，在食品的营养和风味方面具有独特的功效。

8.3.1.3 植物对硫的需要

作物根系吸收的硫几乎全部为硫酸根离子（SO_4^{2-}），另外还可吸收半胱氨酸、胱氨酸、甲硫氨酸。植物叶片可以吸收和同化大气中的 SO_2。但是，二氧化硫浓度过高（$SO_2>1mg/kg$），可能对植物产生毒害作用。根系吸收 SO_4^{2-} 主要通过质流方式从远根区的土壤到达根系表面。据报道，在土壤溶液中，SO_4^{2-} 浓度为 5mg/kg 时，质流迁移到根系表面的硫完全能满足玉米生长的需要。当硫酸根进入植物体内之后，被还原成为有机态硫化物，价态从 6 价变为 2 价，其过程包括 SO_4^{2-} 的活化和 SO_4^{2-} 的还原两个过程。还原过程形成的硫化物与丝氨酸结合而生成半胱氨酸，再进一步变为甲硫氨酸进入蛋白质。

8.3.2 土壤中的硫

8.3.2.1 土壤硫的含量、来源与形态

土壤中硫的含量一般为 0.01%~0.5%。不同类型的土壤相差很大，成土母质、土壤性质和气候条件是影响土壤硫含量的主要因素。我国不同土壤类型全硫含量大致为 100~500mg/kg。

土壤中的硫主要来自成土母岩中的金属硫化物。在风化时，硫化物转化为硫酸盐。硫的另一个来源是大气。在工业中心附近，煤及其他含硫物燃烧时释放出 SO_2 到大气中，大部分通过降水（酸雨）最后又回到地面。

灌溉和施肥也是土壤硫的重要来源。世界河水的平均含硫量为 4.1mg/L。我国南方六省的河水平均含硫量为 1.67mg/L。因此，在灌溉时可以带入较多的硫。研究表明，当灌水中的硫含量为 6mg/L 时，可以满足水稻生长所需的硫。在农业生产中，施用有机肥和含硫化肥，也使土壤中的含硫量增加。据1990年的测定和计算表明，在我国南方，随降雨和灌溉水带入土壤的硫分别为 $0.688g/m^3$ 和 $0.39g/m^3$，而当年从土壤中淋失的硫为 $1.05g/m^3$，输入和输出接近平衡。

在土壤中，硫可分为有机硫和无机硫两大部分。对于一般的耕作土壤而言，大部分硫以有机态存在。在我国南部和东部的湿润地区，有机硫可占全硫的 85%~94%，而无机硫仅占 6%~15%；在北部和东部的石灰性土壤上，无机硫含量较高，占全硫的 39.4%~66.8%。在土壤中，有机硫的成分非常复杂，大致可分为 C—S 键结合的硫、硫酸酯形式的硫和残余硫三种形态。无机硫可分为水溶性 SO_4^{2-}、吸附态 SO_4^{2-}、矿物态硫，土壤空气中还含有 SO_2 和 H_2S 等含硫气体，在某些条件下还可能有元素硫的存在。

8.3.2.2 土壤硫的有效性及硫的转化

在土壤中，能被当季植物吸收利用的硫称为有效硫，有效硫仅占全硫的一小部分。据我国南方10省统计，土壤有效硫平均含量为 34.3mg/kg。对于大多数作物而言，土壤有效硫的临界值为 10~12mg/kg，小于临界值，土壤缺硫，施用硫肥往往有增产效应。据我国15省8 954个土壤样品的测定结果，有效硫含量低于临界值的样品有 2 779 个，占样品总数的31%。

硫在土壤中的转化在许多方面类似于氮。有机硫会发生矿化作用，无机硫可发生还原和氧化作用。

在一般土壤中，有机硫所占的比例较大。因此，有机硫的矿化是提供植物硫素营养的主要来源。土壤有机硫的矿化是一个复杂的过程：首先是土壤有机质矿化分解，把复杂的含硫有机质转变为含硫氨基酸，然后含硫氨基酸在酶的进一步作用下，经过氧化脱羧、水解等一系列转化反应，最终矿化为无机硫（SO_4^{2-} 或 H_2S）。土壤中有机硫的矿化作用取决于分解物质中的含氮量、C：S、N：S 等。在实际生产中，把大量的秸秆或残茬归还到土壤，应采取措施促进秸秆的快速分

解,以保持土壤中有适量的有效氮和有效硫。此外,土壤湿度、酸度和温度影响硫的矿化。一般而言,土壤接近田间持水量、土温增高和pH>7时,硫的矿化速率加快,反之则降低。

在土壤中,无机硫经还原和氧化作用后,其形态和作用也发生变化。氧化态硫(如SO_4^{2-}和SO_3^{2-}等)还原的产物是还原态硫,如S、FeS和H_2S,以及少量的硫代硫酸盐等。在硫酸盐还原细菌(如脱硫弧菌和脱硫肠状菌)的作用下,SO_4^{2-}还原为还原态硫。还原态硫在硫氧化细菌的作用下,形成氧化态硫,微生物利用氧化产生的能量维持其生命活动。在土壤中,影响硫氧化还原的因素有温度、湿度、土壤酸碱度、微生物数量等。在-40~55℃的范围内,硫的氧化均能进行,而以27~40℃最为适宜;土壤湿度大,有利于硫的还原;土壤湿度低,有利于硫的氧化;接近田间持水量,硫的氧化还原均能进行;在pH值3.5~4.5之间,通常有利于硫的还原;施用石灰,提高土壤酸碱度,有利于增加硫的氧化速率;在耕地土壤中接种硫氧化细菌,能增加硫氧化速率。

8.3.3 含硫肥料的性质与施用

8.3.3.1 含硫肥料的种类与性质

农用硫肥主要是石膏和硫磺,石膏又分为生石膏、熟石膏和磷石膏三种。一般常用的化肥如过磷酸钙、硫酸钾等都含有相当数量的硫(表8-3)。

表8-3 常见含硫肥料的主要成分及含量

名 称	硫的主要成分	S(%)
石膏	$CaSO_4 \cdot 2H_2O$	18(15~28)
硫磺	S	80~100
黄铁矿	FeS	53.4
硫酸铵	$(NH_4)_2SO_4$	24
硫酸钾	K_2SO_4	18(16~18.4)
硫衣尿素	$(NH_2)_2Co-S$	10
硫酸铜	$CuSO_4 \cdot 5H_2O$	12.8
硫酸锰	$MnSO_4 \cdot 7H_2O$	11.6
硫酸铁	$FeSO_4 \cdot 7H_2O$	11.5
硫酸锌	$ZnSO_4 \cdot H_2O$	17.8
普通过磷酸钙	$CaSO_4 \cdot 2H_2O$	12(10~16)
泻盐	$MgSO_4 \cdot 7H_2O$	13
硫酸镁	$MgSO_4$	20(16~23)

(1) 生石膏 又称普通石膏,主要成分是硫酸钙($CaSO_4 \cdot 2H_2O$),含硫18.6%,CaO 23%。石膏呈粉末状,微溶于水。生石膏是由石膏矿石直接粉碎而成的。其产品质量与其细度有关,粒径愈细,改土效果愈好,也愈易被作物吸收利用。因此,农用生石膏的粒径应通过60目筛。

(2) 熟石膏 又叫雪花石膏,是由普通石膏加热脱水制成,主要成分是$CaSO_4 \cdot 0.5H_2O$,含硫20.7%,呈白色粉状,易磨细,吸湿性强,吸水后又变成生石膏。

（3）含磷石膏　主要成分是硫酸钙（$CaSO_4 \cdot 2H_2O$），约占64%，含硫11.9%，P_2O_5 0.7%~3.7%。它是用硫酸分解磷矿石制取磷酸后的残渣。含磷石膏呈酸性，易吸潮，宜施在缺乏硫、钙及磷的土壤上。

（4）硫磺　农用硫磺含硫95%~99%，由于难溶于水，不易从耕层中淋失，后效较长。

8.3.3.2 硫肥的施用技术

石膏可作基肥、追肥和种肥。石膏作基肥的用量为225~375kg/hm²，作种肥的用量为60~75kg/hm²。水稻可以通过蘸秧根或配合其他肥料施用，蘸秧根用量为30~45kg/hm²，作基肥或追肥用量为75~150kg/hm²。此外，硫肥施用早比晚好。

在碱性土壤中，施用石膏应根据土壤性质及灌溉条件来确定。在灌溉条件很差的地区，应在雨季前把石膏均匀撒在土面，然后翻入土壤。因为，石膏与土壤中交换性钠发生反应之后，钠盐可随降雨排除。在有灌溉条件的地区，在灌水前把石膏均匀撒于地面上，深翻入土，再灌水泡田，同样可以排除硫酸钠，达到脱碱的目的。为了提高改土效果，最好在结合灌溉的同时，配合施用有机肥料和种植绿肥，如苜蓿、田菁等。

硫磺的一般用量为7.5~15kg/hm²，硫磺配合氮、磷、钾及其他肥料施用，能发挥增产作用。

在硫肥中的SO_4^{2-}为速效硫，可作基肥或追肥施用。但是在土壤中，SO_4^{2-}容易淋失，肥效持续时间不长。在一般情况下，施用量为20~25kg/hm²时残效很低，用量达到27~30kg/hm²，可以维持两季稻谷的需要。在热带地区，硫加入到重过磷酸钙和磷矿粉中，是经济实用的施肥方法。在磷矿粉中，加入元素硫可以增加磷的释放，重钙易被土壤中的游离Fe^{3+}、Al^{3+}固定，用硫磺包膜可以减少施用初期磷的释放，提高磷肥利用率。

8.4　植物的硅营养与硅肥

8.4.1　硅的营养生理功能

8.4.1.1　植物体内硅的含量、形态与分布

不同植物的含硅量差异很大。根据硅的含量，一般的栽培植物可分为三个类群：一是含硅量特高的作物，如水稻，茎叶的含硅量为5%~20%（SiO_2，干重），这可能与它的水生环境有关；二是"旱地"禾本科植物，如燕麦、大麦和小麦，干物质的硅含量为2%~4%（SiO_2）；第三类是以豆科植物为代表的低含硅量的双子叶植物，硅含量一般都在1%以下，比第二类植物低90%左右。

在同一植物的不同器官中，硅含量差异也很大，且分布不均，受环境的影响

很大（表9-9）。例如，在燕麦成熟时，颖果中的硅含量占植物地上部分硅总量的0.5%~0.8%，花序的其他部分占40.7%~41.3%，叶占40.7%~41.3%，茎秆占7.8%~10.9%，而根系仅占2%以下。在水稻体内，硅多分布在地上部分，穗的硅含量占植株总硅量的10%~15%。在三叶草根系中，硅的浓度相当于地上部分的8倍。一般而言，成熟植物的含硅量高于幼嫩植物，衰老器官高于幼嫩器官。

在植物体内，硅几乎都是以硅胶的形态存在。以水稻为例，胶状硅酸只占总硅量的1.0%~3.3%，而90%~95%是硅胶（$SiO_2 \cdot 2H_2O$）。植物体内的硅酸能与糖、纤维素、蛋白质等结合形成有机络合物，也有一部分可能以有机硅的形态存在。在植物的木质部汁液中，硅主要是以单硅酸形式存在；在根系中，离子态硅比重较大，如水稻根系内可达3%~8%；在叶片中，硅胶可高达95%以上。在植物体内，硅一旦沉淀和固定，一般难以再利用。

8.4.1.2 硅的营养功能

对于一些含硅高的禾本科植物（如水稻、小麦等）、甜菜和木贼属植物，硅是必需的元素；而对大多数双子叶植物而言，硅不是必需营养元素，但有利于植物健康。在作物体内，硅的主要作用是促进健康、增强抗性、平衡营养等。

(1) **增强作物的抗病和抗倒能力**　硅是植物细胞壁的重要成分之一。在植物体内，硅与果胶酸、多聚糖酸、糖脂等物质结合，形成稳定性强、溶解度很低的单硅酸及多硅酸复合物，并沉积在木质化细胞壁和中胶层中。在水稻叶片、茎、叶鞘及根中，硅大多都存在于外表皮上。

固态硅与细胞壁结合形成的硅质化外壳可以形成一种机械屏障，还可使细胞不易受到酶的分解，从而防止病原真菌的侵入。植物的许多寄生性真菌（包括稻瘟病真菌）都是通过表皮细胞壁侵入寄主的。如果硅供应不足，则组织软弱，同时可溶性氮和糖类相对增加，使病原菌容易侵入和繁殖。不少试验证明，许多谷类作物对粉霉病的抵抗力，小麦对小双翅蝇的抵抗力，以及水稻对稻瘟病、白粉病和茎秆钻心虫的抵抗力都随着含硅量的增加而提高（图8-5）。

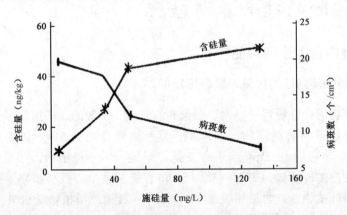

图 8-5　施硅对水稻稻瘟病病斑数的影响

在氮肥和水分供应过度时,植株生长加快,高大而细弱,容易弯曲或倒伏。在这种情况下,施用硅肥,作物茎叶生长健壮,抗倒伏能力增强。此外,有人提出,固态硅有利于种子的保存。

(2) 调节植物光合作用和蒸腾作用　植物叶片的硅化细胞对于散射光的透过量为绿色细胞的10倍,能增加光能吸收,从而促进光合作用。由于硅在植株表皮组织内沉积、增加了机械强度,叶片直立,与茎夹角和弯曲度减小,防止叶片互相遮荫,有利于提高群体的光合效率。

在植物缺硅时,蒸腾作用增强,容易失水凋萎,尤其是在大气湿度较低时最为明显。充足的硅可以加厚细胞壁,减轻植物凋萎,降低水分损失。此外,蒸腾率可能受到表皮细胞的纤维和含硅量的影响。因此,较厚的硅胶层有利于阻止水分损失。

(3) 增加水稻根系的氧化能力　当二价铁、锰过多时,硅酸能促进Fe^{2+}和Mn^{2+}氧化沉积,降低体内铁、锰含量,增加植物体内磷酸的移动性,提高植物体内磷的利用率。硅酸离子的化学特性和磷酸离子相似,在活性铁、铝丰富的土壤中,能与活性铁、铝结合,防止对磷酸的固定;或者能把土壤中固定的磷酸置换出来,提高磷的有效性。但是,大量施用硅肥,可能由于吸收初期的离子间拮抗作用,反而使磷酸的吸收降低。研究表明,在酸性土壤中,施用硅酸钙可以提高pH和Ca^{2+}的浓度,降低活性Al^{3+}含量,减少磷的吸附和固定,增加有效磷的释放和有效性,改善植物的磷素营养。

8.4.2　土壤中的硅

8.4.2.1　土壤中硅的含量和形态

硅是地壳中最多的元素之一,岩石圈平均含硅为28%。在土壤中,硅的总含量与地壳相近,但因气候条件、土壤母质和土壤类型的不同而异。低硅土含硅25%,高硅土含硅35%,平均约30%。如以SiO_2计算,硅约占地壳组成的60%。土壤中的硅主要存在于土壤颗粒和溶液中,或被吸附于胶体表面。从数量上来看,土壤中的硅含量很高,但溶解度却极低,在土壤溶液中,正硅酸盐的含量甚微,浓度仅在0.5~12mg/kg。

土壤中固态硅大致可分为两大类:一类是与铝或其他元素结合的硅酸盐;另一类是比较单纯的二氧化硅,主要有橄榄石、辉石、角闪石、黑云母、白云母、钾长石和石英等。在一定的环境条件下,固态硅酸盐和硅化物经过风化作用能释放出硅,或者进入土壤溶液,或者被植物吸收,或者被胶体所吸附,或者随水流失。

土壤中硅的有效性与pH值有关。在pH 6~8的范围内,土壤有效硅的含量随pH值升高而增加,当pH值超过8时,土壤有效硅有降低的趋势。在土壤溶液中,硅在pH值低于9时,都是单硅酸;当接近中性且溶液中的浓度超过120g/kg时,单硅酸将形成胶态硅。土壤胶体和一些氢氧化物质,如新鲜的氢氧化铁和氢氧化铝等，可吸附土壤溶液中的硅，石灰石微粒、氧化铁、铝土、高岭土和蒙脱土对硅的吸附能力很小；碱金属碳酸盐和硅酸盐矿物则无吸附作用。

8.4.2.2 土壤中硅的有效性

土壤的供硅水平是作物施用硅肥的主要依据，硅肥的施用主要根据土壤有效硅的含量来决定。测定土壤有效硅有多种浸提方法，例如，有机酸的缓冲液、有机酸和无机酸等。目前，比较通用的是醋酸缓冲液浸提法。此法测定的硅与水稻施用硅肥增产率的相关程度最高。

我国缺硅土壤主要是南方酸性、沙质的红、黄壤。南方水稻土含有效硅53~301mg/kg，平均为125mg/kg。红砂岩和花岗岩母质发育的水稻土供硅能力低；玄武岩和长江三角洲冲积物发育的土壤供硅能力高。前一类土壤的特点是砂性强和偏酸性；后一类土壤黏粒含量很高，偏中性。在我国从南至北，随着土壤pH值的提高，土壤有效硅含量随之增加，水稻施用硅肥的效果也逐渐降低。

8.4.3 含硅肥料的性质与施用

8.4.3.1 含硅肥料的种类与性质

国内外利用最多的含硅肥料是钢铁炉渣，其次是各种冶炼炉渣，还有钙镁磷肥、石灰石粉和窑灰钾肥等。各种含硅肥料的主要成分和含硅量见表8-4。

表8-4　常见含硅肥料的主要成分及含量

名称	硅的主要成分	SiO_2（%）
硅酸钠	$Na_2O \cdot nSiO_2 \cdot H_2O$	55~60
硅镁钾肥	$CaSiO_3 \cdot MgSiO_3$	35~46
钙镁磷肥	$CaSiO_3$	40
钢渣磷肥	$CaSiO_3$	25
窑灰钾肥	K_2SiO_3	16~17
钾钙肥	SiO_2	35
钾钙肥	SiO_2	35
高炉铁渣	$CaSiO_3 \cdot MgSiO_3$	40.7
钢渣（平、转、电炉）	$CaSiO_3 \cdot MgSiO_3$	24.5~27.3

(1) 硅酸钠（$Na_2O \cdot SiO_2 \cdot H_2O$）　硅酸钠是一种水溶性硅肥，含$SiO_2$ 50%~60%，是由含硅矿物、硅石与纯碱（Na_2CO_3）熔融而成的玻璃状流体，经水淬冷，磨细制成的肥料其颜色为黄白色或灰白色。一般每公顷施用75~150kg，由于成本较高，施用不普遍。

(2) 钢铁炉渣硅钙肥　钢铁炉渣含二氧化硅24%~27%。钢铁炉渣为金属冶炼副产物，呈碱性，溶于弱酸，肥料呈灰黑色，主要成分为$CaO(MgO)$与SiO_2等。作为硅肥应用，不仅可以补充硅，而且还可供应钙和镁。

目前，国内外所施用的含硅肥料主要是枸溶性的无定型玻璃体一类的肥料，其化学组成较为复杂，主要是焦硅酸复盐（$Ca_2MgSi_2O_7$）和硅酸钙（$\beta\text{-}CaSiO_3$），

其次是 $MgFe_2O_4$，$Ca_3(PO_4)_2$、Fe_2O_3、$CaTiO_3$ 等。凡是含可溶性 SiO_2 超过 15%、CaO 和 MgO 的含量不大于 30%、有害重金属小于 0.0001%、含水量在 14% ~ 16% 的化工和冶炼行废渣均可用于生产硅肥，如高炉炉渣、黄磷炉渣、粉煤灰、碳化煤球渣、铁锰渣等。

炉渣、硅灰石和粉煤灰等原料的粗制品作为硅肥，其中的硅钙属于缓效性养分，当年的利用率很低。因此，施用量很大，每公顷需 1500 ~ 2250kg，只能作基肥施用。近年来，国内外不少研究者采用不同原料，通过多种途径的化学方法如煅烧等制造工艺研制新型硅肥，力图使之成为速效性硅肥。利用化学方法生产硅肥，是硅肥未来发展的趋向。

另外，我国农民有施用河泥、稻草的传统，这些物质中的含硅量丰富，是稻田补充硅肥的重要措施之一。稻草灰分含量是作物中最多的，达干重的 15% ~ 18%。主要原因是水稻含硅量很高，氧化硅约占灰分总量的 78%，其次为钾的氧化物，约占 12%。所以，实施稻草或稻草灰还田，实际上起到了施用硅和钾等矿物质肥料的作用。

8.4.3.2 含硅肥料的施用及效果

钢铁炉渣一般作基肥施用，作水稻前期的追肥也有效。施用硅肥时，约有 60% 的硅被土壤固定，有效性降低，因此需要连续施用才能维持其增产效果，施用量一般为 1 500 kg/hm^2。水稻施用硅肥，可在整地和插秧后撒施。

硅肥施用主要考虑土壤硅的有效性。研究表明，在土壤有效硅 < 80 mg/kg 的土壤上，施用硅肥，水稻平均增产率约 10%；在有效硅含量为 120mg/kg 左右的土壤上，部分土壤有增产效果；在有效硅含量大于 200mg/kg 的土壤上，水稻施用硅肥没有明显效果。在施用硅肥时，还要考虑硅肥的性质。钢铁炉渣呈碱性，可施用于酸性土壤、泥炭地和酸性腐殖质的土壤，调节土壤酸度，其效果相当于等量碳酸钙的 70% ~ 80%。

复习思考题

1. 钙有哪些生理功能？
2. 钙主要通过什么方式被植物吸收？在植物体中如何运输？
3. 施钙对水果品质有何影响？
4. 石灰肥料有什么作用？
5. 镁元素有什么生理功能？
6. 植物缺镁为什么往往发生在果实形成后期？
7. 镁肥的主要施用技术有哪些？
8. 缺硫症状与缺氮和缺铁症状有何异同？为什么？
9. SO_2 和 H_2S 对植物的毒害症状有何不同？
10. 怎样提高硫肥的施用效果？

11. 为什么称硅为有益元素？硅有何生理功能？
12. 合理施用硅肥应考虑哪些因素？

本章可供参考书目

肥料学．毛知耘主编．中国农业大学出版社，1997
高等植物的矿质营养．H. 马斯纳尔著．北京农业大学出版社，1991
中国肥料．中国农业科学院土壤肥料研究所主编．上海科学技术出版社，1994

第9章 复混肥料

【本章提要】 复混肥料是科学施肥与化肥工业发展的必然产物,在现代农业生产中有非常广阔的发展前景。本章主要介绍复混肥料的概念、分类、特点以及养分含量的表示方法;继而介绍复合肥料和混合肥料的主要品种及其性质;在此基础上,重点介绍配制混合肥料的计算方法以及复混肥料的合理施用。

随着农业生产的发展和科学技术的进步,世界化肥生产正朝着高效化、复合化、液体化、缓效化方向发展,总趋势是发展高效复混肥料,以节省能源,减少副成分,提高肥效,降低成本,提高劳动生产率,节省包装、贮存、运输和施用等费用。复混肥料的生产有利于推广测土施肥、平衡施肥等科学施肥技术,减少施肥次数,节省施肥成本。如今,复混肥料的产量和技术已成为衡量一个国家化肥工业发达程度的重要指标,复混肥料在各国化肥生产和施用中所占比例越来越大。例如美、英两国约80%的化肥是经二次加工配成复混肥料销售,在日本、法国、德国及其他西欧国家的复混肥料也占化肥总量的60%~80%,全世界复混肥料的平均消费已超过化肥总量的1/3。因此,复混肥料是科学施肥的客观要求,也是化肥工业发展的方向,在现代农业生产中有广阔的发展前景。

9.1 复混肥料概述

9.1.1 复混肥料的概念与分类

所谓复混肥料(complex fertilizer)是指含有氮、磷、钾三种养分元素中至少两种的化学肥料。根据不同的分类标准可以将复混肥料分为不同的种类,主要分类方法有如下几种:

(1) **根据生产工艺分类** 根据生产工艺,复混肥料可以分为复合肥料和混合肥料,这种分类方法是目前最常见的。复合肥料是通过化学方法而制成的,也称化成复合肥料,如磷酸铵等。其特点是性质稳定,但其中的氮、磷、钾等养分比例固定,难以适应不同土壤和不同作物的需要,在施用时需配合单质化肥。例如,磷酸铵中磷的含量是氮的3倍左右,施用时一般要配合适量氮肥才能满足作物需求。因此,复合肥料直接施用较少,通常作为配制混合肥料的基础肥料。

混合肥料以单质化肥或复合肥料为基础肥料,通过机械混合而成,工艺流程以物理过程为主，也有一定的化学反应，但并不改变其养分基本形态和有效性。其优点是可按照土壤的供肥情况和作物的营养特点分别配制成氮、磷、钾养分比例各不相同的混合肥料，缺点是混合时可能引起某些养分的损失或某些物理性质变化。

按混合肥料的加工方式和剂型又可以分为粉状混合肥料、粒状混合肥料、粒状掺合肥料、清液混合肥料和悬浮液混合肥料等类型。粉状混合肥料采用干粉掺合或干粉混合；粒状混合肥料由粉状混合肥料经造粒、筛选、烘干而制成；粒状掺合肥料也称 B.B. 肥料，是将各种基础肥料加工制成等粒径、等比重的肥料颗粒之后，再混合而成；清液混合肥料将所有肥料组分都溶解于水中，形成清澈溶液的液体肥料；将一部分肥料组分通过悬浮剂的作用而悬浮在水溶液中制成悬浮液混合肥料。

(2) 根据养分组成分类　根据营养元素的种类或其他有益成分，复混肥料可以分为二元、三元、多元和多功能复混肥料。含有氮、磷、钾三要素中任意两种的化学肥料称为二元复混肥料；同时含有氮磷钾三要素的化学肥料称为三元复混肥料；在复混肥料中，添加一种或几种中、微量元素后，称为多元复混肥料；在复混肥料中，添加植物生长调节物质、农药、除草剂等之后，称为多功能复混肥料。

(3) 根据总养分含量分类　根据总养分含量，复混肥料可以分为低浓度、中浓度、高浓度和超高浓度复混肥料。总养分含量为 25%~30% 的是低浓度复混肥料，30%~40% 的是中浓度复混肥料，40% 以上的是高浓度复混肥料，超过 80% 的是超高浓度复混肥料。

(4) 根据适用范围分类　按照适用范围，复混肥料可以分为通用型和专用型复混肥料。通用型复混肥料适用的地域及作物的范围比较广泛，针对性不强，有时出现其中的一种或两种有效养分不足或过剩，在施用时需根据具体情况，补施单质化肥或其他肥料才能充分发挥肥效；专用型复混肥料仅适用某一地域的某种作物，针对性强，养分利用率高，肥效较好。因此，专用型复混肥料发展很快，种类也愈来愈多，如水稻专用肥、烟草专用肥等。

9.1.2　复混肥料养分含量的表示方法

为了便于施用，复混肥料都要将其中的有效养分标出，表示方法是用阿拉伯数字，并按 $N-P_2O_5-K_2O$ 顺序标出 N、P_2O_5、K_2O 在复混肥料中所占的百分率。例如，10-10-10 表示在此种复混肥料中，N、P_2O_5、K_2O 的含量均为 10%；15-15-0 表示在此种复混肥料中，N、P_2O_5 的含量各占 15%，K_2O 的含量为 0；15-0-15 表示在此种复混肥料中，N、K_2O 的含量各占 15%，P_2O_5 的含量为 0。对于多元复混肥料，2002 年 1 月 1 日实施的复混肥料国家标准规定，加入中量元素或微量元素，不在包装容器或质量证明书上标明（有国家标准或行业标准规定的除外）。如果复混肥料中氯离子含量大于 3.0%，则必须在包装容器上标明。

复混肥料的总养分含量是 N、P_2O_5 和 K_2O 的含量之和，其他养分元素不得计入，如 15-15-15 表示此种复混肥料总养分含量为 45%；15-15-0 为 30%。

9.1.3 复混肥料的特点

（1）复混肥料的优点

①养分种类多，含量高，副成分少　复混肥料至少含有氮、磷、钾三要素中的两种，养分种类比单质肥料多。因此，施用复混肥料可同时供给作物多种养分，满足作物生长需要，并有利于发挥营养元素之间的协助作用，减少损失，提高肥料利用率。复混肥料养分含量较高，即使是低浓度的复混肥料，总养分含量都在 25% 以上，比许多单质肥料的有效养分含量都高。有效成分高，副成分必然少。因此，只要施用合理，对土壤一般不会产生不良影响。此外，配制复混肥料时加入的填料，如黏土、粉煤灰等，还有一定的改土作用。

②物理性状较好　复混肥料一般制成颗粒状，有些还制成包膜肥料，吸湿性明显降低，便于贮存、运输和施用，尤其适合现代机械化施肥。

③节省包装、贮存、运输和施用等费用　由于复混肥料养分含量高，副成分少，所以，在等量有效养分的条件下，复混肥料的体积总量比单质肥料少，如 1t 硝酸钾所含的 N 几乎相当于 1t 碳酸铵，所含的 K_2O 几乎相当于 1t 硫酸钾，体积却比单质化肥缩小一半，可节省包装、贮存、运输和施用等费用，降低生产成本。另一方面，由于复混肥料含有多种养分，每次施肥可施入多种养分，有利于减少施肥次数，提高劳动生产率。如果需要供给氮、磷、钾三种元素，至少需要施用 3 次单质化肥，如果施用氮、磷、钾复混肥料，只需施一次。

（2）复混肥料的缺点

①养分比例固定，尤其复合肥料，很难完全适用于不同土壤和不同作物　例如，5-15-12 的复混肥料，磷、钾含量较高，只适合于豆科等需氮较少的作物。所以，复混肥料最好根据当地的土壤供肥情况和作物营养特点配制成专用肥，充分发挥复混肥料的增产作用。

②难以满足不同肥料的施肥技术　磷、钾肥一般适宜作基肥，氮肥容易损失，宜少量多次施用。如果把氮磷钾配成复混肥作基肥一次施入，则会造成大量氮素损失。

9.2 复合肥料主要品种和性质

9.2.1 磷酸铵系复合肥

9.2.1.1 磷酸铵

磷酸铵简称磷铵，是氨中和浓缩磷酸而生成的一组产物。由于氨中和的程度不同，主要产物有磷酸一铵、磷酸二铵，其反应式如下：

$$H_3PO_4 + NH_3 \longrightarrow NH_4H_2PO_4$$

$$H_3PO_4 + 2NH_3 \longrightarrow (NH_4)_2HPO_4$$

磷酸一铵又称安福粉，是白色四面体结晶，饱和水溶液的 pH 值为 3.47。总养分含量约 62%~66%，其中 N 为 11%~13%，P_2O_5 为 51%~53%。在 10℃ 和 25℃ 时，每 100mL 水分别溶解 29g 和 40g。

磷酸二铵又称重安福粉，白色单斜结晶，饱和水溶液的 pH 值为 7.98。总养分含量约 62%~75%，内含 N16%~21%，P_2O_5 46%~54%。在 10℃ 和 25℃ 时，每 100mL 水分别溶解 63g 和 71g。

磷酸一铵的热稳定性好，氨不易挥发，临界相对湿度高，不易吸潮，溶解度大，物理性质较好。磷酸二铵的稳定性较磷酸一铵差，在湿热条件下氨易挥发，与过磷酸钙混合易造成磷的退化，与尿素混合易造成氨的损失。磷酸一铵的水溶液呈酸性，磷酸二铵的水溶液呈碱性。我国生产的磷酸一铵和磷酸二铵的品质规格见表 9-1 至表 9-3。

表 9-1 料浆法磷酸一铵（MAP）的规格（GB10206—1988）　%

项目		指标		
		优等品	一等品	合格品
有效磷（EDTA 溶性磷，以 P_2O_5 计）含量	≥	44	42	40
水溶性磷（以 P_2O_5 计）含量	≥	34	29	26
总氮（N）含量	≥	11	11	10
水分（H_2O）含量	≤	1.0	1.5	2.0
粒度（1~4mm）	≥	90	80	80
颗粒平均抗压强度（N）	≥	30	25	20

表 9-2 粉状磷酸一铵（MAP）的规格（GB21009—1990）　%

项目		I 类		II 类	
		优等品	一等品	优等品	一等品
有效磷(中性柠檬酸铵溶性磷，以 P_2O_5 计)含量	≥	49	47	—	—
（EDTA 溶性磷，以 P_2O_5 计）含量	≥	—	—	40	38
水溶性磷（以 P_2O_5 计）含量	≥	44	41	28	24
总氮(N)含量	≥	9	8	9	8
水分(H_2O)含量	≤	7.0	9.0	5.0	6.0

表 9-3 颗粒状磷酸一铵(MAP)和磷酸二铵(DAP)的规格（GB10205—1988）　%

项目		MAP			DAP		
		优等品	一等品	合格品	优等品	一等品	合格品
有效磷(中性柠檬酸铵溶性磷，以 P_2O_5 计)含量	≥	52	49	46	46~48	42	38
水溶性磷（以 P_2O_5 计）含量	≥	47	42	40	42	38	32
总氮(N)含量	≥	11	11	10	16~18	15	13
总养分(有效磷+总氮)含量	≥	—	—	—	64	57	51
水分(H_2O)含量	≤	1.0	1.5	2.0	1.5	2.0	2.5
粒度(1~4mm)	≥	90	80	80	90	80	80
颗粒平均抗压强度(N)	≥	30	25	20	30	25	20

目前，我国生产的磷铵是磷酸一铵和磷酸二铵的混合物，总养分含量为60%～68%，内含氮14%～18%，P_2O_5 46%～50%，性质较稳定，多数用于配制混合肥料。以磷铵为基础，可加工出各种不同的氮、磷复混肥。如加硝酸铵，可制成硝磷铵；加硫酸铵，可制成硫磷铵；加尿素，可制成尿磷铵。用50%的浓磷酸与氨反应，还可制成聚磷酸铵。在磷铵中加入防潮剂还可制成颗粒磷铵，颗粒磷铵呈灰白色，易溶于水，水溶液pH值为7.0～7.2。总养分含量为57%～69%。其中含氮11%～18%，P_2O_5 46%～51%。

磷铵可作种肥、基肥和追肥。作种肥时用量不宜过多，应避免与种子直接接触，以免影响种子发芽或烧苗。磷铵是磷多氮少的肥料，宜用于豆科作物，在用于其他作物时，要适当配施单质氮肥。磷铵不宜与草木灰、石灰等碱性肥料混施，否则引起氨的挥发损失，磷的有效性也会降低。

磷铵是一种不含副成分的高浓度氮、磷复合肥料，是生产高浓度混合肥料的基础肥料，而且还适宜于远程运输，但贮存时应注意防潮。

9.2.1.2 聚磷酸铵

聚磷酸铵又称多磷酸铵，主要成分有磷酸铵、焦磷酸铵、三聚磷酸铵和四聚磷酸铵等。聚磷酸铵是由正磷酸脱水或者过磷酸与氨反应制成的超高浓度的氮、磷复合肥，总养分含量高达70%～76%，内含氮13%～23%，P_2O_5 53%～61%。聚磷酸铵的溶解度大于正磷酸铵，并可螯合金属阳离子，阻止肥料中的杂质在溶液中沉淀。同时聚磷酸铵还能螯合铁、锰、铜、锌等微量营养元素，使其溶解度增加，常用于配制高浓度、多元素（尤其微量元素）的液体复混肥料。聚磷酸铵中的N：P_2O_5为1：4，也是一种以磷为主的氮、磷复合肥，施用方法可参照磷酸铵。

9.2.1.3 偏磷酸铵

将元素磷在空气中燃烧生产P_2O_5，在高温和水蒸气存在的条件下，再与氨反应生产偏磷酸铵。偏磷酸铵的总养分含量约69%～84%，内含N11%～12%，P_2O_5 58%～62%。氮以氨态氮为主，占82%～98%，95%～99%的磷为枸溶性磷。稍有吸湿性，但不易结块。

偏磷酸铵适宜在酸性或中性土壤上施用，在石灰性土壤上肥效稍差。施用方法可参照磷酸铵。

9.2.1.4 磷酸二氢钾

磷酸二氢钾为灰白色粉末，吸湿性小，物理性状好，易溶于水，在20℃时每100mL水可溶解23g，水溶液的pH值为3～4。磷酸二氢钾品质规格见表9-4。

磷酸二氢钾由于价格昂贵，多用于根外追肥、拌种和浸种。多数作物每公顷喷施0.1%～0.2%的磷酸二氢钾溶液750～1 125kg，连续喷施两三次，可获得10%左右的增产效果，但要注意喷施时间，水稻、小麦宜在拔节—孕穗期，棉花

表 9-4　磷酸二氢钾品质规格（GB1963—1980）　　　　%

项　目		指　标		
		一级品	二级品	农业用
磷酸二氢钾（KH_2PO_4）含量（以干基计）	≥	98.0	97.0	96.0
水分（H_2O）含量	≤	3.0	3.0	4.0
pH 值		4.4~4.6	4.4~4.6	4.4~4.6
水不溶物	≤	0.3	0.5	—
氯化物（Cl）	≤	0.20	—	—
铁（Fe）	≤	0.003	—	—
砷（As）	≤	0.005	—	—
重金属（以 Pb 计）	≤	0.005	—	—

宜在花期喷施。用 0.2% 的磷酸二氢钾溶液浸种 20h 左右，晾干后播种，也有一定的增产效果。在国外，还利用磷酸二氢钾配制高浓度的混合肥料。

9.2.1.5　氨化过磷酸钙

氨化过磷酸钙是用氨处理过磷酸钙而制成的一种物理性质较好的氮磷复合肥料。其中含 N 2%~3%，P_2O_5 13%~15%。由于氨可以中和过磷酸钙中的游离酸，因此过磷酸钙的吸湿性和腐蚀性降低，加上氨化作用是放热反应，所以氨化时能蒸发掉一部分水分，亦能改善成品的物理性质，所以贮存、运输、施用均较方便，同时又增加了氮素。

在氨化过磷酸钙的生产过程中，加氨过量会导致磷的有效性降低，通常加氨量以 5%~10% 为宜，超过 20%，则造成严重的磷酸退化和氮损失，具体加入量要根据过磷酸钙中 P_2O_5 含量和氨水浓度而定。

氨化过磷酸钙对多数作物的肥效略优于等磷量的过磷酸钙，尤其对豆科作物效果较显著。

由于氨化过磷酸钙的 N：P 约为 1：6，施用时应配合氮肥才能充分发挥肥效，而且不宜与碱性肥料混存混用，以免引起氨的挥发和物理性质变坏。其他施用方法参照过磷酸钙。氨化过磷酸钙还是我国生产低浓度混合肥料的基础肥料之一。

9.2.2　硝酸磷肥系复合肥

硝酸磷肥也是生产混合肥料的基础肥料，在此主要论述硝酸磷肥的生产原理和性质，硝酸钾也在本节中一并讨论。

9.2.2.1　硝酸磷肥

硝酸磷肥是由硝酸分解磷矿粉而制成的氮、磷复合肥料。其优点是用硝酸分解磷矿，既可节省硫源，同时硝酸本身又含有氮。硝酸磷肥制造过程的第一步是用硝酸分解磷矿粉制得磷酸和硝酸钙溶液，其反应式如下：

$$Ca_5(PO_4)_3F + 10HNO_3 \longrightarrow 3H_3PO_4 + 5Ca(NO_3)_2 + HF\uparrow$$

第二步是对此溶液进行化学加工，从溶液中除去硝酸钙。去除硝酸钙的加工方法有：

（1）冷冻法　首先在低温（-5~5℃）条件下分离析出硝酸钙结晶，然后将氨通过溶液，进行中和，再经浓缩、干燥，即得硝酸磷肥，其反应式如下：

$$3H_3PO_4 + Ca(NO_3)_2 + 4NH_3 + 2H_2O \longrightarrow CaHPO_4 \cdot 2H_2O + 2NH_4H_2PO_4 + 2NH_4NO_3$$

所制得的硝酸磷肥是一种含有二水磷酸二钙、磷酸一铵和硝酸铵等组分的氮、磷复合肥。其总养分含量达40%，其中水溶性磷占全磷量的75%。但此法所用的设备复杂，投资大。

（2）碳化法　先氨化，再通入氨和二氧化碳去中和反应溶液，使其中的硝酸钙生成碳酸钙沉淀出来，其反应式如下：

$$3H_3PO_4 + 5Ca(NO_3)_2 + 10NH_3 + 2CO_2 + 8H_2O \longrightarrow$$
$$3CaHPO_4 \cdot 2H_2O + 10NH_4NO_3 + 2CaCO_3\downarrow$$

所制得的硝酸磷肥是一种含有二水磷酸二钙、硝酸铵和碳酸钙等组分的氮、磷复合肥。此法所需设备简单，成本较低，但所含磷素养分形态全部为枸溶性。

（3）混酸法　用硝酸和硫酸混合分解磷矿粉，这样制得的溶液中只有少量硝酸钙，大部分的钙与硫酸起反应，生成硫酸钙，从溶液中沉淀下来，然后再用氨去中和溶液，其反应式如下：

$$2Ca_5(PO_4)_3F + 12HNO_3 + 4H_2SO_4 \longrightarrow 6H_3PO_4 + 6Ca(NO_3)_2 + 2HF\uparrow + 4CaSO_4\downarrow$$

$$6H_3PO_4 + 5Ca(NO_3)_2 + 11NH_3 \longrightarrow 5CaHPO_4 + 10NH_4NO_3 + NH_4H_2PO_4$$

所制得的硝酸磷肥是一种含有无水磷酸二钙、磷酸一铵和硝酸铵等组分的氮、磷复合肥。用此法生产硝酸磷肥设备简单，但需消耗一定的硫酸，总养分含量较低，仅24%~28%，其中的磷只有30%~50%为水溶性，其余均为枸溶性。

由上可见，硝酸磷肥中的组分及氮、磷含量随制造方法而异，现将其归纳在表9-5。

表9-5　硝酸磷肥品质规格（GB10510—1989）　　　　　%

项目		指标		
		优级品	一级品	合格品
总氮（N）含量	≥	27.0	26.0	25.0
有效磷含量（以P_2O_5计）	≥	13.5	12.0	11.0
水溶性磷占有效磷百分数	≥	70	55	40
游离水含量	≤	0.6	1.0	1.2
粒度（粒径1~4mm）	≥	95	90	85
颗粒平均抗压强度（N）	≥	50	50	50

目前，我国已建成投产的山西潞城化肥厂是采用冷冻法生产硝酸磷肥，而河南开封化肥厂则采用混酸法生产。两地生产的硝酸磷肥规格均为26-13-0，其中水溶性磷占有效磷的50%以上。在硝酸磷肥中加入氯化钾或硫酸钾，即制成

含有氮、磷、钾的三元复合肥——硝磷钾肥，如 15 – 15 – 15，13 – 11 – 12 等复混肥料。用硫酸钾制成的硝磷钾肥特别适宜用于烟草等。

硝酸磷肥中的氮素形态有很大一部分是硝态氮，宜在旱地上施用，而不宜用于水田。其中氮含量一般高于磷含量，所以也不宜施用于豆科作物，否则影响其固氮效果。硝酸磷肥宜优先施在含钾较高而氮、磷、有机质均缺的北方石灰性土壤上，且颗粒不宜过大。硝酸磷肥在大气湿度为40%~60%时即开始吸潮，在贮存、运输、施用时应注意防湿防潮。

9.2.2.2 硝酸钾

硝酸钾是将硝酸钠和氯化钾溶在一起进行复分解后再重新结晶而制成的，其反应式如下：

$$NaNO_3 + KCl \longrightarrow KNO_3 + NaCl$$

我国的硝酸钾有部分是用土硝制成的，故又称火硝。硝酸钾为斜方或菱形白色结晶，其中氮的含量为12%~15%，K_2O 的含量为45%~46%，不含副成分，吸湿性小。

硝酸钾宜作追肥，但不宜作基肥或种肥；宜施用于旱地，而不宜施于水田；宜施于马铃薯、甘薯、甜菜、烟草等喜钾作物。

硝酸钾是配制混合肥料的理想钾源。用它代替氯化钾配制复混肥料可明显降低其吸湿性。

硝酸钾也是制造火药的原料，贮存、运输时要特别注意防高温、防燃烧、防爆炸，切忌与易燃物质接触。

9.3 混合肥料的剂型、品种和性质

9.3.1 混合肥料的品质标准

我国混合肥料的生产量与发达国家相比，占化肥总量比例低，中、低浓度肥料多，高浓度肥料较少；通用型混合肥料多，而针对性强的专用型混合肥料较少。因此扩大混合肥料生产规模、提高总养分含量是今后肥料工作者的重要任务之一。为了保证混合肥料产品质量，制定了混合肥料国家标准（表9-6）。

9.3.2 混合肥料的类型

按混合肥料的加工方式和剂型可以分为粉状混合肥料、粒状混合肥料、粒状掺合肥料、清液混合肥料和悬浮混合肥料等类型。

9.3.2.1 粉状混合肥料

粉状混合肥料是生产混合肥料中最古老最简单的工艺。主要设备是混合器，主要配料成分有粉状过磷酸钙、重过磷酸钙、硫酸铵、硝酸铵、氯化钾等。粉状

表9-6　复混肥料的品质规格（GB18382—2001）　　　　　　　%

项　目		指　标		
		高浓度	中浓度	低浓度
总养分含量（N＋P$_2$O$_5$＋K$_2$O）	≥	40.0	30.0	25.0
水溶性磷占有效磷百分率	≥	70	50	40
水分（游离水）含量	≤	2.0	2.5	5.0
粒度（1.00～4.75mm或3.35～5.60mm）	≥	90	90	90
氯离子含量（Cl$^-$）	≤	3.0	3.0	3.0

注：1. 组成产品的单一养分量不得低于4.0%，且单一养分测定值与标明值的负偏差绝对值不得大于1.5%；
　　2. 以钙镁磷肥等枸溶性磷肥为基础肥料，并在包装容器上注明为"枸溶性磷"，可不控制"水溶性磷占有效磷百分率"的指标。若为氮、钾二元肥料，也不控制"水溶性磷占有效磷百分率"的指标；
　　3. 如产品氯离子含量≥3.0%，应在包装容器上标明"含氯"，可不检验该项目；包装容器未标明"含氯"时，必须检验氯离子含量。

混合肥料容易结块，在加工过程中加稻壳粉、蛭石粉、珍珠岩粉、硅藻土等物料可减少结块现象。粉状混合肥料加工方法简单，生产成本低，但容易吸湿结块，物理性状差，施用不便，尤其不适宜机械施肥，因此生产较少，而且2002年1月1日实施的复混肥料国家标准指出粒度指标是强制性指标，故不宜发展粉状混合肥料。

9.3.2.2　粒状混合肥料

粒状混合肥料的优点是颗粒中养分分布比较均匀，物理性状好，施用方便，而且可以根据农业生产需要灵活变换肥料配方，目前多用于生产经济作物专用肥，在我国具有很好的发展前景。粒状肥料的基础肥料可以是粉状、结晶状或颗粒状。主要设备之一是造粒机，我国广泛采用的有转鼓、圆盘和挤压造粒机，其中挤压造粒机成粒率高，返料少。生产粒状混合肥料的主要流程为固体物料破碎、过筛、称重、混合、造粒、干燥、筛分、冷却、包装等。

不管采用那种造粒工艺，都应该注意基础肥料之间的相合性。如果相合性不好的肥料混合，不仅破坏肥料的物理性状，而且降低肥料组分的有效性或导致养分损失。因此，在选择基础肥料时必须遵循以下原则：

（1）**混合后肥料的临界相对湿度较高**　肥料的吸湿性以其临界相对湿度来表示，即在一定的温度下，肥料开始从空气中吸收水分时空气的相对湿度。一般肥料混合后临界相对湿度比混合前任一基础肥料都低，所以吸湿性增加。例如，硝酸铵的临界相对湿度为59.4%（图9-1），尿素为75.2%，而两者混合后仅为18.1%，临界相对湿度大大降低。因此，在选择基础肥料时要求临界相对湿度尽可能高。

（2）**混合后肥料的有效养分不受损失**　肥料混合过程中由于肥料组分之间发生化学反应，导致养分损失或有效性降低。不能直接相合的主要有：

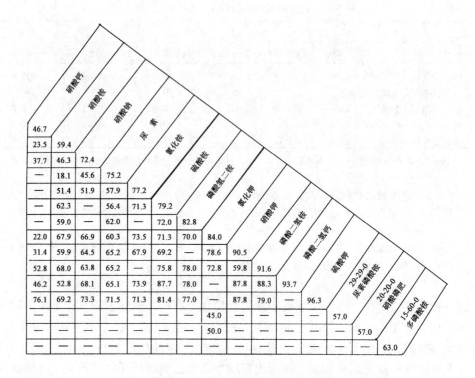

图9-1 30℃肥料盐及混合物的临界相对湿度

铵态氮肥（如硫酸铵、磷铵、硝酸铵等）、腐熟的有机肥（如粪尿水、堆肥等）不应与钙镁磷肥、草木灰等碱性肥料混合，以免发生氨挥发。其反应如下：

$$NH_4NO_3 + K_2CO_3 \longrightarrow KNO_3 + (NH_4)_2CO_3$$

$$(NH_4)_2CO_3 \longrightarrow 2NH_3\uparrow + CO_2\uparrow + H_2O$$

$$(NH_4)_2SO_4 + CaO \longrightarrow CaSO_4 + 2NH_3 + H_2O$$

硝态氮肥（如硝酸铵、硝酸钙等）不应与过磷酸钙或未腐熟的有机肥（如植物油饼等）混合，否则易发生反硝化脱氮。硝态氮肥不能直接与氯化钾、过磷酸钙等混合，因为容易产生吸湿性更强的硝酸钙等。其反应如下：

$$2NH_4NO_3 + Ca(H_2PO_4)_2 \longrightarrow Ca(NH_2)_2(HPO)_2 + N_2O\uparrow + 3H_2O$$

$$2NH_4NO_3 + 2C(未腐熟的有机肥中的碳) \longrightarrow N_2O\uparrow + (NH_4)_2CO_3 + CO_2\uparrow$$

尿素不应与豆饼类有机肥混合，因为豆饼类有机肥中含有脲酶，相混合后加速尿素的水解，造成氨挥发损失。尿素也不能与过磷酸钙直接混合，因尿素与过磷酸钙发生加合反应，使混合物含水量迅速增加，导致无法造粒。但可以先用5%~10%的碳铵氨化过磷酸钙，再与尿素混合，则可以消除直接相合的不良影响。

速效磷肥（如过磷酸钙、重过磷酸钙等）不应与碱性肥料混合，特别是含钙的碱性肥料，容易引起速效磷的退化，其反应如下：

$$Ca(H_2PO_4)_2 + CaO \longrightarrow 2CaHPO_4 + H_2O$$

$$2CaHPO_4 + CaO \longrightarrow Ca_3(PO_4)_2 + H_2O$$

因此在选择原料时，必须注意各种肥料混合的宜忌情况（图9-2）。

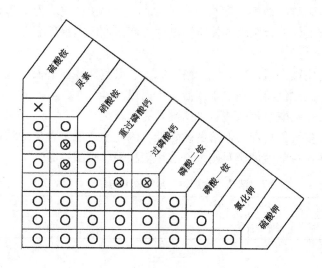

图9-2 常用肥料混合相合性判别图
×表示不可混合 ⊗表示可以暂时混合但不宜久置 ○表示可以混合

9.3.2.3 粒状掺合肥料

粒状掺合肥料最大的优点是可以根据不同土壤、作物的需要灵活变换配方，具有明显的实用性和针对性。其缺点是各基础肥料要求粒径、比重接近，否则容易产生分离，导致各颗粒养分组成不尽相同，从而降低肥效。生产粒状掺合肥料也要考虑基础肥料的相合性。目前，我国粒状掺合肥料生产规模较小，主要是尿素和氯化钾等造粒的技术措施还没有完全解决。而粒状掺合肥料在美国施用最多，施用量约占化肥消费总量的40%，占整个复混肥料的70%。

9.3.2.4 清液混合肥料

清液混合肥料具有生产装置简单、投资费用和能耗少，无烟雾和粉尘污染，而且特别适宜叶面喷施，肥料利用率高等优点。但缺点是对基础肥料要求高，必须是水溶性的，而且肥料组分之间不能产生沉淀，还需要特殊的贮存、运输设备，如汽车槽罐等。

清液混合肥料一般是以多磷酸铵溶液为基础，通过冷混或热混工艺制成。在冷混工艺中，用多磷酸铵溶液（10-34-0、11-37-0）与无压力氮溶液（含N 28%~32%）和钾盐混合形成不同规格的产品，如7-21-7，10-10-10等，也可以与尿素和氯化钾溶液，或尿素与硝酸铵溶液、钾盐混合制成。在热混合中，湿法磷酸和氨反应时加入聚磷酸铵溶液螯合湿法磷酸中的杂质，并借助于酸和氨的反应提高物料的温度，加快其他配料的溶解速度，加入尿素或氯化钾溶液混合后可制成多种组合的清液混合肥料。

生产过程中还要特别注意液体混合肥料的盐析温度,即开始析出结晶的温度。值得注意的是盐析温度与总养分含量有关,如尿素、氯化钾等用热混合法制得的清液混合肥料的盐析温度与总养分量的关系见表9-7。为了防止低温发生盐析,一般要求液体混合肥料的盐析温度低于使用地区的最低温度。还要注意基础肥料的选择:

氮素可选用铵态氮、硝态氮、酰胺态氮、氨基酸或氮溶液。氮溶液就是将硝铵、尿素按一定比例溶解在氨水或液氨中而成。

磷素常用正磷酸、焦磷酸、多磷酸等为原料。

钾素一般多用氯化钾,但溶解度较低,因此生产低钾含量的液体肥料可用氯化钾,而高钾含量的液体肥料则最好选用硫酸钾、碳酸钾等。

表9-7 清液混合肥料的盐析温度与总养分量的关系

总养分含量（$N+P_2O_5+K_2O$）(%)	32	29.6	27	25
盐析温度（℃）	16	10	0	-4

9.3.2.5 悬浮液混合肥料

悬浮液混合肥料的生产方法以及优缺点与清液混合肥料大致相似,只是需加入悬浮剂,如黏土等,使肥料的液相与固相处于稳定的悬浮平衡状态。如以多磷酸铵作为悬浮液,然后与氮、钾肥料溶液、黏土混合制成。另一方面清液混合肥料要求基础肥料完全溶解,尤其在配制含有微量元素的清液混合肥料时,为了使其完全溶解,常用价格昂贵的螯合态微量元素,而悬浮混合肥料对微量元素的溶解度要求不严,除非它影响到农艺效果才加以考虑。总之,液体混合肥料(清液和悬浮液混合肥料)是一种有发展前途的肥料。

9.4 复混肥料的肥效与施用

9.4.1 复混肥料的肥效

9.4.1.1 复混肥料与等养分单质化肥的肥效

综合各地试验结果,施用复混肥料或单质化肥均比不施肥有明显的增产效果,而复混肥料与单质化肥相比,在两者养分形态、用量和其他栽培管理措施一致的条件下,其肥效相当或略高。全国复肥攻关协作组的试验结果表明,二元复混肥肥料供试的9种作物中,除春小麦、谷子、油菜的增减产超过5%(春小麦达到显著差异,$P=0.05$)外,其他6种作物基本平产;三元复混肥料供试的8种作物中,除了棉花减产8%(差异不显著)外,其余作物的产量差异均未超过5%。另有大量试验结果表明,复混肥料比等养分的单质化肥增产效果明显,而且还可提高肥料利用率10%~15%。尽管复混肥料(单质化肥的二次加工)比等养分的单质化肥成本较高,但是由于肥料利用率提高,产量增加,运输、施用等费用降低，总的来说经济效益一般比单质化肥高，即等价格优于等养分。

9.4.1.2 同养分形态的复混肥料的肥效

(1) 碳化法硝酸磷肥与混酸法硝酸磷肥比较　上海化工研究院在四川、吉林和黑龙江等地进行的田间试验结果表明，碳化法硝酸磷肥对豆科作物的效果不佳，对绿肥的效果多数不仅低于过磷酸钙，甚至低于不施肥处理。在黑龙江缺磷但不缺氮的新垦黑土上，对春小麦的肥效仅与施用等量过磷酸钙相当。而混酸法硝酸磷肥比碳化法硝酸磷肥增产效果显著，特别是在四川低肥力的黄泥土和紫色土上效果更佳。

(2) 硝酸磷肥系与磷酸铵系复混肥料的肥效比较　多数试验结果表明，磷酸铵系复混肥料比硝酸磷肥系复混肥料的肥效更稳定，后者因土壤、作物不同而有很大差异。一般来说，在旱地作物上，尤其在石灰性土壤的旱地作物上，硝酸磷肥系复混肥料与磷酸铵系复混肥料的肥效相当或稍高。但在水稻土上，硝酸磷肥系复混肥料的肥效显著低于磷酸铵系复混肥料。原因可能是硝酸磷肥系复混肥料中有相当部分硝态氮，在水田中易随水流失，或反硝化作用而损失。所以硝酸磷肥系复混肥料主要施用于石灰性土壤的旱地作物，而不宜施用于水田。磷酸铵系复混肥料的施用范围相对较广，旱地或水田均可。

(3) 尿素过磷酸钙系、尿素钙镁磷肥系复混肥料的肥效比较　过磷酸钙和钙镁磷肥是我国主要的磷肥品种，用其加工而成的复混肥料，其主要区别在于：前者的磷素是水溶性的，而后者是枸溶性的。不少试验表明，尿素过磷酸钙系、尿素钙镁磷肥系复混肥料的肥效也是因土而异。在北方石灰性土壤上，钙镁磷肥系复混肥料的肥效略低于过磷酸钙系复混肥料，而在南方酸性土壤上，钙镁磷肥系复混肥料的肥效与过磷酸钙系复混肥料基本相当，有时在水稻等作物上前者的肥效还略高一些。

(4) 氯磷铵系与尿素磷铵系复混肥料的肥效比较　根据全国含氯化肥研究协作组试验表明，凡耐氯力强、即适应在氯浓度 >600mg/kg 的土壤上正常生长的作物，如水稻、棉花、大蒜等作物，氯磷铵系复混肥料与尿素磷铵系复混肥料的肥效相当，即对产量和品质影响基本一致，而且前者对水稻产量略有增加，对棉花纤维品质有所改善。

耐氯力中等，即适应在氯浓度 300~600mg/kg 土壤上正常生长的作物，如小麦、玉米、大豆等作物，氯磷铵系复混肥与尿素磷铵系复混肥对作物产量的影响基本一致，但前者对其品质略有不利。

耐氯力弱，即适应在氯浓度 <300mg/kg 土壤上正常生长的作物，如莴苣、烟草、甘薯等作物，则不宜施用氯磷铵系复混肥，主要是防止氯过量对作物品质不利。尤其不能用氯化铵来配制复混肥料，因为氯化铵比氯化钾含氯量更高，但考虑到硫酸钾价格昂贵，可用部分氯化钾代替硫酸钾，并不影响作物的品质，因有些作物需要一定的氯才能获得较好的品质。

9.4.1.3 不同加工剂型复混肥料的肥效

大量试验结果表明,粒状混合肥料的肥效均相当或高于粉状混合肥料,但枸溶性磷含量较高时,前者不及后者,主要是粉状混合肥料与作物根系接触面积大,利于作物吸收利用。粒状混合肥料与粒状掺合肥料在等养分条件下,两者的肥效也基本相当。因此,除含高枸溶性磷的复混肥料外,其肥效与加工剂型关系不大。生产复混肥料主要以生产成本低,产品养分浓度高,而且贮存、运输、施用等方便为基本原则。

9.4.1.4 专用型复混肥料与通用型复混肥料的肥效

由于专用型复混肥料是根据不同土壤的供肥能力和不同作物的营养特点而配制的,针对性强,所以专用型复混肥料的肥效常常优于通用型复混肥料。据恩施自治州土肥站研究表明,自治州复混肥料厂生产的规格为 8 – 8 – 16 的烟草专用肥比等量进口菲律宾通用型复混肥料（15 – 15 – 15）增产 14.5%。当地农民总结得出:施单质化肥不如复混肥料,施通用型复混肥料不如专用型复混肥料。江苏省海安农业局在小麦、水稻和棉花等作物多年的试验结果表明,专用型复混肥料比通用型复混肥料增产平均达 3%。

9.4.2 复混肥料的施用

一般来说,复混肥料具有多种营养元素、物理性状好、养分浓度高、施用方便等优点。复混肥料的增产效果与土壤、作物以及施用量和施用方法等有关,为了发挥复混肥料的增产作用,施用复混肥料应考虑以下几个问题:

9.4.2.1 作物类型

按照不同作物营养特点选用适宜的复混肥料品种,对于提高作物产量,改善品质具有非常重要的意义。一般粮食作物以提高产量为主,对养分需求一般是氮＞磷＞钾,所以宜选用高氮、低磷、低钾型复混肥料;经济作物多以追求提高品质为主,对养分需求一般是钾＞氮＞磷,所以宜选用高钾、中氮、低磷型复混肥料;豆科作物宜选用磷钾较高的复混肥料;烟草、茶叶等耐氯力弱的作物,宜选用含氯较少或不含氯的复混肥料。

此外,在轮作中,前后茬作物适宜施用的复混肥料品种也应有所不同。如在南方水稻轮作制中,同样在缺磷的土壤上,磷肥的肥效往往是早稻好于晚稻,而钾肥的肥效则相反。在北方小麦-玉米轮作中,小麦苗期正处于低温生长阶段,对缺磷特别敏感,需选用高磷复混肥料;而夏玉米因处于高温多雨生长季节,土壤释放的磷素相对较多,且可利用前茬中施用磷肥的后效,故宜选用低磷复混肥料。若前茬作物为豆科作物,则宜选用低氮复混肥料。

还要注意作物在不同生育期对养分的需求不同,如苗期对磷、钾较敏感,宜选用磷钾较高的复混肥料,而旺长期对氮肥需要较多,宜选用高氮、低磷、低钾的复混肥料或单质氮肥。

9.4.2.2 土壤类型

土壤养分以及理化性质不同，适用的复混肥料也不同。

（1）水田与旱地　一般是水田优先选用氯磷铵钾，其次是尿素磷铵钾、尿素钙镁磷肥钾、尿素过磷酸钙钾等品种，不宜选用硝酸磷肥系复混肥料；旱地则优先选用硝酸磷肥系复混肥料，也可选用尿素磷铵钾、氯磷铵钾、尿素过磷酸钙钾，而不宜选用尿素钙镁磷肥钾等品种。

（2）土壤酸碱性　在石灰性土壤上宜选用酸性复混肥料，如硝酸磷肥系、氯磷铵系等，而不宜选用碱性复混肥料，如氯铵钙镁磷肥系等，酸性土壤则相反。

（3）土壤养分供应状况　一般来说，在某种养分供应水平较高的土壤上，应选用该养分含量低的复混肥料，例如，在含速效钾较高的土壤上，宜选用高氮、高磷、低钾复混肥料或氮、磷二元复混肥料。相反在某种养分供应水平较低的土壤上，则选用该养分含量高的复混肥料。

9.4.2.3 复混肥料的养分形态

复混肥料中氮素有铵态氮、硝态氮和酰胺态氮。酰胺态氮施入土壤后在脲酶的作用下，很快转化为碳酸氢铵而以铵态氮形式存在。铵态氮由于易被土壤吸附，不易淋失，所以含铵态氮和酰胺态氮的复混肥料在旱地和水田都可施用，但应深施覆土，减少氮素损失，硝态氮在水田中易淋失或反硝化损失，故含硝态氮的复混肥料宜施于旱地。

复混肥料中磷素有水溶性磷和枸溶性磷。含水溶性磷的复混肥料在各种土壤上都可施用，而含枸溶性磷的复混肥料更适合在酸性土壤上施用。还需考虑的是在缺磷的土壤上水溶性磷应较高，酸性土壤一般要求水溶性磷为30%~50%，石灰性土壤为50%以上。

复混肥料中钾素有硫酸钾和氯化钾，从肥效来说两者基本相当，但对某些耐氯力弱的作物如烟草等，氯过量对其品质不利，所以在这一类作物上应慎用，考虑到硫酸钾的价格比氯化钾高，在不影响品质的前提下选用一定量的氯化钾可减少生产成本，提高经济效益。含氯较高的复混肥料也不宜施用在盐碱地上，干旱和半干旱地区的土壤也应限量施用。

9.4.2.4 复混肥料施用时期以及方法

由于复混肥料一般含有磷或钾，且呈颗粒状，养分释放缓慢，所以作基肥或种肥效果较好。复混肥料作基肥要深施覆土，防止氮素损失，施肥深度最好在根系密集层，利于作物吸收。复混肥料作种肥必须将种子和肥料隔开5cm以上，否则会影响出苗而减产。施肥方式有条施、穴施、全耕层深施等，在中低产田土上，条施或穴施比全耕层深施效果更好，尤其是以磷、钾为主的复混肥料穴施于作物根系附近，既便于吸收，又减少固定。

9.4.2.5 施用量计算

不同复混肥料的养分种类和养分含量各不相同，因此施用前根据复混肥料的特点和植物对养分需求计算合理施用量。计算时以复混肥料满足最低用量的养分元素为准，其余养分用单质化肥补充。

例如，计划每公顷基肥施氮(N)75kg，磷(P_2O_5)60 kg，钾(K_2O)75 kg，计算需要多少养分含量为 15–15–15 的复混肥料和其他单质化肥？

由于复混肥料中氮、磷、钾养分含量相同，而磷需要量最少，所以应根据磷用量计算复混肥料用量。

① 计算 60kg 磷素需要多少复混肥料

$$60 \div 15\% = 400 \text{（kg）}$$

② 计算 400kg 复混肥料中所含氮、钾的量及其需要补充的量

$$含氮量 = 400 \times 15\% = 60 \text{（kg）}$$
$$含钾量 = 400 \times 15\% = 60 \text{（kg）}$$
$$需补充氮素 = 75 - 60 = 15 \text{（kg）}$$
$$需补充钾素 = 75 - 60 = 15 \text{（kg）}$$

若用尿素（含 N 46%）和氯化钾（含 K_2O 60%）补充氮、钾，则：

$$需尿素 = 15 \div 46\% = 33 \text{（kg）}$$
$$需氯化钾 = 15 \div 60\% = 25 \text{（kg）}$$

若用 75kg 氮或钾计算需要多少复混肥料，复混肥料中所含磷素将过量而造成浪费（$75 \div 15\% \times 15\% = 75 > 60$）。如果要求施入的氮、磷、钾养分量不同，复混肥料中氮、磷、钾养分含量也不同，难以直接观察判断以哪种养分计算复混肥料的用量，可以根据要求施入的氮、磷、钾养分量分别计算所需的复混肥料用量，再以最低复混肥料用量计算其他养分的含量，不足的部分用单质化肥补充。

复习思考题

1. 什么是复混肥料？怎样表示复混肥料的养分含量？
2. 复混肥料有哪些优缺点？
3. 复合肥料和混合肥料有什么区别？
4. 配制复混肥料时选择基础肥料的原则是什么？如何计算各自用量？
5. 如何合理施用复混肥料？

本章可供参考书目

复混肥料生产与利用指南. 张志明主编. 中国农业出版社, 2000
专用复混肥配方设计与生产. 李春花, 梁国庆主编. 化学工业出版社, 2001
施肥技术与农化服务. 徐静安主编. 化学工业出版社, 2001

第 3 篇
有机肥料

有机肥料是我国农业生产中的一种重要肥料，也是传统农业的物质基础。从人类开始从事农业生产之时，有机肥便成为地球上物质循环的纽带，把人、畜、作物和土地紧紧地联系在一起。可以说，哪里有农业、畜牧业，哪里就有有机肥料；粮食产量越高、畜牧业越发达，产生的有机废弃物也越多。有机废弃物是与人类的物质生产相伴生成、相伴循环的。人类若不能有效地处理这些废弃物，它们将成为巨大的污染源，导致环境恶化。相反，合理利用有机废弃物，对整个农业生产和环境保护将起积极作用，尤其农业的可持续发展与有机肥的合理利用密切相关。

第 10 章

有机肥料概述

【本章提要】 本章主要介绍有机肥的特点、作用以及有机肥与化肥配合施用的效果。有机肥是农业生产的重要资源。它具有来源广、数量大、养分全，但含量低、作用多样、肥效长而慢、体积大、使用不便、成本低等特点。有机肥与化肥配合施用能促进作物增产，改善品质，提高肥效和土壤肥力。合理利用有机废弃物，有利于环境保护和农业的可持续发展。

有机肥料又称农家肥料，主要指来自农村、城市可用作肥料的有机物。有机肥料包括人畜粪尿、作物秸秆、绿肥和一些生活垃圾等。

10.1 有机肥料的特点和作用

10.1.1 有机肥料的分类及特点

有机肥按其来源、特性和积制方法，可以分为以下四类：

10.1.1.1 粪尿肥

包括人粪尿、畜粪尿、禽粪、厩肥等。粪尿肥以人畜粪尿为主，在有机肥料资源总量中占有重要地位。据不完全统计，我国目前畜禽粪有 4.6×10^{11} kg，其中猪粪尿约占畜粪尿的一半以上。人粪尿属于高氮富营养型的有机肥。我国农村人口 9 亿，如以人粪收集利用率 60%、人尿收集利用率 30% 计算，折合为成年人，每年可集攒人粪尿 1.6×10^{11} kg，相当于 9×10^8 kg 的氮素、2.8×10^8 kg 的磷素和 3.4×10^8 kg 的钾素。

10.1.1.2 堆沤肥

包括秸秆还田、堆肥、沤肥和沼气肥。我国主要农作物秸秆每年平均为 4×10^{11} kg，按稻草还田率 30%、麦秸还田率 45%、玉米秸还田率 20% 计算，每年可用作有机肥料的秸秆就有 1.3×10^{11} kg，约可提供氮素 6.6×10^8 kg，磷素 4×10^8 kg，钾素 9.9×10^8 kg。

秸秆约占有机肥总量的 1/5。其中，约有 1/3 用作肥料（秸秆还田、堆肥、沤肥），1/3 作为燃料，还有 1/3 作为饲料。当然，作为饲料的秸秆，通过牲畜粪尿也可转化为肥料。随着机械化程度的提高和农村能源的逐步解决,秸秆直接还田的数量将会逐年的增多。

10.1.1.3 绿肥

包括栽培绿肥和野生绿肥。新中国成立以来,我国绿肥种植面积逐年扩大,1976年达$1.2 \times 10^7 hm^2$,以后面积开始下降,1990年为$7.3 \times 10^6 hm^2$,近年又略有回升,我国种植面积较大的省份是湖南和江西,种植面积在$6.7 \times 10^5 hm^2$以上的绿肥品种是紫云英。

从我国农业生产来看,存在着人多地少、复种指数高、绿肥与粮经作物争地等一系列的问题,处理好粮食与肥料、肥料与蔬菜、肥料与饲料的关系是发展绿肥的关键所在。目前我国多以种植饲料绿肥为主,直接翻耕的绿肥较少。

10.1.1.4 杂肥

包括城市垃圾、泥炭及腐殖酸类肥料、油粕类肥料、污水污泥等。随着城市的发展、城镇人口的增加和农副产品加工业的增多,杂肥类在有机肥料资源中占的比重越来越大。在杂肥类中,又以垃圾为主。据重庆市有机肥料资源调查表明,杂肥类有$131.7 \times 10^8 kg$,占有机肥料总量的18.8%,杂肥中有58.0%是垃圾。

以上四大类有机肥料在有机资源总量中的排列次序为:粪尿肥>秸秆肥≈杂肥>绿肥。

有机肥料来源广、种类多、数量大。具有作用多样性,养分全面但含量低等特点。有机肥含有作物生长所需的各种必需元素,如氮、磷、钾、硫、钙、镁和微量元素,是一种完全肥料。因此增施有机肥料能较全面地供应作物养分,有利作物的正常生长发育。

但是,它与化肥养分含量相比,有机肥料所含的营养元素浓度较低,例如猪粪含氮1.05%、磷0.64%、钾1.05%;优质堆肥含氮1%~1.5%、磷0.09%~0.11%、钾0.50%~0.54%,故难于满足作物需肥高峰期的要求。有机肥含有丰富的有机质,培肥地力效果明显。有机肥料施入土壤后,可为土壤微生物生长繁殖提供碳源能源,有利于活化土壤中的有机质,促进养分转化,改善土壤理化性状,增强土壤生物活性,提高土壤肥力。这些作用是化学肥料不能比拟的。但是,有机肥料肥效缓慢,肥料中的氮素当季利用率很低。如畜尿中的马尿酸24天只能分解23%。一些碳氮比高的秸秆分解更慢,有时还需加入适量的速效氮加速腐解。在作物旺盛生长,需肥较多的时期,需要配合施用化学肥料。

有机肥料是废物的再利用,成本低,节约能源,对降低农业投入和环境保护有重要意义。农业生产越发达,生产出的有机废物也越多。例如作物秸秆、畜粪尿均随农牧业的发展而增多。作物秸秆、畜粪尿还田还可少用化肥,降低生产成本。浙江省农业科学院土壤研究所3年稻田养萍的定点测定,在养萍28~30天中,每公顷能产干作物1 627.5~2 497.5kg,增加氮素58.65~89.85kg,相当于硫酸铵 292.5~450kg。种好每公顷绿肥，可供 19 995~30 000m² 土地的用肥需要，可增加粮食 1 125~1 500kg。但是，有机肥料体积大、数量多，使用不便，相应增加投劳量。

综上所述，有机肥与化肥相比较，它具有来源广，数量大；养分全、含量低；肥效长而慢；作用多样；体积大、使用不便、成本低等特点。

10.1.2 有机肥料的作用

10.1.2.1 有机肥料的营养作用

有机肥料含有作物生长发育所需的各种营养元素，如氮、磷、钾、钙、镁、硫和微量元素。有机肥料中钾的利用率最高，如秸秆直接还田，有 50%~90% 的钾可被作物利用。孙羲（1986 年）的研究表明，在新鲜畜禽粪中钾的有效性可达 50%~80%，有效磷达 25%~50%，微量元素硼、锌、锰、铁、铜、钼的有效性也较高。故有机肥料在平衡土壤养分中起重要作用。此外，有机肥料除含有无机养分外，其重要特征是含有较多的有机养分，主要包括氮和不含氮两类有机物以及含磷有机化合物等。

有机肥料中不含氮的化合物有：水溶性碳水化合物、淀粉、纤维素、半纤维素、木质素、脂肪、树脂、单宁以及有机酸、醇、醛和酚等。其中部分水溶性的碳水化合物（可溶性糖、酚类、有机酸等）易被作物吸收利用。其他成分均需在微生物的作用下逐渐降解，最终在好气条件下生成二氧化碳和水，可为作物提供碳素养分。

有机肥料中的含氮有机化合物主要有：蛋白质、氨基酸、酶、肽、酰胺、生物碱和某些维生素、生长素、色素以及来自动物排泄物的尿素、尿酸、马尿酸和来自腐熟有机肥的胡敏酸、富啡酸、胡敏素等复杂的含氮有机物。

有机肥料中的含氮有机化合物是作物良好的氮源。作物能够吸收尿素、氨基酸和酰胺，它们的营养作用因作物而异。A. Virtanen 等在 20 世纪 40 年代初就指出，三叶草、豌豆能较好的吸收天门冬氨酸与谷氨酸，而大麦和小麦则不能利用，但能吸收甘氨酸和 α-丙氨酸。Y. Shimoda 进行了水稻对多种氨基酸吸收利用试验，并根据水稻秧苗 21 天的生长情况，将各种氨基酸和酰胺的效果归纳为：①效果接近或超过硫酸铵，如：甘氨酸、天门冬酰胺、丙氨酸、丝氨酸和组氨酸等；②效果虽不及硫酸铵，但好于尿酸，如天门冬氨酸、谷氨酸、赖氨酸和精氨酸等；③效果不及硫酸铵和尿素，如脯氨酸、亮氨酸、苯丙氨酸和缬氨酸等；④有抑制作用，如蛋氨酸等。

Mori 和 N. Nishizawa 在已标记的有机态氮和无机态氮（U-^{14}C-谷氨酰胺、2,3-^{3}H 精氨酸和 Na^{15}NO$_3$）共存的条件下培养大麦后指出，在不同条件下（高温 20℃ 和低温 4~5℃ 或光照和黑暗），大麦从有机氮中吸收的氮素均比无机氮多，有机态氮优于 NO$_3^-$—N。说明植物利用有机态氮并非强迫，而是自然界中广泛存在的正常现象。

作物不仅能吸收氨基酸和酰胺，而且还能使它们在体内迅速运转和转化。有人研究，当水稻秧苗喂饲^{14}C-甘氨酸5min后，就能在自显影照片上观察到水稻根吸收了少量甘氨酸；5h后甘氨酸已转运到叶部；8h后，吸收量达最大值。同时，从植株内有机组分的分析结果中（表10-1）也可看出，^{14}C-甘氨酸吸收后就开始转化为其他氨基酸、糖类、有机酸等一系列化合物并进入各种代谢系统中。

表10-1 ^{14}C在水稻植株各部位及各代谢产物中的分布（干重） 脉冲数/mg

代谢产物	总强度	总氨基酸	粗蛋白	游离氨基酸	糖类	有机酸	其他代谢物
心叶	4 327	2 422	684	1 738	279	1 304	232
叶	3 453	1 557	462	1 095	438	1 218	240
叶鞘	1 857	1 121	158	963	29	601	57
茎	2 205	1 325	239	1 086	235	517	128
根	2 038	1 310	218	1 092	158	452	118

有机肥料中的含磷有机化合物主要包括核蛋白、磷脂、植素、磷酸腺苷、核酸及其降解产物。其中有小部分可被植物吸收利用。Mepehoba B. H. 等用$1-^{32}$P磷酸葡萄糖和$1,6-^{32}$P磷酸果糖在大麦、小麦、菜豆上进行试验。结果证明，这两种含磷有机物均能被吸收，即使营养液中有磷酸根离子存在，含磷有机化合物一样能被吸收且参与代谢。植物除了能吸收简单的含磷有机物外，还能吸收RNA和核酸的降解产物，如嘧啶、核苷酸、嘌呤、肌醇核酸等较大的有机含磷化合物。三井进午用灭菌培养，以^{32}P-RNA饲喂水稻，无机磷酸盐为对照，发现用^{32}P-RNA培养的水稻6天后，株高、^{32}P脉冲数和植株含氮量均比对照高。其中，脉冲数比对照高1.4倍，含氮量高11%左右。

除氮、磷外，硫、钙、镁和微量元素等往往也是含氮有机物的组成元素。例如胱氨酸的硫、叶绿蛋白中含有镁，植素中含有钙和镁等。这些养分也会随有机肥料的腐解而不断释放，成为有效养分。

10.1.2.2 有机肥料的改土作用

有机肥料除了对作物有营养作用以外，还有培肥、改土的重要作用。有机肥料是耕地土壤有机质的主要来源，它的改土作用主要有：

（1）**增加和更新土壤有机质** 有机质是土壤肥力的物质基础之一。适量的土壤有机质是作物高产、稳产、优质的必要条件。施用有机肥料是增加和更新土壤有机质的重要手段。据统计，我国南方耕地土壤中有机肥料转化来的土壤有机质约占土壤有机质年生成量（来自脱落根和根分泌物的有机质未计入内）的2/3。

有机肥能增加土壤有机碳，调节C/N比。有机肥施入土壤后，会加快或减慢土壤原有有机碳的分解，即产生正或负的激发效应。一般认为，厩肥、秸秆、堆肥及根茬等有机肥，施入土壤后能较多的积累土壤有机质，而绿肥尤其是豆科绿肥对提高有机质含量的作用较小，往往是在供应养分、更新土壤有机质上起良好作用。刘鹏程等（1994）研究表明，秸秆覆盖还田具有良好的改土培肥作用，增加土壤有机质的积累量，每公顷覆盖秸秆 3 000kg，还田 3 年后土壤有机质含量积累增加 1.2g/kg，增加幅度 5.91%，并且有机质氧化稳定性明显下降。秸秆覆盖还田进入土壤的有机质绝大部分与矿物胶体结合，成为有机无机复合态。从复合的方式看，主要是松结态，其次是紧结态，稳结态腐殖质很少。

（2）改善土壤理化性状　有机肥施入土壤后，经微生物分解、缩合成新的腐殖质。它与土粒有较强的复合能力，能增加有机无机复合度（可用追加复合度来表示）。几种有机肥料的追加复合度见表 10-2。

表 10-2　几种有机肥料的追加复合度　　　　　　　　　%

土壤类型	处理	土壤中有机碳	追加复合度
黏质潮土（安徽）	苕子	1.15	57.3
	黑麦草	1.13	83.9
石灰性黏质潮土（徐州）	苕子	1.28	59.7
	田菁	1.63	65.9
	麻	1.51	72.8
	玉米秆	1.41	70.9
	大麦秆	1.22	81.6

由表 10-2 可见，施用有机肥料后，土壤中以 0.01～0.05mm 级别复合体的有机质含量增加最多。由于粗粒复合体数量增加，表示水稳定性团聚体水稳性高，疏松多孔，吸水不易散开，所以增强了土壤的保水性和毛管持水量，并降低蒸发量。

土壤化学性状改善，在于有机肥的施入增加了阳离子交换量。因为腐殖质胶体只含有较多的羧基、酚基、稀醇基、酚羟基等功能团，增加了与阳离子进行交换的"交换点"。中国科学院土壤研究所的试验结果（表 10-3）表明，土壤中施入紫云英、稻草或风化煤都能增加土壤阳离子交换量，尤以风化煤处理最为明显。土壤阳离子交换量的增加，有利于提高土壤保蓄养分的能力和缓冲性。在以高岭石和铁铝氧化物为主的红、黄壤（土壤阳离子代换量 1～5mmol/100g），施用有机肥就更为重要。有机肥腐烂进入土壤，以松结态和紧结态方式与矿质胶体相结合成为有机无机复合体，进而缔合成微团聚体和团聚体，从而使土壤结构和孔性状况得以改善。以紧结态方式复合的腐殖质有利于团聚体的形成和稳定，而以松结态方式复合的腐殖质则更有利于土壤养分的供应。

表 10-3　有机肥料对土壤阳离子交换量的影响　　　　　m mol/100g 土

土壤类型	对照	稻草	紫云英	风化煤
黄棕壤	26.9	27.4	28.2	34.4
红壤	9.4	10.7	12.3	25.8

（3）提高土壤生物活性　有机肥料可为土壤微生物提供能量和营养物质。施入有机肥能促进微生物的繁殖，增强呼吸作用以及氨化、硝化作用，有机肥含

有大量的酶类（表10-4），能增强土壤酶活性（表10-5）。连续多年施用秸秆和猪粪的褐土，土壤有机质含量提高，土壤固氮酶活性增高 6.0~7.5 倍，土壤纤维分解菌数增加 61.6%。表10-6 为稻草还田的土壤生物学效应，在晚稻分蘖期，稻草还田比不还田的土壤微生物总量多 64.8%。稻草加氮肥比单施氮肥的多 69.3%，充分表明施入有机肥料能明显改善土壤微生物状况，提高土壤生物活性。

表10-4　畜、禽粪中酶的活性

种类	脱氢酶 [TPF mg/(g·24h)]	转化酶 [还原糖 mg/(g·48h)]	脲酶 [NH_4^+—N mg/(g·48h)]	蛋白酶 [NH_2—N mg/(g·24h)]	磷酸酶 [P_2O_5 mg/(g·h)]	ATP酶 [P mg/(100g·h)]
猪粪	12.4	166	7.5	15.8	2.5	281
牛粪	7.6	178	9.2	17.2	1.5	430
羊粪	8.2	74	3.8	11.8	1.4	158
鸡粪	10.5	78	5.6	10.9	1.6	166

注：以上数据是 5 个样品各重复 3 次测得结果的平均值，按粪肥干重计算。

表10-5　猪粪与土壤混合对土壤酶活性的影响

酶的种类		小粉土	黄斑岬	青紫泥	黄泥田	鲜猪粪
脱氢酶 [TPE mg/(g·24h)]	a	0.4	0.8	0.4	0.6	18.9
	b	0.5	1.3	0.5	1.6	—
	c	2.8	2.4	0.5	2.3	—
转化酶 [还原糖 mg/(g·48h)]	a	1.7	6.1	2.8	1.3	290
	b	9.8	30.5	22.0	8.3	—
	c	36.4	61.5	40.5	50.8	—
脲酶 [NH_4^+—N mg/(g·48h)]	a	0.1	0.2	0.6	0.4	11.0
	b	2.5	1.5	1.0	2.5	—
	c	5.9	3.7	2.4	6.2	—
蛋白酶 [NH_2—N mg/(g·24h)]	a	—	0.2	—	0.2	21.6
	b	0.3	0.5	0.3	0.5	—
	c	0.5	0.6	0.3		—
磷酸酶 [P_2O_5 mg/(g·h)]	a	0.2	—	0.3	0.1	3.2
	b	0.3	0.1	0.3	0.2	—
	c	0.3	0.3	0.3	0.0	—

注：a. 风干土；b. 风干土:鲜猪粪 = 1:0.01 (w/w)；c. 风干土:鲜猪粪 = 1:0.05 (w/w)。

表 10-6　晚稻分蘖期稻草还田土壤生物学效应　　　　10^4 个/g 土

处理	微生物总量	真菌	放线菌	细菌	纤维分解菌
对照	745.3	6.4	88.7	650.2	3.6
稻草（200kg/667m²）	1 228.6	13.2	151.3	1 064.1	8.7
稻草（200kg/667m²）	1 601.9	27.6	191.3	1 383.0	11.1
碳铵（25kg/667m²）	945.9	14.9	85.3	836.0	5.2

表 10-7　肥料对控制土壤汞危害的作用

处理	土壤含汞量（mg/kg）	糙米含汞量（mg/kg）	糙米含汞量降低（%）
对照	0.850	103 ± 12	—
过磷酸钙（0.75t/hm²）	0.850	71 ± 3	31
腐殖质肥料（7.5t/hm²）	0.850	76 ± 10	26
对照	1.23	79 ± 6	—
堆肥	1.23	60 ± 0	24

（4）有机肥料积制与环境保护　合理利用有机肥料可以减少环境污染，如消除因畜、禽业集中饲养而带来的排泄物对土壤、水源、空气的污染；还可通过提高土壤的吸附力来消除和减弱农药对作物的毒害。试验证明，腐殖质的存在直接影响和控制农药在土壤中的残留、降解、生物有效性、流失、挥发等。例如，在含有少量狄试剂的矿质土壤上栽培的胡萝卜，其体内狄试剂的残留量比栽培在含有较高量狄试剂的有机质土壤上的要高。这说明，增加土壤有机质能有效地消除和减轻农药等试剂对食物的污染。

汞、镉、铜、锌、镍等重金属对土壤的污染程度，不仅取定于它们的含量，还取定于它们在土壤中的存在形态，即在土壤中的缔合方式。其主要方式有黏土矿物的吸附、化学沉淀和腐殖质的络合作用。重金属在土壤中的缔合方式不同，对植物的毒害轻重也有差异。但在多数情况下，重金属在土壤中的有效性往往因上述作用影响而降低，被作物吸收的数量相应减少（表 10-7）。从表中可以看出，有机肥料中腐殖质缔合作用，在一定程度上可减轻汞对作物的污染，减少进入食物链中的汞量，使农产品的质量有所改进。

有机肥料除了以上几种作用外，有些类型的有机肥料还具有刺激作用。例如腐殖酸肥料能促进作物新陈代谢。用腐殖酸钠叶面喷施茄果类作物，能增加果实含糖量；用于浸泡枝条，对插条生根有促进作用。

10.2　有机肥和化肥配合施用的效果

有机肥和化肥配合施用是我国土壤肥力能够长期维持并不断提高的重要措

施，它不仅能提高和更新土壤有机质，培肥土壤，还能促进作物优质高产。

10.2.1 促进作物增产、化肥增效

西南农业大学在紫色土肥力监测站的定位试验结果表明，化学氮、磷、钾肥配合稻草还田的处理，其稻麦产量明显高于单施氮、磷、钾化肥的处理（表10-8）。化肥与稻草还田配合施用比单施化肥增产小麦 10.6% ~ 21.4%，增产稻谷 5.4% ~ 24.3%。有机肥与化肥配合施用，在作物供肥方面，表现为缓急相济，相互补充，故十分有利于作物的生长发育。大量的研究表明，在等养分的条件下，有机肥与化肥配合施用超过单施化肥的效果。配合施用的时间越长，效果越好。7 年的定位试验（汪寅虎，1991）结果表明，有机肥与化肥配合施用对水稻的增产幅度大并且稳定。中国农业科学院土壤肥料研究所在山东、河北等省 60 多处田间试验结果表明，有机肥配合化肥在低产地的增产率是 75.7% ~ 81.3%，中产地为 40.2% ~ 45.5%，高产地为 27.5% ~ 32.9%。所以有机肥与无机肥配合施用是实现作物高产稳产的重要途径。

表 10-8 有机肥与无机肥配合施用对稻、麦产量的影响　　kg/667m^2

处理	小麦产量				水稻产量			
	1992	1993	1994	平均	1992	1993	1994	平均
NPK	185.6	192.1	184.4	187.4	466.1	294.6	542.1	434.3
NPK + 稻草还田	212.2	233.2	203.9	216.4	491.4	366.2	614.5	490.7

有机肥可以提高化肥肥效。首先是调节土壤中 C/N 比，从而减少氨态氮肥的挥发，同时化学氮肥可促进有机质的矿化。这些都有助于提高肥效。据黄东迈等（1981）在南京板浆白土上应用等氮量的^{15}N 交叉标记硫铵氮和桎麻氮，研究桎麻氮的矿化率和硫铵氮的生物固定。试验表明，在水稻生长期，化学氮肥能促进有机氮的矿化率，提高有机肥料的肥效；而有机肥又促进了化学氮的生物固定，减少无机氮的损失。当土壤中氮被生物固定后，其中部分氮在当季作物生长期间就可以进行矿化，为作物吸收利用。也就是说，土壤中新固定的氮，它的有效性较土壤中原有的有机氮化合物要高得多。总之，有机肥与化肥配合施用，促进了有机肥的矿化和化学氮肥的生物固定，一方面提高了有机肥中氮的有效性，另一方面延长了化学氮肥的供肥强度，均有利于作物的生长发育。在旱地土壤上，有机肥与化肥配合施用也有类似作用。

有机肥与化肥配合还能提高磷的有效性。有机肥能活化土壤中的磷。赵晓齐和鲁如坤（1991）选用 7 个省市 13 种土壤，分别加有机肥如稻草、紫云英、猪厩肥培养后，土壤中的树脂磷有明显的提高。其原因一方面是由于有机肥在腐解过程中产生有机酸，促进土壤中磷的活化。供试土壤中磷的形态有的是稳定的结晶态铁铝盐类，磷的活性比较低；而水稻土中磷酸盐有相当部分是以无定型的磷酸盐存在，有机酸较易与这些磷酸盐中的铁、铝络合，从而增加了磷的有效性。

有机酸还能减少磷的固定。据 Lynach 研究，认为植物残体中的碳水化合物

能被蒙脱石和高岭石所吸附，这些物质能掩蔽吸附位，从而减少对磷的吸附和固定。供试酸性土壤的黏土矿物是以高岭石为主，石灰性土壤是以蒙脱石为主。试验所用的 3 种肥料，其 C/N 比大小次序为：稻草 > 猪厩肥 > 紫云英。施用稻草磷的固定最明显，猪厩肥次之，而以紫云英为最低。看来，有机肥料减少无机磷的固定，其主要原因是由于有机肥腐解产物——碳水化合物和纤维素掩蔽了黏土矿物上的吸附位造成的。

有机肥中含有丰富的钾素，一般作物收获时，仍有 70% ~ 80% 的钾素残留在秸秆中。另外，粪尿中也含有丰富的钾。且有机肥中的钾呈无机态，对作物的有效性极高。稻草还田每公顷可归还 75kg 左右的钾素，这对缺钾土壤和作物增产十分明显。中国农业科学院土壤肥料研究所与山东莱阳农学院在山东莱阳进行 9 年施用有机肥与化肥配合的试验，结果表明（表 10-9），单施氮肥或低量有机肥，或低量有机肥与氮肥配合的处理，土壤中的磷都是亏缺的。亏缺的高低顺序为：单施氮肥 > 低量有机肥与氮肥配合的处理 > 低量有机肥。只有施用高量有机肥，或高量有机肥与化肥配合的处理，土壤中的磷才有盈余。与土壤磷素相同，各处理 9 年平均土壤速效钾含量与对照比较，单施氮肥处理与对照无显著差别；单施低量有机肥和低量有机肥配合施用氮肥的处理，速效钾增加 6 ~ 7mg/kg；施用高量有机肥和配合施用氮肥的处理，速效钾增加 11mg/kg。说明有机肥配施化肥对维持土壤磷、钾平衡十分重要。

此外，有机肥中还含有各种微量元素，且有效性较高。例如猪粪中的有效硼的含量为 0.26mg/kg，有效锌为 0.16mg/kg，有效锰 5.55mg/kg，有效铁 26mg/kg。这些微量元素可与有机肥中的螯合剂结合，形成螯合物，避免微量元素被土壤固定，提高了它们的有效性。土壤和有机肥料中结构比较简单的有机化合物，如甘氨酸、柠檬酸等都可以和金属离子螯合，形成螯合物。

表 10-9　连续 9 年施肥对土壤速效磷、速效钾平衡的影响

项目		CK	N_1	N_2	M_1	M_1N_1	M_1N_2	M_2	M_2N_1	M_2N_2
试验前土壤养分含量 (mg/kg)	P_2O_5	15	15	15	15	15	15	15	15	15
	K_2O	38	38	38	38	38	38	38	38	38
试验后土壤养分含量 (mg/kg)	P_2O_5	7	6	6	11	11	11	16	16	16
	K_2O	36	36	36	44	43	43	47	47	47
9 年施入养分总量 (kg/667m²)	P_2O_5	0	0	0	22.5	22.5	22.5	45	45	45
	K_2O	0	0	0	90	90	90	180	180	180
9 年携出养分总量 (kg/667m²)	P_2O_5	19.7	23.2	24.1	25.8	29	31.3	33.3	35	40.2
	K_2O	49.6	57.4	62.7	64.8	84	86	99.3	102	136.3
盈亏 (kg/667m²)	P_2O_5	−19.7	−23.2	−24.1	−3.3	−6.5	−8.8	11.7	10	4.8
	K_2O	−49.6	−57.4	−62.7	25.2	6	4	80.7	78	43.7

注：CK 不施肥（对照）；N_1 施 9.2kgN/667m²；N_2 施 18.4kgN/667m²；M_1 施有机肥 3 500kg/667m²（折纯 N 9.2kg/667m²）；M_2 施有机肥 7 000kg/667m²（折纯 N 18.4kg/667m²）；M_1N_1、M_1N_2、M_2N_1、M_2N_2 为有机肥与化肥（氮肥）以不同量相配合的处理。

综上所述，有机肥与化肥配合施用，可以促进有机肥的矿化分解，提高化学氮肥的利用率，减少磷肥固定，增加磷的有效性，补充土壤有效钾和微量元素，维持土壤中的养分平衡。

10.2.2 改善作物品质

有机肥与化肥的合理配合施用在改善作物品质方面有重要意义。大量资料表明，有机肥在改善作物的营养品质、食味品质、外观品质和食品卫生品质方面有独特的作用。金维续等人的研究表明，适量厩肥配施化肥与等养分的化肥比较，可提高小麦、玉米中蛋白质含量2.0%~3.5%，氨基酸2.5%~3.2%，面筋1.4%~3.6%。西南农业大学的试验也表明，稻草+化肥、红萍+化肥、粪肥+化肥，以及稻草+红萍+化肥、稻草+粪肥+化肥，其稻麦籽粒中的粗蛋白质含量均比对照和化肥处理提高0.2%~4.6%，一般均在1%~2%（表10-10）。在小麦上尤为明显，同时表明配合施用后能促进对磷、钾，特别是对钾的吸收。而钾离子能促进氨基酸转运到谷粒，又有利于籽粒中蛋白质的合成。

有机肥与化肥配合可使烟叶中的烟碱协调至2%~3%，糖碱比为8:1~10:1，中、上等烟叶增产4%~20%；茶叶中水溶性糖、茶生物碱、茶多酚以及水溶性磷总计提高10%~20%；大蒜优质率增加20%~30%，大蒜素含量提高0.9%~1.1%，蛋白质提高0.84%。蔬菜中有机肥在降低叶菜类蔬菜的硝酸盐含量也有明显的作用（表10-11）。

有机肥与化肥配合还可提高蔬菜、水果中维生素C的含量，番茄、花椰菜等维生素C的含量可提高16.6~20.0mg/100g（表10-12）。大豆中的粗脂肪提高0.56%，亚油酸、油酸分别提高0.31%和0.92%。

表10-10 配合施用对稻、麦籽粒粗蛋白质含量和磷钾的吸收影响　　　　　%

处理	粗蛋白		磷		钾	
	小麦	水稻	小麦	水稻	小麦	水稻
CK	10.32	7.62	0.11	0.09	1.40	3.02
化肥	11.17	8.53	0.11	0.09	1.58	2.92
稻草+化肥	11.12	7.50	0.18	0.09	1.62	2.23
红萍+化肥	11.69	7.80	0.09	0.07	1.53	3.22
粪肥+化肥	15.85	8.60	0.10	0.10	1.94	3.15
稻草+红萍+化肥	11.51	8.69	0.09	0.08	1.52	3.17
稻草+粪肥+化肥	12.77	8.03	0.12	0.09	1.66	3.41

资料来源：杨德海等．有机肥与化肥配施对稻麦养分平衡的研究．土壤通报，1990（4）

表10-11 不同施肥处理对蔬菜硝酸盐含量的影响　　　　　mg/kg

施肥处理	小白菜	菠菜	生菜（苗期）	生菜（后期）	大白菜
对照	131	960	680	33	150
有机肥	121	832	1 860	115	150
有机肥+化肥	852	1 695	—	—	625
化肥	507	1 560	2 150	245	870

表 10-12　不同施肥处理对蔬菜维生素 C 的影响　　　　　　　　mg/100g

品　种	Vc	对照	有机肥	化肥	有机肥 + 化肥
番　茄	含量	21.8	22.4	33.0	38.4
	增量		0.6	11.2	16.6
菜　花	含量	66.0	78.8	80.0	86.0
	增量		12.8	14.0	20.0
苋　菜	含量	15.60	19.2	16.2	18.6
	增量		2.6	0.6	3.0

此外，有机肥与化肥配合施用还明显地改善果实的外观品质，如水果的着色性变好，商品率提高。在西瓜、葡萄等水果上喷施腐殖酸类肥料，还可提高可溶性糖含量，降低酸度，口感变好。在花卉上施用有机肥料，如腐熟的饼肥、蚯蚓粪等可使花朵大而艳丽，并适当延长花期。

10.2.3　培肥地力、用养结合

大量的研究表明，有机肥与化肥配合施用，能提高土壤有机质的含量。中国农业科学院土壤肥料研究所经多点试验，在低肥力土壤（有机质含量 8.7~10g/kg）3 年的试验表明，每 $667m^2$ 增施 2 000kg 的有机肥，其土壤有机质年递增 0.8~1g/kg（$F=1.32^{**}$），施等量氮肥为 0.5~0.6g/kg（$F=8.2^*$），有机肥与化肥配合施用为 0.8~1.1g/kg（$F=10^{**}$）。西南农业大学在紫色土 9 年的定位试验也表明，有机肥与化肥配合施用，土壤有机质增加 1.27~2.44g/kg；土壤含 N 量增加 0.14~0.26g/kg，速效磷提高了 2.2~11.3mg/kg；速效 K 增加 21~31mg/kg。

有机肥与化肥配合施用，增加土壤有机无机复合体和阳离子交换量（表 10-13，表 10-14）。

表 10-13　有机无机肥料配合对复合度增值的影响　　　　　　　　　　%

处　理	CK	N_2	N_4	M_2N_2	M_2N_4	M_4N_2	M_4N_2	M_4N_4
地点 1	13.0	17.2	19.5	44.5	86.6	57.9	137.6	125.6
地点 2	17.9	11.0	26.2	25.8	68.0	40.1	32.2	111.6

注：中国农业科学院土壤肥料研究所，1982 年试验（二地）。

表 10-14　有机无机定位施肥观察 5 年有机无机复合胶体含量的变化　　　%

处　理	CK	M_2	M_4	M_2N_2	M_2N_4	M_4N_2	N_2	N_4
原土有机质	0.815 4	1.253 9	1.333 8	1.350 0	1.301 4	1.690 2	0.918 0	0.915 8
游离有机质	0.034 0	0.214 9	0.297 0	0.175 7	0.344 4	0.645 6	0.078 5	0.059 7
松结有机质	0.518 9	0.672 0	0.919 3	0.750 8	0.771 8	0.892 0	0.446 3	0.577 5
紧结有机质	0.483 0	0.645 8	0.866 3	0.580 7	0.656 3	0.876 8	0.425 3	0.514 3
重组有机质	0.781 4	1.039 0	1.036 8	1.174 3	0.957 0	1.044 6	0.839 5	0.856 1

上表资料说明，有机肥与化肥配合施用，可以提高复合体中松结态腐殖质的含量。松结态腐殖质主要来自施肥补充的新鲜腐殖质，它的活性较大，对供应作物营养、形成良好土壤结构起重要作用。肥力较低的黑土施有机肥的各处理较无机肥处理活性腐殖质增加2.25%～4.55%。表明施有机肥不仅具有明显的改土效果，而且有利于有机质的更新，亦可激发原有腐殖质的活性，增加土壤松结态腐殖质含量，从而改善土壤结构，提高土壤肥力。

土壤阳离子交换量也是土壤肥力的一个重要指标，有机无机配合施用，促进了土壤复合体的形成，增加了土壤水稳性团粒结构的数量，因而明显提高了土壤阳离子交换量。例如，在肥力较低的黑垆土上施用有机肥，3年平均增加土壤阳离子交换量1.02～1.46m mol/100g土。

此外，有机肥与化肥配合施用，还可增强土壤的生物活性。特别是一些有益微生物和土壤酶活性。例如，秸秆还田配施适量的速效氮肥，土壤中纤维分解菌、氨化菌、硝化菌的数量明显高于直接翻压不配施氮肥的处理。同时，配合施用还增强了土壤中脲酶、转化酶、蛋白酶、磷酸酶的活性。西南农业大学在紫色水稻土的长期定位实验也表明，细绿萍、猪粪配施化肥的处理，在水稻分蘖期，土壤转化酶的活性分别为16.30mg葡萄糖/100g土和9.81mg葡萄糖/100g土。脲酶、磷酸酶的活性也明显增高。土壤中的酶类主要是以酶—有机矿质复合体的形式存在于土壤中，并且主要存在小于2μm微团粒中。由于有机肥料的施用，促进了土壤中微团粒结构的形成，又加强了各种酶的活性，故可提高土壤肥力。

有机肥与化肥配合施用还可起到降低环境压力，改善环境条件的作用。例如将城市垃圾筛选后，通过无害化处理，生产成有机无机复合肥，用于蔬菜和果树生产，变废为宝，开辟肥源。

单施化肥，容易造成土壤酸化、板结，土壤肥力降低，同时也易造成环境污染。如大量施用化学磷肥，易造成土壤镉、铅、氟等有害元素累积。据瑞典和丹麦报道，施用磷肥引起土壤中镉增加，其年增长量分别为0.15%与0.08%，随磷肥进入土壤中的镉，大部分以交换形态存在，有效性高，易为植物吸收和积累。根据连续15年（1963～1978）施用磷肥对土壤与大麦镉累积和影响的研究表明（Anderson，1981），磷肥中的镉比土壤中原有镉易于释放。在黏土和砂土中其回收率分别为74%与50%，在谷粒中镉增长量与施肥量之间也存在良好正相关，且对植物的影响大于土壤。因此，在表观上，因施用磷肥，镉的年增长量不多，可是长期连年施用，有可能使耕层土壤镉富集到对人、畜有害的程度。镉对人体的毒性很强，仅次于汞而居第二位。植物是人类食物的直接来源，动物如摄取过量镉，也可通过食肉间接进入人体。作物对镉的吸收，以叶菜类作物对镉的积累能力较强，尤其是莴苣。磷肥配合有机肥施用，利用腐殖质大分子对镉的吸附、络合作用，可降低镉进入植物体的数量。

有机肥料是人类生存中自然产生的一大类生物废弃物，每时每刻都在生产，越是现代化，这类生物废物也越多。粪便、垃圾、秸秆、残渣，若不把它们作为资源加以利用，而将其任意抛弃、排放，将成为最大的污染源。而合理地利用它，把它归还给土壤，利用土壤巨大的生物净化能力，就能变废为宝，变害为利，起到增加作物产量，改善作物品质，提高肥效，补充土壤钾素，协调氮、磷、钾比例，改良土壤，培肥地力，降低生产成本的作用，可为人类带来巨大的社会效益、生态效益、环境效益和经济效益。

但是，必须注意到，一些有机废物，如垃圾、人粪尿、污水污泥、工业有机废弃物等含有较多的有毒有害物质，首先要进行筛选和无害化处理，达到国家法定的农用标准后，才能进入农田。我们绝不能把土壤当作一种藏污纳垢的场所，而要把它看作人类赖以生存的基地。这是有机肥和化肥施用中必须时刻注意的问题。牢记：既要营养植物，又要保护土壤，这是施肥的根本原则。

复习思考题

1. 有机肥有何特点？
2. 在施肥体系中，为什么要积极倡导有机肥与化肥配合施用？

本章可供参考书目

肥料学．毛知耘主编．中国农业出版社，1997

植物营养研究．冯锋等主编．中国农业大学出版社，2000

第11章 粪尿肥和厩肥

【本章提要】 本章主要介绍粪尿肥和厩肥的成分、性质和分解转化特点，合理施用方法和原则。粪尿肥和厩肥是我国农村普遍施用的一类优质有机肥料。它们所提供的养分占农村有机肥料总量的60%~70%。随着我国人口的增长和养殖业的发展，粪尿肥的数量还在不断增加。粪尿肥不仅是一类数量大、分布广的优质有机肥，可为作物提供大量的养分，而且粪尿肥的利用还起到净化环境卫生、减少污染、保持生态平衡的重要作用。

粪尿肥、家畜粪尿通常与褥草及饲料残屑堆制成厩肥施用。故将厩肥的积制和施用在本章中一并讨论。

11.1 粪尿肥

粪尿肥主要包括人粪尿、家畜粪尿和禽粪。

11.1.1 人粪尿

11.1.1.1 人粪尿的成分和性质

人粪尿是一种养分含量高、肥效快的有机肥料。人粪和人尿的成分和性质各不相同。

人粪是食物经消化后未被吸收而排出体外的残渣，混有多种消化液、微生物和寄生虫等物质。其中含有70%~80%的水分，20%左右的有机物和5%左右的无机物。有机物主要有纤维素、半纤维素、蛋白质、氨基酸、各种酶、粪胆汁；还有少量粪臭质、吲哚、硫化氢、丁酸等臭味物质。无机物主要是钙、镁、钾、钠的硅酸盐、磷酸盐和氯化物等盐类。pH值一般呈中性。

人尿是食物经消化吸收，并参加新陈代谢后所产生的废物和水。约含95%的水分，5%左右的水溶性有机物和无机盐类，主要含有1%~2%的尿素、1%左右的氯化物，以及少量尿酸（$C_5H_4N_4O_3$）、马尿酸（$C_6H_5CONH_2COOH$）、肌酸酐（$C_4H_7N_3O$）、氨基酸、磷酸盐、铵盐以及微量的生长素（如IAA）和微量元素。正常人的鲜尿不含微生物而含酸性磷酸盐（如KH_2PO_4和NaH_2PO_4）和多种有机酸，故呈弱酸性反应。

人粪尿的养分和有机物质含量与人的年龄、饮食和健康状况等因素有关。表11-1为成年人粪尿的主要养分含量。

表11-1　人粪尿的养分含量及成年人粪尿中养分排泄量

种类	水分	主要养分含量（占鲜物%）				成年人排泄量（kg/a）			
		有机质	N	P_2O_5	K_2O	鲜物	N	P_2O_5	K_2O
人粪	>70	约20	1.00	0.50	0.37	90	0.90	0.45	0.34
人尿	>90	约3	0.50	0.13	0.19	700	3.50	0.91	1.34
人粪尿	>80	5~10	0.5~0.8	0.2~0.4	0.2~0.3	790	4.40	1.36	1.68

从人粪尿的养分含量来看，含氮较多，磷、钾少，碳氮比低（约5∶1）。其中，人尿中的速效养分含量高，磷、钾均为水溶性，氮以尿素、铵态氮为主，占90%左右；人粪中的养分呈复杂的有机态，需进一步转化才能为作物利用。但人尿的排泄量比人粪大得多，尿中总的养分含量均比粪多。其中氮、钾总量是粪的4倍，磷的总量也比粪高1倍，所以不但应重视人粪也应重视人尿的积制与施用。

11.1.1.2　人粪尿的贮存与转化

（1）人粪尿的贮存变化　人粪尿必须经贮存腐熟才能施用。一方面是人粪中大量的有机态养分要分解后才易被作物吸收，另一方面是粪便中含有大量的病菌、虫卵，如不腐熟就施用，易造成传染病流行，例如肝炎、痢疾、伤寒等疾病。人粪尿在贮存腐熟过程中，经微生物作用，将复杂的有机物逐步分解为简单的化合物。

人尿中的尿素在脲酶的作用下分解成碳酸铵。腐熟后的人尿呈碱性反应，其主要化学反应如下：

$$CO(NH_2)_2 + H_2O \xrightarrow{\text{脲酶}} (NH_4)_2CO_3 \xrightarrow{-OH} NH_3 + H_2O$$

人粪中含氮有机物以蛋白质为主。在微生物的作用下分解成氨基酸、氨、二氧化碳以及各种有机酸。主要反应如下：

$$\text{蛋白质} \xrightarrow{\text{水解}} \text{氨基酸} \xrightarrow{\text{水解}} \text{氨}$$

人粪中的无氮有机物则分解成各种有机酸、碳酸、甲烷等。人粪中褐色的粪胆质在碱性条件下，易氧化成胆绿素，故腐熟人粪尿的颜色为暗绿色。

$$\underset{\text{粪胆质（褐色）}}{C_{32}H_{36}N_4O_6} + O_2 \longrightarrow \underset{\text{胆绿素（暗绿色）}}{C_{32}H_{36}N_4O_8}$$

腐熟后的人粪尿为均匀的流体或半流体，稀释后施用很方便。

人粪尿的腐熟快慢与季节有关，人尿单存时，夏季需6~7天，其他季节10~20天才能腐熟。

（2）人粪尿贮存方式　人粪尿的贮存应满足以下条件：

①保蓄养分、减少氨的挥发和肥分渗漏。因为人粪尿在腐熟过程中，碳酸铵逐渐增多，到腐熟后期，这种形态的氮占全氮的80%以上。碳酸铵极易分解，

放出氨气,造成氮素损失。

$$(NH_4)_2CO_3 \longrightarrow 2NH_3\uparrow + CO_2\uparrow + H_2O$$

②杀灭各种病原菌,达到无害化要求。

③防止蚊蝇孳生繁殖,以利环境卫生。

其贮存方式主要有两种类型。

第一种贮存类型为:加盖粪缸、三格化粪池、沼气发酵池3种。

加盖封闭的粪缸在南方农村较普遍,粪缸口小腹大,壁坚实不渗漏,缸体埋入土中以利保温,并需搭棚遮荫,防止雨水入缸。贮存时粪尿按比例加入缸中,用木棍搅碎粪块,以分离虫卵,贮存期内不启封,一般1~1.5个月就可腐熟。若用粪池,多用砖石结构,并用三合土或水泥抹缝糊底,不使养分渗漏,封池可用石板或木板。

三格化粪池是城市普遍采用的一种无害化贮粪池。第一池的作用是截留粪便,并初步发酵。第二池是无害化处理的主要部分,第三池是蓄粪池,此池粪液即可取出施用。第一、二池的粪皮和粪渣要定期清理,清出物中含有少量存活的虫卵和病菌,需经高温堆腐或药物处理后再用。第三池的粪液基本上达到无害化处理的要求,铵态氮含量一般在0.2%以上,适宜用作追肥。

沼气发酵池。参见第13章第3节沼气发酵肥中沼气池的修建。

第二种贮存类型为堆制处理:北方农村一般将人粪尿按一定的比例与细土相混,做成堆肥,俗称大粪土。有的还加入作物秸秆、家畜粪尿制成高温堆肥,用泥浆封堆,利用堆积过程中微生物分解有机质产生的热量使肥堆内温度上升,可杀死大部分病原菌,达到无害化要求。

大粪土的堆积一般按土与粪适当的比例,先将土晒干捣碎,成堆后及时封泥,以便保温、保肥和有利环境卫生,经堆制1~2星期后进行翻捣,再堆成堆,封泥备用,使其腐熟均匀。

一般认为,粪尿混存或尿液单存时,加3~4倍土为宜;人粪单存加2倍土即可。加土过多影响大粪土的质量,同时浪费劳力;土加过少又起不到吸收肥分的作用。

粪尿分存是北方农村常采用的贮存方式。人粪制成大粪土,人尿经短期沤制就可施用。由于人尿数量大、腐熟快,粪尿分存分用可减少堆腐用工和人尿腐熟过程中氮素损失。

(3) 人粪尿的施用 经腐熟无害化处理的人粪尿是优质的有机肥料,适合大多数土壤。因为含1%左右氯化钠,所以盐土、碱土或排水不良的低洼地应少用,以免增加盐的危害。

人粪尿既可作基肥,也可作追肥。因为它的养分浓度较高,肥效快,所以更适宜用在追肥上。大粪土一般作基肥较好,但在有灌溉的地方,也可以沟施或穴施作旱地作物的追肥。

人尿不仅可以用作追肥,而且还可浸种。用鲜尿浸种后,出苗早,根系发育好,苗势壮,产量高。其原因可能是刺激了植物生长。一般浸种2~3h为宜。

人粪尿适用于大多数作物，尤其对叶类蔬菜、桑和麻等作物有良好肥效。但是对耐氯弱的作物如烟草、薯类、甜菜等作物应适当少用，否则影响它们的品质。

腐熟的人粪尿有机质含量极少，且含有较多的 NH_4^+ 和 Na^+，长期单独施用对土壤胶体有分散作用，影响土壤水稳性团聚体的结构，所以在质地过砂或过黏而又缺少有机质的土壤上施用，应配合施用堆、厩肥。

人粪尿的施用量取决于土壤肥力、作物种类，与其他肥料的配合等因素。一般大田作物每公顷用量 7 500～15 000kg，但对需氮较多的叶菜类或生育期较长的作物如玉米等可用 15 000～22 500kg，宜分次施用，基肥应配合磷、钾肥。

大量的试验表明，人粪尿对粮食、纤维、油料及蔬菜等作物都有明显的增产作物。1983 年全国肥料试验网资料表明，人粪尿中每千克氮能增加粮食 15～18kg。

11.1.2 家畜粪尿

11.1.2.1 家畜粪尿的成分、性质及施用

家畜粪与家畜尿的成分和性质差异很大。粪是饲料未经吸收利用排出体外的残渣，主要成分为纤维素、半纤维素、木质素、蛋白质及降解物、脂肪、有机酸及各种无机盐类。尿中主要为可溶性尿素、尿酸和钙、镁、钠、钾的无机盐类。

家畜粪尿的成分，因家畜的种类和大小及饲料等的不同而有所差异。表 11-2 为几种主要家畜粪尿的养分含量。

表 11-2 家畜粪尿的养分含量 %

类别		水分	有机质	N	P_2O_5	K_2O	CaO
猪	粪	82	15.0	0.65	0.40	0.44	0.09
	尿	96	2.5	0.30	0.12	0.95	1.00
牛	粪	83	14.5	0.32	0.25	0.15	0.34
	尿	94	3.0	0.50	0.03	0.65	0.01
马	粪	76	20.0	0.55	0.30	0.24	0.15
	尿	90	6.5	1.20	0.10	1.50	0.45
羊	粪	65	28.0	0.65	0.50	0.25	0.46
	尿	87	7.2	1.40	0.30	2.10	0.16

从表 11-2 可以看出，羊、马粪水分少而有机质及养分含量高，猪、牛粪水分多，干物质少，养分含量也稍低。粪尿相比，粪的有机质含量丰富，磷高而钾低。从氮来看，除猪尿比猪粪低外，其余均是尿比粪高。除氮、磷、钾外，畜粪还含有中、微量营养元素。其含量幅度为：镁 0.07%～0.26%，硫 0.05%～0.28%，铁 36～422mg/kg，锰 9～54mg/kg，铜 5～14mg/kg，钼 0.5～50mg/kg，硼 9～54mg/kg。此外，家畜粪尿由于组成（表 11-3）和性质不同，所以在分解

表 11-3　家畜尿中各种形态氮的含量（占全氮含量）　　　　%

氮的形态	猪尿	牛尿	马尿	羊尿
尿素	26.60	29.77	74.47	53.39
马尿酸	9.60	22.46	3.02	38.70
尿酸	3.20	1.02	0.65	4.01
肌肝态氮	0.68	6.27	—	0.60
氨态氮	3.78	—	—	2.24
其他形态氮	56.13	40.48	21.86	1.04

速度和利用上也不相同。

马尿和羊尿含尿素多，腐解最快；猪尿中尿素含量虽低，但较难分解的马尿酸含量也低，所以腐熟居中；牛尿含马尿酸多，尿素少，因而分解慢。调查数据如表 11-4 所示。

各种畜粪具有不同的特性，在施用时必须加以注意，以充分发挥肥效。

表 11-4　猪尿和牛尿分解速度比较

试验天数	猪尿分解(%)	牛尿分解(%)
3	24.6	—
7	72.3	23.60
14	85.7	46.70
20	82.2	65.30
28	97.2	71.30

猪粪　质地较细，含纤维少，碳氮比小，养分含量高，氮素含量比牛粪高 1 倍，磷、钾含量也高于牛粪和马粪，钙、镁含量低于其他粪肥，还含有微量元素。腐熟后的猪粪能形成大量的腐殖质和蜡质，而且阳离子交换量超过其他畜粪（表 11-5）。施用猪粪能增加土壤的保水性，蜡质能防止土壤毛管水分的蒸发，对于抗旱保持土壤水分有一定作用。猪粪含有较多的氨化细菌，由于含水较多，纤维分解菌少，分解较慢。故猪粪劲柔，后劲长，既长苗，又壮棵，使作物籽粒饱满。因此，猪粪适宜施用于各种土壤和作物。既可作底肥也可作追肥。

表 11-5　家畜粪的有机组成和碳氮比

种类	蜡质(%)	总腐殖质(%)	胡敏酸(%)	富啡酸(%)	CEC (mmol/100g)	C/N
猪粪	11.42	25.98	10.22	17.78	468~494	7
牛粪	8.00	23.60	13.95	9.88	402~423	21
马粪	0.05	23.80	9.05	14.74	380~394	13
羊粪	11.35	24.79	7.54	17.25	438~441	12

牛粪　牛是反刍动物，饲料经胃中反复消化，粪质细密。牛饮水多，粪中含水量高，通气性差，因此牛粪分解腐熟缓慢，发酵温度低，故称冷性肥料。牛粪中养分含量较低，特别是氮素含量低，碳氮比大，平均约为 21，其阳离子交换量为 402~423m mol/100g 土。新鲜牛粪稍风干后，加入 3%~5% 的钙镁磷肥或磷矿粉混合堆沤，可加速分解。牛粪对于改良质地粗、有机质少的砂土，具有良好的效果。牛粪一般作底肥施用。

马粪　马对饲料的消化不及牛细致，所以粪中纤维素含量高，疏松多孔，水分易蒸发，含水量少；同时粪中含有较多的高温纤维分解菌，能促进纤维素的分解，因此腐熟分解快，在堆积过程中，发热量大，所以常称马粪为热性肥料。马粪除了直接作肥料外，还可用于制作高温堆肥的原料和温床的酿热物，如茄果类蔬菜早春育苗时，在苗床上将马粪与秸秆混合铺垫在下层，上面辅以肥沃菜园土，这样可提高苗床温度，幼苗可提前移栽，提早成熟。马粪对于改良质地黏重的土壤有良好的效果。

羊粪 羊也是反刍动物，羊对饲料咀嚼很细，饮水少，所以粪质细密干燥，肥分浓厚，羊粪中有机质、氮、磷和钙含量都比猪、马、牛粪高。此外，羊粪可与猪、牛粪混合堆积，这样可缓和它的燥性，达到肥劲"平稳"。羊粪适用于各种土壤。

兔粪 近年来我国养兔业有较大发展，兔粪作为一种肥源也不容忽视。据浙江省农业科学院分析，兔粪含氮 15.8mg/kg，P_2O_5 14.7mg/kg，K_2O 2.1mg/kg，氮、磷含量超过猪粪，所以兔粪也是一种优质的有机肥料。

11.1.2.2 家畜粪尿的贮存

家畜粪尿的贮存方法较多，但最常用的是垫圈法和冲圈法，有的地方是春冬垫圈，夏秋冲圈两者结合使用。

（1）**垫圈法** 畜舍内垫上大量的秸秆、杂草、泥炭、干细土等。垫圈既可吸收尿液，保存肥分；又使畜栏减少臭气，保持干燥清洁的环境，有利家畜的健康。因此，垫圈材料的选择十分重要。一般垫料要选择吸收力强、取材方便的材料，如南方多用草、秸秆，北方多用土，东北一些地区用泥炭。表11-6 是几种主要垫料的吸水、吸氨能力的比较。

表11-6 各种垫圈材料吸水、吸氨情况比较

垫圈材料	吸水量（%）(24h)	吸氨量（%）(24h)
小麦秆	220	0.17
燕麦秆	285	—
豌豆秆	285	—
新鲜树叶	160	—
泥炭	600	1.10
干有机质土	50	0.60

从表中可以看出，吸水量以泥炭效果最好，秸秆次之，干有机质土最差。吸氨能力强弱顺序为：泥炭＞干有机质土＞秸秆。

起垫圈次数应掌握勤起勤垫的原则。牛、马圈天天垫，天天起。羊圈可天天垫，数天起。起出的牛圈粪和马圈粪可混合起来，掺些人粪尿，加 1%~2% 过磷酸钙和少量泥土，进行圈外混合堆积，坚持常年积肥，可造出大量优质粪肥。羊圈粪起出后，加适量水分，可单独堆积。

垫圈积肥可保存大量的养分，利用畜粪中的微生物对有机物进行矿质化和腐殖化，积制优质有机肥料。不足之处是对畜舍卫生条件不如冲圈好。

（2）**冲圈法** 适宜于较大畜牧场的积肥方法。冲圈畜舍底面用水泥砌成，并向一侧倾斜，以利尿液流入舍外所设的粪池。畜舍内每天用水将粪便冲到舍外粪池里，在嫌气条件下，沤成水粪。这种方法的优点是：有利畜舍卫生和家禽健

康；不用垫圈材料，节省劳力；在嫌气条件下沤制粪肥可减少氮素损失。此外，还可结合沼气发酵，充分利用生物能源。

11.1.3 禽粪

鸡、鸭、鹅等家禽的排泄物和海岛鸟类统称禽粪。禽的粪便排泄量少，但粪中养分含量高。常见家禽的养分含量如表11-7。

表 11-7　家禽粪的养分含量　　　　　　　　　　%

种类	水分	有机质	N	P_2O_5	K_2O	$N:P_2O_5:K_2O$
鸡粪	50.5	25.5	1.63	1.54	0.85	1:0.94:0.52
鸭粪	56.6	26.2	1.10	1.40	0.62	1:1.27:0.56
鹅粪	77.1	23.4	0.55	0.50	0.95	1:0.91:1.73

鸡、鸭为杂食动物，以虫、鱼、谷、草等为主食，且饮水少。因此，鸡粪和鸭粪有机质含量高，水分少。氮、磷的含量比家畜粪和鹅粪高。鹅以食草为主，饮水多，因此，鹅粪的养分含量和三要素组成比例与家畜粪相近，质量不如鸡粪和鸭粪。

禽粪中的氮素以尿酸为主，尿酸盐不易被作物直接吸收，而且有害于根系正常生长，故禽粪必须腐熟后施用。

积存禽粪的方法，一般是将干细土或碎秸秆均匀铺于禽舍，定期清扫、积存。禽粪养分浓度高，容易腐熟，并产生高温，易造成氮素损失。为了减少氮素损失，应选择干燥阴凉处积存，在存放时可加入5%的过磷酸钙。施用前加污水沤制，或与其他材料混合堆沤。经腐熟的家禽粪是一种优质速效肥料，常作蔬菜或经济作物的追肥，有利于提高作物产量和改善品质。据中国农业科学院烟草研究所试验，烟叶在等氮量的基础上，每公顷用3 600kg鸡粪和施用7 200kg饼肥比较，虽然产量略低，但提高了品质，总的经济效益有所提高。因为施鸡粪的烟叶短期落黄，烤烟成色较佳。有试验表明，家禽粪中的氮素对当季作物的肥效相当于化肥氮的50%。

11.2 厩肥

厩肥是家畜粪尿和各种垫圈材料混合积制的肥料。在北方多用土垫圈，称之土粪。在南方多用秸秆垫圈，称之厩肥。

11.2.1 贮存与转化

11.2.1.1 厩肥的积制方法

厩肥的积制有深坑圈、平地圈和浅坑圈三种方式。

（1）深坑圈　深坑圈是我国北方农村养猪采用的积肥方式，南方也有部分地区采用。圈内设有一个 0.6~1.0m 的坑，是猪活动和积肥场所，逐日往坑内添加垫圈材料并经常保持湿润，借助于猪的不断踏踩，粪尿和垫料便可以充分混合，并在紧密、缺氧的条件下就地腐熟，待坑满之后出圈一次。一般来说，满圈时坑中下部的肥料可达到腐熟或半腐熟程度，可直接施用。上层肥料需经再腐熟一段时间之后方可利用。深坑式积肥优点是：深坑式处于紧密缺氧条件下，有机质矿质化所释放出的养分可被土壤胶体吸附，不易损失；腐殖化所产生的腐殖质和垫土充分融和以后，使垫入的生土成为肥沃的熟土。从肥料的观点看，这种积肥方法有利于保肥，节省劳力，厩肥的质量和肥效较高。其缺点：一是增加起圈劳力，二是圈内堆存厩肥使圈舍充满臭气和 CO_2，影响家畜健康和卫生。

（2）平地圈和浅坑圈　平地圈与地面相平，浅坑圈在圈内挖 0.15~0.20m 深的坑。这两种圈的积肥方式类似。垫圈方法有两种：一种是天天垫，天天起，将厩肥运到圈外堆积发酵；另一种是每日垫，数日起，即将垫料留在圈内堆积一段时间，再移到圈外堆制。前者适用于牛、马、驴、骡等牲畜积肥，后者适用于养猪积肥，特别是在地下水位较高、雨量大、不宜采用深坑圈的地区，可采用这种积肥方法。我国南方农村普遍采用这种方式积肥。平地式或浅坑式积肥需定期清扫出料，再移至圈外堆腐，费工较多，且需堆制场所，但比较卫生，有利家畜健康。

11.2.1.2　厩肥的贮存方法

出圈的厩肥一般需要贮存，才能进一步腐熟。在贮存过程中，通常微生物的活动使厩肥中的有机物发生分解转化，释放出速效养分和合成新的腐殖质，同时通过贮存堆沤，还可借助堆沤发酵的高温消灭垫料和粪便中的病菌、虫卵和杂草种子，以免危害作物。此外，腐熟后的厩肥比较松散、均匀，便于田间施用。厩肥的贮存方法有紧密堆积、疏松堆积和疏松紧密堆积 3 种。

（1）紧密堆积法　将出圈的厩肥运到堆肥场地，堆成宽约 2~3m，长度不限的肥堆。堆积时要层层堆积、压紧，至肥堆达 1.5~2m 高为止，以后接着堆第二堆、第三堆等，待堆积完毕，用泥土、泥炭或塑料薄膜密封，以保持嫌气状态并防止雨水淋溶。

用这种方式堆积，厩肥中的温度变化较小，一般保持在 15~30℃ 之间。由于处于嫌气条件下，有机物分解产生的二氧化碳和氨易合成碳酸铵：

$$CO_2 + H_2O + 2NH_3 = (NH_4)_2CO_3$$

同时，有机酸与氨形成盐类，减少了氮的损失，故紧密堆积法比疏松堆积法氮素损失少、腐殖质累积多。一般 2~4 个月可达半腐熟，半年可达全腐熟，在生产上不急需用肥，可用此法。

（2）疏松紧密堆积法　先将新鲜厩肥疏松堆积，浇适量粪水，以利分解。一般 2~3 天后，厩肥堆内温度达 60~70℃，可杀死大部分细菌、虫卵和杂草种子。待温度稍降时，及时踏实压紧，然后再加新鲜厩肥，处理如前。如此层层堆积，直至 1.5~2m 高为止。然后用泥浆或塑料薄膜密封。用这种方法堆积的厩肥腐熟较快,一般1.5~2个月可达到半腐熟,4~5个月可达全腐熟,还可较快而彻底地消灭有害物。此法腐熟快,养分和有机质损失少,如急需用肥可采用此法。

(3) 疏松堆积法　本法与上述方法相似,其不同是整个过程自始至终不压紧,厩肥一直处于好气条件,堆内温度可达60~70℃,在高温条件下,维持的时间越长,病菌、虫卵和杂草种子等消灭越彻底,在短期内厩肥就可腐熟。但这种方法,厩肥中的氮素和有机质损失较大,所以只有在急需用肥或鲜厩肥中病菌、虫卵和杂草种子较多时才宜采用这种方法。

11.2.1.3　厩肥的分解转化

厩肥在堆制贮存过程中,有机物的转化主要是在微生物主导下的矿质化和腐殖化作用。

(1) 有机物的矿质化作用　厩肥中的各种有机物经微生物的作用,分解为简单的化合物,最终产物为 CO_2、H_2O 和矿物质,并放出能量,在有机质分解中产生的部分中间产物,可进一步合成腐殖质。有机物的矿化过程可分为:

①不含氮有机物的矿化　主要指厩肥中的淀粉、糖、纤维素、半纤维素和木质素等。

在好气条件下,淀粉和糖大部分被彻底分解为二氧化碳和水,大部分碳成为微生物体有机成分的碳架。在嫌气条件下,最终产物为简单的有机酸类、醇类、醛类等碳氢化合物。

果胶物质是半乳糖醛酸组成的高分子化合物,先水解成果胶酸,随后再水解为半乳糖醛酸。半纤维素为植物细胞壁的重要组成成分,主要成分是多聚糖、多聚己糖和多聚糖醛酸等,分解后形成单糖和糖醛酸。果胶物质和半纤维素水解的各种产物,在通气条件下氧化为 CO_2 和 H_2O。在嫌气条件下,则进行丁酸发酵,形成各种有机酸和气体。

木质素是植物木质化组织的重要部分。木质素结构复杂,分解缓慢。主要是在真菌作用下好气分解成 CO_2 和 H_2O,中间产物是各种有机酸。

②含氮有机物的矿化　新鲜厩肥中含氮有机物分蛋白氮和非蛋白氮两类,而以蛋白氮为主。它先分解形成多肽、二肽、氨基酸,经氨化作用形成氨,硝化作用形成 NO_3^-—N 以及反硝化作用形成 N_2 等。反应如下:

氨化作用:

　　　氧化　$RCHNH_2COOH + O_2 \longrightarrow RCOOH + CO_2 + NH_3 \uparrow$

　　　还原　$RCHNH_2COOH + H_2 \longrightarrow RCH_2COOH + NH_3 \uparrow$

　　　水解　$RCHNH_2COOH + H_2O \longrightarrow RCHOHCOOH + NH_3 \uparrow$

上述氨化作用对提高厩肥的肥效是有利的,但要注意防止氨的损失。

硝化作用:

将氨化作用形成的氨,在好气条件下,被硝化细菌进一步氧化为硝酸。形成的硝态氮可随水流失或经反硝化失氮,但厩肥在积制过程中,形成的

NO_3^-—N 数量不多，主要是以 NH_3 为主。因此，防止氨挥发是厩肥贮存的主要措施。

非蛋白氮主要有尿素、尿酸和马尿酸等，这类化合物分解后可产生氨。

尿酸在尿酸酶作用下分解为尿囊素，尿囊素继续分解为尿囊酸，再进一步分解为尿素和乙醛酸。尿素再进行分解为氨和二氧化碳。

尿酸的分解比尿素要慢，在常温下（15~20℃）需 10 天才能完成分解过程。

马尿酸最初分解为苯甲酸和甘氨酸再继续分解放出氨。

尿酸和马尿酸都经转化后变成尿素，然后在脲酶的水解下，生成碳酸铵，再分解为氨。所以尿酸的分解比尿素慢，在常温下（15~20℃）需 10 天才能完全分解。马尿酸的分解更慢，分解速度与尿素相比，在同条件下，尿素在 2 天内完全分解，而马尿酸 24 天后仅分解原来全氮的 23%。

马尿酸分解的最终产物也是 NH_3。为了防止 NH_3 损失，一般可在厩肥堆制时加入 3%~5% 过磷酸钙。这样不仅有保氮作用，而且还可提高过磷酸钙的肥效。

③含磷有机物的矿化　厩肥中含磷有机物主要有核蛋白、磷脂和肌醇六磷酸及肌醇五磷酸等。它们在微生物的作用下，进行分解。

④含硫化合物的矿化　厩肥中的含硫有机化合物主要是蛋白质，其次是一些含硫的挥发性物质，如芥子油等。蛋白质水解成氨基酸，其中的含硫氨基酸如胱氨酸、半胱氨酸和蛋氨酸。在氨化作用中，它们既产生氨也形成硫化氢。如果分解不彻底还可形成甲硫醇（CH_3SH）、二甲基硫[$(CH_3)_2S$]等中间产物，再经分解形成 H_2S。H_2S 不能被植物直接利用，浓度过高还会危害植物根系生长。但氧化成硫酸可提供植物硫素营养。

(2) 腐殖化过程　厩肥堆制过程中，经矿质化作用形成的中间产物，如木质素、芳香族化合物、氨基酸、多肽、糖类化合物等，在微生物的作用下，木质素、纤维素转化为多酚化合物，然后在多酚氧化酶的作用下，形成醌，再与氨基酸结合，形成苯醌亚胺，再经多次缩合，形成腐殖质。厩肥中腐殖质含量较多，因此改土效果明显。厩肥在腐熟的中、后期形成的腐殖质较多，而在嫌气、偏湿润的条件下更利于腐殖质的形成。

11.2.2　厩肥的成分、性质与施用

11.2.2.1　厩肥的成分与性质

厩肥的成分根据垫圈材料和用量、家畜种类、饲料优劣等条件而异（表 11-8）。

新鲜厩肥一般不直接施用。因为新鲜厩肥垫料如果是秸秆一类的物质，C/N 值大，其中含有大量的纤维素和木质素等物质，作物难以吸收，施入土壤，易出现微生物和作物争水争肥的现象，影响作物生长。在淹水条件下，还会引起反硝化作用，增加氮的损失。所以新鲜厩肥需经过贮存，让其腐熟再施用。如土壤质地较轻，排水较好，气温较高，或作物生育期较长，可选用半腐熟的厩肥使用。

表 11-8 厩肥的平均肥料成分   %

家畜种类	水	有机质	N	P_2O_5	K_2O	CaO	MgO	SO_3
猪	72.4	25.0	0.45	0.19	0.60	0.08	0.08	0.08
牛	77.5	20.3	0.34	0.16	0.40	0.31	0.11	0.06
马	71.3	25.4	0.58	0.28	0.53	0.21	0.14	0.01
羊	64.6	31.8	0.83	0.23	0.67	0.33	0.28	0.15

腐熟的厩肥因质量差异很大，施入土壤后当季肥料利用率也不一样。氮素当季利用率的变幅较大，高的大于 30%，低的小于 10%。但是，厩肥中磷的有效性较高。原因在于土壤对厩肥中磷的固定较小，加之，厩肥中含的有机酸可提高磷的有效性。此外，厩肥中含有较多高分子化合物可掩蔽黏土矿物的吸附位，减少磷的吸附，从而提高磷的有效性，所以厩肥中磷的利用率可达 30%~40%，大大超过化学磷肥。厩肥中钾的利用率也很高，约 60%~70%。厩肥具有较长的后效，如果年年大量施用，土壤可积累较多的腐殖质，达到改良土壤，提高肥力的目的。尤其对低产田土的熟化有积极的意义。

11.2.2.2 厩肥的施用

厩肥与其他有机肥料类似，可为作物提供多种营养元素，是一种完全肥料。它的主要特点是含有大量的腐殖质和微生物，在提高土壤肥力和化学肥料的肥效上有明显的作用。

厩肥与化肥配合施用，可提高化肥的利用率。厩肥含有大量的腐殖质，阳离子交换量约为 150~400 mmol/100g，约为蒙脱石的 7~20 倍，比高岭石大 15~40 倍，所以具有很强的保肥力，胡敏酸或富啡酸以氢键的方式吸附尿素分子，从而减少流失。与化学磷肥配合施用，可减少磷肥的固定。

在提高土壤肥力方面，主要表现在改善土壤物理性质、化学性质和生物活性。施用厩肥能降低土壤密度，改善土壤耕性。据 A. A. R. Hafez 试验，在细砂壤土中加 5% 马厩肥后，土壤密度由 1.30 降到 1.20；加入 5% 厩肥后，由 1.41 降到 1.22。厩肥还能增加土壤的持水量。纯矿物黏粒吸水量只有 50%~60%，而腐殖质吸水率为 400%~600%，比黏粒大 10 倍左右。腐殖质巨大的吸水能力是由于它的亲水胶体和疏松多孔的特性造成的。在砂土中加入 10% 的牛、马厩肥后，其持水量分别增加 8 倍和 9 倍；在黏土中加入 10% 牛、马、猪、羊厩肥后，平均持水量增加 1.9~2.0 倍。

厩肥还含有许多胡敏酸胶体，它能与黏粒结合，形成团粒。此外，微生物分解有机质时，可产生多糖或多糖醛酸等化合物，对团聚体的稳定性有良好的作用。Hafez 在黏土中，加入 5% 的各种厩肥进行培养试验，大于 0.5mm 团粒比对照增加 3.5~7.2 倍。

厩肥施入土壤后，使土壤温度变幅减少，故农民常称"园田土壤冬暖夏凉"。据测定，在气温较高的夏季，园田土壤 10cm 处的土温比一般大田土壤约低 2℃ 左右。由于温度变幅小，有利于根系生长。

此外，厩肥中的有机酸如乳酸、酒石酸等可与金属离子形成稳定的络合物，消除土壤中的重金属危害。

厩肥是一种富含有机质和多种营养物质的肥料，其肥效迟缓而持久，一般作基肥施用。具体施用时，应根据土壤肥力、作物类型和气候条件综合考虑。

厩肥作基肥施用时，可撒施或集中施用。施用数量大，全田撒施耕翻入土，对改良土壤效果明显。施用量不大，宽行、中耕作物适宜集中施用。一般每公顷施用量为 15 000~22 500kg。据测定 1 000kg 厩肥含 N 5kg，P_2O_5 2.5kg，K_2O 6kg。厩肥的氮素利用率一般不超过 30%，磷的利用率不超过 50%，钾大部分为水溶性，利用率在 70% 左右。所以，厩肥作基肥时，应配合化学氮、磷肥施用，一方面可满足作物养分需要，另一方面也提高了化肥的利用率。

复习思考题

1. 人畜粪尿各有何特点？如何合理施用？
2. 如何才能积制优质厩肥？厩肥的分解转化特点及合理施用？

本章可供参考书目

肥料学. 毛知耘主编. 中国农业出版社，1997

植物营养研究. 冯锋等主编. 中国农业大学出版社，2000

第 12 章

秸秆与堆肥

【本章提要】 秸秆还田、堆肥和沼气发酵肥的主要原料是植物残体。它们不仅含有植物必需的营养元素,而且还能改善土壤理化和生物学性状,提高土壤肥力,增加作物的产量。再加之植物残体来源广、取材易和数量大等特点,长期以来就以多种方式作为肥料加以利用。其利用的主要方式有堆沤还田、过腹还田、直接还田和烧灰还田等。本章主要介绍秸秆直接还田、堆肥和沼气肥。

12.1 秸秆还田

作物秸秆是重要的有机肥源之一。作物秸秆不经过堆沤处理,科学地实行就地还田,既能有效地提高土壤肥力,又能节约运输力和劳动力。作物秸秆直接还田作肥料,可以将作物吸收的大部分营养元素,尤其是钾、钙、镁和部分微量元素归还给土壤,对于维持土壤养分平衡起到积极的作用。此外,秸秆覆盖还田还对干旱地区的节水农业有着特殊的意义,在南方的丘陵地区还可以起到保持水土的作用。目前,我国作物秸秆还田的面积已扩大到 $0.24 \times 10^8 hm^2$,而且还有逐年扩大的趋势。所以,秸秆还田必将成为农业现代化进程中有机肥料积制和施用的必然趋势。

12.1.1 秸秆的成分与性质

秸秆作为植物残体,含有作物生长所需的大量元素和微量元素(表 12-1)。秸秆的有机成分主要是纤维素、半纤维素和木质素,占有机物质干重的 63.8%~85.6%;其次是蛋白质、醇溶性物质等,占有机物质干重的 2.63%~4.82%。在矿质元素中,氮、磷、钾、钙的含量最高,作物种类不同,秸秆中的矿质元素差异很大,一般豆科作物秸秆含氮较多,禾本科作物秸秆含钾较高,油料作物如油菜、花生的秸秆氮、钾含量均较为丰富。

作物秸秆被分解释放的氮素可以被作物再次吸收利用。盆栽试验表明,^{15}N 标记的稻草还田后,配合施用适量的尿素,当季水稻对稻草的氮素利用率为 22%~23%。此外,秸秆还田还能归还其他大量元素和微量元素。从表 12-1 可以看出,秸秆中的钾占吸收总量的 72%~84%,说明籽粒取走的钾是少数,大约只占 20%,作物吸收的钾大部分保留在秸秆中,肥效近似于化学钾肥。

表 12-1　几种作物秸秆的养分含量

类别	养分	N	P	K	B	Mn	Cu	Zn	Mo
		(%)			(mg/kg)				
稻秆	范围	0.362~1.49	0.020~0.208	0.977~2.75	—	—	—	—	—
	平均	0.797	0.0886	1.66	2.43	312.8	2.02	32.7	0.787
	占总量（%）	3.5~4.1	2.1~3.3	8.2~8.4					
麦秆	范围	0.293~1.02	0.0182~0.097	0.527~2.28	—	—	—	—	—
	平均	0.516	0.0415	1.40	1.06	19.0	3.36	11.0	0.938
	占总量（%）	1.6~2.6	1.1~1.4	7.6~7.9			32		
玉米秆	范围	0.376~0.960	0.0613~0.207	0.441~2.25	—	—	—	—	—
	平均	0.716	0.122	1.35	2.73	25.0	10.8	21.3	1.38
	占总量（%）	3.1±	0.7±	7.2±					
油菜秆	范围	0.387~1.09	0.0232~0.179	0.645~2.18	—	—	—	—	—
	平均	0.056	0.0759	1.43	28.8	17.0	9.79	28.0	0.638
	占总量（%）	—	—	—	83	—	81	58	—

12.1.2　秸秆在土壤中的转化

秸秆在翻压入土后，在微生物的作用下，经矿化作用分解，经腐质化作用合成新的有机物质。在秸秆有机成分中，纤维素、半纤维素和蛋白质等比较容易被微生物分解。纤维素、半纤维素属多糖物质，是微生物所需的能源和碳源。在适宜的条件下，通过微生物的作用，只需几周的时间就能分解其总量的60%~70%，剩余部分多以氨基酸、氨基糖、酚等土壤腐质化物质和微生物体的形式存在于土壤中。分解纤维素的微生物包括真菌、细菌和放线菌，一般在酸性低温、潮湿的土壤中，分解纤维素以真菌为主；在半干旱地区的土壤中，细菌的作用比较重要；在中性偏碱的干旱土壤中，放线菌有较强的作用。半纤维素在土壤中分解迅速，速率大于纤维素，一方面是它容易被分解，另一方面是分解半纤维素的微生物的种类也较多，包括细菌、真菌、放线菌、酵母菌、原生动物和藻类等。

木质素是苯丙氨酸的衍生物，结构稳定，微生物分解比较困难，只有在好气条件下，通过侧链氧化断裂、脱甲基、羟基化以及氧化脱羧等作用，形成较小的有机分子。在氧化的过程中，单体的芳香环发生破裂而形成脂肪类化合物，这类物质可以作为微生物的碳源，一般在4个月后，木质素仅分解25%~45%，其余部分残留在土壤中，参与木质素分解的微生物主要是分解能力较强的放线菌（如诺卡氏菌属、链霉菌属），以及真菌（如镰刀菌、毛壳霉属、侧孢菌属）等。在木质素分解的同时，还伴随着腐殖质的合成。在腐殖质合成的过程中，木质素分解形成的各种酚类化合物同蛋白质的分解产物（如氨基酸、酰胺等）缩合而成腐殖质类物质（图12-1）。

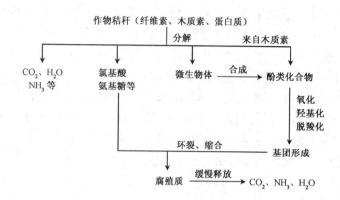

图 12-1　作物秸秆在土壤中转化的图示

12.1.2.1　影响秸秆在土壤中转化的因素

秸秆在土壤中的分解和转化主要取决于作物秸秆的本身性质，如化学成分、物理结构等，以及外界因素，如气候条件和土壤环境等。

（1）秸秆的化学成分　秸秆的化学组成影响微生物的生命活动，相应也影响作物秸秆的分解速度。一般而言，作物秸秆的有机组分主要是纤维素、半纤维素和木质素，其次是蛋白质、醇溶性物质及水溶性物质，分别占有机物质干重的 26.7%~34.9%、24.5%~30.0%、12.5%~20.7% 和 2.63%~7.3%（表12-2）。在这些有机物质中，以蛋白质等含氮化合物、醇溶性物质和水溶性物质分解最快，纤维素、半纤维素次之；木质素分解最慢。所以，作物秸秆在土壤中的转化和腐质化作用的强弱主要取决于作物秸秆的 C/N 比和木质素含量。

表 12-2　3 种常用还田秸秆的化学组成

种类	C (%)	N (%)	C/N	组成成分（占有机物质干重的百分含量,%）				
				苯醇溶性物质	水溶性物质	半纤维素	纤维素	粗蛋白
稻草	42.7	0.69	61.8	6.53	11.4	24.5	31.9	3.63
玉米秆	47.4	0.93	51.0	2.39	7.91	28.6	34.3	4.82
麦秸	52.1	0.50	104.2	3.01	4.38	26.6	34.9	2.63

稻麦根系和麦秆等作物残体的含氮量低 1%，木质素含量大于 17%~21%，在短期内不易分解，腐质化系数一般较高，大于 0.30。稻草和玉米秸秆含氮量也小于 1%，但木质素低于 13%，故易于分解。但是，在分解前期（夏季 2~4 周，冬季 8~12 周），不仅不能向作物供氮素，反而还会减少土壤中的有效氮含量，稻草和玉米秸秆含氮量越低，土壤有效氮降低越多。所以，在稻草和玉米秸秆还田时，适量补充一定的氮肥有益于土壤的氮素供应。

（2）土壤含水量　秸秆还入旱地，通过灌溉、保墒等措施，保持田间持水 60%~80%，有利于秸秆的腐烂。土壤过于干旱，秸秆分解速率降低，但土壤长期淹水（如水田），还原缺氧，不利于好气微生物的活动，也不利于有机质分解，在分解过程中还会产生大量的还原性物质。因此，对于稻田而言，最好浅水勤灌，干干湿湿，适时烤田，这些措施有利于秸秆还田后有机质的分解。

（3）温度　一般来说，在土壤含水量适宜的条件下，气温越高，秸秆的分解越快，残留在土壤中的有机质也越少。林心雄等在温带、暖温带、北亚热带、南亚热带的吉林公主岭、天津、无锡和广州四地（年均温最低 4.9℃，最高 21.8℃）的研究表明，同一种秸秆分解一年后残留量为吉林公主岭＞天津＞无锡＞广州（表 12-3）。从施用季节来看，夏季施入土壤的秸秆一般分解较快，在秋季施入的秸秆分解则较慢（表 12-4）。由此可见，温度显著影响秸秆的分解速率，高温快，低温慢。

表 12-3　不同气候条件下稻草在土壤中的残留碳量　　　　　　　　　　　　　%

	广州	无锡	天津	公主岭
黄棕壤	21.4±0.1	21.8±0.5	32.8±1.5	34.7±4.5
红　壤	27.1±0.8	35.2±2.8	41.6±1.9	49.7±1.6

表 12-4　不同季节稻草还田的累计分解率　　　　　　　　　　　　　　　　%

腐解天数	1977年8月开始试验		1977年11月开始试验	
	水田	旱地	水田	旱地
90	58.5	50.3	30.3	35.4
120	66.0	67.0	48.6	32.6
180	64.4	73.6	70.7	76.5

（4）土壤质地　在相同的水热条件下，秸秆施入黏质土壤之后，分解速度慢于砂土，这是因为砂土的通气性较好，有利于好气性微生物的生长和繁殖。但是，秸秆的腐殖化系数随黏粒含量的增多而提高。此外，土壤 pH、土壤利用方式等对秸秆的分解都有一定程度的影响。

12.1.2.2　秸秆直接还田的作用

（1）补充土壤养分，提供植物营养　秸秆直接来源于植物，养分齐全，比例适当（表 12-1），施入土壤之后，通过微生物的分解作用，能向植物提供所需要的各种养分，满足植物的营养需要。此外，秸秆作为一种有机肥，对环境无污染，对农作物无毒害作用。

（2）保持和增加土壤有机质含量　在一定的土壤气候条件下，要保持和提高土壤有机质的含量，作物秸秆或植物残体进入土壤的数量应等于或大于微生物的分解量。在砂—中壤的潮土上，连续 4 年的麦秆覆盖还田试验表明，砂壤质潮土的有机质含量由原来的 0.88% 上升到 1.06%，在未进行秸秆（对照）的处理中，有机质含量为 0.82%；中壤质潮土的有机质含量由试验前的 0.94% 逐渐上升到 1.17%。两种土壤的有机质含量年均增加 0.02%~0.06%。

大量的试验证明，尽量保留收获后残留于地面的枯枝落叶和作物根茬，也是秸秆还田保持土壤有机质含量的有效途径。根茬一般占作物产量的 5%~40%。最少的是叶类蔬菜，它们的根茬占作物总碳量的 5%，最多的是多年生的深根系作物，根茬可占总碳量的 40%。以生物量计，稻麦根茬还田量为 1 350~1 590 kg/hm²，相当于总生物量的 13%~18%。油菜根茬、落叶、落花还田量约为 1 500kg/hm²，占生物量的 29% 左右。大豆根茬可占 21%，玉米根茬还田量约为 1 050~2 250kg/hm²，占全株生物量的 23%~30%。总而言之，作物秸秆或植物残体还田是保持和提高土壤有机质的重要途径之一。

(3) 改善土壤的物理性质　在黑土上试验结果表明，麦秸可使土壤水稳性团聚体显著增加，保水保肥能力和通气性能明显改善（表 12-5），原因主要是施用秸秆物质增加了土壤有机质和腐殖酸质。在施用麦秸的处理中，有机碳、胡敏酸碳和富里酸碳分别为 2.53%、0.46% 和 0.54%，而在未施麦秸的处理（对照）中，它们的含量依次是 1.95%、0.31% 和 0.39%，为改善土壤物理性质提供了基础物质。

表 12-5　麦秸处理对黑土物理性质的影响　　　　　　　　　　　%

处理	土壤密度 (g/cm²)	田间持水量	总空隙度	最低通气度	水稳性团粒总量
		(%)			
对照	1.25	25.7	50.1	18.5	48.9
麦秸	0.90	40.8	64.3	27.5	89.3

资料来源：辽宁省农业科学院，1987。

(4) 固定和保存土壤氮素　作物秸秆施入土壤之后，一方面为好气性微生物和嫌气性的自生固氮菌提供了氮源，从而促进土壤的固氮作用。另一方面，由于丰富的碳源使各种微生物活动旺盛，较多的吸收土壤中的速效氮素，用于构成微生物体，从而有利于氮素的保存。需要说明的是微生物体内的氮素大部分为有效氮，可供当季作物吸收利用。作物秸秆的 C/N 变化很大，如麦秸的 C/N 为 80~100，稻草为 30~60，玉米秸为 30~51 等。对土壤微生物的细胞而言，碳氮含量的比例大约是 25/1，所以 C/N 高的作物秸秆在分解时，需要补充外源氮素，这些氮素可以来自于土壤本身，也可来自于施入土壤的氮肥。微生物将土壤中的氮素转变成微生物体成分的作用，这种现象称为土壤氮的生物固定。

当秸秆的 C/N＞30 时，一般就会出现土壤氮的生物固定。稻麦秸秆施入土壤 7~20 天后，即可出现土壤速效氮降低的现象，20 天左右跌至最低值，然后微生物等固定的土壤氮又逐渐释放出来。所以，在 C/N 高的秸秆直接还田时，前期容易出现短暂的"氮饥饿"现象，解决的有效办法是配合施用一定数量的化学氮肥，就可避免作物出现暂时性的缺氮落黄现象。

在试验中，保持田间持水量60%可以观察到以下现象：①施用尿素调节稻草的碳氮比至32或32以下，30℃恒温培养2周，氮素的固定达到最高值，随后固定值急剧下降，8周后趋于稳定；在未加尿素的处理中，在20周培养期间，氮素固定量始终是上升的。②土壤氮素的固定量与施入稻草的C/N有关。当C/N为32时，培养在4种不同的温度条件下，最大固定量相似。只是在高温培养（40℃）时，1~2周就可达到最大固定值；低温培养（10℃）需要4周才能达到。同时，在高温培养时，固定氮的下降速度要快得多。所以，在寒冷的地区实施秸秆还田要适当提前还田时间，并减少还田量。

在实施秸秆还田时，土壤氮素的固定量还与通气状况有关。Acharga的试验表明，在好气条件下，稻草分解6个月时的氮素固定因子（分解100g物质时固定的铵态氮的克数）为0.54，一般嫌气条件下是0.3，严格嫌气条件下为0.17。出现这种差异的原因是在分解单位数量的碳水化合物时，嫌气微生物获得的能量远远小于好气微生物。在嫌气微生物所同化的碳素中，以CO_2形式损失的碳只占一半，另一半以CH_4的形式损失。根据氮素固定因子大小说明，在嫌气条件下秸秆直接还田最终可矿化出较多的氮素。

(5) 刺激土壤微生物的生长繁殖，活化土壤养分　秸秆直接还田不仅有利于改善土壤物理性质，而且还向土壤微生物提供营养和能量物质，刺激土壤微生物的生长繁殖。例如，在东北的白浆土上，玉米秆直接还田后，在距离秸秆0~5 cm的土壤中，好气性纤维素分解黏细菌和木霉的数量，以及各种土壤酶的活性都远远高于较远土壤（表12-6）。很显然，秸秆直接还田能刺激微生物的生长繁殖，加速土壤中的生物循环，活化土壤潜在肥力，对土壤有机质分解有明显的激发作用，秸秆直接还田可促进土壤有机质的更新，对活化土壤潜在养分有一定作用。

表12-6　田间施用玉米秸秆后，白浆土的生物学性状[①]

离秸秆的水平距离（cm）	活性有机质（%）	微生物数量（$\times 10^6$个/g土）			纤维素分解率（%）	土壤酶活性（mg/g土）		
		细菌	放线菌	真菌		过氧化氢酶	转化酶	脲酶
0~5	4.93	101.0	16.8	2.2	9.8	10.6	23.7	0.91
5~10	4.58	29.6	26.0	1.8	4.0	7.07	19.6	0.29
10~25	4.26	23.7	21.5	1.7	7.6	6.15	16.9	0.20
25~40	4.11	26.2	19.2	1.7	6.1	6.57	17.0	0.21

注：①施用1年后测定。

秸秆还田促进土壤中含磷化合物的分解转化，提高土壤有效磷的含量（表12-7）。实施稻草还田后，土壤有效磷比对照增加约0.8倍，表明稻草还田提高了土壤有效磷含量，改善了磷的供应状况。

表12-7 稻草还田对水稻土磷钾有效性和供应强度的影响[①]

处理	全磷 (g/kg)	速效磷 (μg/g)	供磷强度[②] (%)	缓效钾 (mg/kg)	速效钾 (μg/g)
对照	1.001	14.2	1.4	341	144
稻草还田	1.003	25.9	2.6	355	146

注：①第六年的田间试验结果。每公顷施干草2 250 kg，②供磷强度=速效磷/全磷×100。

秸秆还田对于维持土壤钾素平衡，减缓土壤钾的消耗有重要作用（表12-8）。钾可随作物残体的分解而释放，肥效与化学钾肥相近。需要指出的是，植物残体中的钾容易释放，可及时供应作物吸收利用。化学测定表明，作物从土壤中吸收的钾有70%~85%留存在植物残体中，且有效性很高。例如，水稻秸秆的产量约占整个生物产量的40%。如果稻草秸秆全部还田，向土壤提供的钾超过75kg/hm^2。此外，在水稻整个生育时期，水稻吸钾量的70%可来自于还田的秸秆。盆栽和田间试验表明，稻草还田后，土壤速效钾显著高于对照（表12-9）。

此外，秸秆直接覆盖还田，结合少（免）耕技术，对于土壤保墒、提高土温，减缓土壤冲蚀均有重要作用。

表12-8 稻秆还田对土壤全钾含量的影响 mg/kg

试验处理	1980	1981	1982
NP	30	25	25
NP+稻秆	30	35	30
NPK	41	45	25
NPK+稻秆	60	80	70
NPK+1/2稻秆	42	65	50

表12-9 稻秆还田后不同时期土壤速效钾含量 μg/g

处理	取样时间		
	7月30日	8月19日	9月9日
对照	48	46	47
稻秆	128	163	161
氮磷	51	48	47
氮磷+稻秆	140	132	149
氮磷+1/2稻秆	100	127	89

12.1.3 秸秆直接还田技术

12.1.3.1 秸秆还田的方法

秸秆还田的方法很多，应该因地制宜，采用适合当地农业生产，且农民容易接受的方法。

(1) 直接翻压 在北方平原麦区、玉米区，以及南方麦区、稻区，可结合机械收割，尽量将秸秆粉碎撒入田中，再翻压入土。

(2) 覆盖还田 南、北方均有采用。主要结合水土保持、少（免）耕技术、利用麦秸、玉米秆覆盖土壤。一般有两种方式：一是在作物生长期间，将粉碎的麦秸或玉米秸覆盖于行间；二是残茬覆盖，即在收割作物时，适当高留残茬(15~20cm)，并割倒残茬覆盖于土壤表面。试验表明：田间覆盖麦秸，在夏播大豆的初花期，土壤中圆褐固氮菌的数量比对照增加9.5倍。同时，还有增加土

表 12-10　作物残体覆盖对径流、渗透及土壤流失的影响

作物残体量（kg/hm²）	径流（%）	渗透（%）	土壤流失量（kg/hm²）
0	45.3	54.7	30 807.0
618.0	40.0	60.0	8 004.0
1 236.0	24.3	74.7	3 508.5
2 470.5	0.5	99.5	741.0
4 941.0	0	99.5	0
9 882.0	0	100.0	0

资料来源：Philips 等，1973。

温、保水、防止冲刷的作用（表 12-10）。

（3）留高茬还田　在南方的再生稻区、部分冬水田区采用此法。一般做法是只收获稻穗，残留 40~60cm 稻秆，直接翻压入土。

总之，不论采用何种方式直接还田，都应尽早翻施入土壤，并保持充足的土壤水分，以便秸秆充分吸收水分，促进分解。在翻压时，秸秆宜浅埋，埋入 10~20cm 的耕作层，因为此层土壤水分充足，微生物活跃，通气良好，能够加速分解。

12.1.3.2　秸秆还田的注意事项

（1）秸秆还田量　大量的研究表明，秸秆还田的数量为 2 250~3 000kg/hm² 为宜。在北方一年只种一季，可结合机械化收割，将秸秆切碎后全部犁施入土壤。在旱地土壤上，秸秆直接覆盖还田，对减少水土流失，提高土温，促进后作出苗有重要意义，在第二季播种前将早已腐烂的秸秆再犁翻入土。

在南方茬口较短的地区，秸秆还田的数量要根据当地的情况而定，可采用留高茬还田，再生稻草还田等。在一般情况下，旱地要在播种前 15~45 天，水田要在插秧前 7~10 天将秸秆施入土壤，并配施一定数量的化学氮肥施用。在气候温暖多雨的季节，可适当增加秸秆还田数量；否则，减少还田数量。

（2）配施速效化肥　在秸秆还田的同时，应配合施用适量的化学氮肥或腐熟的人畜粪尿调节 C/N 比，以避免出现微生物与作物竞争氮素的情况，影响作物苗期生长。同时，还可以促进秸秆加快腐烂和土壤微生物的活动。一般认为，将干物质含氮量提高至 1.5%~2.0%，C/N 比降低到 25:1~30:1 为宜。配施的化学氮肥可以是氨态氮和酰胺态氮肥，不宜施硝态氮肥，以免还原条件下反硝化作用脱氮。

（3）水分管理　秸秆还田后，要保持土壤适当的含水量。在旱地，应保持田间持水量的 60%~80%；在水田，应浅水灌溉，干干湿湿，排水烤田相结合，这样才能有利于秸秆的腐烂，同时也可减少水田还原条件下分解产生有毒物质，如 CH_4、有机酸、H_2S 等。

（4）其他　秸秆直接还田没有经过高温发酵，可能引起病害的蔓延，如水稻纹枯病、小麦黑粉病、玉米大斑病和黑粉病等。因此，在不具备相应农药或发

生病虫害的情况下，秸秆不能直接还田，避免造成病虫害的蔓延。

12.2 堆肥

12.2.1 堆肥的原料和性质

堆肥主要以秸秆、落叶、有机垃圾等为原料，再配合一定数量的人畜粪尿肥和化学氮肥，利用微生物作用，在自然或人工控制的条件下发酵后积制的有机肥料。在堆肥过程中，包括了一系列微生物交替活动的复杂过程，包括有机质矿化和腐殖化。一般而言，堆肥初期以矿化为主，后期则以腐殖化占优势。

根据堆肥的温度条件，可将堆肥分为普通堆肥和高温堆肥。在堆制过程中，前者温度较低，变化幅度较小，需较长时间才能腐熟，适用于常年积制。后者以纤维素含量高的有机物为主料，加入一定量的人畜粪尿或化学氮肥等物质，调节原料的 C/N 比，在堆制的过程中，温度有明显的升温阶段，腐熟快，并利用高温杀灭病原菌、虫卵和杂草种子。高温堆肥既加入了较多的营养物质，又杀灭了病菌，所以肥效比普通堆肥好。

堆肥原料根据性质可分为三类：①不易分解的物质：包括秸秆、杂草和有机垃圾等。这类物质含大量的纤维素、木质素、果胶等不易分解的有机物，C/N 比大，一般在 60∶1~100∶1 之间。②促进分解的物质：包括人畜粪尿、石灰、草木灰、污水污泥和适量的化学氮肥等，作用是调节 C/N 比和酸度，并补充营养物质，促进微生物的生长繁殖和分解活动。由于有机质在分解的过程中，会产生有机酸，因此在堆肥中加入少量的石灰或草木灰，可以调节酸度。③吸收性强的物质：主要是泥炭等物质。堆肥在腐解的过程中，会逐步地释放出水溶性的氮、磷、钾养分，容易流失或挥发。因此，在堆肥表面往往要加盖一层细土或泥炭等物质，其作用是保蓄养分，减少损失。

堆肥的基本性质与厩肥类似，其养分含量因堆肥的原料和积制方法不同而有明显的差异。由表 12-11 可知，堆肥富含有机质，C/N 较低，是优良的有机肥料。虽含氮、磷养分较低，但含有丰富的钾，在缺钾的地区，施用堆肥对补充钾素不足有重要意义。

表 12-11 堆肥的养分含量

堆肥类型	有机质	N	P_2O_5	K_2O	C/N
		(%)			
普通堆肥	15~25	0.4~0.5	0.18~0.26	0.45~0.70	16~20
高温堆肥	24.1~41.8	1.05~2.00	0.30~0.82	0.47~2.53	9.7~10.7

12.2.2 堆肥的原理和方法

12.2.2.1 堆肥积制原理

堆肥积制的基本原理是：在多种微生物的作用下，将堆肥的有机物质分解、腐熟成优质肥料，是一系列微生物活动的复杂过程，包括堆制材料的矿质化和腐殖化。堆肥温度的变化反映了微生物活动的概况，可将整个过程划分为4个阶段：

(1) **发热阶段** 堆肥初期，以中温好气性微生物为主，常见的是无芽孢的细菌、芽孢细菌和霉菌等。它们在好气条件下，将易分解的有机物质分解为简单的有机质，如简单糖类、淀粉、蛋白质、氨基酸等，并产生大量的热量，不断提高堆肥的温度，称为发热阶段，一般在几天之内即达50℃以上。堆肥内简单的单糖类、淀粉、蛋白质等在该阶段被继续分解，释放出NH_3、CO_2和热量，导致堆肥温度逐渐升高，好热性微生物种类逐渐代替中温性微生物成为主要种类，进入高温阶段。

(2) **高温阶段** 这一阶段的温度大致在50~70℃之间。分解作用的微生物以好热性微生物为主。其中，占优势的微生物有好热性真菌，如白地霉、烟曲霉、嗜热毛壳霉、嗜热子囊菌、微小毛霉等；好热性细菌，如嗜热脂肪芽孢杆菌、高温单孢菌属、热纤梭菌，以及高温放线菌等。它们分解堆肥中复杂的有机物质，如纤维素、半纤维素和果胶类物质等，释放出大量的热量，使堆肥温度上升至60~70℃。在这一阶段，除了矿质化过程外，同时还开始出现腐质化过程。

高温微生物的旺盛活动，产生并积累大量热量，使温度升高。当堆肥温度超过70℃时，部分好热性微生物也因温度过高大量死亡或进入休眠状态，分解作用随之减弱，产热量小于堆肥的散热量，堆肥温度逐渐下降。当温度下降到70℃以下时，休眠状态的好热性微生物又恢复分解产热活动，温度又重新升高。这样堆肥处于一个能自然调节，而且能延续时间较长的高温期。若堆制方法得当，堆肥维持在50℃以上的高温阶段可达20天左右。在长时间的高温作用下，既能加速腐熟，又能有效地杀死堆肥材料中的虫卵、病原菌和杂草种子等。

(3) **降温阶段** 高温阶段维持一段时间之后，由于纤维素、半纤维素、木质素等残存量减少，或因水分散失和氧气供应不足等因素，微生物生长、繁殖、活动的强度减弱，产热量减少，堆肥温度逐渐降到50℃以下，称为降温阶段。此时，堆肥中的微生物种类和数量较高温阶段多，并以中温性微生物为优势种类，例如中温性的纤维分解黏细菌、芽孢杆菌、真菌和放线菌等的数量显著增加。部分好热性和耐热性微生物种类，在降温过程中仍然维持着活动。在此阶段，微生物的作用主要是合成腐殖质，腐质化作用占绝对优势，堆肥质量的优劣也与这一过程的进行情况密切相关。

(4) **腐熟保肥阶段** 在此阶段继续进行缓慢的矿质化和腐殖化作用，堆肥内的温度仍高于外部的气温，堆肥物质的碳氮比已逐渐减小，腐殖质累积量明显增加。但能分解腐殖质等有机物的放线菌的数量和比例也有所增加，嫌气纤维分解菌、嫌气固氮菌和反硝化细菌逐步增多，导致新形成的腐殖质的分解，逸出

NH$_3$。此外，如果露天淋雨，硝化作用形成的硝酸盐随雨水进入堆内部发生反硝化作用，造成氮素损失。这一阶段微生物的作用利弊皆有，关键是调控水热条件，抑制放线菌、反硝化细菌的活动，达到腐熟、保肥的目的。

完全腐熟的堆肥体积大大缩小，堆肥颜色呈黑褐色，汁液呈棕色，原材料完全失去原形，很容易拉断，并有一定的泥土味（表12-12）。

表12-12 成熟堆肥的成分与特性

项目	指标	项目	指标
N（%）	>2	持水量（%）	150~200
C/N	<20	阳离子交换量（cmol/kg）	75~100
灰分（%）	10~20	还原糖（%）	<35
水分（%）	10~20	颜色	棕黑
P（%）	0.15~0.25	气味	泥土气

综上所述，堆肥的堆制过程是一个微生物交替活动的过程，矿化—腐殖化作用受到堆肥材料、环境温度、水分、通气、pH值等因素的影响。

12.2.2.2 堆肥的积制方法

堆肥的积制一般是将切碎的秸秆、粪尿、化学氮肥、污水污泥等按照一定比例混合，再加入少量的牲畜粪或浸出物，即可进行堆积。堆肥的材料若为玉米、小麦等较硬的秸秆，可先将秸秆压扁，再切成5cm左右的小段，以利吸收水分；若为稻草则无需粉碎，适当切短即可。将堆肥材料大致按100份秸秆，10~20份人畜粪尿，2~5份石灰或草木灰的比例混合，再加入适量的水即可。堆积可在地势较高的积制场进行，地下挖几条通气沟，沟上横铺一层长秸秆，堆中央再垂直插入一些秸秆束或竹竿等以利通气。然后，将秸秆等原料铺上，宽3~4m，长度不限，厚度0.6m左右，在秸秆上铺上马粪、洒上污水或粪水，然后撒些石灰或草木灰，如此一层一层往上堆积，铺成了2~3m的长梯形大堆。最后在堆表面覆盖一层0.1m的细土，或用稀泥封闭即可。

在北方降雨少的地区，也可采用半坑式堆积，但要注意四周的雨水不能流入坑内。其余方法基本同上。

采用此法的堆肥，在堆后3~5天，堆内的温度显著上升，高者可达60~70℃，维持十多天，利用堆内长时间高温可杀灭病原菌、寄生虫卵、杂草种子等有害物质。一般高温堆肥在夏天40~50天就完成腐熟，即可利用。在冬天或北方积制的时间需要长些，一般3~4个月，甚至半年。

目前，城市垃圾高温堆肥的积制更侧重于环境保护和无害化处理。

12.2.2.3 堆肥的条件及其调控

堆肥的原料要注意调节其C/N比，堆制条件主要是调节水分、空气、温度、酸碱度等，现简述如下：

（1）原料C/N比 一般秸秆等基本材料C/N比较高，所以必须加入含氮丰富的人畜粪尿或化学氮肥，调节 C/N 比，才能加速分解。一般堆肥起始堆制时的 C/N 比多在 30∶1 到 40∶1 之间，对微生物的细胞而言，原材料 C/N 比在 20~25∶1 时最适微生物的生长繁殖。C/N 比过高，氮含量过低，影响微生物的繁殖和分解活动；C/N 比过低，氮含量过高，会导致氨的大量挥发，降低肥效。

（2）水分 水分是微生物活动的必要条件，过干过湿均会不利于微生物的分解活动，一般堆肥保持 60% 左右的水分，即用手捏紧刚能流出水的水分含量较为合适，超过 70% 会影响通气和发热。由于堆制过程中，随着温度的上升，水分逐渐消耗，所以要适时添加水分。

（3）空气 通气是促进微生物好气分解产生热量的必要条件，堆肥在升温和高温阶段都是好气性微生物在分解中占主导地位，所以通气的条件是高温杀灭病原菌、寄生虫卵、杂草种子等无害化的重要保证。调节空气通透性的办法，主要是通过调节原料的粗细比例，即可增大孔隙度，另外可设置地下通气沟或在地面、堆肥中部设置通气管道等。

（4）温度 堆内温度的升降，是反映堆肥中各种微生物群落活动强弱的标志。大部分好气性微生物在 30~40℃ 时最为活跃，在 40~50℃，则生长着大量的中温性纤维分解菌；但高温纤维分解菌和有些放线菌在 65℃ 时分解有机质能力最强，它们能在短时间内迅速分解纤维素，超过 65℃ 后，其分解活动受到抑制。因此，在冬季或气温较低的北方积制堆肥，需加入一定量的富含纤维素的骡、马粪，以利高温纤维分解菌的分解活动，释放热量，提高温度，以利加速腐烂。若温度过高，须进行翻堆或加水等办法降温。

（5）酸碱度 堆肥的酸碱度要适宜微生物的分解活动，一般微生物活动要求 pH6~8 范围较好，pH 过高过低均抑制微生物的分解活动。堆肥内有机质大量分解时，尤其在嫌气分解时，会产生有机酸的累积，导致 pH 下降，调节的方法是加入少量的石灰、草木灰等。

12.2.2.4 堆肥的施用

腐熟的堆肥也可作基肥、种肥或追肥。作基肥适宜各种土壤和作物。作种肥时应该配合施用一定量的速效磷肥。作追肥时应适当提前施用，并施入土层，以利于发挥肥效。无论采用何种方式施用堆肥，都要注意，只要启封堆肥，就要及时将肥料运到田间，尽量施入土中，以减少养分损失。

施用堆肥不仅可供作物各种养分，而且能增加土壤有机质的含量和微生物的种类、数量。国内外大量试验证明，连续多年施用堆肥，对提高土壤肥力，改善土壤理化性质有明显的作用，特别对贫瘠的砂质土或黏质土效果更好。

12.3　沼气发酵肥

沼气发酵是自然界广泛存在的现象，是在厌氧条件下，微生物分解转化动植物残体所产生的一种可燃性的气体。因多产于沼泽和池沼中，所以名为沼气，主要成分是甲烷和二氧化碳。沼气发酵充分利用有机废弃物的生物能，使之转化为电能、热能，其发酵后废水、废渣又可作为肥料，称为沼气肥，所以沼气发酵的利用对于城乡环境卫生的改善、节约能源、扩大肥源、开发和发展生态农业等都有积极而重要的意义。

12.3.1 沼气发酵的原理和方法

12.3.1.1 沼气发酵的原理

沼气发酵是在一定的温度、湿度和隔绝空气的条件下由多种嫌气性异养型微生物参加的发酵过程，是不同类群微生物连续作用的结果。这些微生物可分为非甲烷细菌和产甲烷细菌两大菌群，前一类菌群的微生物主要是将蛋白质和脂肪等复杂的大分子有机物分解为单糖、多肽、脂肪酸和甘油等中间产物，称此过程为液化阶段；然后再将这些中间产物分解为脂肪酸、醇、酮和氢气等小分子物质，称为产酸阶段；第三阶段称为甲烷化阶段，是在严格的厌氧环境中，在甲烷细菌的作用下，从 CO_2、甲醇、甲酸、乙酸等物质中获得碳源，并以 NH_4^+ 为氮源，通过多种途径产生沼气。其化学过程和化学反应可归纳为如下图式：

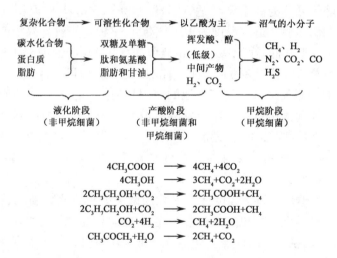

12.3.1.2 沼气发酵的方法

（1）沼气池的修建　沼气池的建立十分重要，甲烷细菌是典型的严格厌氧细菌，暴露在空气中几分钟就会死亡。正常的沼气池氧化还原电位在 $-8 \sim -410V$ 之间，随着氧化还原电位负值的增加，产气率提高，所以必须建立严格密封的沼气池。由于 NO_3^- 和 Eh 值有关，同时其中的氧可以作为电子受体，影响甲烷菌对氢的利用，NO_3^- 的含量高，则不利于甲烷的形成。硫酸盐含量及硫酸还原菌也同样影响甲烷的形成。

（2）配料　沼气发酵是微生物主导作用下的生物化学反应。适当的 C/N 比和其他营养元素的均衡供给，有利微生物的繁殖。试验表明，C/N 比以 25∶1 最宜，36 天平均产气 359L；C/N 为 30∶1 时产气 282L；13∶1 时产气 231L。在人畜粪尿不足的地区，可将 C/N 比调至 30∶1。一般认为，沼气发酵的原料中秸秆、青草和人畜粪尿相互配合有利于持久产气，三者的用量以 1∶1∶1 为宜。此外，加入 $ZnSO_4$、牛粪、豆腐坊和酒坊的污泥对持久产气有良好的效果。加入 1% 的磷矿粉能增加产气量的 25.8%。

在配料中，添加一些污泥和老发酵池的残渣可起接种甲烷细菌的作用。如果在发酵中酸度过高，还应加入原料干重的 0.1% ~ 0.2% 的石灰或草木灰，以调节 pH，因为甲烷细菌最适 pH 为 6.7 ~ 7.6。

沼气发酵的原料主要来源于作物秸秆，不要将残留有农药的作物秸秆混加入沼气池中，否则残留的农药对产甲烷细菌有较强的毒杀作用，导致产甲烷细菌的死亡，将大大影响产气量。

(3) 沼气池中的水分与温度调节　甲烷细菌正常产气需要适宜的水分，要求水分与原料配合恰当，水分过多，发酵液中干物质少，产气量低；水分过少，发酵液偏浓，会因酸集积而影响发酵（乙酸浓度达 2 000mg/kg 时沼气发酵受抑制），浓度过高也容易使发酵液面形成结皮层，对产气不利。一般干物质以 5% ~ 8% 为宜，加水时应将原料中的含水量计算在内。

沼气发酵菌可分为高温型（适宜温度为 50 ~ 55℃）、中温型（适宜温度为 30 ~ 35℃）和低温型（适宜温度为 10 ~ 30℃）三种。一般高温型的沼气发酵菌的产气量比中温型和低温型多。由于沼气菌的产气状况与温度密切相关，所以要从建池、配料及科学管理多方面着手，控制好池温，保证正常产气。

(4) 接种产甲烷细菌　新发酵池的使用初期，纤维分解菌和产酸菌等繁殖较快，产甲烷细菌繁殖慢，往往使发酵液偏酸，甚至造成长期不产气的严重现象。若接种产甲烷细菌，能使发酵保持协调。试验表明：经接种产甲烷细菌的沼气池，在 26℃ 条件下发酵，每立方米沼气池日产气仅 0.47 ~ 0.48 m^3，含甲烷 71% ~ 79.4%；而未经接种的沼气池，夏季每立方米沼气池仅产沼气 0.1 ~ 0.4m^3，含甲烷 50% ~ 60%。接种产甲烷细菌的方法很多，新建池第一次投料时，事先将材料堆沤后，可加入适量的老发酵池中的发酵液或残渣，也可加入 5% 的屠宰场或酒精厂的阴沟泥。老发酵池每次换料时，至少应保留 1/3 的底脚污泥作为母种。

12.3.2　沼气发酵肥的性质和成分

沼气发酵肥包括发酵液和残渣，两者分别占总肥量的 86.8% 和 13.2%，其养分含量因投料的种类、比例和加水量的不同而有较大的差异（表12-13、表12-14）。

残渣是一种优质有机肥，碳氮比窄，含腐殖酸 9.80% ~ 20.9%（平均 10.9%），氮、磷、钾等养分均较丰富，速效和缓效养分兼有。其氮、磷、钾含量较一般堆沤肥高，湖北省农业科学院对 100 多个样品分析表明：残渣平均全氮为 1.25%，全磷为 1.90%。每吨沼渣相当于 60kg 硫酸铵、100kg 过磷酸钙、25kg 硫酸钾。

表 12-13　沼气发酵肥养分含量

沼气肥养分	残渣			发酵液		
	河北	四川	江苏	河北	四川	江苏
全氮（%）	0.5~1.2	0.28~0.49	0.5~1.22	—	0.011~0.093	0.065~0.062
碱解氮（mg/kg）	430~880	—	—	—	—	—
铵态氮（mg/kg）	—	—	—	200~600	—	—
速效钾（%）	0.17~0.32	—	—	20~90	—	—
速效磷（mg/kg）	50~300	—	—	400~1 100	—	—
C/N	—	—	12.4~19.7	—	—	—

表 12-14　沼气发酵肥中速效氮含量

沼气肥配料	残渣		发酵液	
	速效氮（%）	速效氮占全氮（%）	速效氮（%）	速效氮占全氮（%）
麦秆+青草+猪粪	0.20	19.2	0.034	82.9
麦秆+人粪	0.39	52.0	0.065	85.5
稻草+人粪	0.43	33.1	0.074	82.2

发酵液养分含量比残渣低，且以速效养分为主。

12.3.3　沼气发酵肥的肥效和施用

残渣可直接作为基肥，适合于各种作物和土壤。发酵液适宜作追肥，也可将两者混合后施用，作基肥或追肥均可。

我国农村能源紧张，发展沼气是解决能源问题的有效途径之一，将传统的有机肥积制方法改为密闭的沼气池发酵，产生的沼气可作为燃料，既清洁卫生，又防止空气污染。因此发展沼气是农村有机物料和城市生活垃圾综合利用的良好方式，是发展生态农业的重要环节之一。

复习思考题

1. 秸秆的特性是什么？在土壤中，秸秆转化对土壤和植物营养有何影响？影响秸秆转化的因素有哪些？是怎样影响的？
2. 秸秆还田有哪些方法和注意事项？
3. 堆肥和沤肥的性质是什么？简述堆肥过程中的微生物变化和堆肥物料转化的关系。
4. 简述沼气发酵肥的成分、性质及沼气发酵的原理和过程。

本章可供参考书目

土壤和环境微生物．陈文新主编．北京农业大学出版社，1996
微生物学．李阜棣，胡正嘉主编．中国农业出版社，2000
中国肥料概论．中国农科院土壤肥料研究所．上海科学技术出版社，1962

第13章 微生物肥料

【本章提要】 本章主要介绍微生物肥料的概念、种类；微生物肥料的作用及机理；以及微生物肥料的生产、标准、施用和效果等。目前，根瘤菌肥和外生菌根真菌肥已经广泛用于农、林业生产，效果良好；其他菌肥尚存在不少问题，有的难以生产，有的应用效果欠佳。

13.1 微生物肥料概述

微生物肥料（microbial fertilizers），又称菌剂、菌肥、生物肥料等，是指以微生物的生命活动为核心，导致农作物获得特定的肥料效应的一类肥料制品。目前，微生物肥料在农、林业生产中有一定应用。

一段时期以来，人们对微生物肥料的认识存在一定的偏差，一种观点认为微生物肥料的肥效很高，完全可以取代有机肥和化肥；另一种看法则认为它们不能作为肥料。国内外多年的试验证明，用根瘤菌接种大豆、花生等豆科作物可提高共生固氮能力，促进它们的生长发育，增加产量，在某些方面优于化肥。此外，低产和低肥条件下，联合固氮菌对非豆科农作物也有一定增产效果。用优良的外生菌根真菌制成菌剂，接种木本植物，可以活化土壤养分，提高植物的抗逆能力，促进寄主的生长发育。由此可见，微生物菌剂可视为一种特殊的肥料，在一定条件下，可以培肥土壤，改善植物营养条件，促进生长，提高产量品质。但是，微生物肥料的性质和作用机理不同于化肥和有机肥，除固氮菌之外，微生物肥料一般不直接提供营养元素，主要通过它们的生命活动来刺激植物生长或改善营养条件。因此，微生物肥料必须含有大量的有益于农作物生长的活性微生物，对环境友好、无公害。

13.1.1 微生物肥料的种类、作用

13.1.1.1 微生物肥料的种类

微生物肥料的种类很多，按照微生物的种类可以分为：细菌类肥料（包括根瘤菌肥、固氮菌肥、解磷菌肥、解钾菌肥等）。放线菌类肥料（如抗生菌肥等）和真菌类肥料（如菌根真菌肥等）。按照生产工艺可以分为：单纯的微生物肥料和复混的微生物肥料，前者的成分包括微生物及其载体；后者属于复混肥的范

畴，其复混内容和形式比较多样，包括多种微生物与各种添加剂的组合，添加剂主要是有机质和少量的化学肥料，以及微量的其他物质。按制品的作用可以分为根瘤菌肥、固氮菌肥、解磷菌类肥、解钾菌类肥、抗生菌类肥、抗逆菌类肥等。

13.1.1.2 微生物肥料的作用

微生物肥料一般不直接为农作物提供营养元素，主要起间接营养的作用，包括改善土壤条件，刺激作物生长发育，增加养分吸收，提高抗病能力等多种作用。

(1) 改良土壤结构　许多微生物还能分泌产生大量的胞外多糖类物质，如荚膜多糖等。研究表明，这些有益微生物产生的糖类物质，占土壤有机质的0.1%，它们能与植物根系分泌物、土壤胶体等共同作用，形成土壤团粒结构。此外，它们还参与腐殖质形成，改善土壤理化性质。

(2) 提供土壤养分和提高土壤养分的有效性　接种根瘤菌（root nodule bacteria）、固氮菌（nitrogen fixing bacteria）等各种自生、联合或共生的固氮微生物，可以将空气中的分子态氮转化为氨态氮，增加土壤中的氮素来源。一些芽孢杆菌（Bacillus）、假单胞菌（Pseudomonas）、菌根真菌（mycorrhizal fungi）等解磷、解钾微生物的应用，可以活化土壤中的难溶性磷、钾，使之转变为可被作物吸收利用的有效养分。

(3) 刺激作物生长　有些微生物肥料中的微生物还可分泌植物激素类物质，刺激和调节作物生长发育。例如，Buhatsch（1956）用纸层析等生物化学分析法从固氮菌培养物中检测到吲哚-3-乙酸；Hussain 等（1970）报道，荧光假单胞菌（*Pseudomonas fluorescens*）的所有菌株均能产生赤霉素（GA）和类赤霉素物质，部分菌株还能产生吲哚乙酸，少数菌株能合成生物素（biotin）和泛酸（pantothenic acid）；丛枝菌根真菌能诱导牧草植株产生细胞分裂素（CTK），改变脱落酸（ABA）与赤霉素（GA）的比例。

(4) 抑制病原微生物的生长繁殖　某些微生物肥料中的微生物能产生抗生素类物质，对病原微生物能产生直接的拮抗作用，抑制它们的生长繁殖。细黄放线菌 *S. microflavus* 能分泌产生"5406"抗生素，对棉花黄萎病、枯萎病等有一定防治效果。此外，有益微生物在作物根部定殖之后，大量生长、繁殖的结果形成了作物根际的优势菌群，通过对养分资源和生存空间的占用，对致病微生物产生竞争优势，从而抑制这些有害微生物的生长和繁殖，间接地增强了植物的抗病能力。

(5) 增强植物对逆境的抵抗能力　虽然作用机理目前尚不十分清楚，但大量研究证明，微生物肥料中的某些微生物如菌根真菌等，在形成微生物-宿主植物共生体之后，提高了植物对干旱、盐害和重金属污染等逆境的抵御能力。

(6) 改善作物品质　许多微生物肥料能改善作物品质。根瘤菌固定的氮素能输往籽粒，使得豆科作物籽粒蛋白质含量提高。此外，一些蔬菜施用某些微生物肥料之后，能增加其中的维生素含量，降低叶菜类作物中的硝酸盐含量，提高果菜类作物中的糖分含量等。

(7) 提高肥料利用率　如本书第 15 和 16 章所述,化肥用量的提高会降低肥料利用率。此外,大量施用化肥还可能带来一系列土壤环境问题,如水体富营养化(氮肥、磷肥)、土壤重金属污染(磷肥)、土壤结构破坏、板结难耕等。因此,国内外科学家长期以来非常重视对提高肥料利用率的研究。微生物肥料在提高肥料利用率方面有明显作用,根据作物种类、土壤类型和气候条件,微生物肥料与化肥的合理配合,既能增加作物产量,又能提高肥料利用率,减少肥料用量,降低成本,避免化肥产生的副作用。

(8) 其他作用　随着人民生活水平的不断改善,人们对农产品的质量要求也在日益提高。目前,国内外正在积极发展的绿色农业(生态有机农业),目的是生产安全、无公害的绿色食品。在绿色食品生产过程中,首先要求不施或少施用化肥、农药和其他有害化学物质。即使是施用肥料,这些肥料也必须是在促进作物生长的基础上能使品质得到改善;其次,不会造成作物积累有害物质;第三,对生态环境无不良影响。微生物肥料则基本满足上述要求。近年来,国内外已研制成功了一些微生物肥料,一定程度地减少了农产品污染,改善了作物品质。

利用微生物能高效分解有机质的特点,通过对城市生活垃圾及农牧业产生的有机废弃物的生物处理,可以制造出商品有机肥。目前,我国已研制出分解纤维素、木质素等的菌剂,对城市生活、农牧业有机废弃物进行堆制。这种特殊作用的菌剂的特点是发酵快速,缩短堆肥的周期,同时提高堆肥质量及腐熟度。

另外,微生物肥料还可作为土壤净化剂,降低土壤中过多积累的有机物质。

13.1.2　微生物肥料的特点

微生物肥料的作用基础是起特定作用的活体微生物。这些微生物通过它们的生长繁殖和生理活动,直接或间接地影响植物的生理代谢或土壤环境条件。为了充分发挥微生物肥料作用,微生物肥料应具备如下特点:

13.1.2.1　菌种优良,代谢旺盛

微生物是微生物肥料的核心,微生物菌种是针对不同作物、不同土壤类型,通过人工筛选或生物工程技术选育、改造出来的。这些微生物应具备参与植物的生理代谢活动,提供营养物质、调节生长、抑制病原微生物等特定作用。

各种微生物在自然界中广泛存在,菌种或菌株不同,其功效也不一致。以根瘤菌为例,有的菌株固氮能力强,有的较差,甚至不能固氮。因此,在制作根瘤菌肥时,要有所选择。此外,菌种在继代、繁殖过程中会发生退化,在制作菌肥前需要复壮,甚至更新。在生产根瘤菌菌肥时,所使用菌种不宜进行长期的试管继代,而应该间隔一定时期,回接到宿主植物根部,结瘤后再进行分离、纯化,以保证菌种具有良好的侵染、结瘤和固氮能力。

13.1.2.2 活性微生物的数量丰富

活性微生物是微生物肥料的核心，是发挥肥效的基础。所以，任何一种微生物肥料都必须含有大量的、纯化的、有活性的微生物。这些特定微生物的数量和纯度直接关系到微生物肥料的应用效果，是衡量微生物肥料质量的重要标志。当微生物肥料中特定微生物的数量降低到一定程度，或纯度达不到要求时，肥效就会降低甚至失效。此外，微生物有一定的存活时间，故微生物肥料还必须有一定的有效期。

13.1.2.3 种类明确，作用清楚

微生物肥料中起作用的微生物必须经过严格的鉴定，其分类地位明确，对人、畜、植物无害，也不会破坏土壤微生态环境。例如，某些假单胞菌在生长和代谢过程中，可以产生促进植物生长的物质，但也产生某些有害物质，有的甚至是人、动物或植物的病原菌，这类微生物就不能作为微生物肥料。事实上，历史上曾有使用未经严格鉴定的微生物而造成危害的教训。"有效、无害"是生产、施用微生物肥料的原则，许多国家对此有明确的立法。

13.1.2.4 针对性强，有一定的适用范围

不同的微生物肥料适用于相应的作物和特定的土壤环境条件。在生产实践中，许多使用者对此并不十分注意，在我国曾有错误地将大豆根瘤菌剂应用于小麦、玉米的情况。

13.1.2.5 储存和施用技术严格

温度、光照、酸碱度和渗透压等环境因素都能影响到微生物的存活。储存微生物肥料应选择避光、低温。施用微生物肥料应防止长时间暴露在阳光下，以免紫外线杀死肥料中的微生物；微生物肥料不应直接与化肥混合施用，以免因渗透压的改变而抑制或杀死其中的有效菌等。

13.1.3 微生物肥料的生产和施用

13.1.3.1 微生物肥料的生产过程

微生物肥料是活菌制剂，其肥效与菌株、纯度、活菌数量和环境因素密切相关，所以生产微生物肥料应遵循严格的微生物"无菌"操作原则，采用严格条件下的工业发酵过程。其生产工艺流程如图13-1所示。

（1）优良菌种的筛选 在科学鉴定、充分了解菌种的生物学特性（包括营养特性，对氧气、pH值、温度、湿度等的要求）基础上，从众多的原始材料中筛选出目标菌株，并建立与这些目标菌株相适宜的培养体系，经过严格的试验研究，筛选获得具有实际应用价值的菌株。优良菌种的筛选是生产微生物肥料的最

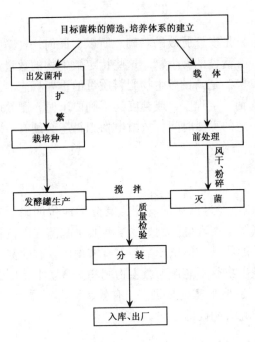

图 13-1　微生物肥料生产工艺流程示意图

关键环节。

(2) 优良菌种的生产　经过母种、一级、二级或多级菌种的扩繁，生产出用于规模化生产的栽培种。

(3) 吸附剂（载体）的选择和灭菌　吸附剂是微生物肥料中微生物的载体，有助于在一定时期内维持活性微生物的数量。一般而言，吸附剂应选择含有一定营养成分、颗粒小而疏松、pH 值为中性的物质。常用的吸附材料有草炭、褐煤、蛭石、皂土、玉米芯、花生壳等，其中以富含有机物质的草炭为最佳。使用前需经灭菌处理，可以采用 γ-射线辐射或高压蒸汽灭菌。

(4) 肥料剂型的选择　微生物肥料包括单菌株制剂和多菌株制剂。根据肥料的成品性状，微生物肥料的剂型主要有液体和固体两种：液体剂型可以用发酵液直接装瓶制成，也可以用矿物油密封液面；固体剂型包括粉剂和颗粒两种，主要以草炭或蛭石为载体。此外，还可将发酵液浓缩后，添加适量保护剂，再通过真空或冷冻干燥获得。

13.1.3.2　微生物肥料产品的标准和质量管理

微生物肥料有严格的质量标准，各个国家对不同微生物肥料所制定的标准有所不同，但所规定的标准都与菌肥的使用效果有关。以根瘤菌肥为例，有的国家以每克菌肥中的活菌数为标准，有的国家以每粒种子能够接种的活菌数为标准（表 13-1）。

我国于 1959 年就提出了微生物肥料的质量标准（表 13-2），其核心内容是遵

表 13-1　一些国家使用的根瘤菌菌剂的标准

国家	最低活菌数
澳大利亚	失效期前每克菌剂含活菌数 $>10^8$
加拿大	每克菌剂含活菌数 $>10^6$ 个，失效期前向每粒种子提供的活菌数 $>10^3$
荷兰	每克菌剂含活菌数 $4 \times 10^9 \sim 25 \times 10^9$
印度	出厂时每克菌剂含活菌数 10^8，到失效期时每克菌剂含活菌数 10^7
新西兰	每克菌剂含活菌数 $>10^8$ 个活菌

资料来源：Hordorson G., 1991。

表 13-2　中国商品菌剂标准

菌剂名称	每克菌剂所含的最低活菌数（$\times 10^8$ 个）
根瘤菌肥	1~3（大豆、花生 0.5~1）
固氮菌肥	0.5~1
磷细菌肥	2~3
钾细菌肥	0.5~1
抗生菌肥	2

资料来源：中国科学院土壤肥料研究所主编. 中国肥料. 上海科学技术出版社，1994.

循无害和有效的原则。

无害原则包含有两方面的含义：一是微生物肥料中的微生物不是人或动植物的病原菌；二是吸附剂中的寄生虫卵、大肠杆菌以及重金属等有毒物质的含量低于国家规定标准。一般而言，根瘤菌、固氮菌和菌根真菌等生物学特性清楚、分类地位明确，利用它们生产的微生物肥料无害而安全。但是对于新开发的一些菌肥，必须通过科学鉴定，确认安全、无害后，方可进行生产和使用。

有效原则是指微生物肥料中的特定微生物对作物产生有益作用，与不接种的对照处理相比，微生物肥料有明显的肥效。微生物肥料的质量标准主要包括以下内容：

（1）活菌数　指在产品保质期内，微生物肥料中具有活性的特定微生物的数量。我国农业部于 1994 年制定了一部行业标准，其中关于微生物肥料的主要技术指标，就是产品在出厂时和失效期前所含的有效活菌数。

（2）水分含量　在固体微生物肥料中，适当的水分含量是保证特定微生物存活的重要条件，一般以 25%~35%（W/W）为宜。水分含量不足，微生物会因干燥失水而死亡；含水量过高，易滋生杂菌。

（3）颗粒直径　肥料颗粒愈小，表面积愈大，吸附的微生物数量也愈多。但颗粒太小，其孔隙度会随之减小，使得透气性降低，微生物的存活期缩短。如果用草炭为添加剂，直径一般以 60~150 目为宜。

（4）pH 值　微生物肥料的 pH 应在 6.5~7.5 范围为宜。pH 值的异常变化常表示受杂菌污染。固体菌剂的基质在处理前后应调节 pH。

（5）杂菌数　微生物肥料中的杂菌含量与贮存时间、使用效果有直接相关。微生物肥料允许含有少量杂菌，但不能含有病原微生物。根据我国制订的有关标准，微生物肥料的杂菌总含量应低于 10%。

（6）有效期　贮存时间是微生物肥料产品质量指标的重要内容。在常温（20℃）条件下，微生物肥料应能在一定时间内，保证其中的特有微生物数量不低于规定的标准。有效期的长短取决于生产工艺和设备，活菌纯度和数量，吸附剂类型和颗粒大小，营养成分以及贮存条件等。根据我国制订的有关标准，微生物肥料的最低有效期为 6 个月，不同的菌剂有效期也不同，最长为一年。

除以上规定之外，微生物肥料的产品还应有产品标签、使用说明书、包装等规定。

13.1.3.3 微生物肥料的有效使用条件

与其他肥料一样，正确使用微生物肥料才能发挥它们的肥效。使用微生物肥料要注意以下几个方面：

(1) 与所使用的对象相符合　许多微生物对其宿主有严格的要求，微生物肥料只有应用于它们相应的寄主作物才能有效。根瘤菌、外生菌根真菌对寄主有很强的专一性，故必须对应地用于它们各自的寄主植物。

(2) 贮存条件适宜，在有效期内使用　在贮存微生物肥料时，温度不应超过20℃，避免阳光直射，防止水分损失。微生物肥料应在有效期内使用，否则可能降低其中有效活菌的数量，而增加杂菌含量，从而影响肥效。

(3) 禁忌与化肥、农药、杀虫剂等的合用、混用。

(4) 与所使用地区地理条件相适宜　微生物都有一定的气候、土壤适应性，因而微生物肥料要注意应用范围。在推广使用前，要进行科学的田间试验，以确定其肥效。

13.1.4　微生物肥料的发展趋势

随着世界人口的不断增长，对农作物的产量和质量的要求日益提高，对肥料，尤其是化肥的需求量亦增加。但大量施用化肥会带来一系列环境问题，故人们越来越重视研究、开发和生产副作用小、环境友好的微生物肥料。目前，世界上有70多个国家生产、施用微生物肥料。在我国有250余家企业生产微生物肥料，年总产量达到数十万吨，已在农业生产中发挥了一定作用，取得了一定的经济效益和社会效应。随着研究的不断深入，以及市场需要的不断扩大，微生物肥料现已形成如下的发展趋势：

(1) 品种增加，应用范围扩大　在20世纪80年代以前，微生物肥料以根瘤菌肥、"5406"抗生菌肥为主，仅适用于少数作物。现在已形成为多种规模化微生物肥料的生产，应用的对象也在向非豆科植物、木本植物等扩大。我们相信，随着微生物肥料的发展，种类将会不断增加，应用范围也会继续扩大。

(2) 研究手段日益先进，优良菌株不断增加　目前，由于生物技术的广泛运用，如辐射育种、DNA重组技术等大量应用于对微生物的改造，所获得的新种在生物学特性方面远远优于天然菌株。例如，利用DNA重组技术对固氮生物进行改造，人们已经成功地把肺炎克雷伯氏杆菌（*Klebsiella pneumoniae*）的固氮基因转移到大肠杆菌中。

此外，人们还利用现代生物技术寻找并改造产生植物激素的微生物，用于促进植物的生长发育。20世纪80年代初，人们开始研究位于植物根际，具有促生作用的土壤细菌（plant growth promoting rhizobacteria，PGPR），现已取得重要进展。利用这些细菌生产的微生物肥料有广泛的应用前景：PGPR可以单独使用，也可与其他微生物肥料联合使用。目前，国际上已形成PGPR研究的协作网。

(3) 由单一菌种向复（混）合菌种方向发展　生物技术的发展可能会创造

出更多的符合人们需要的、功能多样的、安全的基因工程菌株,使得微生物肥料的单一功能向多功能方向发展。微生物肥料中的菌种也会由单一向复合方向发展。

13.2 根瘤菌与固氮菌肥

许多粮食作物、蔬菜、牧草、绿肥、药材、观赏植物及经济林木属于豆科植物。根瘤菌肥料是研究最早、应用范围最广、效果最明显和稳定的微生物肥料之一。

13.2.1 根瘤菌的生物学特性

根瘤菌（root nodule bacteria）能与豆科植物共生,形成根瘤并固定空气中的分子态氮,供给植物营养。在共生体中,宿主植物为根瘤菌提供生长繁殖的空间和碳源、能源,以及其他营养要素;而根瘤菌则为宿主植物提供氮素营养。世界上有豆科植物近2万种,其中种数超过98%的蝶形花亚科、种数为90%左右的含羞草亚科、种数为28%左右的云实亚科的物种能形成根瘤以固氮。1975年Hardy等人的研究表明,根瘤菌共生体系的固氮量很大,全世界通过各种途径固定的氮素约为$255 \times 10^9 kg/a$,其中有70%来自于生物固氮,而根瘤菌与植物形成的根瘤是生物固氮的最重要的组成部分。例如,苜蓿与根瘤菌的共生固氮量估计达$125 \sim 335 kg/(hm^2 \cdot a)$。

根瘤菌菌体呈杆状,属于革兰氏阴性（G^-）、具鞭毛、好气性化能异养微生物。其适宜pH值范围是6.5~7.5,但大豆、豇豆的根瘤菌较耐酸,苜蓿根瘤菌较耐碱,根瘤菌的生长最适温度为25~30℃,但有些根瘤菌菌株能耐低温（4℃）或耐高温（42℃）。此外,不同根瘤菌对维生素和生长素的需求不同。

13.2.2 根瘤菌的种类和固氮作用机理

13.2.2.1 根瘤菌的种类

根瘤菌在细菌分类学上属根瘤菌科（Rhizobiaceae）,主要分为快生和慢生两种类型,也有中间生长类型存在。快生型根瘤菌在YMA培养平板上3~5天内能形成直径为2~4mm的菌落,代时为2~4h;慢生型根瘤菌在YMA平板上5~7天内菌落直径不超过1mm,代时为6~8h或更多。由于酶学、免疫学、分子生物学等学科的发展,对根瘤菌分类的研究已相当深入,但要将全部约3 000种豆科植物根的根瘤菌进行分离、纯化、分类等研究还是具相当的难度。就目前研究结果看,根瘤菌可以分为5个属,若干种（表13-3）。

表 13-3　根瘤菌的分类

属　名	种　名
根瘤菌属 *Rhizobium*	豌豆根瘤菌 *Rh. leguminosarum* 热带根瘤菌 *Rh. tropici* 海南根瘤菌 *Rh. hainanense* 菜豆根瘤菌 *Rh. etli*
中华根瘤菌 *Sinorhizobium*	弗雷德中华根瘤菌 *S. fredii* 撒哈拉中华根瘤菌 *S. saheli* 多宿主中华根瘤菌 *S. teranga* 苜蓿中华根瘤菌 *S. meliloti* 草木犀中华根瘤菌 *S. medicae*
慢生根瘤菌属 *Bradyrhizobium*	慢生型大豆根瘤菌 *B. japonicum* 埃尔坎慢生根瘤菌 *B. elkanii* 辽宁根瘤菌 *B. liaoningense*
中慢生型根瘤菌 *Mesorhizobium*	百脉根瘤菌 *Rh. loti* 华癸根瘤菌 *Rh. huakuii* 鹰嘴豆根瘤菌 *Rh. ciceri* 天山根瘤菌 *Rh. tianshanese* 地中海根瘤菌 *Rh. mediterraneam*
固氮根瘤菌 *Azorhizobium*	田菁固氮根瘤菌 *A. caulinodans*

资料来源：姚竹云，陈文新，1998。

13.2.2.2　根瘤菌感染根系形成根瘤的过程及固氮机理

通过宿主植物和根瘤菌相互特异性识别，根瘤菌可通过豆科植物的根毛、侧根裂隙（如花生根瘤菌）或其他部位侵入根系，形成侵入线。当侵入线到达根系皮层，就刺激宿主皮层细胞分裂，形成根瘤，根瘤菌也随之从侵入线进入根瘤细胞，分裂繁殖，形成梨形、棒状、杆状、T 形或 Y 形的含菌组织——类菌体（bacteroid）。在根瘤发育的同时，产生根瘤特有的豆血红蛋白，它是有效根瘤菌的标志，能调节类菌体内外的氧分压，在根瘤的固氮作用中起到保护固氮酶的作用。类菌体细胞内，宿主植物的光合产物通过呼吸链的氧化磷酸化产生 ATP 和电子，使固氮酶将分子态 N_2 还原成 NH_3，然后分泌至根瘤细胞浆内，形成氨基酸或酰胺类化合物，经根瘤和植株的输导组织运输至宿主的各个部分，提供氮素营养（图 13-2）。

根瘤菌与宿主植物根尖的相互识别具遗传特异性：1980 年 Dazzo 等人采用超微分析、生物化学、免疫化学和遗传学等多种技术证明，三叶草根毛尖端所分泌的外源凝集素（lectin）能与相应的三叶草根瘤菌进行特异性识别，这种识别具遗传性。1982 年 Hubbell 在大量实验的基础上，提出了在根瘤菌侵染过程中，凝集素特异性识别、多糖和细胞壁降解酶的凝集素——酶学说。此后，人们发现根

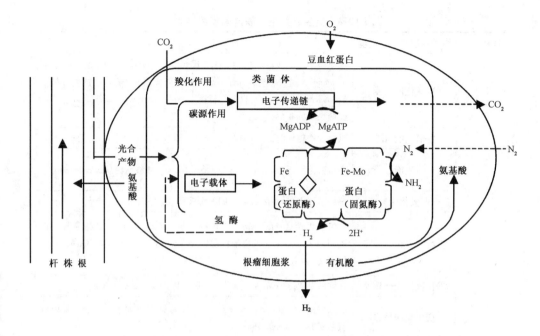

图 13-2 根瘤菌结构功能示意图

(资料来源：陈华癸等. 土壤微生物学. 农业出版社, 1981)

瘤菌中参与生物固氮有关的基因多达 20 多个，主要包括：结瘤基因（Nod, nod gene）、固氮基因（Nif, nitrogen fixation gene）、细菌素基因（bacteroicin gene）、宿主专一性基因（Hsn, host-specificity of nodulation gene）、胞外多糖基因（Exp, expopolysaccharide gene）和色素基因（pigment gene）、调控基因（control gene）等。以快生型根瘤菌为例，其细胞中一般含有大质粒 1~3 个，碱基长度约 $90 \times 10^6 \sim 250 \times 10^6$ bp。这些质粒携带有不同功能的基因，有些根瘤菌的结瘤、固氮基因只存在于质粒上，有些则同时存在于质粒和染色体上。功能基因的研究表明，根瘤菌入侵豆科植物的专一性是建立在一定的生物化学和遗传学基础上的，是生物在长期进化过程中形成的。

13.2.3 其他固氮微生物

除根瘤菌以外，科学工作者在有益微生物的研究和应用方面也做了大量的工作。自 1886 年，荷兰学者 Beijerinck M. W. 首次分离到共生固氮的根瘤菌以来，已研究了约 50 多个属 100 多种固氮微生物，它们都属于原核微生物，根据固氮方式分为：自生固氮菌（autoazotobactia）、共生固氮菌（symbiotic azotobactia）、联合固氮菌（associated azotobactia）三类（表 13-4）。

13.2.3.1 自生固氮菌

自生固氮菌是 Beijerinck 于 1901 年首先从菜园土及运河水中发现并分离出来的，后来前苏联、东欧、英国和印度等国家的科研人员又发现了一些类似的固氮菌，并对它们进行了有关研究。研究表明，在每公顷土壤中，自生固氮菌每年平

表 13-4 自生、共生、联合固氮菌的类型

种 类	营养类型/寄主/生境		固 氮 微 生 物
自生固氮菌	好氧化能异养		固氮菌属 *Azotobacter*，拜叶林克氏菌属 *Beijerinckia*，固氮单胞菌属 *Azomonas*，固氮球菌属 *Azococcus*，德克斯氏菌属 *Derxia*，黄色分枝菌 *Mycobacterium flavum*，自养棒杆菌 *Corymebacterium autotrophicum*，产脂螺菌 *Spirillum lipoferum* 等
	好氧化能自养		氧化亚铁硫杆菌 *Thiobacillus ferrooxidans*
	好氧光能自养		念珠蓝菌属 *Nostoc*，鱼腥蓝菌属 *Anabaena*，织线蓝菌属 *Plectomema* 等
	微好氧化能异养		棒杆菌属 *Corynebacterium*，固氮螺菌属 *Azospirillum*
	兼性厌氧化能异养		克雷伯氏菌属 *Klebsiella*，无色杆菌属 *Achromobacter*，多黏芽孢杆菌 *Bacillus polymyxa*，柠檬酸杆菌属 *Citrobacter*，欧文氏菌属 *Erwinia*，肠杆菌属 *Enterobacter*
	兼性厌氧光能异养		红螺菌属 *Rhodospirillum*，红假单胞菌属 *Rhodopseudomonas*
	厌氧化能异养		巴氏梭菌 *Clostridium pasteurianum*，脱硫弧菌属 *Desulfovibrio*，脱硫肠状菌属 *Desulfotomaculum*
	厌氧光能自养		着色菌属 *Chromatium*，绿假单胞菌属 *Chloropseudomonas*
共生固氮菌	根瘤	豆科植物	根瘤菌属 *Rhizobium*
		非豆科植物	弗兰克氏菌属 *Frankia*
		动物肠道	*Enterobacter*
	植物	地衣	*Nostoc*，*Anabaena*，单歧蓝菌属 *Tolypothrix*
		满江红	满江红鱼腥蓝菌 *Anabaena azollae*
		苏铁珊瑚根	*Nostoc*，*Anabaena*
		肯乃拉草	*Nostoc*
联合固氮菌	根际	温带	*Bacillus*，*Klebsiella*
		热带	*Azospirillum*，*Beijerinckia*，雀稗固氮菌 *Azotobacter paspali*
		叶面	*Beijerinckia*，*Azotobacter*

资料来源：周德庆. 微生物学教程. 高等教育出版社，1993。

均可固定 3.75～7.5kg 氮，有些自身固氮菌如圆褐固氮菌 *Azotobacter chroococcum*，还能形成维生素 B_{12}、B_1、B_6 和生物素等。这些物质本身可以刺激植物的生长发育，同时还能促进根际微生物的生命活动，加速土壤有机质矿化，间接地影响着植物的氮素营养。近年还发现，一些自生固氮菌还能溶解难溶性的磷。

值得注意的是，这类固氮微生物中的一些种类可能是病原菌，在分离、鉴定和筛选时应进行生物安全性鉴定。此外，田间试验表明，它们的肥效极不稳定，将它们作为微生物肥料还有很大争议。

13.2.3.2 共生固氮菌

除根瘤菌外，弗兰克氏菌也是研究较多的共生固氮微生物。弗兰克氏菌

(*Frankia*)是放线菌中的一个属,能与多种非豆科木本植物共生结瘤固氮。与豆科植物根瘤菌相比,弗兰克氏菌的研究相对较晚,学术上公认有弗兰克氏菌属的存在,但对其在分类学上的地位尚无定论,还没有确定它们的种名。弗兰克氏菌的特点如下:

(1) **宿主范围广,环境适应能力强** 到20世纪90年代,全球已发现弗兰克氏菌的宿主有8科24属220多种,它们是桦木科、杨梅科、鼠李科、胡颓子科、蔷薇科、马桑科、木麻黄科、打提加科,这些宿主皆为非豆科的乔木和灌木植物,尚未发现有单子叶草本宿主植物。

弗兰克氏菌比较耐干旱、水渍、盐碱等逆境,杨梅、赤杨在pH值4.0,木麻黄在pH值为7.8~8.0的条件下都能结瘤固氮。

(2) **专一性差,易发生交叉侵染** 弗兰克氏菌与豆科根瘤菌不同,它与宿主的共生专一性并不十分严格,同一种弗兰克氏菌可以侵染不同科、属、种的宿主植物,侵染部位也因宿主的不同而异,它们的菌丝可通过根毛、表皮细胞间隙等进入植物体。

(3) **固氮机理独特,固氮能力强** 弗兰克氏菌的共生根瘤为多年生枝状结构,因而较根瘤菌有更长的固氮时间和更高的固氮效率。弗兰克氏菌有菌丝、孢囊、孢子丝、孢囊孢子和拟类菌体等5种不同的形态,固氮酶存在于顶囊这一特殊结构中,孢囊中不含血红蛋白,起氧障作用的是具多层结构而有一定厚度顶囊胞壁,它们的固氮酶对氧气的耐受程度略高于根瘤菌的固氮酶。

弗兰克氏菌不能利用糖类物质,而通常利用简单的有机酸作为碳源,大多数菌株可利用分子态氮作惟一氮源。有研究报道,弗兰克氏放线菌能提高杨树、桤木等的生长能力。

13.2.3.3 联合固氮微生物

联合共生固氮的概念是1976年由巴西Dobereiner实验室提出的,目前已为各国科学家所重视。这类微生物可定植于多种作物(尤其是禾本科植物)的根表或皮层细胞间或根际土壤中,但是不形成像根瘤那样的共生结构,统称为联合固氮微生物。

常用的根际联合固氮菌的菌种有:巴西固氮螺菌 *Azospirillum brasilense*、产脂固氮螺菌 *A. lipoferum*、肺炎克氏杆菌 *Klebsiella pneumoniae*、阴沟肠杆菌 *Enterbacter cloacae*、粪产碱菌 *Aleligengs faecalis* 等。联合固氮作用的效率低于共生固氮作用。据报道,使用小麦、水稻、玉米的根际联合固氮菌菌剂可能增产。目前,一些国家已利用联合固氮微生物生产肥料,并用于生产。

田间试验表明,接种固氮螺菌后,60%~70%的试验可以增产,增产率为5%~30%。除了给植株提供氮源外,联合固氮微生物促进植物生长的主要机制可能是分泌促进植物生长的物质,提高了根毛的密度和长度、侧根和根系的表面积增加等。

13.2.4 影响根瘤菌结瘤固氮的因素

虽然根瘤菌在一定条件下能营自养生活，但只有在与宿主植物根系形成共生体之后，才能进行固氮。影响根瘤菌结瘤和固氮的主要因素有非生物因素和生物因素两种。其中非生物因素包括土壤水分、温度、光照、CO_2浓度、土壤pH值和微量元素、化肥和农药等。生物因素包括根际微生物和植物病原微生物的影响及其根际效应。

13.2.5 根瘤菌肥的生产和施用

13.2.5.1 根瘤菌肥的生产

根瘤菌肥的生产过程与一般微生物肥料的生产过程基本一致。首先，扩大培养根瘤菌原种，然后将二级种接种于液体培养基，让根瘤菌继续增殖得到大量的活性根瘤菌。在整个操作过程中，必须严格无菌，防止杂菌感染。

根瘤菌肥料的剂型主要有液体和固体两类型，液体剂型一般是浓缩的根瘤菌发酵液；用吸附剂吸附发酵液中的活性根瘤菌即得到固体菌剂。吸附剂多为草炭，也有蛭石、植物材料、膨润土等。在实际生产中，为了保证根瘤菌肥的肥效，常常将根瘤菌肥粘着于豆科植物的种子表面，再用包衣材料包裹后播种，即包衣种子。在我国南方的酸性土壤中，利用包衣技术接种根瘤菌，可大大提高花生、大豆和豆科牧草的产量。

13.2.5.2 根瘤菌肥的施用

国内外的实践表明，豆科植物接种根瘤菌，取得了良好的社会效益和经济效益。有人认为，多数情况下豆科植物需要接种根瘤菌，特别是有以下四种情况尤其突出：①从未种植过或是新引进的豆科植物。在20世纪70年代，紫云英作为稻田绿肥在淮河以北流域及黄河中下游地区推广过程中，新种紫云英的地区必须接种紫云英根瘤菌；②豆科植物自然结瘤情况不佳，出现延迟结瘤、根瘤难于着生或结瘤数量少，如砂壤土上种植的花生常常需要接种；③非豆科—豆科植物轮作；④新垦地。上述四种情况之一，接种根瘤菌有十分突出的效果。

此外，在根瘤菌肥使用中应注意：①根瘤菌菌肥必须用于相应的豆科植物，大豆根瘤菌肥只能用于大豆，豌豆根瘤菌肥只能用于豌豆，不能交叉使用，也不能用于其他豆科植物，这是因为根瘤菌有严格的宿主专一性；②避免与速效氮肥和杀菌剂、农药等同时使用；③根瘤菌肥可配合适量的磷、钾及其他微量元素（如Mo、Zn、Co等）肥料使用，但应减施氮肥；④一般用于拌种，随拌随用。

世界上至少有70多个国家研究、生产和应用根瘤菌，不仅使用面积不断扩大，而且使用的豆科植物种类繁多。我国在豆科作物上使用根瘤菌也有四十余年的历史，约有50%的菌肥厂生产根瘤菌肥，其中大豆、花生、紫云英及豆科牧草接种面积较大，增产效果明显。据调查，施用根瘤菌肥之后，大豆能增产

5%~30%；花生能增产 10%~20%；紫云英增产 1 到数倍，低产田平均增产 72.1%，中产田为 28.8%，高产田为 18.9%。在法国，应用根瘤菌肥后，大豆增产 40%，苜蓿增产 10%，羽扇豆增产 121%。

综上所述，根瘤菌肥的效果明显，已经大量施用。其他固氮菌肥的效果欠佳，尚有争议。其原因可能是多种多样，有待我们去探索。

13.3 菌根真菌肥料

菌根（mycorrhiza）一词最早由德国植物学家 Frank A. B. 所提出，意指真菌与高等植物根系之间形成的一种共生体，它是植物与菌根真菌长期共同进化的结果。在新中国成立前，我国在这方面的有关研究几乎是空白，但目前随着研究的不断深入，研究领域的不断扩大，与国外先进国家的差距正在缩小。

13.3.1 菌根真菌的种类和特点

1989 年，Harley 根据菌根真菌在植物根系上着生部位及形态特征，将菌根分为外生菌根（ectomycorrhiza）、内生菌根（endomycorrhiza）、内外兼生菌根（ectoendomycorrhiza）、浆果莓类菌根（arbutoid mycorrhiza）、兰科菌根（orchid mycorrhiza）、水晶兰类菌根（monotropoid mycorrhiza）和欧石楠类菌根（ericoid mycorrhiza）共 7 个类型。表 13-5 列出了这 7 种菌根的主要特点及相应的菌根真菌和植物种类。

表 13-5 菌根类型及其特点

特点	丛枝菌根	外生菌根	内外生菌根	浆果莓类菌根	水晶兰类菌根	欧石楠类菌根	兰科菌根
菌丝隔膜	-	+	+	+	+	+	+
菌丝进入细胞	+	-	+	+	+	+	+
菌鞘	-	+	+或-	+	+	-	-
哈蒂氏网	-	+	+	+	+	-	-
胞内菌丝圈	+	-	+	+	-	+	+
菌丝二叉分支	+	-	-	-	-	-	-
泡囊	+						
真菌分类	接合菌纲	担子菌纲 子囊菌纲 半知菌纲 接合菌纲	担子菌纲 子囊菌纲	担子菌纲	担子菌纲	子囊菌纲 半知菌纲 担子菌纲	担子菌纲
宿主植物	苔藓植物 蕨类植物 裸子植物 被子植物	裸子植物 被子植物 蕨类植物	裸子植物 被子植物	欧石楠类	水晶兰类	欧石楠类	兰科植物

注："+"和"-"分别表示"有"和"无"；资料来源：Harley，1989。

能形成菌根的植物统称为菌根植物，地球上97%的显花植物都是菌根植物。其中90%的草本植物能与内生菌根真菌形成菌根，73.9%的木本植物能形成外生菌根。由此可知，对菌根真菌及其制剂的研究和生产，具有重要的理论意义和应用价值。

13.3.2　菌根的生物学特性

13.3.2.1　外生菌根

高等植物中有30余科的许多属植物能形成外生菌根，其中松科植物可以认为是专性外生菌根植物。外生菌根真菌主要是担子菌和子囊菌，个别为接合菌和半知菌。

外生菌根真菌的菌丝体能紧密包裹植物幼嫩的营养根的表面（图13-3），形成致密的鞘套（hyphal mantle），在有的鞘套外，还能长出外延菌丝。菌根的菌套和外延菌丝取代植物的根毛，起着吸收养分和水分的作用。此外，部分菌丝侵入到根部皮层细胞间隙，形成类似网络状的结构——哈蒂氏网（Hartig net）。受菌根真菌的影响，植物根部通常会发生形态学的改变，如变短、变粗、变脆等，无根冠和根毛，并且常常因菌根真菌分泌的色素而在颜色上发生改变。

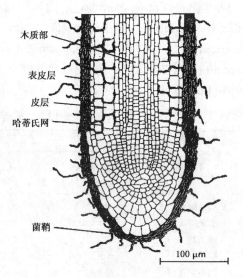

图13-3　外生菌根形态（a）及结构（b）

13.3.2.2　内生菌根

内生菌根也称为泡囊-丛枝菌根（vesicular-arbuscular mycorrhiza，VAM），得名于植物根部侵染丛枝菌根真菌后，菌丝在根部皮层细胞内形成细小分叉的丛枝（arbuscule），或者在菌丝末端或中段膨大形成泡囊（vesicle）。但近年来的研究发现，并非所有的内生菌根都形成泡囊，因此国内外不少学者将其改称为丛枝菌根，简称AM。内生菌根真菌在分类上属接合菌纲的球囊霉目（Glomales）。

当植物根系感染丛枝菌根真菌形成菌根之后，根系的外部形态几乎没有改变，故难于用肉眼进行判断，但少数植物的根系颜色会有一定变化。丛枝菌根真菌的菌丝通常无隔，通过显微镜可观察到在发育良好的丛枝菌根上，存在着根外菌丝、根外孢子和侵入点等结构。经过透明、染色等处理过后，可在显微镜下观察到根内菌丝、丛枝（或泡囊）、孢子等结构（图13-4）。

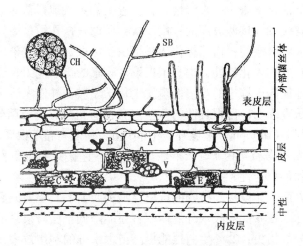

图13-4 丛枝菌根真菌在植物根内蔓延的情形
外部菌丝体产生大的厚壁孢子（CH）和偶尔有隔膜的分支（SB）。
植物的感染通过根毛或表皮细胞之间发生。在发育和开始衰老各阶段的
丛枝（A—F），以及泡囊（V）。

丛枝菌根真菌侵染植物根系后都能进行连续的二叉分支，形成丛枝结构，这是菌根形成的重要特征，也是真菌菌丝与植物进行物质交换的场所，与养分的吸收、释放和植物的抗逆性有关。由于丛枝菌根真菌菌丝体中富含多聚磷酸盐、碱性磷酸酶和ATP酶等，丛枝结构的形成增加了菌根真菌与宿主植物的物质交换面积，并因此而改变了菌根的酶学性质，以及膜透性等。

13.3.3 菌根的作用

13.3.3.1 外生菌根的作用和机理

形成外生菌根之后，寄主植物向菌根真菌提供碳水化合物，而真菌则将从土壤中吸收的养分和水分供给寄主植物。菌根的作用是多方面的，在森林生态系统中，外生菌根对营养元素的吸收、利用，对森林植被的发生、发展和稳定性有重要作用。

（1）外生菌根与植物营养 在植物营养方面，菌根真菌具活化土壤中的无机或有机养分；扩大土壤养分的空间有效性，增加根系吸收面积；提高根系吸收能力等作用。

外生菌根主要吸收 $NH_4^+ - N$，少量吸收 $NO_3^- - N$。高等植物对 $NH_4^+ - N$ 的同化主要通过谷氨酰胺合成酶途径形成谷氨酰胺，外生菌根真菌则主要是通过谷氨酸脱氢酶途径将 $NH_4^+ - N$ 转化成谷氨酸，而在外生菌根中，上述两种同化途径二者并存。此外，与纯培养条件不同，菌根真菌在田间自然条件下吸收利用不同形态的氮素的差异较大，说明寄主植物能调控外生菌根真菌的氮吸收和氮代谢。

外生菌根还能利用有机氮，在森林土壤中，有机氮是土壤氮素的主要形态，外生菌根的这种性质对于森林植被的氮素营养有重要意义。

外生菌根能活化土壤中的难溶性磷，促进植物吸收磷素营养。外生菌根促进植物吸收磷有直接和间接两方面的作用因素：所谓直接作用是指外延菌丝能扩大吸收面积、增大吸收空间；而间接作用是指由于菌根真菌的侵染，改变了宿主植物的根系形态及生理生化特性，提高了根系对磷素的摄取能力，而且，外生菌根真菌的分泌物还能与土壤中的难溶性磷发生化学反应，并使之活化。

此外，有研究表明，菌根真菌的菌丝能分泌有机酸，调节菌丝际（mycorrhizosphere）和根际（rhizophere）微环境中 pH 值，使之有益于根系对养分的吸收。

（2）外生菌根与植物的抗逆性和抗病性　外生菌根真菌感染植物根系之后，能提高寄主植物的抗逆性和抗病性。

在抗逆性方面，尤以提高植物的抗旱性最为明显，其主要原因是：①外生菌根不仅能扩大林木根系的吸收水分的面积，还能降低土壤与根系的液流阻力，减少宿主体内水分的损失；②外生菌根能提高苗木水分的利用效率；③外生菌根真菌能从高渗溶液中吸收水分，有极强的吸收抗旱能力。此外，许多研究表明，外生菌根还能显著提高植物抗盐碱、抗极端温度和抗重金属毒害的能力，使宿主植物在不良环境条件下具有更强的生存能力。

在抗病性方面，外生菌根能抑制病原菌的生长繁殖，降低某些根部病害的发生率。可能的机理是：①菌根的菌套和哈蒂氏网形成了一种机械屏障，有益于防止病原菌侵入；②菌根真菌在植物根际内与病原菌竞争生存空间和养分物质，不利于其他微生物的生长繁殖；③某些菌根真菌能产生抗生素，抑制病原菌的生长繁殖；④菌根的分泌物改变了根际的环境条件（如酸碱度等），不适宜病原菌生存。

（3）外生菌根与植物生长调节物质　许多外生菌根真菌能产生多种植物生长刺激物质，如细胞生长素、细胞分裂素、赤霉素、维生素 B_1、吲哚乙酸等，这些物质的分泌可以促进植物的生长发育。

（4）外生菌根与物质传递　外生菌根真菌侵染宿主植物之后，在根系表面形成菌套和哈蒂氏网，并能向周围土壤伸展形成外延菌丝，甚至是菌索。外延菌丝在伸展过程中，接触到其他植物根系可以发生再度侵染，形成根系之间的菌丝桥。在森林生态系统中，植物根系之间的菌丝桥将森林中的植物联系起来，促进水分、光合产物、矿质养分等的传递和运输，使森林形成一个整体。并且，通过菌丝桥的传递，能使养分从衰老植物向活体植株转移，减少养分在土壤中的淋失，促进养分的再利用。因此，在森林生态系统中，外生菌根真菌对物质、能量和信息的传递起重要作用。

13.3.3.2 内生菌根的作用和机理

(1) 丛枝菌根与植物营养

①磷 丛枝菌根真菌侵染宿主植物之后，普遍能提高植物对磷的吸收量，以至于菌根的其他效应往往与植物磷营养的改善而密切相关。与外生菌根一样，丛枝菌根也是通过直接作用（包括扩大吸收面积、活化难溶态无机磷和有机磷等）和间接作用（如改变宿主根系的生理生化性质等）两方面促进植物对磷的吸收和利用。

②氮 放射性同位素实验证明，丛枝菌根真菌能将 NH_4^+ 运输至宿主植物体内。而且丛枝菌根真菌还能提高寄主植物的硝酸还原酶和谷氨酸合成酶的活性，有利于氮的吸收同化。

③钾、钙、镁 实验表明，接种丛枝菌根真菌对植物体内 K、Ca、Mg 含量有影响，报道不一，其原因有待研究。

④微量元素 接种丛枝菌根真菌能促进植物的生长，部分原因是在某些情况下改善了植物对微量元素的吸收利用。许多研究表明，接种丛枝菌根真菌的植物与对照相比，体内的 Fe、Cu、Zn、Co、Si、S、B 等含量显著增加。此外，丛枝菌根真菌能减轻或消除由于大量施磷产生的 Zn、Cu 缺乏症。由此可见，丛枝菌根具有改善植物多种营养的作用。

(2) 丛枝菌根与植物抗逆和抗病性

①干旱 与外生菌根作用一样，丛枝菌根能改善植物的水分代谢和提高抗旱能力，但丛枝菌根真菌提高抗旱性的机理尚不十分清楚，比较一致的观点是丛枝菌根真菌的菌丝能增加对水分吸收，改变植物体内的激素平衡来调节水分代谢。

②盐害 丛枝菌根真菌提高植物耐盐性的机理可能有二：一是因为菌根真菌改变了植株根系组织的透性；二是增加了植株对水分的吸收，缓解了生理性干旱，降低了 Na^+ 和 Cl^- 的含量和相对比例，减轻了对质膜和酶的损害。此外，在盐害条件下，菌根还能调节植物体内的激素含量和比例、改变植物根系形态或增强植物根系活力等，间接提高宿主植物抗（耐）盐害的能力。

③重金属毒害 丛枝菌根真菌的侵染能提高宿主植物对重金属（Cd、Zn、Cu、Pb 等）污染的耐受性。与外生菌根一样，菌根植物对重金属污染的适应性机制可能存在着直接和间接两方面的影响。直接作用包括：根系表面的菌丝对重金属离子有机械屏障作用；菌丝细胞壁或分泌物（多糖或蛋白质等）对重金属离子有吸附固定作用；菌丝的内含物质有过滤和解毒作用，这些内含物包括多聚磷酸盐颗粒、富含色氨酸的多肽或富含胱氨酸的巯基蛋白（metallothioneins）等。

除直接作用外，菌根真菌还产生间接作用，如改变宿主植物根系的生理代谢、形态、根际微域环境的理化性质等，缓解或消除重金属对植物的毒害。

④病害 自 1968 年 Safir 首次报道丛枝菌根能减轻洋葱根系的红腐病以来，大量的实验证明，丛枝菌根真菌能减轻土传真菌性病害，如 *Phytophthora*、*Gaeumannomyces*、*Fusarium*、*Pythium*、*Rhizoctoni*、*Sclerotium*、*Verticllium* 等病原菌对

大麦、花生、大豆、柑橘、烟草、草莓、棉花等，以及 *Rotylenchus*、*Pratylenchus*、*Meloidogyne* 等病原线虫对植物根系的危害作用。一般认为，丛枝菌根增强植物抗病性的机制包括产生精氨酸、酚类等次生代谢物质，抑制病原菌的生长繁殖，诱导宿主植物产生相关的保护蛋白（PRs），提高植物的营养水平，影响土壤中微生物区系等。

（3）丛枝菌根与作物产量品质　接种丛枝菌根真菌能显著提高果树苗木移栽的成活率、促进生长发育、增加产量、改善品质等。此外，丛枝菌根还能促进禾本科作物（小麦、玉米、大麦、高粱等）、豆科作物（大豆、花生、绿豆、豇豆等）、果树和花卉（苹果、梨、桃、葡萄、樱桃、月季、玫瑰等）、蔬菜（青椒、番茄、茄子、黄瓜、洋葱等）、牧草（三叶草、苜蓿等）、棉花、西瓜、甘薯和多种药用植物的生长发育，提高产量，改善品质。

13.3.4　影响菌根形成的因素

与根瘤菌类似，菌根真菌只有在与宿主根系形成共生体的条件下，它们的生理作用才能得到发挥。菌根真菌和宿主植物的生物学特性、环境因子和农业措施都会影响菌根真菌形成菌根。在这些影响因素中，大致可以分为非生物因素和生物因素两种。

13.3.4.1　非生物因素

（1）土壤条件　土壤类型、质地和理化性质等能对菌根真菌的分布、孢子密度和侵染能力产生影响。

①土壤养分　一般认为，土壤含磷量过高会抑制菌根真菌的发育和菌根的形成。土壤含氮量也产生类似影响。

②土壤 pH 值　中性和微酸性土壤有利于菌根真菌的生长、发育和菌根的形成。此外，土壤 pH 值可通过影响土壤养分的有效性，进而影响到菌根的形成。

③土壤温度　土壤温度对菌根真菌的孢子萌发、生长和菌根的形成有重要影响。不同的菌种需要的适宜温度不同，就同一菌种而言，相对较高的温度适宜于孢子萌发，而相对较低的温度适宜于菌丝的生长和菌根的形成。

④土壤水分和透气性　菌根真菌都是好气性真菌，孢子萌发、菌丝生长和菌根的形成都需要有充足的氧气供应。一般而言，20%~40% 的土壤含水量，有益于通气，有利于菌根真菌的孢子萌发和菌根的形成；土壤渍水则易滋生腐生菌并抑制菌根的形成。

（2）地理因素　土壤和植被有明显的地理性分布规律，菌根真菌的种类、数量、分布也呈现出明显的地域性。虽然从热带到寒带都有菌根真菌的分布，但由于纬度和海拔高度的不同，温度、光照、降雨、土壤和植被等因素也不尽相同，从而导致菌根真菌的种类、数量之间的差异。

13.3.4.2　生物因素

在土壤中，菌根真菌与有益微生物如根瘤菌、自养固氮菌、磷细菌和硅酸盐细菌之间具有协同作用，但与其他微生物更多地表现为竞争和拮抗作用。某些营寄生或捕食性的土壤昆虫和线虫，是危害菌根真菌，特别是外生菌根真菌的主要生物因素。

13.3.4.3 农业措施

相对于外生菌根而言，农业措施对丛枝菌根的影响更大。大量施用化肥明显抑制丛枝菌根的生长和菌根的形成；农药对菌根真菌的生长也有明显的抑制作用，大量使用杀真菌剂和土壤熏蒸剂，可能完全杀灭包括外生和内生菌根真菌在内的土壤真菌。

13.3.5 菌根真菌菌剂的生产与储存

外生菌根真菌菌剂的生产过程与一般微生物肥料的生产相似。基本过程是通过采集菌种，分离培养，菌种鉴定后，筛选出优良外生菌根真菌菌种，并针对不同的菌种，采用不同的发酵工艺，生产出不同的菌剂。

对于内生菌根真菌而言，由于它们目前还不能进行纯培养，故无法像外生菌根真菌那样采用工业发酵的方法来生产接种剂，而只能将所筛选、鉴定的菌种接种在活体宿主植物的根系上，经 2~4 月的共同生长，获得孢子土和根系残体作为接种剂。为了保证菌剂的质量，接种剂需进行菌根侵染状况和侵染势的测定。方法有活体镜检和染色镜检两种，前者直接挖取根段进行显微镜观察，包括菌根的形态、根外菌丝、孢子等；后者常用于精确检验，一般要经过根系的透明、染色、脱色等处理，然后进行显微记数、计算。活体镜检方法简便，容易操作，但不够精确，染色镜检方法精确，但操作复杂、技术要求高。

13.3.6 菌根菌剂的应用与效果

13.3.6.1 外生菌根菌剂

在林业上，接种外生菌根真菌有多种作用，包括提高苗木成活率、改善林木营养、提高其抗逆抗病能力等，在贫瘠土壤上的效果尤为明显。外生菌根真菌主要用于树木引种，逆境造林，病虫害防治和苗木繁育等方面。例如，菌根菌剂可应用于苗床，方法是先进行土壤消毒，再将菌根菌剂混入土壤，最后播种即可。

地理、气候及土壤条件使菌根真菌具有生态多样性，不同菌种生物学特性不同，促进林木生长的效果也不一样。此外，外生菌根真菌的感染对象有较强的专一性。所以，菌根菌剂的生产要选用优良的菌种，施用要注意对应的植物。

13.3.6.2 内生菌根菌剂

由于丛枝菌根真菌的纯培养问题尚未解决，所以菌剂的大量生产一直困扰着各国科技工作者。虽然美国和法国等已有小批量的商品化菌剂出售，但数量和品种极为有限。目前，丛枝菌根菌剂的应用对象有果树、蔬菜、花卉和农作物等。

(1) 果树　主要用于实生苗、扦插苗和组培苗，可以提高苗木移栽的成活率，促进生长，增加产量和改善品质。如用摩西球囊霉 *Gl. mosseae* 或地表球囊霉 *Gl. versiforme* 等接种苹果、梨、桃、海棠等苗木，培养出的菌根苗根系发育良好，植株生长健壮，提早出圃和提前开花结果。

(2) 蔬菜　生产辣椒、黄瓜、西瓜、洋葱、西红柿、芦荟等的菌根化苗，已在生产实践中取得了显著效果。菌根芦荟的幼苗生长迅速，育苗期缩短，并提高其中的人体必需氨基酸含量。用明球囊霉 *Gl. clarum* 生产甜瓜菌根化苗，产量和产值均显著增加。

(3) 花卉　用摩西球囊霉接种非洲菊，能提前开花，增加其侧枝数和切花产量；沙棘菌根苗不但生长迅速，而且还提高了抗旱、抗瘠薄和抗盐碱的能力；用摩西球囊霉和根瘤菌对银合欢等进行混合接种，促生效果明显大于任何单接种的处理。

(4) 农作物　在不消毒的条件下，大田作物玉米、小麦、三叶草、苜蓿、马铃薯、大豆、红薯、豌豆等接种丛枝菌根真菌能促进作物生长，提高产量，改善品质。此外，对烟草接种丛枝菌根真菌，能提高产量和质量，烟叶中磷、钾含量上升，经济效益增加。

复习思考题

1. 什么是微生物肥料？微生物肥料有哪些种类？
2. 微生物肥料对作物生长有何作用？微生物肥料与普通化肥有何不同？
3. 微生物肥料的生产主要包括哪些环节？
4. 微生物肥料应从哪些方面判断其质量的优劣？
5. 什么是根瘤菌？影响根瘤菌肥效的因素有哪些？
6. 除根瘤菌之外，还有哪些固氮微生物？
7. 菌根真菌有哪些种类、特性和作用？

本章可供参考书目

微生物肥料的生产应用及发展．葛诚主编．中国农业出版社，1996
菌根研究及应用．弓明钦，陈应龙．中国林业出版社，1997
丛枝菌根生态生理．李晓林，冯固．华文出版社，2001
土壤与植物营养研究新动态（第三卷）．张福锁，龚元石，李晓林．中国农业出版社，1995

第14章

绿　肥

【本章提要】本章主要介绍绿肥作物在农业生产中的重要作用、我国绿肥的主要种类、分布特点和栽培利用方式，以及豆科绿肥的生物固氮。

绿肥泛指用作肥料的绿色植物体。凡是栽培用作绿肥的作物称为绿肥作物。我国利用绿肥的历史非常久远，可以追溯到公元前200年以前，不过起初是通过锄草肥田或养草肥田，到公元3世纪才开始栽培绿肥作物，5世纪之后绿肥作物已广泛种植了。直到20世纪前半叶，人工合成的化肥在生产上应用之前，种植绿肥和施用厩肥（农家肥）仍然是增加土壤养分的主要手段。随着农业生产的不断发展，绿肥已由原来大田轮作和直接肥田为主的栽培利用模式，逐步过渡到多途径发展的种草业。绿肥与牧草生产相结合，将土壤资源的开发利用，养殖业的发展，土壤的改良和培肥联系起来，有利于实现有机物质的多级转化利用，促进整个农业中物质和能量的良性循环，改善生态条件和食物结构，促进农牧业的全面发展，实现农业生产的优质、高产、高效。

14.1　绿肥在农业生产中的作用

14.1.1　提高土壤肥力

14.1.1.1　增加土壤有机质的积累

绿肥作物平均鲜草产量一般在 $1.5 \times 10^4 \sim 3.0 \times 10^4 \mathrm{kg/hm^2}$，地下生物量也在 $1.2 \times 10^4 \sim 2.25 \times 10^4 \mathrm{kg/hm^2}$。如以平均有机质含量 $150 \sim 180 \mathrm{g/kg}$ 计算，直接翻压后，施入土壤的新鲜有机质约 $3\,240 \sim 7\,875 \mathrm{kg/hm^2}$。江苏省沿海地区农科所在滨海盐土进行了3年（1981～1984）种植绿肥的定位试验，结果表明，翻压绿肥增加了土壤有机质，在每年每公顷施用鲜草 $2.25 \times 10^4 \sim 2.63 \times 10^4 \mathrm{kg}$ 的条件下，平均年积累量为 $0.72 \sim 0.77 \mathrm{g/kg}$（表14-1）。

翻压绿肥对土壤有机质的积累效率和数量受绿肥本身的碳氮比值、翻压量、翻压频率、气候条件、土壤类型、耕作措施等多种因素制约。一般气候较冷、土壤透气性较差的地区，有机质积累相对要比气候温暖、透气性好的地区高。在我国北方，每公顷翻压鲜草 $1.13 \times 10^4 \sim 2.25 \times 10^4 \mathrm{kg}$，土壤耕层有机质增加 $0.76 \sim 2.4 \mathrm{g/kg}$。南方因气温高，翻压绿肥后分解较快，土壤有机质积累量低，如江西红壤旱坡地种 3 年绿肥作肥料，土壤有机质从 15.3g/kg 增加到 17.8g/kg，平均每年增加 0.83g/kg。此外，采用豆科和禾本科绿肥混合施用，可有效调节有机质组分，有利于土壤有机质的积累。中国农业科学院土壤肥料研究所利用苕子和大麦混播，结果表明，混播区有机质积累量比单播区提高6%。

表 14-1　绿肥对土壤有机质含量的影响（每年秋季进行）　　　　　　　g/kg

绿肥品种	1981	1982	1983	1984	累计增加量	年平均增加量
苕子	13.69	16.50	15.71	15.86	+2.17	+0.72
黑麦草+苕子	13.69	13.60	14.50	15.86	+2.17	+0.72
黑麦草+苕子+桱麻	12.67	14.05	13.05	14.99	+2.32	+0.77
对照	12.16	11.82	12.23	11.49	−0.67	−0.22

注：每年秋季进行调查。

绿肥不但能提高土壤中有机质的含量，而且可以改善土壤有机质的品质。绿肥翻压后，既增加了土壤中易分解的有机质，又提高了与无机胶体相结合的有机质数量和紧结态的腐殖质含量。长期种植绿肥和牧草，腐殖质积累增加，特别是胡敏酸大量合成（表14-2），能有效络合热带酸性土壤中的铝，使铝活性降低，从而减小了铝毒对作物的影响。

表 14-2　土壤腐殖质的组成

处理	有机质 (g/kg)	腐殖质 (g/kg)	腐殖质各组成成分（g/kg）					胡敏酸/富里酸
			胡敏酸	富里酸	胡敏素	活性胡敏素	活性富里酸	
农作物区	9.1	7.1	0.83	2.79	3.48	0.06	0.21	0.30
禾本科牧草区	12.7	8.1	0.64	2.96	4.50	0.13	0.15	0.28
豆科牧草区	13.0	9.3	1.11	1.48	6.70	0.13	0.18	0.74
柑橘园绿肥区	16.5	11.0	2.10	4.80	4.70	0.18	0.22	0.50
荒山对照区	11.5	5.5	0.45	0.79	4.26	0.05	0.15	0.57

资料来源：秦瑞君，1997。

14.1.1.2　增加土壤氮素

豆科绿肥具有固氮能力，能将其他农作物不能吸收利用的气态氮转化为可利用的氮素，提高土壤含氮量。一般认为，豆科绿肥作物的含氮量有 1/3 来自土壤，2/3 来自根瘤菌的生物固氮。翻压豆科绿肥之后，每年每公顷可供给土壤氮素 28～112kg，最高可达 168kg。据美国和埃及的研究表明，不同豆科绿肥的固氮量差异很大（表14-3），在绿肥种植中应选择利用。总之，种植豆科绿肥作物可以利用生物固氮增加土壤氮素，改善农业生产中的氮素循环。

表 14-3　不同豆科绿肥作物的平均固氮量　　　　　　　　　　　kg/hm²

名　称	固氮量	名　称	固氮量
苜蓿	217.64	蚕豆	135.71
草木犀	133.51	香豆子	104.76
红三叶	127.90	山鹨豆	97.62
葛藤	120.40	小扁豆	83.30
白三叶	115.54	花生	78.57
豇豆	100.96	大豆	40.48
1 年生胡枝子	95.35	埃及三叶草	230.10
苕子	89.75	菜豆	44.87

14.1.1.3　富集和转化土壤养分

豆科绿肥作物的主根入土较深，一般达 2～3m。例如，光叶紫花苕入土 2.5m，紫花苜蓿根系长达 3.78m，能吸收一般作物难于吸收的下层养分，并将其转移到地上部分，待绿肥翻耕腐解后，富集于土壤耕层。据辽宁省农业科学研究院测定，种一年草木犀后，耕层 0～30cm 土壤全磷增加 13.3%，而 30～60cm 土层含磷量则比种植前降低了 10.0%。说明种植绿肥之后，深层土壤的养分富集于表层，有利于后茬作物的吸收利用。

种植绿肥作物能提高土壤中的有效养分，促进作物生长。贵州农业科学研究院经连续 5 年一年二季绿肥的果园套种，土壤有机质含量较套种前净增 5.2～9.2g/kg，全氮量提高 0.5～0.69g/kg，全磷含量上升 0.1～0.2g/kg，并改善了土壤的理化性状，土壤改良效果十分显著（表 14-4）。

表 14-4　套种绿肥前、后果园土壤化学性状变化

土层深度 (cm)	套种绿肥前土壤的养分状况				套种绿肥后土壤的养分状况			
	有机质 (g/kg)	全氮 (g/kg)	全磷 (g/kg)	速效钾 (g/kg)	有机质 (g/kg)	全氮 (g/kg)	全磷 (g/kg)	速效钾 (g/kg)
0～20	7.5	0.86	0.76	6.40×10^{-3}	12.7	1.36	0.96	12.40×10^{-3}
21～40	4.8	0.73	0.81	7.85×10^{-3}	14.0	1.42	0.95	14.12×10^{-3}
41～60	3.5	0.72	0.71	5.94×10^{-3}	10.5	1.29	0.79	10.50×10^{-3}

绿肥翻压还能促进微生物的生长繁殖和提高土壤酶的活性（表 14-5）。在绿肥腐解过程中，土壤微生物能分泌有机酸，并产生绿肥分解的中间产物，溶解土壤中难溶性矿物质，从而提高土壤有效养分。此外，微生物种群也不断发生变化。箭舌豌豆翻压后，土壤中氨化细菌提高 2.4～3.2 倍，自生固氮菌增加 1.2 倍，硝化细菌是原来的 7.2～14.1 倍，有利于土壤养分的转化。

14.1.1.4　改良低产土壤

我国的低产土壤面积大，分布广，严重影响着农业生产的稳定发展。种植绿肥可为土壤提供大量的新鲜有机质，加上根系极强的穿透、挤压和团聚能力，可

表 14-5　绿肥对土壤酶活性的影响

土壤层次	处理	脲酶 (NH_3 mg/100g 土)			酸性磷酸酶 (酚 mg/100g 土)			过氧化氢酶 (0.3% H_2O_2 mL/100g 土)		
		1995年	1998年	±（%）	1995年	1998年	±（%）	1995年	1998年	±（%）
0~20cm	绿肥	46.1	105.7	129.3	106.9	117.3	10.8	27.1	21.8	-19.6
	生草	50.1	67.4	34.5	101.3	145.7	43.8	29.0	24.5	-15.5
	清耕	50.3	64.5	28.2	107.7	108.2	0.5	28.6	23.6	-17.5
20~40cm	绿肥	33.4	68.9	106.3	52.3	57.5	9.9	16.3	11.7	-28.2
	生草	25.6	35.1	37.1	50.7	67.7	33.5	21.1	8.1	-61.6
	清耕	26.4	40.2	53.3	48.8	62.4	27.9	19.0	10.4	-45.3

资料来源：李发林等，1999。

促进土壤水稳性团聚体结构的形成，有效保护农业生产环境，提高土壤的化学缓冲力，协调土壤的水、肥、气、热状况。

红壤种植绿肥后，土壤有机质和盐基交换量增加、密度降低、酸度和活性铝含量也下降。江西省红壤研究所的试验结果表明，种植紫云英3年后，土壤pH值由5.1上升到5.8。据测定，翻压苜蓿、草木犀等豆科绿肥后，使耕层加厚5~10cm，白浆层减薄，土壤有机质含量提高2.0~5.0g/kg，全氮含量增加0.5~0.6g/kg，磷（P_2O_5）增加0.3g/kg，酸性缓冲能力增强。

14.1.2　减少水土流失，改善生态环境

绿肥植物茎叶茂盛，覆盖地面，可减少水、土、肥的流失（表14-6）。尤其在坡地上种植绿肥，由于茎叶的覆盖和根系的固结作用，可大大减少雨水对表土的侵蚀和冲刷。据试验，草木犀地比裸露地减少地表径流43.8%~61.5%，减少冲刷量39.9%~90.8%。荒山荒坡种植紫穗槐、沙打旺，减少径流73.5%，减少冲刷62.7%。二年生紫穗槐在苗高40~90cm时，迎风坡积沙5~10cm，背风坡积沙45cm。

表 14-6　间种绿肥对水土流失的影响（坡度30°）

措施	固体径流量（t/hm^2）	养分流量（kg/hm^2）						
		有机质	全氮	全磷	全钾	水解氮	速效磷	速效钾
日本草+决明豆	7.292	226.058	8.364	1.845	91.882	0.917	0.139	6.125
白苷豆+荠宁	12.589	392.761	12.589	2.279	161.133	1.637	0.214	10.700
对照1	15.272	483.006	17.914	3.786	189.368	2.278	0.272	13.148
日本草+羽扇豆	13.271	424.656	14.823	3.716	173.844	1.858	0.216	11.015
对照2	19.942	677.377	24.110	4.637	269.222	2.878	0.407	16.752
无刺含羞草	14.486	495.428	17.760	3.936	194.115	1.698	0.290	12.458
对照3	24.494	868.148	28.710	5.767	335.568	3.625	0.498	20.820

资料来源：刘爱琴等，1999。

果、茶、桑、橡胶园种绿肥，可减少土温的日变幅，有利于作物根系生长，还能减少杂草的危害。风沙大的荒沙地、沟渠坡边和梯田梯壁种植多年生绿肥牧草，有固沙护坡的作用。

绿肥作物还能绿化环境，净化空气。每公顷绿色植物每天能吸收 360～900kg 的二氧化碳，放出 240～600kg 的氧气。除此之外，还可减少或消除悬浮物、挥发酚、多种重金属的污染。据辽宁省环境保护研究所试验结果表明，水葫芦有净化污水的效果，对降解污水化学耗氧量（COD）、生物需氧量（BOD）和解决污水富营养化，均有明显的作用。在静态水中放养水葫芦 5～18 天，化学耗氧量降解 75%，生物需氧量降解 64.8%。水葫芦还能吸收水中的重金属，放养 10～15 天后，污水中铅、铜和锌的去除率分别达 10.6%、50% 和 70%。

14.1.3 绿肥饲料促进农牧结合

把绿肥作为饲草来应用是发展畜牧业最经济有效的办法。如草木犀、苜蓿、紫穗槐、白三叶等既是绿肥又是很好的牧草饲料。绿肥牧草饲用价值高，富含蛋白质、矿物质、维生素等多种营养成分，而且适口性好、便于加工和储存，是畜禽的优良饲草来源（表 14-7）。绿肥牧草可以直接放牧利用，如果园间作绿肥，可以放养肉鹅；冬闲田种植多花黑麦草、紫云英或苕子，可放养鹅、山羊等。绿肥牧草也可刈割后饲喂，或制作青贮、干草、加工草粉、草块和草颗粒等。苜蓿干草是奶牛和肉牛的首选饲草，适口性好，并能促进家畜对其他日粮成分的采食

表 14-7　主要绿肥作物养分组成　　　　　　　　%

品种	状态	水分	粗蛋白	粗脂肪	粗纤维	无氮浸出物	粗灰分
紫云英	鲜草	88.6	2.89	0.75	1.34	5.27	1.15
紫云英	干草	12.03	22.27	4.79	19.53	33.54	7.87
紫花苜蓿	鲜草	74.70	4.50	1.00	7.00	10.40	2.40
金花菜	干草	7.23	23.25	3.85	16.99	38.74	9.94
白花草木犀	干草	7.37	17.51	3.17	30.35	34.55	7.05
黄花草木犀	干草	7.32	17.84	2.59	31.38	33.88	6.99
毛叶苕子	干草	6.30	21.37	3.97	26.04	31.62	10.70
光叶紫花苕	鲜草	86.94	3.49	0.87	2.58	4.41	1.61
箭舌豌豆	干草	11.00	13.30	1.10	25.20	43.20	6.20
白三叶	鲜草	82.20	5.10	0.60	2.80	7.20	2.10
绛三叶	鲜草	82.60	3.23	0.50	4.60	7.16	1.91
红三叶	鲜草	82.20	3.00	0.60	3.80	8.60	1.80
百脉根	鲜草	77.00	2.60	0.50	5.10	12.50	2.30
胡枝子	鲜草	86.40	4.60	0.80	2.10	5.80	1.30
葛藤	鲜草	81.80	3.40	1.10	5.70	6.10	1.90
沙打旺	干草	9.87	20.50	3.87	27.8	28.73	9.23
蚕豆	鲜草	84.40	3.60	0.80	2.10	6.80	2.30
秣食豆	干草	13.50	13.77	2.35	28.75	34.02	7.61
细绿萍	干草	9.00	21.00	2.57	14.60	50.97	15.00

注：以质量百分比计。

和消化。在奶牛、肉牛的饲料中，将紫云英、兰花苕子与氨化秸秆或与精料补充料配合用，能改善牛胃生态系统，促进秸秆在牛胃内发酵，可明显减少精料用量，提高肉牛生长速度。紫云英、兰花苕子的鲜草饲喂妊娠母猪，每顿加喂 0.5kg 左右的稻谷粉或米糠，另加入 2% 的矿物质添加剂，既可满足需要，还能节粮约 50%。

绿肥牧草养畜，可以产生大量粪尿，对解决肥料来源起着极大的作用。据中国农业科学院畜牧研究所测定：一头猪长到 8 月龄，共可排粪 850～1 050kg，尿 1 200～1 300kg；长到 10 月龄，则共可排粪尿 2 650～3 000kg。其他家畜以牛的粪尿排泄量最大，全年排粪尿 9 000kg，羊全年排粪尿 750kg。绿肥牧草"过腹还田"，比直接翻压作肥料，可显著提高绿肥作物的经济效益。据原华东农业科学研究所测定，紫云英经喂猪后从粪尿中回收的成分为氮 75.6%，磷酸 86.2%，氧化钾 77.2%。若把 1 250kg 紫云英直接翻压，与经喂猪后施用猪粪相比，只多收稻谷 23.7kg。而 1 250kg 紫云英喂猪，可增重 26kg，再将回收的猪粪尿施于水稻，增产稻谷 27.1kg，其经济效益高于直接翻压回田。在有机肥源短缺情况下大力种植绿肥牧草，以种草促牧，以牧促农，可以达到粮畜两旺的目的。由此可见，绿肥牧草的多层次利用，首先作为饲料，再作肥料，经物质、能量的多层次转化，可获得更大的经济效益。随着营养体农业生产系统的建立，扩大人工草地建植面积，尤其是利用冬闲田、果园等种植营养价值高的牧草品种，在农区大力发展草食畜禽，将有利于促进农业现代化的进程。

此外，绿肥对发展农村副业也起着积极的作用。田菁、柽麻的茎秆可以剥麻，箭舌豌豆的种子可加工制作粉条，紫穗槐的枝条可供编筐，不少绿肥作物收种后，木质化的茎秆是造纸原料和燃料。近年来发现田菁的某些品种含胶量高、品质较好，所含的胶质在开采石油、食品加工和医药上均有广泛的用途。紫云英、苕子、草木樨、紫苜蓿、三叶草、串叶松香草等，它们花期长、蜜质优良、产量高，是优良的蜜源植物，可促进养蜂事业的发展。

14.2 绿肥的种类及其合理施用

14.2.1 我国绿肥的种类

我国幅员辽阔，各地水热条件差异很大。植物资源非常丰富，多数植物无论是栽培的或是野生的都能用作肥料。由于不同地区所用的绿肥植物种类、种植的时期和方式各不相同，对绿肥种类存在着几种不同的分法和名称。

14.2.1.1 按绿肥来源分类

①栽培绿肥　又称绿肥作物，是绿肥的主体，如紫云英、金花菜、田菁等。
②野生绿肥　又称"秧草"、"山青"等，是利用天然自生的青草、水草和树木的青枝嫩叶做肥料。如马桑、大叶山蚂蝗、紫穗槐等。

14.2.1.2 按植物学科分类

①豆科绿肥 具有根瘤菌生物固氮能力的植物，如紫云英、苕子、箭舌豌豆、草木樨、金花菜、紫花苜蓿、白三叶等，生产中所占比重最大。

②非豆科绿肥 豆科绿肥之外的所有绿肥种类，包括禾本科、十字花科及其他科植物，如多花黑麦草、饲用油菜、肥田萝卜等。

14.2.1.3 按栽培季节分类

①冬季绿肥作物 为秋季或初冬播种，到第二年春季或初夏利用，其整个生育期有一半以上是在冬季。例如南方秋播的紫云英、苕子、金花菜等，是我国栽培绿肥的主要形式。

②夏季绿肥作物 为春季或夏季播种，到夏末初秋利用，其生育期有一半以上在夏季。例如北方小麦收获后播种的田菁、箭舌豌豆、柽麻；南方种的豇豆、藜豆等。

14.2.1.4 按栽培年限长短分类

①1年生或越年生绿肥作物 秋季播种，第二年开花结子后死亡；或当年播种，当年开花结子后死亡的绿肥植物。如多花黑麦草、紫云英、箭舌豌豆、苕子等。

②多年生绿肥作物 为栽种年限在一年以上的绿肥。一般是多年生植物，如紫花苜蓿、白三叶、葛藤等。

14.2.1.5 按栽培方式分类

①单种绿肥 单一地种植一种绿肥作物，但我国人多地少，目前这种方式已十分罕见。

②间种绿肥 将绿肥与其他作物按一定面积比例同时相间播种，绿肥为下茬作物的追肥用。

③套种绿肥 将绿肥套种在其他粮、棉、油等作物的株行之间，用作下茬的基肥。

④混种绿肥 二种以上的绿肥作物按一定的比例混合后播于同一块田，同时作绿肥用。

14.2.2 绿肥的合理施用

14.2.2.1 直接翻压

翻压绿肥是绿肥利用的主要方式，一般作基肥用。间套种的绿肥也可就地掩埋作为作物的追肥。耕翻前最好将绿肥切短，稍加暴晒，这样有利于翻耕，亦能促进分解。旱地无灌溉条件下翻耕，要做到深埋、严埋，防止土壤跑墒，影响绿肥分解和作物生长。春旱地区多半在秋季提前翻埋。早稻田翻耕最好干耕,这样可以提高土温,改善通气条件,促进微生物的分解作用。棉田、玉米地(尤其是沙性土)耕翻要加农药,以减少地老虎等害虫对作物的危害。旱地生长的多年生绿肥应在雨季来临前翻压,而在水田翻压后,则应晒田几天再灌水。绿肥翻压效果与绿肥翻压时期、翻压深度、翻压量、配施化肥等问题密切相关。

(1) 翻压时期　绿肥的翻压期原则上应在绿肥鲜草产量和总氮量最高的时期进行。一般豆科作物自初花期后,茎叶比例和植株的碳氮比都很快提高。到盛花期后水分含量逐渐下降,而茎的伸长速度则以盛花期前后最快,氮素的积累最高,所以理论上产草量最高时期为盛花期稍后。但此时匍匐性强的绿肥作物下部叶片脱落严重,产量反而有所下降。因此,一般豆科绿肥植物宜在初花期至盛花结荚前期进行翻压。而禾本科则宜在抽穗初期翻压。此时产草量较高,且植株柔嫩多汁,施用后分解较快,可发挥良好的肥效。此外还要考虑作物的播期和需肥时间来确定翻压时间。如用作基肥,翻压期与后作的播种期或栽培期之间有一段间隔,以免绿肥分解过程中产生的有机酸等中间有害物质影响种子发芽和幼苗生长。一般水田翻压绿肥,要在栽秧前10天进行。双季稻三熟制地区,茬口衔接紧,而此时多数冬季绿肥在春暖以后才迅速生长。为了解决早翻影响绿肥产量的矛盾,可采用边耕边插秧的办法,这时应注意:①绿肥要切碎并稍晒凋萎;②精耕细耙,翻埋后灌水细耙,使土肥充分混合,以免秧苗与绿肥直接接触而发生"坐苗"现象;③绿肥用量以每公顷15 000kg左右;④配合适量氮肥作面肥,酸性较强的土壤,应加施少量石灰,以减少有机酸的危害。

棉田、玉米田翻压绿肥早播也有影响鲜草产量的矛盾,可采用营养钵育苗和提高翻埋质量等办法来解决。夏、秋绿肥翻压期,应选择水分充足时翻压。北方干旱地区又无灌溉条件的,应在雨季来临前抢墒翻压。一般在小麦播前40天翻压为宜。据黑龙江农业科学院土壤肥料研究所(1981)报道,草木犀不同翻压期绿肥的数量和质量有明显的差异,而且培肥土壤效果也各异(表14-8)。

表14-8　不同翻压期草木犀对土壤化学特性的影响

处理	有机质 (g/kg)	全氮 (g/kg)	全磷 (g/kg)	全钾 (g/kg)	碱解氮 (mg/100g 土)	速效磷 (mg/100g 土)	速效钾 (mg/100g 土)	pH值	腐殖酸 (g/kg)	代换量 (mmol/100g 土)
对照	23.5	0.87	0.97	27.19	13.66	3.50	15.00	6.7	14.2	27.43
8月25日	24.7	1.45	0.98	27.19	13.99	3.50	20.00	6.5	14.8	27.84
9月5日	25.2	1.40	0.99	27.19	14.48	4.10	20.30	6.4	13.5	26.21
9月15日	25.5	1.38	0.99	27.50	15.95	3.80	20.70	6.5	14.8	27.43

(2) 翻压深度　绿肥的翻压深度应根据土壤、气候、绿肥的品种及生育期等因素来考虑。旱田要翻压适中,翻压过深供氧不足,减慢绿肥腐解速度,肥效不能及时发挥,如翻深超过耕层,使生土翻转于地面,还会导致作物减产。对水稻田压施绿肥,早稻田土温低宜稍浅耕翻,使绿肥腐解快,及时发挥肥效,而晚稻田和稻、麦两熟田则宜结合深耕,深埋绿肥以延长肥效。同时,气候干燥,田

土少墒宜深翻，相反，雨水多的季节宜浅翻；植株较嫩可稍深，植株比较老熟可浅埋。总之，翻压深度要有利微生物大量繁殖，因为绿肥的分解腐烂主要依靠微生物的活动来完成。耕翻深度一般以 12~18cm 为宜。

(3) 翻压量 绿肥的翻压量与有效养分的供应量和土壤有机质的保持量呈正相关。翻压量较低的矿化较快，土壤有机质的净矿化度也增加。一般在一定范围内随着绿肥翻压量的增加其作物产量和培肥地力的效果也逐渐提高。据南京土壤研究所在红壤地区对 3 种紫云英鲜草用量（每公顷分别为 11 250kg、22 500kg、33 750kg）观察，无论糨田或垄田均以每公顷施 22 500kg 处理的氮素在水稻中的回收率最高，可达 42% 左右。各地经验认为，以每公顷施用鲜草 $1.5 \times 10^4 \sim 2.3 \times 10^4$ kg 较为适宜。在这个基础上再配合其他肥料以满足作物对养分的需要。

(4) 配施磷肥 豆科绿肥是一种高氮低缺磷的绿肥作物。豆科绿肥施入土壤中，给土壤增加了大量的氮源，同时也打破了土壤养分的平衡。往往因施入大量豆科绿肥而导致减产。因此在翻压过程中，配施磷肥，可以调节土壤中 N/P 比值，协调土壤氮、磷供应，从而充分发挥绿肥的肥效，提高后茬作物产量。陕西省农业科学院土壤肥料研究所综合几年的实践结果指出，绿肥（柽麻）配合施用磷肥的增产效果十分显著，尤其在缺磷的低产土壤上。黑龙江省牡丹江农场管理局农业科学研究所在浆土上试验结果表明，翻压草木犀鲜草或根茬，配施磷肥的玉米产量明显高于不配施磷肥的处理（表 14-9）。

表 14-9 绿肥配施磷肥对玉米产量的影响

处理	土壤 N/P	紫苗率 (%)	籽粒含水率 (%)	产量 (kg/hm²)
草木犀鲜草施三料磷肥	3.5	21.5	35.7	3 210
草木犀鲜草不施磷肥	19.5	28.2	42.8	2 640
草木犀根茬施三料磷肥	5.4	24.4	40.4	2 925
草木犀根茬不施磷肥	61.6	47.4	48.0	2 273

(5) 绿肥翻压容易出现的毒害现象 在水稻田中，绿肥直接翻压，有时水稻会出现一系列中毒现象。如"发僵"、叶黄、根黑、生长停滞、返青慢，甚至烂秧死苗。这主要是由于绿肥直接翻压后，在淹水条件下，绿肥分解时消耗土壤中的氧，使土壤氧化还原电位迅速降低，产生硫化氢、有机酸等有毒物质，在排水不良的酸性土壤中还会有 Fe^{2+} 的积累。对于 C/N 窄的绿肥，在分解前期释放出大量的氨，使局部土壤 pH 值提高到 8 以上，还会有亚硝酸的积累。这些物质累积到一定的浓度都会对作物产生危害，影响根系有氧呼吸作用和养分吸收，致使水稻出现萎缩现象。为了防止上述毒害现象的发生，一是要控制绿肥的翻压量，在翻压前先刈割一部分鲜草制成草塘泥，作为晚稻肥料。二要提高翻耕质量，保证翻压绿肥与插秧期间有足够的腐解时间。若发生中毒现象，要立即烤田，施用适量石膏（每公顷约 22.5~37.5kg）或过磷酸钙（每公顷约 75~112.5kg）。

(6) 绿肥翻压后的腐解与矿化速度　绿肥只有通过腐解矿化才能发挥肥效。翻压绿肥后，土壤中微生物大量繁殖，土壤酶的活性增强。据江苏沿海地区农业科学研究所报道，不同绿肥翻压 1 个月后，绿肥区各类微生物总数比对照增加 35.2%~190.2%，土壤呼吸强度和脲酶的活性也明显增强。以后随着易分解成分的迅速分解，土壤中的微生物活动逐渐减弱。南京土壤研究所研究表明，在田间条件下，当气温在 25~35℃ 范围内时，最初 3 个月内紫云英、水葫芦和绿萍的分解量分别为 71%、68% 和 44%；而 1 年内的分解量分别只达到 77%、76% 和 50%。可见，在环境条件适宜时，翻埋后的绿肥分解速率一般在最初 3 个月内，以后逐渐变慢。

14.2.2.2　沤制

绿肥的沤制就是将绿肥掺和到秸秆、圈肥、杂草、肥泥和其他废弃物中，利用微生物的发酵作用制作的肥料。我国南方水稻产区，稻田冬季绿肥是制作草塘泥的主要原料之一。草塘泥中加入绿肥的数量，一般为原材料（包括泥土）总重量的 10%~15%，稻草为 2%~4%，猪厩肥为 20% 左右，其余为河泥。沤制后的绿肥肥效较好，还能避免绿肥直接翻压引起的危害。

14.2.2.3　割青饲用

利用荒坡隙地种植的绿肥，须割青后利用。割青后可用青草或干草直接肥田或制堆肥、草塘泥等，也可先作饲料，然后利用家畜、家禽和鱼的排泄物作肥料。绿肥牧草可用作青饲料、青贮料或调制成干草、干草粉，其品质与刈割时期、刈割高度有关。掌握适当的刈割时期是保持和提高草地单位面积产量和干草品质的重要因素。牧草的适宜收割期应当在开花期为最好。

14.2.3　豆科绿肥与生物固氮

豆科绿肥作物在根瘤菌的作用下能将氮还原成氨，这个生物学过程称为生物固氮作用。这种固氮机制使得其在栽培中可少施或不施氮肥，即可满足需要，并可在土壤中积累大量氮素。应用红萍与固氮蓝藻共生固氮提高水稻产量在我国和东南亚一些国家有悠久的历史。接种根瘤菌提高豆科作物产量现已在全世界范围内应用。因此，有效地开发和利用固氮资源具有十分重要的现实意义。

14.2.3.1　根瘤菌与豆科绿肥

根瘤菌几乎只与豆科植物形成共生固氮体系，而且具有种间专一性，一般宜在同族内互接（表 14-10）。迄今为止，能与根瘤菌形成共生固氮体系的非豆科植物只有原产东南亚的一种榆科灌木 *Parasponia*。还未发现其他植物可与根瘤菌共生。当根瘤菌受专一性宿主的根分泌物吸引而趋近、并感染侵入宿主的根毛后，在根上长出瘿状根瘤。根瘤菌在根内繁殖一段时间，然后转为静止状态的类菌体，不再继续繁殖，但继续固氮。从类菌体输出的固氮产物是氨。氨在植物体

表 14-10 几种豆科植物根瘤菌的互接种族

根瘤菌名称	共生植物
苜蓿根瘤菌 Rhizobium meliloti	苜蓿属 Medicago 和草木犀属 Melilalus
三叶草根瘤菌 Rhizobium trifolii	三叶草属 Trifolium
豌豆根瘤菌 Rhizobium leguminosarum	豌豆属 Pisum、蚕豆属 Vicia、山黧豆属 Lathyrus、刀豆属 Lens 和鹰嘴豆属 Cicer 等
菜豆根瘤菌 Rhizoubium phaseoli	菜豆属 Phaseolus 中部分种，如菜豆 P. vulgaris、饭豆 P. calcalatus 等
羽扇豆根瘤菌 Rhizobium lupini	羽扇豆属 Lupinus 和鸟足豆属 Ornithopus
大豆根瘤菌 Rhizobium japanicum	大豆属 Glycine
豇豆根瘤菌 Rhizobium vigna	豇豆属 Vigna、花生属 Arachis、胡枝子属 Lespedeza 和猪屎豆属 Crotalaria
紫云英根瘤菌 Rhizobium astragali	紫云英属 Astralus

内很快转化成酰胺或酰脲。如在热带豆科作物，先转化成尿囊素或尿囊酸，最后转化成为氨基酸和蛋白质。

当前在生物固氮研究中的重大突破是已经能将固氮基因插入到非豆科植物例如谷物中以及大肠杆菌中。可以预测，将固氮酶系统的 DNA 转移到高等植物中虽然会遇到更复杂的问题，但随着基因工程知识的增长，最终将会得到解决。

14.2.3.2 环境因素对豆科绿肥结瘤固氮的影响

（1）水分　豆科绿肥在生长期间，土壤水分过多或过少都会影响根瘤菌的结瘤固氮。失水如果超过根瘤鲜重的 20%，就会造成根瘤构造的永久性损伤——根瘤脱落。渍水会引起土壤缺氧，并产生乙烯，很低浓度的乙烯就会限制结瘤。

（2）温度　不同豆科绿肥对温度的敏感性不同。温带的豆科绿肥，在低于 7℃时，还能够结瘤，但热带的豆科绿肥，在温度 20℃左右就已严重地影响到结瘤。同时，高温会使侧根和根毛数减少，影响感染和结瘤。例如：在 30℃ 下，水培的豌豆只生成很少的根毛，形成异常小的根瘤。一般温带豆科绿肥最适结瘤温度为 20～22℃，热带豆科绿肥则要 30℃左右。

（3）光与二氧化碳　长日照或短日照豆科绿肥在其适宜的日照长短下发育最好。如大豆，在日照 16h 下形成粉红色大根瘤；而在日照 8h 下形成的根瘤则很小，甚至完全不长根瘤。调节植物的光合作用，可显著地影响根瘤固氮。Hardy 和 Havelka（1975）曾观察到，当 CO_2 的浓度从 0.03% 增加到 0.12% 时，田间大豆的固氮量增加 4～5 倍。这是由于生成了更多的根瘤，提高了固氮效率，延长了活跃固氮期。因此，在农业生产中，适当提高植物周围小气候的 CO_2 浓度，可增强豆科绿肥的光合作用，提高其固氮能力。

（4）土壤 pH 值　不利的土壤 pH 值影响豆科植物与根瘤菌间的共生，影响根瘤菌的存活，抑制感染；也可通过影响土壤中矿物元素的作用（包括营养元素和有毒元素），间接地影响共生固氮系统。一般土壤 pH 值为中性或弱碱性为宜。通常来自热带的豆科植物比来自温带的能较好地在低 pH 值下结瘤。在 pH 值 4.5 以下，许多品种不结瘤。在低 pH 值下，土壤中铝和锰的毒性比酸度本身影响更大。

（5）矿物营养　磷对根瘤形成和固氮有重要意义。磷可刺激根瘤菌繁殖，促进根瘤菌的鞭毛运动，使根瘤菌较易侵入根毛内部。钙也能促进根瘤菌繁殖，酸性土壤中适当施用石灰可以促进结瘤固氮。硼对根瘤中某些组织发育及钙和碳水化合物运输有促进作用。固氮过程还需少量钼，缺钼虽能形成根瘤，但不能或很少固氮。此外，钼、铁、钴等元素对根瘤分布、根瘤中氨基酸的积累、固氮活性等也都有影响。播种豆科绿肥时，应注意施肥，要尽量满足结瘤固氮中对各种矿质元素的需要，从而达到提高产量的目的。

（6）氮素营养　豆科绿肥在幼苗阶段，由于根瘤菌尚未发育完全，固氮作用不能满足植物生长需要。在农业生产中应适当施用氮肥，以促进结瘤固氮。

14.3　绿肥的栽培利用

14.3.1　豆科绿肥的栽培与利用

豆科绿肥是绿肥作物的主体，品种多、栽培面积大。它不仅是优良的肥料，而且还是优质青饲料。尤其是豆科绿肥作物能够进行生物固氮，可为农作物提供丰富而价廉的氮素营养，这对提高作物产量、促进农业发展起着重要的作用。

豆科绿肥作物常见的栽培品种有紫云英、苕子、箭舌豌豆、草木犀、金花菜、紫花苜蓿、绛三叶等。下面分别介绍它们的栽培特点及利用。

14.3.1.1　紫云英 Astragalus sinicus

紫云英（图14-1）又称红花草、江西苕、小苕，原产我国，属 1 年生或越年生豆科植物。它是我国稻田主要的冬季绿肥作物，种植面积占全国绿肥面积的 70% 以上，在长江以南各省广泛种植，近年来，有北移之趋势，在旱地也有种植。

紫云英主根粗大，根系呈圆锥形，侧根发达，根瘤较多。植株高 60～100cm，种子肾形，有光泽，黄绿色，千粒重3.2～3.6g。

紫云英喜温暖，种子发芽的适宜温度为 15～25℃，低于5℃或高于30℃时发芽困难。春天月平均温度在 10～15℃时生长很快，开始结荚的适宜温度为 15～20℃。紫云英喜湿润，适宜在田间持水量75%左右的土壤中生长。喜肥性强，耐旱、耐瘠、耐涝力较差，在保水能力差的砂质土壤或黏重土壤、渍水的田块和干旱的土壤中均生长不良。紫云英适宜的土壤pH值在5.5~7.5之间，pH值低于5的土壤需施用石灰，才能正常生长。紫云英耐盐力差，土壤含盐量超过0.2%时，不能生长。

紫云英多与水稻轮作，但连年轮作则产量下降。连种几年紫云英后应和小麦、大麦或油菜轮换种植，使土壤有机质能较好地分解。其栽培要点如下：

(1) 种子处理

①选用新鲜种子 选用当年收获、饱满的、保存良好的优良种子。当年收获的种子发芽率高达90%；随着贮存年限增加，种子的发芽率下降。

②晒种 其目的是晒死杂菌，增强酶活性，提高种子发芽率。

③擦种 紫云英种子硬实率高（主要因种皮不透性、外表皮的角质层厚、有蜡质、不易吸水），播前将种子和细砂按2

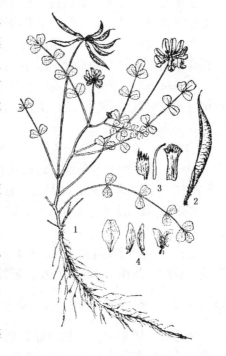

图14-1 紫云英
1. 植株 2. 荚果 3. 雌蕊 4. 花冠部分
（资料来源：苏加楷等，优良牧草栽培技术）

∶1的比例拌匀，放在石臼中捣种10~15min，或用碾米机碾两次，以种子有臭青味或种皮"起毛"而不破裂为度，以提高种子发芽率。

④盐水选种 用密度$1.03×10^3$~$1.09×10^3 kg/m^3$的盐水（100kg水中加食盐2.5~5kg）选种，以去杂去劣去秕籽或清除菌核。

⑤浸种 用30%~40%腐熟人尿或0.05%~0.2%钼酸铵、硼酸溶液浸种10~12h，浸后稍晾干，拌根瘤菌后播种。

⑥接种根瘤菌 未种过紫云英的地方，播前可将菌剂加水或米汤调成糊状，立即与种子拌匀，拌后立即播种，不宜久存。

(2) 播种 适时早播是获得高产的关键措施之一。苏南地区，与单季或双季晚稻套种的多在9月下旬播种，与中稻或棉田套种的在9月上、中旬播种；华南地区与晚稻套种的多在10月上、中旬播种。紫云英产量高低与冬前基本苗和茎枝数有关。为确保高产，冬前苗期每公顷实苗数不少于$375×10^4$~$600×10^4$株。每公顷播种量22.5~37.5kg。

(3) 田间管理

①开沟排水 一般要求开好主沟、围沟和厢沟，并根据田块的大小、排水的难易，分别开十字沟、井字沟和田字沟。以做到沟沟相通，旱能灌、涝能排，为紫云英生长创造良好的土壤条件。

②施肥　紫云英在苗期和蕾期对土壤氮素反应比磷素敏感。当土壤瘠薄，幼苗生长很差时，可在越冬前和早春增施少量氮肥，促进其营养生长。在缺磷的低产田，增施磷肥能收到"以磷增氮"的效果。一般每公顷施过磷酸钙225kg左右或钙镁磷肥390~625kg作基肥，作追肥以早施、集中施效果最佳。

③病虫害的防治　紫云英的主要害虫有蚜虫、蓟马、潜叶蝇，病害有白粉病和菌核病等。可用乐果、敌百虫、多菌灵和石硫合剂等药剂防治。

（4）收获利用

①留种　留种田应集中连片，选地势较高，较阴凉，排灌方便，土质疏松，肥力中等，杂草少，不是重茬的田块作留种田。播种量应减少（约为绿肥田的2/3左右），以利多分枝、多结荚；注意增施磷、钾肥，控制氮肥用量；花荚期间要特别注意防治蚜虫和蓟马的危害。当种荚有80%左右变黑时，趁露水未干时采收。

②饲用　紫云英鲜嫩多汁，适口性好，粗蛋白含量丰富，营养价值很高。作青饲、青贮、制作干草或干草粉，最好在初花期至盛花期收割。

14.3.1.2　金花菜 *Medicago hispida*

金花菜（图14-2）又称黄花苜蓿、黄花草子、草头等。原产地是印度，我国华东等地区有野生。以江苏、浙江的沿江、沿海地区栽培最多，四川、湖北、湖南、江西、福建等省也有栽培。

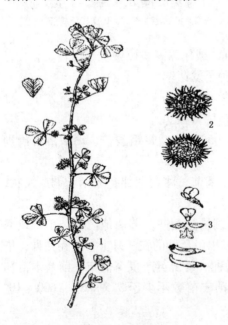

图14-2　金花菜
1. 植株的一分枝　2. 荚果（上正面，下背面）　3. 花及其他部分
（资料来源：苏加楷等，优良牧草栽培技术）

金花菜属豆科苜蓿属一年生或越年生草本植物。主根细小，侧根发达，密集于表土层。茎丛生向上或倾卧，长30~100cm，种子肾形，黄褐色，千粒重2.4~3.0g。

金花菜喜温暖湿润的气候。种子发芽适温为20℃左右，秋季播种，4~6天出苗，如带荚播种，则需要7~10天才能齐苗。早播、秋播时，分枝多，且匍匐地面生长，在密植或有支架作物混播时，茎叶向上生长，当气温下降到5℃时，茎叶停止生长，根部能继续生长。幼苗在绝对低温达到-10℃以下时，就易冻死，在-3~-5℃时，地上部虽有冻害，但翌年春季地上部仍可重新生长。

金花菜对土壤要求不严，pH5.5~8.5为宜，能耐可溶性氯盐0.2%以下的盐碱土，也能耐一定酸性。金花菜在南方的水田、旱地可做冬绿肥，在北方的灌溉地也可春播作为春绿肥。其栽培要点如下：

（1）种子处理

①晒种 在播种前，选择晴天，把果荚摊在泥场地上，进行曝晒，不宜放在水泥场地上。中午以后用芦席或帘子盖好，夜间揭开，连续2~3天即可。

②擦种 晒过的种子在播种前首先浸湿，再用草木灰搓揉使荚刺软化，种荚分散。或者将晒过的果荚按5kg果荚加水7.5kg，放在石臼里捣100下左右，边翻边轻捣，使荚刺变软，擦破荚壳和种皮，则易吸水。随后再拌上河泥或草灰、磷肥或骨粉等。另外也可将果荚摊放场上，用石碾来回压10多回，再用少量河泥拌种，用草灰搓揉，即可播种。

（2）播种 金花菜适时早播，冬前植株生长健壮，分枝多，根系发育好，抗寒力强，有利越冬，翌年早发，产草量高。但不能过早播种，在棉田，稻田套种，荫蔽时间长，苗弱易死，而且冬前生长过旺，也易冻害。在湖北省武昌地区，自9月中旬至10月中旬播种鲜草产量变化不大，南京地区以9月中旬播种鲜草产量最高，在我国北方可以春播。

在江苏省通常每公顷播90~113kg果荚，高产田为113~150kg果荚。与麦子或其他绿肥间、混种时，则要减少播量，一般每公顷要75kg左右。在冬季气温较高的地方，没有冻害，冬季常分枝，播量要相应减少。浙江南部一般播45~60kg/hm^{2}的果荚，就可获得高产。金花菜播种后覆土不能太厚，一般不超过2cm，而且要使种荚与土壤紧密接触，以利吸水，同时要做到果荚分散而不重叠。

金花菜与苕子、蚕豆、石芥、大麦等一种或几种搭配进行混播，能显著提高绿肥抗寒、抗旱及耐盐碱的能力，增加产量。

（3）田间管理

①抗旱和排水 金花菜要求土壤维持饱和水量的50%~70%，过干过湿都不好。幼苗极不耐干旱，受旱易死苗，也不耐积水，南方雨水较多，在稻田种植更要注意排水。棉田及旱地在田的四周开深沟外，在畦的垂直方向开腰沟，以降低地下水位，尤其是黏重的土壤和地下水位高的地区，要做到沟沟相通，田间不积水。

②施用肥料 金花菜不耐瘠，需肥量大，增施磷、钾肥和必要的氮肥，增产效果显著。

（4）收获利用

①翻压利用 金花菜鲜草一般含水分860g/kg，氮5g/kg，磷（P_2O_5）1.3g/kg、钾（K_2O）3.5g/kg左右。翻压时间不同养分含量也不一致。绿肥用量以15 000kg/hm^{2}左右为宜。

②饲用 金花菜可以鲜喂、晒制干草粉或制作青贮。青饲应在蕾期至初花期收割，晒制干草和青贮可在盛花期进行，一般每公顷产鲜草2.25×10^4~3.75×10^{4}kg。

③留种 金花菜的产种量，在与大麦或蚕豆的间种田，一般每公顷收900~1 125kg，单作田1 500~2 250kg。金花菜的果荚易脱落，当有60%~70%的果荚呈黑色和黄褐色时，就应收获。金花菜为自花授粉植物，留种田可在收获前先进

行去杂或片选，拔掉不良的植株，最好能进行荚选，选择果荚盘数较多、荚盘大、种子饱满的进行留种。

14.3.1.3　苕子 Vicia

苕子系巢菜属多种苕子的总称，属1年生或越年生豆科草本植物，其栽培面积仅次于紫云英和草木樨。我国栽培最多的品种有：蓝花苕子种（图14-3），如四川油苕、花苕，湖北嘉鱼苕子，江西九江苕子等，在四川、湖北、浙江及华南等地栽培较为广泛；紫花苕子种适应性广，除不耐湿外，其他抗逆性都强，属这一种的主要有光叶紫花苕（简称光苕）和毛叶紫花苕，前者适合于长江中下游地区和西南各省种植，而后者在西北、华北、东北等地区栽培较多。

光叶紫花苕子主根大，入土深达1~2m，侧根极为发达。株高2~2.5m，种子圆形暗黑色，千粒重15~30g。光叶紫花苕子发芽最适温度为20℃左右，耐寒性较毛叶紫花苕子稍差。它属于冬性类型，需经过0~5℃的低温20天以上，才能度过春化阶段。目前选育出的早熟光叶紫花苕子，春性强，对低温的要求不严格，具有早发、早熟、高产的特性。

光叶紫花苕子除耐湿性比紫云英差外。耐寒、耐瘠、耐盐、耐酸和耐旱的能力均比紫云英、黄花苜蓿强。在pH值5~8，含盐量在0.15%的土壤上均能正常生长。

苕子的栽培技术与紫云英相似，主要有以下几点：

（1）播种　因苕子的生育期比紫云英长，在同一地区，应比紫云英早播10~15天。在四川以8月下旬到9月下旬是最佳播种时期。稻田套种采用撒播，收鲜草的每公顷播种45~75kg，留种田则播种22.5~37.5kg。旱地以开沟条播为好，收鲜草的行距为25cm，收种的行距70~80cm，播后覆土约3cm。

（2）田间管理

①施肥　用磷肥作基肥或种肥，在多数土壤上均有明显的增产效果。当幼苗生长差时，早春追施少量速效性氮肥，能促进早生快长，越冬期间，对土壤肥力差，迟播、苗势弱的苕子田增施堆肥、泥杂肥、草木灰，有利于幼苗安全越冬和春后盛长。

②开沟排水　苕子比紫云英更忌渍水，要求田间持水量在65%~75%为好。稻田套种苕子更要开好"三沟"；旱地要有排灌沟，做到遇旱能灌，遇涝能排，特别是在现蕾至结荚期更要注意防渍防旱。

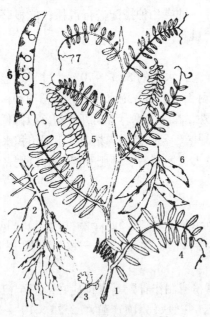

图14-3　蓝花苕子
1. 开花结荚枝条　2. 根　3. 根瘤　4. 叶
5. 花序　6. 荚　7. 卷须
（资料来源：焦杉，中国绿肥）

(3) 收获利用

①翻压利用 苕子鲜草含干物质达 150～180g/kg，氮（N）5.0g/kg，磷（P_2O_5）0.7～1.6g/kg，钾（K_2O）2.0～6.0g/kg。在不同生育期其养分含量不同，一般以蕾期最高，翻压效果好。

②留种 苕子留种困难，产量低而不稳，繁殖系数小，在长江以南和川东地区尤为突出。留种田应早播、稀播，使其有效分枝多，春暖后早生快长，减少落花荚。苕子是无限花序，又易裂荚落粒，宜在全株种荚有五成枯黄带褐色，三成淡黄，两成带青色时，趁露水未干时收割，随收随运。脱粒晒干贮于干燥处。

③饲用 因品种与收割期不同，苕子的营养价值变化较大。如毛叶苕子早熟种纤维含量高于晚熟种，粗蛋白含量则相反。苕子一般割下中上部茎枝经晒干粉碎后可长期喂猪。

14.3.1.4 草木犀 *Melilotus*

草木犀又名野苜蓿、马苜蓿。我国华北、东北、西北地区广泛种植，近年来，已逐渐南移。据西南农业大学农化教研室的研究表明，在重庆地区鲜草产量 19 500～37 500kg/hm²，种子产量 300～600kg/hm²。抗逆性强，适应性广，是一种高产优质，具有多种用途的豆科绿肥作物。白花草木犀和黄花草木犀见图 14-4、图 14-5。

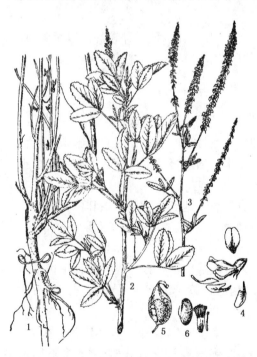

图 14-4 白花草木犀
1. 根和植株基部分枝情况 2. 营养枝 3. 生殖枝
　　4. 花及其各部分 5. 荚果 6. 种子
（资料来源：苏加楷等，优良牧草栽培技术）

图 14-5 黄花草木犀
1. 营养枝的一部分 2. 生殖枝的一部分
　　3. 花及其各部分 4. 荚果
（资料来源：苏加楷等，优良牧草栽培技术）

草木犀属豆科草本植物，有1年生或2年生以及黄花和白花草木犀之分。主根肥大，侧根茂密，入土2m以上。株高1.5m以上，分枝多，再生力强，刈割后，易再生分枝。种子略扁平，黄褐色，硬籽率占10%~60%，不加处理不易发芽，千粒重2~2.5g。

草木犀喜温暖、湿润气候，抗逆性强，适于南、北方种植。耐瘠薄，除重盐碱地和酸性土壤不适宜种植外，在其他低产瘠薄的土壤上均能生长，尤其在pH7.5~8.5的石灰性黏质土壤上生长最好；耐旱性强，在年降水量>300mm的地区均能正常生长；耐寒性强，当土温稳定在5~7℃，土壤水分10%~12%时种子开始萌芽。出苗后生长很慢，分枝后生长加快。幼苗在第一片真叶时能耐 -4℃的短时低温，生长健壮的植株和根部着生的越冬芽能耐 -30℃的严寒。耐盐碱性强，其耐盐性仅次于田菁、柽麻，较一般大田作物高两倍，土壤含盐量在0.3%以下能正常生长，所以种植后，能改良盐碱土。此外，草木犀具有一定的耐荫性，可与其他作物间、套作，但共生期不宜超过60~70天，否则影响主作物的产量。主要栽培要点如下：

（1）播前准备 草木犀种子小，幼苗生活力和顶土能力弱，整地要求平细，否则播种后盖土不严或陷种过深，难以出苗。草木犀种子硬实率高达40%~60%，尤其是新收种子与干旱年份收的种子硬实率更高，播前应擦种，掌握果皮脱落、种皮发毛，种子不破裂为度。

（2）播种 草木犀一年四季均可播种，一般以春、秋播种较好，以早为宜。播种量压青用每公顷22.5~37.5kg，留种田7.5~15kg。可撒播、条播、穴播，以条播为好，覆土宜薄些。

（3）田间管理

①开沟排水 草木犀忌湿，尤其根系膨大后，应及时开沟排水。

②施肥 草木犀对磷肥反应敏感，利用难溶性磷能力强，因此增施磷肥能促进生长和增强固氮能力，特别在缺磷的土壤上，增产显著。此外，增施钾肥、硼肥、钼肥和接种根瘤菌，增产效果更明显。

③防治病虫害 危害草木犀的病虫害有蚜虫、地老虎、象鼻虫和白粉病、锈病等。除用药剂防治外，应注意轮换地段种植。

（4）收获利用

①留种 草木犀为无限花序，花期长，种子成熟不一致，成熟的种子极易脱落，故应在植株中、下部荚果有2/3变黄褐时，趁早晨露水干前收割，随后晒干、脱粒、贮藏。

②翻压利用 草木犀鲜草一般含氮（N）5.2~7.0g/kg，磷（P_2O_5）0.4~7.3g/kg，钾（K_2O）1.9~6.0g/kg。可以直接压青，也可收割后异地施用或沤肥。

③饲用 草木犀的利用主要是青饲和调制青干草，也可制作青贮饲料。调制干草的品质不及紫花苜蓿，第一年草嫩，质地尚优，第二年茎粗，叶片易落，调制的干草质量差。草木犀因含香豆素，初喂时家畜不喜吃，可与谷草、紫花苜蓿

14.3.1.5 绛三叶 *Trifolium incarnatun*

绛三叶（图 14-6）又称绛车轴草、地中海三叶草、深红三叶草、意大利车轴草、紫车轴草、猩红苜蓿。原产欧洲南部，我国于 20 世纪 70 年代引进，华北、东北及湖南有栽培，适于在长江流域中下游地区种植。

绛三叶属 1 年生或越年生草本植物。主根上着生许多纤维根，入土浅，侧根发达；茎直立，高 30~100cm。种子为椭圆形至倒卵形，黄色或黄棕色，种子千粒重 3.5g 左右。

绛三叶喜温暖湿润，既不抗寒，也不抗热，更不抗干旱。适宜于气温不太低，而降雨量多的温带，或亚热带的高山区种植。耐湿性不如紫云英；对土壤要求不严，能在多种类型土壤生长，但不耐盐碱也不耐贫瘠，在强酸性和强碱性土壤上，土壤 pH 值低于 5.6 或高于 8 都生长不良，在低湿瘠薄的土壤上亦生长较差。在排水良好的肥沃土壤上生长良好。发芽最适宜温度 20~25℃，超过 30℃ 或低于 10℃ 时发芽率均显著降低；在适宜的土壤湿度下，幼苗生长迅速，长成后形成密集、多叶的草丛。绛三叶栽培要点：

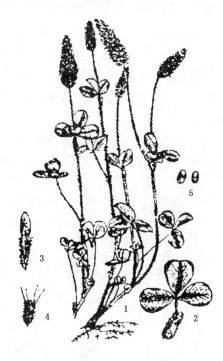

图 14-6　绛三叶
1. 植株　2. 叶　3. 花　4. 荚果　5. 种子
（资料来源：王跃东，三叶草）

（1）播种　播种时间根据利用目的不同而异，但宜于 8~9 月播种。春播，3~5 月为宜。在耕翻好的土地上，采用条播，行距 60cm；人工草地混播时，用撒播为宜；单播时，播种量为每公顷 12~18kg；混播时，每公顷 78.75~101.25kg。绛三叶发芽快，出苗要求土壤有足够的水分。

（2）田间管理　在大多数土壤上，必须在播种前施入磷、钾肥。在硝化作用强烈的永久性禾本科生草地上种植，特别是在收割干草后，必须注意土壤 pH 值和钾的水平。如果收获种子，还需施用硼。

（3）收获利用
①留种　绛三叶种子结得多，应适时收获。种子成熟时易脱落，须在清晨露水未干前收获。种子产量较高，一般达 750~1 005kg/hm²。在授粉良好的情况下，绛三叶种子产量可达 1 005~1 200kg/hm²。但因收获时的损失，种子产量平均降低到 240kg/hm²。

②饲用　绛三叶是较优良的牧草和绿肥作物，鲜草蛋白质含量稍低，而干草含量较丰富，粗纤维较低。惟其茎叶有毛，鲜草家畜不喜食，干草则喜食。

③作肥料用　绛三叶在核桃园和其他果园是一种极好的绿肥。可落籽自生，不经翻耕，其氮素就可被果树利用。资料表明，绛三叶利用在农林业和两作制及免耕农业系统中是理想的。

14.3.1.6　紫花苜蓿 *Medicago sativa*

紫花苜蓿（图14-7）又称紫苜蓿，我国栽培至今已有2 000多年的历史，现在以西北各省栽培最多，华北次之，淮河流域也有栽培，长江以南分布很少。

苜蓿属多年生宿根性草本，一般可生长5~7年，长者可达20年以上，株形直立丛生。根系发达，入土较深，根茎较粗，由根茎处丛生茎芽。种子肾状，千粒重2g左右。

苜蓿适宜温暖、干燥、多晴少雨的气候，降雨量以300~900mm为宜，超过1 000mm，植株易于死亡。喜干燥，最忌土壤渍水。种子在4~6℃即可发芽，适宜生长温度为15~20℃，幼苗能耐-5~-6℃低温，成年植株能在-30℃下越冬。在积雪覆盖下能耐雪面-44℃低温。以排水良好、土层深厚，富有钙质的壤土最为适宜。土壤的酸碱度以pH 5.6~8.5为宜，酸性土壤栽培要施石灰。有一定的耐盐性，土壤可溶盐在0.3%以下，可以生长。

苜蓿苗期生长缓慢，宜选择中耕作物作前作，以减轻杂草危害，也宜选择春作物或秋作物（如麦类，马铃薯、谷子、糜子、向日葵等），作为保护作物进行套作。其栽培要点：

（1）播种　苜蓿的播种期很长，除冬季外，春、夏、秋三季均可播种。江苏秋播以8月下旬至9月中旬为宜，春播以3月为宜。东北可在4~7月播种，西北4~8月播种。作牧草、绿肥利用，每公顷播种量15~22.5kg，留种地10.5~15kg。苜蓿种子细小，一般开沟宜浅，覆土宜薄。在沙土上播种可深3cm，黏土上播种，不宜超过2cm。

（2）田间管理和病虫害防治

①施肥　苜蓿对土壤养分的利用能力强，但由于苜蓿产草量高，每年刈割多次，消耗土壤钙、磷等矿质养

图14-7　紫花苜蓿
1. 生长第2年的植株　2、3、4. 花及其各部分
5. 荚果和种子
（资料来源：苏加楷等，优良牧草栽培技术）

分要比谷类作物多,所以施肥是提高产草量的重要措施,适于施用堆肥、厩肥和磷钾肥。酸性土壤栽培,必须施石灰,而在砂质土壤,宜施用钾肥。

②排水和灌溉　苜蓿地应当具备良好的排灌系统,做到旱能灌、涝能排。如无灌水条件必须耙地、松土保墒。在干旱、寒冷地方还需要灌冬水,利于抗寒越冬。

③中耕除草　苜蓿苗期和第一年,生长缓慢,田间杂草生长快,必须进行中耕锄草 2~3 次。

(3) 收获利用

①做绿肥用　紫花苜蓿鲜草含氮 5.0g/kg,磷(P_2O_5) 1.3g/kg,钾(K_2O) 3.5g/kg,如下茬为水稻可以直接耕翻水沤,作为水稻的基肥。割下的苜蓿也可在玉米、棉花等旱作物的根旁开沟埋下,用做追肥。

②饲用　紫花苜蓿的最好利用方式是作牲畜的饲料,再利用厩肥还田。紫花苜蓿有"牧草之王"之称,对草食家畜可作为主要饲料。幼嫩苜蓿也是猪、禽和幼畜最好的蛋白质补充饲料。尤其是苜蓿干草乃是最有价值的粗饲料。

③留种　以种子生产为目的的苜蓿留种田应选择地势较高,排水良好,适量施基肥和磷钾肥的地方。种子产量 35kg/hm² 左右。宽行条播能增加分枝,减少倒伏,通气透光,提高种子产量。

14.3.2　水生绿肥

水生绿肥有满江红(图 14-8)、细绿萍、水葫芦、水花生等。人工栽培的主要有满江红和细绿萍。

14.3.2.1　绿萍 *Azolla imbricata*

绿萍又称红萍或满江红萍,是热带、亚热带淡水水域中漂浮性水生植物。我国南方各省、自治区已普遍养殖。长江以北和黄河流域、东北各地也大量养殖。

绿萍是满江红科藻类植物。萍体细小,扁平,呈三角形,浮生于水面。根细长,密生根毛,悬垂于水中。生出新根时老根脱落。

绿萍为与蓝藻共生的植物,共生的固氮蓝藻,能将空气中的游离氮素固定下来,供给萍体需要,增加氮素积累。当固氮蓝藻生长旺盛时,其固氮能力也强。此时萍体浓

图 14-8　满江红

1. 单萍　2. 群体

(资料来源:南京农学院主编,饲料生产学)

绿，生长良好，其饲用价值也较高。

绿萍对温度要求较高。气温低于5℃停止生长，8~14℃开始生长，15~20℃显著生长，20~25℃最适合绿萍的生长繁殖，35℃以上生长显著减弱，40℃停止生长，48℃就会死亡。5℃以下至0℃能活20~30天，以后逐渐死亡。

湿度的大小，直接影响绿萍对水分的蒸发、营养代谢和抗逆性能的强弱。在正常的条件下，水深15~30cm，相对湿度80%~90%时，生长最为适宜。当相对湿度增至100%或降至60%时，均对绿萍生长不利。光照过强，颜色变红，生长受阻，反之，则颜色灰绿，生长也缓慢。日平均温度20~25℃以上时，固氮蓝藻的固氮能力增强，应施磷、钾肥为主。日平均温度在30~35℃时，虽适合固氮蓝藻的繁殖，但萍体生长不良，不能供给充足的碳源，引起共生失调，因此，应在施磷肥的基础上适施氮肥。

(1) 萍种繁殖

①萍田选择　选择背风向阳，水源便利，阳光充足，土地肥沃的地方作萍田用。也可选择较肥的水沟、水塘进行繁殖。

②整地　要精耕细耙，使田面平滑，然后分格下种。格宽2~2.5m，长5~10m，每两格间留一宽30cm的排水沟（也是工作行），每小格的两头设一灌排水口，水口处用干草或竹筏代闸，让水能自由通过，而萍体不能流失。

③放种苗　放种苗前，要进行田底灭虫。必要时每公顷施石灰375kg，清除杂藻。萍苗用量每公顷6 000~7 500kg。要求密放密养，不开天窗（不空水面）。放萍时，如有成团，相互重叠，可用竹帚轻拍萍体，使之均匀分布于水面。拍后每公顷施草木灰225kg，以促进生长。

④施肥　天气寒冷，需增施肥料，在磷、钾肥基础上，施用氮肥。每当分萍后，用1%过磷酸钙和1%尿素混合液喷施，每公顷施750kg。用过磷酸钙37.5kg，拌干灰粪375kg，薄施萍面亦可。

⑤排灌　萍母田经常保持水层8~12cm。如遇气温在15℃以下，又有阳光时，上午要排水晒萍，下午2时左右灌水增加温度。为保持水质新鲜，每隔6~7天换水1次。

⑥分萍　当萍面起皱褶时，可捞取移至水田养殖。分萍时要保持水深10cm，以便操作。

(2) 水面放养

①整地　整地要求，基本与萍母田相同。

②放量　冬萍每公顷放萍种7 500kg，春萍放4 500~6 000kg。春萍在水面放养期间，由于气温逐渐上升，生长速度较快，故比冬萍可少放一些。

③施肥　春萍由于气温逐渐上升，固氮蓝藻的固氮能力也随之加强，故以磷肥为主，磷、钾肥配合，少施氮肥。如果萍色变红或呈暗灰色时，要适施氮肥。每公顷尿素7.5kg，过磷酸钙15kg，溶水750kg，喷雾萍面，效果显著。

④采收　绿萍一般每公顷产鲜萍3.0×10^5~3.75×10^5kg。当萍面起皱褶时，即可采收。有些地区，在采收时全部收捞，重新整田放入萍种，此法虽较费工，

但产量较高。

(3) 越冬保苗　越冬保种是为了春繁。因地区气温不同,可以分为自然越冬和人工保温越冬两种。自然越冬除利用水温较高的泉水或工厂废水露地育萍外,在长江以南的地区和四川冬季气候暖和区,主要采用大田露天越冬。人工保温越冬在较寒冷地区采用,多采用塑料薄膜覆盖萍种或采用火炕温室、地窖温室等以保护萍体安全越冬。

(4) 越夏保种　从芒种前后到立秋前后为绿萍越夏阶段。夏季高温、高湿、光照强、暴风雨、虫害、热害、藻害等不良因素较多,对绿萍生长不利。为此,应认真管理,选好越夏场所,及时防治病虫害,消除苔藻的危害,以及采用日灌夜排或人工遮荫降温等措施,才能确保绿萍安全越夏,尤其是防治病虫害是否及时,已成为绿萍能否安全越夏的关键。

(5) 饲用　绿萍鲜嫩多汁,纤维含量少,味甜适口,是猪、鸡、鸭、鱼的好饲料。绿萍可不经打浆、切剁、煮熟等调制过程,随捞随喂。

14.3.2.2　细绿萍 *Azolla fliculoides*

细绿萍（图14-9）又称细满江红或蕨状满江红,与上述绿萍是同属异种。细绿萍原分布于美国、智利、玻利维亚、巴西等地,我国1977年自民主德国引进,现已在我国南、北方水稻田养殖和利用。

细绿萍与绿萍相比具有较强的抗寒性和较低的起繁温度,但耐热性较差。它在5℃时开始繁殖生长,10℃时繁殖率可高于绿萍3倍,短期在-8℃下未见冻害死亡。适宜温度为15~22℃。当温度升高到25℃,繁殖速度下降,30℃时生长很弱。细绿萍在温度偏低的情况下能保持较强的固氮能力。据测定,在18℃时其固氮率高于绿萍42%,在25℃时,细绿萍固氮酶活性比绿萍低25.5%。故细绿萍适于南方早稻田和北方水稻区放养利用。

细绿萍耐盐性也较绿萍强,据试验,细绿萍在盐分浓度为0.3%时也有较高的固氮性。土壤含盐量增至0.5%时,细绿萍除叶色转红外,生长速度未见明显变慢,而绿萍在这样的条件下已渐趋死亡。因此,在有淡水来源的条件下,细绿萍可作为改良滨海重盐土的先锋植物。

细绿萍的放养和利用的基本技术要点,与绿萍相似。但与绿萍相比,细绿萍具有较高的结孢率,大孢子果数比例大,

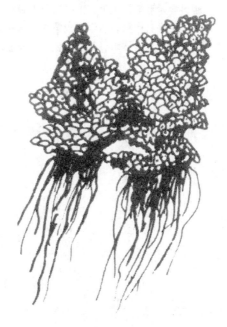

图14-9　细绿萍

（资料来源：毛知耘,肥料学）

孢子果育苗发芽整齐，小苗生长较快。

　　田间育苗时，播种期需根据育苗利用的目的以及当地自然条件而定，一般在 3~5 月和 8~9 月分别为春秋育苗期。选择土壤肥沃、排灌方便的田块，做成湿润苗床。播种前一天用呋喃丹灭虫。播后搭架覆盖，做好防雨、保温或控温、保湿等工作。当萍苗长有 20~30 片小叶后，可进行露地湿养，待幼苗着生 10 个芽以上时就可以起苗水养。自此，幼苗进入无性繁殖利用阶段。细绿萍幼苗对磷营养要求迫切，应少量多次施用磷肥。苗弱时，还可配施适量氮肥，促进其生长。

复习思考题

1. 什么是绿肥作物？绿肥作物在农业生产系统中发挥着怎样的作用？
2. 我国绿肥作物主要分为哪几类？
3. 为什么说豆科绿肥是绿肥生产的主体？
4. 如何提高绿肥作物的翻压肥效？

本章可供参考书目

中国绿肥. 焦彬主编. 农业出版社，1986

肥料学. 毛知耘主编. 中国农业出版社，1997

牧草及饲料作物栽培学. 内蒙古农牧学院主编. 农业出版社，1981

优良牧草栽培技术. 苏加楷主编. 农业出版社，1983

第4篇 施肥原理与技术

现代农业的单位面积产量和传统农业相比有大幅度的提高,这很大程度上取决于化肥的科学施用。科学施肥能提高作物产量、改善品质、培养地力和保护生态环境。但是,肥料施用不合理,会导致土壤、水体及大气的污染,降低农产品的产量和品质。科学施肥的中心问题是合理地确定肥料用量,这需要借助于肥料效应函数、土壤测试和植物诊断等手段,最终要建立在作物田间试验基础之上。只有明确作物的营养规律、土壤养分的供应动态、并结合科学的施肥技术,才能有效地促进农业的可持续发展。

第 15 章

科学施肥的基本理论

【本章提要】 矿质营养是影响植物生长发育和产量形成的重要因素，但土壤中的养分一般难以满足植物的需要，施肥是补充和调理植物营养的重要措施。科学施肥能提高植物产量，改善品质，培肥地力，保护生态环境。本章主要讲述植物营养特性与施肥原则，植物营养诊断，以及常用的施肥方法和技术。

15.1 植物营养特性与施肥原则

我们知道施肥是提高产量和改善品质的重要生产措施，但要作到科学合理施肥，还必须了解植物的营养特性，遵循一些基本的原则。

15.1.1 植物营养的一般性与特殊性

所有的植物要正常生长发育都需要 C、H、O、N、P、K、Ca、Mg、S、Fe、B、Mn、Cu、Zn、Mo、Cl 等 16 种必需营养元素，而且植物吸收养分都有阶段性和连续性，植物同时还从环境中吸收其他元素，有益元素促进植物生长，有害元素或元素过量则导致毒害。这些都是植物营养的共性，我们称为植物营养的一般性。

植物营养的特殊性也广泛存在。不同类型植物（甚至不同品种）所必需营养成分的数量和比例各不相同，即便是同种作物在不同生育期，也是有差别的。例如，块茎、根茎类作物如马铃薯、甘薯需较多的钾；豆科植物有根瘤，能利用分子态的氮（N_2），可以少施或不施氮肥，但磷、钾的需要量较多；麻、桑、茶、叶类蔬菜以产茎叶为主，氮素十分重要；油菜、甜菜需要硼较多，容易缺硼等。生育期长的作物一般比生育期短的作物需肥量大，但吸肥强度比生育期短的作物低。同一作物，其品种不同对养分的需要量也不同，常规稻的需肥量低于杂交稻，粳稻一般比籼稻耐肥；高产品种的需肥量往往比低产品种高。一些植物甚至需要特殊的养分，如水稻喜硅，豆科植物固氮时需要钴，盐生植物和 C_4 植物需要钠。重金属元素危害植物生长，但不同植物的毒害临界浓度范围各不相同，如十字花科植物较能忍耐镉，因而可利用该类植物的富集作用去除环境中的镉。

各种植物不仅对养分的需要量不同，而且吸收能力、利用效率也不一样。豆科植物利用难溶性磷肥的能力最强，其他双子叶植物次之，玉米和马铃薯再次之，小麦、大麦最差。据报道，不同品种的小麦、菜豆、玉米等对某些营养元素（如氮、磷等）的吸收能力、利用效率表现出较大差异，且这种差异属数量遗传。

不同形态的肥料对不同作物产生的肥效各异。水稻在营养生长期适合NH_4^+—N，效果比NO_3^-—N好；烟草则以NO_3^-—N较为适合，比NH_4^+—N有更好的品质。

15.1.2 植物营养的阶段性和连续性

作物生长发育过程中，要连续不断地从外界吸收养分，以满足生命活动的需要，这种现象谓之植物营养的连续性。在营养液中种植马铃薯，断断续续地供应氮素营养，结出许多串珠状的小马铃薯。分析供氮与结薯的关系时发现，供氮时就结薯，中止则长根，如此反复终于形成串珠状的薯块。由此可见养分连续供应对生长发育影响的重要性。一般而言，植物吸收养分的速率呈一条连续的S曲线，即前期、后期慢，中期快（图15-1）。作物积累养分总量呈连续上升的状态，不过一些植物后期有养分外渗现象。

虽然植物吸收养分具有连续性，但在不同生育阶段，对营养元素的种类、数量和比例等有不同的要求，表现出植物营养的阶段性。因此，肥料在不同时期施用，其效果不同；作物营养期的长短与施肥数量及次数有关；各生育期的营养特性与肥料分配及品种有关。

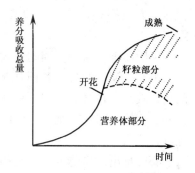

图15-1 植物生长发育期间养分吸收量及养分在营养体与籽粒中的分配

15.1.2.1 植物生长期与植物营养期

不同作物、同一作物的不同品种，生长期和营养期并不完全相同。植物生长期是从种子到种子成熟的整个时期，根据生理变化，可以分若干个时期。植物营养期是指作物开始从环境中吸收养分至吸收养分停止的时期，根据植物的生理特性和植物营养的阶段特性，植物营养期也可划分若干时期。虽然植物的营养过程在整个生活周期中进行，但吸收养分的时期并不是发生在整个生活周期中。植物生长初期，幼苗利用种子中的贮藏养分，到了生长末期，许多作物都停止吸收营养物质，甚至从根部排除养料，营养期不与生长期一致。一般而言，生长期长，营养期也长；生长期短，营养期也短。营养期长的作物应分次施肥，营养期短的作物应重底肥、早追肥。

在植物营养期中，有几个时期特别关键，对养分反应的强度和敏感性与其他时期不同，在施肥技术上必须加以重点考虑，如营养临界期、最大效率期。

15.1.2.2 植物营养临界期

植物营养临界期是指营养元素过多、过少或营养元素比例不平衡，对于植物生长发育起着显著不良影响的那段时期，这个时期是施肥的关键时期之一。通常植物对外界环境最敏感的时期就是营养临界期，如幼苗期、营养生长转入生殖生长的过渡期等。幼苗期特别是种子营养耗竭与根系吸收介质养分的转折期，如果养分不足或过多，都会显著影响植物生长，以至于再补充或调整养分的供应也难以弥补损失，从而影响作物产量。所以，在农业生产中，培育壮苗是高产的关键。在播种时，适量施用种肥，在出苗后，及时施用追肥，常常能收到良好的效果。

水稻氮素的营养临界期在三叶期和幼穗分化期；棉花在现蕾初期；小麦、玉米在分蘖期和幼穗分化期。作物磷素的营养临界期一般在苗期，因为种子贮存的磷以植素、磷酸盐为主，生长发育期很快被消耗，此时根系吸收能力还很差，必须供给养料。钾的营养临界期多在作物生长的前期和营养生长转变到生殖生长的时期，如水稻在分蘖初期和幼穗形成期。

15.1.2.3　植物营养最大效率期

在植物营养期中，除了在营养临界期必须供应养分之外，其他时期也要供给养分，但在不同时期营养物质所产生的效率不同，其中产生效率最大的时期称为营养最大效率期。这一时期肥料的效果最好，施用的单位肥料所获得的产量最高。

一般而言，植物营养的最大效率期在生长最旺盛和形成产量的时期，即作物生长中、后期。并且，各种营养物质的最大效率期有所不同。就氮而言，稻、麦的最大效率期在分蘖期，玉米在喇叭口到抽雄期；甘薯生长初期氮肥的营养效果最好，而块根膨胀期则钾、磷的营养效果较佳；棉花氮、磷营养的最大效率期都在花铃期。

必须指出，作物营养有它的阶段性，但也要注意它们的连续性。比如，对水稻来说，底肥施得多，分蘖肥就可少施；如果分蘖肥施得多，幼穗分化期则可少施或不施。相反，若分蘖期肥料施得少，幼穗分化期作物就会感到肥料不足，必须施肥补充植物营养。在施肥实践中，要根据植物营养的阶段性和连续性综合制定施肥方案。

15.1.3　合理施肥的原则

所谓合理施肥，指充分发挥肥料的增产作用，又不对环境造成危害。前文已经讨论了植物营养的基本原理和基本特性，这些都是施肥的科学理论基础。综合考虑植物营养与外界环境条件的关系，就可以提出合理施肥的原则。

15.1.3.1　平衡施肥原则

施肥首先要考虑并保持"土壤—作物"营养体系的养分平衡。1843年德国化学家李比希提出养分归还学说，认为人类在土壤上种植作物，并把收获物拿走，作物从土壤中吸收矿质元素，土壤所含养分将越来越少，地力逐渐下降。为了保持地力常盛不衰，应向土壤施用植物取走的养分。所谓归还，实质上就是生物循环过程中通过人为的施肥手段对土壤养分亏缺的积极补偿。我国农民常采用的用地与养地结合就是归还学说的具体表现。归还学说告诉我们补偿养分以维护土壤肥力，但需指出的是，这还不够，须平衡补偿。平衡施肥原则更能反映植物、土壤和肥料这三者的关系。植物必需元素可分大量元素和微量元素，它们在植物体内的含量差异显著，然而对于植物生长发育而言，其重要性是相同的。因而，在实际施肥过程中，必须根据作物的要求和土壤自身肥力特性，考虑不同种类肥料的配合，保持"土壤—植物"体系的养分平衡，达到营养元素的协调供应，满足作物对各种必需元素的充分需要和适宜比例。这种均衡地或平衡地供应作物各种必需营养元素的施肥原则，就是平衡施肥原则，是养分归还学说的发展。究竟怎样做到平衡施肥呢？世界各国一致认为应该建立长期的土壤肥力监测系统，应用土壤作物测试手段作出判断。粮食作物从土壤中吸收 N、P、K、S、Ca、Mg 等六大元素，其中约 80% 的 N、P 在种子中，K、Ca 则主要集中在茎叶中，所以，粮食作物必须重点补充氮肥和磷肥。当然只从作物吸收多少来考虑养分补充是不够的，还要结合土壤条件。土壤类型不同，养分组成也不一样，补充养分的种类也应该有所差异。例如南方土壤缺钾，种植粮食作物时，不仅要施用氮、磷肥，而且还应适量供给钾肥。而且有些营养元素要少补充，有些营养元素例如钙、镁甚至不予补充，这要根据植物营养特性、土壤养分状况因地制宜确定。由此可见，有针对性地归还土壤中越来越少、又显得不够的养分，维护"土壤—作物"营养体系的养分平衡，是科学施肥的重要原则之一。

15.1.3.2 最小养分律

作物生长发育需多种养分，但决定产量的却是土壤中有效含量最低的那种养分——养分限制因子，产量在一定限度内随这个因子变化而增减。最小养分律又称限制因子律。作物生长过程中，各种营养元素之间是互相促进、互相制约的，假如某种元素缺乏，即使其他养分再多也是不能发挥作用的，只有补充缺少的"最少养分"之后，作物产量才能大幅度增加。必须指出，最小养分不是土壤中绝对含量最少的养分，而是对作物需要而言，土壤中有效养分相对含量较少、土壤供应能力相对较低的那种养分。最小养分是变化的，当施肥补充了原先的那种最小养分之后，另一种养分元素又可能感到不足，即成为新的最小养分。就像小木桶盛水一样，盛水的多少取决于最低那块木板，若把最低木板加高，使之高出其他木板，这时盛水量又取决于另一块最低的木板了。在 20 世纪 50 年代，我国农田土壤施用氮肥的效果最好，磷、钾肥的反应较差，这时氮素是最小养分。70 年代以后，由于氮、磷肥料用量提高，在我国某些地区钾变成了最小养分。

最小养分是近代施肥的一个重要原则，在农业生产中，如果单一施用一种肥料不仅不会增产，反而造成减产。因此，考虑"植物—土壤"体系中必需营养元素的丰缺状况，确定补充营养元素的种类、数量、比例，力求做到平衡营养、平衡施肥，从而达到作物优质高产的目的。

15.1.3.3 经济效益原则

人们往往认为肥多则增产多，其实不然。在其他条件相对稳定的前提下，随着施肥量增加，产量也随之增加，但增产量却是递减的，即单位肥料所获得的增产量（报酬）随着用肥量的增加而递减，这种现象谓之肥效递减规律（或称报酬递减律）。

由表15-1可见，冬小麦从产量每公顷3 300kg 递增至5 970kg，而每千克磷肥的经济效益则从7.60元下降到0.72元。说明肥料的投入与产出二者不呈直线增长的关系。因此，肥料用量必须经济合理，依据肥料效应曲线来确定经济效益最大时的施肥量，称经济用量（或称最适施肥量或最佳施肥量，其求法见本章第3节及第16章）。

该原则告诉人们，不能一味追求高产而过多施肥，而是要在肥料（投入）与产量（收入）间寻求一个恰当平衡点，从而保证肥料的最佳经济效益。

表 15-1　冬小麦施用磷肥的效应分析

磷肥用量 （kg/hm²）	小麦产量 （kg/hm²）	增产量 （kg/hm²）	单位肥料 增产量（kg）	单位肥料 增产值（元）	磷肥成本 （元/kg）	增产值 （元/kg 磷肥）
0	3 300	—	—	—	—	—
300	4 800	1 500	5.0	8.00	0.40	7.60
600	5 760	960	2.2	3.30	0.40	2.90
900	5 970	210	0.7	1.12	0.40	0.72

15.1.3.4　综合因子原则

施肥是单一的技术措施，而作物高产是综合因素共同作用的结果，只有施肥技术与综合的农业措施结合起来，才能充分发挥肥料的增产效果。所谓综合因素就是指那些与作物生长发育有关的环境条件与生态因素，如温度、光照、水分、养分等。在施肥实践中，要根据作物种类、土壤肥力、气候条件，配合栽培措施制定施肥方案。植物是核心，土壤是基础，气候是条件，施肥是手段，我们要合理的运用施肥这一手段，协调植物—土壤—气候之间的关系，才能满足作物营养的需要，发挥最大的生产潜力。

总之，科学施肥必须运用以上原则作为指导，才能获得高产、优质、高效。

15.2　植物营养诊断

植物营养诊断是通过物理的、化学的或生物的技术手段获取植物养分丰缺和土壤养分供给强弱的信息，为合理施肥提供依据，以达到不断提高产量、改善品质及增加经济效益的目的。植物营养诊断方法很多，一般从植物自身营养状况和土壤养分供给两方面入手，分别称为植物诊断和土壤诊断。植物诊断可分为植物形态诊断、植物生理诊断、植株元素分析诊断等。土壤诊断则主要是土壤元素分析诊断。

15.2.1 形态诊断

特定的营养元素，在植物体内都有其特定的生理功能，当这一元素缺乏或过多时，与该元素有关的代谢受到干扰而失调，植物生长不能正常进行，严重时表现出异常的形态症状。不同的营养元素生理功能不同，所表现出的形态症状不相同；不同的营养元素在植物体内移动性不同，其形态症状出现的部位也不同。我们根据这些不同的形态症状，就可判断植物缺乏或过剩何种元素。形态诊断又分为外观形态诊断和显微形态诊断。

15.2.1.1 外观形态诊断

外观形态诊断是根据植物表现出的外观形态特征，判断植物营养元素丰缺，又称可见症状诊断。

(1) 缺素症状　植物缺素的可见症状通常表现在：苗期死亡，植株矮小或株形改变，叶部出现特有症状（特别是叶色改变），成熟期推迟或提前，繁殖器官异常，产量异常，产品品质异常（如蛋白质、脂肪含量或耐贮性变化），根系发育异常（常不易观察而被忽视），其他如抗倒伏性、抗病虫能力等方面的改变。

营养元素在植物体内的移动性（可再利用能力）大致分如下类型：移动性强的有 N、P、K、Mg、Mo，移动性弱的有 S、Zn、Cl，难移动的有 Cu、Fe、Mn、Zn，最难移动的有 Ca 和 B。其中，Mo、Zn 的移动性在文献中尚存有争议。植物缺乏移动性强的元素时，该元素能从老的部位转移到新的部位而被再利用，其症状首先发生在老的部位；相反，难移动的元素缺乏时，症状首先发生在幼嫩部位。

虽然不同植物所表现出的具体缺素症状可能千差万别，但不同元素之间可以根据它们的一些特异或典型的症状，通过观察加以区别鉴定（表 15-2）。

(2) 营养元素过剩　植物体内某一元素过量，植物同样也会表现出可见症状。一些元素，如硼、氯、铜、锰等过量，将直接导致植物中毒并出现可见中毒症状。另一些元素，通常并不一定产生直接的毒害作用，而往往引起其他元素缺乏，导致其他元素缺乏症状。各元素供应过多的典型症状如下：

氮：叶色深绿，组织多汁，易遭病虫害，易受旱害；营养体生长旺盛，易倒伏；花、果易脱落。

磷：产生缺锌、缺铁和缺锰症。磷过量甚多也会导致钙素营养失调，产生典型缺钙症状。

钾：产生典型缺镁症状，也会诱导缺钙。

钙：产生典型缺镁症状。钙过高，可能引起缺钾。

镁：可能发生缺钙或缺钾。

硫：叶片早衰。

硼：叶尖、叶缘变褐干枯。

氯：低位叶早衰黄化，叶缘、叶尖灼烧状，植株易萎蔫。

表 15-2　缺素外观形态诊断检索表

1. 症状出现在老的部位，一定程度可在全株发生：
   2. 症状在全株或老叶，一般无坏死斑点，严重时老叶干枯：
      3. 叶色淡绿均匀，老叶发黄、枯死脱落，植株瘦弱、矮小、早衰 ………………………… 缺氮
      3. 茎叶暗绿或紫红色，老叶干枯，植株矮小、直立，成熟延迟 …………………………… 缺磷
   2. 局部失绿，但叶脉多保持绿色，病叶不干枯，容易出现坏死斑点：
      4. 有坏死斑点：
         5. 老叶叶尖和叶缘发黄，逐步褐变、枯焦，叶缘向下卷曲，叶片出现褐斑，叶中部、叶脉仍保持绿色 …………………………………………………………………………………………… 缺钾
         5. 下部叶脉间失绿变淡发黄，易出现黄斑，间有杂色斑点，叶缘向内卷曲 ……………… 缺钼
      4. 无坏死斑点　老叶脉间失绿，出现淡绿、黄或近白色区域或晕斑，叶脉保持绿色，叶片尖端和基部保持较持久绿色 ……………………………………………………………………………………… 缺镁
1. 症状发生在新叶或顶芽：
   6. 顶芽易枯死：
      7. 生长点、子房等生长旺盛而幼嫩的部位凋萎、死亡，顶端新芽失绿，叶尖和叶缘发黄变枯并向下卷曲，枝顶端逐步枯死，但整个植株仍是绿色 …………………………………………………… 缺钙
      7. 生长点停止生长、萎缩、死亡，幼嫩叶芽在弯曲处首先失绿，而叶尖一定时期内显绿色，新叶卷曲畸形，中脉脆弱易折断，最后枝顶枯死，花器官发育不良 ……………………………………… 缺硼
   6. 顶芽不易枯死：
      8. 幼叶萎蔫：
         9. 幼叶叶片呈萎蔫状，卷曲或扭曲，无病斑，夏季顶梢可能会枯死，果、穗发育不良 …… 缺铜
         9. 新叶萎蔫，黄白色，并产生枯斑 ………………………………………………………… 缺氯
      8. 幼叶不萎蔫：
         10. 叶片一般无枯斑：
            11. 新叶均匀黄化呈淡绿、淡黄、黄色，叶脉更淡，植株矮小，发育缓慢 ……………… 缺硫
            11. 新叶脉间均匀失绿呈淡黄色甚至白色，叶脉仍保持绿色 …………………………… 缺铁
         10. 叶片有枯斑：
            12. 新叶脉间失绿呈淡绿色或灰绿、灰白，局部坏死产生黄褐色、褐色斑点，叶脉保持绿色 …………………………………………………………………………………………………… 缺锰
            12. 叶脉间失绿呈淡绿、黄色或白色斑驳，叶小呈丛生状，节间缩短 ………………… 缺锌

　　铜：根系发育受阻，植物生长发育缓慢；诱导缺铁。

　　铁：叶片出现青铜病，并伴有细小的棕色斑点。水稻症状较典型。

　　锰：老叶出现黄褐色斑点，斑点为失绿组织所围绕。

　　钼：植物需钼量虽小，但对过量钼忍耐力却强，一般不会出现中毒现象。

　　锌：引起缺铁症状。

　　(3) 外观形态诊断的注意事项　外观可见症状诊断的最大优点是可以不用任何仪器设备，是最便捷的诊断方法。但在大田生产中遇到的情况往往较为复杂，给鉴别诊断带来困难。在诊断中，须注意以下一些问题：

　　①植物的可见症状，可能不只涉及一种营养元素。实际上，有些元素的症状很相似，有时几种元素同时缺乏，会出现复合症状（又称重叠症状）。如当植物表现缺氮症状时，应想到也可能同时缺乏硫，因为缺硫和缺氮症状类似。

　　②同一元素的缺乏或过剩，不同种类、不同品种的植物所表现症状及程度并

不完全一致甚至可能相差很大。

③养分是否缺乏，有时是相对的。当最低限制因素解除之后，下一个限制因素的症状就会出现，例如磷供应不足时，植物并不缺氮，但磷供应充足或正常时，就可能会产生缺氮症状。另一方面，当某些养分过量供应时，会隐蔽另一养分的缺乏，比如当大量施用铁肥时，如果土壤锰的水平恰恰处于丰缺边缘，则可能隐蔽锰的缺乏。

④同一症状可能由不同的原因造成，并不是仅仅由于养分缺乏。例如玉米中的糖和黄酮（flavones）化合可形成花色素（anthocyanin），它可以呈现紫、红和黄的颜色，但是它的积累可以由缺磷、缺氮、低温和害虫伤根引起，冬季苗色发紫并不一定就是代表缺磷。有些病虫害造成的症状很像某些微量元素缺乏症状。

⑤气候等多种因素对土壤养分供应有显著影响。在正常或有利气候条件下，土壤对某养分的供应可能是充足的，但在不利气候条件下，如干旱、水涝或气温异常，则可能使作物不能充分地获得养分供应。譬如气温偏低会导致作物对养分吸收下降，其原因是：第一，由于在低温时生长速度变慢和蒸腾作用下降，这都会使由质流供应的养分减少；第二，温度低时，使养分扩散速度下降，以及土壤养分梯度变小；第三，有机质养分的矿化作用下降等。当水分供应不足时，作物叶片氮、磷、钾浓度降低，在这时施肥有助于减轻这种养分浓度降低的现象，但仍不能恢复到水分供应正常时的程度。

⑥可见症状只是在植物生理功能受到干扰时才出现，在出现明显症状之前植物实际上早已发生"潜在性缺乏或过剩"了，这一时期称为"隐性期"。所以，根据可见症状来改善植物营养状态往往已经迟了。如果是生长阶段早期出现缺素症状，可以采用叶面喷施法来矫正，或者在近根区追肥，但是产量仍将比正常营养时要低些。不过，已知土壤有这类问题，可供来年或下季作物采取应对的措施。

综上所述，外观形态诊断虽然是一种极为有效的简便方法，但其局限性也是明显的，表现在：首先，该方法难免比较粗放，误诊的可能性大，特别对一些比较复杂的问题如疑似症、重叠缺乏和非营养因素引起的形态异常，一般是较难解决。其二，经验性强，对诊断者实践经验要求较高。其三，正如前文所述，形态诊断是出现症状后的诊断，此时产量损失已经铸成，其诊断对当季作物的价值不大。这种情况也说明，可见症状诊断要结合其他诊断方法进行，以便得到正确和合理的预防，避免影响作物产量。

15.2.1.2 显微形态诊断

植物某营养元素失调，发生可见的外观形态变化，一般与细胞、细胞器和组织上的精细结构发生典型变异有关。利用这一点，我们借助显微镜，研究叶、茎甚至根的解剖学和形态学的变化，从而推断植物的元素营养状况，这就是显微形态诊断。这种诊断，比外观形态诊断更能提早知道植物元素丰缺，及时纠正。

例如，植物组织缺铜时，细胞壁木质化受阻，表现为幼叶特有的变形，茎和枝条弯曲。铜对木质化作用的影响在茎组织的厚壁细胞表现尤为明显，即使轻度缺铜，其木质化作用也会降低，严重缺铜时，就连木质部导管的木质化程度也差。Rahimi 和 Bussler 观察向日葵茎横切面的显微结构时发现，缺铜时，厚壁细胞壁薄且非木质化，供应 0.05mg/L 的铜，厚壁细胞壁厚且木质化。木质化作用对铜的供应反应很快，所以，植物生长期间，通过茎横切面的木质化程度变化的显微观察，就可以迅速识别植物铜素营养状况。

缺硼的典型显微结构变异是组织分化。缺硼导致生长尖（如茎尖、根尖）伸长生长减缓，同时细胞分裂方向由通常的纵向变为横向，并且形成层细胞增生，木质部分化减弱。硼还刺激花粉萌发，特别是花粉管伸长，利用这一点，也可从显微形态中比较花粉萌发情况或花粉管伸长长度，推断硼素丰缺程度。

15.2.2 生理或生物化学诊断

生理或生物化学诊断是根据养分缺乏所引起的某种代谢的、酶促的变化而进行的诊断。这类方法应用历史尚短，属探索阶段，但反映植物元素丰缺状况远远早于形态学的方法，一般也较形态学方法更灵敏。

15.2.2.1 酶学诊断

许多营养元素是酶的组分或活化剂，当某种元素养分缺乏时，与该元素有关的酶活性或酶含量就发生变化。检测相关酶的变化，就可判断何种元素缺乏及缺乏程度。例如：锌和醛缩酶或碳酸酐酶，铜和抗坏血酸氧化酶，铁和过氧化酶，氮或钼和硝酸还原酶，磷和磷酸酶，钾或镁与丙酮酸激酶等，这些元素含量，与相对应的酶活性呈很好的相关性。

锌和碳酸酐酶是一个较典型的例子。碳酸酐酶是第一个被发现的含锌酶，主要存在于细胞质和叶绿体上，在叶绿体中有很强的活性，它催化 CO_2 水合作用生成重碳酸盐。

$$CO_2 + H_2O \longrightarrow H^+ + HCO_3^-$$

这一作用密切关系到 CO_2 的同化作用。取植物叶组织放在含碳酸氢钠溶液中培养一定时间后，在碳酸酐酶作用下，随 CO_2 被同化产生的 H^+ 使溶液酸度增大。因而测定溶液 pH 值的变化，即可测定出这种酶活性，从而反映锌的丰缺。通常用缺素和不缺素的两处理作对比试验，pH 值降低多者，酶活性强，锌相对充足；pH 值变化小者则缺锌，酶活性弱。

值得注意的是，用酶活性作指标来判断植物营养状况，往往需要植株作参比，将待诊植株与正常植株进行对比分析。在参比植株不容易获得的情况下，酶学诊断可以采用如下方法：即添加所研究的元素并培养一段时间后，测定因添加元素而产生的诱导酶活性或测定诱导酶活性与内生酶活性的比值，来判断植物元素丰缺程度。

以钼和硝酸还原酶为例。钼是硝酸还原酶的一个组分，它催化硝酸盐还原为亚硝酸盐，是一种适应性酶。通过对叶或根系组织在含硝酸盐缓冲液中培养后形成的亚硝酸盐的比色法，即可测定出这种酶活性。越是缺钼的植株中硝酸还原酶活性越低，形成的亚硝酸盐的量越少。用测定硝酸还原酶活性来确定钼的丰缺，比直接测定钼含量的方法更为灵敏，因为植物体内钼含量十分低而较难测定。但在实际工作，用作参比的典型不缺钼的植株通常难以判断并找出，所以往往也并不直接测植株原初的硝酸还原酶的活性。将上述方法稍加改进，测定诱导酶活性。缺钼的组织恢复正常供钼，可以诱导硝酸还原酶活性提高，提高的部分为添加钼后所诱导的酶活性。如果添加钼后诱导酶活性增加很大，则表明缺钼很严重；如果添加钼后几乎没有诱导酶活性增加，则表明植物并不缺钼。具体做法是：取待诊断的植株样如叶或根系组织，分别在有钼和无钼的硝酸盐缓冲液中培养一段时间，用比色法测亚硝酸盐的含量，两者之差，即为诱导酶活性（有钼和无钼的酶活性之差）。测定诱导酶活性，既不需要参比植株，又可通过诱导酶活性的大小直接而准确地标示出元素丰缺程度，因而是更好的酶学诊断方法。诱导酶活性与内生酶活性（又称原初酶活性，即无钼处理的酶活性）的比值，则代表因诱导而产生酶活性相对强弱，也就反映元素丰缺的相对程度，因而也是好的酶学诊断指标。

酶活性测定比较简单容易，酶学诊断的方法较灵敏，可以克服元素分析的许多困难，因而是一种极有发展前途的诊断方法。

15.2.2.2 其他生化或生理的诊断方法

营养元素参与各种生物化学反应，元素的丰缺，也反映在各类代谢反应中，从而使代谢产物发生异常。如缺钾导致腐胺（丁二胺）的积累，腐胺即为缺钾的有用指标。缺铜导致木质化作用降低（见前文），利用酸化间苯三酚使木质素变红色的原理，通过茎横截面染色，着色深浅可以指示铜的丰缺。如果植物氮素供应充足时，氮同化过程中未参与蛋白质合成的多余部分在酶作用下形成酰胺，以酰胺形式贮存在植物体内，因此，检测植株酰胺的含量，就可以判断植物氮素丰缺；植物体内硝态氮含量，也与植物供氮状况相关，特别是蔬菜类植物，通过植株硝态氮含量的检测，也可以判断植物氮素丰缺。

近年研究发现，植物在某些养分元素缺乏的胁迫下，根系分泌出某些专一性的化合物。例如，在低磷的条件下，木豆根系分泌番石榴酸，白羽扇豆的簇生根分泌的柠檬酸；缺铁诱导禾本科作物分泌麦根酸类物质。根系的这些特定分泌物也为我们研究植物营养诊断的方法提供了思路。

15.2.3 肥料探测

肥料探测法是采用一定方法使营养溶液进入植物组织（如喷洒、涂抹到植株或叶片上，或注射到叶脉、叶柄及枝条上，或将离体叶片浸泡在营养元素溶液中），然后观察可见症状是否消失（如失绿叶片是否复绿），也可测定生理指标（如光合作用、叶面积、生物量等）的变化。如果经过某元素处理后，缺素症状消失或生理指标改变，则证实植物缺乏该元素。例如，植物失绿，可能缺铁，用

10g/kg 硫酸亚铁溶液喷洒于失绿的叶面，如果失绿是由缺铁引起，则在两周内叶片可恢复绿色。由于铁在植物体内的移动性小，叶片上沾上硫酸亚铁的部分形成绿色的小斑点，如果在溶液中放入一些表面活性剂，则可使复绿的面积增大，甚至使整个叶片恢复正常的绿色。用多种元素一一探测，可以鉴别出植物所缺元素。此类方法可以因不同情况而设计为各种各样的具体实验方案，测定指标也可以是形态的、生理的或是生化的。例如，三叶草长势弱，初步推测可能是由于氮、磷、钾、硫或硼供应不足引起，可以设计肥料探测诊断方案如下：分别配制缺单一元素（缺氮、缺磷、缺钾、缺硫和缺硼）的营养液和完全营养液，取植株或离体幼叶分别转移至这几种营养液中培养，以叶面积增长为指标。某元素不足的植株转移至无该元素的营养液中，其缺素未能得到补充，叶面积增长比转移到完全营养液或缺乏其他任何一种元素的营养液的都相应小一些。据此可以判断，若在无磷的营养液中三叶草叶面积增长较其他处理要小，表明三叶草长势弱的原因是缺磷素，叶面积与其他处理差异越大，缺磷程度越强烈（其他元素同此类推）；若在无氮、无磷和无硫三种营养液中叶面积增长都较其他处理要小，表明三叶草中氮、磷、硫三种元素都缺乏，其中哪一元素缺乏程度大一些，也可以从叶面积增长上看出；若所有缺素处理与完全营养液的差异不明显，表明三叶草长势弱的原因不是这几个元素供应不足所引起，当然要另寻原因。

15.2.4 植株元素分析诊断

利用化学分析方法直接测定植物体营养元素的含量，并参比标准，判断植物营养丰缺，这种诊断方法，是国内外常采用的主要诊断手段之一。由于植物体内养分浓度的改变早于外部形态的变化，因此，测定植株养分浓度，可以在可见症状出现之前或不明显时就能发现潜伏缺素现象，从而起到诊断的预测、预报作用。

植株化学分析分为全量分析和组织快速测定两种。全量分析是测定植物体元素的总量，可以测定的元素种类包括植物的必需元素及可能涉及的元素，一般只能在实验室进行，且较费时。组织速测是测定作物体内未同化部分（细胞汁液）的养分，通常利用显色反应，目测分级，简易快速；一般适于田间诊断，因此较粗放，通常作为是否缺乏某种元素的大致判断；测试的范围局限于几种大量元素，微量元素因为含量低，精度要求高，速测难以实现。植株元素分析诊断一般采用全量分析，在不同生育期取正常植株和不正常植株的同一部位如叶片、叶柄或整个植株等，多采用干样，作对比分析。通常也可以只采集待诊植株的样品，分析测定后，与以往所积累的指标值或经验值对比判断。

15.2.4.1 植株分析诊断的影响因素

（1）采样部位　不同器官养分浓度不同，所以正确选择什么器官是很重要的，常用的植株器官有整个植株、根、茎、叶、叶柄、种子、果实、籽粒等。不过常用的器官是叶片，因为叶片的养分含量和养分供应水平常有较高的相关。在采取全叶作样本时，由于叶柄的养分含量常和叶片有甚大差别，所以采样时叶柄的长度会影响分析结果。选择采样器官和部位的基本原则是：这种器官对养分供应状况最敏感，但同时又尽可能少受其他因素的影响。

（2）植物生长阶段　植物同一器官不同生长发育阶段的养分含量是不同的。植物的器官都存在一个养分的积累过程。对于在植株体内运动性较大的养分，积累过程之后又继有向其他器官（如幼嫩器官）大量输送的过程。谷类作物早期的养分吸收速度常比干物质积累的速度快，通常在干物质积累达到其最终干物质产量的25%左右时，养分的吸收已达90%以上，所以在随后生长发育中，出现明显的养分的再输送过程，这在氮和磷两种元素特别明显，这就使得幼年植物组织中养分浓度较高，随着生长发育的进行，虽然仍在不断吸收养分，但对运动性较大的养分来说其浓度（在上部器官或全株）都将下降。

对于在植物体内运动性小的养分如钙，有时新形成器官已出现缺素症状，而老叶含量还很高。所以对于运动性小的养分元素应避免选择老的器官。

对不同作物（主要是果树，如桃、柑橘、苹果等）叶片养分含量随生长发育阶段的变化规律的大量研究表明，在第一阶段，即在叶子迅速伸展的阶段，养分浓度变化剧烈，几乎每天不同，在生长后期，由于存在养分的再分配，叶片养分浓度也有较大变化。而在上述两个生长阶段的中间（对于果树来说大概可延续3~6个月），叶片养分浓度相对比较稳定。大部分果树叶片诊断的采样多选择在这一阶段。另外，为了减少叶龄差异的影响，尽量选择同龄叶片，比如选择刚刚达到充分伸展或充分成熟的叶片。

因此，适宜的取样时期也关系到诊断结果的可靠性与应用价值。一般说来，作物在营养生长与生殖生长的过渡时期对养分需求最多，易发生供不应求而出现缺素症，此时的植株养分含量与产量水平相关性也常常最高，为取样的最适时期。如禾谷类作物孕穗前后，水稻为幼穗分化期，玉米为大喇叭口及抽雄吐丝期等。但具体决定时，同样要考虑诊断的目的和要求。一般作物施肥可以有三个主要分析诊断时期：①苗期诊断，主要是分析弱苗的成因，便于采取相应措施促弱苗赶壮苗，同时控制旺苗徒长。具体诊断时间因作物而异。小麦和水稻在分蘖拔节时期，玉米和棉花在定苗前后。②中期诊断，在作物吸收养分量最多、生长最旺盛的时期进行，主要为及时追肥和加强管理提供依据。一般小麦在起身拔节阶段，水稻在分蘖至拔节时期，玉米在拔节至抽雄前。③后期诊断，主要为防止因某种养分供应不足或妨碍吸收而出现脱肥早衰现象进行的诊断。小麦、水稻在抽雄前后，玉米在大喇叭口及抽雄吐丝前。

（3）环境因素　环境因素（包括温度、光照、水分等）也会导致植物生长和养分需求的变化，从而影响植株的养分浓度。

（4）养分元素间的交互作用　养分间存在着拮抗和协同作用，因而植物的养分浓度受养分之间的相互影响。养分阳离子间表现为拮抗作用的有 K 和 Ca、K 和 Mg、Fe 和 Mn。例如随着土壤钾素水平的增加，果树叶片的钾浓度也会增加，它可能导致镁的缺乏；反之，叶片镁浓度的增减可使叶片中钾浓度向相反方向变化。又如土壤含铜水平高可导致铁的缺乏，Cu、Zn 和 Mn 三元素间相互存在着明显的拮抗作用，其中一种元素的高水平可导致另一元素在叶子中浓度的减少。

在植物体内养分的运输方面也存在着元素间的拮抗作用，这大多是由于在根部或其他部位产生沉淀作用造成的。如土壤磷水平过量会导致 P 和 Zn 及 Fe 在叶脉中生成沉淀，这会造成缺铁性叶片失绿和缺锌性叶斑病。

在实际情况中，常可看到，如果植物同时缺乏两种元素，但它们缺乏的严重程度不同时，严重缺乏的元素往往掩盖了另一种元素的缺乏，当前一种元素得到补充后才显出另一种元素的缺乏。这常称作假性拮抗作用，是"最小养分律"的表现。所以仅仅测定一种养分状况常常得到错误结论，除非已事先知道除去被测定元素外，其他养分均在充足水平。"综合诊断施肥法（DRIS）"在一定程度上克服了这一缺陷。

15.2.4.2 丰缺指标与诊断方法

（1）临界值法　除了正常与不正常植株的直接对比分析外，用临界值（即养分临界浓度）作指标进行诊断，是国内外长期采用的经典方法。所谓临界值，是指当植物正常生长开始受到影响时的养分浓度，或者说刚刚达到能充分满足植物养分需要时的浓度，或者刚刚出现养分缺乏时的浓度，也有人采用比最高产量低 5%～10% 时的养分浓度。长期以来，国内外通过植株化学分析积累了大量临界值数据，可供许多作物营养诊断时参照比较。

在用临界值进行植株营养诊断时，往往出现不足、正常和过量各个等级的测试值间相互重叠交叉的情况。例如，表现缺素症状测试值的上限可以大于不表现缺素症状测试值的下限，这种测试值重叠现象在判断时会引起混淆。因此，产生了标准值的概念。

（2）标准值法　所谓营养诊断标准值，是指生长正常、不表现任何症状植株特定部位的养分测试的平均值。标准值加上平均变异系数，即可作为诊断指标。以此标准与其他植株的测试值相比较，低于标准值的就应采取措施补充植物养分。同样，国内外对标准值的研究也取得了大量结果，并广泛应用于植物营养诊断的实践。

（3）综合诊断施肥法　综合诊断施肥法（diagnosis recommendation integrated system，简称 DRIS 法）是由 Beaufils 和 Sumner 首先提出并于 1973 年正式定名，其最大的特点是采用养分间的比值作标准进行诊断，充分考虑养分元素之间的平衡。该法的理论依据是：作物正常生长需要的养分必须是平衡的，养分元素两两之间存在一个最适比值（最佳平衡值）。以当地高产群体的元素比值作为最适比值，任何实测比值与这种最适比值越接近，说明养分越接近平衡；反之，就不平衡。从元素两两之间平衡与不平衡的情况中，就可诊断出植物缺乏或过量的元素及其次序。

①建立 DRIS 诊断标准值　DRIS 法首先须建立诊断的标准值。建立标准值的具体步骤为：a. 调查、采集足够的样本数（通常需要几千个数据），按产量将其

分为高产和低产两个群体（也可根据产品品质甚至生长旺盛程度来区分），测定待诊元素含量。b. 计算待诊元素所有两两之间的比值，分别计算两个群体元素比值的平均值、标准差、变异系数及方差（表15-3）。c. 用两群体方差作显著性检验，选出差异显著的元素比值。这些差异显著的元素比值，就是两群体产量差异的原因。高产群体的这些比值的平均值，就是诊断标准值，如表15-3中的N/P（12.88）、N/K（2.76）、K/P（4.93）。诊断标准值是获得高产的最佳养分比例。

表15-3　高产和低产组棉花叶片氮磷钾含量和统计参数

养分参数	低产组（样本数123）			高产组（样本数203）			方差比
	平均	$CV\%$	方差	平均	$CV\%$	方差	
N%	4.43	12.2	0.540	4.41	16.3	0.516	1.047
P%	0.356	25.9	0.0085	0.348	20.1	0.0049	1.735
K%	1.58	34.4	0.296	1.68	26.4	0.196	1.510
N/P	13.09	23.7	9.594	12.88	12.7	2.696	3.559**
N/K	3.14	36.9	1.343	2.76	26.7	0.543	2.473**
K/P	4.78	45.3	4.686	4.93	24.6	1.476	3.175**
NP	1.61	34.7	0.312	1.57	30.5	0.229	1.362
NK	6.92	34.9	5.842	7.56	33.7	6.472	0.903
PK	0.560	41.8	0.0548	0.591	36.2	0.0458	1.197
…	…	…	…	…	…	…	…

注：$CV\%$为变异系数；标**为0.01水平显著。
资料来源：王为民等，1994。

DRIS法的诊断，就是以高产群体的这些比值的平均值、标准差或变异系数作为诊断标准，通过作DRIS图形或求DRIS指数的诊断方法，判断待诊样品各元素的丰缺程度与次序。

②DRIS图形诊断　DRIS图形诊断的具体步骤分为作图和诊断。表15-3的数据作图15-2，DRIS诊断图的三条线分别代表N/P、N/K和K/P的比值。三线的交叉点（圆心）分别代表三个诊断标准值，即高产组的养分比值（图15-2中N/P=12.88，N/K=2.76，K/P=4.93），表示获取最高产量的养分平衡点。从圆心沿任何轴线向外移动时，两种养分之间的不平衡度逐渐增大。但是最佳比值不大可能只是一个点，而应该是一个范围，或者说这个标准值应该有一个置信限。分别以2/3S（本例N/P=1.09，N/K=0.49，K/P=0.81）、4/3S（N/P=2.19，N/K=0.98，K/P=1.62）为半径作两个同心圆，作为标准值的两个置信限。内圆为养分平衡区，用箭头"→"表示；两圆之间为轻度或中度不平衡区，用箭头"↗"和"↘"分别表示养分偏高和偏低；外圆以外的区域表示显著不平衡，用箭头"↑"和"↓"表示养分过量和缺乏。

DRIS诊断图应用实例：某棉田测得棉叶N、P、K浓度分别为5.33%、0.370%、1.24%，求得N/P=14.41，N/K=4.30，K/P=3.35。利用图15-2的

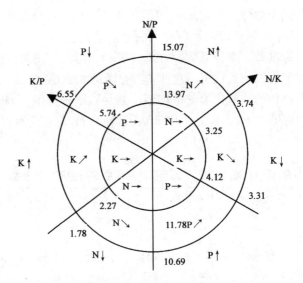

图 15-2 NPK 的 DRIS 诊断图

数据，参数 N/P 位于内外圆之间 P 偏低区，记为 NP↘K；N/K 位于外圆之外缺 K 区，记为 NP↘K↓；K/P 位于内外圆之间 K 偏低区，记为 NP↘K↓↘。在诊断中，只记不足的养分，最后未涉及的养分即认为是平衡的，故总的诊断结果记为 N→P↘K↓↘，按缺乏严重程度可排出如下次序：K>P>N。表明此棉田严重缺 K，也需适度补充 P。

也有人用 1 倍、2 倍标准差或其他数值作为两同心圆的半径而设定置信限；还有的作三圆四区域，如小于"标准值 ±1S"为养分平衡区，平衡区外而"标准值 ±2S"之内为不足或略高区，再往外"标准值 ±3S"内为缺乏或偏高区，"标准值 ±3S"以外为严重缺乏或过高区。总之，图形诊断法直观简单，但一般只能用于三种营养元素的诊断，多于三种营养元素的诊断则采用指数诊断法。

③DRIS 指数诊断　DRIS 指数诊断法是先求养分指数，然后诊断。比如有 A—M 个养分时，养分指数计算通式如下：

$$A \text{ 养分指数} = \frac{\left[f\left(\frac{A}{B}\right) + f\left(\frac{A}{C}\right) + f\left(\frac{A}{D}\right) + \cdots + f\left(\frac{A}{M}\right)\right]}{m}$$

$$B \text{ 养分指数} = \frac{\left[-f\left(\frac{A}{B}\right) + f\left(\frac{B}{C}\right) + f\left(\frac{B}{D}\right) + \cdots + f\left(\frac{B}{M}\right)\right]}{m}$$

$$M \text{ 养分指数} = \frac{\left[-f\left(\frac{A}{M}\right) - f\left(\frac{B}{M}\right) - f\left(\frac{C}{M}\right) - \cdots - f\left(\frac{L}{M}\right)\right]}{m}$$

当 $A/B \geqslant a/b$ 时：

$$f\left(\frac{A}{B}\right) = \left(\frac{A/B}{a/b} - 1\right) \times \frac{1\,000}{CV}$$

当 $A/B < a/b$ 时：

$$f\left(\frac{A}{B}\right) = \left(1 - \frac{a/b}{A/B}\right) \times \frac{1\,000}{CV}$$

式中：A/B ——待诊断样本中两个养分元素的比值；

　　　a/b ——这两个养分比值的标准值；

　　　CV ——标准值的变异系数；

　　　m ——养分总数。

从上式可知，某一养分元素的诊断指数实际上就是含有这个养分的所有比值函数的平均数。它表现作物对某一元素需要的强度，负指数愈大，需要的强度也愈大，正指数愈大，需要的强度就愈小，甚至过多，当指数为零或近于零时，则表明该元素与其他元素之间处于相对平衡状态。现仍以图形诊断棉田的三元素为例，经计算：N 指数 = 16，P 指数 = 5，K 指数 = -21。根据指数，给出限制产量的因素是 K > P > N，诊断建议增施钾肥，少量或不补充磷，结果与图形诊断相一致。

总之，综合诊断法由于标准不是绝对含量而是元素之间的比值，故测定条件不必如临界值法严格，适应范围宽，取样部位、取样时间、生育阶段、样本品种等对诊断结果影响相对较小。但它只能诊断出需肥次序，无法确定施肥数量，即使各元素比均在平衡区域内，作物也不一定高产，低产条件下各元素比也可能在平衡区域内。

15.2.5　土壤元素分析诊断

土壤是植物养分的来源，作物营养状况和产量的高低很大程度上取决于土壤养分的供给能力。土壤元素分析诊断，就是用化学分析方法测定土壤养分含量，对照相应的指标（如临界值），评判土壤养分供给能力，达到营养诊断并用以指导施肥的目的。

15.2.5.1　土壤分析

土壤分析分为提取和测定两大步，先提取后测定。提取又称前处理，即制备待测液。不同的提取剂，测定结果相差很大，而不同测定方法，结果相差不会太大，所以，提取剂的选择，是土壤分析的关键。分析方法的选择，主要就是提取剂的选择。测定土壤有效养分常用的提取方法见表 15-4。

15.2.5.2　土壤有效养分分级和临界值

为了指导施肥，通常把土壤养分的测试值和作物反应进行分级，施肥的增产效果与分级状况大体有以下关系（表 15-5）。

表 15-4　测定土壤有效养分的常用方法

元素	常用提取剂	名称	提取养分主要来源	主要提取反应
N	H_2SO_4		水溶态和水解态	溶解和水解
N	NaOH		水溶态和水解态	溶解和水解
P	$NH_4F + HCl$	Bray-1	Al-P、Fe-P、Ca-P 等	溶解
P	$NaHCO_3$	Olsen	Al-P、Fe-P、Ca-P 等	溶解
K	NH_4Ac		交换态	阳离子交换
S	$Ca(H_2PO_4)_2$、$CaCl_2$		水溶态和交换态	溶解和阴离子交换
B	沸水		水溶态	溶解
Cl	水		水溶态	溶解
Mo	草酸 + 草酸铵，pH3.3		水溶态和交换态	溶解和阴离子交换
Mn	$HAc + NH_4Ac$，pH7		交换态	阳离子交换
Fe、Zn、Cu、Mn	$DTPA + CaCl_2 + TEA$	Lindsay	可进行螯合的部分	螯合
Fe、Zn、Cu、Mn	0.1mol HCl（酸性土）		水溶态和交换态	溶解

表 15-5　土壤有效养分分级

级别	施肥增产可能性（%）
极低	95~100
低	70~95
中	40~70
高	10~40
极高	0~10

土壤养分的作物有效性受多种因素影响，因而土壤养分分级指标的具体数值因地域、土壤种类、作物、气候等条件差异而不同。我国土壤中氮磷钾及几种主要微量元素有效态养分分级和相应指标见表15-6 至表15-9。

表 15-6　土壤氮有效性分级指标　　　　　　　　　　　　　　　　　　　　　mg/kg

地区	土壤类型	作物	碱解氮（1mol/L NaOH）				
			极低	低	中	高	极高
辽宁	棕壤、草甸土	玉米	—	<70	70~120	121~240	>240
北京	潮土	小麦	<60	60~80	81~130	131~160	>160
北京	潮土	玉米	<30	30~90	91~160	161~280	>280
甘肃	灌漠土	小麦	<45	45~74	74~116	>116	—
四川	紫色土	水稻	<60	60~90	90~120	>120	—
浙江	水稻土	水稻	<100	100~175	175~280	>280	—
广西	水稻土	水稻	<70	70~160	161~200	>200	—

资料来源：鲁如坤，土壤植物营养学原理和施肥。

表 15-7　土壤磷有效性分级指标　　　　　　　　　　　　　　　　　　　　　mg/kg

地区	土壤类型	作物	提取剂	有效磷				
				极低	低	中	高	极高
吉林	黑土	玉米	Olsen-P	<3	3~7	7~19	19~23	>23
	白浆土	玉米	Olsen-P	<5	5~15	16~25	26~50	>50
	草甸土	玉米	Olsen-P	<1	1~6	6~20	>20	—
辽宁	棕壤、草甸土	玉米	Bray-1-P	—	<15	15~30	30~56	>56
内蒙古	栗钙土、黄土	谷子	Olsen-P	<2.4	2.4~5.4	5.4~19	>19	—
甘肃	灌漠土	小麦	Olsen-P	<2	2~5	6~12	>12	—
	灌漠土	小麦	M-3-P	<7	7~4	15~31	>31	—

(续)

地区	土壤类型	作物	提取剂	有效磷 极低	低	中	高	极高
宁夏	灌淤土	小麦	Olsen-P	<3.9	3.9~7.9	7.9~13	13~15.6	>15.6
北京	潮土	小麦	Olsen-P_2O_5	<5	5~15	16~30	31~50	>50
	潮土	玉米	Olsen-P_2O_5	<5	5~10	11~15	16~30	>30
河南	砂姜黑土	小麦	Olsen-P_2O_5	<3	3~8	8~18	18~25	>25
	潮土	小麦	Olsen-P_2O_5	—	<8	8~23	>23	—
	褐土	小麦	Olsen-P_2O_5	—	<7	7~32	>32	—
	水稻土	小麦	Olsen-P_2O_5	—	<10	10~26	>26	—
四川	紫色土	水稻	Olsen-P_2O_5	<6	6~9	9~12	>12	—
浙江	水稻土	水稻	Olsen-P	<5	5~10	10~20	20~30	>30
	红壤旱地	玉米	Bray-1-P	<4	4~8	8~25	>25	—
	红壤旱地	玉米	M-3-P	<6	6~10	10~30	>30	—
	红壤水稻土	大麦	M-3-P	<6	6~17	17~45	>45	—
	红壤水稻土	大麦	Olsen-P	<5	5~10	10~20	>20	—
广西	水稻土	水稻	Olsen-P	<2	2~5	6~11	>11	—

资料来源:鲁如坤,土壤植物营养学原理和施肥。

表 15-8 土壤钾有效性分级指标 mg/kg

级别	交换性钾 (1 mol/L NH_4Ac)	缓效性钾 (1 mol/L HNO_3)	土壤类型
极低	<33	<60	砖红壤
低	33~69	60~300	红壤
中	70~100	300~700	黄棕壤,紫色土
高	125~165	700~1200	潮土
极高	>166	>1200	灰漠土

资料来源:孙曦,植物营养学原理。

表 15-9 土壤微量元素有效性分级和评价指标 mg/kg

元素	极低	低	中	高	极高	临界值	提取剂
B	<0.25	0.25~0.50	0.51~1.00	1.01~2.00	>2.00	0.5	沸水
Mo	<0.10	0.10~0.15	0.16~0.20	0.21~0.30	>0.30	0.15	草酸+草酸铵,pH3.3
Mn	<1.0	1.0~2.0	2.1~3.0	3.1~5.0	>5.0	3.0	HAc+NH_4Ac,pH7
Zn	<1.0	1.0~1.5	1.6~3.0	3.1~5.0	>5.0	1.5	0.1mol/L HCl(酸性土)
Zn	<0.5	0.5~1.0	1.1~2.0	2.1~5.0	>5.0	0.5	DTPA(石灰性土)
Cu	<1.0	1.0~2.0	2.1~4.0	4.1~6.0	>6.0	2.0	0.1mol/L HCl(酸性土)
Cu	<0.1	0.1~0.2	0.3~1.0	1.1~1.8	>1.8	0.2	DTPA(石灰性土)

资料来源:孙曦,植物营养学原理。

15.3 施肥量的确定方法

合理地确定肥料用量是科学施肥的中心问题。确定肥料合理用量的具体方法较多,但都是基于肥料效应函数、土壤测试和植株诊断的结果,并最终建立在作物田间试验基础之上。

15.3.1 肥效试验函数法

以单因素为例。国内外的单因素田间试验都证明,作物产量和施肥量之间的关系大多符合一元二次方程:

$$y = a + bx + cx^2$$

式中:y——作物产量;
　　　x——施肥量;
　　　a、b、c——常数。

从物理意义说,a 是不施肥时($x=0$ 时)的产量;b 为正时表示增产,而为负时,表示减产;c 始终为负值,表示施肥量 x 在超过某一限度时,产量随施肥量增大而减少。

求最大产量时的施肥量:

令

$$\frac{dy}{dx} = b + 2cx = 0$$

即得

$$x = -\frac{b}{2c}$$

在生产实践中,往往不是追求最大产量,而是要获得经济最佳。由于随肥料用量的递增,到某一限度后,单位肥料投入所获利润将下降,虽然这时产量仍有增加。所以经济肥料用量常常小于最大产量时的施肥量。

由于:收益(利润) = 农产品的收入 − 肥料投入的支出,用公式表示为:

$$P = p_y (a + bx + cx^2) - p_x x$$

式中:p_y、p_x——农产品、肥料的单价。

求经济效益最大时的施肥量:

令

$$\frac{dp}{dx} = p_y (b + 2cx) - p_x = 0$$

即得

$$x = \frac{p_x/p_y - b}{2c}$$

合理的肥料用量,一般指的就是经济效益最大时的施肥量,即经济用量(或最佳施肥量)。可以看出,它的大小除取决于函数的系数 b、c 外,还取决于肥料与农产品的单价比。

两种或两种以上养分同时施用时,方法类似(见第 16 章)。

15.3.2 养分丰缺指标法

根据土壤植物养分测定值及作物产量反应,将土壤分级并定性给出施肥量的建议(参见表 15-5)。此法简便易行,但精度差。

15.3.3 土壤肥力分级法

与养分丰缺指标法一样,按土壤养分测定值及作物产量反应,将土壤分成若干等级（见本章第 2 节，表 15-5 至表 15-9）。然后在不同肥力等级的土壤上进行肥料用量试验，通过肥效试验函数法求出每个肥力等级的最高产量施肥量和经济最佳施肥量（表 15-10）。在一定时间和一定地区内，只要测得土壤养分含量值，就可归入相应等级，比照计算结果确定相应的施肥量。

表 15-10　紫色土不同磷素水平的小麦施肥量　　　　　　　　　　kg/hm²

土壤磷素分级 土壤有效磷范围①	极低 <8	低 8~18	中 18~33	高 33~56	极高 >56
土壤有效磷	6	14	26	45	57
最高产量施肥量	115	110	85	47	22
经济最佳施肥量	97	91	70	35	17
最高产量	289	325	363	392	417

注：①有效磷含量 1kg/hm² = 2/9mg/kg。

还可进一步利用上述肥效试验函数，同时求出各个肥力等级的最高产量（表 15-10），以经济最佳施肥量为因变量（y），最高产量（x_1）和土壤有效磷水平（x_2）为自变量，进行多元回归，求出回归方程。以表 15-10 数据为例，拟合二元一次方程，可得：

$$y = 0.1741x_1 - 2.027x_2 + 60.16$$

x_1 可以看作目标产量，如果已知土壤测试值和目标产量（或计划产量），代入上式即可求得施肥量。所得到的这个回归方程，其应用的区域一般可以比上述肥力分级法更广一些（但回归方程必须符合统计要求的数据量，不可太少。若所分等级数少，可每个等级增加重复或再设子等级）。

15.3.4　临界值法

向缺乏养分的土壤施入肥料使其养分水平提高到临界值范围，需要施入肥料量为：

施肥量 = λ（土壤养分临界值 − 土壤养分实测值）

其中，土壤养分一般采用有效养分（个别也采用水溶性养分），相应临界值参见表 15-6 至表 15-9，或通过田间试验求得。λ 称为肥料系数，为土壤有效养分提高一个单位（通常 1mg/kg）所需施入的肥料量，通过室内或田间培育试验求出。如磷肥系数，向土壤加入不同量磷肥，培育一定时间后，测定有效磷水平，用加入磷量和测定的有效磷作直线（或求回归方程），其斜率（或一阶导数）即为磷肥系数。显然，肥料系数受培育时间的影响，因为土壤加入肥料后，有效养分将随时间延长而下降，只有到大体不再下降（即平衡）时，才能得到一个基本稳定的值。所以培育时间要足够长，但是有些土壤尽管有效养分随培育时间延长而下降，但变化不是太大，所以，在测定时肥料系数要选一个适当的培育时间。氮素在土壤中较复杂，一般不用此方法。

15.3.5 养分平衡法

养分平衡法是根据作物需肥量与土壤供肥量之差来计算实现目标产量（或计划产量）的施肥量，又称目标产量法或地力差减法。其中"平衡"二字之意就在于土壤供应的养分满足不了作物的需要，就用肥料补足。譬如，计划每公顷产粮 7 500kg，而某农田只能供应作物 4 500kg 产量需要的养分，那么有 3 000kg 产量所需的养分必须通过施肥来解决。该方法由曲劳（Truog）在第七次国际土壤学会上提出，后为司坦福（Stanford）所发展并用于生产实践。其表达式为：

$$施肥量 = \frac{目标产量养分需要量(kg/hm^2) - 土壤养分供给量(kg/hm^2)}{肥料中养分含量(\%) \times 肥料当季利用率(\%)}$$

上式中目标产量养分需要量可由目标产量和单位产量的养分需要量求得。因此，欲通过上式准确计算出施肥量，需知道目标产量、单位产量的养分需要量、土壤养分供给量、肥料利用率和肥料中有效养分含量 5 项参数。

（1）目标产量　目标产量就是计划要达到的产量，是施肥的目标，是一个很重要的参数。施肥量是否经济合理的关键所在，就是目标产量拟定是否恰当。定得太低，往往不能发挥土地的生产潜力；定得过高，即使通过施用大量肥料实现目标产量，但经济效益很低，甚至会出现亏损。这种先定目标产量，并以目标产量来确定施肥量，被称为"以产定肥"。定目标产量的方法有多种，在有足够田间试验的条件下，有人直接用全肥处理的产量的平均值作为当地的目标产量；在没有足够田间试验的地方，有人建议用前三年正常年景时的最高产量作为目标产量，或者再提高一点，如提高 10%～15%；也有人主张根据农民的经验来确定。但采用较多的是"以土定产"、"以水定产"和"以土壤有机质定产"等方法。

"以土定产"，即根据土壤肥力水平确定目标产量。土壤肥力是决定作物产量的基础，土壤肥力水平越高，作物产量越高，土壤自身的基础肥力对产量的贡献率也越大，提出的目标产量就可以高，相反就得低些。通过设置无肥区和全肥区两个处理的田间试验研究，发现作物相对产量（x/y）与基础产量（x）间能较好地拟合直线方程：

$$x/y = ax + b$$

即
$$y = x/(ax + b)$$

其中，x 为基础产量，即无肥区作物产量，代表土壤基础肥力；y 为全肥区作物产量；a、b 为待定系数；x/y 为作物相对产量，又称为作物对土壤基础肥力的依存率。

一旦通过相当数量的试验确定了系数 a 和 b，对某地某作物只要我们知道不施肥的土壤产量（基础产量），就可以求出施肥产量即目标产量。应当指出，"以土定产"式的建立，是以作物对土壤肥力依存率作为其理论基础的，就是说土壤基础肥力决定目标产量。它把经验估产提高到计量水平，但对土壤有障碍因子以及气候、雨量不正常的情况则不适应。

"以水定产",在无灌溉条件的旱作地区,作物产量往往受控于土壤水分状况或生育期降水量。若目标产量的确定过分依靠于土壤肥力水平或化学方法测出的土壤有效养分肥力指标,很可能得出不正确的结果,为此,应把重心移到土壤水分或生育期降水量方面来,并以此来确定目标产量。

(2) 单位经济产量的养分需要量　作物每生产单位经济产量(如100kg)所吸收养分数量。具体做法是,作物成熟后,将作物按茎、叶、籽粒等部分收集起来,分别称重并测定养分含量,计算各部分养分绝对量,累加得养分总量,然后换算为单位经济产量的养分量。这一数据受环境因素影响较大,但基本上还较稳定。获得这些数据的工作量是较大的,需要长年积累。数十年来,已经积累了一些具有一定代表性的数据(参见表15-11)。也有人按产量水平分级来计算这一参数,无疑是一个更精确的办法。

表15-11　国内外主要作物单位经济产量的平均NPK需要量　　　　%

作物	水稻	小麦	玉米	大豆	花生	土豆	甜菜	番茄	桃	苹果
N	2.10	3.10	2.6	9.3	6.1	0.66	0.37	0.45	0.48	0.30
P	0.43	0.60	0.53	0.63	0.51	0.15	0.08	0.50	0.20	0.08
K	2.30	2.30	2.4	3.6	3.3	0.90	0.61	0.50	0.76	0.32

(3) 土壤养分供给量　土壤养分供给量可采用测土和测基础产量等方法确定。至今为止,各种土壤测试方法都还难以测出土壤对一季作物所能供应养分的绝对数量。土壤有效养分测试值,只是表示土壤供肥能力的一个相对值,必须通过田间试验进行校验,从测试值与农作物产量及吸肥量的关系中求得土壤有效养分利用系数,才能使土壤测试值获得定量的意义。若测定值和作物产量之间存在相关性时,可用下列公式求得土壤养分利用系数或称校正系数:

$$土壤有效养分利用系数 = \frac{基础产量 \times 单位经济产量的养分需要量}{土壤有效养分测定值 \times 2.25}$$

或

$$土壤有效养分利用系数 = \frac{无肥区作物养分吸收量}{土壤有效养分测定值 \times 2.25}$$

有了土壤养分利用系数就可以从土壤的养分测定值算出土壤养分的供应量:

土壤养分供应量 = 土壤有效养分测定值(mg/kg) × 2.25 × 土壤有效养分利用系数

一般来说,利用系数也是变化的,它随土壤养分测定值的提高而降低。式中,2.25是土壤耕层养分测定值(mg/kg)换算成每公顷土壤养分含量(kg/hm^2)的系数。

另一种方法,直接采用田间试验中不施肥(或缺某养分)小区作物养分吸收量作为土壤养分供应量。但是很明显,在施全肥情况下作物从土壤中获得的养分量并不完全等于不施肥情况下的吸收量,不过这仍不失为一个简便的解决的途径。

土壤养分供应量 = 无肥区产量 × 单位经济产量养分需要量

(4) 肥料当季利用率　肥料当季利用率是指当季作物从所施肥料中吸收的养分占施入肥料养分总量的百分数。肥料利用率绝非恒值,它因作物种类、土壤肥力、气候条件和农艺措施而异，在很大程度上取决于肥料用量、用法和施用时期。目前，测定肥料利用率常用方法有同位素肥料示踪法和田间差减法两种。同位素示踪法：将一定丰度或一定放射强度的同位素标记肥料（^{32}P、^{15}N 或 ^{86}Rb）施入土壤，到成熟后分析测定农作物所吸收利用的数量，就可以计算出该肥料的利用率。田间差减法：其原理同平衡法测定土壤供肥量的方法类似，即利用施肥区作物吸收的养分量减去不施肥区作物吸收的养分量，其差值视为肥料供应的养分量，它与所施肥料养分总量的比值，就是肥料利用率。

(5) 肥料中有效养分含量　利用养分平衡法确定施肥量时，肥料中有效养分含量也是一个重要参数，但这个参数容易得到，各种成品化肥的有效成分都是按标准生产，有定值，且标明在肥料包装容器上。有机肥的养分含量差异较大，最好通过分析测定，也可参考相关资料获得。

至此，5 项参数已一一具备。施肥量的计算公式还可表达如下：

$$\text{施肥量} = \frac{\text{目标产量} \times \dfrac{\text{单位经济产量}}{\text{的养分需要量}} - \text{土壤有效养分测定值} \times 2.25 \times \dfrac{\text{土壤有效养分利用系数}}{}}{\text{肥料中养分含量（\%）} \times \text{肥料当季利用率（\%）}}$$

或

$$\text{施肥量} = \frac{(\text{目标产量} - \text{无肥区产量}) \times \text{单位经济产量的养分需要量}}{\text{肥料中养分含量（\%）} \times \text{肥料当季利用率（\%）}}$$

有机肥中除含丰富的有机质外，还含有多种营养成分，在计算施肥量时应考虑有机肥中这部分营养元素的含量。在已施有机肥的情况下，化肥施用量需要核减，核减方法也有多种。

方法一，单位有机肥增产量计算法：对当地积造的有机肥进行田间试验，设施肥与不施肥两个处理，求出每 1 000kg 有机肥当季增产量。本法无需分析有机肥料中的养分，也不需要测出它们的肥料利用率。利用这一参数，在施肥量公式中，从"目标产量"项中扣除施有机肥所增加的产量，然后按公式计算出的施肥量则是核减后的化肥用量。

方法二，养分差减法：在掌握有机肥养分含量和有机肥利用率（主要指氮素利用率）的情况下，先求出有机养分供应量，然后再从"目标产量养分需要量"项中扣减，或加入到"土壤养分供给量"项中。

$$\text{有机养分供应量（kg/hm}^2\text{）} = \text{有机肥用量（kg/hm}^2\text{）} \times \text{有机肥养分含量（\%）} \times \text{有机肥利用率}$$

方法三，同效当量法：鉴于有机肥和化肥利用率不同，先测出有机肥养分含量（主要是 N），通过养分量相等的有机肥和化肥的田间试验，计算出两者增产量的比值，即为同效当量。若同效当量为 0.7，则表示 1kg 有机肥的养分相当于 0.7kg 化肥的养分。将所施有机肥的养分总量（有机肥施用量×养分含量）乘以同效当量，所得的乘积从"目标产量养分需要量"项中减去，即求出核减后的化肥施用量；或者根据各自养分含量，按同效当量的比例将所施有机肥换算为化肥当量，在最后计算出的"施肥量"中核减。

$$\text{同效当量（N）} = \frac{\text{施有机肥（N）的产量} - \text{不施肥的产量}}{\text{施化肥（N）的产量} - \text{不施肥的产量}}$$

15.3.6 氮、磷、钾比例法

在不同土壤肥力水平下，通过多点（≥30）二因素（或三因素）多水平氮、磷、钾肥试验，得出氮、磷、钾肥的适宜用量，然后计算出二者（或三者）之间的比例关系。在应用中只确定其中一种养分的施用数量，然后按养分之间的比例关系确定出其他养分的施用量。通常是先定氮，然后以氮定磷、定钾等，如用养分平衡法确定氮肥用量，然后根据农作物需肥比例、肥料利用率和土壤供肥水平确定磷、钾等用量。将确定氮肥用量放在首位，一方面，这是由于氮肥在植物营养中的重要性，它对作物产量的形成有着举足轻重的作用，另一方面，氮素是个很活泼的营养元素，至今尚没有一种较理想的测定方法来确定土壤有效氮量。磷钾等营养元素在土壤中的行为相对稳定，现有土壤的有效磷、钾的测定方法也比较可靠，并为国内外已有的经验所证实。因而，在生产实践中人们摸索出"以土定产－以产定氮－以氮定磷、钾"的施肥策略。

此法的优点是减少了工作量，也易理解和掌握。但是，作物对养分吸收的比例和应施养分之间的比例有所不同。施入土壤的各养分元素，通过土壤固定、转化后，其供给植物的强度互不相同。所以，必须先做好田间试验，对不同条件和不同作物相应地做出符合于客观要求的氮、磷、钾比例。

复习思考题

1. 植物营养特性如一般性与特殊性、阶段性与连续性对施肥有何指导意义？
2. 什么是植物营养期、植物营养临界期和植物营养最大效率期？它们对施肥有何指导意义？
3. 合理施肥的原则有哪些？
4. 矿质营养与作物产量、品质有什么关系？
5. 植物营养诊断有哪些方法？各有什么优缺点？掌握主要元素缺乏的形态特征和几种典型的具体诊断方法。
6. 什么是养分平衡法，怎样根据养分平衡法确定施肥量？
7. 怎样理解"以土定产－以产定氮－以氮定磷钾"？

本章可供参考书目

土壤—植物营养学原理和施肥．鲁如坤．化学工业出版社，1998

高等植物的矿质营养．曹一平，陆景陵（译）．北京农业大学出版社，1988

测土与施肥．吕英华，秦双月．中国农业出版社，2002

柑橘营养与施肥．庄伊美．中国农业出版社，1992

第 16 章

肥料效应函数与推荐施肥

【本章提要】 肥料效应函数法是配方施肥的基本方法之一。本章重点介绍了各类肥料效应数学模型、模型的参数估计及肥料效益的边际分析,并述及计算机技术在推荐施肥中的应用。

16.1 肥料效应曲线的一般规律及数学模型

16.1.1 概述

1843 年,李比希(J. V. Liebig)提出最小养分律的观点,使人们认识到决定和限制作物产量是土壤中相对含量最小的营养元素,而与绝对含量无关。因作物种类、土壤中养分消耗以及施肥之间平衡状况的变化,最小养分种类不断更替。当某种养分最小而处于限制因子(limiting factor)时,增施其他肥料难以使产量达到理想水平,施肥的经济效益下降,这种现象说明了养分之间存在着相互影响。

在最小养分律支配下,施肥量与产量的关系:当某种养分处于限制因子而其他养分相对较多时,施用限制因子肥料,不仅补充了该养分,也使其他养分更能有效的满足作物需要,植物生长量迅速上升,肥效递增。随着施肥量的增加,该养分不再是最小养分,生长量继续上升,而单位肥料的增产量却逐渐减少。于是出现了肥效递减阶段。再增施该肥料,生长量达到极限。若再盲目地继续施肥,则产生毒效,造成肥效下降与肥料的浪费。

20 世纪初德国著名土壤学家米切里希(E. A. Mitscherlich)和数学家布尔(Baule)合作,第一个用数学方法从宏观上研究作物产量与土壤养分供应量的函数关系,提出了著名的米氏指数方程。

米氏认为肥料的增产量 Δy_i 随着施肥量的增加 Δx_i 而递减(表 16-1),即

$$\frac{\Delta y_1}{\Delta x_1} > \frac{\Delta y_2}{\Delta x_2} > \frac{\Delta y_3}{\Delta x_3} \cdots \tag{16-1}$$

在此基础上,米氏进一步提出只增加少量(dx)某种养分时引起的增产量(dy),是以充足供应该养分时达到的最高产量(A)与各施肥水平的产量之差成正比,从而提出著名的米氏指数方程。依据米氏方程制定最佳施肥方案,对当时德国农业生产的发展起到了很大的促进作用。后来,这个数学模型虽经他本人和

表 16-1　燕麦施用磷酸盐砂培试验

施 P_2O_5 量 (x)	干物质 (y)	用公式计算值 $\hat{y}$	每 $0.05 g P_2O_5$ 增产量 (g) ($\Delta y/\Delta x$)	偏差 ($y-\hat{y}$)
0	9.8±0.50	9.80	—	—
0.05	19.3±0.52	18.91	9.11	0.39
0.10	27.2±2.00	26.64	7.73	0.56
0.20	41.0±0.85	38.63	5.99	2.37
0.30	43.9±1.12	47.12	4.25	-3.22
0.50	54.9±3.66	57.39	2.57	-2.49
2.00	61.0±2.24	67.64	0.34	-6.64

他人，如布尔（Baule，1918）克劳斯和耶斯以及斯皮尔曼（Spillman，1923）等多次修正，但模型的基本形式没变，仍然保持指数曲线类型。这种曲线的不足之处在于不能反映出施肥过量时作物产量的变化趋势，即施肥过量导致的毒效阶段。

后来，尼克莱和米勒（Niklas and miller，1927）提出应用二次多项式来全面描述作物产量与施肥量的关系，使施肥模型的研究进入一个新的层次，应用这个模型可以计算最高产量施肥量，也能推出最高利润施肥量。考威尔（Colwell，1977）与斯帕若（Sparrow）分别提出应用平方根多项式和逆多项式作为肥料效应函数。事实上，这些模型都是二次多项式的变换式，不同之处在于曲线初始阶段的斜率和曲线顶峰的变化趋势。这些差别比较细微地表达了土壤肥力水平、肥料特性、作物营养特点对肥料效应的不同影响。目前，国内应用二次多项式及其变换式这类模型较多，拟合性也比较好。由于这类肥料模型的应用，使我国部分农民逐步从经验施肥过渡到科学定量施肥的新阶段。近年来，也有人建议用三次多项式描述肥料效应的整体变化趋势，但适用性如何尚待进一步探讨。

上述肥料效应模型均属静态模型，即固定其他条件再来研究作物产量与施肥量的关系，因而应用起来在时间与空间上有一定局限性。J. France（1984）提出建立动态的数学模型，将气候、土壤养分以及耕作管理措施考虑在内，以期得出更加精确、适应范围更广泛的施肥建议。在国内，对这个新领域也开始研究。

16.1.2　肥料效应模型

在配方施肥过程中，作物产量与施肥量之间存在着一种数量依变关系，表达这种关系的数学方程称为肥料效应函数（fertilizer response function）。这类模型是根据试验和观测得来的大量数据，运用统计分析方法，结合植物营养理论建立起来的，属统计模型。

植物营养的施肥模型受作物营养特性、土壤肥力水平、肥料种类及用量，以及各种栽培条件的影响而多种多样。下面介绍几种常用的模型。

16.1.2.1 线性模型

(1) 一元线性模型　描述一种肥料用量与作物产量之间呈线性关系称一元线性模型，其数学模型为：

$$y = b_0 + bx \tag{16-2}$$

式中：y——回归值，即施肥后获得的农作物产量；
　　　x——土壤养分含量或肥料用量；
　　　b_0——回归截距，即不施肥区的农作物产量；
　　　b——回归系数，即增施单位肥料所得的农作物平均增产量。

(2) 多元线性模型　研究和分析的是多种肥料的投入量 x_i 与作物产量 y 之间的线性相关关系。其数学模型为：

$$y = b_0 + b_1 x_1 + b_2 x_2 + \cdots + b_n x_n \tag{16-3}$$

式中：x_i——某种养分的供应量；
　　　y——回归值，即多种养分共同作用的产量；
　　　b_0——回归截距，即不施肥区的农作物的产量；
　　　b_i——偏回归系数，即其他养分不变时，增施某单位养分所得的农作物平均增产量。

李比希的"最小养分律"所阐明的最小养分的变化与作物产量之间的消长关系实际上就是这种线性关系。在土壤肥力较低、农作物产量不高、肥料用量较少，而且其他栽培条件比较正常时，可以选配这种模型来指导施肥。但不适于土壤肥力较高，作物产量也较高的情况下表述施肥量与作物产量之间的关系。

16.1.2.2 非线性模型

在一定区间内，可用线性模型来描述施肥量 x 与产量 y 之间的关系，但就 x 的整个可能取值范围而言，其真实关系为非线性。变量间呈曲线关系的模型称曲线模型或非线性模型。从曲线回归的角度看，线性模型可作曲率为 0 的曲线模型。

(1) 指数曲线模型　当土壤肥力达一定水平后，继续增加施肥量，农作物产量呈渐减率增加，人们称这种数量关系为指数函数关系。其图形如图 16-1 所示。土壤学家米切里希（E. A. Mitscherlich）提出的"肥料效应递减率"就是这种关系的科学概括，其数学表达式为：

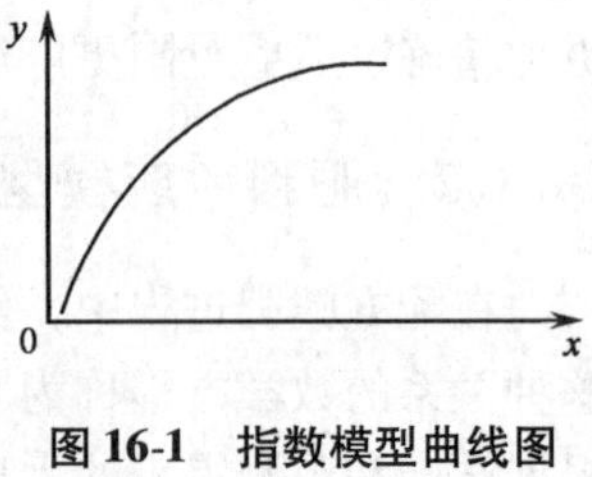

$$y = A(1 - e^{-cx}) \text{ 或 } y = A(1 - 10^{-cx}) \tag{16-4}$$

图 16-1　指数模型曲线图

式中：x——某种肥料投入；
　　　y——供应某种肥料后获得的产量；
　　　A——作物可能达到的最高产量；
　　　c——效应系数。

考虑到土壤供应养分的强度与容量对肥料效应的作用，米切里希将式中 x 换成 $(x+b)$，数学模型表达式为：

$$y = A[1 - 10^{-c(x+b)}] \quad (16\text{-}5)$$

式 16-5 中 b 值不同于化学分析方法测出的土壤有效养分含量，是土壤中含有相当于 b 量肥料养分效应的养分量。随后克劳斯（E. M. Growther）和叶茨（E. Yates）对米氏模型进行修正，提出的模型如下：

$$y = y_0 + d(1 - 10^{-kx}) \quad (16\text{-}6)$$

式中：x——施肥量；
　　　y——作物产量；
　　　y_0——不施肥时的农作物产量；
　　　k——效应系数。

该模型将不施肥时的作物产量考虑在内，称典型指数模型，如图 16-2。

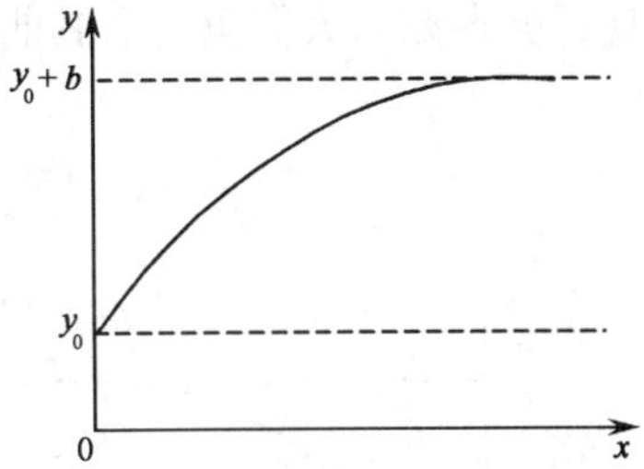

1928 年斯皮尔曼（Spillman）观察到作物产量随施肥量的增加而按一定的等比级递减，根据这种规律，他提出的模型如下：

$$y = A(1 + k^x) \quad (16\text{-}7)$$

图 16-2　典型指数模型曲线图

式中：y——总增产量；
　　　x——施肥量；
　　　A——最高增产量；
　　　k——效应系数，表示前后连续两个增产量间的比率。

上面讨论了指数函数模型，其中以典型指数模型应用较为方便，这类模型的特点是：在一定生产条件下，作物产量有个极限值，即最高产量。在达到这个产量之前，作物增产量与施肥量之间服从"报酬递减率"。根据这类模型可以求出经济施肥量，预测农作物产量和土壤有效养分含量。不足之处是不能描述施肥过量时作物产量的变化趋势。

(2) 对数函数模型　对数函数模型的一般表达式为：

$$y = a + b\ln x \quad (16\text{-}8)$$

式中：施肥量 x 以自然对数的形式出现，故称对数函数模型。对数函数表示 x 变化较大可引起产量 y 的变化较小。a、b 为模型参数。其图形如图 16-3 所示。由图可见，当 $b>0$ 时，作物产量 y 随施肥量 x 的增大而增大，曲线呈凸形；当 $b<0$ 时，y 随 x 的增大而减小，曲线呈凹形。

(3) 双曲线肥料效应模型　其数学模型为：

$$\frac{1}{y} = a + \frac{b}{x} \quad (16\text{-}9)$$

式 16-9 中 a、b 为参数，当 $b>0$ 时，其边际产量总为正值，而且随着肥料用量的增加而递减，而总产量是增加的，并趋向于极限值 $1/a$，因此当肥料投入与产出具有此类变化趋势时，宜选用

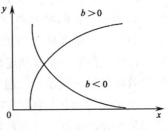

图 16-3　对数函数曲线

双曲线类模型。其图形如图16-4所示。

(4) S型曲线　S型曲线主要用于描述动植物的自然生长过程，故又称生长曲线。生长过程的基本特点是开始增长较慢，而在以后一定范围内迅速增长，达到一定限度后增长又缓慢下来，曲线呈拉长的"S"，故称S型曲线。最著名的S型曲线是Logistic生长曲线。它最早由比利时数学家P. F. Verhulst于1838年提出，直至20世纪20年代才被生物学家及统计学家K. pearl和L. J. Recd重新发现，并逐渐为人们重视。其曲线方程为：

$$y = \frac{1}{a + be^{-x}} \tag{16-10}$$

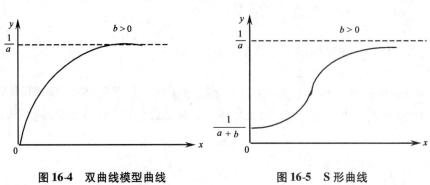

图16-4　双曲线模型曲线　　　图16-5　S形曲线

S型肥料效应模型（如图16-5），开始时边际产量呈递增，到 $x = -\ln\frac{a}{b}$ 时边际产量达到最大值，之后开始递减，但没有负值。总产量随肥料投入量的增加而增加，并趋向极限值 $\frac{1}{a}$，故S型肥料效应不能反映和描述总产量下降的生长现象。

(5) 二次多项式模型　二次多项式模型包括一元二次多项式模型、多元二次多项式模型及其变换式一元平方根多项式和多元平方根多项式模型。其中以一元二次多项式肥料模型应用最为广泛。

① 一元二次多项式　尼克莱和米勒（Niklas and Miller）提出肥料效应的一元二次多项式模型：

$$y = b_0 + b_1 x + b_2 x^2 \tag{16-11}$$

式16-11中：b_0为不施肥的农作物产量；b_1为低施肥量时的农作物增产量趋势；b_2表示肥料的曲率和方向。当$b_1 > 0$、$b_2 > 0$时，曲线呈凹形，呈报酬递增型。农作物产量随施肥量的增加而提高，不出现最高产量点。当$b_1 > 0$、$b_2 < 0$时，曲线呈凸形，呈报酬递减型，农作物产量达最高点后呈现毒效，反而下降，肥料效应一般呈现抛物线趋势，如图16-6所示。

由于抛物线有左右对称的特点，而由毒效引起的产量降低不一定与此前的增产趋势对称，导致计算偏差较大。因此考威尔应用平方根多项式能较好地描述作物产量与施肥量的函数关系，其数学模型为：

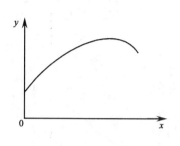
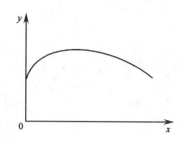

图 16-6　二次曲线图　　　　图 16-7　平方根曲线图

$$y = b_0 + b_1 x^{0.5} + b_2 x \tag{16-12}$$

式 16-12 中：b_1 表示曲线的曲率程度与方向，当 $b_1 > 0$ 时，曲线呈报酬递增型，不出现最高产量点；当 $b_1 < 0$ 时，曲线呈报酬递减型，曲线的平方根多项式模型为 $b_1 < 0$ 时的模式图，如图 16-7。平方根多项式模型的特点是：施肥量开始增加时，产量上升较快，曲线斜率大，而后施肥量达一定程度后，增产趋势渐缓。达最高产量点后，若继续施肥，产量也会下降，但趋势也较缓慢。

一元二次多项式适用于各种变换式的通式为：

$$y = b_0 + b_1 x^s + b_2 x^{2s} \tag{16-13}$$

式中：$s = 0.25，0.5，0.75，1.0$。

②多元二次多项式　当进行两种以上的肥料试验时，可选用多元二次多项式模型，其数学表达式为：

$$y = b_0 + \sum_{j=1}^{p} b_j x_j + \sum_{i \leqslant j} b_{ij} x_i x_j + \sum_{j=1}^{p} b_{jj} x_j^2 \tag{16-14}$$

式 16-14 中：p 为试验因素数；$i, j = 1, 2, \cdots, P, i \neq j$。与一元多项式相比较，增加了交互作用项，用来研究各肥料因素相互作用的性质和大小。在一定试验条件下，由于肥料间存在交互作用，该方程中的一次项系数可能大于或小于一元效应方程的一次项系数。

二元二次肥料效应的模式图是两个一元效应曲线的叠和，构成以 x_1 和 x_2 为横轴，Y 为纵轴的效应曲面，如图 16-8。二元多项式模型能反映多种肥料低量或适量时的效应，同时能刻画出过量施肥对作物的影响，比较全面地表达作物产量与肥料用量间的函数关系。利用这类模型能计算最高产量施肥量、经济最佳施肥量，又能揭示过量施肥对产量的影响，并且反映出多种肥料两两间的交互作用。因此，这类数学模型得到了广泛的应用。

③逆二次多项式　逆二次多项式模型同样能全面表达施肥与作物产量之间的函数关系，其模型为：

$$\hat{y} = \frac{b_0 + b_1 x}{1 + b_2 x + b_3 x^2} \tag{16-15}$$

当 $x = 0$ 时，$\dfrac{d\hat{y}}{dx} = b_1 - b_0 b_2$。这表明起始时的肥料效应取决于 b_0、b_1 和 b_2，b_1

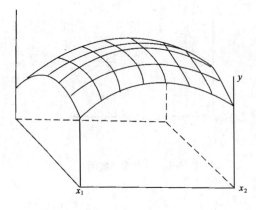
图 16-8　肥料二次效应曲面图

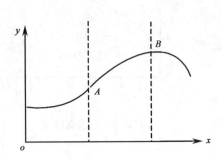
图 16-9　三次曲线图

愈大,起始时施肥的增产趋势也愈大。如果 b_0 和 b_2 愈大,则起始时的增产趋势就愈小。到达最高产量时,边际产量等于零。逆二次多项式的曲线形式介于二次多项式与平方根多项式之间。

(6)三次多项式模型　在一定生产条件下,当土壤中某种养分为限制因子时,随着肥料投入量的增加,边际产量表现为递增,后表现为递减,总产量达最高点后,边际产量又表现为负值。即总产量曲线先呈凹形,再呈凸形,表现倒"S"型曲线(图 16-9)。该曲线概括了低土壤肥力条件下,农作物产量随施肥量增加而变化的全过程,其表达式为:

$$y = b_0 + b_1 x + b_2 x_2^2 + b_3 x_3^3 \tag{16-16}$$

该曲线的特性为:当 $x=0$ 时,$\frac{dy}{dx}=b_1$,b_1 反映起始时的肥料效应;当 $\frac{d^2 y}{dx^2}=0$,$\frac{d^3 y}{dx^3}<0$ 即 $b_3<0$ 时,为典型的一元三次曲线,表现如图 16-9。第一阶段曲线呈凹形,边际产量有个极大值,即为曲线的转向点 A。第二阶段超过 A 点后,曲线呈凸形,总产量有个最高值。超过最高点后,$\frac{dy}{dx}<0$,总产量随施肥量增加而下降。当 $\frac{d^3 y}{dx^3}>0$,即 $b_3>0$,边际产量一直递增,无最高产量点。

(7)柯布-道格拉斯肥料效应模型　该模型是美国数学家柯布(C. W. Cobb)和经济学家道格拉斯(P. H. Douglas)创立的,其数学通式为:

$$y = b_0 x_1^{b_1} x_2^{b_2} \cdots x_m^{b_m} \tag{16-17}$$

在分析作物产量与各种肥料用量间的函数关系时,式中 y 表示作物产量,x_1、x_2、$\cdots x_m$ 表示各种肥料用量,b_0、b_1、b_2、$\cdots b_m$ 为待定参数。柯布-道格拉斯肥料效应方程具有以下特点:①柯布-道格拉斯肥料效应方程既可表达作物产量与各种肥料用量间的线性函数关系($b_i=1$),又可表达二者之间的曲线函数关系($b_i \neq 1$);②式中 b_i 反映作物产量对某种肥料用量的反应敏感程度即生产弹性系数，$b_i \geq 1$，表明与 b_i 有关的肥料增施 1% 时，产量增量也大于或等于 1%，反之亦然。Σb_i 是综合生产弹性系数，其含义是：各种肥料增产 1% 时的作物增产的百分数；③式中 b_i 反映出施肥水平是否合理，即 $b_i > 1$，说明施肥不够；$b_i < 0$，说明肥料用量过量，$0 < b_i < 1$，说明肥料投入处在合理阶段。

（8）**相交直线效应模型** 近年来，包伊德（D. A. Bogd）和库克（G. W. Cooke）根据大量试验结果得出：在一定条件施肥量与作物产量呈两条相交直线形式（折射线）。在转折点之前，农作物产量随施肥量的增加而直线上升，超过转折点后，有的作物产量上升减慢，有的不升不降，有的则缓慢下降（图 16-10），其转折点为最佳施肥点。两条相交直线的数学模型为：

$$y = b_0 + b_1 x \quad (16\text{-}18a)$$
$$y' = b_0' + b_1' x \quad (16\text{-}18b)$$

式 16-18 中 y 为 $y_1, y_2 \cdots y_i$ 的值，它是 $x = x_1, x_2 \cdots x_i$ 的函数，y' 为 $y_{i+1}, y_{i+2} \cdots y_n$ 的值，它是 x 为 $x_{i+1}, x_{i+2} \cdots x_n$ 时的函数，$i = 2 \cdots, (n-2)$ 间的任一值，$b_1 > b_1'$。

肥料效应函数模型种类众多，土壤肥力状况、自然条件各异，只有针对当时当地的实际生产条件，选用合适的数学模型，配置的效应方程才能用来指导推荐施肥。

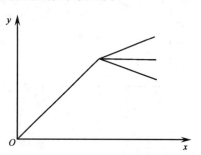

图 16-10 两条相交直线效应图

16.2 肥料效应函数的参数估计

16.2.1 概述

肥料效应函数法是配方施肥的基本方法之一，即通过简单对比或应用正交、回归等试验设计，进行多点田间试验建立施肥量与产量间的效应方程的方法。施肥不是孤立的行为，土壤条件、作物特性、气候因素、生产条件都对肥料效应函数的模型及其参数产生影响，肥料试验设计合理与否也会引起肥料效应曲线的变化。首先根据试验研究的目的和要求确立试验因素的个数，在此基础上选择合乎实际的统计性质较好的试验方案。单因素试验只研究一种肥料的效应，其设计要点是确定水平范围和水平间距。施肥水平的上下限的确定也甚为重要。施肥水平的上限为最高的施肥量，考虑到生产条件的变化以及了解包括毒效反应在内的肥料效应曲线全过程，施肥水平的上限应超过当前的施肥水平。施肥水平的下限为最低的施肥量，一般为不施肥，这个处理是计算施肥经济效应不可缺少的数据。

水平间距指试验因素不同水平的间隔大小。水平间距应适宜，过大，没什么实际意义，过小，试验效应易被误差所掩盖，说明不了问题。一般单因素施肥量试验包括不施肥的处理在内，设置 5~7 个等间距施肥水平是适当的。

两因素施肥量试验应注重肥料间的交互作用（interaction）。交互作用是两种肥料相互作用产生的新效应，表示一种肥料受另一种肥料的影响程度。交互作用可以为正值、负值或零值，分别表示正交互作用、负交互作用和无交互作用。图 16-11 形象地说明了各交互作用。图 16-11a 表明 A 肥料的效应随 B 肥料用量的增加而增加，为正交互作用；图 16-11b 表明 A 肥料效应随 B 肥料的施用量增加而减少，为负交互作用；图 16-11c 表明 A 肥料的增产效果不受 B 肥料的影响，为无交互作用。弄清交互作用，合理调整肥料配方方式和比例，是提高施肥经济效应的重要措施。

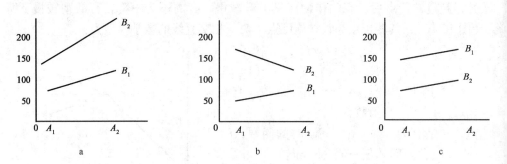

图 16-11　两肥料交互作用示意图

对于复因素试验，采用完全实施方案的设计是常见的。该设计有两个优点：一是每个因素和水平都有机会相互搭配，方案具有均衡可比性；二是因素间不产生效应混杂，提供的信息较多，p 个因素和水平完全实施方案可以分析出 $2^p - 1$ 个试验效应（不含简单效应）。另一方面，由于完全实施，易造成试验方案过于庞大，给实施带来困难。设水平数为 r，因素为 p，则完全实施方案的处理数 $N = r^p$，当因素和水平数较多时，宜采用不完全实施试验方案，从全部可能的处理组合之中，有计划地选择部分处理组合进行试验，只需设计得当，可以得到全部实施试验方案的结果。目前最理想的方法是通过回归正交设计进行试验，从而解决生产中的优化问题，这部分内容详见试验研究与统计分析课程。

16.2.2　模型的选择

第一节中已述及肥料效应的各种模型。我国幅员辽阔，生态气候条件各异，土壤类型众多，肥力水平相差悬殊，如何对不同条件下得出的试验结果选配适合的数学模型，确实是一个值得探讨的问题。线性模型只有在土壤肥力极低的情况下才能应用；在肥料试验设计用量不高，或农作物对某种养分反应不十分敏感时可用指数函数模型表达肥料效应；配置二次多项式及其平方根变换式，经统计检验和生产实践，适合我国大部分土壤肥力状况和施肥水平；三次多项式国内报道较少，因为我国大部分耕地都具有一定的基础肥力，不会出现肥效递增的过程。因此，三次多项式模型只具有一定的理论意义。在已经建好的数学模型的基础上选模大体有如下几种方法：

16.2.2.1 散点图法

将试验数据资料中的每对观察值（x_i、y_i）描绘在直角坐标系上，观察各点的相对位置和变化趋势，以确定接近其形状的曲线类型。

16.2.2.2 经验推断法

根据研究问题的类别和性质，参照以往的研究成果，选择类似曲线的模型类型。例如，作物产量与施肥量之间的关系具有递减的变化趋势，并在施肥量较多时反而会引起产量的降低，这时宜选用一元二次曲线肥料效应函数模型。

16.2.2.3 数值特征法

将试验或统计数据，按投入量的大小进行排列，通过观察和计算数值的变化趋势来确定曲线类型。如作物产量随肥料投入量的增加而增加，但增加的数量具有越来越少的趋势，表明该肥料的边际产量总为正值且递减，可选用指数函数模型或对数效应模型；如发现边际产量具有递增的趋势，则可选用幂函数模型。

16.2.2.4 统计检验法

统计检验不仅是前述选模方法不可缺少的部分，同时也是从已经配好的几种模型中择优的一种方法。统计检验方法有：试验设有重复，可通过方差分析对模型的拟合性作 F 检验，以得出选配的模型是否合适的结论。试验无重复，可通过求理论值与实测值的相关系数来进行选择判断。

16.2.3 参数估计

对回归方程的参数进行估计在试验研究与统计分析课程中已有详细的介绍，多种肥料的投入 x_i 与作物产量 y 之间的多元线性回归模型为：

$$y = b_0 + b_1 x_1 + b_2 x_2 + \cdots + b_n x_n \quad (16\text{-}3)$$

式 16-3 中 b_0、b_1、$b_2 \cdots b_n$ 为待定参数。计算方法参见统计分析的有关书籍。

16.3 边际分析

肥料效益的边际分析（marginal analysis），是研究作物配方施肥过程中肥料投入成本与产品产出利润变化规律的一种经济数量分析方法。通过边际分析，可以确定肥料的最佳经济用量与经济合理配比，以最小的肥料成本投入，获得最大的产品经济收益。

16.3.1　肥料生产的有关概念

16.3.1.1　总产量 TP（total productivity）

在配方施肥的投入产出关系中，不同肥料投入水平所取得的产品总量叫总产量。总产量随肥料要素的投入量变化而变化。产品产量随肥料用量的增加而按固定比例增加，为固定生产力，也叫固定报酬；随着肥料用量的增加，每单位肥料所获得的产品增量越来越多，总产量曲线呈凹形，为递增生产力，也叫递增报酬；随着肥料的用量增加，产品的增量越来越少，其总产量曲线呈凸形，为递减生产力，也叫递减报酬；随着肥料用量的增加，产品增量表现为负值，为负生产力。总产量函数曲线见表 16-2。

表 16-2　总产量函数曲线　　kg

肥料投入 x	固定生产力函数			递增生产力函数			递减生产力函数		
	产品量 y	投入增量 Δx	产品增量 Δy	产品量 y	投入增量 Δx	产品增量 Δy	产品量 y	投入增量 Δx	产品增量 Δy
0	0			0	1		0		
1	20	1	20	3	1	3	26	1	26
2	40	1	20	8	1	5	36	1	10
3	60	1	20	16	1	8	42	1	6
4	80	1	20	28	1	12	46	1	4
5	100	1	20	48	1	20	48	1	2

16.3.1.2　平均产量 AP（average productivity）

平均产量或称平均生产率是指单位肥料投入获得的产量，其值等于总产量增量（y）与其对应的肥料用量的比值，平均产量反映的是平均生产力，其计算公式：$AP = y/x$。以一元三次回归方程为例，当 $x = 0$ 时，$\hat{y} = b_0$，所以 $b_1 x + b_2 x^2 + b_3 x^3$ 就是增量部分。

$$AP = \frac{b_1 x + b_2 x^2 + b_3 x^3}{x} = b_1 + b_2 x + b_3 x^2 \tag{16-19}$$

16.3.1.3　边际产量 MP（marginal productivity）

边际产量或称边际生产率。是指在连续增加肥料用量的情况下，每增加一单位肥料所增加的产品量。即产品增量与肥料增量的比值，其计算式为

$$MP = \frac{\Delta y}{\Delta x} \tag{16-20}$$

有人也将上式定义为平均边际产量 AMP，而当 $\Delta X \to 0$ 时边际产量可用微分式表示：

$$MP = \frac{\mathrm{d}y}{\mathrm{d}x} = f'(x) = 3b_3 x^2 + 2b_2 x + b_1 \tag{16-21}$$

16.3.2 肥料生产函数阶段的划分

设 $\hat{y} = 202.144\,325 + 3.997\,213x + 0.078\,791x^2 - 0.000\,992x^3$（式16-21）为水稻肥料效应回归模型，以此为例，图16-12具体地给出了总产量、平均产量、边际产量三者之间的动态关系，结合表16-3，可以从肥效的农化规律与经济规律两个角度划分肥料生产函数阶段。

表16-3　水稻试验边际分析

施肥量 (x) $(kg/667m^2)$ (1)	产量 $\hat{y}$ $(kg/667m^2)$ (2)	增产量 Δy $(kg/667m^2)$ (3)	平均产量 $AP = \dfrac{y}{x}$ (4)	边际产量 $MP = \dfrac{dy}{dx}$ (5)	利润额 (元/667m²) (6)	边际利润率 R (7)	肥料反应曲线阶段划分 依农化规律	依经济规律
0	202.14	—	—	—	—	—		
10	249.14	47.00	4.70	5.30	35.00	3.42	递增阶段 ↑↓	第一阶段 ↑↓
20	306.14	104.00	5.20	6.00	80.00	4.00		
26.666 7	346.71	143.57	5.42	6.13	111.57	4.11		
30	367.14	165.00	5.50	6.10	129.00	4.08		
40.000 0	426.16	224.02	5.60	5.60	176.00	3.67	递减阶段 ↑↓	第二阶段 ↑↓
50	477.14	275.00	5.60	4.50	215.00	2.75		
60	514.14	312.00	5.20	3.20	240.00	1.67		
67.218 4	528.76	326.62	4.86	1.20	245.96	0		
70	531.14	329.00	4.70	0.50	245.00	−0.58	毒效阶段 ↑↓	第三阶段 ↑↓
71.871 8	531.61	329.47	4.58	0.00	243.00	−1		
80	522.14	320.00	4.00	−2.40	224.00	−3		

16.3.2.1 从农化规律划分

从图16-12中可以看出，边际产量曲线 MP 反映了随着施肥量增加时的肥效变化率（rate of change），是典型的二次曲线，其顶点可用式（16-21）求出等于零的一阶导数，也即式16-16等于零的二阶导数：

$$\dfrac{d^2y}{dx} = f''(x) = 6b_3x + 2b_2 = 0 \quad (16\text{-}22)$$

解得 $x = 26.666\,7$，进而代入式16-20求得边际产量最大值为6.13。所以当施肥量介于 $0\sim26.666\,7\,kg/667m^2$ 时，边际产量逐渐增大，表现为肥效递增阶段。超过这一点后边际产量下降，肥效递减，当边际产量降至零时，施肥不再增产。边际产量为零即式16-21等于零：

$$f'(x) = 3b_3x^2 + 2b_2x + b_1 = 0$$

解上式得 $x = -18.548\,9$，$71.871\,8$。舍去负值，将 $x = 71.871\,8$ 代入式16-22即可求得其产量值为 $531.61\,kg/667m^2$，此点亦为产量曲线 TP 的顶点，即边际产量为零时，产量达最大值。此后继续追施肥料边际产量为负值，产量曲线下降，已处于毒效阶段。因此可根据边际产量的最大值和等于零这两个特征数，将整个肥料反应曲线从农化角度划分为递增肥效、递减肥效及毒效三个阶段。

16.3.2.2 从施肥经济规律划分

边际产量与平均产量的关系为：只要边际产量大于平均产量（不管边际产量是递增还是递减），平均产量必然是增加的，如图 16-12。相反地，只要边际产量小于平均产量，平均产量是下降的。因此，必然有一点，边际产量等于平均产量，此时平均产量达到最大值，施肥量（x）对平均产量的一阶导数等于零。

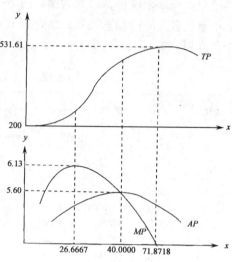

图 16-12 边际分析图

$$\frac{d(AP)}{dx} = \frac{d}{dx}\left(\frac{y}{x}\right) = \frac{x\frac{dy}{dx} - y}{x^2} = x\frac{dy}{dx} - y = 0 \tag{16-23}$$

将 $\frac{dy}{dx}$ 与增产量 y 代入式（16-23），得：

$$x = -\frac{b_2}{2b_3} \tag{16-24}$$

本例中算得 $x=40.0$ 代入平均产量公式 16-19，得最大平均产量 $AP=5.60$。从施肥经济效益角度可将整个曲线划分为三阶段。在第一阶段，当施肥量低于 $40.0 \text{kg}/667\text{m}^2$ 时，平均产量是在不断增加的，即单位肥料所获得的产品量是不断增加的。总产量在提高单位肥料产品量时也在提高，就必然使总纯收益增加，而总纯收益增加是不能停止追加肥料的，否则，就会失去获得更大利润的机会。因此，这一阶段为不合理施肥阶段。在第三阶段，边际产量为负值，随着肥料用量的增加，总产量愈来愈少，经济效益下降，显然，这一阶段也属于不合理施肥阶段。边际产量与总产量的这种变化关系是毫不足奇的，因为根据定义，边际产量恰好是总产量的变化率。

既然肥料生产的第一阶段不能获得最大的纯收益，不能停止施肥，第三阶段施肥的肥料转化效益为负，纯收益愈来愈少，那么，二者之间（平均产量最高点到边际产量为零）的第二阶段应当是合理的施肥阶段，存在着肥料投入的最佳点。

也有人结合农化规律与经济规律将第一阶段于边际产量顶点处进一步划分为肥效递增与递减阶段，即将肥料效应反应曲线综合划分为四阶段，但合理施肥阶段没有变。

16.3.3 一种肥料与作物产量关系的边际分析

在市场经济条件下，农业生产的目标是追求利润最大化。在合理施肥阶段，决定是否继续增施肥料的指标是增施肥料的收益是否超过这份肥料的投资。设

P_y 为产品单价,P_x 为肥料单价,dy 为增施微小量肥料 dx 的增产量,$P_y dy$ 称为边际收益(marginal revenue),$P_x dx$ 称为边际成本(marginal cost):当 $P_y dy > P_x dx$ 时,施用 dx 肥料还可获取利润,总利润还将增加,这份肥料应当施用。而当 $P_y dy < P_x dx$ 时,施用肥料将入不敷出,总利润减少,这份肥料不能投入。

因此边际收益等于边际成本被视为施肥利润最大化的充分条件下,即:

$$P_y dy = P_x dx \tag{16-25}$$

上式也可写成:

$$\frac{P_x}{P_y} = \frac{dy}{dx} \tag{16-26}$$

由于 $dy/dx = MP$,所以式 16-26 表明边际产量等于肥料与产品价格比时可以取得最大利润,对于一元三次多项式模型则有:

$$3b_3 x^2 + 2b_2 x + b_1 = \frac{p_x}{p_y} \tag{16-27}$$

假定每千克尿素单价为 1.2 元,每千克谷子单价为 1.0 元,对式 16-27 求最大利润施肥量,可得方程。

$$-0.003x^2 + 0.16x + 2.8 = 0$$

解此方程得 $x = 67.2184$,($x = -13.8833$,不合实际舍去)。将此 x 值代入生产函数方程式 16-22 可求得最大利润额时的产量为 528.76kg/666.7m²,进而求得平均产量 AP 为 4.86,边际产量为 1.20,最大利润额为 246 元/666.7m²(表 16-3)。

也可用边际利润率(marginal rate of return)来讨论施肥量的经济问题。若设边际收益 $P_y dy$ 与边际成本 $P_x dx$ 之差为利润增量(profit increment),并记作 $d\pi$。将边际成本记作 dI,则二者之比为边际利润率,记作 R。

$$R = \frac{d\pi}{dI} = \frac{P_y dy - P_x dx}{P_x dx} = \frac{P_y dy}{P_x dx} - 1 \tag{16-28}$$

移项:

$$\frac{dy}{dx} = MP = \frac{P_x}{P_y}(R+1) \tag{16-29}$$

当 $R = 0$ 时,式 16-29 就是式 16-26,证明式 16-26 确实为获得最大利润的条件。本例不同施肥量时的利润额及 R 值列于表 16-3 第(6)、(7)两列中。当 $R = -1$ 时,也即 $MP = 0$,所以产量曲线达最高值。考虑到气候及自然灾害等因素的影响,农业生产常采用 $R > -1$ 的施肥量。由于:

$$MP = 3b_3 x^2 + 2b_2 x + b_1 \tag{16-21}$$

所以式 16-29 可写作:

$$3b_3 x^2 + 2b_2 x + b_1 = \frac{P_x}{P_y}(R+1) \tag{16-30}$$

解方程 16-29 可得不同利润率 R 的施肥量,进而求得不同施肥水平下的经济效益,结合实际情况,选择经济效益较大的施肥量。

完整的肥效反应曲线理论上应包括递增、递减与负效应三个阶段。当某种营养元素成为限制因子，在施肥水平的上下限较宽时才能看到递增阶段的肥效反应曲线。由于土壤具有一定的供肥能力，不少试验结果的肥效反应曲线是不完整的。三次多项式以边际产量最高点为转向点分为两部分，转向点之前肥效递增，施肥量应超过这一点。在转向点之后肥效递减，可用二次曲线来近似地描述：

$$y = b_0 + b_1 x + b_2 x^2 \tag{16-11}$$

其平均产量 AP、边际产量 MP 为：

$$AP = \frac{b_1 x + b_2 x^2}{x} = b_1 + b_2 x \tag{16-31}$$

$$MP = b_1 + 2b_2 x \tag{16-32}$$

由于

$$MP = \frac{P_x}{P_y} = b_1 + 2b_2 x \tag{16-33}$$

最佳经济施肥量为：

$$x = \frac{P_x/P_y - b_1}{2b_2} \tag{16-34}$$

不同利润率 R 的施肥量公式为：

$$b_1 + 2b_2 x = \frac{P_x}{P_y}(R+1) \tag{16-35}$$

$$x = \frac{P_x/P_y\,(R+1) - b_1}{2b_2} \tag{16-36}$$

二次式肥效曲线只反映了整个肥效规律中的一个局部，其边际产量式（16-33）为线性方程，表明边际产量按固定的斜率下降，不受施肥量变化的影响，这只是一种近似值而已。

16.3.4 二元一次肥料效应函数的边际分析

在两种肥料配合施用的情况下，由于肥料之间的相互代替作用，使得相同作物产量会有多种肥料的配方类型，二元肥料效应函数常用表达式：

$$\hat{y} = b_0 + b_1 x_1 + b_2 x_2 + b_3 x_1^2 + b_4 x_2^2 + b_5 x_1 x_2 \tag{16-37}$$

即

$$b_3 x_1^2 + (b_1 + b_5 x_2) x_1 + (b_0 + b_2 x_2 + b_4 x_2^2 - \hat{y}) = 0 \tag{16-38}$$

将计划产量 y_0 代入上式中的 $\hat{y}$，可解得 x_1：

$$x_1 = \frac{-(b_1 + b_5 x_2) \pm \sqrt{(b_1 + b_5 x_2)^2 - 4b_3(b_0 + b_2 x_2 + b_4 x_2^2 - \hat{y})}}{2b_3} \tag{16-39}$$

将不同的 x_2 值代入式 16-49 即可求得相应的 x_1，这时 x_1，x_2 的各种施用量组合都可达到计划产量 y_0，每个组合在坐标图上的反映为一个点，这些可能组合的点轨迹称为等产线（isoquant）。同样地，将 x_2 作为变量 x_1 取不同的值也可得到等产线。类似地，$\hat{y}$ 的不同产量各有一条等产线，组成一族等产量曲线图（图16-13）。

从图可以看出，等产量曲线图有两个特点：

（1）在同一给定的肥料生产函数等产线族中，不存在等产线相交的情况。因为每条等产线分别代表不同产量的两种肥料要素的可能组合。

（2）等产量曲线斜率为负。这一特点表示，为生产出给定产量的农作物，一种肥料用量增加而另一种肥料用量减少，两种肥料之间是可以相互替代的，这种肥料施用量变化的比值称为边际代替率（marginal rate of substitution），记作 $\dfrac{dx_1}{dx_2}$。显然，边际代替率就是等产线上某一点处的斜率，都是负值。

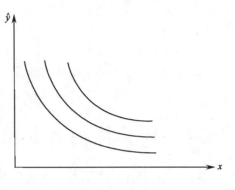

图 16-13　等产量曲线图

$$\frac{dx_1}{dx_2}=\frac{\partial \hat{y}/\partial x_2}{\partial \hat{y}/\partial x_1}=\frac{b_2+2b_4x_2+b_5x_1}{b_1+2b_3x_1+b_5x_2} \tag{16-40}$$

肥料配合中的边际代替率与营养元素之间在植物生理上的不可代替并不矛盾。当肥料配合比例不合理时，总有一些养分处于不合理的状态，调节某种养分的用量可使其他养分变得相对合理，这时在施肥上就表现为肥料之间可以相互代替，这正是营养元素在生理上不可代替的证明，而且也证明了两种肥料在施肥上的相互代替是有一定限度的，肥料间的任意变动将会使实得产量偏离等产线。

由于肥料之间的相互代替作用，生产出等产量产品会有多种肥料配方类型。而不同肥料品种的价格是不一样的，所以必须寻求肥料要素的最佳组合，使生产某一定量产品所耗费的各要素的生产成本最低，以获得最大利润施肥配方类型。为解决这一问题，需研究各种肥料配合施用的利润方程：

$$L=P_y y - F - x_1 P_{x_1} - x_2 P_{x_2} \tag{16-41}$$

式 16-41 中 L 表示利润，yP_y 表示产值，F 表示固定成本，x_iP_i 表示某种肥料成本。根据数学的极值原理，要使 L 取最大值，需 L 对 x_i 的一阶偏导数等于零：

$$\begin{cases}\dfrac{\partial L}{\partial x_1}=P_y\dfrac{dy}{dx_1}-P_{x_1}=0\\[2mm] \dfrac{\partial L}{\partial x_2}=P_y\dfrac{dy}{dx_2}-P_{x_2}=0\end{cases} \tag{16-42}$$

整理方程组得：

$$\begin{cases}P_y dy = dx_1 P_{x_1}\\ P_y dy = dx_2 P_{x_2}\end{cases} \tag{16-43}$$

所以，当 $P_y dy = dx_1 P_{x_1} = dx_2 P_{x_2}$，即 $dx_1/dx_2 = P_{x_2}/P_{x_1}$ 时，L 取得最大值，表明当两种肥料的边际代替率等于其价格比的倒数时，获得最大利润施肥量的最佳配方。也就是：

$$\frac{b_2 + 2b_4 x_1 + b_5 x_1}{b_1 + 2b_3 x_2 + b_5 x_2} = \frac{P_{x_2}}{P_{x_1}} \tag{16-44}$$

式 16-44 就是经济效益最大的等斜线（isocling），落在这条等斜线上的各种 x_1、x_2 配比都可获得最大的经济收益。

对于三元以上的二次多项式可以参照二元二次求出合理施肥量。

16.4 计算机技术在推荐施肥中的应用

推荐施肥模型是人们在长期农业生产实践中对客观与具体的总结和一般性的描述。人们通过对模型的认识来增强对付复杂的大规模问题的处理能力，使人们尽可能地按客观规律办事。电子计算机具有运算迅速、精确度高、存贮量大，能作逻辑判断等优点，在科学计算、自动控制、数据处理、信息加工等领域中广泛应用。在合理施肥方面，国外 1970 年前后出现了电子计算机推荐施肥（recommended fertilization）新技术。近年来人们利用计算机求解人工难以计算的肥料效应方程，然后在推荐施肥方法和模型的基础上，利用各种信息技术，帮助收集管理信息、处理信息和应用信息。

16.4.1 模型的选择、建立及推荐施肥的计算

肥料效应函数是基于大量的田间试验数据的统计模型。当试验因素（p）与水平数 r 较多时，完全实施的试验处理组合数（$N = r^p$）必然十分庞大，试验实施困难很大。采用不完全实施方案，不仅要求处理数少，便于执行，而且试验方案应有较好的统计性质，能为肥料效应函数提供精度高的参数，回归的最优设计（optimum design）能较好的解决这一问题，其设计方案就是依靠电子计算机数值方法反复迭代计算构造而成的。

用数值方法构造的最优设计试验方案只是在统计学原理上最优的，从专业要求看未必最优，因此对数学家设计出的优化试验方案还必须从农化专业角度进行必要调整，使其从专业角度达到比较合理的前提下，具有较好的统计性质。即使按照事先规定好的数学模型设计的最好的试验方案执行试验，所获得的试验数据却不一定适合预定的数学模型，这时必须就已得的数据选择适当形式的新肥料效应函数模型，或者创造性的改造这一数学模型的参数估计方法。

在施肥模型建立以后，推荐施肥的计算亦十分复杂，有时要求对所有可能的处理组合运算一遍，得到利润最大的推荐施肥方案、最高产量的推荐施肥方案。所有这些工作技术性强、计算量大，必须借助电子计算机才能完成。

16.4.2 推荐施肥系统

16.4.2.1 计算机大面积经济施肥推荐系统

刘光崧等在 20 世纪 80 年代末将数据库、试验设计与正交多项式肥料效应函

数模型相结合，建立适用于县级经济施肥的推荐系统。该系统包括用于管理肥料试验数据的土壤肥力数据库和试验数据处理系统。数据库包括有地点、试验单位、土壤理化分析、试验编码、回归系数、趋势系数、试验产量等内容。为了便于开展施肥研究和应用，还提供可任意增减的农化专业常用数据文件。试验数据处理系统除了包括一般的数理统计软件之外，还根据施肥建模的需要，提供施肥研究中的试验设计、数据处理、正交多项式肥料效应函数模型、包括环境因子的综合建模、轮作和施肥建模、以及实际应用的辅助功能。例如，提供试验点数据的归类综合（综合归类和平均归类），二维和三维图形显示等产量图、等利润图以及旋转的施肥与产量三维关系图等。该系统良好的人机对话操作条件，适于县级农业部门推广使用。

16.4.2.2 施肥专家系统

专家系统是人工智能的一个分支。它利用计算机模拟某领域的专家在解决某个任务时所具有的技能，对各种特定实际问题给予高水平的解答。各种数据、公式、方法和经验等信息知识是专家系统的核心。将施肥知识表示为规则性的知识，放在知识库中然后经过推理去寻求答案，为施肥专家系统的根本任务。

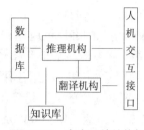

图 16-14 专家系统结构框

专家系统常见结构见图 16-14。知识库用于存放施肥领域的知识，数据、公式、方法、经验以及信息等可看作知识，研究如何获取知识、表达知识、运用知识。运用知识是专家系统的基本任务。推理机构控制整个专家系统进行工作、求解问题。翻译机构用于向用户解释"为什么"之类的发问。人机交互接口是用户与专家系统进行联系的部分。施肥知识可以表达为一系列的规则，放在知识库里，然后经过推理去寻求答案，这种知识的表示方法叫规则方法。它的表示格式为：

$$\text{If } \{A\}, \text{THEN B}$$

{A} 表示若干条件因素的集合，B 表示结论因素。条件因素集合中，各条件因素可以是"与"或"或"的关系，或者是它们的组合。专家系统需要用户回答有关土壤养分（碱解氮、速效磷、速效钾）、土壤肥力等级、不施肥产量、前三年平均产量参数，以推理方式解答用户所提出的问题。

16.4.2.3 数据库、模型库、地理信息系统综合的施肥决策支持系统

决策支持系统（Decision Support System）是目前迅速发展起来的新型计算机学科。在应用中人们发现，计算机推荐施肥系统仅使用现存的测土施肥法模型或肥料效应函数模型很难满足实际需要。由于市场需求新品种的引入，种植制度的改变以及土壤肥力的变化，导致所需解决的问题越来越复杂，所涉及的模型越来越多，决策支持系统的新特点是增加了模型库和模型库管理系统。它把众多的模

型有效地组织和存储起来,并建立模型库和数据库的有机结合。北京农大王光仁等开发的作物施肥综合调控系统,将数据库、模型及经验校正相结合,综合考虑气候、轮作、土壤肥力等因素,提出施肥建议。南京土壤所施建平等人开发的红壤地区施肥决策支持系统利用功能强大的关系数据库建立施肥知识库,将知识表示为时间、地点、主题词相关联的关系数据(包括文章、统计图形、土壤图、养分图、天气图、产量图、模型等)。利用知识间关系建立的各种模型和由模型间关系建立的模型使用规则,帮助用户探索分析,建立决策依据。同时,数据库技术和地理信息系统技术相结合为空间分布的土壤、作物产量、气候以及不同生态环境下的施肥经验提供了空间数据管理和空间分析拓展的有效工具。

16.4.2.4 基于 Web 的施肥咨询数据库和在线模型计算

Internet 又称国际互联网,是由一组通过协议和工具连接在一起的成千上万个计算机网络的集合,在互联网上最广泛的应用是 WWW 服务,WWW 服务中用于发出请求的客户机应用程序称为 Web 浏览器,存储文件和数据库的服务器称为 Web 服务器。基于 Web 查询的施肥决策支持数据库能最大限度地取得决策所需要的各种信息,利用各种模型帮助用户探索分析,制定决策依据。在线模型计算是 Web 应用的又一趋势。人们能过 Web 服务器公共数据网关与计算程序相连接,输入当地气象、栽培及土壤数据,通过模型得到所需的施肥量数据。Greenwood 等人开发的氮肥作物响应模型模拟 25 种作物在施加氮肥后的生长响应过程,可以通过 Internet 网络免费直接运行(http://www.qpais.co.uk/hable/nitrogen.htm)。

16.4.3 精准农业

精准农业(精确农业,精细农业)(precision agriculture 或 precision farming)技术(3S 技术)是将信息技术与作物栽培管理辅助决策支持技术,农学、农业工程装备技术集成应用于农田"高产、优质、高效"的现代化农业精耕细作技术。千百年来,人们习惯以田块为基础,把耕地看作是具有作物均匀生长条件的对象进行耕作、施肥等田间管理。实际上,在同一农田内,地表上下的诸多因素影响着作物生长和产量,存在着明显的空间差异。

精准农业的含义是按照田间每一操作单元的具体条件,精细准确地调整各项土壤和作物管理措施,最大限度地优化各项农业措施以获得最高产量和最大经济效益,同时保护农业生态环境,保护土地等农业自然资源,其核心技术是地理信息系统(GIS)、全球定位系统(GPS)、遥感技术(RS)和计算机自动控制系统。其特点是应用地理信息系统将已有的土壤和作物信息资料整理分析,作为属性数据,并与矢量化地图数据一起制成具有实效性和可操作性的田间管理信息系统。在此基础上,通过 GIS、GPS、RS 和自动化控制技术的应用,按照田间每一操作单元(位点)上的具体条件,相应调整物质的施入量,达到减少浪费、增加收入和保护农业资源及环境质量的目的。

16.4.3.1 地理信息系统（GIS）

地理信息系统是 20 世纪 60 年代后期由加拿大人 Tomlinson 首先提出的。它是一种处理空间信息的软件系统，可用于组织、分析和图示同一区域内各种类型的空间信息资料。应用 GIS 可以将土地边界土壤类型、地形地貌、排灌水系统、历年的土壤测试结果、化肥和农药等使用情况以及历年产量结果做成各自的 GIS 图层管理起来。通过历年产量图的分析，可以看出田间产量变异情况，找出低产区域，然后通过产量图和其他相关因素图层的比较分析，找出影响产量的主要限制因子，在此基础上，制定出该地块的优化管理信息系统（management information system, MIS），用于指导当年的播种、施肥、除草、防治病虫害、中耕、灌水等管理措施。同时，当前的各项管理措施又作为一个新的 GIS 图层储存起来，用于下一季作物管理的决策参考。对于某一管理措施做出的实施计划也用 GIS 系统管理。以施肥为例，按照某一地块的土壤测试结果，历年施肥历史和产量情况（均以 GIS 图层表示），制定出当季作物在不同位点上的各种养分适宜用量，做成 GIS 施肥操作指导系统（图层），然后转移到自动化控制变量施肥机上，实施该地块的自动变量平衡施肥。

16.4.3.2 全球卫星定位系统（GPS）

全球卫星定位系统是利用地球上空的 24 颗通讯卫星和地面上的接收系统而形成的全球范围定位系统，最初用于军事目的。

GPS 在精准农业上用于田间作业机具的准确定位，在翻耕机、播种机、田间取样机、施肥喷药机、收割机等机具上安装 GPS 接收器，可以准确指示机具所在位置的坐标，使操作人员可以按计算机上 GPS 操作指示图进行定点作业。

16.4.3.3 遥感信息技术（RS）

遥感信息技术是获得作物生长环境、生长状况和空间变异信息最实时、最有效的方法之一。在精准农业中，遥感信息用于作物病虫害的防治、作物追肥等具有很大潜力。但是，目前所用的地球资源卫星数据，地面分辨率为 25~30m，对作物施肥来讲，似乎有点太粗。所以，以施肥为目的遥感信息最好是航模遥感、航空遥感或其他形式的近地面遥感。同时，遥感信息的翻译也是精准农业重要的研究内容，主要是根据作物长势、叶色等判断土壤养分状况，结合土壤养分的测定，用于施肥决策。

16.4.3.4 "3S" 施肥技术应用举例

目前，精准农业已涉及到施肥、植物保护、精量播种、耕作和水分管理等各有关领域，又以土壤养分管理和施肥方面的技术最为成熟。

在美国和加拿大的大型农场上，农场主在农业技术人员指导下，应用 GPS 取样将田块按坐标分格取样，约 0.5~2hm² 取一土壤样品，分析各单元格（田间操作单元）内土壤理化性状和各大中、微量元素养分含量。应用 GPS 和 GIS 技术，做成该地块的地形图、土壤图、各年的土壤养分图等。同时在联合收割机上装上 GPS 接收器和产量测定仪，在收获的同时 GPS 每隔 1.2s 定点一次，同时记载当时当地的产量，然后用 GIS 做成当季产量图，所有这些资料，均用来作为下一年施肥种类和数量的参考。作施肥决策时，调用数据库内所有有关资料进行分析，主要按每一操作单元的养分状况和上一季产量水平，参考其他因素，确定这一单元格的各种养分施肥量，应用 GIS 做成各种肥料施用的施肥操作指挥系统（GIS 施肥操作图层）。然后转移到施肥机具上，指挥变量平衡施肥。变量施肥机有用传统的施肥机改装的一次作业施一种肥料的简易型和新研制的大型多种肥料同时变量施肥的机具两种类型。传统的施肥方式是一个地块内使用一个平均施肥量。而精准农业施肥技术（又称自动变量施肥技术，Variable Rate Fertilization）实现了每一操作单元上因土因作物全面平衡施肥，因而大大提高了肥料利用率和施肥经济效益，同时减少了多余肥料对环境的污染。例如，1994 年美国的明尼苏达州南部汉斯卡农场，按传统的测土推荐施肥的施氮量为每公顷 147kg 氮素，而按精准农业变量施肥技术实际施氮量变幅为 0～204kg/hm^2，平均仅为 101kg/hm^2。1993 年在明尼苏达州的扎卡比森甜菜农场，传统的推荐施肥是每公顷施纯氮 192kg，而精准农业变量施肥技术施氮量在 35～149kg/hm^2，肥料的投入每公顷平均减少了 15.7 美元，同时，甜菜含糖量与产量均有所增加，经济效益明显提高。

16.4.3.5　精准农业在我国的应用前景

精准农业一改传统农业经验型的粗放管理为科学精确的数字管理，许多学者把精准农业看作是 21 世纪中国农业发展的模式之一。然而，我国的土壤养分管理和施肥技术极少应用 GIS 等技术进行研究，现有的有限资料也分散在各有关单位，未能真正在生产上发挥作用，以致于施肥上存在有很大盲目性。氮磷钾肥比例不合理，中、微量元素缺乏且不能及时纠正，肥料利用率低，氮肥当季利用率平均为 30% 左右，肥料效益没能充分发挥。因此，我们必须在充分了解国际上精准农业发展的理论基础和技术原则的基础上，结合我国具体情况，研究发展适用的精准农业技术体系，推动我国农业生产持续稳定发展。

纵观我国国情，从条件和需要两方面分析，我国实现或部分实现精准农业是可能的：①我国农业机械化水平的技术给精准农业的应用提供了前提，据估计：至 2012 年，我国耕作的机械化率将达到 85% 以上，农作物机播率将达到 80%，作物收获机械化率将达 60% 以上，至此，我国将基本实现农业机械化。②我国农技服务体系的改革为精准农业提供了技术保障。精准农业的实现，需要一套技术服务队伍，随着我国农技服务体系由计划经济模式向市场经济模式转轨的完成，将建立从农业部的农技推广中心到各省、市、县的农技推广站一整套适合新体制的农技推广机构。精准农业的实现，将给予广大基层农业技术服务人员提供施展才华的机会。③农业生产与环境保护需要精准农业。随着自然农业思潮的兴起以及人们对环境污染的关注，人们夸大了化肥对农产品质量、安全和环境的负面影响。科学研究表明，化肥本身是无害的，因化肥而造成的危害是不科学、不合理地施用化肥之故。因此，在我国实施精准农业，一方面可以显著提高土肥水资源的利用效率、减少环境污染、提高农产品质量、促进农业机械化进程，解放农村劳动力，使农业以较快的速度进入现代化行列。

然而，精准农业是在发达国家大规模经营和机械化操作条件下发展形成的技术体系，我国以家庭联产承包责任制为主的分散经营状况在近期内不可能有较大改变。另一方面，由于在土壤养分状况、养分管理和施肥技术体系方面的研究基础较为薄弱，现有的资料也比较分散。因此，如何将精准农业技术体系运用于我国农村分散经营的状况，尚需进一步研究。

精准农业将有利于推动我国农业生产知识化与信息化的进程，将成为21世纪合理利用农业资源，提高农作物及农副产品产量，降低生产成本，改善生态环境的最有力的前沿的研究领域之一。

复习思考题

1. 肥料效应模型有哪些类型，各模型适用性如何？
2. 如何对不同条件下得出的试验结果选配适合的数学模型，选择肥料效应模型的方法有哪些？
3. 肥料生产函数包括哪些阶段，如何确定经济最佳施肥量？
4. 计算机技术在推荐施肥中有哪些应用？
5. 精准农业的含义是什么，包含哪些核心技术，在我国的应用前景怎样？

本章可供参考书目

植物营养研究法．毛达如．中国农业出版社，1994

施用技术与农化服务．徐静安等．化学工业出版社，2001

试验研究与统计分析．白厚义，肖俊璋．世界图书出版社，1998

农作物配方施肥．慕成功，郑义．中国农业出版社，1995

精准农业与土壤养分管理．金继运，白由路．中国大地出版社，2001

第17章 主要作物的施肥技术

【本章提要】 获得高产和优质的作物品种是施肥的重要目的。科学施肥需要植物营养学、土壤学、作物栽培学和气象学等多方面的知识。本章主要介绍粮食作物、经济作物、果树和草坪的营养特性和施肥技术。实际上，本章所介绍的内容是前面各章有关知识在施肥实践中的综合应用。

17.1 粮食作物的施肥技术

在所有栽培作物中，粮食作物占的比重最大，种类及品种最多，其中水稻、小麦、玉米、薯类作物占90%以上。本节主要讨论水稻、小麦、玉米三大粮食作物的营养及施肥技术。

17.1.1 水稻的施肥

水稻是我国最重要的粮食作物之一，城乡人口中有50%以上以稻米为主食。因此，水稻在粮食结构中占有重要的位置。从全球来看，我国是水稻的主要产区之一，南自热带北纬18°9′（海南岛崖县），北至北纬53°29′（黑龙江省漠河）均有分布。南方以种植籼稻为主，北方以种植粳稻为主。种植面积为 $0.23 \times 10^8 hm^2$，占全国粮食作物总面积的1/4以上，产量占全国粮食总产的44%，单产比世界平均水平高65%，居世界第一。

水稻的合理施肥是一个复杂的问题。我国有着悠久的种植历史，积累了丰富的施肥经验。水稻的施肥需要根据其不同品种的营养特性、肥料性质、土壤条件、气候及生态环境等多种因素来确定施肥的时间、施肥量、肥料品种和施肥方法。水稻合理施肥不仅能提高肥料利用率、水稻产量及品质，还能提高稻田土壤的肥力，保护生态环境，有利于农业的可持续发展。

17.1.1.1 水稻的营养特性

在水稻的整个生长过程中，淹水条件下生长的时间较长，形成了水稻与其他作物不一样的生理特性。因此，水稻的营养特性与其他作物相比有较大差异。水稻的整个生育过程可分为营养生长和生殖生长两大时期，在这两个时期中，其营养吸收与代谢规律显著不同。营养生长主要是以营养体即根、茎、叶等营养器官的生长为主，植株不断扩大，为生殖生长积累养分。在此期间对营养元素的吸收和同化最为旺盛，其生理代谢以氮素代谢最为活跃。施肥的目标在于壮苗，促进水稻分蘖，确保单位面积有足够的有效穗数。生殖生长主要是生殖器官的形成，以开花、结实和籽粒充盈的生长为主。在此期间植株体积的扩大逐渐减弱，合成的碳水化合物大部分被运输到种子中积累，其生理代谢以碳素代谢最为活跃。施肥的目的在于促进穗齐、穗大、籽粒饱满。这两个阶段是相互联系的，营养生长是基础，良好的营养生长能促进生殖生长，实现优质高产。由于水稻种植在不同的地域，受海拔高度、纬度及品种的影响，两个生长时期的出现时间与衔接有所变化，故应充分考虑营养生长和生殖生长出现的时间，调整施肥措施。在高寒地区，营养生长和生殖生长两个阶段的衔接形式为重叠型；在温带地区，营养生长和生殖生长两个阶段的衔接形式为连续型；在温热地区，营养生长和生殖生长两个阶段的衔接形式为分离型。多数品种的水稻一般苗床 40 天，插秧到分蘖 40 天，拔节到孕穗 40 天，灌浆到收获 40 天。

水稻的生长发育需要吸收 N、P、K、Ca、Mg、S、Cu、Mn、Fe、Zn、Cl、B、Mo 等必需的营养元素。与其他作物相比，水稻对硅吸收量较大。通常，水稻植株的含氮量为干重的 1%~4%（下同），含磷量为 0.4%~1%，含钾量为 0.5%~5.5%，含钙量为 0.3%~0.7%，含镁量为 0.5%~1.2%，含硫量约为 0.2%~1.0%。水稻微量元素含量很低，铁 200~400mg/kg，锰 500~1 000mg/kg，锌 15~30mg/kg，钼 0.2~2mg/kg，氯 150~990mg/kg。

17.1.1.2 水稻对氮、磷、钾的吸收及肥料效应

水稻对养分的吸收量可以通过收获物总量和养分含量来计算。据国际水稻研究所的研究资料，栽培 IR36 水稻品种，产量为 7.2t/hm^2，每吨稻谷带走氮 14.3kg，磷 1.8kg，钾 2.1kg，同时稻草带走氮 6.4kg，磷 0.5kg，钾 20.3kg，以及其他养分。我国南方各水稻产区的综合试验结果表明（表 17-1），每生产 100kg 稻谷产量，水稻植株吸收三要素的量分别为：氮 1.65~2.80kg，磷 0.73~1.20kg，钾 1.65~4.32kg。品种、产量、栽培条件不同，水稻对氮、磷、钾的吸收量也有一定差异。

表 17-1 水稻形成 100kg 经济产量吸收的氮、磷、钾量

稻 别	形成 100kg 经济产量所吸收的养分数量（kg）			$N:P_2O_5:K_2O$
	N	P_2O_5	K_2O	
双季早稻	1.65~1.80	0.80~1.02	1.65~3.82	1:0.52:1.57
双季晚稻	1.71~1.90	0.73~0.91	2.36~3.12	1:0.46:1.57
杂交早稻	2.10~2.80	0.40~1.20	2.29~4.32	1:0.44:1.36
杂交中稻	2.19~2.39	0.83~1.13	2.43~3.50	1:0.43:1.30
杂交晚稻	2.30~2.60	0.93~1.14	2.56~3.69	1:0.42:1.35

一般而言，高产水稻吸收养分的数量高于低产水稻；粳稻吸收养分的数量高于籼稻；同是籼稻，晚稻吸收养分的数量高于早稻。杂交水稻与常规水稻相比，

单位产量吸收的氮、磷量较接近,钾的吸收量杂交稻则明显高于常规稻。

水稻随生育期的不同,氮、磷、钾三要素的含量有较大变化,同时植株干物质累积量增加也会导致养分含量发生变化。含氮量最高在苗期至分蘖后期,含量约为3%~3.2%,分蘖后含氮量下降,拔节期变化趋于平缓,含量约为1.5%~2.0%。在苗期,水稻干物质积累不多,单位干物质的含氮量较高;在生长中后期,植株的干物质积累量大,氮的积累量增加,但单位干物质的含氮量相对减少。盆栽和田间试验表明,随着施氮量的增加,由于无机氮被转化成有机氮时,需要呼吸作用的中间产物——有机酸作为氮的受体,从而消耗较多的碳水化合物。因此,水稻各器官的碳水化合物(例如淀粉)的含量随着施氮素水平的提高而降低,但叶片、叶鞘和谷粒的蛋白质含量却有不同程度的提高。磷在整个生育期的变化较小,一般在0.4%~1.0%之间,吸收的高峰期常常出现在拔节期,含量为0.8%~1.0%,到灌浆期逐渐下降。在成熟期,由于大量的磷转移到籽粒,茎、叶中的磷含量只有0.4%~0.6%。水稻含钾量出现的高峰期与磷相似,也在拔节期,但变幅较大,高达3.5%~5.4%,但在成熟期的含量只有2.5%左右,且不同水稻品种钾含量的差异明显大于氮和磷。

在水稻的不同生育时期,氮、磷、钾的吸收量与各时期的干物质积累有着密切的关系。水稻对氮、磷、钾养分的吸收量与干物质积累的曲线走向大致相似,但养分吸收量的最快时期一般不是干物质积累量最大的时期。

不同类型的水稻吸收肥料有较大差异。单季稻、双季稻、三季稻由于种植的区域不同,生育期的长短有较大差异,不同类型、不同品种的水稻对养分的吸收受生育期和积温的影响。

杂交型水稻吸收养分特点不同于常规水稻。目前我国种植的杂交水稻中,籼稻类型较多,也有部分粳型杂交稻。杂交稻的全生育期因栽培的地区和类型不同有一定差异。在南方双季稻区,早稻的全生育期120~135天;在长江下游及北方的单季稻区,中稻和单季晚稻全生育期135~155天。杂交水稻的根系发达,吸收养分的潜力明显高于常规水稻。杂交稻虽然产量一般比常规稻高,但是除单位重量对钾的吸收量明显较高外,吸收氮、磷的量并不高于常规稻。由于杂交水稻的产量高于常规稻,单位面积的需肥总量仍相对较高,以产量为 7.5t/hm² 计,杂交水稻对养分的吸收量为 N 150kg/hm²,P_2O_5 67.5kg/hm²,K_2O 262.5kg/hm²。杂交水稻的前期和中期生长势很强,从幼穗分化到抽穗期,干物质的积累占总量的60%~70%,不同于一般水稻品种。从分蘖到孕穗初期,杂交水稻对养分(氮、磷、钾)的吸收量约占总量的70%左右,但孕穗至齐穗期吸收养分的比例较小,进入齐穗期后可吸收占总量约20%左右的养分。因此,保持前期的供肥强度和后期养分的持续供应是杂交水稻高产的基础。

17.1.1.3 水稻土的供肥特性

水稻所吸收的养分来自两个方面,一部分由土壤供给,其他部分由施肥提供。土壤供给的养分与水稻的产量有密切的关系。土壤供肥量高,所能达到的基础产量和最高产量都高；土壤的供肥量低，基础产量和最高产量也低。

水稻土中的养分一般可以分为潜在养分和有效养分，前者以有机质和水不溶性矿质养分为主，后者主要是弱酸溶性和交换性的养分。在适当的条件下，潜在养分和有效养分可以互相转换。

根据水稻土的水文发育特性，可将它们分为淹育型、潜育型和潴育型三种。由于发育的水文条件有所不同，其肥力水平和供肥能力差异较大。淹育型水稻土所处的地形及位置较高，发育不深，排水良好，但常受到冲刷，其土壤有机质和养分含量一般较低，土性不良，若水源不足还易受旱，产量不高；潴育型水稻土一般位于冲积平原和丘陵谷地，排灌条件好，可以水旱轮作，是肥力水平较高的类型；潜育型水稻土通常处于低洼地带，排水不良，长期积水，土壤的氧化－还原电位过低，还原性物质在土壤中积累，常常危害水稻根系，出现黑根、烂根的现象。在长期积水的条件下，土壤温度低，抑制土壤微生物的活性，土壤有机物质分解缓慢，潜在养分难于释放，养分的有效性不高。这类土壤经过排水、通气、烤田等措施，可以改善原来土壤的理化性状，提高水稻产量。

17.1.1.4 水稻施肥技术

（1）**水稻秧田施肥技术** 培育水稻壮秧是优质高产的重要环节，所谓"秧好一半禾"。合理施肥是培育壮秧的关键的措施之一。虽然不同的水稻类型（早、中、晚稻）的生育期不同，但水稻秧苗的质量要求是一致的，要达到苗齐、匀、壮的标准，掌握秧田的施肥是一个重要的环节。

在水稻秧田阶段，所需要的养分以氮最多，其次是磷、钾等养分。因此，单纯施用有机肥料不能在数量和时间上及时地满足秧苗的生长需求，必须适时施用化学氮、磷、钾肥。在一般情况下，根据秧苗的长势，追施适量的氮肥。近年来由于有机肥的施用不足，在秧田整地时也作基肥施用，可达到以肥肥土，以土肥苗的作用，保证供肥均衡，秧苗生长健壮、整齐。在适量施用基肥的基础上，播种后15天左右，秧苗长至两叶一心或三叶一心时，可第一次追施"断奶肥"，每 $667m^2$ 追施尿素2.5kg或其他等氮量的化学氮肥。秧田的第二次施肥一般称为"起身肥（或送嫁）肥"，在移栽前2~3天施用，用量为每 $667m^2$ 尿素8~9kg。从生理上看，这时秧苗处于"增氮而不会大量耗糖"时期，施用氮肥使秧苗体内糖、氮水平含量适中，根系发育好，有利于拔秧移栽。

在秧田期磷肥的吸收总量虽然较少，但是，磷对于细胞的增殖和新生根的发育均有其重要作用。特别是在早、中稻育秧季节，由于秧田淹水期短，气温低，土壤中磷的有效性不高，增施速效磷肥对培育壮秧是非常重要。一般每 $667m^2$ 用过磷酸钙25~50kg，以作基肥为最好。

钾是秧苗阶段需要较多的养分之一。秧田施钾肥不仅能促进根系发育，改善秧苗质量，促使移栽后早日恢复生长，而且还可减少阴暗天气、阳光不足对光合作用的不利影响，提高秧苗的抗寒、抗病等抗逆能力。由于在早、中稻育秧期间，正是低温阴雨、光照不足，增施钾肥显得尤为重要，一般每 $667m^2$ 施用3~

5kg 氯化钾的效果较好。

随着复种指数增加，化学氮、磷、钾肥施用的提高，水稻产量的增加，致使养分供给的平衡状况发生变化。在我国的一些地区，已经出现了微量元素，尤其是锌缺乏的现象。因此，在秧田施用适量的锌肥有利于秧苗的生长，一般施用量为每 $667m^2$ 施用 1kg 硫酸锌。此外，还应注意根据不同地区的土壤养分状况施用其他微量元素肥料。

（2）水稻本田施肥技术

①双季稻

早稻　早稻生育期短，一般为 60~90 天，营养生长与生殖生长重叠时间长，通常在分蘖盛期前后出现养分吸收高峰期，而后吸收急剧下降，具有对养分吸收持续时间短而早的特点。早稻生育前期气温低，土壤的供肥能力差；但后期气温高，土壤的供肥能力也随之提高。因此，根据早稻的生长特性和土壤供肥特点，施肥方法通常为施足基肥，早施追肥，以协调早稻需肥与土壤供肥的矛盾。在我国，早稻施肥一般原则是：前重、中轻、后补。在施足基肥的基础上，分蘖期前追肥一次，促进有效分蘖，提高成穗率。在移栽后的 5~7 天施用分蘖肥，至顶叶伸出以前一般不施肥。在此时期，早稻的生理代谢先是氮素代谢为主，然后转化为碳氮代谢并重，故前期吸收的养分为幼穗分化、穗粒形成及发育打下良好的物质基础。在水稻生长发育中期，应根据各地不同的情况在抽穗前后追肥一次，目的是提高籽粒的饱满度和产量品质。在水稻生长发育后期，为了防止早衰，可根据生长情况看苗补肥。就施肥量而言，全部有机肥和 70%~80% 氮、磷、钾肥作为基肥，20%~30% 的化学肥料用作追肥。

晚稻　晚稻的营养生长与生殖生长同早稻一样也属于重叠型，由于晚稻的秧苗期较长，营养生长主要在秧田中渡过，因此吸肥高峰出现较晚，但吸收高峰下降速度也较缓，后期吸收养分的数量比早稻多。晚稻生长的前期气温较高，生长后期气温较低，土壤的供肥特点与早稻相反，因此晚稻的施肥与早稻不同。晚稻施肥的原则是施足基肥，早施追肥，增加后期追肥量。在南方高温地区，多种植晚熟品种，提高穗肥的施用量可获得高产。但是，值得注意的是在我国长江中下游地区，后期气温下降较快，后期施肥过多可能引起贪青晚熟，造成减产。因此，在不同的地区，晚稻的穗肥施用量应根据各地的特点来确定。

②单季晚稻和中稻　单季晚稻和迟熟中稻的生育期较长，一般为 90~120 天，整个生长期的温度较高，土壤供肥能力较强。就水稻营养生长和生殖生长的关系而言，单季晚稻为分离型，中稻为衔接型。所以，它们吸收养分有两个明显的高峰期，一个出现在分蘖期，另一个出现在幼穗分化期，后者的吸收高峰大于前者，这表明单季晚稻和中稻的穗肥作用更为重要。一般施原则为"前轻、中重、后补足"。在施肥时，既要重视分蘖肥，又要重视穗肥的施用。近年来，有机肥施用量减少，施肥和田间管理趋于简化，单季晚稻和中稻一般采用的施肥方法是：全部磷、钾肥做基肥，氮肥用量占总氮量的 2/3；在分蘖期和幼穗分化期，追施剩余的氮肥。在不同地区，气候、土壤及品种有较大差别，在施肥上要

根据具体情况调整施肥方案。

目前我国杂交水稻的种植面积大，对杂交水稻的栽培与施肥研究较多，总结出了许多种植技术。在生产上大面积推广的优良品种，由于生理上具有较强的杂交优势，表现为根系发达，生长迅速、物质运输快，光合效率高，前期和中期长势强。在施肥不足的情况下吸肥量超过施肥量，说明杂交水稻对土壤中潜在养分利用能力强。根据研究每千克稻谷产量所需的养分，除钾素的需要量较多之外，氮、磷的量与常规稻差异不大，但是杂交稻前期吸收养分的能力较强，需要提高土壤的供肥水平才能满足其需要。因为杂交水稻的分蘖强，种植密度稀，生长前期必须要有足够的养分才能发挥其单株吸肥的优势，提高有效分蘖数，为高产打下基础。

对于杂交水稻的施肥技术，目前由于各地的生态环境、品种不同，施肥的措施也不一致。江苏徐州地区农业科学研究所（1981）提出了单季杂交稻"早发、中稳、后健"的施肥方法，即施足基肥和分蘖肥，达到 $700kg/667m^2$ 左右的稳定产量。四川省农科院土肥所在成都市 4 种土壤上进行的杂交水稻施肥期和不同养分比例的试验表明，杂交中稻重施基肥，特别在土质带泥的水稻田，基肥比重甚至可达 100%，基肥不足或不施基肥的均比全用作基肥的减产 10% 左右。其原因是基肥不足，前期供肥强度低，分蘖不足，影响产量。7~8 月是水稻生长的中后期，气温、土温都较高，氮肥作追肥用量稍多会造成贪青晚熟，易倒伏。贵州农学院 1990 年同位素 ^{15}N（尿素）的试验，在施用有机肥 $1\,000kg/667m^2$、2/3 的氮肥基础上，其余氮肥作为分蘖肥、穗肥追施处理的产量最高。

湖南省衡阳农科所（1985）对杂交水稻施氮的研究结果表明，早稻前期对氮的吸收较少，占本田生育期总量的 16.0%，中期吸收氮占本田总量的 46.8%，后期吸收氮比例仍高达 37.1%。晚稻则不同，前期吸收氮量占本田总量的 26.6%，中期占 51.1%，后期占 22.2%；吸钾量则无论早、晚稻都以中期最高。因此采用的施肥方法是"稳前攻中"，适当降低杂交晚稻基肥和分蘖肥的数量，增施穗粒肥，以降低无效分蘖形成良好的群体结构，不致使营养生长过旺而影响生殖生长，提高后期的供氮以利于增加粒重。

综上所述，杂交水稻在需要高肥水的条件下才能发挥其品种特性。必须根据各地区的土壤供肥特点和所种植的杂交水稻品种考虑施肥方案，在制定施肥方案的同时，还应注意施肥对环境造成的污染。无论何种施肥方法都要考虑氮、磷、钾肥施用量的比例协调及杂交水稻各生育期的需肥规律等因素。据湖南省土壤肥料研究所研究，在中等肥力水平的红壤稻田施用：氮（N）$11.25kg/667m^2$、磷（P_2O_5）$7.5kg/667m^2$、钾（K_2O）$7.5/667m^2$，获得了 $657kg/667m^2$ 的高产，化肥施用比例 $N:P_2O_5:K_2O=1:0.67:0.67$。由于各地区的土壤成土母质差异较大，从各地杂交水稻高产的典型经验分析，提供肥料氮、磷、钾三要素的施用比例一般为：$1:0.5~0.8:0.6~1:1.5$ 为宜，在此范围内，磷、钾丰富的土壤可选低限，反之则选高限。

近年来，各地通过测土配方施肥及综合配套先进农业技术的推广与应用，建立了许多施肥和栽培的模式为水稻的高产提供了科学依据。随着科学技术的发展，农业生产与环境污染及农业的可持续发展等问题的提出，对水稻的施肥提出新的课题，在低耗高产优质等方面还有待于进一步研究。

17.1.2 玉米的施肥

玉米属1年生禾本科作物，是世界上重要的谷类作物，种植面积和总产量仅次于小麦和水稻，而单位面积产量居谷类作物之首。玉米的营养丰富，是我国主要粮食作物之一，同时也是发展畜牧业的优质饲料和工业原料。玉米的适应性强，我国华北、东北、西北、西南等地是玉米的主要产区，南方有些省区也有种植。近年来我国玉米生产发展很快，已培育出很多高产品种和高油、高赖氨酸、高淀粉甜玉米、超甜玉米等特种玉米品种。随着品种的不断改进与应用，各种植区域自然条件不同，种植制度也不一样，如何根据玉米不同品种的生长特点和需肥规律，科学地进行施肥，对提高玉米产量与品质是非常重要的。通过对几十年来玉米试验及生产实践结果的分析，玉米增产的诸多技术措施中，各单项措施对玉米增产的贡献率是：更换优良品种占21%，增施肥料量及合理施用技术占29%，合理灌溉占21%，其他措施的增产顺序依次为合理密植、适时播种和防病虫害等。

17.1.2.1 玉米的营养特性

玉米植株高大，根系发达，属C_4植物，光饱和点高而补偿点低。具有喜温、喜湿、喜光的特点，在生长期间需要吸收较多的营养物质。玉米全生育期所吸收的养分，因种植方式、产量高低和土壤肥力水平而异。一般每生产100kg籽粒需氮（N）2.68kg、磷（P_2O_5）1.13kg、钾（K_2O）2.36kg。N：P_2O_5：K_2O大约为1：0.5：1，玉米对N、P、K、Ca、Mg、Fe、Zn、Mn、Cu等元素的吸收随生育期的不同有较大变化。据王庆成、张军等人研究，玉米茎的含钙量在大喇叭口期以前最高，吐丝后比较稳定，成熟期降低。叶片含钙量在拔节以后迅速提高，授粉后40天时达0.42%，出现"富集效应"。生殖器官钙含量很低，且保持稳定。镁主要在于营养器官中，叶片含镁量较稳定，授粉后镁含量不再变化，叶片含镁量为0.3%。玉米植株中铁、锰、锌含量呈递减趋势，其中铁和锰元素在叶片中含量最多，雌穗、茎次之，籽粒最少。茎中铁、铜含量在吐丝期出现低谷，而叶片、雌穗中达到高峰。授粉后，雌穗和籽粒含量保持稳定。大喇叭口期以前锌元素主要存于茎、叶中，生育后期向籽粒转移。玉米叶片在整个生育期中积累的钙、镁、锰均占整株中该元素总量的50%以上。成熟期籽粒积累的锌、铜比例较高，分别为59.9%和37.6%。试验结果表明，每生产100kg籽粒需要吸收钙0.20kg，镁0.42kg，铁2.5g，锰3.43g，锌3.76g，铜1.25g。说明在玉米生育期满足氮、磷、钾肥供应的同时，还应考虑其他营养元素的施用。

17.1.2.2 玉米对氮、磷、钾的吸收规律

春玉米和夏玉米吸收动态趋势一致，但是由于生长期间环境条件不一样，吸

收养分的特点有一定的差异。

(1) 氮素的吸收　春玉米苗期温度较低,所以氮素吸收速度较慢,春玉米前期吸收氮素只占生育期总氮量的2.14%,中期约占51.16%,后期约占11.9%。夏玉米生长期间处于高温多雨季节,氮的吸收速度较快。山东莱阳农学院研究表明,夏玉米苗期吸收较少,拔节至抽雄期25天的时间内吸收量为56.98%,到了灌浆和乳熟期,其吸收速度减缓,并可一直延续到完熟期。

(2) 磷素的吸收　玉米磷素的吸收与氮相似,但春玉米和夏玉米之间也有差异。春玉米在苗期只吸收1.12%左右,拔节孕穗期吸收量占总量的45.04%。50%以上的养分是在抽穗受精和籽粒形成阶段吸收的。夏玉米对磷吸收较早,苗期吸收10.16%,拔节孕穗期吸收62.96%,抽穗受精期吸收17.37%,籽粒形成期吸收9.51%。70%以上的磷素在抽穗期前已被吸收。北农大研究表明,春、夏玉米在需肥规律上表现不同,夏玉米需肥高峰比春玉米提前而峰值高,对养分的吸收比较集中。到孕穗期夏玉米磷肥吸收量占总吸收量的73.12%,而春玉米到孕穗期,磷肥吸收量占总吸收量的46.16%。这一特点说明,夏玉米施肥可以集中在抽穗期一次追施,而春玉米磷肥以分次施用较好。

(3) 钾素的吸收　春玉米、夏玉米对钾的吸收基本相似,在抽穗前已吸收70%以上,至抽穗受精时吸钾已基本饱和,因此,钾肥一般要在生育前期施用效果较好。

综上所述,玉米干物质累积与营养水平是密切相关的,对氮、磷、钾三要素的吸收量,都表现出前期少,拔节期显著增加,孕穗期达到最高峰的需肥特点。因此,玉米施肥应尽可能在需肥高峰期前施用。

17.1.2.3　玉米施肥技术

玉米施肥须根据玉米的需肥规律,氮、磷、钾等养分在玉米不同生长发育过程中的作用,以及各地的土壤状况、气候条件、肥料种类等不同因素来考虑其合理施肥量、施肥时间、氮磷钾的配比及其施用方法。同时还要考虑栽培措施、种植密度、灌溉条件等,才能有效地发挥肥料对玉米的增产作用,提高肥料的增产效益。玉米施肥通常采用有机肥和无机肥相结合的方法,以达到既增产又能保持地力的效果。玉米施肥分为基肥、种肥、追肥三种方式。

(1) 基肥　基肥的施用通常以有机肥为主,如厩肥、堆肥、绿肥、家畜粪尿肥等。大部分有机肥分解较慢、肥效长,有利于玉米的吸收,提高土壤养分及增强土壤保水保肥的能力。基肥中可加入适量的氮、磷、钾化肥来补充前期土壤供肥的不足,有利于玉米苗期生长。

根据春玉米、夏玉米的营养规律,春玉米基肥用量较高,而夏玉米相对较少。有机肥的用量根据各地土壤、气候及肥料种类而有所差异,通常在2 000～3 000kg/667m^2。氮肥总量的1/3,磷肥全部,钾肥的2/3用作基肥效果较好。

基肥用量大时可撒施,并使肥料与土壤均匀混合做到土肥相融。用量少时,可采取条施(沟施)或窝施的方法集中施用,既节约肥料用量,又利于养分吸收。据研究，集中施用能增产15%~24%，作为基肥的氮、磷、钾肥应尽量集中施用，氮肥要深施覆土，减少损失，磷肥与有机肥一起堆沤后施用，可提高磷肥的利用率。

(2) 种肥 种肥的施用可满足玉米前期对养分的需要，有利于根系的生长发育。在基肥施用量少、土壤供肥不足、分带轮作和复种指数高等情况下，更要施用种肥。种肥的选用一般为速效性化肥或完全腐熟的优质人粪尿、家畜粪尿等。种肥中氮素用量不宜过高，一般用纯氮（N）1.5~2.5kg/667m^{2}为宜。选用的化肥要避免与种子直接接触，最好在种旁沟施并用土覆盖。磷肥作为种肥施用可增产5.4%~10.3%。同位素示踪测定表明，玉米苗期根系主要吸收肥料中的磷，磷肥用作种肥有良好的增产效果。磷肥通常选用普通过磷酸钙、重过磷酸钙、磷酸铵等水溶性磷肥，施磷（P_2O_5）量为2~3kg/667m^2。

钾肥是否用作种肥决定于各地区土壤中有效钾的含量，一般土壤中有效钾含量大于100mg/kg，不必施用钾肥，但土壤中有效钾低于70mg/kg时，施用钾肥的效果明显。钾肥可施用氯化钾或硫酸钾，氯化钾应注意与种子隔开，硫酸钾可与种子混合施用，施钾（K_2O）量一般为2.5~3.3kg/667m^2。

(3) 追肥 恰当的追肥方式，是玉米高产栽培的重要措施之一。通常采用轻施苗肥，巧施拔节肥，重施穗肥的方法。我国不同玉米产区追肥的施用方法和时间有所差异。

①肥料种类 玉米追肥多数以速效氮肥为主，根据实际情况配合磷钾肥追施。可选用速效有机肥，如完全腐熟的人粪尿、家畜粪尿、沼气池肥（沼液、沼渣）等各种有机肥。适宜追施的速效性氮肥有尿素、硫酸铵、硝酸铵、碳酸氢铵等。磷、钾供应水平较低的土壤可追施磷钾肥，磷肥选用水溶性磷肥，如普通过磷酸钙、重过磷酸钙，钾肥一般用硫酸钾或氯化钾。由于化学肥料的性质、玉米产地的土壤条件的不同，选用化学肥料时应根据实际情况确定。追肥也可用复合肥料，无论是氮、磷、钾三元复合肥还是磷钾二元复合肥都要根据肥料的养分比例合理选用，并注意氮肥的补充施用。

②追肥数量及施用时间 玉米需肥量大，特别是杂交玉米要求的肥水条件更高，必需满足其生长需要才能发挥该品种的生产特性。各地的资料表明，追肥首先是攻穗，保证穗大粒多；其次是攻粒，保证籽粒饱满。但是，由于各玉米产区的条件不一样，种植方式不同，因此对施肥方式和施肥时间均有不同的要求。

春玉米生育期长，苗期生长较缓慢，吸收的养分数量也较少，因此一般采用"前轻后重"的追肥方式，在施足基肥的基础上，氮肥总量的10%左右用作种肥，其余部分主要用作追肥。追肥的分配是拔节期前施入追肥的1/3，这个时期追肥能促进玉米植株的生长，施用时间要根据各地气候和玉米品种而定，一般在拔节前8~10天追施，如果追施的时间掌握不当或追肥施用量过大，容易造成玉米的倒伏。其余的2/3在抽穗吐丝前10天施入。因为这个阶段正是玉米雌穗小花分化盛期，此时营养生长和生殖生长并重，对养分和水分的需求量较大，是决定雌穗数多少的关键时期。这时追肥量比前期大，即"攻穗肥"，能取得很好的增产效果。春玉米两次追肥采用"前轻后重"的方法比"前重后轻"的方法可以增产 13.3% 左右。

在贵州省 1996~1998 年进行的三年连续多点大面积分带轮作的条件下,玉米高产、超高产的施肥研究表明:施氮(N)为 27.45~30.11kg/667m²、施磷(P_2O_5)22.80~28kg/667m²、施钾(K_2O)15.88~19.21kg/667m²,氮肥总量的 1/3 作基肥,1/3 在拔节前施用,余下 1/3 在大喇叭口期施用,磷、钾肥全部作基肥施用,玉米产量可达 750kg/667m² 左右。

夏玉米,由于播种时间较晚、农时紧,常常整地不充分、基肥施用困难。夏玉米苗期气温高,生长速度快,很快进入拔节期,营养器官开始旺盛生长,对养分的需求量逐渐增加,前期需要从土壤中吸收大量的养分。因此追肥宜采用"前重后轻"方式。追肥总量的 2/3 应在拔节前期施用,以解决前期土壤供肥不足的问题。其余 1/3 在吐丝期前施入,满足雌穗分化所需营养。夏玉米的追肥施用量与春玉米相反,据全国化肥试验网试验结果表明,夏玉米产量为 350~450kg/667m² 时,施尿素总量为 30~40kg,采用"前重后轻"的方式在拔节期施入 20~25kg;大喇叭口期施入 10~15kg,取得了较好效果。据中国农业科学院作物研究所试验结果,"前重后轻"的追肥方式比"前轻后重"的追肥方式每 667m² 要增产 12.8%。

玉米套种是采用较多的一种栽培方式,各地套种的作物有所不同,其中玉米与小麦套种较多。由于玉米在小麦收获前套入,两种作物的共生期较长,达 20~30 天,且施入的基肥数量少,小麦与玉米争肥现象较为激烈,需要提前追肥,通常在收获小麦后立刻重施追肥。根据北京、河北、河南、山东等地试验表明,套种玉米不论品种和地力如何,采用"前重后轻"的追肥方式比"前轻后重"产量都要高,平均每 667m² 增产 9.6%~14.5%。

玉米的追肥次数与分配比例既与土壤供肥能力有关,又与基肥和种肥的施用量有关。因此,各地只有根据具体的种植条件,选择最佳的施肥量与施肥时期才能获得理想的产量。据徐庆章(1988)的试验研究,氮肥追施时期和分配比例不同对玉米产量有较大差异(表 17-2),以大喇叭口期追氮 50%~60% 的产量为最高。

表 17-2　夏玉米氮肥施用时期及分配与产量的关系[①]

氮肥分配(%)				产量	增产
种肥	拔节肥	大喇叭口肥	抽穗肥	(kg/667m²)	(%)
10	30	60	0	628	18.49
10	30	50	10	608	14.72
10	90	0	0	591	11.51
10	60	30	0	581	9.43
10	0	90	0	530	—

注:①　施尿素 35kg/667m²。

追肥中氮肥以两次追施效果较好,特殊情况可再追施一次粒肥。磷肥、钾肥则以基肥或种肥一次施入的效果最佳,套种情况下也可在苗期集中施入。在玉米施肥中,磷肥、钾肥应遵循宜早不宜晚和集中施用的原则。玉米追肥以速效性氮肥为主,尽量施入湿土层中,深度一般为5~10cm,施后覆土防止氨氮挥发以充分发挥肥效,提高氮肥利用率。

我国很多地区都报道土壤缺锌。当土壤中的有效锌含量小于0.6mg/kg时,玉米施锌增产效果显著。植株诊断中一般以叶片中锌含量20mg/kg作为玉米缺锌的临界指标。我国北方的潮土、砂姜土、盐碱土、黄绵土等,土壤有效锌含量普遍较低,施用锌肥有不同程度的增产效果。据报道,砂姜黑土上施用锌肥玉米增产21%左右,潮土增产17.1%,褐土增产9.4%,棕壤增产4.9%。锌的施用可以作为基肥、种肥施用(与种子一起施用,也可用作浸种),还可以作为追肥及叶面喷施。据微肥试验协作组试验结果表明,锌肥作为基肥施用,玉米增产13%,用作喷施增产10.4%,用作浸种增产11.4%。锌肥采用硫酸锌作为基肥用量为1~2kg/667m^2,浸种浓度为0.02%~0.08%,拌种的用量为2~3g/kg种子。喷施的浓度为0.1%~0.2%,时期一般在苗期和拔节期。

17.1.3　小麦和大麦的施肥技术

麦类作物是世界上种植历史悠久的作物之一,它分布广、种植面积大,在我国农业生产中占有重要地位。小麦是我国的主要粮食作物,总产量仅次于水稻和玉米,居第三位。近年来,小麦产量发展很快,平均单产不断提高,我国优质小麦、专用小麦(面包小麦、糕点小麦、面条小麦)品种的选育与生产,对提高我国人民生活质量起到了重要作用。由于我国生态环境的多样性与复杂性,各地小麦生产差异很大,南方地区产量较低,一般100~350kg/667m^2。虽然在南方部分地区被列为小麦不适宜种植区,但是,小麦是很好的越冬作物,因此也被广泛种植。

根据气候、栽培制度、品种类型等特点,我国小麦产区概括起来有:北方冬麦区;黄淮平原冬麦区;长江中、下游冬麦区;长江上游冬麦区;华南冬麦区;西藏高原冬麦区;东北春麦区;北方春麦区和西北春麦区。

大麦是我国原产作物之一,种植面积广,总产量在水稻、玉米、小麦之后占第四位。大麦生育期短,具有早熟性,同时还具有适应性广、丰产、营养丰富等特点。有食用、饲用及酿造等多种用途。在多熟制地区它是早熟茬口,在高寒地区,它是早熟保收的作物。根据大麦的种植地区的生态条件,种植制度和品种类型,概括起来有:长江流域中、下游冬大麦区;黄河流域中、下游春、冬大麦区;青藏高原裸地大麦区;北方春大麦区;华南冬大麦区。长江中下游地区大麦栽培面积占全国2/3以上,产量达全国4/5。各地大麦产量水平不一致,一般在100~200kg/667m^{2}之间,低的仅50kg/667m^{2}左右,高的可达500kg/667m^{2}左右。随着畜牧业、水产养殖业、配合饲料工业及酿造业的发展,大麦生产得到了进一步发展。

17.1.3.1 小麦和大麦的营养特性

(1) 小麦的营养特性及其对氮、磷、钾的吸收规律　小麦属于禾本科小麦属，是低温长日照作物，温度、降雨量和日照长短直接影响到小麦的分布及生产，全国小麦分为冬小麦区和春小麦区两大类型。在栽培中以冬小麦为主，约占总量的83%左右。这两种类型的小麦在生长发育及营养规律上有较大差别。冬小麦生长缓慢，生长期长，成熟晚。春小麦通常在早春播种，生长较快，生长期短，一般为100~120天左右。

小麦对氮、磷、钾养分的需要量　由于气候、土壤、栽培措施、品种特性等条件的不同，小麦植株在一生中所吸收的氮、磷、钾数量，以及在植株不同部位的分配也有不同。根据各地的冬小麦试验资料综合来看，一般认为每生产100kg小麦籽粒，需要吸收纯氮3kg左右，磷（P_2O_5）1~1.5kg，钾（K_2O）2~4kg，氮、磷、钾之间的比例为3:1:3左右。其中氮、磷主要集中于籽粒，分别占全株含量的76%和82%，钾主要集中存在于茎叶中，占全株总量的77.6%。春小麦对氮、磷、钾的吸收比例与冬小麦相似，据青海农科院土肥所试验表明，春小麦产量为500kg/667m^2时，每100kg籽粒约需氮2.5~3.0kg，磷（P_2O_5）0.78~1.17kg，钾（K_2O）1.9~4.2kg，氮、磷、钾的比例为2.8:1:3.15。宁夏农科院试验资料表明，春小麦产量在356~512kg/667m^2时，每100kg籽粒约需要氮（N）2.76~3.15kg，磷（P_2O_5）0.95~1.06kg，钾（K_2O）2.9~3.8kg，氮、磷、钾的比例为3:1:3.4。

冬小麦生育期分为三个阶段，即出苗到拔节阶段，拔节到抽穗阶段，抽穗到成熟阶段。冬小麦在各生育阶段对养分的需求不同。

①出苗到拔节期　适期播种的冬小麦从播种到出苗约5~6天，小麦第一片绿叶伸出芽鞘后，植株由胚乳营养向根系吸收营养过渡。当第三片叶出现时，小麦就彻底转为独立营养，一般由出苗到三叶期需要12~15天。小麦从出苗经过分蘖到拔节是小麦的苗期阶段，冬小麦包括越冬和返青两个时期。这一阶段小麦幼苗以分蘖生长和根系生长为主，良好的养分条件可使幼苗叶片的光合作用加强，加速有机物质的合成，促使提早分蘖。通常早生的分蘖根系发达，吸收养分的能力强，有利于有效分蘖的形成，提高有效分蘖数，为穗大粒多、提高产量打下了基础。

苗期适宜施用氮肥，与磷肥配合效果更好，可促进小麦分蘖，但是氮的用量不宜过多，否则分蘖过旺易造成群体过大，部分分蘖成为无效分蘖，降低成穗率，有效穗数减少，影响籽粒产量。因此，小麦苗期应保持适宜的氮素营养水平，才能达到提早分蘖并控制无效分蘖的目的。

小麦苗期的磷素和钾素营养同样有重要作用。磷素能促进植株体内的糖和蛋白质的代谢，促使麦苗根系的生长发育，有利于分蘖早发。钾素可以促进碳水化合物的形成和转化。苗期的生长中心以营养器官为主，吸收的氮素、磷素、钾素主要分配并积累在主穗与分蘖的叶片、叶鞘及分蘖节中。从出苗到越冬前吸收氮素的量比磷素、钾素多；越冬返青期，对氮的吸收仍然保持较高水平，对磷、钾的吸收也明显增加；返青至拔节期，钾素的吸收最多。

②拔节到抽穗　小麦从拔节经孕穗到抽穗，是营养生长与生殖生长并进的时期。在此期间所有的分蘖部分成为有效分蘖，另一部分较晚分蘖的成为无效分蘖，并逐渐死亡。随着气温的回升，养分的有效性和根系的活力都随之提高，地上部生长日益旺盛，对养分的吸收量比前一段时间增多。因此，拔节到抽穗期间的养分状况，对小麦的有效分蘖数、穗粒数都具有决定性的意义。合理的供给氮素营养能延长幼穗分化的时间，茎叶生长旺盛，有足够的光合面积进行光合作用，满足生长需要。氮素供给不足造成小麦植株矮小，穗的形成受到严重影响。磷素在促进根系发育的基础上，还能加速小穗的发育，提高穗部各器官的分化强度。氮磷配合对增加每穗小穗数和小花数有明显作用。拔节后小麦对钾的吸收最为旺盛，钾素在此期间能促进小麦的茎秆机械组织的形成，加强茎秆的坚韧性，从而具有壮秆促穗，防止倒伏的作用。

在穗部形成后期（孕穗期），叶片生长减慢，此时每穗小花数早已确定，所吸收的养分首先供应幼穗中部和小穗第一、二小花。如果养分不足，穗顶部和基部的小穗与第三花以上的小花常不能结实。养分充足时，可以减少不孕小穗，增加结实率。

③抽穗到成熟　小麦抽穗、开花以后，经过灌浆到成熟，是形成籽粒的时期。在开花期小麦植株内部物质新陈代谢最为旺盛，需要吸收营养物质的绝对数量和相对数量都最多。灌浆后，籽粒中养分的积累虽然一部分可通过营养器官的转移而获得，但仍需要继续从土壤中吸收养分才能满足其完成生长的要求。开花后，根系吸收的氮量，有82%~85%都输入籽粒中，该时期氮素的吸收比前一时期明显下降，但是，磷的吸收从拔节期急剧上升，到后期仍保持高水平的吸收，磷素在此期主要积累于麦穗中。钾素的吸收量，通常在开花期达到最大值，以后钾素的吸收呈现负值。

各地试验结果表明（表17-3），冬小麦在各生长发育阶段，吸收氮磷钾养分的数量，因气候、土壤、栽培条件的不同而有差异，但总的来说有一致的规律性，即在出苗后到返青期，吸收的养分和积累的干物质较少，返青以后吸收速度增加，从拔节至抽穗是吸收养分和干物质积累最快的时期，至开花以后对养分的吸收速度逐渐下降。据河南农学院研究，在小麦各个生育期中，从出苗到越冬，吸收氮素较磷、钾素多；越冬至返青，仍以氮素较多，磷钾开始显著增加；返青至拔节，吸收钾素最多，磷素急剧增加；拔节至抽穗，对氮磷钾的吸收均达最大值，其中以钾素吸收最多，氮、磷次之；抽穗至成熟，对氮磷钾的吸收量下降。冬小麦对氮的吸收有两个高峰，第一个高峰出现在分蘖到越冬，麦苗虽小，但吸收氮量却占总量的13.51%；另一个高峰出现在拔节到孕穗，这个时期植株生长迅速，需要量急剧增加，吸收氮量占总吸收量的37.33%，是各生育期中吸收养分最多的时期。对磷钾的吸收随小麦生育进程逐渐增多，拔节以后吸收量急剧增长，孕穗到成熟期吸收最多。一般中等产量水平的冬小麦在越冬期以前，对氮的

表 17-3 冬小麦不同生育期吸收氮磷钾量

生育时期	氮（N）		磷（P$_2$O$_5$）		钾（K$_2$O）	
	kg/667m^2	占总量%	kg/667m^2	占总量%	kg/667m^2	占总量%
出苗至分蘖	1.23	8.05	0.22	3.33	0.77	2.26
分蘖至越冬	2.07	13.51	0.34	5.19	1.17	4.99
越冬至返青	1.99	13.06	0.45	6.81	2.17	9.22
返青至拔节	1.87	12.27	0.94	14.29	3.78	16.02
拔节至孕穗	5.71	37.33	1.96	26.60	6.17	26.22
孕穗至成熟	2.41	15.78	2.69	40.78	9.49	40.28
总计	15.28	100.0	6.6	100.0	23.55	100.0

吸收量较高产田少；孕穗期钾的吸收量则多于高产田，但后期又不如高产田。这也反映了高产小麦在前期为了壮苗需要多的氮素，在中、后期为了壮秆和促进碳水化合物的合成与转运，需要更多的磷、钾元素。

（2）大麦的营养特性及其对氮、磷、钾的吸收规律 大麦属于禾本科大麦属，为一年生或者越年生草本植物。大麦的整个生育期可以分为幼苗期、分蘖期、抽穗期、拔节孕穗期和结实期几个阶段，每一个阶段都有一定的生长发育特点和对养分的不同需求。全苗壮苗是高产的需求，分蘖期是决定穗数的时期，只有充分了解养分供给与大麦苗、株、穗、粒的关系，掌握施肥对生长发育的影响，才有可能提出合理的施肥方案以获高产。

大麦不同生育期对氮、磷、钾养分的吸收量有两个高峰，第一个出现在越冬到拔节阶段，所吸收的氮磷钾量分别占总吸收量的 45.22%、32.56%、47.08%；第二个高峰在拔节至抽穗阶段，所积累的氮磷钾数量分别占总吸收量的 34.71%、42.67%、40.02%。抽穗后，植株根系仍能吸收较多的磷素，并继续吸收少量的氮素和钾素。到灌浆期，氮、磷、钾三要素在大麦中的总积累量均达到最大值，灌浆后，各养分会出现不同程度的损失（表 17-4）。因此，为了培育壮苗，促进幼苗，促进早分蘖，在大麦的分蘖期需充足的氮素，并配合适量的磷、钾养分。

表 17-4 大麦各生育期对氮、磷、钾的吸收

生育期	氮		磷		钾	
	kg/667m^2	占总量%	kg/667m^2	占总量%	kg/667m^2	占总量%
出苗—分蘖	0.17	2.24	0.02	1.03	0.06	0.93
分蘖—越冬	0.57	7.26	0.07	3.47	0.35	4.80
越冬—拔节	3.60	45.22	0.73	32.56	2.45	47.68
拔节—抽穗	2.76	34.71	0.95	42.67	0.93	40.02
抽穗—灌浆	0.84	10.57	0.45	20.27	0.52	7.17
灌浆—成熟	-1.01	-12.71	-0.10	-4.59	1.76	24.05
总计	7.97		2.24		7.33	

不同的生产条件下大麦吸收氮、磷、钾的总量不同，不同大麦品种的需肥特性也有差异，大麦对养分的需求量及对各养分的需求比例，受气候、土壤、品种、栽培技术等因素影响。总结各地的试验结果表明，每生产 100kg 大麦籽粒需

吸收氮素（N）2.45~2.85kg，磷素（P$_2$O$_5$）0.49~0.86kg，钾素（K$_2$O）1.49~2.30kg。氮磷钾的比例3.31~5∶1∶2.68~3.04。

17.1.3.2　小麦和大麦施肥技术

(1) 冬小麦的施肥技术

①基肥　有机肥作冬小麦的基肥，无论在低产田或是高产田都能增产。根据河南省的资料（表17-5），有机肥施用量在5 000kg/667m^{2}以下时，随着施用量增加小麦产量提高，但每增加1 000kg的增产量逐渐下降。有机肥的施用量也应根据各地土壤肥力而定，据北京郊区的调查，在同样施用5 000kg/667m^{2}土杂肥的条件下，薄地、瘦地可增产小麦100kg左右，而肥沃地增产的小麦却不足50kg。

表17-5　农家肥料不同用量做底肥增产效果

有机肥 （kg/667m^2）	产量 （kg/667m^2）	增产（%）	1 000kg农家肥增产 （kg）	备　注
不施	196	—	—	
1 250	278	41.8	65.6	
2 500	316	61.2	48.0	冬追碳铵15kg，
3 750	363	85.2	44.5	春追碳铵10kg
5 000	408	108.2	42.2	

有机肥施用时应注意肥料与土壤充分混合，促进有机肥的分解和养分释放，小麦根系绝大部分在30cm以内的土层中，做到"全层根全层肥"、土肥相融，有利于小麦根系的吸收。

氮、磷、钾肥　由于有机肥中养分含量低，在施用基肥时一般配合施用速效性氮肥作基肥，对提高肥效，增加产量都有很好的作用。特别对地力较低的麦田，一般将60%~70%的氮肥用作基肥，肥力中等的麦田可将50%的氮肥用作基肥，若肥力较高，有机肥的用量较大的情况下，可用30%的氮肥作基肥或全部作为追肥。用作基肥的氮肥通常有碳铵、尿素、氯化铵等。

磷肥通常全部作为基肥，最好将磷肥与有机肥料混合或堆沤后施用，这样可以减少与土壤接触，防止水溶性磷在土壤中被固定，有利于小麦的吸收。河北省农科院土壤肥料研究所在省内调查表明，过磷酸钙与有机肥料混合施用，每千克过磷酸钙可增产小麦1.2~3.2kg。

我国土壤缺钾现象普遍，在缺钾的土壤上施用钾肥可防止条枯病，改善籽粒品质，提高小麦产量。钾肥通常用作基肥，与氮肥、磷肥配合施用可以取得良好的效果。

②种肥　在小麦播种时用少量肥料作为种肥可以保证小麦出苗后所需营养，对增加小麦冬前分蘖和次生根的生长均有良好作用。小麦的种肥以速效性肥料为主，氮肥以硫铵最佳，尿素和氯化铵对小麦出苗有抑制作用，用作种肥时应注意

与种子间有一定距离，避免与种子直接接触。磷肥可用普通过磷酸钙、重过磷酸钙等，也可与腐熟的有机肥混合沤腐后作种肥。在基肥用量不足或土壤供肥水平低的情况下，种肥的增产效果较为显著。

③追肥 按小麦各生长发育阶段对养分的需要，分期进行追肥，是获得丰产的重要措施。根据各地试验资料，可按时期分为秋冬季追肥和春季追肥。

秋冬季追肥称为"苗肥"，冬季追肥称之为"腊肥"。在西南和华南冬小麦区，小麦品种春性强，有的在越冬期间幼穗开始分化。在分蘖初期追施速效性氮肥或人粪尿，可以促进苗匀苗壮和增加冬前分蘖。在播种时如遇秋旱，早施苗肥有一定的抗旱作用，特别是对于基本苗不足的晚播麦，早施苗肥效果好。如果基肥和种肥施用较高，可以不再追施苗肥。

越冬期施肥，除少量供应麦苗冬季生长外，基本上是"冬施春用"，促进早返青，巩固冬前分蘖，提高成穗率。半冬性品种生长比春性品种慢，为了促进早发应该早施苗肥，重施腊肥。腊肥可施用缓效性有机肥，如猪粪、腐熟的土杂肥等，根据苗情也可适当施用一些化肥。适当施用冬肥，能增进年前光合产物的积累，有利于越冬，但是，应注意肥足而不过量，苗壮而不旺。

春季追肥，是小麦获得丰产的关键。追肥时间一般在返青、拔节期。肥料少时一次施用，多时分两次施用，前期（返青、拔节期）多施，后期（孕穗期）少施。主要根据是看苗施肥，以速效性氮肥为主。

返青肥 小麦的生长在返青后逐渐转旺，对养分的吸收也逐渐增多，对于冬前分蘖差、播种晚的麦田，此时需要追施速效性氮肥，也可配合少量磷肥，促进春季分蘖，壮大根系。但是，在施足基肥、苗肥或腊肥的麦田则要严格控制返青肥，以避免造成田间无效分蘖过多，通风透光不良。

拔节肥 拔节到抽穗是小麦一生中生长最快、生长量最大的时期，对肥水反应敏感，需要量大。拔节肥一般是在分蘖高峰后施用，对提高成穗率，促进小花分化、籽粒形成与灌浆，提高穗粒数起着关键作用。拔节肥对小麦的增产作用已被大量的生产实践所证实。

后期追肥 小麦抽穗以后，根系吸收养分的能力减弱，但仍需要一定的氮、磷、钾等营养元素，以促进花粉良好发育，延长灌浆期植物绿色部分的功能，提高光合效应。此期间一般采用根外追肥的办法能取较好的效果。抽穗到乳熟期，如出现叶色发黄、脱肥早衰现象，可以喷施氮素化肥，一般用尿素或硫酸铵配成 $1.5\% \sim 2\%$ 溶液，每 $667m^2$ 喷 50kg 左右。对于叶色浓绿有贪青晚熟趋势的麦田可喷施磷酸二氢钾 500 倍液（100g 兑水 50kg），有一定的增产效果。通常可从抽穗开始，每隔 $4 \sim 5$ 天喷 1 次，共喷 $2 \sim 3$ 次，同时可根据土壤情况适量添加微量元素。

（2）大麦的施肥技术 大麦的生育期短，春大麦的生育期一般为 $60 \sim 140$ 天。华北为 $75 \sim 130$ 天，东北为 $60 \sim 110$ 天，西藏青稞生育期为 $100 \sim 140$ 天。冬大麦的全生育期在 $150 \sim 220$ 天。冬大麦生育期比冬小麦短 $7 \sim 15$ 天，能满足迟播、早熟的要求。

大麦适宜种植在排水良好的肥沃的砂壤土或黏土上，土壤 pH 值以 6~8 为宜。其耐酸性、耐湿性与苗期抗寒性均比小麦弱，耐盐碱力与抗旱性则较强。可见大麦的产量和品质受气候、土壤等环境因素和品种的特点影响较大，合理的施肥是提高大麦产量和改善品质的重要措施。根据大麦各生育期的生长特点，总的施肥原则是"前促、中控、后补"。前促就是在施足基肥的基础上早施苗肥，促进苗早发和增加穗数；中控就是少施或不施腊肥，有效控制拔节期苗数和基部节间长度，避免增加无效分蘖，使群体过大；后补即是拔节后期补施孕穗肥，以增加穗粒数和粒重，但用量不宜过高，否则会造成贪青晚熟。

大麦的产量水平不同，肥料的施用量有很大差异。一般产量为 150~200kg/667m² 时，约需要纯氮 10kg；200~250kg/667m² 时，约需纯氮 12.5kg；350~400kg/667m² 时，约需纯氮 15~17.5kg；400~500kg/667m² 时，约需纯氮 17.5~20kg。磷肥（P_2O_5）用量通常为 2~4kg，钾肥（K_2O）用量一般为 6~10kg。

①基肥　重施基肥可不断地提供大麦整个生育期对养分的需求，有机肥与无机化肥配合施用可取得良好效果。据试验，有机肥 1 000~1 500kg/667m²，氮肥 10kg、过磷酸钙 20~25kg、氯化钾 7.5kg 混合后作基肥施用，对前、中期大麦平稳生长，后期不脱肥过早都有良好的作用。

②追肥　越冬大麦的追肥可分为苗肥、腊肥和拔节孕穗肥。冬大麦播期较迟，冬前生长的时间仅有一个月左右，由于养分释放慢，供肥较少，因此在二叶期前施用苗肥，可以增加有效分蘖，提高成穗率。如果基肥中配合了速效性化肥，可少施或不施苗肥。腊肥对大麦具有防冻保暖的作用。越冬大麦耐寒性比小麦差，拔节期出现较早，易受冻害，因而腊肥的施用以有机肥为主，搭配少量化肥，施用时期在越冬前。拔节期施肥量较大，一般占总需肥量的 40%~50%，此期大麦生长迅速，需要充足的养分供应，才能保花、增粒、增重。抽穗后一般不再施用氮肥，可喷施磷酸二氢钾以加速大麦的灌浆和成熟。

17.2　经济作物的施肥技术

烟草是我国主要的经济作物之一，西南地区烤烟种植面积较大，品质优良，是我国重要的烟草生产基地。烟草是以叶片为收获物的作物，卷烟工业特别注重烟草外观与内在品质。因此，在烟草的栽培过程中对品质的要求严格，必须根据烟草的需肥规律、营养特性、土壤肥力、气候条件等因素，采取合理的施肥措施，才能达到烟草优质适产的生产目标。

17.2.1　烟草施肥

17.2.1.1　烟草的营养特性

烟草属于茄科烟草属，生育期长，大田生长期 4 个月左右。烟草生长分为营养生长和生殖生长两个阶段。由于烟草是以叶片为收获物，因而采取的各项生产措施均是以促进营养生长、控制生殖生长为目的。根据栽培特点将烟草生长时期分为苗床期和大田期。苗床期各地差异很大，一般在 60~160 天；大田期 100~120 天。大田生长期根据烟草生长发育规律将其分为还苗期、团棵期、旺长期、成熟期。

17.2.1.2 烟草对氮、磷、钾的吸收

（1）氮素营养　氮素是细胞内各种氨基酸、蛋白质、生物碱等含氮化合物的组成成分。良好的氮素营养是烟草产量与质量的先决条件。吸收氮素过多，烟草生长旺盛，生物学产量高，但叶片肥厚、叶色浓绿，田间叶色落黄慢，达不到正常的工艺成熟。叶片中水溶性氮化物、蛋白质、烟碱等含量高，碳水化合物含量低。烘烤后，外观色泽暗淡、油分少、易破碎、口味不好、品质低劣，有时失去利用价值。氮素不足可能造成烟株矮小、瘦弱、叶片小而薄，严重时早衰，未达到工艺成熟即黄化。不但产量低且叶片内含物不充实，烘烤后颜色淡，油分少，品质不佳。

烟草虽然可以吸收各种形态的氮肥，但以硝态氮和铵态氮较好。在大田生长过程中，团棵期前对氮的吸收量较少，团棵期至打顶期是氮素的吸收高峰期，氮素吸收占吸收总量的 50%~60%，干物质积累在此期间增加幅度最大，打顶后氮素吸收明显下降。烤烟每形成 100kg 烟叶（干重）约需吸收氮素 2.31~2.55kg。吸收氮素总量与土壤的含氮量呈正相关，在生产中要控制氮素营养，防止吸收过量。

（2）磷素营养　磷是烟草需要量大的营养元素之一，磷对烟草内的碳水化合物代谢、氮代谢及物质运输等均起着重要作用。磷素供应不足时叶片暗绿，有轻微皱缩，生理代谢受到影响，降低烟草对氮、钾的吸收，烟株的抗病能力降低，成熟延迟。

磷在烟株内主要分布在生长旺盛部位。生育前期，烟草吸收的磷有 70% 分布在叶片与茎部，各部位叶以幼叶较高。打顶后吸收的磷素几乎均匀分布于烟株的各部位。

烟草对磷的吸收高峰期出现在移栽后 60 天左右，此时正值旺长期，磷素能发挥较大的效益。随后，烟株对磷的吸收出现下降。烤烟每形成 100kg 烟叶约需吸收磷素 1.16~1.53kg。

（3）钾素营养　烟草为喜钾作物，钾对烟草的品质有重要作用，因而烟草含钾量是衡量烟叶品质的重要指标。国外优质烟叶含钾量一般在 4% 以上，而我国大多在 2%~3%。

钾素通常被吸附在原生质胶体表面，钾促进多种酶的活化，影响烟株内的各种代谢。严重缺钾时，烟草枯死斑扩大连片，叶破碎，烟草品质受到严重影响。烟叶内氮钾比（$N:K_2O$）与品种的特性有关，同时与烟叶的品质有关。据研究，当叶片内部的 $N/K_2O>1.5$ 时，即使叶内组织含钾量达到 2% 以上也会出现缺钾

症状。

钾在烟株内主要分布在叶部,约占全株的50.4%,茎中约占38.7%,根系中含量相对较低。烟株打顶后钾素在各叶位间进行重新分配,生育后期烟株供钾不足时,下部叶中的钾向外流出量多于流入量,上部叶流入量大于流出量。各部位叶片含钾量为上部叶>中部叶>下部叶。如果在烟草的整个生育期钾素供应良好,钾在烟叶的不同部位分布顺序为上部叶<中部叶<下部叶。

烟苗移栽后吸收钾的量逐渐增加,一般在花芽分化完成、节间伸长时吸收钾量最多。钾的吸收高峰期在移栽后60天左右,比氮吸收高峰晚10天左右。随后急剧下降。烤烟每形成100kg烟叶约需要吸收钾素4.83~6.37kg。

17.2.1.3 施肥量的确定

烟草施肥应根据烤烟品种特性、土壤肥力水平,首先确定氮素的用量,然后再合理调配磷素和钾素的用量,氮、磷、钾的比例与烟草的需求相协调。合理的氮肥用量受多种因素的影响,通常可以采用计划产量的方法来估算施氮量。

$$氮肥用量 = \frac{计划产量的吸氮量 - 不施肥区烟草的吸氮量}{施用氮肥的利用率}$$

由于肥料品种的不同,施肥方法的不同,氮肥的利用率也有差异。根据各烟区的施肥经验,在不同肥力的土壤中,氮肥用量也随地力增加而降低。若烤烟产量在150~175kg/667m^2范围,土壤速效氮<40mg/kg的低肥力土壤中,需施纯氮5~6kg/667m^2;土壤速效氮40~60mg/kg的肥力土壤中,需施纯氮4~5kg/667m^2;土壤速效氮>60mg/kg的肥力土壤中,需施纯氮3~4kg/667m^2。在我国南方的酸性缺钾土壤上,应增加钾素的施用比例,要求肥料中的氮、磷、钾的比例通常是1:2:2或1:2:3。在黄淮海烟区其氮、磷、钾的比例可为1:1:2或1:1:1.5。白肋烟的需肥量与烤烟较为接近,而晒烟的需肥量通常较低,在中等肥力的土壤中每667m^2施用N1.5~2kg,$P_2O_5$2.0kg,K_2O3~4kg,既可满足其需要。不同的烟区,由于土壤性质不同,土壤供肥量有差异,所施用的肥料不仅氮、磷、钾的比例不同,施肥量也有较大差异。以上施肥量仅供参考,各地应根据具体情况灵活掌握。生产中总结的经验是,氮素营养"前期足而不过,后期少而不缺"。不仅控制氮总量,还要根据气候条件,采用合理的施用方法,搭配适当比例的磷、钾肥,并使烟草前、中、后期的养分吸收动态状况符合优质烟草的吸收规律。

17.2.1.4 施肥时期及施肥方法

(1) 苗床施肥 烟草生产中,培育壮苗,适时移栽,是获得优质高产的基础。育苗的方式有露地育苗和保温育苗。为使烟苗生长健壮,整齐一致,为幼苗提供适量的养分就极为重要。苗床以10m^2计算,其基肥用量为:腐熟的有机肥200kg、过磷酸钙0.5kg、硫酸钾0.5kg或饼肥0.25~0.5kg、过磷酸钙0.1kg、硫酸钾0.05kg。将上述肥料与苗床土壤混匀过筛后,平铺于畦面。苗床追肥最常采用的是叶面喷施或浇施，追 2~3 次，每次间隔 8~10 天，每次每 10m² 畦面的肥料用量为：硫酸铵 0.1kg，过磷酸钙 0.1kg，硫酸钾 0.05kg 左右，兑水施用。

(2) 大田施肥　烟草大田施肥的原则是施足基肥，分期早施追肥。

(3) 基肥　为了促进烟株生育前、中期早生快发，基肥的用量应占施肥总量的 2/3，其中将有机肥、磷肥全部作基肥。剩余部分氮肥和钾肥作追肥。施用方法常采用穴施法，但有机肥料用量较多时，也可采用条施或分层施用。条施是在栽前开沟，然后培起小垅。穴施是栽烟时挖穴，将基肥施入穴内。分层施用能满足烟草各生育时期对肥料的不同需求。

基肥用量：北方中下等肥力土壤烟区每 667m² 施纯氮 3.5~4kg，南方烟区 2.5~3.5kg，施肥深度一般为 16~19cm。在土壤肥力较高，质地黏重，土壤持续供肥力较强的烟区，也可将全部肥料用作基肥。

(4) 追肥　将氮肥分次施用，可以防止生育前、中期氮素被过早消耗，并可维持生育后期一定的氮素营养水平，使叶片适时成熟，又不早衰。追肥次数和用量应根据不同气候条件和施肥水平决定。烟草的生长具有前期慢，团棵至现蕾期生长快，而后缓慢的特点。追肥次数可 1~3 次。若追肥 1 次，则在移栽后 20 天进行，适宜于雨水较少而土壤又较黏重的北方烟区。可沟施或穴施，离烟株 10~15cm，深度 10cm 左右，然后覆土。若追肥 2 次，第一次在移栽后 10 天，第二次在 20~25 天进行，南北烟区均可采用。若 3 次，则第 1 次在 7~10 天，然后每次间隔 10 天左右，在团棵期以前追完，然后覆土，适宜于南方烟区。氮肥作追肥的比例一般占总施肥量的 1/3 左右，但广东、湖南等多雨区追肥比例可稍大，基、追肥可各占 50% 左右。追肥的时期不能过晚，否则会造成贪青晚熟，烟叶不能适时落黄，品质不佳。

在某些微量元素缺乏的烟区，还可以因缺补缺，适当添加 B、Mn、Zn、Fe 等微肥。微肥的施用主要采用浸种、拌种或叶面喷施等方式。几种常用微肥的施用方法见表 17-6。

表 17-6　几种常用微肥在烟草上的浓度及剂量

肥料种类	浸种（%）	拌种（g/kg）	叶面喷施（%）
硼酸或硼砂	0.02~0.05	0.4~1.0	0.02~0.2
硫酸锌	0.02~0.05	2.0~6.0	0.05~0.2
硫酸锰	0.05~0.1	4.0~8.0	0.05~0.2
钼酸铵	0.05~0.1	1.0~2	0.05~0.1

浸种的时间通常为 6~12h，喷施则最好在傍晚进行。溶液用量 50~100kg/667m²。微肥的针对性极强，通常烟区土壤严重缺乏某种微量营养元素时，才需补充。

总之，低烟碱、薄叶型烤烟和白肋烟，要重施基肥。低糖烤烟和晒黄烟，则基、追肥结合，保证后期仍有一定的氮素供应。晒红烟和雪茄烟则采用基追肥并重或追肥重于基肥，使打顶后仍有较高的供氮水平。香料烟除严格控制施氮肥量以外，所有肥料一般全作基肥集中施用。

17.2.2 油菜施肥

油菜是我国主要油料作物之一，属十字花科芸苔属。由于油菜的适应性广，经济价值高，在我国的栽培面积很大，约占全国油料作物的1/3，植物油中菜籽油产量居首位。

17.2.2.1 油菜的营养特性

(1) 氮素营养　油菜体内的氮素积累随生育期进展增加。氮素供应充足时，油菜从出苗至花芽分化的时期较短，而有效花芽分化期相应延长，分枝数增加。

幼苗阶段，氮素积累量少，约占全生育期总量的10%～15%，此阶段氮素主要分布于叶片。越冬阶段，由于低温抑制了油菜的生长，生命活动减弱，氮素积累量仅占全生育期总氮量的3%～5%。春季随气温的回升，油菜对氮素的吸收量也随之增加，到抽苔止，氮素的积累量占积累总量的8%～12%，分布仍以叶片为主。抽苔阶段约为一个月的时间，对养分的吸收量很大，如不能满足其需肥量会出现落黄。这个时期是氮素的营养临界期，氮素积累量约占总量的25%～34%，根、叶中的氮量稍有减低，而茎部的氮量却逐渐上升。开花阶段，氮素积累进一步增加达到高峰。20天的时间内，氮素积累量占总量的27%～36%，氮素在茎部的积累增加，达30%左右，表明生长中心已转移到茎枝。结实阶段，油菜虽然继续吸收积累氮素，但积累强度比上一阶段显著下降，积累量占总量的15%～18%。氮素分布发生极大变化，营养器官中的氮迅速向角果集中，最后大部分集中在种子中贮存起来，种子中的氮素可占植株总氮量的50%～70%。角果是生命活动最终产物的仓库，蛋白质大部分积累于此，因此全氮量很高。

(2) 磷素营养　据大量研究表明，油菜对磷素的吸收量低于氮素和钾素，各生育期植株含磷量的变化也比氮、钾的变化小。在油菜苗期、越冬期、抽苔期和开花期，植株全磷 (P_2O_5) 变动在0.56%～0.71%之间。磷在油菜体内的运转率高，浙江农业大学应用 ^{23}P 测定证实，磷酸在油菜体内很容易移动，并经常向代谢旺盛的幼嫩部位集中。同时，随着生长进程，从根、茎、叶、花，运转到角果，最终大部分积累于种子中。不同生育期，磷在油菜各器官的分配不一样，初期主要在根部积累，生长中期则较多分配在叶部，而生长后期繁殖器官中积累最多。

(3) 钾素营养　油菜对钾素的需求量较多，钾可以增强油菜的抗寒力、抗旱力和抗倒伏、抗病虫害能力。缺钾时，植株生长受阻，叶柄呈现紫色，叶片褪绿发黄，严重时呈"焦灼状"心叶萎缩枯死。

油菜不同生育期对钾素的吸收积累不同于氮和磷。秋冬季油菜茎、叶含钾量相近，春季叶片的含钾量增加缓慢，而茎的含钾量大幅增加，到开花期可达叶部的4倍。随后茎、叶中的钾含量下降，花、角果及种子的含钾量增加。成熟时只有20%～25%的钾在种子中积累。各生育期钾素的含量变动在1.41%～3.20%

之间，在抽苔期达到高峰，含钾量高达 3.2% 以上，这与抽苔以后茎秆和分枝的大量形成，需要很多的钾素有关。在油菜植株体内，钾的移动性大，常随着生育进程由老组织向新组织转移，移动量约占钾吸收总量的 1/3~1/2，而种子中的钾素仅占总钾量的 1/5，这也是钾素的分配与氮素、磷素的不同之处。

（4）硼素营养　油菜为双子叶植物，比禾本科植物的含硼量高。正常的叶片一般含硼在 20mg/kg 左右。充足的硼素营养能保证繁殖器官的发育，可防止油菜的"花而不实"。据任泸生等用水培试验测定，油菜各生育期植株含硼量在初苔期为 9.6mg/kg，初花期为 10.6mg/kg，终花期为 10.8mg/kg，成熟期为 13.5mg/kg。植株地上部对硼素的积累，从苗期到初苔期，初苔期至初花期积累较少，分别占全生育期总量的 6.0% 和 6.7%；初花期至终花期积累增加很快，占 14.8%；而终花期至成熟期最多，占 72.5%。

17.2.2.2　氮、磷、钾肥对油菜生长发育的影响

（1）氮　氮素对油菜生长发育的影响很大，氮素促进叶的生长，尤其是在越冬至抽苔阶段能明显增加下部叶片数量，增大叶面积。氮促进茎枝的生长，施氮量不同一次分枝数也有不同，施氮量为 10kg/667m^2 增加分枝数 44.0%，施氮量为 20kg/667m^2 的增加 53.0%。据湖北油菜化肥试验网 18 个试验点的资料，每 667m^2 施用碳酸氢铵 15kg 左右，增产油菜籽 10%~20%，每千克氮素增产 2.5~9.0kg。油菜产量随氮肥施用量的增加而提高，但随用量增高的同时，增产的幅度随之减少。中国农科院油料研究所报道，甘蓝型油菜从 50kg/667m^2 提高到 100kg/667m^2 时，氮肥的增产作用极为显著，继续提高氮肥用量，油菜产量达到 150kg/667m^2 时每千克氮素的增产量则下降。

（2）磷　我国油菜产区多数土壤缺磷，在氮肥施用量提高的基础上，磷的施用更为重要。在缺磷的土壤上施用磷肥可以使油菜生长良好，促进早熟高产，显著提高含油率。据刘昌智（1982）报道，湖北 73 个试验的结果，施用磷肥后，增产幅度达 10%~30%，每千克 P_2O_5 增产油菜籽 1.6kg。在极度缺磷的土壤上即土壤中有效磷含量低于 5mg/kg 时，磷则成为油菜生产的限制因子，磷肥增产效果显著。当土壤中速效磷含量大于 20mg/kg 时，磷肥施用效果大幅下降。

（3）钾　施用钾肥可以促进油菜苗期的生长。与不施钾肥比较，施钾肥的油菜在越冬期单株叶片数增加 0.4~0.6 片，地上部干重增加 1.0g，根干重增加 0.3g。缺钾土壤施用钾肥，促进茎秆和分枝健壮生长，有效分枝数增加，经济性状得到改善。中国农业科学院油料所在湖北一些地区进行的 21 项次油菜钾肥肥效试验，除 2 次减产 2.8% 以外，其余 19 项次均不同程度的增产，平均增产率达 10.5%，每千克 K_2O 增产 1.5kg 油菜籽。湖南农业科学院土肥所 1971~1976 年进行 8 次油菜钾肥试验，平均增产率达 21.8%，每千克 K_2O 增产 2.6kg 油菜籽。四川农业科学院土肥所 1987~1988 年进行的 16 项次油菜钾肥试验，平均增产率 14.7%，每千克 K_2O 增产 3.03kg 油菜籽。可见施用钾肥对油菜的生长、产量及品质都有明显的提高。

17.2.2.3 油菜施肥技术

油菜的栽培有大田直播和育苗移栽两种方式,由于杂交油菜的推广,采用育苗移栽的方式逐渐增多。油菜的施肥应根据其播种方式、土壤条件、肥料品种与性质、油菜的生育特点等有针对性的制定施肥方案。

(1) 基肥 油菜的营养体大,是一种需肥量高的作物。重施基肥能满足苗期对养分的需求,培育壮苗,为丰产打下良好基础,也可避免后期追肥过多,发生贪青晚熟、倒伏、开二道花现象。

基肥以有机肥为主,配合施用适量的氮肥、磷肥和钾肥。氮肥作基肥用量一般占总量的40%~60%,对于冬季寒冷、土壤肥力较差的地区,基肥用量可占2/3;而对于气候温暖,土质肥沃的地区,基肥的用量可占总量的1/3。磷肥全部作为基肥,集中施用,可采用条施或穴施,一般施过磷酸钙20~30kg/667m^2。在土壤中速效磷低于5mg/kg时,磷肥的增产效果十分显著,在中度缺磷或轻度缺磷的土壤,速效磷含量为10~30mg/kg时,磷肥也能增产5%~20%,在速效磷大于30mg/kg时,施用磷肥的效果不显著。油菜吸收磷的能力较强,施用不同的磷肥品种都有较好的效果。过磷酸钙适宜各类土壤施用,而钙镁磷肥在酸性土壤上施用效果较好。油菜对难溶性磷肥的利用能力也较高,在酸性土壤上施用磷矿粉50kg/667m^2,可增产油菜籽6~20kg。磷矿粉在油菜上的作用可能是由于根系能分泌较多的有机酸和吸收较多的钙。如果磷肥作为基肥施用不足,应当在三叶期前进行补施。另外,可选用水溶性磷肥作为种肥如过磷酸钙、重过磷酸钙等,也可用钙镁肥包裹种子,以提高出苗率和培育壮苗。钾肥与磷肥一样,一般以全部用作基肥的效果好,如中后期追施钾肥,效果明显降低。钾肥也可以用作种肥和苗肥。施钾肥的关键是早。浙江农科院土肥所在青泥上所做的钾肥试验,施硫酸钾10kg/667m^{2}作基肥和苗肥的处理分别达到91.0kg和83.7kg的产量,比对照77kg增产18.2%和8.7%;浙江奉化农业局的钾肥试验,钾作基肥分别比作腊肥、春肥每667m^{2}增产35.5kg和52.6kg。钾的施用量要根据各地的土壤供钾水平及栽培的油菜品种而定。通常杂交油菜的需钾量大于常规品种;甘蓝型油菜>芥菜型油菜>白菜型油菜。

由于油菜根入土较深,直播油菜根入土可达40~50cm,干旱地区可达100cm,根系水平扩展可达40~50cm。因此,有机肥、氮肥作油菜基肥的时候,施用深度应在20~30cm为宜,以便根系较好的吸收和利用。磷肥、钾肥采用条施或穴施效果较好。

(2) 苗床肥 近年来,随着油菜栽培技术的发展,杂交油菜的育苗移栽面积不断扩大,对油菜苗床施肥提出了新的要求。要求培养出高质量的幼苗,保证移栽后发棵早、长势旺、分枝结荚多,并且具有较强的抗逆性。油菜苗床一般选择地势平坦、土质疏松、肥沃的土块,采用优质完全腐熟的有机肥和配合适当的速效性化学肥料作为基肥。通常施用量为腐熟的堆沤肥2 000~2 005kg/667m^2,配合尿素6~8kg/667m^2,过磷酸钙25~30kg/667m^{2}施用;若土壤中速效钾低于

80mg/kg，还应配合施用 5~10kg/667m² 的硫酸钾。在播种前结合整地，将苗床土壤翻松，与基肥充分混均，耙细浇水使土壤湿润后播种。出苗后特别在三叶期结合间苗定苗，追肥 1~2 次，以补充养分和稳定根系。追肥可施用腐熟的猪粪或人粪尿，也可追施尿素。施肥的量一般根据幼苗的长势而处理，约 5kg/667m² 硫酸铵或 2kg/667m² 尿素。在移栽的前一周施一次"送稼肥"，硫酸铵 7~10kg/667m² 或尿素 3~5kg/667m²，以保证移栽后成活率高返青快。

(3) 追肥　油菜在冬季生长的时间较长，合理追肥能保证中后期稳健生长而不致脱肥、早衰，并避免追肥过量而导致贪青晚熟。春油菜生育期短，开花早，前期吸收肥料比重大，肥料要适当提早施用。我国不同油菜产区栽培制度不同，施肥技术也有一定差别。长江下游油菜产区，早施苗肥，重施腊肥，早施苔肥，巧施花肥；长江中游油菜产区，早施苗肥，重施腊肥；四川和重庆油菜施肥上则采用"两头轻中间重"的追肥方法。总之根据各地的条件掌握追肥时间与追施的量，通常追苗肥、蕾苔肥、花肥。

苗肥是指移栽后苗期的追肥。有利于利用冬前较高气温，促进根系发达，苗期生长健壮，提高抗寒性，在基肥不足的情况下，苗肥就更为重要。华南地区一般在移栽后 7~10 天施，直播油菜在五片真叶或定苗时施用，可促进油菜早发，苔壮枝多。长江下游冬油菜产区，由于苗期时间长，苗肥又可分为提苗肥和腊肥。根据苗情和气候而定，春性强的品种或冬季较温暖的地区宜偏早施，冬季气温低或三熟制地区宜偏迟施。

蕾苔肥是油菜生长进入现蕾抽苔时期后的追肥。此期油菜营养生长和生殖生长均十分旺盛，对养分需求量高，补充养分很重要。苔期充足的养分供应可增加总茎枝数，有利于生殖器的发育，总角数增加，籽粒饱满，提高产量。苔肥一般在抽苔后苔株高 15~30cm 时施用为宜，施用量以纯氮 3~5kg/667m² 为好。

花肥是开花前或初花期施用的肥料。此期油菜以生殖生长为主，由于油菜是无限花序，边开花边结荚，如果营养失衡，在盛花期将发生落花现象，严重影响产量，因此要巧施花肥。对长势旺、苔肥量大的可不施或少施；对早熟品种可不施或在始花期适量少施；根据气候和长势，施用花肥可起到良好的效果。花肥用量不宜过多，通常以氮 2~3kg/667m² 为宜，春发油菜氮用量为 0.5~1.5kg/667m²，花肥还可采用根外追肥的办法，喷施浓度为 0.5%~1% 的尿素、过磷酸钙或磷酸二氢钾等肥料。

(4) 硼肥　油菜对缺硼较为灵感，尤其是甘蓝型油菜。我国长江流域油菜主产区各地均有缺硼而引起油菜"花而不实"的现象。据湖南土肥所的研究，根据土壤供硼的能力，将土壤有效硼含量 0.3mg/kg 作为油菜缺硼的临界值，在 1973~1981 年进行的油菜施硼的 37 次试验中，除两个试验点平产外，其余都表现为增产。施硼平均量达 0.89kg/667m²，比对照增产 11.9%，施用硼肥对油菜的农艺性状有良好影响。生产上施用的硼肥主要有硼酸和硼砂两种，可用浓度为 0.01%~0.1% 的硼砂溶液浸种，浸种时间为 6~12h，肥液与种子比例为 1:1（即 1kg 种子用 1kg 肥液）。硼砂溶解较缓慢，可用 50~60℃ 温水溶解冷却后浸种；也可将硼酸或硼砂配制成 0.1%~0.2% 浓度的溶液，喷施用量为 50~75kg/667m^2，在油菜的苗期、蕾苔期或开花期喷施。还可将硼酸或硼砂按 0.5~1kg/667m^2 用量与堆沤肥或厩肥等混合，作为基肥施用。

17.2.3 茶树施肥

17.2.3.1 茶树的营养特性

茶树是一种叶用作物，对氮的要求较为迫切，需要量也大，氮肥对茶叶的增产效果较好，施肥效益较高，因而茶园施肥以氮肥为主，配合施用磷、钾肥。氮、磷、钾配合比例随茶树发育阶段不同有不同地要求，在茶树幼林期，氮、磷、钾三种肥料地施用量较为接近。试验表明以 2:1:1 和 2:2:1 的比例较为适宜。随着树龄增大，须加强茶树营养生长、抑制生殖生长，成年茶园的氮磷钾比例一般以 6:2:1 或 3:1:1 为宜，加大了氮肥的施用比例，当衰老茶树进行更新时，为了促进多发新根和培育新的骨干枝，又要适当增加磷、钾的比例。总之，三要素的配合比例，要根据茶园土壤养分的丰缺来进行校正与确定。

17.2.3.2 施肥技术

（1）有机肥与无机肥的配合　有机肥对茶树的生长、品质都有良好的影响。我国茶区大都分布在水热条件较好的亚热带和湿润带的酸性土中。土壤有机质分解迅速，在茶树的栽培过程每年必须大量施用有机肥料以改良和培肥土壤。有机肥中有效养分量低、释放缓慢，但在微生物的作用下可形成腐殖质，促进土壤水稳性团粒结构的形成，并可解决土壤中某些微量元素的缺乏问题。但青年、成年茶树需肥量大，仅靠有机肥不能满足其需要，必须要与速效化肥配合，使之能缓急相济，既增加产量，又能恢复和提高土壤肥力。

（2）重施基肥、分次追肥　按施肥时期划分，茶园施肥可分为基肥和追肥。在冬季茶树地上部生长停止时施用的肥料称基肥。在茶树开始萌动和新梢生长期施用的肥料称追肥。茶树施肥的经验为：基肥要足，追肥要速。基肥以有机肥为主，配合氮、磷、钾肥。追肥以速效化肥为主。施用基肥可以恢复当年因采摘茶叶受了亏缺的树势，增强茶树越冬抗寒能力，并使根系积累充足的养分，为次年春茶芽叶生长打好物质基础。基肥的施用时期通常是在茶树地上部停止生长后立即施下，一般宜早不宜迟。在长江中下游茶区，于 9~11 月间结合冬耕施下，最晚不过立冬；而江北茶区及一些高山茶区，由于气温下降早，基肥以 8~9 月间施用为宜；华南茶区，气温下降晚，基肥施用时间以 11~12 月间为宜。基肥的数量和品种，要根据茶树长势和土壤肥力水平而定，据我国大多数高产茶园的施肥经验，可选用饼肥、堆肥、沤肥。

17.2.4 甘蔗施肥

就世界范围而言，制糖原料约有 2/3 来自甘蔗。甘蔗是一种高光效的 C_4 植物,生物产量高。甘蔗施肥较重视基肥的施用,据试验,重施基肥能全苗、壮苗、促进分蘖、增加茎重,比不施基肥的提高产量 30% 以上,同时甘蔗植株基部粗壮,不易倒伏。

17.2.4.1 营养元素对甘蔗生长的影响

作为制糖原料的甘蔗茎秆,含水分 70.5%～75.6%;有机质 23.5%～29.0%,其中纤维占 16%,其余为糖类;灰分元素含量为 0.65%～1.0%。一般土壤较难满足甘蔗高产需要的 N、P、K 等元素,需施肥给以补充。

(1) 氮 是生命基础物质(蛋白质、核酸)的主要成分,又是参与生理生化反应及生长调节作用的特殊物质(叶绿素、辅酶、植物激素)的必要成分。氮对甘蔗的萌芽、分蘖、茎伸长、出叶速度、提高抗旱力和叶色等都有促进作用,并可使蔗汁丰富,增加单茎重,提高单产。但施氮过多或过迟,会使蔗汁稀释,降低含糖量和品质,还会使纤维减少,蔗皮嫩脆,增加虫蛀、易倒伏。缺氮时蔗叶呈黄绿色,渐变黄变硬,老叶变成红紫色,主茎和新叶的生长减缓,叶窄、茎细,节间缩短,分蘖减少。

(2) 磷 甘蔗需磷量比钾、氮少,磷是某些辅酶和 ATP 的主要成分,能促进种苗萌发,宿根发株,根系发育,幼苗生长和分蘖发生,增加甘蔗的茎长、茎粗和叶宽。磷还能提高甘蔗的抗旱及抗寒性,还可以促进早期糖分积累使甘蔗早熟。缺磷,甘蔗生长受阻,节间变短变细,叶窄而短,分蘖显著减少,比缺氮的影响更甚。

(3) 钾 甘蔗是喜钾作物,其单糖和双糖的转化和运转,淀粉的形成,蛋白质的合成和转移皆需要钾。钾能促进光合作用,增强抗病抗倒伏的能力,又对抗旱、抗寒有促进作用。缺钾使甘蔗生长减缓,茎细,梢部尖削,分蘖减少,叶褪色,根毛减少,产量降低,含糖量减少。

(4) 钙 是构成细胞壁的重要成分,并与蔗汁丰富程度有关。钙能抵抗高浓度的镁对甘蔗根细胞的毒害,加强对氮、磷的吸收,促进根系发育。

17.2.4.2 甘蔗对主要营养元素的吸收规律

甘蔗一生吸钾最多,其次为氮,吸磷较少。对三要素的吸收量因品种、植期、株龄、土壤供肥状况、施肥技术、耕作及环境条件等不同而有差异。

甘蔗各生长阶段对三要素的吸收量以幼苗期和分蘖期较少,伸长期最多,工艺成熟期次之。因此,栽培上应施足基肥的基础上,适时合理追肥,使甘蔗各生长阶段得到充足的养分供应,保证丰产。

17.2.4.3 甘蔗的施肥技术

(1) 重施基肥 甘蔗施肥原则是"重施基肥,适时分期追肥"。根据目前的生产条件,一般是将 1 000～1 500 kg/667 m² 堆肥或厩肥施入植沟内,用锄将土、肥拌匀,放种后、盖种前再施清粪水 1 200～2 000 kg/667 m²。既可防春旱,又可提高萌芽率，促苗早发。为满足甘蔗生长对 N、P、K 的需要，宜在基肥中加入过磷酸钙 10~15kg/667m^2，并在蔗行中间种绿肥或十字花科作物。

(2) **适时追肥、培土**　追肥应结合培土进行，培土可减少养分流失，是保温、保湿、保肥的良好措施，促进发根及早生分蘖或抑制迟生分蘖；促进茎基部生根，形成庞大根系，扩大吸收养分的范围和增强抗倒伏能力，还可起中耕除草的作用。

追肥原则为"早施壮苗肥，重施壮秆肥，增施壮尾肥"。壮苗肥一般在4月底前基本齐苗时，用腐熟人粪尿 250~300kg/667m^2 将之兑水稀释 5~6 倍后，再加入氮素 0.52~1.04kg/667m^2 施入。有灌溉条件的地方，可灌"跑马水"后再施肥。约5月中下旬时，再施人粪尿 500kg/667m^2，稀释 5~6 倍后，配合施用过磷酸钙 10~15kg/667m^2，氮素 2~3kg/667m^2，草木灰 50~100kg/667m^2 或硫酸钾 5~10kg/667m^2，施后培土 7~10cm，以稳蔸壮苗。当蔗苗高至67cm左右，约6月底时，为满足伸长期发大根、开大叶、长大茎对养分的需要，需再施壮秆肥，在使用人粪尿 500kg/667m^2 稀释 5~6 倍的基础上，施氮肥 2~3kg/667m^2。当苗高 1.0~1.3m，约7月上旬前后，根据蔗苗长势长相，看苗再酌情补施一次壮尾肥，需施人畜粪尿 500kg/667m^2 或纯氮 2kg/667m^2 左右。

(3) **稀土在甘蔗上的应用**　农用稀土首创于我国20世纪70年代，现居世界领先地位。其应用面积在我国已超过 80×10^4hm^2，其中用于甘蔗约 46×10^4hm^2。据研究，甘蔗使用稀土后，一般可增产 5%~15%，提高糖分 0.3%~0.8%，并能改善蔗汁品质，还有一定的催熟作用，对旱坡地、寒冷蔗区的甘蔗产量、糖含量和早期糖分的作用尤为显著。

17.3　果树施肥

17.3.1　果树的营养特性

17.3.1.1　果树的生命周期

大多数果树是多年生木本作物，与其他种类作物相比，具有不同的营养特点。果树一经定植，在同一块土地上要生长十几年乃至几十年。整个生命周期要经过生长、结果、盛果、衰老和更新等阶段。不同的果树，以及同一果树不同的树龄，都有其特殊的生理特点和营养要求。幼龄期果树的生长重心是树冠发育和扩大根系。这个时期的生长量不大，需肥量也不多，但对肥料反应敏感。该期需要足够的营养在树体中积累，为下阶段开花结果打下良好的基础。要求施足磷肥，适当配合施用氮肥和钾肥；生长、结果期主要是继续扩大树冠，同时进行花芽分化，使果树尽早开花结果，并过渡到盛果期。这个时期应在施足基肥的情况下，增施磷钾肥。进入盛果期后，果树的骨架与树冠已经形成，此时要求提高商品价值，既要调节花芽数量，形成合理的负载，防止树体衰老，还要注意施肥对果实品质的影响，因此要求氮、磷、钾肥配合施用。在衰老期应多施氮肥和磷、钾肥，以促进更新复壮，延长盛果而不衰老。

17.3.1.2　树体营养与果实营养特点

果树生长要经历营养生长和生殖生长的阶段，只有当营养生长和生殖生长协调平衡才能获得优质的果品。多年生的许多果树，如苹果、梨都是在前一年进行花芽分化而在第二年开花结果。首先是新梢生长，然后开花结果，在果实继续发育期间，又开始进行花芽分化与发育。不同时期的施肥常会影响树体营养和果实营养，即影响营养生长、开花结果和花芽分化。如果施肥不足会导致营养不良，产生较多的花芽，不能正常发育。施肥过量尤其氮肥过多，会使营养生长过旺，梢枝徒长，花芽分化不良。有的虽然能开花结果，但容易产生生理性落花落果，果实品质下降。氮用量过多还易引起病虫害。所以果树施肥应考虑树体营养和果实营养的平衡。

17.3.1.3　砧木与接穗营养特点

为了保持果树品种的优良特性及根系对养分的吸收，木本果树多采用无性繁殖的方法。一般是将优良品种的芽或枝条做穗，嫁接在根系发达的砧木上。然而，由于嫁接的接穗和砧木的组合不同，会明显的影响养分的吸收和体内养分的同化。不同树种有其营养特性，而砧木也有各自的营养特点，因此果树施肥必须了解砧木与接穗组合的特点。强砧木和强接穗的组合果树，根系发达能适应当地的条件，地上部生长良好，同化产物多、生长旺、寿命长，单株产量高，但结果较迟，砧木对接穗的影响部分取决于从土壤中吸收养分的能力，同时也取决于营养物质通过嫁接部位的难易以及向上运输的速率。长势强的砧木和长势弱的接穗组合果树，生长势弱，寿命不长，能较早的形成花芽。弱砧木与强接穗组合的果树花芽形成较迟，接穗刺激砧木的根系较快的生长，树体较高，树龄较长，但由于接穗生长快于砧木，接穗的粗度大于砧木，这种组合往往生长较弱。几种组合在生产上都有应用，因此，果树营养要考虑砧木和接穗的关系。

17.3.1.4　果树营养环境特点

果树营养状况除了取决于基因型外，在很大程度上也受外界环境的影响。果树生长量大，定植后固定在一个有限的营养空间，供给养分的强度和容量都受到特定环境的影响。果树根系长期不断地从土壤中有选择性的吸收某些营养元素，容易造成营养元素的缺乏或营养元素之间的不平衡。重视施用有机肥及含多种营养元素的复合肥料才能避免有限的营养空间内养分亏缺和不平衡。

17.3.1.5　施肥方法

土壤施肥是大量补充果树所需营养的必要手段。当肥料施入土壤后，在土壤中要经过一系列的转化而损失，被根系吸收的养分数量往往很低。果树施肥配合叶面喷施可取得良好效果，特别是微量元素肥料，采用根外追肥比对土壤施肥的效果好、见效快、利用率高。除此之外，靶子器官施肥也是补充果树特定器官营养的行之有效的方法，一般用于果实的营养调节。强力树干注射是一种新的施肥技术，该方法以 14mgf/cm² 压强将肥料溶液强力注入，肥效较好，对于一些难移动的元素或根系发育出现障碍的果树，采用该方法效果明显。但此方法需要强力注射的机具。由此可见，果树施肥与大田相比更加多样化。

17.3.2　苹果施肥

17.3.2.1　苹果根系的特性

苹果是仁果类果树，根系由骨干根、须根组成，幼树期骨干根的长度约为树高的 0.4~0.7 倍。随着树龄增加，在疏松的土壤上可达 3~4m，在土层较薄的山地中往往只有 30cm，根系水平分布在与树冠相对应的范围。距主干 1~1.5m 的根量约占总根量的 75%~80%。垂直分布的根系大部分集中在 0~40cm 的土层内。苹果的根系在 0℃ 以上开始活动，0~0.5℃ 即可吸收硝酸盐、铵态氮，3~4℃ 开始生长，7~20℃ 生长最为旺盛。

17.3.2.2　苹果的营养特性

(1) 苹果养分需要量　苹果树不同部位养分含量不同，分布趋势为叶>果，枝>根系（表 17-7）。各器官养分的含量随着生长周期和生长季节的不同而有变化，器官内的养分变化具有一定的规律性：叶片中氮、磷、钾含量在早春时最高，到果实膨大期，叶片中各种养分元素含量最少，晚秋以后，各种养分含量又有所回升；枝条中养分含量在萌芽期、开花期最多，随着生长期推进而渐减，7 月以后含量最少，到落叶期枝条中氮、钾含量有所增加，而磷变化不大；果实内养分含量也是变化的，一般幼果养分含量高，随着果实的成熟，体内碳水化合物比重增大，因而主要矿质养分的百分含量下降。

表 17-7　苹果树各器官主要营养元素含量　　　　%

元素	果实	叶	营养枝	结果枝	多年生枝	根
N	0.40~0.80	2.30	0.54	0.88	0.49	0.32
P_2O_5	0.09~0.20	0.45	0.14	0.28	0.12	0.11
K_2O	1.20	1.60	0.29	0.52	0.27	0.23
Ca	0.10	3.00	1.42	2.73	1.28	0.54

资料来源：刘熊，1986。

(2) 苹果的氮、磷、钾、钙营养

①氮素营养　苹果植株年周期内对氮的吸收可分为三个时期。第一个时期是从萌芽到新梢迅速生长时期，以叶、花、幼果、根尖等器官含氮量最多，为大量需氮时期，所需氮素养分主要来自前一年的贮藏；第二个时期是从新梢旺长到果实采收前，吸氮速率变小而平稳，属氮素营养稳定期，各种形态的氮均处于较低

水平;第三个时期是从采收前夕开始到养分回流,为根系再次生长和氮素养分贮备期。

在苹果树体中氮主要分配在生长旺盛的部位,叶、花、幼果、根尖、茎尖等器官分布较多,叶片含氮2%~4%,平均为2.3%左右(以干物质计)。氮与苹果的营养生长有密切的关系,氮素充足时果树长势健壮,光合作用强,有利于营养物质的吸收、转化和积累。Childers(1985)指出,缺氮时苹果光合作用降低60%以上,主要原因是氮含量适宜时,叶面积大,叶绿素多,叶绿体体积大,基粒数目及层次多,故光能利用率高;氮素充足的情况下幼叶长势好,赤霉素含量高,可促进气孔的开张,提高光合效率。氮素还能提高果枝活力,促进花芽分化和提高坐果率,使果实增大,产量提高。但是,氮素过高将会降低苹果的产量、品质及品种特有的风味,经济效益受到影响。

氮素水平的高低还影响到苹果根系的生长和对养分的吸收。低氮(1mg/L)条件下,活跃根的直径和单位长度点的数量增加,从而形成较大的根系活性表面。当氮素浓度高时(100~400mg/L),上述各项指标均下降。缺氮时苹果花芽分化少,对产量和果实品质、风味均有影响。

②磷素营养 磷与氮、钾相比在年周期内含量变化较小,花芽分化和果实发育都导致枝、干木质部汁液中磷的浓度下降。苹果树体内磷的分布与氮的相似,在叶、花及新梢、新根生长活跃部位含量高。磷能促进CO_2的还原及固定,有利于碳水化合物的合成,并以磷酸化方式促进糖分运输。磷不仅能提高果实含糖量及产量,也能改善果实的色泽。磷营养水平高时,能为根系提供充足的养分,有利于根系的生长,改善了植株从土壤中摄取养分的能力。

苹果根系对磷利用能力较强。既能吸收水溶性磷,也能吸收枸溶性磷及少量的难溶性磷。这可能与苹果的根系分泌物、菌根有一定的关系。磷供应充足时,新梢能及时停止生长进入花芽分化期,增加座果率。磷能增强树体的抗逆性,减少枝干腐烂病和果实水心病。据陕西省凤县的试验结果(两年平均),单施氮,水心病发病率为62.2%,而氮磷配合处理仅为23.4%,效果十分明显。另外,磷对氮素营养有调节作用。因为磷是硝酸还原酶的组分,可促进苹果根系中的NO_3^-—N的转化和氨基酸的合成。

苹果树缺磷时,花形成不良,新梢和根系生长减弱,叶片变小。积累的糖分转化为花青素,使叶柄变紫,叶片出现红色斑块,叶边缘出现半月形坏死。此外,果实色泽不鲜艳。如磷含量过高,会阻碍锌、铜、铁的吸收,引起叶片黄化,当叶片磷(P)、锌(Zn)比值大于100时,将出现小叶病。

③钾素营养 苹果叶部含K_2O 1.6%,而果实含K_2O 1.2%左右。在苹果树体中钾素主要以离子态存在,约占总量的80%。此外,还有20%左右的胶体吸附态钾和1%左右线粒体-K复合体。

钾在茎叶幼嫩部位和木质部、韧皮部的汁液中含量较高,这对提高上述部位的渗透势,提高根压,促进水分的吸收和保持有重要意义。Benzini(1971)认为,木质部、韧皮部含钾量高可能与K^+作为苹果酸阴离子的平衡离子有关。吸收过程中苹果酸阴离子转化为 HCO_3^- 并释放到土壤中去，而 NO_3^- 作为交换离子吸收到木质部并与 K^+ 一起运输。在苹果的树干、多年生枝条和根中钾的含量较少。随着季节的变化，各器官中钾量也发生变化，晚秋，树体进入休眠期时，有许多 K^+ 转移到根部，也有一部分钾随落叶返回土壤中。

苹果需钾量大，增施钾肥能促进果实肥大，增加果实单个重量。山崎·森试验结果表明，钾浓度从 0mg/kg 提高到 100mg/kg，红玉和国光苹果单个重分别从 136g 和 94g 提高到 211g 和 207g，而且高钾处理含糖高，色泽较好。

苹果钾素水平的高低影响氮素的同化，特别是硝态氮的还原转化。因为钾对硝酸还原酶有诱导作用。此外，钾在氮的同化过程中的许多环节有其独特的作用。氮、钾配合施用并保持适宜的比例对苹果产量、品质、发病率、着色度都有明显影响。Hudska（1984）发现，苹果产量与前一年苹果叶片含钾量呈正相关，与 N/K 比值呈负相关。金冠苹果 N/K 比在 1.3~2 之间产量较高，比值大于 2 时产量降低。Ushwood（1986）也曾指出，N/K 在 1.25 时，苹果果实品质最佳。当然，钾素水平也不宜太高，因为高钾除影响氮钾比值外，也影响 Ca^{2+}、Mg^{2+}、NH_4^+—N 的吸收，使果实变绵，而贮性差，产量与品质均受影响。

④钙素营养　苹果不同的器官含钙量差异较大，叶片含钙为 3%，果实为 0.1%，营养枝为 1.42%，结果枝为 2.73%。钙在树体内移动性小，再利用率很低，一般在老的组织中积累后很少转移到幼嫩组织中去，因此老的叶片含钙多。Wieke（1975）指出，虽然钙移动小，但次年春季从树体永久性结构中重新动用的钙能提供新梢、叶片、果实所需的 20%~25%。钙是细胞壁中胶层的重要成分，能维持染色体和生物膜的结构，是分生组织继续生长所必需的，缺钙则细胞分裂受阻。钙是多种酶和辅酶的活化剂。适量的钙能保护细胞组织，提高苹果的品质，延长苹果的保存期。一般树体缺钙的现象不多见，但果实缺钙的现象非常普遍。果实的含钙量一般较低，大约是邻近叶片的 1/40~1/10。果实形成过程中，幼果在发育到 3~6 周时是吸收钙的高峰期，果实需钙总量的 90% 进入幼果。这一时期是苹果的钙营养临界期，必需保证钙的供应。苹果果实缺钙引起原因有：树体吸收钙的数量不够，根系发育差、土壤供钙少、土壤 pH 值、离子间的作用、气候干旱等，也与钙在树体内分配不当有关；苹果幼果期是吸收钙的高峰期，与新梢旺长期几乎在同一时期，若此期间氮素较多，N/Ca 比值大，枝叶旺长，会争夺大量的钙离子，导致果实出现缺钙；由于雨水多，果实迅速膨大，水分的稀释效应而引起缺钙。钙不足时，苹果根粗短，根尖灰枯，地上部新梢生长受阻，叶片变小褪绿，幼叶边缘四周向上卷曲，严重时叶片出现坏死，花朵萎缩，果实易腐烂。Fast（1967）发现，苹果果皮中钙低于 70mg/kg（干物重）或果肉低于 200mg/kg 易产生苦痘病、软木栓病、痘斑病、心腐病、水心病、裂果等生理性病害，尤其在高氮低钙情况下更易发生。但钙过量时，因拮抗作用会影响其他元素，特别是铁元素的吸收，造成缺铁叶片黄化。

17.3.2.3　苹果的施肥技术

苹果的施肥常分为幼树期施肥和结果期施肥。幼龄果树处于营养生长期，幼树施肥主要促进根系和新梢的生长，建立骨架、积累营养。秋施基肥，将有机肥和磷肥、钾肥按一定比例施入，可促进苹果树的第三次发根，有利于养分吸收，增加越冬养分的贮备，为来年苹果树的生长和提早抽梢奠定基础。苹果幼树在一年生长时间达 7~12 个月。幼树的追肥着重于培养每次新梢。北方一般在苹果每次新梢生长前追施速效氮肥。南方多在春天气温回升后和秋天追施氮肥。结果期的施肥可分为四个时期：萌发肥，这次施肥的目的是促进新梢生长和保花保果，平衡营养生长及生殖生长的作用。一般在春芽萌发前 2 周左右施用，以速效性氮肥为主，配合适量的磷钾肥，施用量占全年量的 20%；稳果肥，苹果落花后，由于消耗一定养分，造成生理落果。该次追肥目的是补充养分减轻生理落果，施用时间大约在 4 月下旬。以氮为主，配合施用磷钾肥，用量占全年总量的 20%，坐果多的可酌情多施；壮果肥，由于果实迅速膨大，适量的追肥可起到壮果的作用。此次施肥一般在 5 月下旬至 6 月上旬，晚熟品种如大小国光、红玉、倭锦等在 7~8 月份追肥，以速效性氮磷钾肥为主，氮肥不宜过多，避免停梢过迟。这次施肥量约占全年用肥的 30%；采果肥，苹果生长年周期里经过开花结果消耗大量营养。南方采收苹果比北方早 1 个月左右，早熟品种在 6~7 月采收，晚熟品种在 9 月采收，一般在 8~9 月施用。此时苹果根系处于第三次生长高峰期，吸收能力强，可促进迅速大量发根。此次施肥以有机肥为主，配合适量的氮磷钾肥，施用量占全年的 40% 左右。

(1) 氮肥的施用 氮、磷、钾及有机肥料的施用直接影响苹果的产量和质量，在生产中由于氮素的施用不当给苹果的生产带来很多问题。据全国果树化肥试验网的资料（1977），不同树龄苹果树的氮肥的施用适宜量为：未结果树，每株施纯氮 0.25~0.45kg；生长结果初期树，每株施纯氮 0.45~0.9kg；结果期树，每株施纯氮 0.9~1.4kg；盛果期树，每株施纯氮 1.4~1.9kg。氮肥过少或过多都有降低产量的趋势。武继含等（1991）在黄河故道区对盛果期苹果树进行不同氮肥用量试验后指出，以株施纯氮 1.25kg 效果最好，不仅增产幅度大，而且果实品质也有明显改善，果肉硬度比对照提高 $0.281kg/cm^2$，炭疽病、轮纹病感染降低 2.64%。又据烟台、渭北地区的丰产经验，每株每龄施纯氮 0.05~0.06kg 或每 100kg 果实施纯氮 0.8~1kg 为宜。

(2) 氮肥的适宜施用时期 氮的施用时期直接影响苹果营养生长和生殖生长的平衡和协调。邱群光等（1978）的试验表明，不同生育期施用氮肥，其作用方向总是促进当时生长发育最活跃器官的形成。如在采收后和早春施用的氮肥，可促新梢生长，健壮树势；花前追肥可促进使用梢生长，提高座果率；花芽分化前后追施氮肥，可促进花芽分化，提高果实产量，但也能导致秋梢生长过旺和果实品质下降；采收前 2~3 周追施氮肥，可以提高单果重量，但也能导致秋梢和果实品质下降。因此，掌握好施肥适宜的时期是苹果施肥的关键之一。

氮肥通常可在 5 个时期追施，但对具体果园来说需根据树势选择其中 1~2 个时期施入氮肥即可。

①芽前或花前追肥 花期前后，苹果既要开花结果，又要长叶发枝。氮素养

分的供求矛盾比较突出。所以，此期间追施氮肥，既可明显提高座果率，又能促进枝叶生长（表17-8）。据陕西省果树研究所调查结果表明，这次追肥时间早效果好，即使迟至花期施用，也仍有保果作用。但花前追肥的保果效果，因树而异，旺树有相反的作用。

表17-8　前期追肥对金冠苹果树生长结果的影响

处理	芽前2周	花期4周	花前2周	花后2周
座果率（%）	44.1	39.7	37.4	2.86
新梢长（cm）	27.6	25.0	23.1	22.2

注：1. 资料来源：苹果基地手册．陕西科技出版社，1988年；
　　2. 追肥量每株2.5kg硫铵。

②花后追肥　花后树体营养物质运转中心已转移到新梢上，因此花后追肥可以显著地促进新梢生长。有资料认为，花后追肥可减少采前落果数，从而增加果实采收量。但是，此次施氮肥量过多，将明显降低座果率。

③花芽分化前追肥　花芽分化前追肥，可以促进花芽分化，增加花芽数，提高花芽质量，增加次年座果率。同时，对当年果实的膨大也有好处。许多试验资料表明，花芽分化前是苹果树施氮最大效能期，从表17-9可见，花芽分化前施用氮肥增产效果最为明显。这是由于花芽分化前施肥增加了花芽数。周厚基等人（1965）试验表明，国光和金冠苹果的单株产量与花芽数有显著的相关性。所以，这个时期施足氮肥就能提高苹果的产量。但是，此时氮肥过多，易延迟春梢生长或大量促进二次枝，对花芽分化不利。因为大部分花芽特别是顶花芽必须在枝叶停止生长后才开始分化。因此，一定要掌握好氮肥用量。一般在春梢生长缓慢、部分停止生长时为宜。当树体营养生长过旺时，不应施这次氮肥，可结合短期干旱和合理修剪来控制生长，促进花芽分化。

表17-9　氮肥施用时期对国光苹果（17~22年生）产量的影响

处理	产量（kg/株）（6年平均）	比较（%）
①花前一次施用	244.7	114.6
②花芽分化前一次施用	287.6	134.7
③果实膨大期一次施用	248.0	116.2
④花前和花芽分化前各1/2量	260.0	121.8
⑤落花后和果实膨大期各1/2量	283.2	132.7
⑥花前、花芽分化期和果实膨大期各1/3	241.1	112.9
⑦落花后一次施用	259.9	121.7
⑧不施氮（对照）	213.5	100

资料来源：辽宁省果树研究所，1965。

④果实膨大期追肥　此时追肥能促进果实生长，并能促进叶片的同化作用和提高花芽质量。但这次追肥氮量过多，将导致果实品质下降和秋梢生长，降低树体的越冬能力。

⑤秋季追肥　苹果树春季新梢及开花座果，主要是利用前一年秋季贮藏在树体内的养分。本次追肥可以促进叶片的同化作用，增加树体贮藏养分，提高花芽质量，对次年春梢生长、座果都有明显影响。秋季追肥宜在秋梢停止生长后尽早进行。采收期前2~3周追施氮肥，可以提高单果重，但易导致秋梢过旺，果实品质下降。为了避免对果实品质产生不良影响，中晚熟品种可在采收后立即施用，晚熟品种可在临近采收时进行。

追肥的目的是调节苹果树生长结果的积极手段，不论每年追一次、两次或是三次，什么时候施都有一定的增产效果。但不是施肥的次数愈多愈好，据研究每年施一次、二次的比施三次好。特别是将氮肥在花芽分化前一次追施的效果好。

(3) 磷、钾肥及有机肥的施用　磷肥、钾肥及有机肥通常用作基肥，除在苹果树定植时施入外，每年还将其作为基肥施用。施用基肥的时间要早，秋施基肥比春施好，早秋施用又比晚秋或冬季施用好。秋施基肥时，根系正处在生长高峰期，断根愈合快，有机肥的分解好，矿化速率大，部分养分可被树体当年利用，有利于体内有机养分的合成和贮藏。对满足树体翌春萌芽、开花、结果、生长发育都有重要作用。同时，磷钾肥的施入有利于诱根下扎，更好地利用深层土壤的养分、水分并有利于提高抗逆性（表17-10）。

表17-10　基肥施用时期对国光品种生长结果的影响

施用时期	新根量（g/50cm³ 范围）	新梢长 (cm)		产量（kg/株）
		春梢	秋梢	
早施（9月4日）	35.3	67.5	24.5	27
迟施（10月2日）	18.1	46.2	52.8	21

资料来源：苹果基地手册．陕西科技出版社，1988。

磷肥、钾肥也可作追肥施用，能促进花芽分化，同时提高果品质量。一般多在生育后期施用。可作为根部追肥在土壤中施用，也可作为根外追肥采用喷施的方法。

在苹果施肥中，有机肥与化肥要保持一定的比例，同时氮、磷、钾也要保持一定的比例才能生产出产量高、质量优的苹果，通常有机肥的比例应占总施肥量的50%~70%。而氮、磷、钾（$N:P_2O_5:K_2O$）比例，美国苹果施肥中为4:4:3，原苏联为1:1:1，日本、朝鲜为2:1:2。我国渤海湾地区棕黄土上适宜比例为：幼苗期为2:2:1；结果期为2:1:2。黄土高原地区，因土壤含磷低，以1:1:1为宜（表17-11）。

(4) 钙肥的施用　自20世纪70年代起我国陕、甘一带高海拔苹果产区出现了果实缺钙现象，影响了果实品质、贮藏及商品价值。仝月澳等（1980）的研究指出，果实的水心病、苦痘病和痘斑病等的发生不仅因果实缺钙，而且与其他几种营养元素间的比例不协调有关。水心病果实中 K/Ca 及（K+Mg）/Ca 的值均较正常果实高。周厚基（1981）进行4年田间矫治试验证明，在盛花后3周、5周和采收前10周、8周，年周期喷施0.5%硝酸钙2~3次，可使水心病的病果

表 17-11　三要素用量及其比例

树种	施用量（kg/667m²）			比　例			国家
	N	P_2O_5	K_2O	N	P_2O_5	K_2O	
苹果	10~20	5~20	10~20	1	0.5	1	日本
	3.4	1	3.7	1	0.28	1.07	美国
	4.0	3.0	4.0	1	0.75	1	原苏联

资料来源：曾骧，1987。

率从25%降至8%；喷施硝酸钙配合土壤施用硝酸钾，可使病果率进一步下降至6%。陈策等研究，在果实膨大期连续4次喷施0.3%硝酸钙，矫治苹果痘斑病的效果十分显著。

17.3.3　柑橘施肥

17.3.3.1　柑橘根系的特性

柑橘根系的分布因品种、砧木、树龄、环境条件和栽培技术而有较大差异。柚、甜橙根深，枳、金柑、柠檬、橘等的根较浅。在一般的土壤条件下，柑橘的根深1.5m左右，表土下10~60cm的土层分布较多，占全根量的80%以上。分布宽度可达树冠的7~12倍以上。

生产实践证明，垂直根系与水平根系的发育状况对幼树的生长发育有很大的影响。垂直根系抢先发育，往往导致地上部生长过旺，开花推迟。反之，水平根系发育良好，分生侧根多，吸收须根分布密，有助于地上部顺利地向生殖生长转化。

根在一年中有几次生长高峰，据浙江黄岩柑橘研究所观察，品种"本地早"一般在春梢开花后，至夏梢抽生前，形成第一次生长高峰，发根量较多；第二次高峰常出现在夏梢抽生后，发根量较少；第三次高峰在秋梢生长停止后，发根量较多。根群生长发育时期的迟早、长短和密度，受土壤温度、湿度影响外，也因品种、砧木、树体营养条件、树龄、树势、结果情况等而异。能在低温发根的砧木，早春常先发根后萌梢；结果量大、营养条件不良、发根会受抑制。发根迟早和活动状况虽受许多因素影响，但根系生长与枝梢生长互相消长的现象是一致的。柑橘是亚热带果树中具有内生菌根的植物，共生真菌可帮助吸收养分，由于真菌的作用能供给根群所需的矿质营养。菌根还能分泌多种活性物质和某些抗生素，促进地上部的生长、增强抗旱和抗根系病害的能力。菌根需要在有机质丰富的土壤上生长。每年种植覆盖作物（绿肥）或施有机肥的柑橘园，能促进菌根生长，发挥对柑橘有利的作用。根据国内有关研究资料报道，丰产园所要求的土壤条件如下：土层深厚，质地砂壤至中壤，通透性能较好，土壤pH5.5~6.5。

17.3.3.2　柑橘的营养特性

（1）柑橘养分需要量　柑橘在生长过程中，年周期中抽梢3~4次，结果多，挂果时间长，需不断地从土壤中吸收养分，以满足树体营养生长和生殖生长的需要。根据研究资料表明，每生产 5 000kg/667m² 柑橘果实，平均带走氮（N）8.75kg，磷（P_2O_5）2.65kg，钾（K_2O）12.0kg，钙（Ca）3.9kg，镁（MgO）1.35kg。氮磷钾的吸收比例为 3∶1∶5（表 17-12）。根系吸收养分除供果实外，还有大量养分积累在树体中，其数量约为果实带走总量的 40%~70%。

表 17-12　5 000kg 柑橘果实中的元素含量　　　　　　　　　　kg

种类	N	P_2O_5	K_2O	CaO	MgO
蕉柑	9.5	2.0	8.0	1.5	1.0
碰柑	8.5	2.5	14.0	1.5	0.5
甜橙	8.9	2.7	16.1	3.9	1.9
温州蜜柑	8.5	2.0	10.3	4.6	1.7
柠檬	8.5	4.2	11.2	7.9	1.7

资料来源：华南农学院主编．果树栽培学各论．农业出版社，1981。

(2) 柑橘的氮、磷、钾、钙营养

①氮素营养　氮素是对柑橘生长和发育影响最大的营养元素。叶片中占全树总氮量的 45%，枝干中占 25%，果实占 20%，根占 10%。氮素供应充足时，枝叶茂盛、叶色浓绿、枝条粗壮、花芽形成多、果实产量高。氮素不足，则会引起树势衰弱、枝梢细短、叶小色黄、落花落果严重、产量低。但是，氮素过多也会导致枝梢徒长，着花及结果减少，果皮粗厚，果色淡，果肉纤维多，果汁糖分减少，酸味物质增多，果实品质风味不佳。

②磷素营养　柑橘体内的磷以花、种子及新梢、新根等生长活跃部位含量最高，茎干含量低。磷的分布随生长中心的转移而发生变化，开花期，以花中含量为最高，果实形成和抽梢期以果实和幼叶含量为最高。磷供应充足时，新梢健壮，花芽形成多，果实产量增加，果皮薄而光滑，色泽鲜艳，果汁糖分增多，味甜酸少。缺磷时产生与上述相反的现象。

③钾素营养　钾以离子态存在于树体细胞液中，是一种移动性极强的元素，能够从老叶和成熟组织向代谢活动旺盛的幼嫩部分运输，再利用率高。幼芽、嫩叶、根尖和形成层等分生组织中，均有较丰富的钾。

钾能促进树体内碳水化合物的合成、转化和运输，并与蛋白质合成有密切的关系。柑橘对钾的需要量很大，钾肥充足不仅产量高，果实品质好，果大而重，可溶性固形物、柠檬酸和维生素多，风味浓厚，耐贮运，采前落果、裂果、皱皮果减少。缺钾则枝梢短小丛生，树势衰弱，果小味酸，皮薄易裂果，不耐贮运。但钾肥过多时，叶硬化，节间短，果皮粗厚，着色不良，果汁少，糖酸比低，品质不好。

④钙素营养　钙在树体内是不易流动的元素，在树的不同部位含量有明显差异，叶片含钙量要比枝条树干、根和果实中多，老叶比新叶多。

钙是细胞壁的重要成分，也是细胞的组成成分。钙素有调节细胞原生质胶体性质和对代谢过程中产生的有机酸进行中和的作用。柑橘缺钙，新梢短弱早枯，先端成丛，根生长停滞，树体营养异常，开花多，落果严重，果小味酸、液胞收缩，果形不正。钙充足则果实早熟，耐贮运，果面光滑，酸少味甜。

（3）柑橘吸收养分动态　柑橘对养分的吸收，随气候的变化表现出规律性的季节性变化。佐藤（1956）以温州蜜柑为材料试验，对新梢和果实吸收养分的研究表明，在新梢中，从4月份开始迅速吸收氮磷钾，6月份达最高，7～8月下降，9～10月又稍下降，氮、磷的吸收在11月，钾在12月基本停止。果实对磷的吸收，从6月逐渐增加，至8～9月为高峰期，以后吸收趋于平稳；氮钾的吸收，从6月份开始增加，至8～10月出现最高峰。可见，4月到10月是柑橘年周期中需肥最多的时期。

据广东杨村华侨柑橘场（1976～1980）的试验结果表明，成年结果树氮、磷、钾含量的年变化较缓慢，而幼年结果树则波动较大。幼年结果树春梢叶片从3月开始增加，10～11月达到高峰，以后又下降。叶片中磷含量，7月以前与氮素相似，7月为最低点，以后缓慢回升，到11月前后达到高峰，以后迅速下降。钾素4月份含量较高，以后缓慢下降，7月份最低，8月以后逐渐回升，10～11月达到最高峰。刘星辉、郑家基对柑橘不同物候期叶片营养元素变化的研究指出，氮素含量以花芽生理分化期（9～10月）最高，幼果期（5月）次之，花芽形成期（1月）最低。磷钾含量5月份最高，以后随叶龄的增长而逐渐下降。钙含量随叶龄增长增加，至9月以后基本稳定。

17.3.3.3　柑橘的施肥技术

（1）施肥量　柑橘的合理施肥量，应以一定的单产为目标，寻求用最低的肥料成本获得最高效益。片面追求单产而忽视品质和经济效益的施肥量是不可取的。

根据连续多年的田间施肥量试验结果，确定达到某一单产的适宜施肥量，是制定柑橘施肥量的常用方法。庄伊美报道，红壤柑橘园产量为 2 500 kg/667m^2 水平，施肥量大致为氮（N）25～30kg，磷（P_2O_5）12～15kg，钾（K_2O）25～30kg，N：P_2O_5 的平均比值为 1：0.5～0.6：1。浙江省科学院柑橘研究所的资料与之类似，并报道了温州蜜柑产量为 1 500～2 500kg/667m^2 的施纯氮合理用量为 20～30kg。日本为提高果实品质，施氮量有所减少，1971～1972年15个县制定的标准施肥量平均为：每公顷产40吨的柑橘（产量约为 2 660 kg/667m^2），N、P_2O_5、K_2O 的施用量分别为 260kg、180kg、190kg，比值为 1：0.69：0.73。柑橘的施肥量还根据养分平衡法计算，计算公式如下：

果树某元素施用量 =（植株全年吸收养分 - 土壤供肥量）/肥料利用率

日本5个园艺和柑橘试验场对不同树龄的温州蜜柑进行试验并通过计算获得全年的养分吸收量和理论施肥量（表17-13）。

表 17-13 温州蜜柑年吸收养分量与理论施肥量　　　g/株

树龄	年吸收养分量					理论施肥量		
	N	P_2O_5	K_2O	CaO	MgO	N	P_2O_5	K_2O
4	63	10	41	28	12	84.0	16.7	51.3
10	90	12.5	97.5	90.5	19	120.0	20.8	121.9
23	392	55	289	538	—	522.7	91.7	361.3
45	345	37	304	558	56	460.0	61.7	380.0
50	275	35.5	235.5	351	53.5	366.7	59.2	294.4

由于施肥量受到许多因素影响，实际施肥量往往和理论推算值存在差异，当施肥量低于丰产园的实际施肥量时，树势就差，产量也随之下降。因此，应根据当地丰产园的施肥量进行调查分析而获得施肥量标准，这样比较切合实际，能起到较好的指导作用。

中国农科院柑橘研究所(1972)曾对 7 个柑橘丰产园（每公顷产鲜果 52 500 ~ 67 500kg）的施肥量进行统计，得出每公顷全年施肥量折合为氮 600 ~ 1 087.5kg，磷 225 ~ 675kg，钾 225 ~ 525kg，并根据这些柑橘园的施肥经验，拟出柑橘施肥量（表 17-14）。

表 17-14 柑橘施肥量参考表　　　g/株

树 龄	施肥时期	猪粪或绿肥	尿素	过磷酸钙
未结果幼树	冬肥	25	—	—
	萌芽肥	12.5	0.1	—
	夏梢肥	12.5	0.1	—
	秋梢肥（7 月）	12.5	0.1	—
	秋梢肥（9 月）	—	0.1	—
小计		62.5	0.4	0
10 年以下结果树	采果肥	50	0.05	0.25
	萌芽肥	10	0.15	—
	稳果肥	10	0.10	0.25
	壮果肥（7 月）	10	0.15	—
	壮果肥（9 月）	20	0.05	—
小计		100	0.5	0.5

注：①结果大树施肥量比 10 年以下果树加 50% 至加倍。但不论结果树或幼树还需依其树龄大小，生长强弱，结果多少等调整；②猪粪尿素指原粪，若兑成半干稀时则加倍。绿肥指鲜重，有机肥若为其他品种时（如饼肥、垃圾、稻草等），可以折换；③需肥量多的品种如脐橙、夏橙等需量应增加，需肥量少的品种如红橘等可以减少；④高度熟化的柑橘园可以少施；⑤酸性土壤需加施石灰。

资料来源：中国农科院柑橘研究所，1972。

(2) 施肥时期

①幼树施肥时期　对幼树来说，施肥是在于促进其营养生长，迅速扩大树冠，为提早丰产打下良好基础。因此，应根据幼树多次发梢和小树根幼嫩的特

点，采取少量多次、薄施勤施的方法。各地因气候不同，每年施肥的时间和次数也不同。温度较低地区以促春、夏梢和早秋梢为主。如浙江每年施5次，3月上旬、4月上旬、5月中旬至6月初、7月下旬及11月中旬各一次。前四次主要促春夏、秋梢的生长，促幼树迅速长大；后一次在于增强树体营养积累，提高抗寒能力。8~9月一般不施肥，以防晚秋梢的发生，防冻害。高温地区每年培养3~4次梢，即春梢、1~2次夏梢及秋梢，几乎每月施肥一次。

②结果期施肥　根据柑橘结果树生长发育与营养需求的特点，以及我国的自然条件和栽培情况，成龄结果树的施肥主要掌握四个时期：

③萌芽肥　此次施肥的目的在于促进春梢生长，并供应开花结果需要的部分养分，为次年培养结果母枝打好基础。同时，还可以延迟和减少老叶脱落，以利于花果正常发育。施肥以速效性肥料为主，通常在2~3月施用。如果植株着生花朵较多，可在开花前3周加施一次速效肥，能显著促进结果。

④稳果肥　花谢后的一、二个月是幼果发育期，也是生理落果期。此时因开花消耗大量养分，且是幼胚发育和砂囊细胞旺盛分裂时期，如果营养不足，易加剧落果。此期以氮为主，配合磷钾镁施用，可使幼果获得充足养分，减少落果，提高座果率。稳果肥一般在5~6月施用。

⑤壮果肥　生理落果停止后，果实迅速长大，对养分需求增加，因此，秋梢萌发前施肥可满足果实迅速膨大对养分的需求，且有助于改善品质，同时可促进秋梢的生长，以作为次年良好的结果母枝。此次施肥宜氮磷钾配合施用。施肥通常在秋梢萌发前15~30天。另外，还可9月前后再施一次壮果、壮梢肥，以提高养分的积累，促进花芽分化。但应注意控制氮肥用量。

⑥采果肥　进入采果期后果实逐渐成熟，由于采果对树体造成伤害，因此，采果前后施肥可恢复树势，增加树体养分积累，促进花芽分化，提高植株越冬能力。一般可在采果前施一些速效性化肥，采果后再配合施用有机和无机肥料能起到良好效果。

(3) 施肥方法　柑橘的施肥必须根据根系在土壤中的生长、分布及吸肥特性，将肥料施入适宜的位置才有利于吸收利用。柑橘根系分布大致与树冠对称，一般根系的水平分布超过树冠的1~2倍，垂直根多在100cm土层分布，主要根系集中在20~40cm。由于根系有趋肥性，其生长方向常向施肥部位转移，所以施肥的部位，通常比根系集中分布的位置略深和略远一些，以诱导根系向深、广发展，扩大营养的吸收范围。由于品种、树龄、砧木、土壤、肥料等不同，施肥的深度广度有所不同。

有机肥料肥效长，通常用作基肥深施，化学肥料多为速效性肥料可作追肥浅施。生产上一般采用①环状施肥，以树干为中心，沿树冠投影边缘位置开挖肥沟，沟深15~20cm，沟宽30~35cm。也可采用其他施肥方法：条沟施肥，在行株间开条沟（沟深和宽同上）；②放射沟施肥，以树干为中心，向外开4~6条沟，近树干处开浅沟，向外逐渐加深；③撒施法，将肥料均匀撒于树冠投影边缘位置，然后浅翻入土，此法适于雨季采用。无论采用什么方法都应根据果园和树体具体情况正确应用。施肥还应注意方向和位置的轮换,使园地土壤肥力均匀。

　　根外追肥也是果树采用较普遍的一种施肥方式,各种水溶性速效肥都可以配制成肥料溶液施用。一般大量元素肥料的浓度范围在 0.3%~1.0%。尿素喷施浓度 0.3%~0.5%,其中缩二脲含量不能超过 0.25%,否则对柑橘有毒害,会造成叶尖黄化,缩短叶寿命,提早落叶。微量元素肥料的浓度范围 0.01%~0.3%,含钼元素肥料的浓度应偏低,铁、锌、硼元素肥料的浓度应稍高一点。喷施时间一般以阴天或早晚效果较好,切忌在烈日的中午和下雨天进行。

复习思考题

1. 水稻吸收养分有何特点?如何施肥才能高产优质?
2. 玉米吸收养分有何特点?如何施肥才能高产优质?
3. 麦类作物吸收养分有何特点?如何施肥才能高产优质?
4. 甜菜、甘蔗、烤烟吸收养分有何特点?如何施肥才能高产优质?
5. 主要果树吸收养分有何特点?如何施肥才能高产优质?

本章可供参考书目

作物施肥学. 王正银. 西南师范大学出版社,1999
测土与施肥. 吕英华,秦双月. 中国农业出版社,2002
植物营养与肥料. 浙江农业大学主编. 农业出版社,1991

参考文献

1. H. Marschner 著．高等植物的矿质营养．李春俭等译．北京：中国农业大学出版社，2001
2. A. Lauchli and R. L. Bieleski 著．植物的无机营养．张礼忠，毛知耘译．北京：农业出版社，1990
3. 王忠主编．植物生理学．中国农业出版社，2000
4. 毛知耘主编．肥料学．北京：中国农业出版社，1997
5. 浙江农业大学主编．植物营养与肥料．北京：农业出版社，1991
6. 孙羲主编．植物营养学原理．北京：中国农业出版社，1997
7. 沈善敏主编．中国土壤肥力．北京：中国农业出版社，1998
8. 陆欣主编．土壤肥料学．北京：中国农业出版社，2002
9. 沈其荣主编．土壤肥料学通论．北京：高等教育出版社，2001
10. 陆景陵主编．植物营养学．北京：中国农业大学出版社，1994
11. 林葆主编．中国肥料．上海：上海科技出版社，1994
12. 袁可能主编．植物营养元素的土壤化学．北京：科学出版社，1983
13. R. D. Minson 主编．农业中的钾．谢建昌等译．北京：科学出版社，1994
14. S. L. 蒂斯代尔，W. L. 纳尔逊［加］，J. D. 毕滕著．土壤肥力与肥料．金继运，刘荣乐译．北京：中国农业科技出版社，1998
15. H. 马斯纳尔著．高等植物的矿质营养．李生秀等译．北京：北京农业大学出版社 1991
16. 毛知耘等主编．中国含氯化肥．北京：中国农业出版社，2001
17. 中国农业科学院土壤肥料研究所主编．中国肥料．上海：上海科学技术出版社，1994
18. 张志明主编．复混肥料生产与利用指南．北京：中国农业出版社，2000
19. 李春花，梁国庆主编．专用复混肥配方设计与生产．北京：化学工业出版社，2001
20. 徐静安主编．施肥技术与农化服务．北京：化学工业出版社，2001
21. 冯锋等主编．植物营养研究．北京：中国农业大学出版社，2000
22. 陈文新主编．土壤和环境微生物．北京：北京农业大学出版社，1996
23. 李阜棣，胡正嘉主编．微生物学．北京：中国农业出版社，2000
24. 葛诚主编．微生物肥料的生产应用及发展．北京：中国农业出版社，1996
25. 弓明钦，陈应龙．菌根研究及应用．北京：中国林业出版社，1997
26. 李晓林，冯固．丛枝菌根生态生理．北京：华文出版社，2001
27. 张福锁，龚元石，李晓林．土壤与植物营养研究新动态（第三卷）．北京：中国农业出版社，1995
28. 焦彬主编．中国绿肥．北京：农业出版社，1986
29. 内蒙古农牧学院主编．牧草及饲料作物栽培学．北京：农业出版社，1981
30. 苏加楷主编．优良牧草栽培技术．北京：农业出版社，1983
31. 鲁如坤．土壤—植物营养学原理和施肥．北京：化学工业出版社，1998
32. 曹一平，陆景陵译．高等植物的矿质营养．北京：北京农业大学出版社，1988

33. 吕英华, 秦双月. 测土与施肥. 北京: 中国农业出版社, 2002
34. 庄伊美. 柑橘营养与施肥. 北京: 中国农业出版社, 1992
35. 毛达如. 植物营养研究法. 北京: 中国农业出版社, 1994
36. 徐静安等. 施用技术与农化服务. 北京: 化学工业出版社, 2001
37. 白厚义, 肖俊璋. 试验研究与统计分析. 西安: 世界图书出版社, 1998
38. 慕成功, 郑义. 农作物配方施肥. 北京: 中国农业出版社, 1995
39. 金继运, 白由路. 精准农业与土壤养分管理. 北京: 中国大地出版社, 2001
40. 何念祖. 肥料制造与加工. 上海: 上海科学技术出版社, 1998
41. 吕英华, 秦双月. 测土与施肥. 北京: 中国农业出版社, 2002
42. 王正银主编. 作物施肥学. 重庆: 西南师范大学出版社, 1999
43. 刘俊峰等. 稻草、麦秸等农作物秸秆资源再利用研究. 资源科学, 2001, 23 (2): 46~48
44. 李雁. 菌肥的作用研究及其资源开发. 氨基酸和生物资源, 2002, 24 (2): 8~10
45. 张承龙. 农业废弃物资源化利用技术现状及其前景. 中国资源综合利用, 2002 (2): 14~16
46. 章家恩, 刘文高. 微生物资源的开发利用与农业可持续发展. 土壤与环境, 2001, 10 (2): 154~160
47. 吴初国. 磷矿资源与磷肥工业可持续发展. 化肥工业, 2002, 29 (4): 19~21
48. 张世贤. 我国有机肥料的资源利用、问题和对策. 磷肥与复肥, 2001, 16 (1): 8~11
49. 杨玉爱. 我国有机肥料研究与展望. 土壤学报, 1996, 33 (4): 414~422
50. 胡学文等. 中国生物肥料资源构成及开发利用. 湖北农业科学, 2000 (6): 36~39
51. 高祥照等. 中国作物秸秆资源利用现状分析. 华中农业大学学报, 2002, 21 (3): 242~247
52. 任祖淦, 邱孝煊. 化学氮肥对蔬菜累积硝酸盐的影响. 植物营养与肥料学报, 1997, 3 (1): 85~89
53. 胡承孝, 邓波儿. 氮肥对小白菜、番茄供食器官品质的影响. 植物营养与肥料学报, 1997, 3 (1): 81~84
54. 周艺敏, 任顺荣. 氮素化肥对蔬菜硝酸盐积累的影响. 华北农学报, 1989, 4 (1): 110~115
55. 罗质超等. 尿素分解中 NH_3 对根系的抑制作用. 土壤学报, 1985, 22 (1): 56~63
56. 许前欣等. 减少蔬菜硝酸盐污染的施肥技术研究. 农业环境保护, 2000, 19 (2): 109~110
57. 周凌云. 土壤水肥条件对氮肥利用率影响研究. 核农学报, 1996, 10: 43~46
58. 王庆, 王丽, 赫崇岩等. 过量氮肥对不同蔬菜中硝酸盐积累的影响及调控措施研究. 农业环境保护, 2000, 19 (1): 46~49
59. 胡承孝, 邓波儿, 刘同仇. 氮肥水平对蔬菜品质的影响. 土壤肥料, 1993, 2: 34~36
60. 郭银燕. 农业与全球变暖. 农业环境保护, 1995, 14 (4): 181~184
61. 鲁如坤, 刘鸿翔, 闻大中等. 我国典型地区农业生态系统养分循环和平衡研究Ⅰ、Ⅱ、Ⅲ. 土壤通报, 1996, 27 (4): 145~154; 1996, 27 (5): 193~196
62. 刘建玲, 张凤华. 土壤磷素化学行为及影响因素研究进展. 河北农业大学学报, 2000, 23 (3): 16~21
63. 仲维科, 樊耀波, 王敏健. 我国农作物的重金属污染及其防止对策. 农业环境保护, 2001, 20 (4): 270~272

64. 石元春．土壤学的数字化和信息化革命．土壤学报，2003，37（4）：289～295
65. 臧小平．土壤锰毒与植物锰的毒害．土壤通报，1999，30（3）：139～141
66. 刘鹏等．土壤中的钼及其植物效应的研究进展．农业环境保护，2001，20（4）：280～282
67. 涂书新，郭智芬，孙锦荷．土壤氯研究的进展．土壤，1998，3：125～130
68. 庄舜尧，曹志宏．叶面肥的研究与发展．土壤，1998，5：230～234
69. 贾伯华．氯离子对农作物生理作用的评述．科技通报，1995，11（3）：175～179
70. 高菊生等．镁肥在湘南红壤旱地作物上的增产效果研究．耕作与栽培，2000（4）：31～32
71. 李伏生．红壤地区镁肥对作物的效应．土壤与环境，2000，9（1）：53～55
72. 汪洪等．植物镁素营养诊断及镁肥施用．土壤肥料，2000（4）：4～8
73. 杨安中．硫肥对小麦产量及品质的影响．土壤通报，2000，31（5）：236～237
74. 李庆民．草木犀、麦秸和泥炭在黑土中腐解特点及对土壤肥力的影响．土壤学报，1986，23（2）：85～91
75. K. Mengel and E. A. Kirkby (eds.) Principles of plant nutrition, Inter. Potash. Inst. Worblaunfen bern, Switzerland
76. Horst W J, Wagner A, Marschner H. Mucilage protects roots from aluminum injury. Z pflanzephysiol Bd, 1982, 105：435～444
77. Ma J F. Role of organic acids in detoxification of Al in higher plants. Plant and Cell Physiology, 2000, 44：383～390
78. Roy H F, Larry S and Roy L. Donahue. Fertilizers and soil amendments. Prentice–Hall, Inc., Englewood, N. J. 07632, 1981
79. Mengel K, Kirkby E. A. Principles of plant nutrition. 3rd Edition. International Potash Institute. 1982, 335～368
80. Mengel K. Dynamics and availability of major nutrients in soils. Advances in Soils Science, Volume 2. Springer–Verlag. New York, Inc. 1985
81. Mengel K and Scherer W H. Release of nonexchangeable (fixed) ammonium under field conditions during the growing season. Soil Science, 1981, 131：226～232
82. Porter J R and Lawlor D W. Plant growth interaction with nutrition and environment. Cambridge University Press, 1991
83. Heckrath G, Brookes P C, Poultion P R. Phosphorus leaching from soils containing different phosphorus concentrations in the Broadhalk experiment. J Environ Qual, 24：904～910
84. Abuzinadah R A. and Read DJ. The role of proteins in the nitrogen nutrition of ectomycorrhizal plants. New phytologist, 1989, 112：235～240
85. Bolan N. S. A critical review on the role of mycorrhizal fungi in the uptake of phosphorus by plants. Plant Soil, 1991, 134：574～579
86. Leyval C. Effect of heavy metal pollution on mycorrhizal colonization and function: physiological, ecological and applied aspects. Mycorrhiza, 1997, 7：214～219